数学分析精讲

卜春霞 何秋锦 魏菊梅

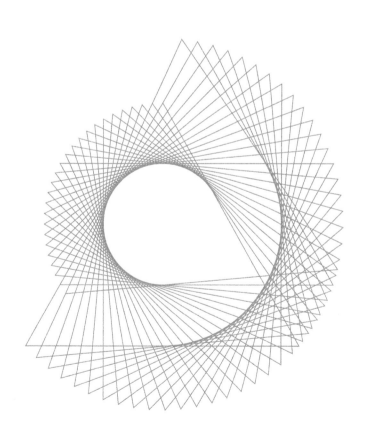

郑州大学出版社

图书在版编目（CIP）数据

数学分析精讲／卜春霞，何秋锦，魏菊梅主编.
郑州：郑州大学出版社，2024. 9. -- ISBN 978-7
-5773-0632-2

Ⅰ. O17

中国国家版本馆 CIP 数据核字第 2024GM3481 号

数学分析精讲

SHUXUE FENXI JINGJIANG

策划编辑	吴 波　王莲霞	封面设计	王 微
责任编辑	王莲霞	版式设计	苏永生
责任校对	李 香	责任监制	李瑞卿

出版发行	郑州大学出版社	地　址	郑州市大学路 40 号（450052）
出版人	卢纪富	网　址	http://www.zzup.cn
经　销	全国新华书店	发行电话	0371-66966070
印　刷	郑州宁昌印务有限公司		
开　本	787 mm×1 092 mm　1 / 16		
印　张	20	字　数	480 千字
版　次	2024 年 9 月第 1 版	印　次	2024 年 9 月第 1 次印刷

| 书　号 | ISBN 978-7-5773-0632-2 | 定　价 | 56.00 元 |

前言

  数学分析是数学专业最重要的基础课,也是数学专业考研的必考科目。本书密切配合教材和教学,参考历年全国各院校的数学专业考研真题,帮助读者准确理解和熟练掌握数学分析的内容,培养其独立思维能力,全面提升其解题能力。

  全书共16讲和4个专题,每讲的内容包括知识要点、典型例题和拓展训练。其中,知识要点部分总结了相关的定义、重要性质及定理、公式;典型例题部分对内容及题型进行归纳分类,帮助读者梳理所学的知识,总结各种题型的解题方法;拓展训练部分对历年考研真题进行了归纳分类,以锻炼读者知识应用的灵活性。专题一总结了极限计算的方法,专题二深入探究了中值定理的证明方法,采用逐步诱导启迪读者寻求解决问题途径的思维,专题三利用单调性、最值法、中值法、凹凸性等分析了不等式的证明,专题四给出了积分计算的方法与技巧。

  与本书相应的在线视频搜索网易云课堂,在网易云课堂主页直接输入"不凡考研数学分析20讲"即可找到。或者下载网易云课堂App,进入搜索"不凡考研数学分析20讲",点击课堂即可找到。

  希望本书能为读者提高数学分析素养带来帮助,能为备考研究生初试的考研人添砖加瓦。书中的不足和疏漏之处,恳请读者批评指正。

编者
2024 年 8 月

目录

第一讲

数列极限

知识要点

一、基本定义

定义1 数列极限

$\forall \varepsilon > 0, \exists N \in \mathbf{N}$, 当 $n > N$ 时, 有 $|x_n - a| < \varepsilon$, 则称 a 为数列 $\{x_n\}$ 的极限. 记作: $\lim\limits_{n \to \infty} x_n = a$.

定义2 子列

在数列 $\{x_n\}$ 中, 保持原来次序自左往右任意选取无穷多个项所得的数列称为 $\{x_n\}$ 的子列, 记为 $\{x_{n_k}\}$, 其中 n_k 表示 x_{n_k} 在原数列中的项数, k 表示它在子列中的项数.

$$\lim\limits_{k \to \infty} x_{n_k} = a \Leftrightarrow \forall \varepsilon > 0, \exists K \in \mathbf{N}, \forall k > K, 有 |x_{n_k} - a| < \varepsilon.$$

【注】$\{x_n\}$ 与其子列 $\{x_{n_k}\}$ 相关的结论:

1) $\lim\limits_{n \to \infty} x_n = a \Leftrightarrow \{x_n\}$ 的任一子列 $\{x_{n_k}\}$ 收敛于 a.

2) $\lim\limits_{n \to \infty} x_n = a \Leftrightarrow \{x_{2n}\}, \{x_{2n-1}\}$ 都收敛于 a.

3) 若 $\{x_n\}$ 单调, 则 $\lim\limits_{n \to \infty} x_n = a \Leftrightarrow$ 存在 $\{x_n\}$ 的一个子列 $\{x_{n_k}\}$ 收敛于 a.

4) 若 $\{x_n\}$ 的任一子列均含收敛子列, 则 $\{x_n\}$ 有界.

5) 若 $\{x_{2n}\}, \{x_{2n-1}\}, \{x_{3n}\}$ 都收敛, 则数列 $\{x_n\}$ 收敛.

定义3 有界数列

对数列 $\{x_n\}$, 若 $\exists M > 0$, 使得 $\forall n \in \mathbf{N}$, 有 $|x_n| \leqslant M$, 则称数列 $\{x_n\}$ 为有界数列.

定义4 无穷大量

对数列 $\{x_n\}$, 若 $\forall G > 0, \exists N \in \mathbf{N}, \forall n > N$, 有 $|x_n| > G$, 则称 $\{x_n\}$ 为无穷大量, 记作 $\lim\limits_{n \to \infty} x_n = \infty$.

定义 5　无穷小量

若 $\lim\limits_{n\to\infty} x_n = 0$，则称 $\{x_n\}$ 为无穷小量.

【注 1】若 $\lim\limits_{n\to\infty} x_n = 0$，$\{y_n\}$ 有界，则 $\lim\limits_{n\to\infty} x_n y_n = 0$.

【注 2】若 $\lim\limits_{n\to\infty} x_n = \infty$，则 $\lim\limits_{n\to\infty} \dfrac{1}{x_n} = 0$；若 $\lim\limits_{n\to\infty} x_n = 0$，且 $\exists N \in \mathbf{N}$，使得 $\forall n > N, x_n \neq 0$，则 $\lim\limits_{n\to\infty} \dfrac{1}{x_n} = \infty$.

二、重要性质、定理

性质 1　若数列 $\{x_n\}$ 与 $\{y_n\}$ 皆收敛，则它们的和、差、积、商所构成的数列 $\{x_n + y_n\}$，$\{x_n - y_n\}$，$\{x_n y_n\}$，$\left\{\dfrac{x_n}{y_n}\right\}$ $(\lim\limits_{n\to\infty} y_n \neq 0)$ 也收敛，且有

$$\lim_{n\to\infty}(x_n \pm y_n) = \lim_{n\to\infty} x_n \pm \lim_{n\to\infty} y_n \, ;$$

$$\lim_{n\to\infty}(x_n \cdot y_n) = \lim_{n\to\infty} x_n \cdot \lim_{n\to\infty} y_n \, ;$$

$$\lim_{n\to\infty} \frac{x_n}{y_n} = \frac{\lim\limits_{n\to\infty} x_n}{\lim\limits_{n\to\infty} y_n} \quad (\lim_{n\to\infty} y_n \neq 0).$$

性质 2　保号性

若 $\lim\limits_{n\to\infty} x_n = a \neq 0$，则 $\exists N \in \mathbf{N}, \forall n > N, x_n$ 与 a 同号.

定理 1　夹逼定理

若 $\exists N \in \mathbf{N}, \forall n > N, y_n \leqslant x_n \leqslant z_n$，且 $\lim\limits_{n\to\infty} y_n = \lim\limits_{n\to\infty} z_n = a$，则 $\lim\limits_{n\to\infty} x_n = a$.

定理 2　单调有界定理

单调增加（减少）有上界（下界）的数列必收敛.

定理 3　柯西（Cauchy）收敛准则

数列 $\{x_n\}$ 收敛的充要条件：$\forall \varepsilon > 0, \exists N \in \mathbf{N}, \forall n, m > N$，有 $|x_n - x_m| < \varepsilon$.

【注】$\{x_n\}$ 不收敛 $\Leftrightarrow \exists \varepsilon_0 > 0, \forall N \in \mathbf{N}, \exists n_0, m_0 > N$，有 $|x_{n_0} - x_{m_0}| \geqslant \varepsilon_0$.

定理 4　波尔查诺-魏尔斯特拉斯（Bolzano Weierstrass）定理

有界数列必有收敛子列.

三、重要公式

1. 施笃兹（O'Stolz）定理：

(1) "$\dfrac{*}{\infty}$" 型　设数列 $\{a_n\}$、$\{b_n\}$ 满足：$\{b_n\}$ 严格单调递增，$\lim\limits_{n\to\infty} b_n = +\infty$，

$\lim\limits_{n\to\infty} \dfrac{a_{n+1} - a_n}{b_{n+1} - b_n} = L$（其中 L 可以为有限实数、$+\infty$、$-\infty$），则 $\lim\limits_{n\to\infty} \dfrac{a_n}{b_n} = L$.

(2) "$\dfrac{0}{0}$" 型　设数列 $\{a_n\}$、$\{b_n\}$ 满足：$\{b_n\}$ 严格单调递减且趋于零，$\lim\limits_{n\to\infty} a_n = 0$，

$\lim\limits_{n\to\infty} \dfrac{a_{n+1} - a_n}{b_{n+1} - b_n} = L$（其中 L 可以为有限实数、$+\infty$、$-\infty$），则 $\lim\limits_{n\to\infty} \dfrac{a_n}{b_n} = L$.

2. $\lim\limits_{n \to \infty} \left(1 + \dfrac{1}{n}\right)^n = e = 2.718\,28\cdots$

3. $\lim\limits_{n \to \infty} \sqrt[n]{n} = 1, \lim\limits_{n \to \infty} \sqrt[n]{a} = 1 (a > 0)$.

4. 几个重要的不等式:

(1) 柯西-施瓦茨(Cauchy-Schwarz)不等式:

$$\left(\sum_{k=1}^{n} a_k b_k\right)^2 \leqslant \left(\sum_{k=1}^{n} |a_k b_k|\right)^2 \leqslant \sum_{k=1}^{n} a_k^2 \sum_{k=1}^{n} b_k^2.$$

(2) 算术、几何、调和平均不等式:

$$\frac{n}{\dfrac{1}{a_1} + \cdots + \dfrac{1}{a_n}} \leqslant \sqrt[n]{a_1 a_2 \cdots a_n} \leqslant \frac{a_1 + \cdots + a_n}{n}, a_k > 0, k = 1, 2, \cdots, n.$$

典型例题

例 1 用定义证明: $\lim\limits_{n \to \infty} \sqrt[n]{n} = 1$.

分析: 用定义证明 $x_n \to a \ (n \to \infty)$ 的方法: $\forall \varepsilon > 0$,只要找到一个自然数 $N(\varepsilon)$,使得当 $n > N(\varepsilon)$ 时,有 $|x_n - a| < \varepsilon$ 即可. 关键是证明 $N(\varepsilon) \in \mathbf{N}$ 的存在性.

在本例中,$\forall \varepsilon > 0$,要从不等式 $|x_n - a| < \varepsilon$ 中解得 N 非常困难. 根据 x_n 的特征,利用二项式定理展开将 $|x_n - a|$ 放大,使得 $|x_n - a| \leqslant g(n) < \varepsilon$,从而解不等式 $g(n) < \varepsilon$ 求出定义中的 N.

将 $|x_n - a|$ 放大时要注意两点:① $g(n)$ 应满足当 $n \to \infty$ 时,$g(n) \to 0$. 这是因为要使 $g(n) < \varepsilon$,$g(n)$ 必须能够任意小. ② 不等式 $g(n) < \varepsilon$ 容易求解.

证明: (法一) 令 $\sqrt[n]{n} = 1 + \lambda (\lambda > 0)$,

则 $n = (\sqrt[n]{n})^n = (1 + \lambda)^n = 1 + n\lambda + \dfrac{n(n-1)}{2}\lambda^2 + \cdots + \lambda^n > \dfrac{n(n-1)}{2}\lambda^2 (n > 2)$,

当 $n > 2$ 时,$n - 1 > \dfrac{n}{2}$,有 $n > \dfrac{n(n-1)}{2}\lambda^2 > \dfrac{n^2}{4}\lambda^2 = \dfrac{n^2}{4}(\sqrt[n]{n} - 1)^2$,

即 $0 < \sqrt[n]{n} - 1 < \dfrac{2}{\sqrt{n}}$.

$\forall \varepsilon > 0$,欲使不等式 $|\sqrt[n]{n} - 1| = \sqrt[n]{n} - 1 < \dfrac{2}{\sqrt{n}} < \varepsilon$ 成立,只需 $n > \dfrac{4}{\varepsilon^2}$.

取 $N = \max\left\{\left[\dfrac{4}{\varepsilon^2}\right] + 1, 2\right\}$,则 $\forall n > N$,$|\sqrt[n]{n} - 1| < \dfrac{2}{\sqrt{n}} < \varepsilon$.

即 $\lim\limits_{n \to \infty} \sqrt[n]{n} = 1$.

(法二) 因为 $1 \leqslant \sqrt[n]{n} = (\sqrt{n} \cdot \sqrt{n} \cdot \overbrace{1 \cdot 1 \cdots 1}^{(n-2)\text{个}})^{\frac{1}{n}} \leqslant \dfrac{\sqrt{n} + \sqrt{n} + \overbrace{1 + \cdots + 1}^{(n-2)\text{个}}}{n}$

$$= \frac{2\sqrt{n}+n-2}{n} < 1 + \frac{2}{\sqrt{n}},$$

所以 $\left| \sqrt[n]{n} - 1 \right| < \frac{2}{\sqrt{n}}$.

$\forall \varepsilon > 0$, 欲使不等式 $\left| \sqrt[n]{n} - 1 \right| < \frac{2}{\sqrt{n}} < \varepsilon$ 成立, 只需 $n > \frac{4}{\varepsilon^2}$.

取 $N = \max\left\{\left[\frac{4}{\varepsilon^2}\right] + 1, 2\right\}, \forall n > N, \left| \sqrt[n]{n} - 1 \right| < \frac{2}{\sqrt{n}} < \varepsilon$.

即 $\lim\limits_{n \to \infty} \sqrt[n]{n} = 1$.

【举一反三】

1. 证明: $\lim\limits_{n \to \infty} \dfrac{n^k}{a^n} = 0 (a > 1, k \in \mathbf{N})$.

证明: 当 $k = 1$ 时, 由于 $a > 1$, 可记 $a = 1 + \lambda (\lambda > 0)$, 则

$$a^n = (1 + \lambda)^n = 1 + n\lambda + \frac{n(n-1)}{2}\lambda^2 + \cdots + \lambda^n > \frac{n(n-1)}{2}\lambda^2 (n > 2),$$

当 $n > 2$ 时, $n - 1 > \dfrac{n}{2}$, 于是 $0 < \dfrac{n}{a^n} < \dfrac{n}{\dfrac{n(n-1)}{2}\lambda^2} < \dfrac{4}{n\lambda^2}$.

$\forall \varepsilon > 0$, 欲使不等式 $\left| \dfrac{n}{a^n} - 0 \right| = \dfrac{n}{a^n} < \dfrac{4}{n\lambda^2} < \varepsilon$ 成立, 只需 $n > \dfrac{4}{\varepsilon\lambda^2}$.

取 $N = \max\left\{\left[\dfrac{4}{\varepsilon\lambda^2}\right] + 1, 2\right\}, \forall n > N, \left| \dfrac{n}{a^n} - 0 \right| = \dfrac{n}{a^n} < \dfrac{4}{n\lambda^2} < \varepsilon$.

当 $k > 1$ 时, $a^{\frac{1}{k}} > 1 (a > 1)$, 而 $\dfrac{n^k}{a^n} = \left[\dfrac{n}{(a^{\frac{1}{k}})^n}\right]^k$, 则由以上证明知,

$\forall \varepsilon > 0, \exists N$, 当 $n > N$ 时, 有 $0 < \dfrac{n}{(a^{\frac{1}{k}})^n} < \varepsilon$, 即 $0 < \dfrac{n^k}{a^n} < \varepsilon^k$,

即 $\lim\limits_{n \to \infty} \dfrac{n^k}{a^n} = 0$.

例2 证明: 若 $\lim\limits_{n \to \infty} x_n = a (a$ 为有限实数或 $\pm\infty)$, 则 $\lim\limits_{n \to \infty} \dfrac{x_1 + x_2 + \cdots + x_n}{n} = a (a$ 为有限实数或 $\pm\infty)$.

分析: 这一结论也称柯西第一定理, 是一个有用的结果, 应用它可计算一些极限, 例

如, $\lim\limits_{n \to \infty} \dfrac{1 + \dfrac{1}{2} + \cdots + \dfrac{1}{n}}{n} = 0, \lim\limits_{n \to \infty} \dfrac{1 + \sqrt{2} + \sqrt[3]{3} + \cdots + \sqrt[n]{n}}{n} = 1$.

本题只能利用定义证明, 由已知条件 $\forall \varepsilon > 0, \exists N_1 \in \mathbf{N}, \forall n > N_1, \left| x_n - a \right| < \dfrac{\varepsilon}{2}$,

可以把 $\left| \dfrac{x_1 + x_2 + \cdots + x_n}{n} - a \right|$ 从 N_1 项分为两大项, 这种"拆分方法"是证明某些极限问

题的一个常用方法.

证明:（1）设 a 为有限实数.

因为 $\lim_{n\to\infty} x_n = a$，则 $\forall \varepsilon > 0, \exists N_1 \in \mathbf{N}, \forall n > N_1, |x_n - a| < \dfrac{\varepsilon}{2}$，

于是 $\left| \dfrac{x_1 + x_2 + \cdots + x_n}{n} - a \right| = \left| \dfrac{(x_1 - a) + (x_2 - a) + \cdots + (x_n - a)}{n} \right|$

$$\leqslant \frac{|x_1 - a| + |x_2 - a| + \cdots + |x_{N_1} - a|}{n} + \frac{|x_{N_1+1} - a| + \cdots + |x_n - a|}{n}$$

$$< \frac{A}{n} + \frac{(n - N_1)}{2n}\varepsilon < \frac{A}{n} + \frac{\varepsilon}{2},$$

$$(A = |x_1 - a| + |x_2 - a| + \cdots + |x_{N_1} - a|)$$

因为 $\lim_{n\to\infty} \dfrac{A}{n} = 0$，故对上述的 $\varepsilon > 0$，$\exists N_2$，当 $n > N_2$ 时，有 $\dfrac{A}{n} < \dfrac{\varepsilon}{2}$.

取 $N = \max\{N_1, N_2\}$，当 $n > N$ 时，有 $\left| \dfrac{x_1 + x_2 + \cdots + x_n}{n} - a \right| < \dfrac{\varepsilon}{2} + \dfrac{\varepsilon}{2} = \varepsilon$，

即 $\lim_{n\to\infty} \dfrac{x_1 + x_2 + \cdots + x_n}{n} = a$.

（2）设 $a = +\infty$，因为 $\lim_{n\to\infty} x_n = +\infty$，则 $\forall G > 0, \exists N_1 \in \mathbf{N}$，当 $n > N_1$ 时，$x_n > 2G$，且 $x_1 + x_2 + \cdots + x_{N_1} > 0$，

于是 $\dfrac{x_1 + x_2 + \cdots + x_n}{n} = \dfrac{x_1 + x_2 + \cdots + x_{N_1}}{n} + \dfrac{x_{N_1+1} + \cdots + x_n}{n} > \dfrac{x_{N_1+1} + \cdots + x_n}{n} > \dfrac{2G(n - N_1)}{n}$

$$= 2G - \frac{2N_1}{n}G.$$

取 $N = 2N_1$，当 $n > N$ 时，由 $\dfrac{2N_1}{n}G < G$，得 $\dfrac{x_1 + \cdots + x_n}{n} > 2G - G = G$，

即 $\lim_{n\to\infty} \dfrac{x_1 + x_2 + \cdots + x_n}{n} = +\infty$.

（3）$a = -\infty$ 时的证法与（2）类似.

【举一反三】

1. 设 $\lim_{n\to\infty} a_n = A$，证明：$\lim_{n\to\infty} \dfrac{1}{2^n}(a_0 + C_n^1 a_1 + \cdots + C_n^n a_n) = A$.

证明: 因为 $\lim_{n\to\infty} a_n = A$，则 $\forall \varepsilon > 0, \exists N_1$，当 $n > N_1$ 时，有 $|a_n - A| < \dfrac{\varepsilon}{2}$.

由于 $1 + C_n^1 + C_n^2 + \cdots + C_n^n = 2^n$，则

$\left| \dfrac{1}{2^n}(a_0 + C_n^1 a_1 + \cdots + C_n^n a_n) - A \right| = \left| \dfrac{1}{2^n}(a_0 + C_n^1 a_1 + \cdots + C_n^n a_n) - \dfrac{1 + C_n^1 + \cdots + C_n^n}{2^n}A \right|$

$$= \left| \dfrac{1}{2^n}\left[(a_0 - A) + C_n^1(a_1 - A) + \cdots + C_n^n(a_n - A) \right] \right|$$

$$\leqslant \frac{1}{2^n}\left(|a_0 - A| + \cdots + C_n^{N_1}|a_{N_1} - A| + C_n^{N_1+1}|a_{N_1+1} - A| + \cdots + C_n^n|a_n - A| \right)$$

$$\leq \frac{1}{2^n}(\mid a_0 - A\mid + \cdots + C_n^{N_1}\mid a_{N_1} - A\mid) + \frac{C_n^{N_1+1} + \cdots + C_n^n}{2^n} \cdot \frac{\varepsilon}{2}.$$

又 $\lim\limits_{n\to\infty} \dfrac{1}{2^n}(\mid a_0 - A\mid + \cdots + C_n^{N_1}\mid a_{N_1} - A\mid) = 0$，即对上述 $\varepsilon > 0$，$\exists N_2$，当 $n > N_2$ 时，有

$$\frac{1}{2^n}(\mid a_0 - A\mid + \cdots + C_n^{N_1}\mid a_{N_1} - A\mid) < \frac{\varepsilon}{2}.$$

取 $N = \max\{N_1, N_2\}$，则当 $n > N$ 时，

$$\left|\frac{1}{2^n}(a_0 + C_n^1 a_1 + \cdots + C_n^n a_n) - A\right| \leq \frac{1}{2^n}(\mid a_0 - A\mid + \cdots + C_n^{N_1}\mid a_{N_1} - A\mid) +$$

$$\frac{C_n^{N_1+1} + \cdots + C_n^n}{2^n} \cdot \frac{\varepsilon}{2} < \frac{\varepsilon}{2} + \frac{\varepsilon}{2} = \varepsilon.$$

即 $\lim\limits_{n\to\infty} \dfrac{1}{2^n}(a_0 + C_n^1 a_1 + \cdots + C_n^n a_n) = A.$

2. 设 $\lim\limits_{n\to\infty} \dfrac{a_n}{n} = 0$，证明：$\lim\limits_{n\to\infty} \dfrac{\max\{a_1, a_2, \cdots, a_n\}}{n} = 0.$

证明： 因为 $\lim\limits_{n\to\infty} \dfrac{a_n}{n} = 0$，则 $\forall \varepsilon > 0$，$\exists N_1$，当 $n > N_1$ 时，有 $\left|\dfrac{a_n}{n}\right| < \dfrac{\varepsilon}{2}$，

即 $\left|\dfrac{\max\{a_{N_1+1}, \cdots, a_n\}}{n}\right| < \dfrac{\varepsilon}{2}$，

于是 $\left|\dfrac{\max\{a_1, a_2, \cdots, a_n\}}{n}\right| < \left|\dfrac{\max\{a_1, a_2, \cdots, a_{N_1}\}}{n}\right| + \left|\dfrac{\max\{a_{N_1+1}, \cdots, a_n\}}{n}\right|.$

又 $\lim\limits_{n\to\infty} \dfrac{\max\{a_1, a_2, \cdots, a_{N_1}\}}{n} = 0$，即对上述 $\varepsilon > 0$，$\exists N_2$，当 $n > N_2$ 时，有

$$\left|\frac{\max\{a_1, a_2, \cdots, a_{N_1}\}}{n}\right| < \frac{\varepsilon}{2}.$$

取 $N = \max\{N_1, N_2\}$，则当 $n > N$ 时，

$$\left|\frac{\max\{a_1, a_2, \cdots, a_n\}}{n}\right| < \left|\frac{\max\{a_1, a_2, \cdots, a_{N_1}\}}{n}\right| + \left|\frac{\max\{a_{N_1+1}, \cdots, a_n\}}{n}\right| < \varepsilon.$$

即 $\lim\limits_{n\to\infty} \dfrac{\max\{a_1, a_2, \cdots, a_n\}}{n} = 0.$

3. 求 $\lim\limits_{n\to\infty} \dfrac{1 + \sqrt{2 + 2^2} + \sqrt[3]{3 + 2^3} + \cdots + \sqrt[n]{n + 2^n}}{n}.$

解：（法一）因为 $2 < \sqrt[n]{n + 2^n} < \sqrt[n]{2^n + 2^n} = 2\sqrt[n]{2}$，

由夹逼定理知，$\lim\limits_{n\to\infty} \sqrt[n]{n + 2^n} = 2$，

再由柯西第一定理得，

$$\lim_{n\to\infty} \frac{1 + \sqrt{2 + 2^2} + \sqrt[3]{3 + 2^3} + \cdots + \sqrt[n]{n + 2^n}}{n}$$

$$= \lim_{n\to\infty} \frac{1 + 2 + \sqrt{2 + 2^2} + \sqrt[3]{3 + 2^3} + \cdots + \sqrt[n]{n + 2^n} - 2}{n}$$

$$= \lim_{n \to \infty} \frac{1 + 2 + \sqrt{2 + 2^2} + \sqrt[3]{3 + 2^3} + \cdots + \sqrt[n]{n + 2^n}}{n} = 2.$$

（法二）由施笃兹定理得，

$$\lim_{n \to \infty} \frac{1 + \sqrt{2 + 2^2} + \sqrt[3]{3 + 2^3} + \cdots + \sqrt[n]{n + 2^n}}{n} = \lim_{n \to \infty} \sqrt[n+1]{n + 1 + 2^{n+1}} = 2.$$

例 3 求下列数列 $\{x_n\}$ 的极限：

(1) 设 $A > 0, x_1 > 0, k$ 为大于 1 的正整数，$x_{n+1} = \frac{1}{k}\left[(k-1)x_n + \frac{A}{x_n^{k-1}}\right]$；

(2) 设 $c > 1, x_{n+1} = \frac{c(1 + x_n)}{c + x_n}$；

(3) 设 $x_0 = a, x_1 = b, x_n = \frac{x_{n-1} + x_{n-2}}{2}$ $(n = 2, 3, \cdots)$.

分析： 证明递推式描述的数列存在极限常用单调有界定理，有时也用夹逼定理，也可以根据数列的特征利用级数说明. 如果能在假定极限存在的前提下计算出极限，论证该极限存在性又可以利用定义或柯西收敛准则.

解：（1）首先注意 $x_{n+1} = \frac{1}{k}\left[(k-1)x_n + \frac{A}{x_n^{k-1}}\right] \geqslant \frac{1}{k} \cdot k \sqrt[k]{x_n^{k-1} \cdot \frac{A}{x_n^{k-1}}} = \sqrt[k]{A}$，

所以 $\{x_n\}$ 为有下界数列.

另一方面，因为 $x_{n+1} - x_n = \frac{1}{2}\left(x_n + \frac{A}{x_n}\right) - x_n = \frac{1}{k}\left(\frac{A - x_n^k}{x_n^{k-1}}\right) \leqslant 0$，

所以 $\{x_n\}$ 为单调减数列. 因而 $\lim\limits_{n \to \infty} x_n$ 存在，记为 a.

由极限的四则运算，在 $x_{n+1} = \frac{1}{k}\left[(k-1)x_n + \frac{A}{x_n^{k-1}}\right]$ 两端同时取极限 $n \to \infty$，得

$a = \frac{1}{k}\left[(k-1)a + \frac{A}{a^{k-1}}\right]$，并注意到 $x_n \geqslant \sqrt[k]{A} > 0$，

解得 $a = \sqrt[k]{A}$.

(2)（法一）注意到 $0 < x_{n+1} = \frac{c(1 + x_n)}{c + x_n} < \frac{c(c + x_n)}{c + x_n} = c$，于是 $\{x_n\}$ 为有界数列.

另一方面，

$$x_{n+2} - x_{n+1} = \frac{c + cx_{n+1}}{c + x_{n+1}} - x_{n+1} = \frac{c - x_{n+1}^2}{c + x_{n+1}} = \frac{c - \left(\frac{c + cx_n}{c + x_n}\right)^2}{c + \frac{c + cx_n}{c + x_n}} = \frac{(c-1)(c - x_n^2)}{(c + x_n)(c + 1 + 2x_n)}.$$

则 $\dfrac{x_{n+2} - x_{n+1}}{x_{n+1} - x_n} = \dfrac{\dfrac{(c-1)(c - x_n^2)}{(c + x_n)(c + 1 + 2x_n)}}{\dfrac{c - x_n^2}{c + x_n}} = \dfrac{c-1}{c + 1 + 2x_n} > 0$，

即 $x_{n+2} - x_{n+1}$ 与 $x_{n+1} - x_n$ 保持同号，

因此 $\{x_n\}$ 为单调数列，所以 $\lim\limits_{n \to \infty} x_n$ 存在，记为 a.

由极限的四则运算，在 $x_{n+1} = \dfrac{c + cx_n}{c + x_n}$ 两端同时取极限，得 $a = \dfrac{c + ca}{c + a}$，并注意到 $0 < x_n < c$，

解得 $a = \sqrt{c}$．

（法二）$|x_{n+1} - x_n| = \left| \dfrac{c + cx_n}{c + x_n} - \dfrac{c + cx_{n-1}}{c + x_{n-1}} \right| = \left| \dfrac{c(c-1)(x_n - x_{n-1})}{(c + x_n)(c + x_{n-1})} \right|$

$$< \left(1 - \dfrac{1}{c} \right) |x_n - x_{n-1}| < \cdots < \left(1 - \dfrac{1}{c} \right)^{n-1} |x_2 - x_1|.$$

由柯西收敛准则知，$\{x_n\}$ 收敛．设 $\lim\limits_{n \to \infty} x_n$ 存在，记为 a．

由极限的四则运算，在 $x_{n+1} = \dfrac{c + cx_n}{c + x_n}$ 两端同时取极限，得 $a = \dfrac{c + ca}{c + a}$，并注意到 $0 < x_n < c$，

解得 $a = \sqrt{c}$．

（法三）$|x_n - \sqrt{c}| = \left| \dfrac{c + cx_{n-1}}{c + x_{n-1}} - \sqrt{c} \right| < \left| \dfrac{(c - \sqrt{c})(x_{n-1} - \sqrt{c})}{c + x_{n-1}} \right|$

$$< \left(1 - \dfrac{1}{\sqrt{c}} \right) |x_{n-1} - \sqrt{c}| < \cdots$$

$$< \left(1 - \dfrac{1}{\sqrt{c}} \right)^{n-1} |x_2 - x_1|.$$

因为 $\lim\limits_{n \to \infty} \left(1 - \dfrac{1}{\sqrt{c}} \right)^{n-1} = 0$，由夹逼定理得，$\lim\limits_{n \to \infty} |x_n - \sqrt{c}| = 0$，

即证明了 $\lim\limits_{n \to \infty} x_n$ 存在且等于 $\sqrt{c}$．

（3）由于 $x_{n+1} - x_n = \dfrac{x_n + x_{n-1}}{2} - x_n = - \dfrac{x_n - x_{n-1}}{2} = \cdots = \dfrac{x_2 - x_1}{(-2)^{n-1}} = \dfrac{x_1 - x_0}{(-2)^n} = \dfrac{b - a}{(-2)^n}$，

$$x_n = \sum_{m=0}^{n-1} (x_{m+1} - x_m) + x_0 = (b - a) \sum_{m=0}^{n-1} \dfrac{1}{(-2)^m} + a = (b - a) \dfrac{1 - \left(-\dfrac{1}{2} \right)^n}{1 - \left(-\dfrac{1}{2} \right)} + a,$$

所以 $\lim\limits_{n \to \infty} x_n = (b - a) \lim\limits_{n \to \infty} \dfrac{1 - \left(-\dfrac{1}{2} \right)^n}{1 - \left(-\dfrac{1}{2} \right)} + a = \dfrac{2(b - a)}{3} + a = \dfrac{2b + a}{3}$．

【举一反三】

1. 已知 $\alpha > 0, x_1 > 0, x_{n+1} = \dfrac{\alpha}{1 + x_n}$，证明：数列 $\{x_n\}$ 收敛．

证明：（法一）$|x_{n+1} - x_n| = \left| \dfrac{\alpha}{1 + x_n} - \dfrac{\alpha}{1 + x_{n-1}} \right| = \alpha \left| \dfrac{x_n - x_{n-1}}{(1 + x_n)(1 + x_{n-1})} \right|$

$$< \dfrac{\alpha}{1 + \alpha} |x_n - x_{n-1}| < \left(\dfrac{\alpha}{1 + \alpha} \right)^2 |x_{n-1} - x_{n-2}| < \cdots$$

$$< \left(\dfrac{\alpha}{1 + \alpha} \right)^{n-1} |x_2 - x_1|.$$

因为 $0 < \dfrac{\alpha}{1+\alpha} < 1$，所以级数 $\displaystyle\sum_{n=1}^{\infty}\left(\dfrac{\alpha}{1+\alpha}\right)^{n-1}$ 收敛.

由正项级数比较判别法得，级数 $\displaystyle\sum_{n=1}^{\infty}|x_{n+1}-x_n|$ 收敛，因此 $\displaystyle\sum_{n=1}^{\infty}(x_{n+1}-x_n)$ 收敛.

由级数收敛的定义可得，数列 $\{x_n\}$ 收敛.

（法二） $|x_{n+p}-x_n| \leqslant |x_{n+p}-x_{n+p-1}| + |x_{n+p-1}-x_{n+p-2}| + \cdots + |x_{n+1}-x_n|$

$\leqslant \left[\left(\dfrac{\alpha}{1+\alpha}\right)^{n+p-2} + \cdots + \left(\dfrac{\alpha}{1+\alpha}\right)^{n-1}\right]|x_2-x_1| < \left(\dfrac{\alpha}{1+\alpha}\right)^{n-1}(1+\alpha)|x_2-x_1|,$

因为 $\displaystyle\lim_{n\to\infty}\left(\dfrac{\alpha}{1+\alpha}\right)^{n-1}=0$，由柯西收敛准则可得，数列 $\{x_n\}$ 收敛.

2. 已知 $a_1=1,a_2=1,a_{n+2}=a_{n+1}+a_n(n=1,2,\cdots)$，证明 $\left\{\dfrac{a_n}{a_{n+1}}\right\}$ 收敛，并求其极限.

证明： 令 $b_n = \dfrac{a_n}{a_{n+1}}$，则 $b_n = \dfrac{a_n}{a_n+a_{n-1}} = \dfrac{1}{1+\dfrac{a_{n-1}}{a_n}} = \dfrac{1}{1+b_{n-1}}, n=2,3,\cdots,$

假设 $\displaystyle\lim_{n\to\infty}b_n$ 存在，记 $\displaystyle\lim_{n\to\infty}b_n=b,$

则 $b = \dfrac{1}{1+b}$，得 $b = \dfrac{1}{2}(-1\pm\sqrt{5})$，因为 $b_n>0$，所以 $b=\dfrac{1}{2}(-1+\sqrt{5}).$

下面证明极限的存在性.

$|b_{n+1}-b| = \dfrac{b}{1+b_n}|b_n-b| < b|b_n-b| < \cdots < b^{n-1}|b_2-b|,$

易知 $\displaystyle\lim_{n\to\infty}b^{n-1}=0$，由夹逼定理得，$\displaystyle\lim_{n\to\infty}|b_{n+1}-b|=0,$

即证明了 $\displaystyle\lim_{n\to\infty}\dfrac{a_n}{a_{n+1}}$ 存在且等于 $\dfrac{1}{2}(-1+\sqrt{5}).$

3. 已知 $0\leqslant a\leqslant 1,b\geqslant 2,x_{n+1}=x_n-\dfrac{1}{b}(x_n^2-a),x_0=0$，求 $\displaystyle\lim_{n\to\infty}x_n.$

解： $x_1=\dfrac{a}{b}$，显然 $x_n>0$，假设 $\{x_n\}$ 有极限，设为 $a.$

容易计算 $\displaystyle\lim_{n\to\infty}x_n = \pm\sqrt{a}$，由于 $x_n>0$，得 $\displaystyle\lim_{n\to\infty}x_n=\sqrt{a}.$

假设 $x_n<\sqrt{a}$，则 $x_{n+1}-\sqrt{a} = x_n-\sqrt{a}-\dfrac{1}{b}(x_n^2-a) = (x_n-\sqrt{a})\left(1-\dfrac{x_n+\sqrt{a}}{b}\right) < 0,$

则 $\{x_n\}$ 有界，且 $0<x_n<\sqrt{a}.$

因为 $x_{n+1}-x_n = -\dfrac{1}{b}(x_n^2-a)>0$，所以数列 $\{x_n\}$ 单调递增，

由单调有界定理可知，$\displaystyle\lim_{n\to\infty}x_n$ 存在，且 $\displaystyle\lim_{n\to\infty}x_n=\sqrt{a}.$

例 4 设 $x_1=2,x_{n+1}=2+\dfrac{1}{x_n}$，求 $\displaystyle\lim_{n\to\infty}x_n.$

分析： 设 $a_{n+1}=f(a_n)(n=1,2,\cdots),a_n\in I$，若 $f(x)$ 在区间 I 上单调增加，且 $a_2>a_1$（或 $a_2<a_1$），则数列 $\{a_n\}$ 单调增加（或单调减少）. 若 $f(x)$ 在区间 I 上单调递减，则数列 $\{a_n\}$ 不

是单调数列,但是其奇、偶子列都是单调的且单调性相反.

解:(法一) 设 $\lim\limits_{n\to\infty}x_n$ 存在,记为 a. 由极限的四则运算得,$a = 2 + \dfrac{1}{a}$,即 $a = 1 \pm \sqrt{2}$,

又 $x_n > 2$,故 $a = 1 + \sqrt{2}$.

由于 $0 < |x_{n+1} - a| = \left|\left(2 + \dfrac{1}{x_n}\right) - \left(2 + \dfrac{1}{a}\right)\right| = \dfrac{|x_n - a|}{x_n a} < \dfrac{1}{4}|x_n - a| < \cdots < \left(\dfrac{1}{4}\right)^n |x_1 - a|.$

而 $\lim\limits_{n\to\infty}\left(\dfrac{1}{4}\right)^n |x_1 - a| = 0$,由夹逼定理得,$\lim\limits_{n\to\infty}x_n = a = 1 + \sqrt{2}.$

(法二) 由已知 $x_1 = 2$ 可得 $x_2 = \dfrac{5}{2},x_3 = \dfrac{12}{5},x_4 = \dfrac{29}{12}.$

假设 $n = k$ 时,$x_{2k-1} < x_{2k+1}$,且 $x_{2k} > x_{2k+2}$.

当 $n = k + 1$ 时,$x_{2k+1} = 2 + \dfrac{1}{x_{2k}} < 2 + \dfrac{1}{x_{2k+2}} = x_{2k+3}$,且

$x_{2k+2} = 2 + \dfrac{1}{x_{2k+1}} > 2 + \dfrac{1}{x_{2k+3}} = x_{2k+4}.$

由已知 $x_1 = 2,x_2 = \dfrac{5}{2}$,得 $x_1 < 1 + \sqrt{2},x_2 > 1 + \sqrt{2}.$

假设 $n = k$ 时,$x_{2k} > 1 + \sqrt{2}$,且 $x_{2k-1} < 1 + \sqrt{2}$,

当 $n = k + 1$ 时,$x_{2k+1} = 2 + \dfrac{1}{x_{2k}} < 2 + \dfrac{1}{1 + \sqrt{2}} = 1 + \sqrt{2}$,且

$x_{2k+2} = 2 + \dfrac{1}{x_{2k+1}} > 2 + \dfrac{1}{1 + \sqrt{2}} = 1 + \sqrt{2}.$

综上,数列 $\{x_{2n}\}$ 单调减少有下界,$\{x_{2n+1}\}$ 单调增加有上界,

由单调有界必有极限知,数列 $\{x_{2n}\},\{x_{2n+1}\}$ 的极限存在,分别设为 a,b.

分别在 $x_{2n+1} = 2 + \dfrac{1}{x_{2n}},x_{2n} = 2 + \dfrac{1}{x_{2n-1}}$ 两边取极限,且 $x_n > 0$,得

$a = b = 1 + \sqrt{2}.$ 则 $\lim\limits_{n\to\infty}x_n = 1 + \sqrt{2}.$

【举一反三】

1. 已知 $x_1 > \sqrt{a} > 1,x_{n+1} = \dfrac{a + x_n}{1 + x_n}$,求 $\lim\limits_{n\to\infty}x_n$.

解:设 $f(x) = \dfrac{a + x}{1 + x},f(\sqrt{a}) = \sqrt{a}$,且 $f'(x) = \dfrac{1 - a}{(1 + x)^2} < 0.$

$x > \sqrt{a}$ 时,$f(x) < \sqrt{a}$;$x < \sqrt{a}$ 时,$f(x) > \sqrt{a}.$

于是 $x_1 > \sqrt{a},x_{2n-1} > \sqrt{a}$ 且 $x_{2n} < \sqrt{a}.$

又 $x_{n+2} - x_n = \dfrac{a + x_{n+1}}{1 + x_{n+1}} - x_n = \dfrac{2a + (1 + a)x_n}{(a + 1) + 2x_n} - x_n = \dfrac{2(a - x_n^2)}{(a + 1) + 2x_n},$

所以 $\{x_{2n-1}\}$ 单调减少,$\{x_{2n}\}$ 单调增加.

假设 $\lim\limits_{n\to\infty}x_{2n-1} = b,\lim\limits_{n\to\infty}x_{2n} = c$,则 $b = c = \sqrt{a}.$

【注】本题也可以利用例3(2)的解法来处理.

例5 设 $f(x)$ 满足：(1) $-\infty < a \leqslant f(x) \leqslant b < +\infty$；(2) $|f(x) - f(y)| \leqslant L|x-y|, 0 < L < 1, x, y \in [a,b]$，任取 $x_1 \in [a,b]$，做序列 $x_{n+1} = \frac{1}{2}[x_n + f(x_n)], n = 1, 2, \cdots$ 证明：$\{x_n\}$ 收敛且其极限 $\xi \in [a,b]$ 满足 $f(\xi) = \xi$.

分析： 广义压缩映射原理：

设 $f(x): [a,b] \to [a,b]$ 为广义压缩映射，即 $\exists 0 < k < 1, |f(x) - f(y)| \leqslant k|x-y|$，则对任意的 $x_0 \in [a,b]$，迭代序列 $x_{n+1} = f(x_n), n = 0, 1, 2, \cdots$ 必收敛于 $f(x)$ 在 $[a,b]$ 中的唯一不动点.

特别地，如果 $f(x): [a,b] \to [a,b]$ 为可导映射，$x \in (a,b)$，且 $|f'(x)| < 1$，则 $f(x)$ 是广义压缩映射.

证明： $\forall y_1 \in [a,b]$，做序列 $y_{n+1} = f(y_n)$，则

$$|y_{n+1} - y_n| = |f(y_n) - f(y_{n-1})| \leqslant L|y_n - y_{n-1}| \leqslant \cdots \leqslant L^{n-1}|y_2 - y_1|,$$

于是 $|y_{n+p} - y_n| \leqslant |y_{n+p} - y_{n+p-1}| + \cdots + |y_{n+1} - y_n|$

$$\leqslant (L^{n+p-2} + \cdots + L^{n-1})|y_2 - y_1|$$

$$\leqslant L^{n-1}(L^{p-1} + \cdots + 1)|y_2 - y_1| = L^{n-1}\frac{1 - L^p}{1 - L}|y_2 - y_1|$$

$$\leqslant L^{n-1}\frac{1}{1 - L}|y_2 - y_1|,$$

由柯西收敛准则知，$\{y_n\}$ 收敛，记 $\lim\limits_{n \to \infty} y_n = \xi \in [a,b]$，则有 $f(\xi) = \xi$.

$$|x_{n+1} - \xi| = \frac{1}{2}|x_n - \xi + f(x_n) - \xi| \leqslant \frac{1}{2}|x_n - \xi| + \frac{1}{2}|f(x_n) - f(\xi)|$$

$$\leqslant \frac{1 + L}{2}|x_n - \xi| \leqslant \cdots \leqslant \left(\frac{1 + L}{2}\right)^n |x_1 - \xi| \to 0 (n \to +\infty),$$

故 $\{x_n\}$ 收敛且其极限 $\xi \in [a,b]$，满足 $f(\xi) = \xi$.

【举一反三】

1. 证明数列 $x_n = \sqrt{1 + \sqrt{1 + \sqrt{\cdots + \sqrt{1}}}}$（$n$ 重根式）的极限存在.

证明： 数列可写为递推式：$x_{n+1} = \sqrt{1 + x_n}$.

令 $f(x) = \sqrt{1 + x}(x > 0)$，则 $|f'(x)| = \frac{1}{2\sqrt{1 + x}} < \frac{1}{2} < 1$，

由压缩不动点定理可知，数列 $\{x_n\}$ 的极限存在.

例6 已知 $a_n < 2, (2 - a_n)a_{n+1} \geqslant 1$，证明数列 $\{a_n\}$ 收敛，并求其极限.

分析： 所给递推式是不等式形式，观察不等式左端，由基本不等式 $ab \leqslant \left(\frac{a+b}{2}\right)^2$，利用不等式右端的数值1建立 $(2 - a_n)a_n$ 与 $(2 - a_n)a_{n+1}$ 的关系，得到数列的单调性.

证明： 已知 $a_n < 2, (2 - a_n)a_{n+1} \geqslant 1$，即得数列 $\{a_n\}$ 有界，且 $0 < a_n < 2$.

又 $(2 - a_n)a_n \leqslant \left(\frac{2 - a_n + a_n}{2}\right)^2 = 1 \leqslant (2 - a_n)a_{n+1}$，得数列 $\{a_n\}$ 单调递增.

于是数列 $\{a_n\}$ 收敛,记 $\lim\limits_{n\to\infty}a_n=b$.

在不等式 $(2-a_n)a_{n+1}\geqslant 1$ 两端取极限,有 $(2-b)b\geqslant 1$,

即 $2b-b^2-1\geqslant 0$,易得 $(b-1)^2\leqslant 0$,故 $\lim\limits_{n\to\infty}a_n=b=1$.

【举一反三】

1. 已知 $0<x_n<1,x_{n+1}(1-x_n)\geqslant\dfrac{1}{4}$,证明数列 $\{x_n\}$ 收敛并求 $\lim\limits_{n\to\infty}x_n$.

证明:$x_n(1-x_n)\leqslant\left(\dfrac{x_n+1-x_n}{2}\right)^2=\dfrac{1}{4}\leqslant x_{n+1}(1-x_n)$,得数列 $\{x_n\}$ 单调递增.

于是数列 $\{a_n\}$ 收敛,记 $\lim\limits_{n\to\infty}x_n=b$.

在不等式 $x_{n+1}(1-x_n)\geqslant\dfrac{1}{4}$ 两端取极限,有 $b(1-b)\geqslant\dfrac{1}{4}$,

即 $4b-4b^2-1\geqslant 0$,易得 $(2b-1)^2\leqslant 0$,故 $\lim\limits_{n\to\infty}x_n=b=\dfrac{1}{2}$.

例 7　已知数列 $\{b_n\}$ 有界,$a_n=\dfrac{b_1}{1\times 2}+\dfrac{b_2}{2\times 3}+\cdots+\dfrac{b_n}{n(n+1)}$,证明:$\{a_n\}$ 收敛.

分析:就数列 $\{a_n\}$ 本身出发,利用柯西收敛准则证明.另外,关注分母的特征,将其裂项,达到证明的目的.

证明:已知 $\{b_n\}$ 有界,故 $\exists M>0,|b_n|\leqslant M$.

$$|a_{n+1}-a_n|=\left|\dfrac{b_{n+1}}{(n+1)(n+2)}\right|\leqslant\dfrac{M}{(n+1)(n+2)}=M\left(\dfrac{1}{n+1}-\dfrac{1}{n+2}\right).$$

$\forall\varepsilon>0$,取 $N=\left[\dfrac{M}{\varepsilon}\right]$,$\forall n>N$,

$$|a_{n+p}-a_n|\leqslant|a_{n+p}-a_{n+p-1}|+|a_{n+p-1}-a_{n+p-2}|+\cdots+|a_{n+1}-a_n|$$

$$\leqslant M\left(\dfrac{1}{n+p}-\dfrac{1}{n+p+1}+\dfrac{1}{n+p-1}-\dfrac{1}{n+p}+\cdots+\dfrac{1}{n+2}-\dfrac{1}{n+3}+\dfrac{1}{n+1}-\dfrac{1}{n+2}\right)$$

$$=M\left(\dfrac{1}{n+1}-\dfrac{1}{n+p+1}\right)<\dfrac{M}{n}<\varepsilon,$$

由柯西收敛准则得,$\{a_n\}$ 收敛.

【举一反三】

1. 用柯西收敛准则证明:$x_n=\dfrac{\cos 1}{1\times 2}+\dfrac{\cos 2}{2\times 3}+\cdots+\dfrac{\cos n}{n(n+1)}$ 收敛.

证明: $\forall\varepsilon>0$,要使

$$|x_{n+p}-x_n|=\left|\dfrac{\cos(n+1)}{(n+1)\cdot(n+2)}+\dfrac{\cos(n+2)}{(n+2)\cdot(n+3)}+\cdots+\dfrac{\cos(n+p)}{(n+p)\cdot(n+p+1)}\right|$$

$$\leqslant\dfrac{1}{(n+1)\cdot(n+2)}+\dfrac{1}{(n+2)\cdot(n+3)}+\cdots+\dfrac{1}{(n+p)\cdot(n+p+1)}$$

$$=\dfrac{1}{n+1}-\dfrac{1}{n+2}+\dfrac{1}{n+2}-\dfrac{1}{n+3}+\cdots+\dfrac{1}{n+p}-\dfrac{1}{n+p+1}$$

$$=\dfrac{1}{n+1}-\dfrac{1}{n+p+1}<\dfrac{1}{n+1}<\dfrac{1}{n}<\varepsilon,$$

取 $N = \left[\dfrac{1}{\varepsilon}\right]$，$\forall n > N$，$\forall p$，有 $|x_{n+p} - x_n| < \dfrac{1}{n+1} < \dfrac{1}{n} < \varepsilon$，

由柯西收敛准则得，$\{x_n\}$ 收敛.

例8 设 $a_{n+1} = b_n - qa_n$，$0 < q < 1$，证明：若 $\{b_n\}$ 收敛，则 $\{a_n\}$ 收敛.

分析：数列 $\{a_n\}$ 的极限易求得，利用先求结果后验证的方法说明数列 $\{a_n\}$ 极限的存在性.

证明：设 $\lim\limits_{n\to\infty} b_n = b$，则 $\exists M > 0$，$|b_n - b| \leqslant M$.

又 $\lim\limits_{n\to\infty} q^n = 0$，即 $\forall \varepsilon > 0$，$\exists N$，$\forall n > N$，$q^n < \varepsilon$，且 $|b_n - b| < \dfrac{\varepsilon}{2M}$.

假设 $\lim\limits_{n\to\infty} a_n$ 存在，设为 a，则 $a = \dfrac{b}{1+q}$.

$a_n = b_{n-1} + (-q)b_{n-2} + (-q)^2 b_{n-3} + \cdots + (-q)^{n-2} b_1 + (-q)^{n-1} a_1$，

于是，$\forall n > N$，

$$\left| a_n - \frac{b}{1+q} \right| = \left| a_n - \left[b + (-q)b + (-q)^2 b + \cdots + (-q)^{n-2} b + (-q)^{n-1} a_1 \right] \right|$$

$$\leqslant |b_{n-1} - b| + |b_{n-2} - b| q + \cdots + |b_1 - b| q^{n-2} + a_1 q^{n-1}$$

$$\leqslant (1 + q + \cdots + q^{n-N}) \frac{\varepsilon}{2M} + M(q^{n-N+1} + \cdots + q^{n-1})$$

$$\leqslant \left(\frac{1}{1-q} \right) \frac{\varepsilon}{2M} + M\varepsilon (q^{-N+1} + \cdots + q^{-1})，$$

即得 $\{a_n\}$ 收敛.

【举一反三】

1. λ 是实数，$0 < |\lambda| < 1$，证明：$\lim\limits_{n\to\infty} a_n = a \Leftrightarrow \lim\limits_{n\to\infty} (a_{n+1} - \lambda a_n) = (1 - \lambda)a$.

证明：必要性显然，只需证明充分性.

令 $\lambda = \dfrac{1}{q}$，$b_{n-1} = a_n - \lambda a_{n-1} = a_n - \dfrac{1}{q} a_{n-1}$，则

$$a_n = b_{n-1} + \lambda a_{n-1} = b_{n-1} + \lambda(b_{n-2} + \lambda a_{n-2})$$

$$= b_{n-1} + \lambda b_{n-2} + \lambda^2 b_{n-3} + \cdots + \lambda^{n-2} b_1 + \lambda^{n-1} a_1$$

$$= \frac{b_{n-1} q^{n-1} + b_{n-2} q^{n-2} + b_{n-3} q^{n-3} + \cdots + b_1 q}{q^{n-1}} + \frac{a_1}{q^{n-1}}.$$

当 $q > 1$ 时，$\lim\limits_{n\to\infty} a_n = \lim\limits_{n\to\infty} \dfrac{b_{n-1} q^{n-1} + b_{n-2} q^{n-2} + b_{n-3} q^{n-3} + \cdots + b_1 q}{q^{n-1}}$

$$= \lim_{n\to\infty} \frac{b_n q^n}{q^n - q^{n-1}} = \lim_{n\to\infty} \frac{b_n}{1 - \dfrac{1}{q}} = \frac{1 - \dfrac{1}{q}}{1 - \dfrac{1}{q}} a = a.$$

当 $q < -1$ 时，

$$\lim_{k\to\infty} a_{2k+1} = \lim_{k\to\infty} \frac{b_{2k} q^{2k} + b_{2k-1} q^{2k-1} + b_{2k-2} q^{2k-2} + \cdots + b_1 q}{q^{2k}} = \lim_{k\to\infty} \frac{b_{2k+2} q^{2k+2} + b_{2k+1} q^{2k+1}}{q^{2k+2} - q^{2k}}$$

$$= \lim_{k \to \infty} \frac{b_{2k+2} + b_{2k+1} \dfrac{1}{q}}{1 - \dfrac{1}{q^2}} = \frac{\left(1 - \dfrac{1}{q}\right) a + \left(1 - \dfrac{1}{q}\right) a \dfrac{1}{q}}{1 - \dfrac{1}{q^2}} = a.$$

$$\lim_{k \to \infty} a_{2k} = \lim_{k \to \infty} \frac{b_{2k-1} q^{2k-1} + b_{2k-2} q^{2k-2} + b_{2k-3} q^{2k-3} + \cdots + b_1 q}{q^{2k-1}} = q \lim_{k \to \infty} \frac{b_{2k+1} q^{2k+1} + b_{2k} q^{2k}}{q^{2k+2} - q^{2k}}$$

$$= q \lim_{k \to \infty} \frac{b_{2k+1} \dfrac{1}{q} + b_{2k} \dfrac{1}{q^2}}{1 - \dfrac{1}{q^2}} = \frac{\left(1 - \dfrac{1}{q}\right) a + \left(1 - \dfrac{1}{q}\right) a \dfrac{1}{q}}{1 - \dfrac{1}{q^2}} = a.$$

所以 $\lim_{n \to \infty} a_n = a.$

例 9 求下列极限:

(1) 设 $0 < x_1 < 1, x_{n+1} = x_n(1 - x_n)$,求 $\lim_{n \to \infty} n x_n$;

(2) 已知 $\{x_n\}$ 为有界的正数列,求 $\lim_{n \to \infty} \dfrac{x_n}{x_1 + x_2 + \cdots + x_n}$;

(3) $\lim_{n \to \infty} (1 + x)(1 + x^2) \cdots (1 + x^{2^n})$ (其中 $|x| < 1$);

(4) 设 $a_1 = 3, a_{n+1} = a_n^2 + a_n (n = 1, 2, \cdots)$,求 $\lim_{n \to \infty} \left(\dfrac{1}{1 + a_1} + \dfrac{1}{1 + a_2} + \cdots + \dfrac{1}{1 + a_n} \right)$;

(5) $\lim_{n \to \infty} \dfrac{1}{2} \cdot \dfrac{3}{4} \cdots \dfrac{2n - 1}{2n}$;

(6) $\lim_{n \to \infty} \cos \dfrac{x}{2} \cos \dfrac{x}{2^2} \cdots \cos \dfrac{x}{2^n}, x \neq 0.$

分析: 根据数列不同的特征,选择合适的方法计算极限. 通过对某些技巧、方法的使用意识以及对问题的加工转化找到解题的突破口.

解: (1) 由归纳法可知,$0 < x_n < 1$,

再由 $0 < \dfrac{x_{n+1}}{x_n} = 1 - x_n < 1$ 知,$\{x_n\}$ 单调减少,设 $\lim_{n \to \infty} x_n = a$,有 $a = a(1 - a)$,即 $a = 0$.

于是 $\lim_{n \to \infty} n x_n = \lim_{n \to \infty} \dfrac{n}{\dfrac{1}{x_n}} \overset{\text{Stolz}}{=} \lim_{n \to \infty} \dfrac{1}{\dfrac{1}{x_{n+1}} - \dfrac{1}{x_n}} = \lim_{n \to \infty} (1 - x_n) = 1.$

(2) 设 $u_n = x_1 + x_2 + \cdots + x_n, u_n > 0$ 且单调增加,于是 $\lim_{n \to \infty} u_n = \begin{cases} a, \\ +\infty. \end{cases}$

如果 $\lim_{n \to \infty} u_n = a$,由 $\sum_{n=1}^{\infty} x_n$ 收敛,可得 $\lim_{n \to \infty} x_n = 0$,即 $\lim_{n \to \infty} \dfrac{x_n}{x_1 + x_2 + \cdots + x_n} = 0$;

如果 $\lim_{n \to \infty} u_n = +\infty$,由 $\{x_n\}$ 有界,即得 $\lim_{n \to \infty} \dfrac{x_n}{x_1 + x_2 + \cdots + x_n} = 0.$

(3) $\lim_{n \to \infty} (1 + x)(1 + x^2) \cdots (1 + x^{2^n}) = \lim_{n \to \infty} \dfrac{(1 - x)(1 + x)(1 + x^2) \cdots (1 + x^{2^n})}{1 - x}$

$$= \lim_{n \to \infty} \frac{(1 - x^2)(1 + x^2) \cdots (1 + x^{2^n})}{1 - x} = \lim_{n \to \infty} \frac{1 - x^{2^{n+1}}}{1 - x} = \frac{1}{1 - x}.$$

(4) 已知 $a_{n+1} = a_n^2 + a_n = a_n(1 + a_n)$,则 $a_{n+1} \to \infty (n \to \infty)$,且

$$\frac{1}{a_{n+1}} = \frac{1}{a_n(1 + a_n)} = \frac{1}{a_n} - \frac{1}{1 + a_n}, 即 \frac{1}{1 + a_n} = \frac{1}{a_n} - \frac{1}{a_{n+1}}.$$

于是 $\dfrac{1}{1 + a_1} + \dfrac{1}{1 + a_2} + \cdots + \dfrac{1}{1 + a_n} = \dfrac{1}{a_1} - \dfrac{1}{a_2} + \dfrac{1}{a_2} - \dfrac{1}{a_3} + \cdots + \dfrac{1}{a_n} - \dfrac{1}{a_{n+1}} = \dfrac{1}{a_1} - \dfrac{1}{a_{n+1}}$,

即有 $\lim\limits_{n \to \infty}\left(\dfrac{1}{1 + a_1} + \dfrac{1}{1 + a_2} + \cdots + \dfrac{1}{1 + a_n}\right) = \lim\limits_{n \to \infty}\left(\dfrac{1}{a_1} - \dfrac{1}{a_{n+1}}\right) = \dfrac{1}{3}.$

(5) 由于 $(2n - 1)(2n + 1) < (2n)^2$,

所以 $\left(\dfrac{1}{2} \cdot \dfrac{3}{4} \cdots \dfrac{2n - 1}{2n}\right)^2 = \dfrac{1}{2} \cdot \dfrac{1}{2} \cdot \dfrac{3}{4} \cdot \dfrac{3}{4} \cdots \dfrac{2n - 1}{2n} \cdot \dfrac{2n - 1}{2n}$

$< \dfrac{1}{2} \cdot \dfrac{2}{3} \cdot \dfrac{3}{4} \cdot \dfrac{4}{5} \cdots \dfrac{2n - 1}{2n} \cdot \dfrac{2n}{2n + 1} = \dfrac{1}{2n + 1},$

即 $0 < \dfrac{1}{2} \cdot \dfrac{3}{4} \cdots \dfrac{2n - 1}{2n} < \dfrac{1}{\sqrt{2n + 1}}.$

由夹逼定理得,$\lim\limits_{n \to \infty}\left(\dfrac{1}{2} \cdot \dfrac{3}{4} \cdots \dfrac{2n - 1}{2n}\right) = 0.$

(6) $\lim\limits_{n \to \infty} \cos\dfrac{x}{2}\cos\dfrac{x}{2^2}\cdots\cos\dfrac{x}{2^n} = \lim\limits_{n \to \infty} \dfrac{2^n\cos\dfrac{x}{2}\cos\dfrac{x}{2^2}\cdots\cos\dfrac{x}{2^n}\sin\dfrac{x}{2^n}}{2^n\sin\dfrac{x}{2^n}} = \lim\limits_{n \to \infty} \dfrac{\sin x}{2^n\dfrac{x}{2^n}} = \dfrac{\sin x}{x}.$

【举一反三】

1. 求 $\lim\limits_{n \to \infty} n\left(\sqrt[4]{1 + \dfrac{\alpha}{n}} - \sqrt[3]{1 + \dfrac{\beta}{n}}\right)$,其中 α, β 为常数.

解:$\lim\limits_{n \to \infty} n\left(\sqrt[4]{1 + \dfrac{\alpha}{n}} - \sqrt[3]{1 + \dfrac{\beta}{n}}\right) = \lim\limits_{n \to \infty} n\left(\sqrt[4]{1 + \dfrac{\alpha}{n}} - 1\right) - \lim\limits_{n \to \infty} n\left(\sqrt[3]{1 + \dfrac{\beta}{n}} - 1\right)$

$= \lim\limits_{n \to \infty} n\left(\dfrac{1}{4} \cdot \dfrac{\alpha}{n}\right) - \lim\limits_{n \to \infty} n\left(\dfrac{1}{3} \cdot \dfrac{\beta}{n}\right) = \dfrac{\alpha}{4} - \dfrac{\beta}{3}.$

2. 求 $\lim\limits_{n \to \infty}(\sqrt{n + 1}A_1 + \sqrt{n + 2}A_2 + \cdots + \sqrt{n + k}A_k)$(其中 $A_1 + A_2 + \cdots + A_k = 0$).

解:$\lim\limits_{n \to \infty}(\sqrt{n + 1}A_1 + \sqrt{n + 2}A_2 + \cdots + \sqrt{n + k}A_k)$

$= \lim\limits_{n \to \infty}(\sqrt{n + 1}A_1 - \sqrt{n}A_1) + \lim\limits_{n \to \infty}(\sqrt{n + 2}A_2 - \sqrt{n}A_2) + \cdots + \lim\limits_{n \to \infty}(\sqrt{n + k}A_k - \sqrt{n}A_k)$

$= 0.$

拓展训练

1. 求 $I = \lim\limits_{n \to \infty} \dfrac{1}{\sqrt{n}} \sum\limits_{k=1}^{n} \dfrac{a_k}{\sqrt{k}}$ $\big[$ 已知 $a_n \to a(n \to \infty)\big].$

2. 求 $I = \lim\limits_{n \to \infty} \dfrac{1 + a + 2a^2 + \cdots + na^n}{na^{n+2}}$ $(a > 1).$

3. 求 $I = \lim\limits_{n \to \infty} \dfrac{1 + \sqrt{2} + \sqrt[3]{3} + \cdots + \sqrt[n]{n}}{n}$.

4. 求 $I = \lim\limits_{n \to \infty} \dfrac{\sqrt{n + \sqrt{n}} - \sqrt{n}}{\sqrt[n]{3^n + 5^n + 7^n}}$.

5. 求 $I = \lim\limits_{n \to \infty} \dfrac{\sqrt{n + 2\sqrt{n}} - \sqrt{n}}{\sqrt[n]{1 + 2^n + 3^n}}$.

6. 用柯西收敛准则证明:$x_n = 1 + \dfrac{1}{2^2} + \cdots + \dfrac{1}{n^2}$ 收敛.

7. (1) 证明:$\dfrac{1}{n + 1} < \ln\left(1 + \dfrac{1}{n}\right) < \dfrac{1}{n}$;

(2) 利用(1)证明:$x_n = 1 + \dfrac{1}{2} + \dfrac{1}{3} + \cdots + \dfrac{1}{n} - \ln n$ 收敛.

8. 证明:$x_n = 1 + \dfrac{1}{\sqrt{2}} + \dfrac{1}{\sqrt{3}} + \cdots + \dfrac{1}{\sqrt{n}} - 2\sqrt{n}$ 收敛.

9. 已知 $x_1 > 0, x_{n+1} = \dfrac{x_n(x_n^2 + 3)}{3x_n^2 + 1}$,求 $\lim\limits_{n \to \infty} x_n$.

10. 已知 $c > 0, 0 < x_1 < \dfrac{1}{c}, x_{n+1} = x_n(1 - cx_n)$,求 $\lim\limits_{n \to \infty} x_n, \lim\limits_{n \to \infty} nx_n$.

11. 已知 $a_1 > 0, a_{n+1} = \ln(1 + a_n)$,求 $\lim\limits_{n \to \infty} a_n, \lim\limits_{n \to \infty} na_n$.

12. 已知 $c > 0, a_1 = \dfrac{c}{2}, a_{n+1} = \dfrac{c}{2} + \dfrac{a_n^2}{2}$,证明数列 $\{a_n\}$ 收敛,并求 $\lim\limits_{n \to \infty} a_n$.

13. 已知 $x_1 > 0, x_n e^{x_{n+1}} = e^{x_n} - 1$,证明数列 $\{x_n\}$ 收敛,并求 $\lim\limits_{n \to \infty} x_n$.

14. 设函数 $f(x) = \ln x + \dfrac{1}{x}$.

(1) 求 $f(x)$ 的最小值;

(2) 设数列 $\{x_n\}$ 满足 $\ln x_n + \dfrac{1}{x_{n+1}} < 1$,证明 $\lim\limits_{n \to \infty} x_n$ 存在并求此极限.

15. 设 d 是一个实数,对于每一个整数 $m \geqslant 0$,定义 $\{a_m(j)\}$ 如下:

$a_m(0) = \dfrac{d}{2^m}, a_m(j + 1) = [a_m(j)]^2 + 2a_m(j), j = 1, 2, \cdots$. 计算 $\lim\limits_{n \to \infty} a_n(n)$.

16. 已知正项有界数列 $\{a_n\}$ 满足 $a_n \leqslant a_{n+1} + \dfrac{1}{n^2}$,证明:$\{a_n\}$ 收敛.

17. 已知 $x_n^3 + 2x_n + \dfrac{1}{n} = 0$,证明数列 $\{x_n\}$ 收敛,并求 $\lim\limits_{n \to \infty} x_n, \lim\limits_{n \to \infty} nx_n$.

18. 已知 $\lim\limits_{n \to \infty} x_n = a, \lim\limits_{n \to \infty} y_n = b$,证明:$\lim\limits_{n \to \infty} \dfrac{x_1 y_n + x_2 y_{n-1} + \cdots + x_n y_1}{n} = ab$.

19. 已知 $x_0 = \alpha, x_1 = \beta, x_{n+1} = \dfrac{2}{3}x_n + \dfrac{1}{3}x_{n-1} (n \geqslant 1)$,证明数列 $\{x_n\}$ 收敛,并求 $\lim\limits_{n \to \infty} x_n$.

20. 求 $\displaystyle\lim_{n\to\infty}\sum_{k=1}^{n}\frac{k^2+3k+1}{(k+2)!}$.

21. 已知 $b_n=\displaystyle\sum_{k=1}^{n}\left[\frac{1}{k}-\ln\left(1+\frac{1}{k}\right)\right]$，证明：$\{b_n\}$ 收敛.

22. 已知数列 $\{x_n\}$ 为单调数列，$\displaystyle\lim_{n\to\infty}\frac{x_1+x_2+\cdots+x_n}{n}=a$，证明：$\displaystyle\lim_{n\to\infty}x_n=a$.

23. 已知数列 $\{x_n\}$ 满足 $\displaystyle\lim_{n\to\infty}(x_{n+1}-x_n)=0$，证明：$\displaystyle\lim_{n\to\infty}\frac{x_n}{n}=0$.

24. 已知 $x_1>0,\dfrac{x_{n+1}}{n+1}=\ln\left(1+\dfrac{x_n}{n}\right),y_n=\dfrac{x_n}{n}$，求：

（1）$\displaystyle\lim_{n\to\infty}y_n$；

（2）$\displaystyle\lim_{n\to\infty}\left(\frac{1}{y_{n+1}}-\frac{1}{y_n}\right)$；

（3）$\displaystyle\lim_{n\to\infty}x_n$.

25. 设函数 $f(x)$ 在 $[0,a]$ 上有二阶连续导数，$f'(0)=1,f''(0)\neq0$，对 $0<x<a$，$0<f(x)<x$，任取 $x_1\in(0,a)$，令 $x_{n+1}=f(x_n)$. 求：

（1）$\displaystyle\lim_{n\to\infty}x_n$；

（2）$\displaystyle\lim_{n\to\infty}nx_n$.

拓展训练参考答案 1

第二讲

函数连续

知识要点

一、基本定义

定义1 函数在一点处的极限

$\lim\limits_{x \to x_0} f(x) = A \Leftrightarrow \forall \varepsilon > 0, \exists \delta > 0, \forall x : 0 < |x - x_0| < \delta, |f(x) - A| < \varepsilon.$

右极限：$\lim\limits_{x \to x_0^+} f(x) = A \Leftrightarrow \forall \varepsilon > 0, \exists \delta > 0, \forall x : 0 < x - x_0 < \delta, |f(x) - A| < \varepsilon.$

左极限：$\lim\limits_{x \to x_0^-} f(x) = A \Leftrightarrow \forall \varepsilon > 0, \exists \delta > 0, \forall x : 0 < x_0 - x < \delta, |f(x) - A| < \varepsilon.$

定义2 函数在无穷处的极限

设 $f(x)$ 在 $[a, +\infty)$ 上有定义，则

$\lim\limits_{x \to \infty} f(x) = A \Leftrightarrow \forall \varepsilon > 0, \exists X > a, \forall x : |x| > X, 有 |f(x) - A| < \varepsilon.$

$\lim\limits_{x \to +\infty} f(x) = A \Leftrightarrow \forall \varepsilon > 0, \exists X > a, \forall x : x > X, 有 |f(x) - A| < \varepsilon.$

$\lim\limits_{x \to -\infty} f(x) = A \Leftrightarrow \forall \varepsilon > 0, \exists X > a, \forall x : x < -X, 有 |f(x) - A| < \varepsilon.$

定义3 函数的无穷大量

$\lim\limits_{x \to x_0} f(x) = \infty \Leftrightarrow \forall G > 0, \exists \delta > 0, 使得 \forall x : 0 < |x - x_0| < \delta, 有 |f(x)| > G.$

$\lim\limits_{x \to \infty} f(x) = \infty \Leftrightarrow \forall G > 0, \exists X > 0, 使得 \forall x : |x| > X, 有 |f(x)| > G.$

类似地，可定义 $\lim\limits_{x \to x_0} f(x) = -\infty, \lim\limits_{x \to x_0^-} f(x) = -\infty, \lim\limits_{x \to x_0^+} f(x) = \infty, \lim\limits_{x \to x_0^-} f(x) = \infty,$ 等等.

定义4 函数的无穷小量

若 $\lim\limits_{x \to x_0} f(x) = 0$，则称 $f(x)$ 当 $x \to x_0$ 时为无穷小量.

类似地，可定义 $\lim\limits_{x \to x_0^+} f(x) = 0, \lim\limits_{x \to x_0^-} f(x) = 0, \lim\limits_{x \to \infty} f(x) = 0, \lim\limits_{x \to \pm\infty} f(x) = 0.$

定义 5　无穷小量的比较

在某一极限过程下，设 $\lim\alpha(x)=0,\lim\beta(x)=0,\lim\dfrac{\beta(x)}{\alpha(x)}=k$，则

（1）当 $k=0$ 时，称 $\beta(x)$ 为 $\alpha(x)$ 的高阶无穷小量，记作 $\beta(x)=o(\alpha(x))$；

（2）当 $k=\infty$ 时，称 $\beta(x)$ 为 $\alpha(x)$ 的低阶无穷小量；

（3）当 $k\neq0$ 且 $k\neq\infty$ 时，称 $\beta(x)$ 为 $\alpha(x)$ 的同阶无穷小量.

特别地，当 $k=1$ 时，称 $\beta(x)$ 和 $\alpha(x)$ 为等价的无穷小量，记作 $\beta(x)\sim\alpha(x)$.

定义 6　函数在一点的连续性

若函数 $f(x)$ 在 x_0 处的邻域内有定义，

$f(x)$ 在点 x_0 处连续 $\Leftrightarrow\lim\limits_{\Delta x\to0}\Delta y=0\Leftrightarrow\lim\limits_{x\to x_0}f(x)=f(x_0)\Leftrightarrow\lim\limits_{x\to x_0}f(x)=f(\lim x)\Leftrightarrow\forall\varepsilon>0$，

$\exists\delta>0,\forall x:|x-x_0|<\delta,|f(x)-f(x_0)|<\varepsilon.$

右连续：$\lim\limits_{x\to x_0^+}f(x)=f(x_0)\Leftrightarrow\forall\varepsilon>0,\exists\delta>0,\forall x:x-x_0<\delta,|f(x)-f(x_0)|<\varepsilon.$

左连续：$\lim\limits_{x\to x_0^-}f(x)=f(x_0)\Leftrightarrow\forall\varepsilon>0,\exists\delta>0,\forall x:x_0-x<\delta,|f(x)-f(x_0)|<\varepsilon.$

定义 7　间断点及其分类

若函数在 x_0 处的某个空心邻域内有定义，$f(x)$ 在点 x_0 处无定义，或 $f(x)$ 在点 x_0 处有定义而不连续，则称点 x_0 为函数 $f(x)$ 的间断点.

第一类间断点：

（1）可去间断点：$\lim\limits_{x\to x_0^-}f(x)=\lim\limits_{x\to x_0^+}f(x)=A,f(x)$ 在点 x_0 处无定义或 $f(x_0)\neq A$；

（2）跳跃间断点：$\lim\limits_{x\to x_0^-}f(x)\neq\lim\limits_{x\to x_0^+}f(x).$

第二类间断点：$\lim\limits_{x\to x_0^-}f(x),\lim\limits_{x\to x_0^+}f(x)$ 中至少有一个不存在.

二、重要性质、定理

以下以 $x\to x_0$ 为例，其他极限过程类似.

性质 1

（1）$\lim\limits_{x\to x_0}f(x)=A$，则极限 A 唯一.

（2）$\lim\limits_{x\to x_0}f(x)=A$，则 $\exists\delta,M>0,\forall x:0<|x-x_0|<\delta$，有 $|f(x)|\leqslant M.$

（3）$\lim\limits_{x\to x_0}f(x)=A,\lim\limits_{x\to x_0}g(x)=B$，且 $A<B$，则 $\exists\delta>0,\forall x:0<|x-x_0|<\delta$，有 $f(x)<g(x).$

（4）$\lim\limits_{x\to x_0}f(x)=A,\lim\limits_{x\to x_0}g(x)=B,\exists\delta>0,\forall x:0<|x-x_0|<\delta,f(x)>g(x)$，则 $A\geqslant B.$

（5）$\lim\limits_{x\to x_0}f(x)=A,\lim\limits_{x\to x_0}g(x)=B$，则 $\lim\limits_{x\to x_0}[f(x)\pm g(x)]=A\pm B;\lim\limits_{x\to x_0}f(x)\cdot g(x)=A\cdot B;$ $\lim\limits_{x\to x_0}\dfrac{f(x)}{g(x)}=\dfrac{A}{B}(B\neq0).$

定理 1　极限存在的充要条件

$\lim\limits_{x \to x_0} f(x) = A$ 的充要条件: $\lim\limits_{x \to x_0^+} f(x) = \lim\limits_{x \to x_0^-} f(x) = A$.

定理 2　函数连续的充要条件

$\lim\limits_{x \to x_0} f(x) = f(x_0)$ 的充要条件: $\lim\limits_{x \to x_0^+} f(x) = \lim\limits_{x \to x_0^-} f(x) = f(x_0)$.

定理 3　海涅定理

$\lim\limits_{x \to x_0} f(x) = A \Leftrightarrow \forall \{x_n\} \in \{\{x_n\} \mid x_n \xrightarrow{n \to \infty} x_0,$ 且 $x_n \neq x_0\}$, 有 $\lim\limits_{n \to \infty} f(x_n) = A$.

定理 4　夹逼定理

若 $\exists \delta > 0, \forall x : 0 < |x - x_0| < \delta$, 有 $f(x) \leqslant g(x) \leqslant h(x)$, 且 $\lim\limits_{x \to x_0} f(x) = \lim\limits_{x \to x_0} h(x) = A$, 则 $\lim\limits_{x \to x_0} g(x) = A$.

定理 5　柯西收敛准则

函数 $f(x)$ 在 x_0 处的极限存在 $\Leftrightarrow \forall \varepsilon > 0, \exists \delta > 0$,

$\forall x', x'' : 0 < |x' - x_0| < \delta, 0 < |x'' - x_0| < \delta, |f(x') - f(x'')| < \varepsilon$.

定理 6　复合函数的连续性

设 $f(u)$ 在 $u = u_0$ 处连续, $g(x)$ 在 $x = x_0$ 处连续, 且 $g(x_0) = u_0$, 则复合函数 $f(g(x))$ 在 $x = x_0$ 处连续.

定理 7　基本初等函数的连续性

基本初等函数在它的定义域上都是连续的.

定理 8　初等函数的连续性

初等函数在它的定义域的区间内都是连续的.

定理 9　闭区间上连续函数的整体性质

(1) 有界性定理: 若 $f(x)$ 在 $[a, b]$ 上连续, 则 $f(x)$ 在 $[a, b]$ 上有界.

(2) 最值定理: 若 $f(x)$ 在 $[a, b]$ 上连续, 则 $f(x)$ 在 $[a, b]$ 上能取到最大值 M 与最小值 m.

(3) 介值定理: 若 $f(x)$ 在 $[a, b]$ 上连续, 则 $\forall (\alpha, \beta) \subset [a, b], f(x)$ 可取介于 $f(\alpha)$ 与 $f(\beta)$ 间的一切值.

(4) 零点定理: 若 $f(x)$ 在 $[a, b]$ 上连续, 且 $f(a)f(b) < 0$, 则在区间 (a, b) 内至少存在一点 ξ, 使得 $f(\xi) = 0$.

三、重要公式

1. $\lim\limits_{x \to 0} \dfrac{\sin x}{x} = 1, \lim\limits_{x \to \infty} \left(1 + \dfrac{1}{x}\right)^x = \mathrm{e}$.

2. 等价无穷小公式:

$x \to 0$ 时, $x \sim \sin x \sim \tan x \sim \arcsin x \sim \arctan x \sim \ln(1+x) \sim \mathrm{e}^x - 1, 1 - \cos x \sim \dfrac{1}{2}x^2$,

$(1+x)^a - 1 \sim ax (a \neq 0), a^x - 1 \sim x\ln a (a > 0)$.

典型例题

例1 用函数定义证明：$\lim\limits_{x\to 1}\dfrac{2x^2+x+1}{x^2-1}=\dfrac{11}{3}$.

分析：利用函数定义证明的关键是找到对应定义中的邻域. 与数列极限一样, 为使 $\left|\dfrac{2x^2+x+1}{x^2-1}-\dfrac{11}{3}\right|<\varepsilon$, 需要对 $\left|\dfrac{2x^2+x+1}{x^2-1}-\dfrac{11}{3}\right|$ 进行适当的放缩.

证明：令 $|x-2|<\dfrac{1}{2}$, $\forall\varepsilon>0$, 欲使不等式

$$\left|\dfrac{2x^2+x+1}{x^2-1}-\dfrac{11}{3}\right|=\left|\dfrac{5x^2-3x-14}{3(x^2-1)}\right|=\left|\dfrac{(5x+7)(x-2)}{3(x^2-1)}\right|<\left|\dfrac{5\times\dfrac{5}{2}+7}{3\times\dfrac{5}{4}}\right||x-2|$$

$=\dfrac{26}{5}|x-2|<\varepsilon$ 成立, 只需 $|x-2|<\dfrac{5}{26}\varepsilon$, 取 $\delta=\min\left\{\dfrac{1}{2},\dfrac{5}{26}\varepsilon\right\}$ 即可.

【举一反三】

1. 已知 $\lim\limits_{x\to 0}\dfrac{f(x)}{x}=1$, $x_n=\sum\limits_{k=1}^{n}f\left(\dfrac{2k-1}{n^2}\right)$, 证明：$\lim\limits_{n\to\infty}x_n=1$.

证明：由于 $\sum\limits_{k=1}^{n}\dfrac{2k-1}{n^2}=\dfrac{1}{n^2}+\dfrac{3}{n^2}+\cdots+\dfrac{2n-1}{n^2}=\dfrac{n\left(\dfrac{1+2n-1}{2}\right)}{n^2}=1$,

又 $\lim\limits_{x\to 0}\dfrac{f(x)}{x}=1$, 即 $\forall\varepsilon>0$, $\exists\delta>0$, $\forall x:0<|x-0|<\delta$, 有 $\left|\dfrac{f(x)}{x}-1\right|<\varepsilon$.

因为 $\lim\limits_{n\to\infty}\dfrac{2k-1}{n^2}=0$, 即对上述的 $\delta>0$, $\exists N\in\mathbf{N}$, 当 $n>N$ 时, 有 $\left|\dfrac{2k-1}{n^2}\right|<\delta$,

即有 $\left|\dfrac{f\left(\dfrac{2k-1}{n^2}\right)}{\dfrac{2k-1}{n^2}}-1\right|<\varepsilon$.

于是 $|x_n-1|=\left|\sum\limits_{k=1}^{n}f\left(\dfrac{2k-1}{n^2}\right)-\sum\limits_{k=1}^{n}\dfrac{2k-1}{n^2}\right|\leqslant\sum\limits_{k=1}^{n}\left|f\left(\dfrac{2k-1}{n^2}\right)-\dfrac{2k-1}{n^2}\right|$

$=\sum\limits_{k=1}^{n}\left(\left|\dfrac{f\left(\dfrac{2k-1}{n^2}\right)}{\dfrac{2k-1}{n^2}}-1\right|\cdot\dfrac{2k-1}{n^2}\right)<\varepsilon\cdot\sum\limits_{k=1}^{n}\dfrac{2k-1}{n^2}=\varepsilon$,

即 $\lim\limits_{n\to\infty}x_n=1$.

例2 设函数 $f(x)$, $x\in(0,1)$ 满足 $\lim\limits_{x\to 0^+}f(x)=0$ 且 $\lim\limits_{x\to 0^+}\dfrac{f(x)-f\left(\dfrac{x}{2}\right)}{x}=0$, 证明：

$$\lim_{x \to 0^+} \frac{f(x)}{x} = 0.$$

分析:观察已知极限 $\lim\limits_{x \to 0^+} \dfrac{f(x) - f\left(\dfrac{x}{2}\right)}{x} = 0$,通过极限的形式不变性可以构造出数列 $\dfrac{x}{2^n}$,这是关键的一步,能够把函数极限与数列极限联系在一起的是海涅定理.

证明:已知 $\lim\limits_{x \to 0^+} \dfrac{f(x) - f\left(\dfrac{x}{2}\right)}{x} = 0$,则 $\forall \varepsilon > 0, \exists \delta, \forall x : 0 < x < \delta$,有 $\left| \dfrac{f(x) - f\left(\dfrac{x}{2}\right)}{x} \right| < \dfrac{\varepsilon}{2}$.

即 $-\dfrac{\varepsilon}{2} x < f(x) - f\left(\dfrac{x}{2}\right) < \dfrac{\varepsilon}{2} x.$

同样地,$\forall x \in (0, \delta)$,有

$$-\frac{\varepsilon}{2} x < f(x) - f\left(\frac{x}{2}\right) < \frac{\varepsilon}{2} x,$$

$$-\frac{\varepsilon}{2^2} x < f\left(\frac{x}{2}\right) - f\left(\frac{x}{2^2}\right) < \frac{\varepsilon}{2^2} x,$$

$$\cdots\cdots$$

$$-\frac{\varepsilon}{2^n} x < f\left(\frac{x}{2^{n-1}}\right) - f\left(\frac{x}{2^n}\right) < \frac{\varepsilon}{2^n} x.$$

相加得,

$$-\left(\frac{1}{2} + \frac{1}{2^2} + \cdots + \frac{1}{2^n}\right) \varepsilon x < f(x) - f\left(\frac{x}{2^n}\right) < \left(\frac{1}{2} + \frac{1}{2^2} + \cdots + \frac{1}{2^n}\right) \varepsilon x,$$

即有 $-\varepsilon x < f(x) - f\left(\dfrac{x}{2^n}\right) < \varepsilon x.$ (*)

注意到 $\lim\limits_{x \to 0^+} f(x) = 0$,由归结原则得 $\lim\limits_{n \to \infty} f\left(\dfrac{x}{2^n}\right) = 0.$

在(*)式中令 $n \to \infty$,得 $-\varepsilon x \leqslant f(x) \leqslant \varepsilon x$,即有 $-\varepsilon < \dfrac{f(x)}{x} < \varepsilon,$

因而 $\lim\limits_{x \to 0^+} \dfrac{f(x)}{x} = 0.$

【举一反三】

1. 设函数 $f(x)$ 在 $(0, +\infty)$ 上满足方程 $f(2x) = f(x)$,且 $\lim\limits_{x \to +\infty} f(x) = A$,证明:

$$f(x) \equiv A [x \in (0, +\infty)].$$

证明:(法一)假设 $\exists x_0 \in (0, +\infty)$,有 $f(x_0) \neq A$,不妨设 $f(x_0) > A$.

由于 $\lim\limits_{x \to +\infty} f(x) = A$,故对 $\varepsilon_0 = f(x_0) - A > 0, \exists X > 0, \forall x > X, |f(x) - A| < \varepsilon_0$,

即 $A - \varepsilon_0 < f(x) < A + \varepsilon_0.$

又 $x_0 > 0$,故 $\exists n_0 \in \mathbf{N}$,使得 $2^{n_0} x_0 > X$,有

$$f(x_0) = f(2x_0) = f(2^2 x_0) = \cdots = f(2^{n_0} x_0) < f(x_0),$$

这是不可能的,于是 $f(x) \equiv A[x \in (0, +\infty)]$.

(法二) $\forall x_0 \in (0, +\infty)$,由已知得 $f(x_0) = f(2x_0) = f(2^2 x_0) = \cdots = f(2^n x_0)$,

于是 $\{f(2^n x_0)\}$ 是常值数列,且 $\lim\limits_{n \to +\infty} 2^n x_0 = +\infty$,

由 $\lim\limits_{x \to +\infty} f(x) = A$ 及归结原则得 $\lim\limits_{n \to +\infty} f(2^n x_0) = A$. 所以 $f(x_0) = \lim\limits_{n \to +\infty} f(2^n x_0) = A$.

由 $x_0 \in (0, +\infty)$ 的任意性,得 $f(x) \equiv A[x \in (0, +\infty)]$.

2. 设 $f(x) \in C(-\infty, +\infty)$,且满足方程 $f(2x) = f(x) e^x$,证明: $f(x) \equiv f(0) e^x$.

证明: 由已知, $\forall x_0 \in (-\infty, +\infty)$,

$$f(x_0) = f\left(\frac{x_0}{2}\right) e^{\frac{x_0}{2}} = f\left(\frac{x_0}{2^2}\right) e^{\frac{x_0}{2} + \frac{x_0}{2^2}} = \cdots = f\left(\frac{x_0}{2^n}\right) e^{\frac{x_0}{2} + \frac{x_0}{2^2} \cdots + \frac{x_0}{2^n}} = f\left(\frac{x_0}{2^n}\right) e^{x_0 \left(1 - \frac{1}{2^n}\right)}. \quad (*)$$

$f(x) \in C(-\infty, +\infty)$,故 $\lim\limits_{x \to 0} f(x) = f(0)$.

在 $(*)$ 式两端取极限 $n \to \infty$,

$$f(x_0) = \lim\limits_{n \to \infty} f\left(\frac{x_0}{2^n}\right) e^{x_0 \left(1 - \frac{1}{2^n}\right)} = f(0) e^{x_0}.$$

由 x_0 的任意性,即得结论.

例 3 用定义讨论下列函数在所给区间的连续性:

$(1) f(x) = \dfrac{1}{x}, x \in (0, 1)$;

$(2) f(x) = \sin \dfrac{1}{x}, x \in (0, +\infty)$.

分析: 函数连续是特殊的函数极限,利用函数连续定义证明,方法上与函数极限一样.

解: $(1) \forall x_0 \in (0, 1)$,取 $|x - x_0| < \dfrac{x_0}{2}$,得 $\dfrac{x_0}{2} < x < \dfrac{3x_0}{2}$.

$\forall \varepsilon > 0$,欲使 $|f(x) - f(x_0)| = \left| \dfrac{1}{x} - \dfrac{1}{x_0} \right| = \dfrac{|x - x_0|}{x x_0} < \dfrac{2 |x - x_0|}{x_0^2} < \varepsilon$ 成立,

只需取 $\delta < \dfrac{\varepsilon x_0^2}{2}$. $\forall \varepsilon > 0$,取 $\delta = \min\left\{\dfrac{\varepsilon x_0^2}{2}, \dfrac{x_0}{2}\right\}$, $\forall x: |x - x_0| < \delta$,有

$$|f(x) - f(x_0)| < \dfrac{2 |x - x_0|}{x_0^2} < \varepsilon.$$

由 x_0 的任意性知, $f(x) = \dfrac{1}{x}$ 在 $(0, 1)$ 内连续.

$(2) \forall x_0 \in (0, +\infty)$,取 $|x - x_0| < \dfrac{x_0}{2}$,得 $\dfrac{x_0}{2} < x < \dfrac{3x_0}{2}$.

$\forall \varepsilon > 0$,欲使 $|f(x) - f(x_0)| = \left| \sin \dfrac{1}{x} - \sin \dfrac{1}{x_0} \right| = 2 \left| \sin \dfrac{\frac{1}{x} - \frac{1}{x_0}}{2} \right| \left| \cos \dfrac{\frac{1}{x} + \frac{1}{x_0}}{2} \right|$

$\leqslant \dfrac{|x - x_0|}{x x_0} < \dfrac{2 |x - x_0|}{x_0^2} < \varepsilon$ 成立,只需取 $\delta < \dfrac{\varepsilon x_0^2}{2}$,

$\forall \varepsilon > 0$，取 $\delta = \min\left\{\dfrac{\varepsilon x_0^2}{2}, \dfrac{x_0}{2}\right\}$，$\forall x: |x - x_0| < \delta$，$|f(x) - f(x_0)| < \dfrac{2|x - x_0|}{x_0^2} < \varepsilon$.

由 x_0 的任意性知，$f(x) = \sin\dfrac{1}{x}$ 在 $(0, +\infty)$ 内连续.

【举一反三】

1. 证明：黎曼函数 $R(x) = \begin{cases} \dfrac{1}{q}, & x = \dfrac{p}{q}\ (q > 0, q, p\ \text{为互质的整数}), \\ 0, & x\ \text{为无理数} \end{cases}$ 在有理数点不连续，在无理数点连续.

分析：函数 $f(x)$ 在 $x = x_0$ 不连续：$\exists \varepsilon_0 > 0$，$\forall \delta > 0$，$\exists x'$，$|x' - x_0| < \delta$，有
$$|f(x') - f(x_0)| \geqslant \varepsilon_0.$$

证明：$\exists \varepsilon_0 < \dfrac{1}{q}$，$\forall \delta > 0$，$\exists x_0$ 为无理数，$\left|x_0 - \dfrac{p}{q}\right| < \delta$，

$$\left|R(x_0) - R\left(\dfrac{p}{q}\right)\right| = \left|R(x_0) - \dfrac{1}{q}\right| = \dfrac{1}{q} \geqslant \varepsilon_0.$$

由函数连续定义的否定叙述得，黎曼函数 $R(x)$ 在有理数点不连续.

对任意无理数点 x_0，

当 x 为无理数时，$|R(x) - R(x_0)| = |0 - 0| < \varepsilon$，

当 x 为有理数时，$\forall \varepsilon > 0$，使 $\dfrac{1}{q} \geqslant \varepsilon$ 的 q 值只可能有有限个，设为 $x_1, x_2, \cdots, x_N$，

取 $\delta = \min\limits_{1 \leqslant i \leqslant N}\{|x_i - x_0|\}$，于是 $\forall x: |x - x_0| < \delta$，$|R(x) - R(x_0)| = \left|\dfrac{1}{q} - 0\right| < \varepsilon$.

由函数连续的定义得，黎曼函数 $R(x)$ 在无理数点连续.

2. 证明：$f(x) = \begin{cases} \sin \pi x, & x \in \mathbf{Q}, \\ 0, & x \in \mathbf{R} - \mathbf{Q} \end{cases}$ 在整数点处处连续，在其他点处间断.

证明：$\forall x \in \mathbf{Q}$ 且为整数时，有 $f(k) = \sin k\pi = 0\ (k = 0, 1, 2, \cdots)$.

取有理数点列 $\gamma_n \to k$，有 $f(\gamma_n) = \sin \gamma_n \pi \to \sin \pi k = 0$，

无理数点列 $\alpha_n \to k$，有 $f(\alpha_n) = 0$.

则 $\forall x_n \to k$，有 $f(x_n) \to 0\ (n \to \infty)$，

即 $\lim\limits_{x \to k} f(x) = 0 = f(k)$，因此函数在整数点连续.

$\forall x_0 \in \mathbf{Q}$，但 x_0 不等于整数（或 $\forall x_0 \in \mathbf{R} - \mathbf{Q}$），

取有理数点列 $\gamma_n \to x_0$，有 $f(\gamma_n) = \sin \gamma_n \pi \to \sin \pi x_0$，

无理数点列 $\alpha_n \to x_0$，$f(\alpha_n) = 0$，则函数在 x_0 点不连续.

于是是 $f(x)$ 在整数点处处连续，在其他点处间断.

例4 设 $f(x)$ 在 (a, b) 内连续，$x_1, x_2, \cdots, x_n$ 是 (a, b) 内的 n 个点，证明：存在一点 $\xi \in (a, b)$，使得 $f(\xi) = \dfrac{f(x_1) + f(x_2) + \cdots + f(x_n)}{n}$.

分析：证明函数值等于若干点函数值的平均值，自然会想到闭区间上连续函数性

质——介值定理. 也可以将结论转化为 $f(\xi) - \dfrac{f(x_1) + f(x_2) + \cdots + f(x_n)}{n} = 0$, 利用闭区间上连续性质——零点存在定理, 构造辅助函数 $F(x)$. 辅助函数 $F(x)$ 的作法:(1)把结论中的 ξ (或 x_0)改写为 x;(2)移项, 使等式右端为零, 令左边的式子为 $F(x)$, 此即为所作的辅助函数. 但是无论哪种思路我们都需要一个闭区间. 通过观察结论的右端, 我们以区间内有限的 n 个点的最大值、最小值分别作为闭区间的左、右端点.

证明:(法一) 设 $\min\limits_{1 \leqslant k \leqslant n}\{x_k\} = x_i, \max\limits_{1 \leqslant k \leqslant n}\{x_k\} = x_j$.

显然 $f(x)$ 在 $[x_i, x_j]$ 上连续, $x_1, x_2, \cdots, x_n \in [x_i, x_j]$.

由最值定理知, $m \leqslant f(x) \leqslant M, \forall x \in [x_i, x_j]$,

所以 $m \leqslant f(x_1) \leqslant M, \cdots, m \leqslant f(x_n) \leqslant M$,

上述不等式相加得, $m \leqslant \dfrac{f(x_1) + f(x_2) + \cdots + f(x_n)}{n} \leqslant M$,

由介值定理得, $\exists \xi \in [x_i, x_j] \subset (a, b)$, 使得 $f(\xi) = \dfrac{1}{n}\sum\limits_{i=1}^{n} f(x_i)$.

(法二) 设 $\min\limits_{1 \leqslant k \leqslant n}\{x_k\} = x_i, \max\limits_{1 \leqslant k \leqslant n}\{x_k\} = x_j$, 显然 $f(x)$ 在 $[x_i, x_j]$ 上连续,

由最值定理得, $\exists x', x'' \in [x_i, x_j]$, 有 $f(x') = m, f(x'') = M$.

令 $F(x) = f(x) - \dfrac{f(x_1) + f(x_2) + \cdots + f(x_n)}{n}$, 显然 $F(x)$ 在 $[x_i, x_j]$ 上连续,

$F(x') = f(x') - \dfrac{f(x_1) + f(x_2) + \cdots + f(x_n)}{n} = m - \dfrac{f(x_1) + f(x_2) + \cdots + f(x_n)}{n} \leqslant 0$,

$F(x'') = f(x'') - \dfrac{f(x_1) + f(x_2) + \cdots + f(x_n)}{n} = M - \dfrac{f(x_1) + f(x_2) + \cdots + f(x_n)}{n} \geqslant 0$,

由零点存在定理得, $\exists \xi \in [x_i, x_j] \subset (a, b)$, 使得 $F(\xi) = 0$, 即 $f(\xi) = \dfrac{1}{n}\sum\limits_{i=1}^{n} f(x_i)$.

【举一反三】

1. 设 $f(x)$ 在 $[0, 3]$ 连续, $f(0) + f(1) + f(2) = 3$, 证明:存在一点 $\xi \in [0, 3]$, 使得 $f(\xi) = 1$.

证明:(法一) 由闭区间连续函数的最值定理得, $\exists m, M$, 使得 $m \leqslant f(x) \leqslant M$.

因为 $0, 1, 2 \in [0, 3]$, 所以 $m \leqslant f(0) \leqslant M, m \leqslant f(1) \leqslant M, m \leqslant f(2) \leqslant M$,

将上述三个不等式相加得, $m \leqslant \dfrac{f(0) + f(1) + f(2)}{3} \leqslant M$.

根据介值定理得, 存在一点 $\xi \in [0, 3]$, 使得 $f(\xi) = \dfrac{f(0) + f(1) + f(2)}{3} = 1$.

(法二) 令 $F(x) = f(x) - 1$, 显然 $F(x)$ 在 $[0, 3]$ 连续,

由闭区间连续函数的最值定理得, $\exists m, M$, 使得 $m \leqslant F(x) \leqslant M$.

$m \leqslant F(0) = f(0) - 1 \leqslant M, m \leqslant F(1) = f(1) - 1 \leqslant M, m \leqslant F(2) = f(2) - 1 \leqslant M$,

将上述三个不等式相加得, $m \leqslant \dfrac{F(0) + F(1) + F(2)}{3} = 0 \leqslant M$.

根据介值定理得,存在一点 $\xi \in [0,3]$,使得 $F(\xi) = \dfrac{F(0) + F(1) + F(2)}{3} = 0$,

即 $f(\xi) = 1$.

2. 设 n 为自然数,$f(x)$ 在 $[0,n]$ 上连续,$f(0) = f(n)$,证明:存在 $\xi, \eta \in [0,n]$,使得 $|\xi - \eta| = 1$,且 $f(\xi) = f(\eta)$.

证明: 令 $F(x) = f(x+1) - f(x)$,由于 $F(x)$ 在 $[0,n-1]$ 连续,

所以存在最大值 M 和最小值 m,有 $m \le F(x) \le M$.

故 $m \le F(0) \le M, m \le F(1) \le M, \cdots, m \le F(n-1) \le M$,

将上述不等式相加得,$nm \le F(0) + F(1) + \cdots + F(n-1) \le nM$,

即 $m \le \dfrac{1}{n}[F(0) + F(1) + \cdots + F(n-1)] \le M$.

由介值定理得,存在 $\xi \in [0,n-1]$,有 $f(\xi) = \dfrac{1}{n}[F(0) + F(1) + \cdots + F(n-1)]$.

又 $F(0) + F(1) + \cdots + F(n-1) = f(1) - f(0) + f(2) - f(1) + \cdots + f(n) - f(n-1)$
$= f(n) - f(0) = 0$.

于是 $F(\xi) = 0$,即有 $f(\xi+1) = f(\xi)$.

令 $\eta = \xi + 1$,有 $|\xi - \eta| = 1$ 且 $f(\xi) = f(\eta)$.

例 5 证明:对正整数 n,方程 $x^n + x = 1 (0 < x < 1)$ 存在唯一的根 x_n,且 $\lim\limits_{n \to \infty} x_n = 1$.

分析: 讨论根的存在问题时,闭区间上零点存在定理、罗尔定理是有效的工具,单调性可以讨论根的个数.

证明: 设 $f_n(x) = x^n + x - 1$,则 $f_n(0) = -1, f_n(1) = 1$.

由零点存在定理知,$x^n + x = 1$ 在 $(0,1)$ 上存在根.

$f_n'(x) = nx^{n-1} + 1 > 0$,所以 $f_n(x)$ 单调递增,$x^n + x = 1$ 在 $(0,1)$ 上存在唯一根.

$x_n = 1 - x_n^n = (1 - x_n)(1 + x_n + \cdots + x_n^{n-1}) < n(1 - x_n)$,

得 $x_n < \dfrac{n}{n+1}, x_n = \sqrt[n]{1 - x_n} > \sqrt[n]{1 - \dfrac{n}{n+1}} = \dfrac{1}{\sqrt[n]{n+1}}$,

由夹逼定理得,$\lim\limits_{n \to \infty} x_n = 1$.

【举一反三】

1. 已知 $f(x)$ 在 $(-\infty, +\infty)$ 上连续,n 为奇数,$\lim\limits_{x \to +\infty} \dfrac{f(x)}{x^n} = \lim\limits_{x \to -\infty} \dfrac{f(x)}{x^n} = 1$,证明:方程 $f(x) + x^n = 0$ 有实数根.

证明: 已知 $\lim\limits_{x \to +\infty} \dfrac{f(x)}{x^n} = \lim\limits_{x \to -\infty} \dfrac{f(x)}{x^n} = 1$,

则 $\exists A > 0$,当 $x \ge A$ 时,$f(x) \ge \dfrac{1}{2} x^n$;当 $x \le -A$ 时,$f(x) \le \dfrac{1}{2} x^n$,

于是 $f(A) + A^n \ge \dfrac{3}{2} A^n > 0 > -\dfrac{3}{2} A^n \ge f(-A) + (-A)^n$.

由连续函数介值定理得,$\exists \xi \in (-A, A)$,使得 $f(\xi) + \xi^n = 0$,

即方程 $f(x) + x^n = 0$ 有实数根.

2. 已知 $f(x)$ 在 $[0, +\infty)$ 上连续, $\int_0^1 f(x)\mathrm{d}x < -\dfrac{1}{2}$, $\lim\limits_{x \to +\infty} \dfrac{f(x)}{x} = 0$, 证明:方程 $f(x) + x = 0$ 有实数根.

证明: 令 $F(x) = f(x) + x$.

则 $\lim\limits_{x \to +\infty} \dfrac{F(x)}{x} = \lim\limits_{x \to +\infty} \dfrac{f(x) + x}{x} = 1$, $\lim\limits_{x \to +\infty} F(x) = +\infty$,

所以 $\exists X > 0, \forall x > X, F(x) > 0$, 取 $x_1 > X, F(x_1) > 0$.

则 $\int_0^1 F(x)\mathrm{d}x = \int_0^1 f(x)\mathrm{d}x + \dfrac{1}{2} < 0$,

由积分中值定理得, $\exists x_2 \in [0,1], F(x_2) < 0$,

由零点存在定理得, 方程 $f(x) + x = 0$ 有实数根.

例 6 设 $f(x)$ 在 $[0,1]$ 上连续且大于 0, 证明: $\lim\limits_{n \to \infty} \sqrt[n]{\sum\limits_{i=1}^{n} \left[f\left(\dfrac{i}{n}\right)\right]^n \dfrac{i}{n}} = \max\limits_{[0,1]} f(x)$.

分析: 根据所给数列的特征选择夹逼定理,很容易得到不等式

$$\sqrt[n]{\sum\limits_{i=1}^{n} \left[f\left(\dfrac{i}{n}\right)\right]^n \dfrac{i}{n}} \leqslant f(x_0) \sqrt[n]{\sum\limits_{i=1}^{n} \dfrac{i}{n}}.$$

如何将数列缩小? 由已知函数的连续性可以达到目的.

证明: 已知 $f(x)$ 在 $[0,1]$ 上连续且大于 0, 则 $\exists x_0 \in [0,1]$, 有 $f(x_0) = \max f(x)$, 且 $\exists i_0$, 使得 $x_0 \in \left[\dfrac{i_0-1}{n}, \dfrac{i_0}{n}\right]$, 由连续定义可知

$\forall \varepsilon > 0, \exists \delta > 0, \forall x \in \left[\dfrac{i_0-1}{n}, \dfrac{i_0}{n}\right], |x - x_0| < \dfrac{1}{n} < \delta$, 有 $|f(x) - f(x_0)| < \varepsilon$,

即 $f(x_0) - \varepsilon < f(x) < f(x_0)$.

于是 $[f(x_0) - \varepsilon] \sqrt[n]{\dfrac{i_0}{n}} < \sqrt[n]{\left[f\left(\dfrac{i_0}{n}\right)\right]^n \dfrac{i_0}{n}} < \sqrt[n]{\sum\limits_{i=1}^{n} \left[f\left(\dfrac{i}{n}\right)\right]^n \dfrac{i}{n}} \leqslant f(x_0) \sqrt[n]{\sum\limits_{i=1}^{n} \dfrac{i}{n}}$,

而 $\lim\limits_{n \to \infty} \sqrt[n]{\sum\limits_{i=1}^{n} \dfrac{i}{n}} = \lim\limits_{n \to \infty} \sqrt[n]{\dfrac{1 + 2 + \cdots + n}{n}} = 1$,

所以由夹逼定理得, $\lim\limits_{n \to \infty} \sqrt[n]{\sum\limits_{i=1}^{n} \left[f\left(\dfrac{i}{n}\right)\right]^n \dfrac{i}{n}} = \max\limits_{[0,1]} f(x)$.

【举一反三】

1. 设 $f(x)$ 在 $[0,1]$ 上连续且大于 0, 证明: $\lim\limits_{n \to +\infty} \sqrt[n]{\int_0^1 [f(x)]^n \mathrm{d}x} = \max\limits_{[0,1]} f(x)$.

证明: 已知 $f(x)$ 在 $[0,1]$ 上连续且大于 0, 则 $\exists x_0 \in [0,1]$, 有 $f(x_0) = \max f(x)$, 且 $\forall \varepsilon > 0, \exists \delta > 0, \forall x, |x - x_0| < \delta$, 有 $|f(x) - f(x_0)| < \varepsilon$,

即有 $f(x_0) - \varepsilon < f(x) < f(x_0)$.

于是 $[f(x_0) - \varepsilon] \sqrt[n]{2\delta} = \sqrt[n]{\int_{x_0-\delta}^{x_0+\delta} [f(x_0) - \varepsilon]^n \mathrm{d}x} < \sqrt[n]{\int_{x_0-\delta}^{x_0+\delta} [f(x)]^n \mathrm{d}x}$

$$< \sqrt[n]{\int_0^{x_0-\delta} [f(x)]^n \mathrm{d}x + \int_{x_0-\delta}^{x_0+\delta} [f(x)]^n \mathrm{d}x + \int_{x_0+\delta}^1 [f(x)]^n \mathrm{d}x}$$

$$= \sqrt[n]{\int_0^1 [f(x)]^n \mathrm{d}x} < \sqrt[n]{\int_0^1 [f(x_0)]^n \mathrm{d}x} = f(x_0),$$

因为 $\lim\limits_{n \to \infty} \sqrt[n]{2\delta} = 1$,由夹逼定理得 $\lim\limits_{n \to \infty} \sqrt[n]{\int_0^1 [f(x)]^n(x) \mathrm{d}x} = \max\limits_{[0,1]} f(x)$.

例7　设 $f(x)$ 在区间 (a,b) 内为下凸函数,且有界,证明:$\lim\limits_{x \to a^+} f(x)$ 与 $\lim\limits_{x \to b^-} f(x)$ 存在.

分析:利用下凸函数的性质,将函数表达为 $f(x) = (x - x_0)\dfrac{f(x) - f(x_0)}{x - x_0} + f(x_0)$,即得出结论.

证明:由已知得,$\exists M > 0$,$|f(x)| \leqslant M$ 且 $\forall x_0 \in (a,b)$,令 $k(x) = \dfrac{f(x) - f(x_0)}{x - x_0}$,

$(x \neq x_0)$,则 $k(x)$ 在 (a,b) 内单调上升. $\forall x, x_0, x_1 \in (a,b)$,且 $x_0 < x < x_1$,有

$$\frac{f(x) - f(x_0)}{x - x_0} \leqslant \frac{f(x_1) - f(x_0)}{x_1 - x_0} \leqslant \frac{M - f(x_0)}{x_1 - x_0}.$$

则当 $x \to b^-$ 时,$k(x)$ 单调上升且有上界,从而 $\lim\limits_{x \to b^-} \dfrac{f(x) - f(x_0)}{x - x_0}$ 存在,设之为 A.

则 $\lim\limits_{x \to b^-} f(x) = \lim\limits_{x \to b^-} \left[(x - x_0)\dfrac{f(x) - f(x_0)}{x - x_0} + f(x_0) \right] = A(b - x_0) + f(x_0)$.

同理可得,$\lim\limits_{x \to a^+} f(x)$ 存在.

【举一反三】

1. 设 $f(x)$ 是区间 I 上的下凸函数,证明:$f(x)$ 在 I 的任一闭子区间上有界.

证明:$\forall [a,b] \subset I$,记 $M = \max\{ |f(a)|, |f(b)| \}$,

$\forall x = \alpha a + (1 - \alpha)b \in [a,b](0 \leqslant \alpha \leqslant 1)$,有

$f(x) = f(\alpha a + (1 - \alpha)b) \leqslant \alpha f(a) + (1 - \alpha)f(b) \leqslant \alpha M + (1 - \alpha)M = M$.

另一方面,$\forall x \in [a,b]$,令 $t = x - \dfrac{a + b}{2}$,则 $x = \dfrac{a + b}{2} + t$,

所以 $\dfrac{a + b}{2} - t = a + b - x$,且 $a \leqslant a + b - x \leqslant b$,因此 $\dfrac{a + b}{2} - t \in [a,b]$.

于是 $f\left(\dfrac{a + b}{2}\right) = f\left(\dfrac{1}{2}\left(\dfrac{a + b}{2} + t\right) + \dfrac{1}{2}\left(\dfrac{a + b}{2} - t\right)\right)$

$$\leqslant \frac{1}{2}f\left(\frac{a + b}{2} + t\right) + \frac{1}{2}f\left(\frac{a + b}{2} - t\right) \leqslant \frac{1}{2}[f(x) + M].$$

所以 $f(x) \geqslant 2f\left(\dfrac{a+b}{2}\right) - M \xrightarrow{\triangle} m.$

从而有 $m \leqslant f(x) \leqslant M.$

即得 $f(x)$ 在 $[a,b]$ 上有界.

拓展训练

1. 证明:若函数 $f(x)$ 在区间 $[a,+\infty)$ 连续且有界,则对任意正数 λ,存在数列 $\{x_n\}$,且 $x_n \to +\infty\ (n \to \infty)$,有 $\lim\limits_{n \to \infty}[f(\lambda + x_n) - f(x_n)] = 0.$

2. 已知 $f(x)$ 定义在 $(1,+\infty)$,且在任何有限区间上有界,$\lim\limits_{x \to +\infty}[f(x+1) - f(x)] = A$,证明:$\lim\limits_{x \to +\infty}\dfrac{f(x)}{x} = A.$

3. 设 $f(x) \in C(-\infty,+\infty)$,$\lim\limits_{x \to \infty}f(x) = +\infty$,且 $f(x)$ 的最小值 $f(x_0) < x_0$.证明:$f(f(x))$ 至少在两点处取最小值.

4. 设 $f(x)$ 在 $[a,b]$ 上连续,且 $\forall x \in [a,b]$,$\exists y \in [a,b]$,使得 $|f(y)| \leqslant \dfrac{1}{2}|f(x)|$,证明:至少存在一点 $\xi \in [a,b]$,使得 $f(\xi) = 0.$

5. 讨论 $f(x) = \lim\limits_{t \to x}\left(\dfrac{\sin t}{\sin x}\right)^{\frac{x}{\sin t - \sin x}}$ 的间断点类型.

6. 讨论 $\lim\limits_{x \to 1}\left(\dfrac{1}{x} - \left[\dfrac{1}{x}\right]\right)$ 的存在性.

7. 设 $f(x)$ 在 $[a,b]$ 上连续,$f(a) = f(b)$,证明:存在一个区间长为 $\dfrac{b-a}{2}$ 的区间 $[c,d] \subset [a,b]$,使得 $f(c) = f(d).$

8. 证明:若函数 $f(x)$ 在 $[a,b]$ 上连续,且 $\forall x \in [a,b]$,有 $\left|f(x) - \dfrac{a+b}{2}\right| \leqslant \dfrac{b-a}{2}$,则方程 $f(f(x)) = x$ 在 $[a,b]$ 上至少存在一个解.

9. 设 $f(x)$ 在 $[a,a+2\alpha]$ 上连续,证明:存在 $x \in [a,a+\alpha]$,使得 $f(x+\alpha) - f(x) = \dfrac{1}{2}[f(a+2\alpha) - f(a)].$

10. 设 $f(x)$ 在 $(0,1)$ 内有定义,且函数 $e^x f(x)$ 与 $e^{-f(x)}$ 在 $(0,1)$ 内是递增的,证明:$f(x)$ 在 $(0,1)$ 内是连续的.

11. 设 $f(x)$ 在 $[0,1]$ 上连续,且 $f(0) = f(1)$.证明:

(1) 存在 $x \in [0,1]$,使得 $f(x) = f\left(x + \dfrac{1}{2}\right)$;

(2) 对任何正整数 n,存在 $x \in [0,1]$,使得 $f(x) = f\left(x + \dfrac{1}{n}\right).$

12. 已知 $f(x)$ 在 $[0,1]$ 上可微,当 $0 \leqslant x < 1$ 时,$0 < f(1) < f(x)$,$f'(x) \neq f(x)$,证

明:存在唯一点 $\xi \in (0,1)$,使得 $f(\xi) = \int_0^{\xi} f(t)\,\mathrm{d}t.$

13. 证明:对每一正整数 n,方程 $x^n + x^{n-1} + \cdots + x = 1$ 在 $[0,1]$ 内存在唯一的根 x_n,且 $\lim\limits_{n \to \infty} x_n = \dfrac{1}{2}.$

14. 设 x_n 是方程 $x\cot x = \dfrac{\pi}{2}\cot x - 10$ 在 $\left(\dfrac{\pi}{2}, +\infty\right)$ 上的解序列,证明:

$$\lim_{n \to \infty}\left[x_n - \left(n - \dfrac{1}{2}\right)\pi \right] = 0.$$

15. 证明:(1) 对任意正整数 n,方程 $x^n + nx = 1\,(0 < x < 1)$ 存在唯一的根 x_n;

(2) $\sum\limits_{n=1}^{\infty} x_n^{\alpha}$ 收敛 $(\alpha > 1)$;

(3) $\lim\limits_{n \to \infty}(1 + x_n)^n = \mathrm{e}.$

16. 设 $f(x)$ 在 $[a,b]$ 上连续,$\varphi(x) = \left| x - \dfrac{b+a}{2} \right| - \left| f(x) - \dfrac{b+a}{2} \right|$,证明:

(1) 若 $\varphi(a) \geqslant 0,\varphi(b) \geqslant 0$,则存在 $\xi \in [a,b],f(\xi) = \xi$;

(2) 若对任意 $x \in [a,b]$,均有 $\varphi(x) \geqslant 0$,则有 $\left| \int_a^b f(x)\,\mathrm{d}x - \dfrac{b^2 - a^2}{2} \right| \leqslant \dfrac{(b-a)^2}{4}.$

17. 设定义在 $\mathbf{R}$ 上的函数 $f(x)$ 在 $x = 0, x = 1$ 两点连续,且对任何 $x \in \mathbf{R}$,有 $f(x^2) = f(x)$,证明:$f(x)$ 为常值函数.

18. 设 $f(x):[0,1] \to [0,1]$ 的连续函数,$f(0) = 0,f(1) = 1,f(f(x)) = x$,证明:$f(x) = x.$

拓展训练参考答案2

第三讲

一致连续

知识要点

一、基本定义

定义1　一致连续

设函数 $f(x)$ 在区间 I 上有定义,若 $\forall \varepsilon > 0, \exists \delta(\varepsilon) > 0, \forall x_1, x_2 \in I, |x_1 - x_2| < \delta,$ $|f(x_1) - f(x_2)| < \varepsilon$,则称 $f(x)$ 在 I 上一致连续.

定义2　非一致连续

$\exists \varepsilon_0 > 0, \forall \delta > 0, \exists x_1, x_2 \in I, |x_1 - x_2| < \delta, |f(x_1) - f(x_2)| \geqslant \varepsilon_0$,则称 $f(x)$ 在 I 上非一致连续.

二、重要性质、定理

定理1　康托尔定理

闭区间上的连续函数一定一致连续.

性质1

(1) 满足利普希茨(Lipschitz)条件的函数 $f(x)$ 在 I 上一定一致连续.

(2) $f(x) \in C[a, +\infty)$ 且单调有界,则 $f(x)$ 在 $[a, +\infty)$ 上一致连续.

(3) $f(x) \in C[a, +\infty)$ 且 $\lim\limits_{x \to +\infty} f(x)$ 存在,则 $f(x)$ 在 $[a, +\infty)$ 上一致连续.

(4) $f'(x)$ 在区间 I 上有界,则 $f(x)$ 在区间 I 上一致连续.

(5) $f(x) \in C(a, b)$,则 $f(x)$ 在 (a, b) 上一致连续 $\Leftrightarrow \lim\limits_{x \to a^+} f(x), \lim\limits_{x \to b^-} f(x)$ 存在.

(6) 设 $f(x)$ 在 $[a, +\infty)$ 上一致连续,$g(x) \in C[a, +\infty), \lim\limits_{x \to +\infty} [f(x) - g(x)] = 0$,则 $g(x)$ 在 $[a, +\infty)$ 上一致连续.

典型例题

例 1 设 $f(x)$ 在 $[a, +\infty)$ 上一致连续,$g(x) \in C[a, +\infty)$,$\lim\limits_{x \to +\infty}[f(x) - g(x)] = 0$,证明:$g(x)$ 在 $[a, +\infty)$ 上一致连续.

分析: 利用定义很容易证明本例.本例给了一种说明函数 $g(x)$ 一致连续的方法,可以通过验证 $g(x)$ 是否有斜渐近线来确定函数的一致连续性.

证明: $f(x)$ 在 $[a, +\infty)$ 上一致连续,

即 $\forall \varepsilon > 0, \exists \delta > 0, \forall x_1, x_2 \in I, |x_1 - x_2| < \delta, |f(x_1) - f(x_2)| < \varepsilon.$

已知 $\lim\limits_{x \to +\infty}[f(x) - g(x)] = 0$,则对上述 $\varepsilon > 0, \exists X > 0, \forall x > X, |f(x) - g(x)| < \varepsilon$,

于是,$\forall x', x'' > X$,且 $|x' - x''| < \delta$,

$|g(x') - g(x'')| = |g(x') - f(x') + f(x') - f(x'') + f(x'') - g(x'')|$

$\leqslant |g(x') - f(x')| + |f(x') - f(x'')| + |f(x'') - g(x'')| < 3\varepsilon$,

由于 $g(x)$ 在 $[a, X]$ 上连续,则 $g(x)$ 在 $[a, X]$ 上一致连续,

即 $g(x)$ 在 $[a, +\infty)$ 上一致连续.

【举一反三】

1. (1) 已知 $\lim\limits_{x \to \infty}[f(x) - (ax + b)] = 0$,求 a, b 的值.

(2) 设 $f(x)$ 在 $[a, +\infty)$ 上一致连续,$g(x) \in C[a, +\infty)$,且 $\lim\limits_{x \to +\infty}[f(x) - g(x)] = 0$,证明:$g(x)$ 在 $[a, +\infty)$ 上一致连续.

(3) 用 (2) 的结论说明 $f(x) = \dfrac{1}{x} + \ln(1 + \mathrm{e}^x)$ 在 $[1, +\infty)$ 上一致连续.

(4) 设函数 $f(x)$ 在 $(-\infty, +\infty)$ 上可导,且存在常数 $a, b, c, d(a < c)$,使得 $\lim\limits_{x \to -\infty}[f(x) - (ax + b)] = 0$,$\lim\limits_{x \to +\infty}[f(x) - (cx + d)] = 0$,证明:$\forall \lambda \in (a, c), \exists \xi$,使得 $f'(\xi) = \lambda$.

(1) **解:** $b = \lim\limits_{x \to \infty}[f(x) - ax]$,

$0 = \lim\limits_{x \to \infty}[f(x) - ax - b] = \lim\limits_{x \to \infty} x\left[\dfrac{f(x)}{x} - a - \dfrac{b}{x}\right]$,

得 $a = \lim\limits_{x \to \infty}\dfrac{f(x)}{x}$.

(2) **证明:** 例 1 已证.

(3) **解:** $a = \lim\limits_{x \to +\infty}\dfrac{\dfrac{1}{x} + \ln(1 + \mathrm{e}^x)}{x} = \lim\limits_{x \to +\infty}\dfrac{1}{x^2} + \lim\limits_{x \to +\infty}\dfrac{\ln(1 + \mathrm{e}^x)}{x} = \lim\limits_{x \to +\infty}\dfrac{x + \ln(1 + \mathrm{e}^{-x})}{x} = 1$,

$b = \lim\limits_{x \to +\infty}[f(x) - x] = \lim\limits_{x \to +\infty}\left[\dfrac{1}{x} + \ln(1 + \mathrm{e}^x) - x\right] = \lim\limits_{x \to +\infty}[\ln(1 + \mathrm{e}^x) - x]$

$= \lim\limits_{x \to +\infty}[x + \ln(1 + \mathrm{e}^{-x}) - x] = 0.$

令 $g(x) = x$,由(2)知,$f(x) = \dfrac{1}{x} + \ln(1 + e^x)$ 在 $[1, +\infty)$ 上一致连续.

(4) 证明: $a = \lim\limits_{x \to -\infty} \dfrac{f(x)}{x} = \lim\limits_{x \to -\infty} \dfrac{f(x) - f(0)}{x}$, $c = \lim\limits_{x \to +\infty} \dfrac{f(x) - f(0)}{x}$.

$\forall \lambda \in (a, c)$,$\exists X_1 < 0, X_2 > 0, \dfrac{f(X_1) - f(0)}{X_1} < \lambda, \dfrac{f(X_2) - f(0)}{X_2} > \lambda$,

由拉格朗日定理得,$\exists \xi_1 \in (X_1, 0), \xi_2 \in (0, X_2)$,

有 $\dfrac{f(X_1) - f(0)}{X_1} = f'(\xi_1) < \lambda, \dfrac{f(X_2) - f(0)}{X_2} = f'(\xi_2) > \lambda$,

由闭区间上连续函数性质得,$\exists \xi \in (a, c)$,使得 $f'(\xi) = \lambda$.

2. 设 $f(x), g(x)$ 在区间 I 上一致连续,$|f(x)| \geqslant \delta > 0, g(x)$ 有界,证明: $\dfrac{g(x)}{f(x)}$ 在区间 I 上一致连续.

证明: 因为 $f(x), g(x)$ 在区间 I 上一致连续,所以 $\forall \varepsilon > 0, \exists \delta > 0, \forall x_1, x_2 \in I, |x_1 - x_2| < \delta$,有 $|f(x_1) - f(x_2)| < \varepsilon, |g(x_1) - g(x_2)| < \varepsilon$,且 $\exists M > 0, \forall x \in I, |g(x)| \leqslant M$.

因此

$$\left| \frac{g(x_2)}{f(x_2)} - \frac{g(x_1)}{f(x_1)} \right| = \left| \frac{g(x_2)f(x_1) - g(x_1)f(x_2)}{f(x_2)f(x_1)} \right|$$

$$= \left| \frac{g(x_2)f(x_1) - g(x_1)f(x_1) + g(x_1)f(x_1) - g(x_1)f(x_2)}{f(x_2)f(x_1)} \right|$$

$$\leqslant \left| \frac{g(x_2) - g(x_1)}{f(x_2)f(x_1)} \right| |f(x_1)| + |g(x_1)| \left| \frac{f(x_1) - f(x_2)}{f(x_2)f(x_1)} \right|$$

$$\leqslant \frac{1}{\delta} |g(x_2) - g(x_1)| + \frac{M}{\delta^2} |f(x_1) - f(x_2)|$$

$$< \left(\frac{1}{\delta} + \frac{M}{\delta^2} \right) \varepsilon.$$

由一致连续定义知,$\dfrac{g(x)}{f(x)}$ 在区间 I 上一致连续.

例2 用定义讨论下列函数在所给区间的一致连续性:

(1) $f(x) = \dfrac{1}{x}, x \in (0, 1)$;

(2) $f(x) = \sin \dfrac{1}{x}$,(ⅰ)$x \in (0, +\infty)$,(ⅱ)$x \in (c, 1)(c > 0)$;

(3) $f(x) = x^2$,(ⅰ)$x \in (-\infty, +\infty)$,(ⅱ)$x \in (a, b)$;

(4) $f(x) = \dfrac{1}{x} \sin \dfrac{1}{x}$,(ⅰ)$x \in (a, +\infty)(a > 0)$,(ⅱ)$x \in (0, a)$;

(5) $f(x) = \sqrt{x}, x \in [0, +\infty)$;

(6) $f(x) = \cos \sqrt{x}, x \in [0, +\infty)$.

分析：函数 $f(x)$ 在区间内连续，不能表明它在区间的整体性质.而讨论一致连续时所求的正数 δ 与区间内的点 x_0 所处的位置无关，只要自变量的两个值达到一定程度，其对应的函数值就可以达到预先任意给定的接近程度.证明函数的一致连续有多种方法，按照定义，对两个函数值差的绝对值的估计可以利用拉格朗日中值定理.说明函数的非一致连续，可以利用函数的特征选择合适的数列.

解：(1) 取 $x_n = \dfrac{1}{n}, x_n' = \dfrac{1}{n+1}$，则有

$$\left| x_n - x_n' \right| = \left| \frac{1}{n} - \frac{1}{n+1} \right| = \frac{1}{n(n+1)} < \frac{1}{n} \to 0 (n \to \infty),$$

但 $\left| f(x_n) - f(x_n') \right| = \left| n - (n+1) \right| = 1$，不趋于 0，

故 $f(x) = \dfrac{1}{x}$ 在 $(0,1)$ 内非一致连续.

(2)（ⅰ）取 $x_n = \dfrac{1}{2n\pi}, x_n' = \dfrac{1}{2n\pi + \dfrac{\pi}{2}}$，则有

$$\left| x_n - x_n' \right| = \left| \frac{1}{2n\pi} - \frac{1}{2n\pi + \dfrac{\pi}{2}} \right| = \frac{\dfrac{\pi}{2}}{2n\pi\left(2n\pi + \dfrac{\pi}{2}\right)} < \frac{1}{n} \to 0 (n \to \infty),$$

但 $\left| f(x_n) - f(x_n') \right| = 1$，不趋于 0，

故 $f(x) = \sin\dfrac{1}{x}$ 在 $(0, +\infty)$ 内非一致连续.

（ⅱ）（法一）$\forall x_1, x_2 \in (c,1)$，$\forall \varepsilon > 0$，欲使

$$\left| \sin\frac{1}{x_1} - \sin\frac{1}{x_2} \right| = 2\left| \sin\frac{\dfrac{1}{x_1} - \dfrac{1}{x_2}}{2} \right|\left| \cos\frac{\dfrac{1}{x_1} + \dfrac{1}{x_2}}{2} \right| \leqslant \left| \frac{1}{x_1} - \frac{1}{x_2} \right| = \frac{\left| x_1 - x_2 \right|}{x_1 x_2} <$$

$\dfrac{\left| x_1 - x_2 \right|}{c^2} < \varepsilon$ 成立，只需取 $\delta < c^2\varepsilon$.

因而 $f(x) = \sin\dfrac{1}{x}$ 在 $(c,1)$ 内一致连续.

（法二）$\forall x_1, x_2 \in (c,1)$，$\forall \varepsilon > 0$，欲使

$$\left| \sin\frac{1}{x_1} - \sin\frac{1}{x_2} \right| = \left| \frac{\cos\xi}{\xi^2} \right|\left| x_1 - x_2 \right| < \frac{\left| x_1 - x_2 \right|}{c^2} < \varepsilon$$ 成立，只需取 $\delta < c^2\varepsilon$.

因而 $f(x) = \sin\dfrac{1}{x}$ 在 $(c,1)$ 内一致连续.

(3)（ⅰ）取 $x_n = n, x_n' = n + \dfrac{1}{n}$，

则有 $\left| x_n - x_n' \right| = \left| n - \left(n + \dfrac{1}{n}\right) \right| = \dfrac{1}{n} \to 0 (n \to \infty)$，

但 $\left| f(x_n) - f(x_n') \right| = 2 + \dfrac{1}{n^2} \to 2 \neq 0 (n \to \infty)$，

则 $f(x) = x^2$ 在 $(-\infty, +\infty)$ 内非一致连续.

(ii) $\forall x_1, x_2 \in (a,b)$,$\forall \varepsilon > 0$,欲使

$|x_1^2 - x_2^2| = |x_1 + x_2| \, |x_1 - x_2| \leqslant 2\max\{|a|, |b|\} \, |x_1 - x_2| < \varepsilon$ 成立,只需取

$\delta < \dfrac{\varepsilon}{2\max\{|a|, |b|\}}$.

于是,$\forall \varepsilon > 0$,取 $\delta < \dfrac{\varepsilon}{2\max\{|a|, |b|\}}$,

$\forall x_1, x_2 : |x_1 - x_2| < \delta$,$|f(x_1) - f(x_2)| < 2\max\{|a|, |b|\} \, |x_1 - x_2| < \varepsilon$,

可得 $f(x) = x^2$ 在 (a,b) 内一致连续.

(4)(i)(法一)$\forall \varepsilon > 0$,欲使 $|f(x') - f(x'')| = \left| \dfrac{1}{x'}\sin\dfrac{1}{x'} - \dfrac{1}{x''}\sin\dfrac{1}{x''} \right|$

$\leqslant \left| \dfrac{1}{x'}\sin\dfrac{1}{x'} - \dfrac{1}{x''}\sin\dfrac{1}{x'} \right| + \left| \dfrac{1}{x''}\sin\dfrac{1}{x'} - \dfrac{1}{x''}\sin\dfrac{1}{x''} \right|$

$\leqslant \left| \dfrac{1}{x'} - \dfrac{1}{x''} \right| + \left| \dfrac{1}{x''} \right| \cdot 2 \left| \cos\dfrac{\dfrac{1}{x'} + \dfrac{1}{x''}}{2} \right| \left| \sin\dfrac{\dfrac{1}{x'} - \dfrac{1}{x''}}{2} \right|$

$\leqslant \dfrac{|x' - x''|}{x'x''} + \dfrac{1}{x''} \cdot \left| \dfrac{1}{x'} - \dfrac{1}{x''} \right| \leqslant \dfrac{|x' - x''|}{x'x''}\left(1 + \dfrac{1}{x''}\right) \leqslant \dfrac{1}{a^2}\left(1 + \dfrac{1}{a}\right)|x' - x''| < \varepsilon$ 成

立,只需要 $|x' - x''| < \dfrac{a^3}{a+1}\varepsilon.$

于是,$\forall \varepsilon > 0$,取 $\delta = \dfrac{a^3}{a+1}\varepsilon$,$\forall x', x'' : |x' - x''| < \delta$,$|f(x') - f(x'')| < \varepsilon.$

可得 $f(x) = \dfrac{1}{x}\sin\dfrac{1}{x}$ 在 $(a, +\infty)$ 内一致连续.

(法二)$\forall \varepsilon > 0$,欲使 $|f(x') - f(x'')| = \left| \dfrac{1}{x'}\sin\dfrac{1}{x'} - \dfrac{1}{x''}\sin\dfrac{1}{x''} \right| = \left| \dfrac{-\dfrac{1}{\xi}\cos\dfrac{1}{\xi} - \sin\dfrac{1}{\xi}}{\xi^2} \right|$.

$|x' - x''| \leqslant \dfrac{\dfrac{1}{a} + 1}{a^2}|x' - x''| < \varepsilon$,只需要 $|x' - x''| < \dfrac{a^3}{a+1}\varepsilon.$

于是,$\forall \varepsilon > 0$,取 $\delta = \dfrac{a^3}{a+1}\varepsilon$,$\forall x', x'' : |x' - x''| < \delta$,$|f(x') - f(x'')| < \varepsilon.$

可得 $f(x) = \dfrac{1}{x}\sin\dfrac{1}{x}$ 在 $(a, +\infty)$ 内一致连续.

(ii)$\exists \varepsilon_0 = \dfrac{1}{2} > 0$,$\forall \delta > 0$,$\exists x_n' = \dfrac{1}{2n\pi + \dfrac{\pi}{2}}$,$x_n'' = \dfrac{1}{2n\pi} \in I$,$|x_n' - x_n''| \to 0 (n \to \infty)$,

但 $|f(x_n') - f(x_n'')| = \left| \dfrac{1}{x_n'}\sin\dfrac{1}{x_n'} - \dfrac{1}{x_n''}\sin\dfrac{1}{x_n''} \right| = 2n\pi + \dfrac{\pi}{2} \geqslant \varepsilon_0.$

可得 $f(x) = \dfrac{1}{x}\sin\dfrac{1}{x}$ 在 $(0, a)$ 内非一致连续.

(5) 由 $f(x)$ 在 $[0,2]$ 上连续可知，$f(x)$ 在 $[0,2]$ 上一致连续，

即 $\forall \varepsilon > 0, \exists \delta_1 < 1, \forall x_1, x_2 \in [0,2]: |x_1 - x_2| < \delta_1, |f(x_1) - f(x_2)| < \varepsilon.$

$\forall x_1, x_2 \in [1, +\infty)$，欲使

$$|f(x_1) - f(x_2)| = |\sqrt{x_1} - \sqrt{x_2}| = \frac{|x_1 - x_2|}{\sqrt{x_1} + \sqrt{x_2}} \leqslant \frac{1}{2}|x_1 - x_2| < \varepsilon \text{ 成立，只需}$$

取 $\delta_2 < 2\varepsilon.$

于是，$\forall \varepsilon > 0$，取 $\delta = \min\{\delta_1, 2\varepsilon\}, \forall x_1, x_2 \in [0, +\infty): |x_1 - x_2| < \delta,$

$$|f(x_1) - f(x_2)| \leqslant \frac{1}{2}|x_1 - x_2| < \varepsilon,$$

则 $f(x) = \sqrt{x}$ 在 $[0, +\infty)$ 内一致连续.

(6) 解法与 (5) 类似，可得 $f(x) = \cos\sqrt{x}$ 在 $[0, +\infty)$ 内一致连续.

【举一反三】

1. 已知 $|f'(x)| \leqslant M$，证明：函数 $f(\sin x)$ 在 $\left(0, \frac{\pi}{2}\right)$ 上一致连续.

证明：$\forall \varepsilon > 0, x', x'' \in \left(0, \frac{\pi}{2}\right)$，欲使

$$|f(\sin x') - f(\sin x'')| = |f'(\sin \xi)\cos \xi (x' - x'')| \leqslant M|x' - x''| < \varepsilon,$$

只需 $|x' - x''| < \frac{\varepsilon}{M}$，取 $\delta = \frac{\varepsilon}{M}$，

于是，$\forall \varepsilon > 0$，取 $\delta = \frac{\varepsilon}{M}, \forall x', x'': |x' - x''| < \delta, |f(x') - f(x'')| < \varepsilon.$

可得函数 $f(\sin x)$ 在 $\left(0, \frac{\pi}{2}\right)$ 上一致连续.

2. 讨论 $f(x) = x + (\sin x)^2, g(x) = x + \sin x^2$ 在 $(-\infty, +\infty)$ 上的一致连续性.

解：$f(x) = x + (\sin x)^2 = x + \frac{1 - \cos 2x}{2}.$

已知 $y = x$ 在 $(-\infty, +\infty)$ 上一致连续，

$\forall \varepsilon > 0, x', x'' \in (-\infty, +\infty)$，欲使

$$\left|\frac{1 - \cos 2x'}{2} - \frac{1 - \cos 2x''}{2}\right| = \frac{1}{2}|\cos 2x'' - \cos 2x'| = 2|\sin \xi||x' - x''| < 2|x' - x''| < \varepsilon,$$

只需 $|x' - x''| < \frac{\varepsilon}{2}$，取 $\delta = \frac{\varepsilon}{2}, \forall x', x'': |x' - x''| < \delta, \left|\frac{1 - \cos 2x'}{2} - \frac{1 - \cos 2x''}{2}\right| < \varepsilon,$

所以 $f(x) = x + (\sin x)^2$ 在 $(-\infty, +\infty)$ 上一致连续.

下面讨论函数 $g(x):$

$\exists \varepsilon_0 > \frac{1}{2} > 0, \forall \delta > 0, \exists x_n' = \sqrt{2n\pi + \frac{\pi}{2}}, x_n'' = \sqrt{2n\pi} \in I,$

$$|x_n' - x_n''| = \left|\sqrt{2n\pi + \frac{\pi}{2}} - \sqrt{2n\pi}\right| \to 0 (n \to \infty),$$

但 $|g(x_n') - g(x_n'')| = \left|\sin\left(2n\pi + \frac{\pi}{2}\right) - \sin 2n\pi\right| = 1 \geqslant \varepsilon_0.$

因此 $g(x) = x + \sin x^2$ 在 $(-\infty, +\infty)$ 上非一致连续.

例 3 设 $f(x)$ 在 $(-\infty, +\infty)$ 上连续,$\lim\limits_{x \to \infty} f(x)$ 存在且为 A,证明:

(1) $f(x)$ 在 $(-\infty, +\infty)$ 内有界;

(2) $f(x)$ 在 $(-\infty, +\infty)$ 上能取到最大(小)值;

(3) $f(x)$ 在 $(-\infty, +\infty)$ 上一致连续.

分析: 本例的结论是判别函数在无穷区间上一致连续的方法.数学分析中的证明要学会在已知和结论之间搭桥,尽管已知条件相同,但需根据不同的结论选择不同的性质达到证明的目的.

证明:(1) 已知 $\lim\limits_{x \to \infty} f(x) = A$,取 $\varepsilon = 1$,$\exists X > 0$,$\forall x \in (-\infty, +\infty)$,取 $|x| > X$,有 $|f(x) - A| < 1$,即 $|f(x)| < |A| + 1$.

又 $f(x)$ 在 $[-X, X]$ 上连续,故 $\exists M_1 > 0$,$\forall x \in [-X, X]$,有 $|f(x)| \leqslant M_1$.

取 $M = \max\{|A| + 1, M_1\}$,则 $\forall x \in (-\infty, +\infty)$,有 $|f(x)| \leqslant M$,

即 $f(x)$ 在 $(-\infty, +\infty)$ 内有界.

(2) 若在 $(-\infty, +\infty)$ 上,$f(x) \equiv A$,则结论显然成立.

若在 $(-\infty, +\infty)$ 上,$f(x) \neq A$,则

(i) 设存在 $x_0 \in (-\infty, +\infty)$ 且 $f(x_0) = B > A$,则 $f(x)$ 在 $(-\infty, +\infty)$ 上必取得最大值.

事实上,由于 $\lim\limits_{x \to \infty} f(x) = A$,

取 $\varepsilon = B - A > 0$,$\exists X > |x_0|$,$\forall x \in (-\infty, +\infty)$,$|x| > X$,有 $f(x) < A + \varepsilon = B$,

而 $f(x)$ 在 $[-X, X]$ 上连续,由闭区间连续函数性质知,$f(x)$ 在 $[-X, X]$ 上能取到最大值 K,而 $x_0 \in [-X, X]$,故 $f(x_0) = B \leqslant K$.

则 $\forall x \in (-\infty, +\infty)$,有 $f(x) \leqslant K$,即 K 为 $f(x)$ 在 $(-\infty, +\infty)$ 上的最大值.

(ii) 若 $\exists x_0 \in (-\infty, +\infty)$,且 $f(x_0) = B < A$,

同理可证,$f(x)$ 在 $(-\infty, +\infty)$ 上可取到最小值.

(3) 由于 $\lim\limits_{x \to \infty} f(x) = A$,根据函数极限的柯西收敛准则,$\forall \varepsilon > 0$,$\exists X > 0$,$\forall x', x'' \in (-\infty, +\infty)$:$|x'| > X$,$|x''| > X$,$|f(x') - f(x'')| < \varepsilon$.

又因为 $f(x)$ 在 $[-X - 1, X + 1]$ 上连续,所以一致连续,

则对上述的 $\varepsilon > 0$,$\exists \delta$,当 $0 < \delta < 1$ 时,$\forall x', x'' \in [-X - 1, X + 1]$:$|x' - x''| < \delta$,$|f(x') - f(x'')| < \varepsilon$.

于是 $\forall x', x'' \in (-\infty, +\infty)$,$|x' - x''| < \delta$($x', x''$ 同时在区间 $[-X - 1, X + 1]$ 或同时在 $(-\infty, -X)$,$(X, +\infty)$ 上),有 $|f(x') - f(x'')| < \varepsilon$,

即 $f(x)$ 在 $(-\infty, +\infty)$ 上一致连续.

【举一反三】

1. 设函数 $f(x)$ 在 (a, b) 内连续,$f(a + 0)$,$f(b - 0)$ 为有限值,证明:

(1) $f(x)$ 在 (a, b) 内有界;

(2) $f(x)$ 在 (a, b) 上一致连续;

(3) 若存在 $\xi \in (a, b)$,使得 $f(\xi) \geqslant \max\{f(a + 0), f(b - 0)\}$,则 $f(x)$ 在 (a, b) 内能

取得最大值.

证明:(1) 因为 $f(a+0)$, $f(b-0)$ 存在,所以由极限局部有界性得,

$\exists \delta > 0$, $f(x)$ 在 $(a, a+\delta)$ 与 $(b-\delta, b)$ 内有界,

即 $\exists M_1 > 0$,使得 $|f(x)| \leq M_1 [\forall x \in (a, a+\delta)$(或 $(b-\delta, b))]$.

又 $f(x)$ 在 $[a+\delta, b-\delta]$ 上连续,由闭区间连续函数的性质知,

$\exists M_2 > 0$, $|f(x)| \leq M_2 (\forall x \in [a+\delta, b-\delta])$.

取 $M = \max\{M_1, M_2\}$,则 $\forall x \in (a, b)$,有 $|f(x)| \leq M$,即 $f(x)$ 在 (a, b) 内有界.

(2) 令 $F(x) = \begin{cases} f(a+0), & x = a, \\ f(x), & a < x < b, \\ f(b-0), & x = b, \end{cases}$ 则 $F(x)$ 即为 $[a, b]$ 上的连续函数,

由康托尔(Cantor)定理得,$F(x)$ 在 $[a, b]$ 上一致连续,

从而 $F(x)$ 在 (a, b) 上也一致连续,

即得 $f(x)$ 在 (a, b) 上一致连续.

(3) 由(2)知,$F(x)$ 为 $[a, b]$ 上的连续函数.

设 $F(x)$ 在 $[a, b]$ 的最大值为 $F(x_0)$,$x_0 \in [a, b]$,

则 $F(\xi) = f(\xi) \leq F(x_0)$.

若 $f(\xi) = F(x_0)$,则 $F(\xi) = f(\xi)$ 是 $F(x)$ 在 $[a, b]$ 上的最大值,

故 ξ 是 $f(x)$ 在 (a, b) 内的最大值点.

若 $f(\xi) < F(x_0)$,由已知得 $F(x_0) > f(a+0) = F(a)$,且 $F(x_0) > f(b-0) = F(b)$,

可得 $a < x_0 < b$,又在 (a, b) 上,$f(x) = F(x)$,

所以 $f(x)$ 在 (a, b) 内取得最大值.

2. 设 $f(x)$ 在 $[1, +\infty)$ 连续,存在 $L > l > 0$,使得对任意 $x_1, x_2 \in [1, +\infty)$,满足 $l|x_1 - x_2| \leq |f(x_1) - f(x_2)| \leq L|x_1 - x_2|$. 证明:存在 $X \in [1, +\infty)$,使得 $\dfrac{x + e^{-x}}{f(x)}$ 在 $[X, +\infty)$ 上一致连续.

证明:由已知得,$l(x-1) \leq |f(x) - f(1)| \leq L(x-1)$,

即 $\left| \dfrac{f(x)}{x} \right| \geq l\left(1 - \dfrac{1}{x}\right) - \left| \dfrac{f(1)}{x} \right|$.

因为 $\lim\limits_{x \to +\infty} l\left(1 - \dfrac{1}{x}\right) = l$, $\lim\limits_{x \to +\infty} \dfrac{f(1)}{x} = 0$,

则 $\exists X > \max\left\{1, \dfrac{2}{l}\right\}$, $\forall x > X$,有 $\left| \dfrac{f(x)}{x} \right| > \dfrac{1}{2}l$.

于是 $|f(x)| > \dfrac{1}{2}lx \geq \dfrac{1}{2}lX > 1$.

$\forall x', x'' > X$, $\left| \dfrac{x'}{f(x')} - \dfrac{x''}{f(x'')} \right| = \left| \dfrac{x'f(x'') - x''f(x')}{f(x')f(x'')} \right| \leq \dfrac{x'|f(x') - f(x'')|}{|f(x')f(x'')|} + \dfrac{|x' - x''|}{|f(x'')|} \leq \dfrac{x'L|x' - x''|}{\dfrac{1}{2}lx'} + |x' - x''| = \left(\dfrac{2L}{l} + 1 \right)|x' - x''|$,

说明 $\dfrac{x}{f(x)}$ 在 $[X, +\infty)$ 上满足利普希茨条件,因此一致连续.

又 $0 < \left| \dfrac{\mathrm{e}^{-x}}{f(x)} \right| < \mathrm{e}^{-x}$, $\lim\limits_{x \to +\infty} \mathrm{e}^{-x} = 0$,

由夹逼定理得, $\lim\limits_{x \to +\infty} \dfrac{\mathrm{e}^{-x}}{f(x)} = 0$,则 $\dfrac{\mathrm{e}^{-x}}{f(x)}$ 在 $[X, +\infty)$ 上一致连续.

综上, $\dfrac{x + \mathrm{e}^{-x}}{f(x)}$ 在 $[X, +\infty)$ 上一致连续.

例 4 设 $f(x)$ 在 **R** 上一致连续,证明:存在正数 A, B,使 $\forall x \in \mathbf{R}$,有 $|f(x)| \leqslant A|x| + B$.

分析:此结论为一致连续函数在无穷区间上线性有界性. 已知条件只有函数的一致连续,想通过不等式 $|f(x') - f(x'')| < \varepsilon$ 得到结论,可大胆地利用绝对值不等式插入若干点的函数值 $|f(x)| \leqslant |f(x) - f(x_1)| + |f(x_1) - f(x_2)| + \cdots$,再利用定义,需要 $|x_i - x_j| < \delta$,也就有了证明本例最关键的一步,对区间 $[0, x]$ n 等分.

证明:已知 $f(x)$ 在 **R** 上一致连续,则 $\forall \varepsilon > 0, \exists \delta > 0$,使得

$\forall x', x'' \in (-\infty, +\infty): |x' - x''| < \delta, |f(x') - f(x'')| < \varepsilon$.

现将 $\varepsilon > 0, \delta > 0$ 固定,由于 $\forall x \in (-\infty, +\infty)$,

则存在 $n \in \mathbf{Z}$,使得 $x = n\delta + x_0$,其中 $x_0 \in (-\delta, \delta)$, $f(x)$ 在 $[-\delta, \delta]$ 上有界,

即 $\exists M > 0$,使得 $|f(x)| \leqslant M$ $[\forall x \in (-\delta, \delta)]$.

$$f(x) = \sum_{k=1}^{n} \left[f(k\delta + x_0) - f((k-1)\delta + x_0) \right] + f(x_0),$$

则 $|f(x)| \leqslant \sum\limits_{k=1}^{n} |f(k\delta + x_0) - f((k-1)\delta + x_0)| + |f(x_0)| \leqslant n|\varepsilon| + M.$

由 $x = n\delta + x_0$,得 $|n| = \left| \dfrac{x - x_0}{\delta} \right|$.

因此 $|f(x)| \leqslant \dfrac{\varepsilon}{\delta}|x - x_0| + M \leqslant \dfrac{\varepsilon}{\delta}|x| + \left(M + \dfrac{\varepsilon}{\delta}|x_0| \right) \leqslant \dfrac{\varepsilon}{\delta}|x| + (M + \varepsilon).$

令 $A = \dfrac{\varepsilon}{\delta}, B = M + \varepsilon$,则 $A > 0, B > 0$,且 $|f(x)| \leqslant A|x| + B$.

【举一反三】

1. 设 $f(x)$ 在 $[0, +\infty)$ 内一致连续, $\forall x \in [0, +\infty)$, $\lim\limits_{n \to +\infty} f(x + n) = 0 (n \in \mathbf{N})$,证明: $\lim\limits_{x \to +\infty} f(x) = 0$.

证明:因为 $f(x)$ 在 $[0, +\infty)$ 内一致连续,则 $\forall \varepsilon > 0, \exists \delta > 0$,

$\forall x', x'' \in [0, +\infty): |x' - x''| < \delta, |f(x') - f(x'')| < \dfrac{\varepsilon}{2}$,

取定 $k \in \mathbf{N}$,使得 $\dfrac{1}{k} < \delta$,令 $x_i = \dfrac{i}{k} (0 \leqslant i \leqslant k)$.

由于 $\lim\limits_{n \to \infty} f(x_i + n) = 0, i = 0, 1, 2, \cdots, k$,则 $\exists N_i$,当 $n > N_i$ 时, $|f(x_i + n)| < \dfrac{\varepsilon}{2}$.

令 $N = \max\{N_0, N_1, \cdots, N_k\}$,则当 $n \geqslant N$ 时,有 $|f(x_i + n)| < \dfrac{\varepsilon}{2}$.

由于当 $x > N + 1$ 时,必有 $x_0 \in [0,1]$ 及 $n \geqslant N$,使得 $x = x_0 + n$,

显然存在 $i(1 \leqslant i \leqslant k)$,使得 $x_{i-1} \leqslant x_0 \leqslant x_i$,

所以 $|x - (x_i + n)| = |x_0 - x_i| < \dfrac{1}{k} < \delta$,

于是 $|f(x)| \leqslant |f(x) - f(x_i + n)| + |f(x_i + n)| < \varepsilon$.

故 $\lim\limits_{x \to +\infty} f(x) = 0$.

2. $f(x)$ 是 $(-\infty, +\infty)$ 上以 $T > 0$ 为周期的连续函数,证明:$f(x)$ 在 $(-\infty, +\infty)$ 上一致连续.

证明:$f(x)$ 在 $[-T, T]$ 上一致连续,

$\forall \varepsilon > 0, \exists \delta > 0, \forall y', y'' \in [-T, T]:|y' - y''| < \delta$ 时,$|f(y') - f(y'')| < \varepsilon$.

$\forall x', x'' \in (-\infty, +\infty):\exists y', y'' \in [-T, T], x' = nT + y', x'' = nT + y''$,

$|x' - x''| = |y' - y''| < \delta$,

$|f(x') - f(x'')| = |f(nT + y') - f(nT + y'')| = |f(y') - f(y'')| < \varepsilon$,

因此 $f(x)$ 在 $(-\infty, +\infty)$ 上一致连续.

拓展训练

1. 判断 $f(x)$ 的一致连续性,其中 $f(x) = \begin{cases} x\left(2 + \sin\dfrac{1}{x}\right), x \neq 0, \\ 0, x = 0. \end{cases}$

2. 判断函数 $f(x) = \dfrac{x^3}{x + 1}\sin\dfrac{1}{x}$ 在 $(0, +\infty)$ 上的一致连续性,并说明理由.

3. 已知 $f(x)$ 是 $(a, +\infty)$ 上的可导函数,$\lim\limits_{x \to \infty} f'(x) = +\infty$,证明:$f(x)$ 在 $(a, +\infty)$ 上非一致连续.

4. $r \in (0,1), f(x)$ 在 $(0, a]$ 上可导,$\lim\limits_{x \to 0^+} x^r f'(x)$ 存在,证明:$f(x)$ 在 $(0, a]$ 上一致连续.

5. 已知 $0 < \alpha \leqslant 1$,证明:$f(x) = \sin x^\alpha$ 在 $[0, +\infty)$ 上一致连续.

6. 证明:函数 $f(x) = \begin{cases} \dfrac{\sin x}{x}, 0 < x < \dfrac{\pi}{2}, \\ \dfrac{1 - \cos x}{x}, x \geqslant \dfrac{\pi}{2} \end{cases}$ 在 $(0, +\infty)$ 上一致连续.

7. 证明:函数 $f(x) = x\mathrm{e}^{-x^2}\displaystyle\int_0^x \mathrm{e}^{-t^2}\mathrm{d}t$ 在 $[0, +\infty)$ 上一致连续.

8. 已知 $f(x)$ 是区间 $(0,1)$ 上的连续函数,$\sqrt{x}f(x)$ 在 $(0,1)$ 内有界,记 $g(x) = \displaystyle\int_{\frac{1}{2}}^x f(t)\mathrm{d}t$,证明:$g(x)$ 在 $(0,1)$ 内一致连续.

9. 证明:$y = \ln x$ 在 $(0,1)$ 上非一致连续,在 $(1, +\infty)$ 上一致连续.

10. 证明：$f(x) = x^\alpha \ln x$ 在 $(0, +\infty)$ 上一致连续的充要条件是 $0 < \alpha < 1$.

11. 设函数 $f(x)$ 在 I 上可导，$\forall \varepsilon > 0, \exists \delta > 0$，对于任意的 $t, x \in I : 0 < |t - x| < \delta$，$\left| \dfrac{f(t) - f(x)}{t - x} - f'(x) \right| < \varepsilon$（称 $f(x)$ 在 I 上一致可微），证明：$f(x)$ 在 I 上一致可微的充要条件是 $f'(x)$ 在 I 上一致连续.

拓展训练参考答案3

第四讲

极限续论

知识要点

一、基本定义

定义1 上确界

设 E 为一实数集，β 为一实数，如果

（1）$\forall x \in E$，有 $x \leqslant \beta$ ；（2）$\forall \varepsilon > 0$，$\exists x_0 \in E$，使得 $x_0 > \beta - \varepsilon$.

则称 β 为数集 E 的上确界，记为 $\beta = \sup E$.

定义2 下确界

设 E 为一实数集，α 为一实数，如果

（1）$\forall x \in E$，有 $x \geqslant \alpha$ ；（2）$\forall \varepsilon > 0$，$\exists x_0 \in E$，使得 $x_0 < \alpha + \varepsilon$.

则称 α 为数集 E 的下确界，记为 $\alpha = \inf E$.

定义3 聚点

若 S 是一实数集，则下列条件之间两两等价：

（1）ξ 是 S 的聚点；

（2）若点 ξ 的任何 ε 邻域内都含有 S 中异于 ξ 的点；

（3）存在各项互异的收敛数列 $\{x_n\} \subset S$，使得 $\lim\limits_{n \to \infty} x_n = \xi$.

定义4 上极限

设 $\{x_n\}$ 为有界数列，称 $H = \lim\limits_{k \to \infty} \sup\limits_{n > k} \{x_n\}$ 为数列 $\{x_n\}$ 的上极限，记为

$$H = \lim\limits_{k \to \infty} \sup\limits_{n > k} \{x_n\} = \overline{\lim\limits_{n \to \infty}} x_n.$$

定义5 下极限

设 $\{x_n\}$ 为有界数列，称 $h = \lim\limits_{k \to \infty} \inf\limits_{n > k} \{x_n\}$ 为数列 $\{x_n\}$ 的下极限，记为

$$h = \lim_{k \to \infty} \inf_{n > k} \{x_n\} = \varliminf_{n \to \infty} x_n.$$

二、重要性质、定理

性质1 上、下极限的性质

(1) $\varliminf_{n \to \infty} x_n \leqslant \varlimsup_{n \to \infty} x_n.$

(2) $\varliminf_{n \to \infty} (-x_n) = -\varlimsup_{n \to \infty} x_n.$

(3) $\varlimsup_{n \to \infty} (-x_n) = -\varliminf_{n \to \infty} x_n.$

(4) 若 $C > 0$, 则 $\varlimsup_{n \to \infty} Cx_n = C \varlimsup_{n \to \infty} x_n$;

若 $C < 0$, 则 $\varlimsup_{n \to \infty} Cx_n = C \varliminf_{n \to \infty} x_n.$

定理1 确界存在定理

有上界的非空数集必有上确界, 有下界的非空数集必有下确界.

定理2 闭区间套定理

若闭区间列 $\{[a_n, b_n]\}$ 具有如下性质:

(1) 嵌套性: $[a_{n+1}, b_{n+1}] \subset [a_n, b_n]$, (2) 紧缩性: $\lim_{n \to \infty} (b_n - a_n) = 0$,

则存在唯一的实数 ξ, 使得 $a_n \leqslant \xi \leqslant b_n (n = 1, 2, \cdots)$.

定理3 柯西收敛准则

数列 $\{x_n\}$ 收敛 $\Leftrightarrow \forall \varepsilon > 0, \exists N \in \mathbf{N}$, 当 $m, n > N$ 时, 有 $|x_n - x_m| < \varepsilon$.

定理4 聚点定理

实轴上任一有界无限点列至少有一个聚点.

定理5 致密性定理

有界数列必含有收敛子列.

定理6 有限覆盖定理

设 H 是闭区间 $[a, b]$ 的(无限)开覆盖, 则从 H 中可选出有限个开区间来覆盖 $[a, b]$.

定理7 实数完备性基本定理的等价性

(1) 确界存在定理; (2) 单调有界定理; (3) 闭区间套定理; (4) 有限覆盖定理; (5) 聚点定理; (6) 柯西收敛准则. 这六个基本定理是相互等价的, 其中任何一个都可以作为实数完备性的定义.

典型例题

例1 证明: 单调减少有下界的数列必有极限.

分析: 想用定义说明数列有极限, 需要找极限值, 利用确界存在定理, 预估下确界为极限. 下确界为最大下界, 直接运用下确界定义可得.

证明：设数列 $\{x_n\}$ 的下确界为 α，由下确界定义得，$\forall \varepsilon > 0, \exists x_N$，使得 $x_N < \alpha + \varepsilon$.
$\forall n > N, x_n < x_N < \alpha + \varepsilon$，于是 $0 \leqslant x_n - \alpha < \varepsilon$，即 $\lim\limits_{n \to \infty} x_n = \alpha$.

【举一反三】

1. 证明：单调有界函数存在左、右极限.

证明：不妨设 $f(x)$ 在 (a,b) 上递增有界. $\forall x_0 \in (a,b)$，设 $\beta(x_0) = \sup\limits_{a < x < x_0} \{f(x)\}$.

由上确界定义知，$\forall \varepsilon > 0, \exists x' \in (a, x_0), f(x') > \beta(x_0) - \varepsilon$，

即 $\beta(x_0) - f(x') < \varepsilon$.

$\forall x' < x$，取 $\delta = x_0 - x' > 0, f(x') < f(x)$，

因此 $\beta(x_0) - f(x) < \beta(x_0) - f(x') < \varepsilon$.

2. 证明：若单调有界函数 $f(x)$ 可取到 $f(a), f(b)$ 之间的一切值，则 $f(x)$ 在 $[a,b]$ 上连续.

证明：不妨设 $f(x)$ 在 $[a,b]$ 上递增有界，假设 $\xi \in (a,b)$ 是 $f(x)$ 的不连续点.

则 $\lim\limits_{x \to \xi^+} f(x), \lim\limits_{x \to \xi^-} f(x)$ 存在.

于是 $f(a) \leqslant \lim\limits_{x \to \xi^-} f(x) < \lim\limits_{x \to \xi^+} f(x) \leqslant f(b)$.

$f(x)$ 取不到开区间 $(\lim\limits_{x \to \xi^-} f(x), \lim\limits_{x \to \xi^+} f(x))$ 中异于 $f(\xi)$ 的值，与已知矛盾.

故 $f(x)$ 在 $[a,b]$ 上连续.

例 2 设 $f(x)$ 在 $[a,b]$ 上单调增加，$f(a) > a, f(b) > b$，证明：存在 $x_0 \in [a,b]$，使得 $f(x_0) = x_0$.

分析：实数完备性的几个定理中，有限覆盖定理的着眼点是闭区间的整体，而其他几个等价定理的着眼点是一点的局部. 利用闭区间套定理证明，常常用"二分法"得到所需的闭区间套，但要注意保证区间套的每个区间都具有相同的特性.

证明：将 $[a,b]$ 二等分，分点记为 c_0.

若 $f(c_0) = c_0$，则 c_0 即为所求；

若 $f(c_0) > c_0$，则取 $[a_1, b_1] = [c_0, b]$；

若 $f(c_0) < c_0$，则取 $[a_1, b_1] = [a, c_0]$；

于是 $f(a_1) > a_1, f(b_1) < b_1$.

将 $[a_1, b_1]$ 二等分，分点记为 c_1. 依此类推，可以得到：

$$[a_1, b_1] \supset [a_2, b_2] \supset \cdots \supset [a_n, b_n], b_n - a_n = \frac{b-a}{2^n} \to 0, \text{且} f(a_n) > a_n, f(b_n) < b_n.$$

由闭区间套定理得，$\exists x_0 \in [a_n, b_n]$，有 $\lim\limits_{n \to \infty} a_n = \lim\limits_{n \to \infty} b_n = x_0$.

已知 $f(x)$ 单调增加，有

$$f(x_0 - 0) = \lim\limits_{n \to \infty} f(a_n) \geqslant \lim\limits_{n \to \infty} a_n = x_0, f(x_0 + 0) = \lim\limits_{n \to \infty} f(b_n) \leqslant \lim\limits_{n \to \infty} b_n = x_0,$$

则 $x_0 \leqslant f(x_0 - 0) \leqslant f(x_0) \leqslant f(x_0 + 0) \leqslant x_0$，即得 $f(x_0) = x_0$.

【举一反三】

1. 设 $f(x) \in C[0,1], g(x)$ 在 $[0,1]$ 上有定义，$g(0) > 0, g(1) < 0, f(x) + g(x)$ 在 $[0,1]$ 上单调增加，证明：存在 $\xi \in [0,1]$，使得 $g(\xi) = 0$.

证明：设 $F(x) = f(x) + g(x)$，将 $[0,1]$ 二等分，

若 $F\left(\dfrac{1}{2}\right) = f\left(\dfrac{1}{2}\right)$，则取 $\xi = \dfrac{1}{2}$；

若 $F\left(\dfrac{1}{2}\right) > f\left(\dfrac{1}{2}\right)$，则取 $[a_1, b_1] = \left[\dfrac{1}{2}, 1\right]$；

若 $F\left(\dfrac{1}{2}\right) < f\left(\dfrac{1}{2}\right)$，则取 $[a_1, b_1] = \left[0, \dfrac{1}{2}\right]$.

于是 $F(a_1) > f(a_1), F(b_1) < f(b_1)$，

将 $[a_1, b_1]$ 二等分，……

依此类推，可以得到，

$[a_1, b_1] \supset [a_2, b_2] \supset \cdots \supset [a_n, b_n], b_n - a_n = \dfrac{1}{2^n} \to 0$，且 $F(a_n) > f(a_n), F(b_n) < f(b_n)$.

由闭区间套定理得，$\exists \xi \in [a_n, b_n]$，有 $\lim\limits_{n \to \infty} a_n = \lim\limits_{n \to \infty} b_n = \xi$.

已知 $F(x)$ 单调增加，有

$f(\xi - 0) = \lim\limits_{n \to \infty} F(a_n) \geqslant \lim\limits_{n \to \infty} f(a_n) = f(\xi), f(\xi + 0) = \lim\limits_{n \to \infty} F(b_n) \leqslant \lim\limits_{n \to \infty} f(b_n) = f(\xi)$，

则 $f(\xi) \leqslant F(\xi - 0) \leqslant F(\xi) \leqslant f(\xi + 0) \leqslant f(\xi)$，即得 $F(\xi) = f(\xi)$，

于是 $g(\xi) = 0$.

2. 设 $f(x)$ 在 $[a, b]$ 上无界，证明：$f(x)$ 在 $[a, b]$ 上至少存在一点，使得 $f(x)$ 在此点的邻近区域内无界.

证明： 由于 $f(x)$ 在 $[a, b]$ 上无界，可将 $[a, b]$ 二等分得两个区间 $\left[a, \dfrac{a + b}{2}\right]$，

$\left[\dfrac{a + b}{2}, b\right]$，则 $f(x)$ 至少在其中之一闭区间上无界，记为 $[a_1, b_1]$，再将闭区间 $[a_1, b_1]$ 二等分，记 $f(x)$ 在其中之一上无界的闭区间为 $[a_2, b_2]$，继续下去，得到闭区间套 $\{[a_n, b_n]\}$ 满足：

(1) $[a_n, b_n] \supset [a_{n+1}, b_{n+1}]$；

(2) $f(x)$ 在 $[a_n, b_n]$ 上无界；

(3) $b_n - a_n = \dfrac{b - a}{2^n}$.

则由闭区间套定理得，存在唯一的 $x_0 \in [a_n, b_n]$，使得 $f(x)$ 在 x_0 点的任一邻域内均无界. 故结论得证.

否则，必存在以 x_0 为内点的闭区间 $[\alpha, \beta]$，$f(x)$ 在 $[\alpha, \beta]$ 上有界，但 $x_0 \in (\alpha, \beta)$，故必存在 n，使得 $[a_n, b_n] \subset (\alpha, \beta)$，这恰与 $f(x)$ 在 $[a_n, b_n]$ 上无界矛盾.

3. 设 $f(x)$ 在 $[a, b]$ 上可导，证明：$\exists \xi \in (a, b)$，使得 $|f'(\xi)| \geqslant \left|\dfrac{f(b) - f(a)}{b - a}\right|$.

证明： 令 $c = \dfrac{a + b}{2}, d = |f(b) - f(a)|$，

则 $d = |f(b) - f(a)| \leqslant |f(b) - f(c)| + |f(c) - f(a)|$.

于是 $|f(b) - f(c)|$ 与 $|f(c) - f(a)|$ 中至少有一个大于等于 $\dfrac{d}{2}$，不妨记

$|f(b) - f(c)| \geqslant \dfrac{d}{2}$.

相应地,取 $a_1 = c, b_1 = b$,(否则的话,取 $a_1 = a, b_1 = c$),得 $b_1 - a_1 = \dfrac{b-a}{2}$,且

$$\left| \frac{f(b_1) - f(a_1)}{b_1 - a_1} \right| \geqslant \frac{\dfrac{d}{2}}{\dfrac{b-a}{2}} = \left| \frac{f(b) - f(a)}{b - a} \right|.$$

重复上述做法,可得闭区间套 $\{[a_n, b_n]\}$ 满足:

(1) $[a, b] \supset [a_1, b_1] \supset [a_2, b_2] \supset \cdots [a_n, b_n] \supset \cdots$;

(2) $b_n - a_n = \dfrac{b-a}{2^n}$;

(3) $\left| \dfrac{f(b_n) - f(a_n)}{b_n - a_n} \right| \geqslant \left| \dfrac{f(b) - f(a)}{b - a} \right|$.

由闭区间套定理知,$\exists \xi \in [a_n, b_n]$ 且 $\lim\limits_{n \to \infty} a_n = \xi = \lim\limits_{n \to \infty} b_n$,由下面的第 4 题得

$$|f'(\xi)| = \left| \lim\limits_{n \to \infty} \frac{f(b_n) - f(a_n)}{b_n - a_n} \right| \geqslant \left| \frac{f(b) - f(a)}{b - a} \right|.$$

4. 设函数 $f(x)$ 在 x_0 处可导,$\alpha_n < x_0 < \beta_n$,且 $\lim\limits_{n \to \infty} \alpha_n = \lim\limits_{n \to \infty} \beta_n = x_0$,证明:
$\lim\limits_{n \to \infty} \dfrac{f(\beta_n) - f(\alpha_n)}{\beta_n - \alpha_n} = f'(x_0)$.

证明:(法一)$\lim\limits_{n \to \infty} \dfrac{f(\beta_n) - f(\alpha_n)}{\beta_n - \alpha_n} = \lim\limits_{n \to \infty} \dfrac{f(\beta_n) - f(x_0) + f(x_0) - f(\alpha_n)}{\beta_n - \alpha_n}$

$= \lim\limits_{n \to \infty} \left[\dfrac{f(\beta_n) - f(x_0)}{\beta_n - x_0} \cdot \dfrac{\beta_n - x_0}{\beta_n - \alpha_n} - \dfrac{f(\alpha_n) - f(x_0)}{\alpha_n - x_0} \cdot \dfrac{\alpha_n - x_0}{\beta_n - \alpha_n} \right]$

$= \lim\limits_{n \to \infty} \dfrac{f(\beta_n) - f(x_0)}{\beta_n - x_0} + \lim\limits_{n \to \infty} \left[\dfrac{f(\beta_n) - f(x_0)}{\beta_n - x_0} - \dfrac{f(\alpha_n) - f(x_0)}{\alpha_n - x_0} \right] \cdot \dfrac{\alpha_n - x_0}{\beta_n - \alpha_n}$

$= \lim\limits_{n \to \infty} \dfrac{f(\beta_n) - f(x_0)}{\beta_n - x_0} = f'(x_0)$.

(法二)因为 $\dfrac{\beta_n - x_0}{\beta_n - \alpha_n} + \dfrac{x_0 - \alpha_n}{\beta_n - \alpha_n} = 1$,于是

$\lim\limits_{n \to \infty} \left[\dfrac{f(\beta_n) - f(\alpha_n)}{\beta_n - \alpha_n} - f'(x_0) \right]$

$= \lim\limits_{n \to \infty} \dfrac{\beta_n - x_0}{\beta_n - \alpha_n} \left[\dfrac{f(\beta_n) - f(x_0)}{\beta_n - x_0} - f'(x_0) \right] + \lim\limits_{n \to \infty} \dfrac{x_0 - \alpha_n}{\beta_n - \alpha_n} \left[\dfrac{f(\alpha_n) - f(x_0)}{\alpha_n - x_0} - f'(x_0) \right] = 0$.

所以 $\lim\limits_{n \to \infty} \dfrac{f(\beta_n) - f(\alpha_n)}{\beta_n - \alpha_n} = f'(x_0)$.

例 3 设函数 $f(x)$ 定义在 $[a, b]$ 上,$\forall x_0 \in [a, b]$,$\lim\limits_{x \to x_0} f(x)$ 存在,证明 $f(x)$ 在 $[a, b]$ 上有界.

分析: 有限覆盖定理可将无限转化为有限,从而把函数 $f(x)$ 在闭区间 $[a, b]$ 上的局部性拓展到闭区间 $[a, b]$ 上的整体性.

证明: 由于 $f(x)$ 在 $[a, b]$ 上每点存在极限,由函数极限的局部有界性,有

$$\forall x \in [a,b], \exists \delta_x, M_x > 0, |f(t)| \leqslant M_x, \forall t \in (x - \delta_x, x + \delta_x).$$

记 $H = \{(x - \delta_x, x + \delta_x) \mid x \in [a,b]\}$，则 H 成为 $[a,b]$ 的一个开覆盖；由有限覆盖定理知，存在 $[a,b]$ 的有限开覆盖：

$$\widetilde{H} = \{U(x_i, \delta_{x_i}) \mid x_i \in [a,b], 1 \leqslant i \leqslant n\} \subset H.$$

取 $M = \max\limits_{1 \leqslant i \leqslant n} M_{x_i}$，则因 $\widetilde{H}$ 覆盖了 $[a,b]$，$\forall x \in [a,b]$，$\exists x_k$，使得 $x \in U(x_k, \delta_{x_k})$，$1 \leqslant k \leqslant n$.

故 $|f(x)| \leqslant M_{x_k} \leqslant M$.

例4　若 $\{a_n\}$ 是正数数列，证明：$\varlimsup\limits_{n\to\infty} n\left(\dfrac{1 + a_{n+1}}{a_n} - 1\right) \geqslant 1$.

分析： 通过反证法找到突破口——$n\left(\dfrac{1 + a_{n+1}}{a_n} - 1\right) < 1$，再对不等式整理找到规律，即 $\dfrac{1}{n+1} < \dfrac{a_n}{n} - \dfrac{a_{n+1}}{n+1}$.

证明： 假设 $\varlimsup\limits_{n\to\infty} n\left(\dfrac{1 + a_{n+1}}{a_n} - 1\right) < 1$，则 $\exists N \in \mathbf{N}$，当 $n > N$ 时，有 $n\left(\dfrac{1 + a_{n+1}}{a_n} - 1\right) < 1$.

即 $\dfrac{1 + a_{n+1}}{a_n} < \dfrac{n+1}{n}$.

由上式知，$\dfrac{1 + a_{n+1}}{n+1} < \dfrac{a_n}{n}$，可得 $\dfrac{1}{n+1} < \dfrac{a_n}{n} - \dfrac{a_{n+1}}{n+1}$.

于是

$$\dfrac{1}{N+1} < \dfrac{a_N}{N} - \dfrac{a_{N+1}}{N+1}, \dfrac{1}{N+2} < \dfrac{a_{N+1}}{N+1} - \dfrac{a_{N+2}}{N+2}, \cdots, \dfrac{1}{N+k} < \dfrac{a_{N+k-1}}{N+k-1} - \dfrac{a_{N+k}}{N+k}.$$

相加后得，$\dfrac{1}{N+1} + \dfrac{1}{N+2} + \cdots + \dfrac{1}{N+k} < \dfrac{a_N}{N} - \dfrac{a_{N+k}}{N+k} < \dfrac{a_N}{N}$.

令 $k \to \infty$，则不等式的左边成为调和级数 $\sum\limits_{k=1}^{\infty} \dfrac{1}{N+k} = +\infty$，但右边 $\dfrac{a_N}{N}$ 为一定值，矛盾. 因此 $\varlimsup\limits_{n\to\infty} n\left(\dfrac{1 + a_{n+1}}{a_n} - 1\right) \geqslant 1$.

【举一反三】

1. 已知 $a_n > 0$，证明：$\varlimsup\limits_{n\to\infty}\left(\dfrac{a_1 + a_{n+1}}{a_n}\right)^n \geqslant \mathrm{e}$.

证明： 已知 $\lim\limits_{n\to\infty}\left(1 + \dfrac{1}{n}\right)^n = \mathrm{e}$，假设 $\varlimsup\limits_{n\to\infty}\left(\dfrac{a_1 + a_{n+1}}{a_n}\right)^n < \mathrm{e}$，

则 $\exists N, \forall n > N, \dfrac{a_1 + a_{n+1}}{a_n} \leqslant 1 + \dfrac{1}{n} = \dfrac{n+1}{n}$，

即 $\dfrac{a_n}{n} \geqslant \dfrac{a_1}{n+1} + \dfrac{a_{n+1}}{n+1}$，

$$\frac{a_N}{N} - \frac{a_{N+1}}{N+1} \geqslant \frac{a_1}{N+1},$$

$$\frac{a_{N+1}}{N+1} - \frac{a_{N+2}}{N+2} \geqslant \frac{a_1}{N+2},$$

$$\cdots\cdots$$

$$\frac{a_{N+k-1}}{N+k-1} - \frac{a_{N+k}}{N+k} \geqslant \frac{a_1}{N+k},$$

相加可得,$\dfrac{a_1}{N+1} + \dfrac{a_1}{N+2} + \cdots + \dfrac{a_1}{N+k} < \dfrac{a_N}{N} - \dfrac{a_{N+k}}{N+k} < \dfrac{a_N}{N}.$

令 $k \to \infty$,则不等式的左边成为调和级数 $\displaystyle\sum_{k=1}^{\infty} \frac{1}{N+k} = +\infty,$

但右边 $\dfrac{a_N}{N}$ 为一定值,矛盾. 因此,$\varlimsup\limits_{n\to\infty} \left(\dfrac{a_1 + a_{n+1}}{a_n}\right)^n \geqslant e.$

例5 已知 $y_n = x_n + 2x_{n+1}$,证明:$\{y_n\}$ 收敛时,数列 $\{x_n\}$ 收敛.

分析: 事实上,我们在第一讲数列极限中用数列极限定义讨论过该类型的题目. 在本讲中,尝试用上、下极限及其性质说明数列的收敛性.

证明: 已知 $\{y_n\}$ 收敛,设 $\lim\limits_{n\to\infty} y_n = b$,则 $\{y_n\}$ 有界,即 $\exists M > 0, |y_n| \leqslant M.$

不妨设 $|x_1| \leqslant M$,假设 $|x_n| \leqslant M$,当 $n = k+1$ 时,

$|x_{n+1}| \leqslant \dfrac{1}{2}|y_n| + \dfrac{1}{2}|x_n| \leqslant M$,由数学归纳法知 $\{x_n\}$ 有界.

设数列 $\{x_n\}$ 存在有限的上、下极限,分别为 $\alpha, \beta.$
由 $2x_{n+1} = y_n - x_n$,得

$$2\alpha = 2\varlimsup\limits_{n\to\infty} x_{n+1} = \lim\limits_{n\to\infty} y_n + \varlimsup\limits_{n\to\infty}(-x_n) = b - \varliminf\limits_{n\to\infty} x_n = b - \beta,$$

$$2\beta = 2\varliminf\limits_{n\to\infty} x_{n+1} = \lim\limits_{n\to\infty} y_n + \varliminf\limits_{n\to\infty}(-x_n) = b - \varlimsup\limits_{n\to\infty} x_n = b - \alpha,$$

得 $\alpha = \beta$,即数列 $\{x_n\}$ 收敛.

拓展训练

1. 设 $f(x) \in C[a,b]$,且 $f(x)$ 在 $[a,b]$ 上处处取极值,证明 $f(x)$ 必为常数.

2. 证明:$\varliminf\limits_{n\to\infty} x_n + \varliminf\limits_{n\to\infty} y_n \leqslant \varliminf\limits_{n\to\infty}(x_n + y_n) \leqslant \varliminf\limits_{n\to\infty} x_n + \varlimsup\limits_{n\to\infty} y_n.$

3. 证明:$\varliminf\limits_{n\to\infty} x_n + \varlimsup\limits_{n\to\infty} y_n \leqslant \varlimsup\limits_{n\to\infty}(x_n + y_n) \leqslant \varlimsup\limits_{n\to\infty} x_n + \varlimsup\limits_{n\to\infty} y_n.$

4. 证明:若数列 $\{y_n\}$ 收敛,则对任意数列 $\{x_n\}$,有

(1) $\varlimsup\limits_{n\to\infty}(x_n + y_n) = \varlimsup\limits_{n\to\infty} x_n + \lim\limits_{n\to\infty} y_n$;

(2) $\varliminf\limits_{n\to\infty}(x_n + y_n) = \varliminf\limits_{n\to\infty} x_n + \lim\limits_{n\to\infty} y_n.$

5. 设 $f(x),g(x)$ 在集合 E 上有界,证明:

$$\inf_{x \in E}\{f(x) + g(x)\} \leq \begin{cases} \inf\limits_{x \in E}\{f(x)\} + \sup\limits_{x \in E}\{g(x)\}, \\ \sup\limits_{x \in E}\{f(x)\} + \inf\limits_{x \in E}\{g(x)\}. \end{cases}$$

6. 若 $a_n > 0$ $(n = 1,2,\cdots)$,证明:$\varlimsup\limits_{n \to \infty} \sqrt[n]{a_n} \leq \varlimsup\limits_{n \to \infty} \dfrac{a_{n+1}}{a_n}$.

7. 已知 $\{x_n\}$ 无界,且非无穷大量,证明:必存在 $\lim\limits_{k \to \infty} x_{n_k}^{(1)} = \infty$,$\lim\limits_{k \to \infty} x_{n_k}^{(2)} = a$($a$ 为某有限数).

8. 已知 $x_n^{(1)},x_n^{(2)} \in [a,b]$,且 $\lim\limits_{n \to \infty}(x_n^{(1)} - x_n^{(2)}) = 0$,证明:在此两数列中能找出具有相同足标 n_k 的子列,使得 $\lim\limits_{k \to \infty} x_{n_k}^{(1)} = \lim\limits_{k \to \infty} x_{n_k}^{(2)} = x_0$($x_0 \in [a,b]$).

9. 设 $f(x)$ 在区间 I 上有界,记 $M = \sup\limits_{x \in I} f(x)$,$m = \inf\limits_{x \in I} f(x)$,证明:

$$\sup_{x',x'' \in I} |f(x') - f(x'')| = M - m.$$

拓展训练参考答案4

第五讲

一元函数微分学

知识要点

一、基本定义

定义 1　导数

设 $y=f(x)$ 在 x_0 的某个邻域内有定义,当自变量在 x_0 获得增量 Δx 时,对应的函数增量为 $\Delta y = f(x_0 + \Delta x) - f(x_0)$.

若 $\lim\limits_{\Delta x \to 0} \dfrac{\Delta y}{\Delta x}$ 存在,则称 $f(x)$ 在 x_0 处可导,并记为

$$y' \Big|_{x=x_0} = \frac{\mathrm{d}y}{\mathrm{d}x} \Big|_{x=x_0} = f'(x_0) = \lim_{\Delta x \to 0} \frac{\Delta y}{\Delta x} = \lim_{\Delta x \to 0} \frac{f(x_0 + \Delta x) - f(x_0)}{\Delta x} = \lim_{x \to x_0} \frac{f(x) - f(x_0)}{x - x_0}.$$

定义 2　左导数、右导数

称 $f'_-(x_0) = \lim\limits_{\Delta x \to 0^-} \dfrac{f(x_0 + \Delta x) - f(x_0)}{\Delta x} = \lim\limits_{x \to x_0^-} \dfrac{f(x) - f(x_0)}{x - x_0}$ 为函数 $y=f(x)$ 在点 x_0 处的左导数.

称 $f'_+(x_0) = \lim\limits_{\Delta x \to 0^+} \dfrac{f(x_0 + \Delta x) - f(x_0)}{\Delta x} = \lim\limits_{x \to x_0^+} \dfrac{f(x) - f(x_0)}{x - x_0}$ 为函数 $y=f(x)$ 在点 x_0 处的右导数.

$f'(x_0)$ 存在 $\Leftrightarrow f'_-(x_0) = f'_+(x_0)$.

定义 3　微分

设 $y=f(x)$ 在 $x=x_0$ 处连续,若当自变量在 x_0 处产生增量 Δx 时,函数的增量可表示为

$$\Delta y = f(x_0 + \Delta x) - f(x_0) = A\Delta x + o(\Delta x).$$

其中 A 是与 Δx 无关的常数(当 x_0 给定时), $o(\Delta x)$ 为 Δx 的高阶无穷小(当 $\Delta x \to 0$

时),则称 $f(x)$ 在 x_0 处可微,并称 $A\Delta x$ 为 $f(x)$ 在 x_0 处的微分,记为 $dy = A dx$(自变量的微分定义为 $dx = \Delta x$),$A\Delta x$ 称为 Δy 的线性主部.

定义 4　高阶导数的定义

若 $\lim\limits_{\Delta x \to 0} \dfrac{f'(x_0 + \Delta x) - f'(x_0)}{\Delta x}$ $\left(即 \lim\limits_{x \to x_0} \dfrac{f'(x) - f'(x_0)}{x - x_0}\right)$ 存在,则称 $f(x)$ 在 $x = x_0$ 处二阶

可导,并称此极限为 $f(x)$ 在 $x = x_0$ 处的二阶导数,记为 $f''(x_0)$,$\left.\dfrac{d^2 f(x)}{dx^2}\right|_{x = x_0}$ 等.

一般地,$\lim\limits_{\Delta x \to 0} \dfrac{f^{(n-1)}(x_0 + \Delta x) - f^{(n-1)}(x_0)}{\Delta x}$ $\left(即 \lim\limits_{x \to x_0} \dfrac{f^{(n-1)}(x) - f^{(n-1)}(x_0)}{x - x_0}\right)$ 存在,则称

$f(x)$ 在 $x = x_0$ 处 n 阶可导,并称此极限为 $f(x)$ 在 $x = x_0$ 处的 n 阶导数,记为 $f^{(n)}(x_0)$,

$\left.\dfrac{d^n f(x)}{dx^n}\right|_{x = x_0}$ 等.

二、重要性质、定理

定理 1　可导的函数连续,反之不真.

定理 2　导数极限定理

$f(x)$ 在 $x = x_0$ 的某邻域连续,在 $x = x_0$ 的某空心邻域可导,且 $\lim\limits_{x \to x_0} f'(x)$ 存在,则 $f'(x_0)$ 存在,且 $f'(x_0) = \lim\limits_{x \to x_0} f'(x)$.

三、重要公式

求导法则　设 $f(x),g(x)$ 可导,则

$[kf(x)]' = kf'(x)$;

$[f(x) \pm g(x)]' = f'(x) \pm g'(x)$;

$[f(x)g(x)]' = f'(x)g(x) + f(x)g'(x)$;

$\left[\dfrac{f(x)}{g(x)}\right]' = \dfrac{f'(x)g(x) - f(x)g'(x)}{[g(x)]^2}$ $(g(x) \neq 0)$.

微分运算法则

$d(u \pm v) = du \pm dv$;　　$d(Cu) = Cdu$(C 为常数);

$d(uv) = vdu + udv$;　　$d\left(\dfrac{u}{v}\right) = \dfrac{vdu - udv}{v^2}$ $(v \neq 0)$.

1. 复合函数求导:设 $y = f(u)$,$u = u(x)$ 都可导,则 $y'(x) = f'(u)u'(x)$.

2. 反函数求导:设(ⅰ)$y = f(x)$ 在 x_0 处的导数 $f'(x_0)$ 存在且 $f'(x_0) \neq 0$,(ⅱ)$f(x)$ 在 x_0 的某邻域内连续且严格单调,则其反函数 $x = \varphi(y)$ 在 $y_0 = f(x_0)$ 处可导,且

$$\varphi'(y_0) = \dfrac{1}{f'(x_0)}.$$

3. 参数方程所确定的函数求导:设 $\begin{cases} x = \varphi(t), \\ y = \psi(t) \end{cases}$,$t \in (\alpha,\beta)$,其中 $\varphi(t),\psi(t)$ 在 $t_0 \in (\alpha,\beta)$ 处可导,且 $\varphi'(t_0) \neq 0$,则上述方程组确定 y 为 x 的单值连续函数,在 $x_0 = \varphi(t_0)$ 处

可导,且 $\dfrac{\mathrm{d}y}{\mathrm{d}x}\bigg|_{x=x_0}=\dfrac{\psi'(t_0)}{\varphi'(t_0)}$.

4. 隐函数求导:设函数 $f:X\to Y$ 满足 $F(x,f(x))\equiv 0$ ($\forall x\in X$),则称 $y=f(x)$ 是方程 $F(x,y)=0$ 的隐函数,求它的导数时,只要对上面恒等式求导即可.

5. 高阶导数:

$(u\pm v)^{(n)}=u^{(n)}\pm v^{(n)}$;

$(u\cdot v)^{(n)}=u^{(n)}v+nu^{(n-1)}v'+\dfrac{n(n-1)}{2!}u^{(n-2)}v''+\dfrac{n(n-1)\cdots(n-k+1)}{k!}u^{(n-k)}v^{(k)}+$

$\cdots+uv^{(n)}=\displaystyle\sum_{k=0}^{n}C_n^k u^{(n-k)}v^{(k)}$,

其中 $u^{(0)}(x)=u(x),v^{(0)}(x)=v(x)$, $C_n^k=\dfrac{n(n-1)(n-2)\cdots(n-k+1)}{k!}=$

$\dfrac{n!}{k!\,(n-k)!}$. 称此式为乘积高阶导数的莱布尼茨(Leibniz)公式.

6. $(\mathrm{e}^x)^{(n)}=\mathrm{e}^x$;$(\sin x)^{(n)}=\sin\left(x+\dfrac{n\pi}{2}\right)$;

$(\cos x)^{(n)}=\cos\left(x+\dfrac{n\pi}{2}\right)$;

$[\ln(1+x)]^{(n)}=(-1)^{n-1}\dfrac{(n-1)!}{(1+x)^n}$;

$[(1+x)^\alpha]^{(n)}=\alpha(\alpha-1)\cdots(\alpha-n+1)(1+x)^{\alpha-n}$.

7. $\Phi'(x)=\dfrac{\mathrm{d}}{\mathrm{d}x}\displaystyle\int_a^x f(t)\mathrm{d}t=f(x)$.

四、函数的几何形态

(一)单调性

1. 定义:如果函数 $y=f(x)$ 在区间 I 上有定义,且 $\forall x_1,x_2\in I$,当 $x_1<x_2$ 时,有 $f(x_1)\leqslant f(x_2)$,称 $f(x)$ 在 I 是单调增加函数.同理可定义单调减少函数.

2. 单调性判别法(此判别法改成其他类型区间,结论也成立):设函数 $y=f(x)$ 在 $[a,b]$ 上连续,在 (a,b) 内可导.

(1)如果 $x\in(a,b)$ 时,有 $f'(x)\geqslant 0$ 且等号仅在有限多个点成立,则 $y=f(x)$ 在 $[a,b]$ 上单调增加;

(2)如果 $x\in(a,b)$ 时,有 $f'(x)\leqslant 0$ 且等号仅在有限多个点成立,则 $y=f(x)$ 在 $[a,b]$ 上单调减少.

(二)极值

1. 定义:设函数 $f(x)$ 在 x_0 的某个实心邻域内有定义,若 $\exists\delta>0$,当 x 在 x_0 的某个去心邻域 $\overset{\circ}{U}(x_0,\delta)$ 时,有 $f(x)>f(x_0)$ [或 $f(x)<f(x_0)$],则称 $x=x_0$ 是 $f(x)$ 极小值点(或极大值点).

2.极值的必要条件:设 $y = f(x)$ 在 x_0 可导且取得极值,则 $f'(x_0) = 0$.

3.极值的充分条件(极值的判别法):

(1)第一判别法:设函数 $f(x)$ 在 x_0 处连续,且在 x_0 的某个去心邻域 $\overset{0}{U}(x_0, \delta)$ 内可导.

①若 $x \in (x_0 - \delta, x_0)$ 时,$f'(x) > 0 (f'(x) < 0)$,而 $x \in (x_0, x_0 + \delta)$ 时,$f'(x) < 0$ $(f'(x) > 0)$,则 $f(x)$ 在点 x_0 处取极大值(或极小值).

②若在 $(x_0 - \delta, x_0)$ 和 $(x_0, x_0 + \delta)$ 内,$f'(x)$ 同号,则 $f(x)$ 在 x_0 处不取得极值.

(2)第二判别法:设函数 $f(x)$ 在点 x_0 处具有二阶导数,且 $f'(x_0) = 0$.

①当 $f''(x_0) < 0$ 时,函数 $f(x)$ 在点 x_0 处取极大值;

②当 $f''(x_0) > 0$ 时,函数 $f(x)$ 在点 x_0 处取极小值;

③当 $f''(x_0) = 0$ 时,失效待定.

(三)凹凸性

1.定义:如果函数 $y = f(x)$ 在区间 I 上连续,$\forall x_1, x_2 \in I$,当 $x_1 < x_2$ 时,有 $f\left(\dfrac{x_1 + x_2}{2}\right) < \dfrac{f(x_1) + f(x_2)}{2}$,那么称 $f(x)$ 在 I 上的图形是凹的(或凹弧).

同理可定义 $f(x)$ 在 I 上的图形是凸的(或凸弧).

2.凹凸性的判别法(此判别法改成其他类型区间,结论也成立):

设函数 $y = f(x)$ 在 $[a, b]$ 上连续,在 (a, b) 内具有一阶和二阶导数.

(1)如果 $x \in (a, b)$ 时,有 $f''(x) > 0$,那么曲线 $y = f(x)$ 在 $[a, b]$ 上的图形是凹的;

(2)如果 $x \in (a, b)$ 时,有 $f''(x) < 0$,那么函数 $y = f(x)$ 在 $[a, b]$ 上的图形是凸的.

(四)拐点

1.定义:设函数 $f(x)$ 在区间 I 上连续,x_0 是 I 内的点,如果曲线 $y = f(x)$ 在经过点 $(x_0, f(x_0))$ 时,曲线的凹凸性改变了,那么称 $(x_0, f(x_0))$ 为曲线 $y = f(x)$ 的拐点.

2.拐点的必要条件:设 $f(x)$ 在 x_0 二阶可导且 $(x_0, f(x_0))$ 为拐点,则 $f''(x_0) = 0$.

3.拐点的充分条件(拐点的判别法):

(1)判别法一:设函数 $f(x)$ 在区间 I 上连续,x_0 是 I 内的点,$f(x)$ 在 x_0 内某个去心邻域内二阶可导.

1)若在 $(x_0 - \delta, x_0)$ 和 $(x_0, x_0 + \delta)$ 内,$f''(x)$ 的值异号,则 $(x_0, f(x_0))$ 是曲线 $y = f(x)$ 的拐点.

2)若在 $(x_0 - \delta, x_0)$ 和 $(x_0, x_0 + \delta)$ 内,$f''(x)$ 的值同号,则 $(x_0, f(x_0))$ 不是曲线 $y = f(x)$ 的拐点.

(2)判别法二:若 $f''(x_0) = 0$,$f'''(x_0) \neq 0$,则点 $(x_0, f(x_0))$ 是拐点.

(五)一元函数的最值

求最值的步骤:

(1)求驻点和不可导点及其函数值;

(2)求定义区间端点的函数值或极限值,比较大小,挑选最值.

典型例题

例1 (1) 设 $f(x)$ 在 $[0, +\infty)$ 上有定义,已知 $f'(1)$ 存在,$\forall x,y \in (0, +\infty)$,$f(xy) = yf(x) + xf(y)$,证明:$f(x)$ 在 $(0, +\infty)$ 内处处可导,且 $f'(x) = \dfrac{f(x)}{x} + f'(1)$;

(2) 设 $f(x)$ 在 (a,b) 内连续,已知 $|f(x)|$ 可导,证明:$f(x)$ 可导.

分析: 导数定义具有形式不变性. 对(1)中已知等式 $f(xy) = yf(x) + xf(y)$ 变形即可证明函数的可导性. 解第(2)小题的关键在于如何去掉绝对值,利用函数连续性的保号性是正确的选择.

证明: (1) 取 $y = 1$,则 $f(x) = f(x) + xf(1)$.

由 $f(xy) = yf(x) + xf(y)$,得

$$f(xy) - f(x) = (y-1)f(x) + x[f(y) - f(1)],$$

即 $\dfrac{f(xy) - f(x)}{y - 1} = f(x) + x\dfrac{f(y) - f(1)}{y - 1}.$

取极限 $y \to 1$,得 $xf'(x) = f(x) + xf'(1)$,

即 $f'(x) = \dfrac{f(x)}{x} + f'(1).$

(2) $\forall x_0 \in (a,b)$,

(i) 若 $f(x_0) = 0$,则 $|f(x)|$ 在 x_0 处取得最小值,

即 $0 = |f(x)|'\big|_{x=x_0} = \lim\limits_{x \to x_0} \dfrac{|f(x)| - |f(x_0)|}{x - x_0} = \lim\limits_{x \to x_0} \dfrac{|f(x)|}{x - x_0},$

则 $f'(x_0) = \lim\limits_{x \to x_0} \dfrac{f(x)}{x - x_0} = 0.$

(ii) 若 $f(x_0) \neq 0$,不妨设 $f(x_0) > 0$,则 $\exists \delta > 0, \forall x \in (x_0 - \delta, x_0 + \delta), f(x) > 0.$

$$f'(x_0) = \lim\limits_{x \to x_0} \dfrac{f(x) - f(x_0)}{x - x_0} = \lim\limits_{x \to x_0} \dfrac{|f(x)| - |f(x_0)|}{x - x_0} = |f(x)|'\big|_{x=x_0}.$$

【举一反三】

1. 设 $f(x)$ 在 $\mathbf{R}$ 上有定义,已知 $f'(0) = 1$,$\forall x_1, x_2 \in \mathbf{R}, f(x_1 + x_2) = f(x_1)f(x_2)$,证明:$\forall x \in \mathbf{R}, f'(x) = f(x)$.

证明: $f'(x) = \lim\limits_{\Delta x \to 0} \dfrac{f(x + \Delta x) - f(x)}{\Delta x} = \lim\limits_{\Delta x \to 0} \dfrac{f(x)f(\Delta x) - f(x)}{\Delta x}$

$$= \lim\limits_{\Delta x \to 0} \dfrac{f(x)f(\Delta x) - f(x + 0)}{\Delta x} = \lim\limits_{\Delta x \to 0} \dfrac{f(x)f(\Delta x) - f(x)f(0)}{\Delta x}$$

$$= \lim\limits_{\Delta x \to 0} \dfrac{f(x)(f(\Delta x) - f(0))}{\Delta x} = f(x)f'(0) = f(x).$$

2. 设函数 $f(x)$ 在 $(-\infty, +\infty)$ 内有三阶连续导数,且 $\forall x, h$,有 $f(x + h) = f(x) + hf'(x + \theta h)$,其中 $0 < \theta < 1$(θ 与 h 无关),证明:$f(x)$ 是一次或二次多项式函数.

证明:已知 $f(x + h) = f(x) + hf'(x + \theta h)$，$0 < \theta < 1$，（$\theta$ 与 h 无关）

对上式关于 h 求导得，$f'(x + h) = f'(x + \theta h) + h\theta f''(x + \theta h)$，

则 $\dfrac{f'(x + h) - f'(x) + f'(x) - f'(x + \theta h)}{h} = \theta f''(x + \theta h)$.

对上式取极限 $h \to 0$，$f''(x) - \theta f''(x) = \theta f''(x)$，即 $f''(x) = 2\theta f''(x)$.

若 $\theta \neq \dfrac{1}{2}$，则有 $f''(x) = 0$，$f(x)$ 是一次多项式函数.

若 $\theta = \dfrac{1}{2}$，则 $f'(x + h) = f'\left(x + \dfrac{1}{2}h\right) + \dfrac{1}{2}hf''\left(x + \dfrac{1}{2}h\right)$.

对上式关于 h 求导得，

$$f''(x + h) = \dfrac{1}{2}f''\left(x + \dfrac{1}{2}h\right) + \dfrac{1}{2}hf''\left(x + \dfrac{1}{2}h\right) + \dfrac{1}{4}hf'''\left(x + \dfrac{1}{2}h\right) ,$$

即得 $f'''(x) = 0$，因此 $f(x)$ 是二次多项式函数.

例 2 设函数 $f(x)$ 在 $x = 0$ 处连续，并满足 $\lim\limits_{x \to 0}\dfrac{f(2x) - f(x)}{x} = A$，证明：$f'(0)$ 存在，且 $f'(0) = A$.

分析:注意到已知条件中 $\lim\limits_{x \to 0}\dfrac{f(2x) - f(x)}{x} = A$ 的分子，结合所要证明的结论，通过形式不变性可以构造一个收敛到 0 的数列，由海涅定理及导数定义即得结论.

证明:已知 $\lim\limits_{x \to 0}\dfrac{f(2x) - f(x)}{x} = A$，则 $\forall \varepsilon > 0, \exists \delta > 0, \forall x: |x| < \delta$，有

$$A - \varepsilon < \dfrac{f(2x) - f(x)}{x} < A + \varepsilon.$$

进而有

$$A - \varepsilon < \dfrac{f(x) - f\left(\dfrac{x}{2}\right)}{\dfrac{x}{2}} < A + \varepsilon , 即 \dfrac{1}{2}(A - \varepsilon) < \dfrac{f(x) - f\left(\dfrac{x}{2}\right)}{x} < \dfrac{1}{2}(A + \varepsilon);$$

$$A - \varepsilon < \dfrac{f\left(\dfrac{x}{2}\right) - f\left(\dfrac{x}{2^2}\right)}{\dfrac{x}{2^2}} < A + \varepsilon , 即 \dfrac{1}{2^2}(A - \varepsilon) < \dfrac{f\left(\dfrac{x}{2}\right) - f\left(\dfrac{x}{2^2}\right)}{x} < \dfrac{1}{2^2}(A + \varepsilon);$$

$$\cdots\cdots$$

$$A - \varepsilon < \dfrac{f\left(\dfrac{x}{2^{n-1}}\right) - f\left(\dfrac{x}{2^n}\right)}{\dfrac{x}{2^n}} < A + \varepsilon , 即 \dfrac{1}{2^n}(A - \varepsilon) < \dfrac{f\left(\dfrac{x}{2^{n-1}}\right) - f\left(\dfrac{x}{2^n}\right)}{x} < \dfrac{1}{2^n}(A + \varepsilon).$$

相加得，$(A - \varepsilon)\left(1 - \dfrac{1}{2^n}\right) < \dfrac{f(x) - f\left(\dfrac{x}{2^n}\right)}{x} < (A + \varepsilon)\left(1 + \dfrac{1}{2^n}\right)$.

由于 $f(x)$ 在 $x = 0$ 处连续，即 $\lim\limits_{x \to 0} f(x) = f(0)$.

在上式令 $n \to \infty$,得

$$A - \varepsilon \leqslant \frac{f(x) - f(0)}{x} \leqslant A + \varepsilon.$$

即得 $\lim\limits_{x \to 0} \dfrac{f(x) - f(0)}{x} = A = f'(0).$

【举一反三】

1. 设 $f(x)$ 在 $(-\infty, +\infty)$ 内有定义,且对任意 x, y 满足

$f(x+y) = f(x)g(y) + f(y)g(x)$,其中 $g(x) = e^{\sin x} - x\cos x$,

又 $\lim\limits_{x \to 0} \dfrac{f(x)}{x} = 1$,求 $f(0), f'(0), f'(x).$

解: 在已知的等式中令 $x = y = 0$,得 $f(0) = 2f(0)g(0) = 2f(0)$,

故 $f(0) = 0$,于是

$$f'(0) = \lim\limits_{x \to 0} \frac{f(x) - f(0)}{x} = \lim\limits_{x \to 0} \frac{f(x)}{x} = 1,$$

$$f'(x) = \lim\limits_{y \to 0} \frac{f(x+y) - f(x)}{y} = \lim\limits_{y \to 0} \frac{f(x)g(y) + f(y)g(x) - f(x)}{y}$$

$$= f(x) \lim\limits_{y \to 0} \frac{g(y) - 1}{y} + g(x) \lim\limits_{y \to 0} \frac{f(y)}{y}$$

$$= f(x) \lim\limits_{y \to 0} \frac{e^{\sin y} - y\cos y - 1}{y} + g(x) = g(x).$$

则 $f'(x) = g(x) = e^{\sin x} - x\cos x.$

例3 设 $f(x) = \begin{cases} x^{\lambda}\cos\dfrac{1}{x}, & x \neq 0 \\ 0, & x = 0 \end{cases}$ 的导函数在 $x = 0$ 处连续,求 λ 的取值范围.

分析: 导函数在 $x = 0$ 处连续内涵 $f'(0)$ 存在.

解: 当 $x \neq 0$ 时, $f'(x) = \lambda x^{\lambda - 1}\cos\dfrac{1}{x} + x^{\lambda - 2}\sin\dfrac{1}{x}$,

当 $x = 0$ 时, $f'(0) = \lim\limits_{x \to 0} \dfrac{f(x) - f(0)}{x} = \lim\limits_{x \to 0} \dfrac{x^{\lambda}\cos\dfrac{1}{x}}{x} = \lim\limits_{x \to 0} x^{\lambda - 1}\cos\dfrac{1}{x}.$

因为 $f'(x)$ 在 $x = 0$ 处连续,所以 $f'(0)$ 存在,且 $\lim\limits_{x \to 0} f'(x) = f'(0).$

欲使 $f'(0) = \lim\limits_{x \to 0} x^{\lambda - 1}\cos\dfrac{1}{x}$ 存在,只需 $\lambda > 1$,则 $f'(0) = 0.$

又因为 $\lim\limits_{x \to 0} f'(x) = \lim\limits_{x \to 0} \left(\lambda x^{\lambda - 1}\cos\dfrac{1}{x} + x^{\lambda - 2}\sin\dfrac{1}{x} \right) = \lim\limits_{x \to 0} x^{\lambda - 2}\sin\dfrac{1}{x}$,由已知要求

$\lim\limits_{x \to 0} f'(x) = \lim\limits_{x \to 0} x^{\lambda - 2}\sin\dfrac{1}{x} = 0$,故需 $\lambda > 2.$

综上, λ 的取值范围是 $\lambda > 2.$

【举一反三】

1. 在什么条件下,函数 $f(x) = \begin{cases} |x|^{\alpha}\sin\dfrac{1}{|x|^{\beta}}, & x \neq 0, \\ 0, & x = 0 \end{cases}$ ($\beta > 0$),

(1)在 $x = 0$ 某邻域内其导数有界;

(2)在 $x = 0$ 邻域内其导数无界?

解:(1)当 $\alpha > 1$ 时,

$$f'(0) = \lim_{x \to 0}\frac{f(x) - f(0)}{x} = \lim_{x \to 0}\frac{|x|^{\alpha}\sin\dfrac{1}{|x|^{\beta}}}{x} = \lim_{x \to 0}|x|^{\alpha-1}\,\mathrm{sgn}\,x \cdot \sin\frac{1}{|x|^{\beta}} = 0.$$

当 $\alpha \leqslant 1$ 时,由上式知 $f(x)$ 在 $x = 0$ 不可导,

若 $x \neq 0$,$f'(x) = \left(\alpha|x|^{\alpha-1}\sin\dfrac{1}{|x|^{\beta}} - \beta|x|^{\alpha-\beta-1}\cos\dfrac{1}{|x|^{\beta}}\right) \cdot \mathrm{sgn}\,x.$

则有 $|f'(x)| \leqslant \alpha|x|^{\alpha-1} + \beta|x|^{\alpha-\beta-1}.$

于是当 $\alpha \geqslant \beta + 1$ 时,函数 $f(x)$ 在 $x = 0$ 的某邻域内其导数有界.

(2)当 $1 < \alpha < \beta + 1$ 时,取 $x_n = \dfrac{1}{(n\pi)^{\frac{1}{\beta}}}$,则

$$|f'(x_n)| = \beta(n\pi)^{\frac{\beta+1-\alpha}{\beta}} \to \infty \ (n \to \infty).$$

表明 $f(x)$ 在 $x = 0$ 邻域内导数无界.

例 4 设函数 $f(x)$ 在 (a, b) 内处处有导数 $f'(x)$,证明:(a, b) 中的点或者为 $f'(x)$ 的连续点,或者为 $f'(x)$ 的第二类间断点.

分析:这个结论告诉我们导函数没有第一类间断点.

证明:因为 $f(x)$ 在 (a, b) 内处处可导,所以 $\forall x_0 \in (a, b)$,有

$$f'(x_0) = f'_+(x_0) = \lim_{x \to x_0^+}\frac{f(x) - f(x_0)}{x - x_0} = \lim_{x \to x_0^+}f'(\xi) \ (x_0 < \xi < x),$$

故 $f'(x)$ 在 x_0 处有右极限时,必有 $f'(x_0) = \lim_{x \to x_0^+}f'(\xi) = f'(x_0 + 0).$

同理,$f'(x)$ 在 x_0 处有左极限时,必有 $f'(x_0) = \lim_{x \to x_0^-}f'(\eta) = f'(x_0 - 0) \ (x < \eta < x_0),$

因此,在 (a, b) 内任一点处,除非至少有一侧 $f'(x)$ 无极限(这时 $f'(x)$ 为第二类间断),不然 $f'(x)$ 在此处连续,$f'(x_0 - 0) = f'(x_0) = f'(x_0 + 0).$

【举一反三】

1. $f(x)$ 在 (a, b) 内可导,且 $f'(x)$ 在 (a, b) 内单调,证明:$f'(x)$ 在 (a, b) 内连续.

证明:不妨设 $f'(x)$ 在 (a, b) 内单调递增.

$\forall x_0 \in (a, b)$,$\exists \delta > 0$,使得 $x_0 \in (a + \delta, b - \delta) \subset [a, b].$

由已知,$f(x)$ 在 $[a + \delta, b - \delta]$ 上可导,且 $f'(x)$ 在此区间上单调递增,

于是,当 $x \in [a + \delta, b - \delta]$ 时,$f'(a + \delta) = f'_+(a + \delta) \leqslant f'(x) \leqslant f'_-(b - \delta) = f'(b - \delta)$,

即 $f'(x)$ 在 $[a + \delta, b - \delta]$ 上单调有界. 若 $f'(x)$ 在 x_0 间断,则 x_0 必为第一类间断点.

由例 4 知,$f'(x)$ 只可能有第二类间断点,矛盾,即 $f'(x)$ 不可能在 x_0 处间断.

由 $x_0 \in (a, b)$ 的任意性知，$f'(x)$ 在 (a, b) 内连续.

例 5 $f(x)$ 在 $[0, 1]$ 上连续，在 $(0, 1)$ 可导，且 $\exists M > 0$，$\left| xf'(x) - f(x) \right| < x^2 M$，证明：$(1)$ $\dfrac{f(x)}{x}$ 在 $(0, 1)$ 内一致连续；(2) $\lim\limits_{x \to 0^+} f'(x)$ 存在.

分析： 由导数运算法则的逆向思维得到导函数有界，继而得到原函数在相应区间上一致连续. 由有限开区间上连续函数一致连续的充要条件是左右端点的右左极限存在证明问题 (2).

证明： (1) 由 $\left| \left(\dfrac{f(x)}{x} \right)' \right| = \left| \dfrac{xf'(x) - f(x)}{x^2} \right| < M$ 知，$\dfrac{f(x)}{x}$ 在 $(0, 1)$ 内一致连续.

(2) 由 (1) 可知，$\lim\limits_{x \to 0^+} f'(x)$ 存在.

【举一反三】

1. 设 $f(x)$ 在 $[0, +\infty)$ 上非负可导，$f(0) = 0$，$f(x) - 2xf'(x) \geqslant 0$，$x \in [0, +\infty)$，证明：$f(x) \equiv 0$，$x \in [0, +\infty)$.

证明： 由已知，$f'(x) - \dfrac{1}{2x} f(x) \leqslant 0$，则有 $\sqrt{x} f'(x) - \dfrac{1}{2\sqrt{x}} f(x) \leqslant 0$，

即 $\left[\dfrac{f(x)}{\sqrt{x}} \right]' \leqslant 0$，所以 $\dfrac{f(x)}{\sqrt{x}}$ 单调递减，

当 $x \geqslant 0$ 时，$\dfrac{f(x)}{\sqrt{x}} \leqslant \lim\limits_{x \to 0^+} \dfrac{f(x)}{\sqrt{x}} = \lim\limits_{x \to 0^+} \dfrac{f(x) - f(0)}{x} \cdot \dfrac{x}{\sqrt{x}} = 0$，得 $f(x) \leqslant 0$.

综上，$f(x) \equiv 0$，$x \in [0, +\infty)$.

例 6 已知函数 $f(x) = x^2 \ln(1 + x)$，求 $f^{(n)}(0)$.

分析： n 阶导函数的求法如下. (1) 莱布尼茨公式；(2) 泰勒展开式；(3) 对函数进行拆项、插项，再利用已知公式；(4) 将函数展开成幂级数求其系数.

解： （法一）$f(x) = f(0) + f'(0)x + \dfrac{f''(0)}{2!} x^2 + \cdots + \dfrac{f^{(n)}(0)}{n!} x^n + o(x^n)$，

即 $x^2 \ln(1 + x) = x^3 - \dfrac{x^4}{2} + \dfrac{x^5}{3} - \cdots + (-1)^{n-3} \dfrac{x^n}{n-2} + o(x^n)$，

则 $\dfrac{f^{(n)}(0)}{n!} = (-1)^{n-3} \dfrac{1}{n-2}$，$f^{(n)}(0) = (-1)^{n-3} \dfrac{n!}{n-2}$.

（法二）令 $u = x^2$，$v = \ln(1 + x)$，则 $v^{(n)} = \dfrac{(-1)^{n-1}(n-1)!}{(1+x)^n}$.

由莱布尼茨公式得，

$f^{(n)}(x) = x^2 \dfrac{(-1)^{n-1}(n-1)!}{(1+x)^n} + n \cdot 2x \dfrac{(-1)^{n-2}(n-2)!}{(1+x)^{n-1}} + 2 \dfrac{n(n-1)}{2} \cdot$

$\dfrac{(-1)^{n-3}(n-3)!}{(1+x)^{n-2}}$

故 $f^{(n)}(0) = n(n-1)(-1)^{n-3}(n-3)! = \dfrac{(-1)^{n-3} n!}{n-2}$.

【举一反三】

1. 求 $f(x) = e^{-\frac{x^2}{3}}$ 的麦克劳林展开式, $f^{(2021)}(0), f^{(2022)}(0)$.

解:已知 $e^x = 1 + x + \dfrac{x^2}{2!} + \dfrac{x^3}{3!} + \dfrac{x^4}{4!} + \cdots + \dfrac{x^n}{n!} + o(x^n)$,

则 $e^{-\frac{x^2}{3}} = 1 + \left(-\dfrac{x^2}{3}\right) + \dfrac{\left(-\dfrac{x^2}{3}\right)^2}{2!} + \dfrac{\left(-\dfrac{x^2}{3}\right)^3}{3!} + \cdots + \dfrac{\left(-\dfrac{x^2}{3}\right)^n}{n!} + o(x^{2n})$.

显然 $f^{(2021)}(0) = 0$,且 $\dfrac{f^{(2022)}(0)}{2022!} = \dfrac{\left(-\dfrac{1}{3}\right)^{1011}}{1011!}$,于是 $f^{(2022)}(0) = -\dfrac{2022!}{1011!} \cdot \dfrac{1}{3^{1011}}$.

2. 已知 $y = \dfrac{\arcsin x}{\sqrt{1-x^2}}$,求 $y^{(n)}(0)$.

解:设 $f(x) = (\arcsin x)^2$,则 $f'(x) = \dfrac{2\arcsin x}{\sqrt{1-x^2}}$.

于是 $(1-x^2)[f'(x)]^2 = 4(\arcsin x)^2 = 4f(x)$.

两边求导得,$-2x[f'(x)]^2 + 2(1-x^2)f'(x)f''(x) = 4f'(x)$,

即 $-xf'(x) + (1-x^2)f''(x) = 2$.

两边求 $n-1$ 阶导数,

$-xf^{(n+1)}(x) - nf^{(n)}(x) + (1-x^2)f^{(n+2)}(x) - 2nxf^{(n+1)}(x) - n(n-1)f^{(n)}(x) = 0$,

因此 $f^{(n+2)}(0) = n^2 f^{(n)}(0)$.因为 $f'(0) = 0, f''(0) = 2$,

所以 $f^{(2k+1)}(0) = 0, f^{(2k)}(0) = (2k-2)^2(2k-4)^2 \cdots 2^2 \cdot 2$.

于是 $y^{(n)}(0) = \left[\dfrac{1}{2}f'(x)\right]^{(n)}\bigg|_{x=0} = \dfrac{1}{2}f^{(n+1)}(0) = \begin{cases} 0, & n=2k, \\ (2k-2)^2(2k-4)^2 \cdots 2^2, & n=2k-1. \end{cases}$

例 7 设函数 $f(x) = \begin{cases} x^x, & x > 0. \\ \displaystyle\int_1^{x^2}(x^2-t)e^{-t^2}\,dt, & x \leq 0. \end{cases}$

(1)求函数 $f(x)$ 的单调区间和极值;

(2)判断函数 $f(x)$ 在 $(-\infty, +\infty)$ 上是否存在最大值和最小值,若存在,请求之;若不存在,请说明理由.

分析:用函数的一阶导数等于 0 以及一阶导数不存在的点将定义域分成若干小区间,通过每个小区间上一阶导数的符号即得单调区间及极值.在(1)中注意到特殊点 $x = 0$,$f(x)$ 在 $x = 0$ 处不连续也不可导,已知的判别法无效,可利用极值定义判断是否为极值点.

解:(1)①当 $x > 0$ 时,$f'(x) = (e^{x\ln x})' = e^{x\ln x}(\ln x + 1)$.

令 $f'(x) = 0$,得驻点 $x_1 = \dfrac{1}{e}$.

②当 $x < 0$ 时,$f(x) = x^2\displaystyle\int_1^{x^2}e^{-t^2}\,dt - \int_1^{x^2}te^{-t^2}\,dt = x^2\int_1^{x^2}e^{-t^2}\,dt + \dfrac{1}{2}e^{-x^4} - \dfrac{1}{2e}$.

$$f'(x) = 2x \int_1^{x^2} e^{-t^2} dt + 2x^3 e^{-x^4} - 2x^3 e^{-x^4} = 2x \int_1^{x^2} e^{-t^2} dt.$$

令 $f'(x) = 0$，得驻点 $x_2 = -1$．

③当 $x = 0$ 时，$\lim\limits_{x \to 0^+} f(x) = \lim\limits_{x \to 0^+} (e^{x \ln x}) = e^0 = 1$，$\lim\limits_{x \to 0^-} f(x) = f(0) = \dfrac{1}{2} \left(1 - \dfrac{1}{e} \right)$，

所以 $f(x)$ 在 $x_3 = 0$ 处不连续也不可导．

$f(x), f'(x)$ 随 x 的变化情况见表1．

表1

x	$(-\infty, -1)$	-1	$(-1, 0)$	0	$\left(0, \dfrac{1}{e}\right)$	$\dfrac{1}{e}$	$\left(\dfrac{1}{e}, +\infty\right)$
$f'(x)$	$-$	0	$+$	不存在	$-$	0	$+$
$f(x)$	↓		↑		↓		↑

综上，单调增加区间为 $(-1, 0)$ 和 $\left(\dfrac{1}{e}, +\infty\right)$；单调减少区间为 $(-\infty, -1)$ 和 $\left(0, \dfrac{1}{e}\right)$．由极值判别法知，$x = -1, x = \dfrac{1}{e}$ 都为极小值点，且极小值分别为 $f(-1) = 0$，$f\left(\dfrac{1}{e}\right) = \left(\dfrac{1}{e}\right)^{\frac{1}{e}}$．

$x = 0$ 是 $f(x)$ 的跳跃间断点，由极值的定义知，$x = 0$ 不是 $f(x)$ 的极值点．

(2)因为 $f(+\infty) = \lim\limits_{x \to +\infty} (e^{x \ln x}) = +\infty$，所以 $f(x)$ 在 $(-\infty, +\infty)$ 上不存在最大值．

因为 $f(-1) = 0$，$\lim\limits_{x \to 0^-} f(x) = f(0) = \dfrac{1}{2} \left(1 - \dfrac{1}{e} \right)$，$\lim\limits_{x \to 0^+} f(x) = 1$，$f\left(\dfrac{1}{e}\right) = \left(\dfrac{1}{e}\right)^{\frac{1}{e}}$，

并且由单调性知，$f(-\infty) > f(-1) = 0$，

所以 $f(x)$ 在 $(-\infty, +\infty)$ 上存在最小值，且最小值为 $m = f(-1) = 0$．

【举一反三】

1. 设函数 $y = y(x)$ 由参数方程 $\begin{cases} x = \dfrac{1}{3} t^3 + t + \dfrac{1}{3}, \\ y = \dfrac{1}{3} t^3 - t + \dfrac{1}{3} \end{cases}$ 确定，求函数 $y = y(x)$ 的极值和曲线 $y = y(x)$ 的凸凹区间及拐点．

解：①求驻点：$\dfrac{dy}{dx} = \dfrac{y'_t}{x'_t} = \dfrac{t^2 - 1}{t^2 + 1}$．令 $\dfrac{dy}{dx} = 0$，得 $t = \pm 1$，对应 $x_1 = \dfrac{5}{3}, x_2 = -1$．

②求二阶导数，判断极值、凸凹及拐点：$\dfrac{d^2 y}{dx^2} = \left(\dfrac{t^2 - 1}{t^2 + 1} \right)' t'_x = \dfrac{4t}{(t^2 + 1)^3}$．令 $\dfrac{d^2 y}{dx^2} = 0$，得 $t = 0$，对应 $x_3 = \dfrac{1}{3}$．

列表如表2．

表2

t	$(-\infty,-1)$	-1	$(-1,0)$	0	$(0,1)$	1	$(1,+\infty)$
x	$(-\infty,-1)$	-1	$\left(-1,\dfrac{1}{3}\right)$	$\dfrac{1}{3}$	$\left(\dfrac{1}{3},\dfrac{5}{3}\right)$	$\dfrac{5}{3}$	$\left(\dfrac{5}{3},+\infty\right)$
y'	$+$	0	$-$		$-$	0	$+$
y''	$-$		$-$	0	$+$		$+$
y	$\uparrow,凸$	极大	$\downarrow,凸$	拐点	$\downarrow,凹$	极小	$\uparrow,凹$

故 $y=y(x)$ 的极大值为 $y(-1)=1$,极小值为 $y\left(\dfrac{5}{3}\right)=-\dfrac{1}{3}$,拐点为 $\left(\dfrac{1}{3},\dfrac{1}{3}\right)$,凹区间为 $\left(\dfrac{1}{3},+\infty\right)$,凸区间为 $\left(-\infty,\dfrac{1}{3}\right)$.

例 8 已知函数 $y=y(x)$ 满足微分方程 $x^2+y^2y'=1-y'$,且 $y(2)=0$,求 $y(x)$ 的极大值与极小值.

分析:这是由方程确定的隐函数求其驻点、极值点的问题.第一步,对方程两端关于 x 求导,在方程中令 $y'=0$,可得出含有 x,y 的关系式;第二步,将上述关系式与隐方程联立解出 x,y,即为所求驻点及其对应函数值;第三步,对含有一阶导函数的方程两端再关于 x 求导,将驻点及其对应的函数值代入得二阶导数值,利用第二充分条件判别是否为极值.

解:由 $x^2+y^2y'=1-y'$,得 $(y^2+1)y'=1-x^2$.①

此时上面方程为变量可分离方程,通解为 $\dfrac{1}{3}y^3+y=x-\dfrac{1}{3}x^3+c$.

由 $y(2)=0$,得 $c=\dfrac{2}{3}$,又由①可得 $y'(x)=\dfrac{1-x^2}{y^2+1}$.

当 $y'(x)=0$ 时,$x=\pm1$,且有 $\begin{cases} y'(x)<0,x<-1, \\ y'(x)>0,-1<x<1, \\ y'(x)<0,x>1. \end{cases}$

所以 $y(x)$ 在 $x=-1$ 处取得极小值,在 $x=1$ 处取得极大值,$y(-1)=0,y(1)=1$,即 $y(x)$ 的极大值为 1,极小值为 0.

例 9 设曲线 $y=ax^2(a>0,x\geqslant0)$ 与 $y=1-x^2$ 交于点 A,过坐标原点 O 和点 A 的直线与曲线 $y=ax^2$ 围成一平面图形.问:a 为何值时,该图形绕 x 轴旋转一周所得的旋转体体积最大?最大体积是多少?

分析:求闭区间上连续函数的最值的方法如下.第一步,求出函数在该区间内的一切驻点及不可导点,并计算相应的函数值;第二步,求出函数在区间两端点处的函数值;第三步,比较前两步所得的函数值,最大者为最大值,最小者为最小值.如果函数在区间内只有一个可疑极值点,且为极大(小)值点,则该点一定是函数的最大(小)值点.此时的区间可以是闭的、开的、半开半闭或者是无穷区间.

解:求直线与曲线的交点:令 $1-x^2=ax^2$,得 $x=\pm\dfrac{1}{\sqrt{1+a}}$.

而 $x \geq 0$，则交点坐标为 $(x,y) = \left(\dfrac{1}{\sqrt{1+a}}, \dfrac{a}{1+a} \right)$．

由点斜式得直线 OA 的方程为 $y = \dfrac{ax}{\sqrt{1+a}}$．

所以 $V = \dfrac{1}{3}\pi \left(\dfrac{a}{1+a} \right)^2 \cdot \dfrac{1}{\sqrt{1+a}} - \displaystyle\int_0^{\frac{1}{\sqrt{a+1}}} \pi \, (ax^2)^2 \mathrm{d}x = \dfrac{2\pi a^2}{15\,(1+a)^{\frac{5}{2}}}$．

为了求 V 的最大值，函数对 a 求导，得

$$\dfrac{\mathrm{d}V}{\mathrm{d}a} = \left(\dfrac{2\pi a^2}{15\,(1+a)^{\frac{5}{2}}} \right)' = \dfrac{2\pi}{15} \left(\dfrac{a^2}{(1+a)^{\frac{5}{2}}} \right)' = \dfrac{2\pi}{15} \cdot \dfrac{2a \cdot (1+a)^{\frac{5}{2}} - a^2 \cdot \dfrac{5}{2}(1+a)^{\frac{3}{2}}}{(1+a)^5}$$

$$= \dfrac{\pi}{15} \cdot (1+a)^{-\frac{7}{2}}(4a - a^2)．$$

令 $\dfrac{\mathrm{d}V}{\mathrm{d}a} = 0$，得唯一驻点 $a = 4$，

所以 $a = 4$ 也是 V 的最大值点，最大体积为 $V|_{a=4} = \dfrac{32\sqrt{5}}{1875}\pi$．

拓展训练

1. 设函数 $f(x) = \begin{cases} \dfrac{g(x) - \cos x}{x}, & x \neq 0, \\ g'(0), & x = 0, \end{cases}$ 其中 $g(x)$ 具有二阶连续导函数，且 $g(0) = 1$.

（1）讨论 $f(x)$ 在 $x=0$ 点的连续性；

（2）求 $f'(x)$；

（3）讨论 $f'(x)$ 在 $x = 0$ 点的连续性．

2. 已知函数 $f(x)$ 在 $(0, +\infty)$ 内可导，$f(x) > 0$，$\displaystyle\lim_{x \to +\infty} f(x) = 1$，且满足 $\displaystyle\lim_{h \to 0} \left[\dfrac{f(x+hx)}{f(x)} \right]^{\frac{1}{h}} = \mathrm{e}^{\frac{1}{x}}$，求 $f(x)$ 满足的方程．

3. 试确定 a,b 的值，使函数 $f(x) = \begin{cases} 1 + \ln(1 - 2x), & x \leq 0, \\ a + b\mathrm{e}^x, & x > 0 \end{cases}$ 在 $x = 0$ 处可导，并求出此时的 $f'(x)$.

4. 函数 $f(x)$ 在 $(-\infty, +\infty)$ 上有定义，对于任意的 x 满足 $f(x) = kf(x+2)$，其中 k 为常数，在区间 $[0,2]$ 上，$f(x) = x(x^2 - 4)$.

（1）写出 $f(x)$ 在 $[-2,0]$ 上的表达式；

（2）k 为何值时，$f(x)$ 在 $x = 0$ 处可导？

5. 设 $\varphi(x) = \begin{cases} x^3 \sin \dfrac{1}{x}, & x \neq 0, \\ 0, & x = 0, \end{cases}$ 函数 $f(x)$ 可导，求 $F(x) = f(\varphi(x))$ 的导数．

6. 求曲线 $\sin(xy) + \ln(y - x) = x$ 在点 $(0,1)$ 处的切线方程.

7. 设可导函数 $y = y(x)$ 由方程 $\sin x - \int_x^y \varphi(u)\,\mathrm{d}u = 0$ 所确定,其中可导函数 $\varphi(u) > 0$,且 $\varphi(0) = \varphi'(0) = 1$,求 $y''(0)$.

8. 已知参数方程 $\begin{cases} x = t - \ln(1 + t), \\ y = t^3 + t^2 \end{cases}$ 确定函数 $y = y(x)$,求 $\dfrac{\mathrm{d}^2 y}{\mathrm{d}x^2}$.

9. 求 $r = 1 - \cos\theta$ 对应于 $\theta = \dfrac{\pi}{6}$ 的切线与法线方程.

10. 求函数 $f(x) = \begin{cases} \dfrac{x}{1 + \mathrm{e}^{\frac{1}{x}}}, & x \neq 0, \\ 0, & x = 0 \end{cases}$ 的导数.

11. (1) 设 $y = (1 + x^2)^{\sin x}$,求 $y'(x)$;

(2) 设 $y = \sqrt[3]{\dfrac{(x + 1)(x + 2)}{x(1 + x^2)}}$,求 $y'(x)$.

12. 证明:勒尚德多项式 $P_m(x) = \dfrac{1}{2^m m!}\left[(x^2 - 1)^m\right]^{(m)}$,$m = 0, 1, 2, \cdots$ 满足方程

$$(1 - x^2)P_m''(x) - 2xP_m'(x) + m(m + 1)P_m(x) = 0.$$

13. 求 $f(x) = \displaystyle\int_1^{x^2} (x^2 - t)\mathrm{e}^{-t^2}\,\mathrm{d}t$ 的单调区间和极值.

14. 设函数 $y = f(x)$ 由方程 $y^3 + xy^2 + x^2 y + 6 = 0$ 确定,求 $y = f(x)$ 的极值.

拓展训练参考答案5

第六讲

定积分

知识要点

一、基本定义

定义 1　定积分

设 $f(x)$ 在区间 $[a,b]$ 上有定义,任意 $n-1$ 个分点

$$x_0 = a < x_1 < x_2 < \cdots < x_{i-1} < x_i < \cdots < x_n = b$$

把区间 $[a,b]$ 分割成 n 个小区间,每个小区间的长度用 $\Delta x_i = x_i - x_{i-1}$ 表示,在每个小区间上任意取一点 $\xi_i (i = 1,2,\cdots,n)$ 作和数 $\sum\limits_{i=1}^{n} f(\xi_i) \Delta x_i$. 如果 $\lambda = \max\limits_{1 \leqslant i \leqslant n} \{\Delta x_i\} \to 0$,极限 $\lim\limits_{\lambda \to 0} \sum\limits_{i=1}^{n} f(\xi_i) \Delta x_i$ 存在,并且这个极限值与 $[a,b]$ 的分法及 ξ_i 的取法无关,那么称这个极限值为函数 $f(x)$ 在 $[a,b]$ 上的定积分,记作 $\int_a^b f(x)\mathrm{d}x$, 即 $\int_a^b f(x)\mathrm{d}x = \lim\limits_{\lambda \to 0} \sum\limits_{i=1}^{n} f(\xi_i) \Delta x_i$.

定积分的 " $\varepsilon - \delta$ " 语言描述:设 $f(x)$ 定义于闭区间 $[a,b]$,如果有常数 I , $\forall \varepsilon > 0$, $\exists \delta > 0$,使得对 $[a,b]$ 的任意分划 T ,对任意 $\xi_i \in [x_{i-1},x_i]$,只要 $\lambda(T) = \max\limits_{1 \leqslant i \leqslant n} \{\Delta x_i\} < \delta$,其中 $\Delta x_i = x_i - x_{i-1}$,就有 $\left| \sum\limits_{i=1}^{n} f(\xi_i) \Delta x_i - I \right| < \varepsilon$,则称 I 为 $f(x)$ 在 $[a,b]$ 上的定积分.

二、重要性质、定理

定理 1　原函数存在定理

如果函数 $f(x)$ 在闭区间 $[a,b]$ 上连续,那么在 $[a,b]$ 上必存在原函数.

定理 2　定积分存在定理

(1) 若 $f(x)$ 在 $[a,b]$ 上连续,则 $f(x)$ 在 $[a,b]$ 上可积.

(2) 若 $f(x)$ 在 $[a,b]$ 上单调,则 $f(x)$ 在 $[a,b]$ 上可积.

(3) 若 $f(x)$ 在 $[a,b]$ 上有界,且有有限个不连续点,则 $f(x)$ 在 $[a,b]$ 上可积.

定理 3　函数可积的充要条件

设 $f(x)$ 在 $[a,b]$ 上定义,对应分法 $T: a = x_0 < x_1 < x_2 < \cdots < x_n = b$,定义

$$S(T) = \sum_{k=1}^{n} M_k \Delta x_k, s(T) = \sum_{k=1}^{n} m_k \Delta x_k$$

分别称为大和、小和,其中 $\Delta x_k = x_k - x_{k-1}(k = 1,2,\cdots,n)$.

$$M_k = \sup_{x \in [x_{k-1}, x_k]} f(x), m_k = \inf_{x \in [x_{k-1}, x_k]} f(x).$$

若 $f(x)$ 在 $[a,b]$ 上有界,则下面四个命题等价:

(1) $f(x)$ 在 $[a,b]$ 上可积;

(2) $\lim\limits_{\lambda \to 0} \sum\limits_{k=1}^{n} w_k \Delta x_k = 0$,其中 $w_k = M_k - m_k$, $\lambda = \max\limits_{1 \leqslant k \leqslant n} \{\Delta x_k\}$;

(3) $\forall \varepsilon > 0$,存在分法 T ,使得 $S(T) - s(T) < \varepsilon$;

(4) $I^* = I_*$,其中 $I^* = \inf\limits_{\{T\}} S(T)$, $I_* = \sup\limits_{\{T\}} s(T)$.

(5) $\forall \varepsilon > 0$ 及 $\forall \sigma > 0$, $\exists \delta > 0$,使得对 $[a,b]$ 上的任意分法 T ,当 $\lambda(T) < \delta$ 时,对应于 $w_{k'} = M_{k'} - m_{k'} \geqslant \varepsilon$ 的子区间 $\Delta x_{k'}$ 的长度之和 $\sum\limits_{k'} \Delta x_{k'} < \sigma$.

定理 4　定积分的基本性质

1. 线性: $\int\limits_a^b [k_1 f(x) \pm k_2 g(x)] dx = k_1 \int\limits_a^b f(x) dx \pm k_2 \int\limits_a^b g(x) dx$.

2. 可加性: $\int\limits_a^b f(x) dx = \int\limits_a^c f(x) dx + \int\limits_c^b f(x) dx$.

3. 几何度量性: $\int\limits_a^b dx = b - a$.

4. 保号性:在 $[a,b]$ 上, $f(x) \geqslant g(x) \Rightarrow \int\limits_a^b f(x) dx \geqslant \int\limits_a^b g(x) dx$,

若 $f(x) \geqslant g(x)$,但 $f(x) \neq g(x)$,则 $f(x) \geqslant g(x) \Rightarrow \int\limits_a^b f(x) dx > \int\limits_a^b g(x) dx$.

5. 估值性: $f(x)$ 在 $[a,b]$ 上连续,则 $m(b-a) \leqslant \int\limits_a^b f(x) dx \leqslant M(b-a)$.

6. 中值性(积分中值定理):

(1) 若 $f(x)$ 在 $[a,b]$ 上连续,则存在 $\xi \in [a,b]$,使得 $\int\limits_a^b f(x) dx = f(\xi)(b-a)$.

(2) 若 $f(x),g(x)$ 在 $[a,b]$ 上连续, $g(x)$ 不变号,则 $\exists c \in [a,b]$,使得

$$\int_a^b f(x)g(x)\mathrm{d}x = f(c)\int_a^b g(x)\mathrm{d}x, a \le c \le b.$$

定理 5　牛顿-莱布尼茨公式

设函数 $f(x)$ 在 $[a,b]$ 上连续，$F(x)$ 是 $f(x)$ 的任一个原函数，则

$$\int_a^b f(x)\mathrm{d}x = F(b) - F(a) \xlongequal{\triangle} F(x)\mid_a^b.$$

定理 6　定积分的换元法

设函数 $f(x)$ 在 $[a,b]$ 上连续，函数 $x = \varphi(t)$ 满足条件：

（1）$\varphi(\alpha) = a, \varphi(\beta) = b$；

（2）$\varphi(t)$ 在 $[\alpha,\beta]$（或 $[\beta,\alpha]$）上具有连续导数，则有 $\int_a^b f(x)\mathrm{d}x = \int_\alpha^\beta f(\varphi(t))\varphi'(t)\mathrm{d}t.$

定理 7　定积分的分部积分法

设 $u(x), v(x)$ 是可导函数，则有 $\int_a^b u(x)\mathrm{d}v(x) = u(x)v(x)\ \Big|_a^b - \int_a^b v(x)\mathrm{d}u(x).$

性质 1　变上限积分函数的性质

1. 连续性：若 $f(x)$ 在 $[a,b]$ 上可积，则 $F(x) = \int_a^x f(t)\mathrm{d}t$ 在 $[a,b]$ 上连续.

2. 可导性：

（1）若 $f(x)$ 在 $[a,b]$ 上连续，则 $F(x) = \int_a^x f(t)\mathrm{d}t$ 在 $[a,b]$ 上可导，且 $F'(x) = f(x).$

（2）若 $f(x)$ 在 $[a,b]$ 上除 $x = x_0$ 外处处连续：

① x_0 为可去间断点，则 $F(x)$ 在 x_0 可导，且 $F'(x_0) = \lim\limits_{x \to x_0} f(x)$；

② x_0 为跳跃间断点，则 $F(x)$ 在 x_0 处不可导.

3. 奇偶性：

若 $f(x)$ 为可积的奇函数，则 $F(x) = \int_0^x f(t)\mathrm{d}t$ 为偶函数，$G(x) = \int_a^x f(t)\mathrm{d}t(a \ne 0)$ 也为偶函数；

若 $f(x)$ 为可积的偶函数，则 $F(x) = \int_0^x f(t)\mathrm{d}t$ 为奇函数，$G(x) = \int_a^x f(t)\mathrm{d}t(a \ne 0)$ 的奇偶性不确定.

4. 周期性：已知 $f(x)$ 可积且以 T 为周期，则 $F(x) = \int_a^x f(t)\mathrm{d}t$ 以 T 为周期的充要条件是 $\int_0^T f(t)\mathrm{d}t = 0.$

三、重要公式

1. $\displaystyle\int_{-a}^{a} f(x)\,\mathrm{d}x = \begin{cases} 2\displaystyle\int_{0}^{a} f(x)\,\mathrm{d}x, & f(-x) = f(x), \\ 0, & f(-x) = -f(x). \end{cases}$

2. 已知 $f(x)$ 是以 T 为周期的函数, 则 $\displaystyle\int_{a}^{a+T} f(x)\,\mathrm{d}x = \int_{0}^{T} f(x)\,\mathrm{d}x.$

3. $\displaystyle\int_{0}^{\frac{\pi}{2}} \sin^n x\,\mathrm{d}x = \int_{0}^{\frac{\pi}{2}} \cos^n x\,\mathrm{d}x = \begin{cases} \dfrac{n-1}{n}\cdot\dfrac{n-3}{n-2}\cdots\dfrac{3}{4}\cdot\dfrac{1}{2}\cdot\dfrac{\pi}{2}, & n\text{ 为正偶数}; \\[3mm] \dfrac{n-1}{n}\cdot\dfrac{n-3}{n-2}\cdots\dfrac{4}{5}\cdot\dfrac{2}{3}, & n\text{ 为大于 1 的正奇数}. \end{cases}$

4. $\displaystyle\int_{0}^{\pi} x f(\sin x)\,\mathrm{d}x = \frac{\pi}{2}\int_{0}^{\pi} f(\sin x)\,\mathrm{d}x.$

5. $\displaystyle\int_{0}^{\frac{\pi}{2}} f(\sin x)\,\mathrm{d}x = \int_{0}^{\frac{\pi}{2}} f(\cos x)\,\mathrm{d}x.$

典型例题

例 1 求下列极限:

(1) $\displaystyle\lim_{n\to\infty} \frac{1 + \sqrt{3} + \cdots + \sqrt{2n-1}}{n\sqrt{2n}}$;

(2) $\displaystyle\lim_{n\to\infty} \sum_{i=1}^{n} \left(\sqrt{1 + \frac{i}{n^2}} - 1\right)$;

(3) $\displaystyle\lim_{n\to\infty} \sum_{i=1}^{n} \ln\left(1 + \frac{1}{n} f\left(\frac{i}{n}\right)\right)$, 其中 $f(x) > 0$, $\displaystyle\int_{0}^{1} f(x)\,\mathrm{d}x = \frac{\sqrt{3}}{2}$.

分析: 利用定积分定义做 n 项和数列的极限, 要抓住两个特点: $\dfrac{1}{n}$ 以及与 $\dfrac{i}{n}$ 相关的代数式.

解: (1) $\displaystyle\lim_{n\to\infty} \frac{1 + \sqrt{3} + \cdots + \sqrt{2n-1}}{n\sqrt{2n}} = \lim_{n\to\infty} \frac{1}{n}\left(\sqrt{\frac{1}{2n}} + \sqrt{\frac{3}{2n}} + \cdots + \sqrt{\frac{2n-1}{2n}}\right)$

$= \displaystyle\lim_{n\to\infty} \frac{1}{n} \sum_{i=1}^{n} \sqrt{\frac{\frac{i-1}{n} + \frac{i}{n}}{2}} = \int_{0}^{1} \sqrt{x}\,\mathrm{d}x = \frac{2}{3}.$

(2) 因 $\displaystyle\lim_{n\to\infty} \sum_{i=1}^{n} \left(\sqrt{1 + \frac{i}{n^2}} - 1\right) = \lim_{n\to\infty} \sum_{i=1}^{n} \frac{\frac{i}{n^2}}{\sqrt{1 + \frac{i}{n^2}} + 1}$,

而 $\dfrac{\sum\limits_{i=1}^{n}\dfrac{i}{n^2}}{\sqrt{1+\dfrac{n}{n^2}}+1} \leqslant \sum\limits_{i=1}^{n}\dfrac{\dfrac{i}{n^2}}{\sqrt{1+\dfrac{i}{n^2}}+1} \leqslant \dfrac{\sum\limits_{i=1}^{n}\dfrac{i}{n^2}}{\sqrt{1+\dfrac{1}{n^2}}+1}$,

$$\lim_{n\to\infty}\dfrac{\sum\limits_{i=1}^{n}\dfrac{i}{n^2}}{\sqrt{1+\dfrac{n}{n^2}}+1}=\lim_{n\to\infty}\sum_{i=1}^{n}\dfrac{i}{n}\dfrac{1}{n}=\dfrac{1}{2}\int_0^1 x\,\mathrm{d}x=\dfrac{1}{4},$$

$$\lim_{n\to\infty}\dfrac{\sum\limits_{i=1}^{n}\dfrac{i}{n^2}}{\sqrt{1+\dfrac{1}{n^2}}+1}=\lim_{n\to\infty}\sum_{i=1}^{n}\dfrac{i}{n}\dfrac{1}{n}=\dfrac{1}{2}\int_0^1 x\,\mathrm{d}x=\dfrac{1}{4}.$$

由夹逼定理得, $\lim\limits_{n\to\infty}\sum\limits_{i=1}^{n}\left(\sqrt{1+\dfrac{i}{n^2}}-1\right)=\dfrac{1}{4}$.

(3) 由于 $\left|\ln\left(1+\dfrac{1}{n}f\left(\dfrac{i}{n}\right)\right)-\dfrac{1}{n}f\left(\dfrac{i}{n}\right)\right|<\dfrac{\left[\dfrac{1}{n}f\left(\dfrac{i}{n}\right)\right]^2}{2}\leqslant\dfrac{M}{2n^2}$,

$$\left|\sum_{i=1}^{n}\left[\ln\left(1+\dfrac{1}{n}f\left(\dfrac{i}{n}\right)\right)-\dfrac{1}{n}f\left(\dfrac{i}{n}\right)\right]\right|\leqslant\sum_{i=1}^{n}\left|\ln\left(1+\dfrac{1}{n}f\left(\dfrac{i}{n}\right)\right)-\dfrac{1}{n}f\left(\dfrac{i}{n}\right)\right|$$

$$\leqslant\sum_{i=1}^{n}\dfrac{M}{2n^2}=\dfrac{M}{2n}\to 0(n\to\infty),$$

则 $\lim\limits_{n\to\infty}\sum\limits_{i=1}^{n}\ln\left(1+\dfrac{1}{n}f\left(\dfrac{i}{n}\right)\right)=\lim\limits_{n\to\infty}\sum\limits_{i=1}^{n}\left[\dfrac{1}{n}f\left(\dfrac{i}{n}\right)+\ln\left(1+\dfrac{1}{n}f\left(\dfrac{i}{n}\right)\right)-\dfrac{1}{n}f\left(\dfrac{i}{n}\right)\right]$

$$=\lim_{n\to\infty}\sum_{i=1}^{n}\left(\dfrac{1}{n}f\left(\dfrac{i}{n}\right)\right)=\int_0^1 f(x)\,\mathrm{d}x=\dfrac{\sqrt{3}}{2}.$$

【举一反三】

1. 求 $\lim\limits_{n\to\infty}\dfrac{1}{n^2}\left(\sqrt{1+\dfrac{1}{n}}+2\sqrt{1+\dfrac{2}{n}}+\cdots+n\sqrt{1+\dfrac{n}{n}}\right)$.

解: $\lim\limits_{n\to\infty}\dfrac{1}{n^2}\left(\sqrt{1+\dfrac{1}{n}}+2\sqrt{1+\dfrac{2}{n}}+\cdots+n\sqrt{1+\dfrac{n}{n}}\right)$

$$=\lim_{n\to\infty}\dfrac{1}{n}\left(\dfrac{1}{n}\sqrt{1+\dfrac{1}{n}}+\dfrac{2}{n}\sqrt{1+\dfrac{2}{n}}+\cdots+\dfrac{n}{n}\sqrt{1+\dfrac{n}{n}}\right)$$

$$=\lim_{n\to\infty}\sum_{i=1}^{n}\dfrac{i}{n}\sqrt{1+\dfrac{i}{n}}\cdot\dfrac{1}{n}=\int_0^1 x\sqrt{1+x}\,\mathrm{d}x=\dfrac{4}{15}(\sqrt{2}+1).$$

2. 求 $\lim\limits_{n\to\infty}\left[\sqrt[n+1]{(n+1)!}-\sqrt[n]{n!}\right]$.

解: $\lim\limits_{n\to\infty}\left[\sqrt[n+1]{(n+1)!}-\sqrt[n]{n!}\right]=\lim\limits_{n\to\infty}\mathrm{e}^{\frac{\ln n!}{n}}\left(\mathrm{e}^{\frac{\ln(n+1)!}{n+1}-\frac{\ln n!}{n}}-1\right)$

$$=\lim_{n\to\infty}\sqrt[n]{n!}\,\dfrac{n\ln(n+1)-\ln n!}{n(n+1)}$$

$$\left(0 < \frac{\ln(n+1)!}{n+1} - \frac{\ln n!}{n} = \frac{n\ln(n+1)! - n\ln n! - \ln n!}{n(n+1)} = \frac{n\ln(n+1) - \ln n!}{n(n+1)} < \right.$$

$$\left. \frac{n\ln(n+1)}{n(n+1)} \right)$$

$$= \lim_{n\to\infty} \frac{\sqrt[n]{n!}}{n} \frac{n\ln(n+1) - \ln n!}{(n+1)} = e^{-1} \lim_{n\to\infty} \frac{n\ln(n+1) - \ln n - \ln(n-1) - \cdots - \ln 1}{n+1}$$

$$= e^{-1}.$$

$$\left(\lim_{n\to\infty} \frac{\sqrt[n]{n!}}{n} = e^{\lim\limits_{n\to\infty} \frac{\ln n + \ln(n-1) + \cdots + \ln 1 - n\ln n}{n}} = e^{\int_0^1 \ln x \mathrm{d}x} = e^{-1} \right)$$

例 2 证明:若 $f^2(x)$ 在 $[a,b]$ 上可积,则 $|f(x)|$ 必可积,反之也成立.

分析: 通常证明可积的方法有下面四种.

(1) 判断所有子区间上的振幅 w_k 都一致地小于 ε,从而

$$\sum_{k=1}^n w_k \cdot \Delta x_k < \varepsilon \sum_{k=1}^n \Delta x_k = \varepsilon(b-a).$$

(2) 判断所有子区间的长 Δx_k 都一致地小于 ε,即 $\lambda = \max\limits_{1 \le k \le n} \{\Delta x_k\} < \varepsilon$,且 $\sum\limits_{k=1}^n w_k$ 有界,从而 $\sum\limits_{k=1}^n w_k \Delta x_k < \lambda \sum\limits_{k=1}^n w_k < \varepsilon \sum\limits_{k=1}^n w_k.$

(3) 将区间分为几部分,即将 $\sum\limits_{k=1}^n w_k \Delta x_k$ 分成几部分,保证每一部分的 $\sum\limits_{k=1}^n w_k \Delta x_k$ 都小于 ε.

(4) 判断 $w_k(f) \le w_k(g)$,则由 $g(x)$ 的可积性推出 $f(x)$ 的可积性.

证明: $\forall x', x'' \in [x_{k-1}, x_k](1 \le k \le n)$,有

$$\Big| |f(x')| - |f(x'')| \Big| \le \sqrt{\big| [f(x')]^2 - [f(x'')]^2 \big|},$$

即 $w_k(|f|) \le \sqrt{w_k(f^2)}$.

于是由施瓦茨(Schwarz)不等式得,

$$\sum_{k=1}^n w_k(|f|) \Delta x_k = \sum_{k=1}^n w_k(|f|) \sqrt{\Delta x_k} \cdot \sqrt{\Delta x_k} \le \sum_{k=1}^n \sqrt{w_k(f^2)} \sqrt{\Delta x_k} \cdot \sqrt{\Delta x_k}$$

$$\le \sqrt{\sum_{k=1}^n w_k(f^2) \Delta x_k \cdot \sum_{k=1}^n \Delta x_k} = \sqrt{\sum_{k=1}^n w_k(f^2) \Delta x_k \cdot (b-a)}.$$

由已知 $[f(x)]^2$ 可积,利用可积的第一充要条件得, $|f(x)|$ 必可积.

若 $|f(x)|$ 可积,则 $|f(x)|$ 在 $[a,b]$ 上有界,即 $\exists M > 0$,有 $|f(x)| \le M$. $\forall x', x'' \in [x_{k-1}, x_k]$,有

$$\big| [f(x')]^2 - [f(x'')]^2 \big| = \Big| |f(x')|^2 - |f(x'')|^2 \Big|$$

$$\le (|f(x')| + |f(x'')|) \cdot \Big| |f(x')| - |f(x'')| \Big|$$

$$\leqslant 2M \left| \, |f(x')| - |f(x'')| \, \right|,$$

于是 $w_k(f^2) \leqslant 2M w_k(|f|).$

由可积的第一充要条件得, $[f(x)]^2$ 必可积.

【举一反三】

1. 设函数 $\varphi(y)$ 在 $[A,B]$ 上连续, $y=f(x)$ 在 $[a,b]$ 上可积,且 $[A,B] = \{f(x) \mid x \in [a,b]\}$. 证明: $\varphi[f(x)]$ 在 $[a,b]$ 上可积.

证明: 显然 $\varphi(y)$ 在 $[A,B]$ 上一致连续,

即 $\forall \varepsilon > 0, \exists \eta > 0, \forall y_1, y_2 \in [A,B]: |y_1 - y_2| < \eta,$ 使 $|\varphi(y_1) - \varphi(y_2)| < \varepsilon.$

已知 $f(x)$ 在 $[a,b]$ 上可积,由可积的第二充要条件,对上述的 $\eta > 0, \varepsilon > 0, \exists \delta > 0,$ 对于分法 T,当 $\lambda(T) = \max\limits_{1 \leqslant k \leqslant n} \{\Delta x_k\} < \delta$ 时,有

$w_{k'}(f) \geqslant \eta, \sum\limits_{k'} \Delta x_{k'} < \varepsilon.$ 其中 $w_{k'}(f) = \sup\{ |f(x') - f(x'')| \mid \forall x', x'' \in [x_{k'-1}, x_{k'}]\}.$

设 $w_k(\varphi \circ f)$ 是函数 $\varphi(f(x))$ 在 $[x_{k-1}, x_k]$ 上的振幅,对于分法 $T, \lambda(T) < \delta,$ 当 $w_k(f) < \eta,$ 则 $\forall x', x'' \in [x_{k-1}, x_k],$ 有

$|f(x') - f(x'')| = |y_1 - y_2| < \eta,$

于是 $|\varphi(f(x')) - \varphi(f''(x))| < \varepsilon,$

即 $w_k(\varphi \circ f) \leqslant \varepsilon.$

当 $w_{k'}(f) \geqslant \eta$,则 $w_{k'}(\varphi \circ f)$ 有界,而此时有 $\sum \Delta x_{k'} < \varepsilon,$

由可积的充要条件得, $\varphi(f(x))$ 在 $[a,b]$ 上可积.

2. 设有界函数 $f(x)$ 在 $[a,b]$ 上的不连续点全体为 $\{x_n\}$,且 $\lim\limits_{n \to \infty} x_n = c \in [a,b],$ 证明: $f(x)$ 在 $[a,b]$ 上可积.

证明: 不妨设 $c \in (a,b)$,记 $|f(x)| \leqslant M (M > 0, \forall x \in [a,b]).$

已知 $\lim\limits_{n \to \infty} x_n = c$,即 $\forall \varepsilon > 0, \exists N,$ 当 $n > N$ 时,有 $c - \dfrac{\varepsilon}{4M} < x_n < c + \dfrac{\varepsilon}{4M},$

于是 $f(x)$ 在 $\left[a, c - \dfrac{\varepsilon}{4M}\right]$ 及 $\left[c + \dfrac{\varepsilon}{4M}, b\right]$ 上有界,且只含有限个不连续点,

从而 $f(x)$ 在 $\left[a, c - \dfrac{\varepsilon}{4M}\right]$ 及 $\left[c + \dfrac{\varepsilon}{4M}, b\right]$ 上可积,

即得存在 $\left[a, c - \dfrac{\varepsilon}{4M}\right]$, $\left[c + \dfrac{\varepsilon}{4M}, b\right]$ 上的分割 $T', T'',$ 有 $\sum\limits_{T'} w_k \Delta x_k < \varepsilon, \sum\limits_{T''} w_k \Delta x_k < \varepsilon.$

而对于 T''' 为 $\left[c - \dfrac{\varepsilon}{4M}, c + \dfrac{\varepsilon}{4M}\right]$ 上的分割,总有 $\sum w_k \Delta x_k < 2M \cdot 2 \cdot \dfrac{\varepsilon}{4M} = \varepsilon.$

令 $T = T' \cup T'' \cup T'''$（此时 $x = c - \dfrac{\varepsilon}{4M}, x = c + \dfrac{\varepsilon}{4M}$ 为分点）,有

$$\sum\limits_{k=1}^{n} w_k \Delta x_k = \sum\limits_{T'} w_k \Delta x_k + \sum\limits_{T''} w_k \Delta x_k + \sum\limits_{T'''} w_k \Delta x_k < 3\varepsilon.$$

由可积的第一充要条件得, $f(x)$ 在 $[a,b]$ 上可积.

3. 求 $\int_0^1 \left(\dfrac{1}{x} - \left[\dfrac{1}{x} \right] \right) dx.$

解: 令 $f(x) = \dfrac{1}{x} - \left[\dfrac{1}{x} \right].$

设 $n \geqslant 2, n - 1 < \dfrac{1}{x} < n, \left[\dfrac{1}{x} \right] = n - 1, \lim\limits_{x \to \frac{1}{n} + 0} f(x) = n - (n - 1) = 1,$

$n < \dfrac{1}{x} < n + 1, \left[\dfrac{1}{x} \right] = n, \lim\limits_{x \to \frac{1}{n} - 0} f(x) = n - (n) = 0.$

所以 $x = \dfrac{1}{n} (n = 2,3,\cdots)$ 是 $f(x)$ 在 $[0,1]$ 上的间断点.

$$\int_0^1 \left(\frac{1}{x} - \left[\frac{1}{x} \right] \right) dx = \lim_{n \to \infty} \int_{\frac{1}{n}}^1 \left(\frac{1}{x} - \left[\frac{1}{x} \right] \right) dx = \lim_{n \to \infty} \sum_{k=1}^{n-1} \int_{\frac{1}{k+1}}^{\frac{1}{k}} \left(\frac{1}{x} - \left[\frac{1}{x} \right] \right) dx$$

$$= \int_{\frac{1}{n}}^1 \ln x \, dx - \lim_{n \to \infty} \sum_{k=1}^{n-1} k \left(\frac{1}{k} - \frac{1}{k+1} \right)$$

$$= \ln n - \frac{1}{2} - \cdots - \frac{1}{n} - 1 + 1$$

$$= 1 - C = 1 - 0.577 = 0.423.$$

$$\left(因为 \lim_{n \to \infty} \left(1 + \frac{1}{2} + \cdots + \frac{1}{n} - \ln n \right) = C \approx 0.577 \right)$$

例 3 设 $f(x)$ 在 $[a,b]$ 上可导, $f'(x)$ 在 $[a,b]$ 上可积, $\forall n \in \mathbf{N}$, 记

$$A_n = \sum_{i=1}^n \left[f\left(a + i \frac{b-a}{n} \right) \frac{b-a}{n} \right] - \int_a^b f(x) \, dx.$$

证明: $\lim\limits_{n \to \infty} n A_n = \dfrac{b-a}{2} [f(b) - f(a)].$

分析: 从结论出发, 由牛顿-莱布尼茨公式, 可以将结论写为

$$\frac{b-a}{2} [f(b) - f(a)] = \frac{b-a}{2} \int_a^b f'(x) \, dx.$$

再由已知条件 $f'(x)$ 在 $[a,b]$ 上可积, 可以再对结论变形, 只需证明

$$\frac{b-a}{2} [f(b) - f(a)] = \frac{b-a}{2} \int_a^b f'(x) \, dx = \frac{1}{2}(b-a) \lim_{n \to \infty} \sum_{i=1}^n M_i \frac{b-a}{n}$$

$$= \frac{1}{2}(b-a) \lim_{n \to \infty} \sum_{i=1}^n m_i \frac{b-a}{n},$$

其中 $M_i = \sup\limits_{x_{i-1} \leqslant x \leqslant x_i} f'(x), m_i = \inf\limits_{x_{i-1} \leqslant x \leqslant x_i} f'(x).$

证明: 令 $x_i = a + i \dfrac{b-a}{n}$, 将区间 $[a,b]$ n 等分, 则

$$n A_n = n \left[\sum_{i=1}^n f(x_i) \frac{b-a}{n} - \sum_{i=1}^n \int_{x_{i-1}}^{x_i} f(x) \, dx \right] = n \sum_{i=1}^n \int_{x_{i-1}}^{x_i} [f(x_i) - f(x)] \, dx$$

$$= n \sum_{i=1}^{n} \int_{x_{i-1}}^{x_i} f'(\eta_i)(x_i - x) \mathrm{d}x [\eta_i \in (x_{i-1}, x_i)]. \textcircled{1}$$

记 $m_i = \inf_{x_{i-1} \leqslant x \leqslant x_i} f'(x)$，$M_i = \sup_{x_{i-1} \leqslant x \leqslant x_i} f'(x)(i = 1, 2, \cdots, n)$.

则 $m_i(x_i - x) \leqslant f'(\eta_i)(x_i - x) \leqslant M_i(x_i - x)$，

$$m_i \int_{x_{i-1}}^{x_i} (x_i - x) \mathrm{d}x \leqslant \int_{x_{i-1}}^{x_i} f'(\eta_i)(x_i - x) \mathrm{d}x \leqslant M_i \int_{x_{i-1}}^{x_i} (x_i - x) \mathrm{d}x,$$

左右积分得，$\dfrac{m_i}{2}(x_i - x_{i-1})^2 \leqslant \displaystyle\int_{x_{i-1}}^{x_i} f'(\eta_i)(x_i - x) \mathrm{d}x \leqslant \dfrac{M_i}{2}(x_i - x_{i-1})^2.$

注意 $x_i - x_{i-1} = \dfrac{b-a}{n}$，将上式代入 $\textcircled{1}$ 式得，

$$\frac{1}{2}(b-a) \sum_{i=1}^{n} m_i \frac{b-a}{n} \leqslant nA_n \leqslant \frac{1}{2}(b-a) \sum_{i=1}^{n} M_i \frac{b-a}{n},$$

其中 $\displaystyle\sum_{i=1}^{n} m_i \frac{b-a}{n}$, $\displaystyle\sum_{i=1}^{n} M_i \frac{b-a}{n}$ 为达布和. 令 $n \to \infty$ 取极限得

$$\lim_{n \to \infty} nA_n = \frac{b-a}{2} \int_a^b f'(x) \mathrm{d}x = \frac{b-a}{2} [f(b) - f(a)].$$

【举一反三】

1. 设 $f(x) = \arctan x$，A 是常数，证明 $x_n = \displaystyle\sum_{i=1}^{n} f\left(\dfrac{i}{n}\right) - An$ 的极限存在，并求 A 及数列的极限.

证明：由例 3，直接令 $A = \displaystyle\int_0^1 f(x) \mathrm{d}x = \int_0^1 \arctan x \mathrm{d}x = x \arctan x \Big|_0^1 - \int_0^1 \dfrac{x}{1+x^2} \mathrm{d}x = \dfrac{\pi}{4} - \dfrac{1}{2} \ln 2.$

则 $x_n = \displaystyle\sum_{i=1}^{n} f\left(\dfrac{i}{n}\right) - An = n\left[\dfrac{1}{n} \sum_{i=1}^{n} f\left(\dfrac{i}{n}\right) - A\right]$，

仍由例 3 知，数列 $\{x_n\}$ 的极限存在，且

$$\lim_{n \to \infty} x_n = \frac{1}{2} \arctan 1 = \frac{\pi}{8}.$$

例 4 证明：数列 $A_n = 1 + \dfrac{1}{\sqrt{2}} + \cdots + \dfrac{1}{\sqrt{n}} - 2\sqrt{n}$ 收敛.

分析：在数列极限当中曾经讨论过类似的问题. 本例给出了此类问题的一般形式及方法，利用数列通项的最后两项的关系，用积分的运算找到数列的单调性及上(下)界.

证明：$\forall x \in [k, k+1]$，$k = 1, 2, \cdots$，有 $\dfrac{1}{\sqrt{k+1}} \leqslant \dfrac{1}{\sqrt{x}} \leqslant \dfrac{1}{\sqrt{k}}$.

于是 $\displaystyle\int_k^{k+1} \dfrac{1}{\sqrt{k+1}} \mathrm{d}x \leqslant \int_k^{k+1} \dfrac{1}{\sqrt{x}} \mathrm{d}x \leqslant \int_k^{k+1} \dfrac{1}{\sqrt{k}} \mathrm{d}x,$

即 $\dfrac{1}{\sqrt{k+1}} \leqslant 2\sqrt{x}\ \Big|_{k}^{k+1} \leqslant \dfrac{1}{\sqrt{k}}$,

亦即 $\dfrac{1}{\sqrt{k+1}} \leqslant 2(\sqrt{k+1}-\sqrt{k}) \leqslant \dfrac{1}{\sqrt{k}}$.

对上式右端令 $k=1$, 有 $2(\sqrt{2}-\sqrt{1}) \leqslant \dfrac{1}{\sqrt{1}}$,

$\qquad\qquad k=2$, 有 $2(\sqrt{3}-\sqrt{2}) \leqslant \dfrac{1}{\sqrt{2}}$,

$$\cdots\cdots$$

$\qquad\qquad k=n-1$, 有 $2(\sqrt{n}-\sqrt{n-1}) \leqslant \dfrac{1}{\sqrt{n-1}}$.

将上述不等式相加得,

$$2(\sqrt{n}-\sqrt{1}) \leqslant 1+\dfrac{1}{\sqrt{2}}+\cdots+\dfrac{1}{\sqrt{n-1}} \leqslant 1+\dfrac{1}{\sqrt{2}}+\cdots+\dfrac{1}{\sqrt{n-1}}+\dfrac{1}{\sqrt{n}},$$

即 $-2 \leqslant 1+\dfrac{1}{\sqrt{2}}+\cdots+\dfrac{1}{\sqrt{n-1}}+\dfrac{1}{\sqrt{n}}-2\sqrt{n}$.

说明 $\{A_n\}$ 有下界.

又 $A_{n+1}-A_n = \dfrac{1}{\sqrt{n+1}}-2\sqrt{n+1}+2\sqrt{n} = \dfrac{1}{\sqrt{n+1}}-2(\sqrt{n+1}-\sqrt{n})$,

由 $\dfrac{1}{\sqrt{n+1}} \leqslant 2(\sqrt{n+1}-\sqrt{n})$ 知, $A_{n+1}-A_n \leqslant 0$.

综上, 由单调有界必有极限得, 数列 $\{A_n\}$ 收敛.

【举一反三】

1. 用柯西收敛准则证明: $A_n = \dfrac{1}{2\ln 2}+\dfrac{1}{3\ln 3}+\cdots+\dfrac{1}{n\ln n}$ 发散.

证明: $\forall x \in [k,k+1]$,

$$\int_{k}^{k+1} \dfrac{1}{(k+1)\ln(k+1)}\mathrm{d}x \leqslant \int_{k}^{k+1} \dfrac{1}{x\ln x}\mathrm{d}x = \int_{k}^{k+1} \mathrm{d}\ln\ln x \leqslant \int_{k}^{k+1} \dfrac{1}{k\ln k}\mathrm{d}x,$$

$$\dfrac{1}{(k+1)\ln(k+1)} \leqslant \ln\ln(k+1)-\ln\ln k \leqslant \dfrac{1}{k\ln k},$$

$$\dfrac{1}{(k+2)\ln(k+2)} \leqslant \ln\ln(k+2)-\ln\ln(k+1) \leqslant \dfrac{1}{(k+1)\ln(k+1)},$$

$$\cdots\cdots$$

于是 $\exists \varepsilon_0 = \ln 2, \forall N, \exists n_0 > N, \exists p_0 \geqslant n_0^2+n_0+1$,

有 $\dfrac{1}{(n_0+1)\ln(n_0+1)}+\dfrac{1}{(n_0+2)\ln(n_0+2)}+\cdots+\dfrac{1}{(n_0+p)\ln(n_0+p)}$

$\geqslant \ln\ln(n_0+p_0)-\ln\ln(n_0+1) \geqslant \ln\dfrac{\ln(n_0+p_0)}{\ln(n_0+1)} \geqslant \ln 2$.

2. 证明:$\ln\sqrt{2n+1} < 1 + \dfrac{1}{3} + \dfrac{1}{5} + \cdots + \dfrac{1}{2n-1} \leqslant 1 + \ln\sqrt{2n-1}$ $(n = 1,2,\cdots)$.

证明: $\forall x \in [k, k+1]$,$\dfrac{1}{2k+1} \leqslant \displaystyle\int_{k}^{k+1} \dfrac{1}{2x-1}\mathrm{d}x < \dfrac{1}{2k-1}$,

则 $\displaystyle\sum_{k=1}^{n-1} \dfrac{1}{2k+1} \leqslant \sum_{k=1}^{n-1} \int_{k}^{k+1} \dfrac{1}{2x-1}\mathrm{d}x < \sum_{k=1}^{n-1} \dfrac{1}{2k-1}$,

即 $\dfrac{1}{3} + \dfrac{1}{5} + \cdots + \dfrac{1}{2n-1} \leqslant \displaystyle\int_{1}^{n} \dfrac{1}{2x-1}\mathrm{d}x = \dfrac{1}{2}\ln(2n-1) < 1 + \dfrac{1}{3} + \dfrac{1}{5} + \cdots + \dfrac{1}{2n-3}$,

即有 $\ln\sqrt{2n+1} < 1 + \dfrac{1}{3} + \dfrac{1}{5} + \cdots + \dfrac{1}{2n-1} \leqslant 1 + \ln\sqrt{2n-1}$.

例5 已知 $f(x) \in C[0,1]$,证明:$\displaystyle\lim_{n\to\infty}(n+1)\int_{0}^{1} x^n f(x)\mathrm{d}x = f(1)$.

分析: 处理积分的极限时,利用形状上的相似把极限写成积分的形式是关键.

证明: 由 $f(x) \in C[0,1]$ 知,$f(x)$ 在 $[0,1]$ 上有界,即 $\exists M > 0$,有 $|f(x)| \leqslant M$ ($\forall x \in [0,1]$).

注意到 $f(1) = (n+1)\displaystyle\int_{0}^{1} x^n f(1)\mathrm{d}x$,且 $f(x)$ 在 $x = 1$ 处左连续,

即 $\forall \varepsilon > 0$,$\exists \delta(0 < \delta < 1)$,当 $1 - x < \delta$ 时,有 $|f(x) - f(1)| < \dfrac{\varepsilon}{2}$.

于是 $\left| (n+1)\displaystyle\int_{0}^{1} x^n f(x)\mathrm{d}x - f(1) \right| = \left| (n+1)\int_{0}^{1} x^n [f(x) - f(1)]\mathrm{d}x \right|$

$\leqslant (n+1)\displaystyle\int_{0}^{1} x^n |f(x) - f(1)|\mathrm{d}x$

$= (n+1)\displaystyle\int_{0}^{1-\delta} x^n |f(x) - f(1)|\mathrm{d}x + (n+1)\int_{1-\delta}^{1} x^n |f(x) - f(1)|\mathrm{d}x$

$\leqslant 2M(1-\delta)^{n+1} + \dfrac{\varepsilon}{2} - (1-\delta)^{n+1}\dfrac{\varepsilon}{2} < 2M(1-\delta)^{n+1} + \dfrac{\varepsilon}{2}$.

又 $\displaystyle\lim_{n\to\infty}(1-\delta)^{n+1} = 0$,则对上述 $\varepsilon > 0$,$\exists N$,当 $n > N$ 时,有 $(1-\delta)^{n+1} < \dfrac{\varepsilon}{4M}$,

于是当 $n > N$ 时,$\left| (n+1)\displaystyle\int_{0}^{1} x^n f(x)\mathrm{d}x - f(1) \right| < 2M(1-\delta)^{n+1} + \dfrac{\varepsilon}{2} < \dfrac{\varepsilon}{2} + \dfrac{\varepsilon}{2} = \varepsilon$,

即 $\displaystyle\lim_{n\to\infty}(n+1)\int_{0}^{1} x^n f(x)\mathrm{d}x = f(1)$.

【举一反三】

1. 已知 $f(x)$ 在 $[0, +\infty)$ 上单调递增,且在任意有限区间 $[0,T]$ 上可积.证明:

$$\lim_{x\to+\infty} f(x) = C \Leftrightarrow \lim_{x\to+\infty} \dfrac{1}{x}\int_{0}^{x} f(t)\mathrm{d}t = C.$$

证明:（必要性）由于 $f(x)$ 在 $[0,+\infty)$ 上单调递增,因此 $\displaystyle\int_0^x f(t)\mathrm{d}t \leqslant \int_0^x f(x)\mathrm{d}x = xf(x)$.

又 $\displaystyle\int_x^{2x} f(t)\mathrm{d}t \geqslant \int_x^{2x} f(x)\mathrm{d}x = xf(x)$,

即 $\displaystyle f(x) \leqslant \frac{1}{x}\int_x^{2x} f(t)\mathrm{d}t = 2 \cdot \frac{1}{2x}\int_0^{2x} f(t)\mathrm{d}t - \frac{1}{x}\int_0^x f(t)\mathrm{d}t$,

于是有 $\displaystyle \frac{1}{x}\int_0^x f(t)\mathrm{d}t \leqslant f(x) \leqslant 2 \cdot \frac{1}{2x}\int_0^{2x} f(t)\mathrm{d}t - \frac{1}{x}\int_0^x f(t)\mathrm{d}t$,

在上式令 $x \to +\infty$,由夹逼定理得, $\displaystyle\lim_{x \to +\infty} f(x) = C$.

（充分性）由 $\displaystyle\lim_{x \to +\infty} f(x) = C$,得 $\forall \varepsilon > 0, \exists A_0 > 0, \forall x > A_0$, 有 $|f(x) - C| < \dfrac{\varepsilon}{2}$.

于是 $\displaystyle \left| \frac{1}{x}\int_0^x f(t)\mathrm{d}t - C \right| = \left| \frac{1}{x}\int_0^x [f(t) - C]\mathrm{d}t \right|$

$\displaystyle \leqslant \frac{1}{x}\int_0^x |f(t) - C|\mathrm{d}t = \frac{1}{x}\int_0^{A_0} |f(t) - C|\mathrm{d}t + \frac{1}{x}\int_{A_0}^x |f(t) - C|\mathrm{d}t$

$\displaystyle < \frac{1}{x}\int_0^{A_0} |f(t) - C|\mathrm{d}t + \frac{1}{x} \cdot \frac{\varepsilon}{2}(x - A_0) < \frac{1}{x}\int_0^{A_0} |f(t) - C|\mathrm{d}t + \frac{\varepsilon}{2}$.

又 $f(x)$ 在 $[0,A_0]$ 上可积,则 $|f(t) - C|$ 在 $[0,A_0]$ 上也可积,

因而有 $\displaystyle\lim_{x \to +\infty} \frac{1}{x}\int_0^{A_0} |f(t) - C|\mathrm{d}t = 0$,

即对上述 $\varepsilon > 0, \exists A_1, \forall x > A_1$, 有 $\displaystyle\frac{1}{x}\int_0^{A_0} |f(t) - C|\mathrm{d}t < \frac{\varepsilon}{2}$.

取 $A = \max(A_0, A_1), \forall x > A$, 有

$\displaystyle \left| \frac{1}{x}\int_0^x f(t)\mathrm{d}t - C \right| < \frac{1}{x}\int_0^{A_0} |f(t) - C|\mathrm{d}t + \frac{\varepsilon}{2} < \frac{\varepsilon}{2} + \frac{\varepsilon}{2} = \varepsilon$.

于是 $\displaystyle\lim_{x \to +\infty} \frac{1}{x}\int_0^x f(t)\mathrm{d}t = C$.

2. $f(x)$ 是以 T 为周期的非负周期函数,且在任意有限区间 $[0,T]$ 上可积,证明:

$$\lim_{x \to +\infty} \frac{1}{x}\int_0^x f(t)\mathrm{d}t = \frac{1}{T}\int_0^T f(t)\mathrm{d}t.$$

证明: $\forall x, \exists n$,使得 $nT \leqslant x \leqslant (n+1)T$,

所以 $\displaystyle\frac{1}{(n+1)T}\int_0^{nT} f(t)\mathrm{d}t \leqslant \frac{1}{x}\int_0^x f(t)\mathrm{d}t \leqslant \frac{1}{nT}\int_0^{(n+1)T} f(t)\mathrm{d}t$.

因为 $\displaystyle\int_0^{nT} f(x)\mathrm{d}x = n\int_0^T f(x)\mathrm{d}x, \quad \int_0^{(n+1)T} f(x)\mathrm{d}x = (n+1)\int_0^T f(x)\mathrm{d}x$,

所以 $\lim\limits_{x \to +\infty} \dfrac{1}{x} \displaystyle\int_0^x f(t)\,\mathrm{d}t = \dfrac{1}{T} \displaystyle\int_0^T f(t)\,\mathrm{d}t.$

特别地, $\lim\limits_{x \to +\infty} \dfrac{1}{x} \displaystyle\int_0^x |\sin t|\,\mathrm{d}t = \dfrac{2}{\pi}.$

例 6 已知 $f(x) \in \mathbf{R}[0,1], m \leqslant f(x) \leqslant M$, 连续函数 $\varphi(x)$ 在 $[m,M]$ 上是下凸的,

证明: $\varphi\left(\displaystyle\int_0^1 f(x)\,\mathrm{d}x\right) \leqslant \displaystyle\int_0^1 \varphi(f(x))\,\mathrm{d}x.$

分析: 可根据上、下凸函数的定义及函数可积直接得到结论.

证明: 将 $[0,1]$ n 等分, $\Delta x_i = \dfrac{1}{n}, x_i = \dfrac{i}{n}$, 取 $\xi_i = x_i$,

已知连续函数 $\varphi(x)$ 在 $[m,M]$ 上是下凸的,有 $\varphi\left(\dfrac{1}{n}\displaystyle\sum_{i=1}^n f(\xi_i)\right) \leqslant \displaystyle\sum_{i=1}^n \varphi(f(\xi_i))\dfrac{1}{n},$

取 $n \to \infty$, 得 $\varphi\left(\displaystyle\int_0^1 f(x)\,\mathrm{d}x\right) \leqslant \displaystyle\int_0^1 \varphi(f(x))\,\mathrm{d}x.$

【举一反三】

1. $f(x)$ 在 $[0,1]$ 上二阶可导, $f''(x) \geqslant 0$, 证明: $\displaystyle\int_0^1 f(x^4)\,\mathrm{d}x \geqslant f\left(\dfrac{1}{5}\right).$

证明: 由 $f''(x) \geqslant 0, f(x)$ 为 $[0,1]$ 上的下凸函数, 得

$f(x) \geqslant f\left(\dfrac{1}{5}\right) + f'\left(\dfrac{1}{5}\right)\left(x - \dfrac{1}{5}\right).$

两端从 0 到 1 积分, 得

$\displaystyle\int_0^1 f(x^4)\,\mathrm{d}x \geqslant f\left(\dfrac{1}{5}\right) + f'\left(\dfrac{1}{5}\right)\displaystyle\int_0^1 \left(x^4 - \dfrac{1}{5}\right)\mathrm{d}x \geqslant f\left(\dfrac{1}{5}\right).$

拓展训练

1. 求 $\lim\limits_{n \to \infty} n\left(\dfrac{1}{n^2 + 1^2} + \dfrac{1}{n^2 + 2^2} + \cdots + \dfrac{1}{n^2 + n^2}\right).$

2. 求 $\lim\limits_{n \to \infty}\left(\dfrac{\sin\dfrac{\pi}{n}}{n+1} + \dfrac{\sin\dfrac{2\pi}{n}}{n+\dfrac{1}{2}} + \cdots + \dfrac{\sin\dfrac{n\pi}{n}}{n+\dfrac{1}{n}}\right).$

3. 求 $\lim\limits_{n \to \infty}\left(1 + \dfrac{1}{\sqrt{n}}\right)^{\frac{1}{\sqrt{n}}}\left(1 + \dfrac{2}{\sqrt{n}}\right)^{\frac{1}{\sqrt{2n}}}\cdots\left(1 + \dfrac{n}{\sqrt{n}}\right)^{\frac{1}{\sqrt{n^2}}}.$

4. 求 $\lim\limits_{n \to \infty} \dfrac{\ln n}{\ln(1^m + 2^m + \cdots + n^m)}, m$ 为正数.

5. 若 $f(x)$ 在 $[a,b]$ 上可积,则 $f(x)$ 的连续点在 $[a,b]$ 上处处稠密.

6. 证明杜哈梅尔(Duhamel)定理:设 $f(x),g(x)$ 在 $[a,b]$ 上均可积,则在分法 T 下对任意两个介点集 ξ,η,有

$$\lim_{\|T\|\to 0}\sum_{k=1}^{n}f(\xi_k)g(\eta_k)\Delta x_k=\int_a^b f(x)g(x)\,\mathrm{d}x.$$

7. 设 $f(x)$ 在 $[0,1]$ 上可积,记 x 的小数部分为 $(x)=x-[x]$,证明:

$$\lim_{n\to\infty}\int_0^1 f(x)(nx)\,\mathrm{d}x=\frac{1}{2}\int_0^1 f(x)\,\mathrm{d}x.$$

8. 设 $f(x)$ 在 $[1,+\infty)$ 上连续,恒正且单调减少,并且 $u_n=\sum_{k=1}^{n}f(k)-\int_1^n f(x)\,\mathrm{d}x$,证明:数列 $\{u_n\}$ 收敛.

9. 已知 $f(x)$ 在 $[A,B]$ 上可积,证明:$\lim_{h\to 0}\int_a^b |f(x+h)-f(x)|\,\mathrm{d}x=0(A<a<b<B)$.(积分的连续性)

10. 已知 $f(x)$ 在 $[a,b]$ 上可积,其积分是 I,今在 $[a,b]$ 内有限个点上改变 $f(x)$ 的值使它成为另一个函数 $f^*(x)$,证明:$f^*(x)$ 也在 $[a,b]$ 上可积,且它的积分是 I.

11. 已知 $f(x)$ 在 $[a,b]$ 上可积,且 $|f(x)|\geqslant M>0$,证明:$\dfrac{1}{f(x)}$ 在 $[a,b]$ 上可积.

12. 已知 $f(x)$ 是区间 $[-1,1]$ 上的可积函数且在 $x=0$ 处连续,记 $\varphi_n(x)=\begin{cases}(1-x)^n,0\leqslant x\leqslant 1,\\ \mathrm{e}^{nx},\ -1\leqslant x<0,\end{cases}$ 证明:$\lim_{n\to\infty}\dfrac{n}{2}\int_{-1}^1 f(x)\varphi_n(x)\,\mathrm{d}x=f(0)$.

13. 已知 $f(x)\in C[-1,1]$,证明:$\lim_{h\to 0^+}\int_{-1}^1 \dfrac{h}{h^2+x^2}f(x)\,\mathrm{d}x=\pi f(0)$.

14. 设函数 $f(x)$ 在 $\left[0,\dfrac{\pi}{2}\right]$ 上黎曼可积,求 $\lim_{n\to\infty}\int_0^{\frac{\pi}{2}}\dfrac{f(x)}{1+x}\sin^n x\,\mathrm{d}x$.

拓展训练参考答案6

第七讲

数项级数

知识要点

一、基本定义

定义 1　级数收敛

若 $\lim\limits_{n\to\infty} S_n = \lim\limits_{n\to\infty} \sum\limits_{k=1}^{n} u_k = S$ 存在,则称级数 $\sum\limits_{n=1}^{\infty} u_n$ 收敛且和为 S;若 $\lim\limits_{n\to\infty} S_n$ 不存在,则称级

数 $\sum\limits_{n=1}^{\infty} u_n$ 发散.

定义 2　正项级数

若数项级数的各项都非负,则称它为正项级数.

定义 3　交错级数

形如 $\sum\limits_{n=0}^{\infty} (-1)^{n+1} u_n (u_n > 0)$ 的级数称为交错级数.

定义 4　绝对收敛与条件收敛

若级数 $\sum\limits_{n=1}^{\infty} u_n$ 的各项绝对值所组成的级数 $\sum\limits_{n=1}^{\infty} |u_n|$ 收敛,则称原级数 $\sum\limits_{n=1}^{\infty} u_n$ 绝对收敛;

若级数 $\sum\limits_{n=1}^{\infty} |u_n|$ 发散但原级数收敛,则称原级数 $\sum\limits_{n=1}^{\infty} u_n$ 条件收敛.

二、重要性质、定理

性质 1

若 $\sum\limits_{n=1}^{\infty} u_n = S$,$c$ 为任何常数,则 $\sum\limits_{n=1}^{\infty} cu_n = cS$,若 $\sum\limits_{n=1}^{\infty} u_n$ 发散且 $c \neq 0$,则 $\sum\limits_{n=1}^{\infty} cu_n$ 亦发散.

性质2

$$\sum_{n=1}^{\infty} u_n = S , \sum_{n=1}^{\infty} v_n = \sigma , 则 \sum_{n=1}^{\infty}(u_n \pm v_n) = S \pm \sigma.$$

性质3　级数收敛的必要条件

若 $\sum_{n=1}^{\infty} u_n$ 收敛,则 $\lim_{n \to \infty} u_n = 0.$

定理1　级数收敛的柯西收敛准则

级数 $\sum_{n=1}^{\infty} u_n$ 收敛的充要条件为:

$\forall \varepsilon > 0, \exists N \in \mathbf{N},$ 当 $n > N$ 时, $\forall p \in \mathbf{N},$ 有 $|u_{n+1} + u_{n+2} + \cdots + u_{n+p}| < \varepsilon.$

三、基本判别法

1. 正项级数的判别法:

(1)正项级数 $\sum_{n=1}^{\infty} u_n$ 收敛的充要条件为部分和数列 $\{S_n\}$ 有界.

(2)正项级数的比较判别法:设 $\sum_{n=1}^{\infty} u_n$ 与 $\sum_{n=1}^{\infty} v_n$ 为正项级数,若 $\exists N,$ 当 $n > N$ 时,有 $u_n \leqslant v_n$,则:①若 $\sum_{n=1}^{\infty} v_n$ 收敛,则 $\sum_{n=1}^{\infty} u_n$ 收敛;②若 $\sum_{n=1}^{\infty} u_n$ 发散,则 $\sum_{n=1}^{\infty} v_n$ 发散.

(3)正项级数的比较判别法的极限形式:设 $\sum_{n=1}^{\infty} u_n$, $\sum_{n=1}^{\infty} v_n$ 为正项级数,且 $\lim_{n \to \infty} \dfrac{u_n}{v_n} = l$.

①若 $0 < l < +\infty$,则 $\sum_{n=1}^{\infty} u_n$ 与 $\sum_{n=1}^{\infty} v_n$ 同时发散或同时收敛;

②若 $l = 0$ 且 $\sum_{n=1}^{\infty} v_n$ 收敛,则 $\sum_{n=1}^{\infty} u_n$ 收敛;

③若 $l = +\infty$,且 $\sum_{n=1}^{\infty} v_n$ 发散,则 $\sum_{n=1}^{\infty} u_n$ 发散.

(4)正项级数的比值判别法:设 $\sum_{n=1}^{\infty} u_n$ 为正项级数,

$$\lim_{n \to \infty} \frac{u_{n+1}}{u_n} = \rho \Rightarrow \begin{cases} 收敛, \rho < 1, \\ 发散, \rho > 1, \\ 失效, \rho = 1. \end{cases}$$

(5)正项级数的根值判别法:设 $\sum_{n=1}^{\infty} u_n$ 为正项级数,

$$\lim_{n \to \infty} \sqrt[n]{u_n} = \rho \Rightarrow \begin{cases} 收敛, \rho < 1, \\ 发散, \rho > 1, \\ 失效, \rho = 1. \end{cases}$$

(6)拉贝判别法:设 $\sum_{n=1}^{\infty} u_n (u_n > 0)$ 为正项级数, $\lim_{n \to \infty} n \left(\dfrac{u_n}{u_{n+1}} - 1 \right) = r,$ 则 $r > 1$ 时,

$\sum\limits_{n=1}^{\infty} u_n$ 收敛;$r \leqslant 1$,时 $\sum\limits_{n=1}^{\infty} u_n$ 发散.

2. 交错级数——莱布尼茨判别法:若交错级数 $\sum\limits_{n=1}^{\infty} (-1)^{n-1} u_n$ 满足:① $u_n \geqslant u_{n+1}$,

② $\lim\limits_{n \to \infty} u_n = 0$,则 $\sum\limits_{n=1}^{\infty} (-1)^{n-1} u_n$ 收敛.

3. 麦克劳林 - 柯西积分判别法:设 f 为 $[1, +\infty)$ 上的非负减函数,则正项级数 $\sum\limits_{n=1}^{\infty} f(n)$ 与反常积分 $\int\limits_{1}^{+\infty} f(x)\mathrm{d}x$ 同敛散.

4. 阿贝尔判别法:若数列 $\{a_n\}$ 单调有界,且 $\sum\limits_{n=1}^{\infty} b_n$ 收敛,则 $\sum\limits_{n=1}^{\infty} a_n b_n$ 也收敛.

5. 狄利克雷判别法:若数列 $\{a_n\}$ 单调递减且收敛于 0,且 $\sum\limits_{n=1}^{\infty} b_n$ 的部分和数列有界,则 $\sum\limits_{n=1}^{\infty} a_n b_n$ 也收敛.

典型例题

例 1 设 $x_{n+1} = \dfrac{k + x_n}{1 + x_n}, k > 1, x_1 \geqslant 0$.

(1) 证明:级数 $\sum\limits_{n=1}^{\infty} (x_{n+1} - x_n)$ 绝对收敛;

(2) 求级数 $\sum\limits_{n=1}^{\infty} (x_{n+1} - x_n)$ 之和.

分析:关注到 $\sum\limits_{n=1}^{\infty} (u_n - u_{n-1})$ 与 $\{u_n\}$ 同敛散.

(1) **证明**:$|x_{n+1} - x_n| = \left| \dfrac{k + x_n}{1 + x_n} - \dfrac{k + x_{n-1}}{1 + x_{n-1}} \right| = \left| \dfrac{(k-1)(x_n - x_{n-1})}{(1 + x_n)(1 + x_{n-1})} \right| \leqslant \dfrac{k-1}{k+1} |x_n - x_{n-1}|$

$$\leqslant \left(\dfrac{k-1}{k+1} \right)^2 |x_{n-1} - x_{n-2}| \leqslant \cdots \leqslant \left(\dfrac{k-1}{k+1} \right)^{n-1} |x_2 - x_1|,$$

级数 $\sum\limits_{n=1}^{\infty} \left[\left(\dfrac{k-1}{k+1} \right)^{n-1} |x_2 - x_1| \right]$ 收敛.

由比较判别法得,级数 $\sum\limits_{n=1}^{\infty} (x_{n+1} - x_n)$ 绝对收敛.

(2) **解**:由(1)知,级数 $\sum\limits_{n=1}^{\infty} (x_{n+1} - x_n)$ 绝对收敛,易知 $\lim\limits_{n \to \infty} x_n$ 存在且记为 A.

则 $A = \dfrac{k + A}{1 + A}$,得 $A = \sqrt{k}$.

所以 $\displaystyle\sum_{n=1}^{\infty}(x_{n+1}-x_n)=\sqrt{k}-x_1.$

【举一反三】

1. 已知函数 $f(x)$ 可导, 且 $f(0)=1,0<f'(x)<\dfrac{1}{2}$, 设数列 $\{x_n\}$ 满足 $x_{n+1}=f(x_n)(n=1,2,\cdots)$, 证明:

(1) 级数 $\displaystyle\sum_{n=1}^{\infty}(x_{n+1}-x_n)$ 绝对收敛;

(2) $\displaystyle\lim_{n\to\infty}x_n$ 存在, 且 $0<\displaystyle\lim_{n\to\infty}x_n<2.$

证明: (1) 由拉格朗日中值定理知, $\exists\,\xi_1\in(x_{n-1},x_n),\xi_2\in(x_{n-2},x_{n-1}),\cdots$

$$|x_{n+1}-x_n|=|f(x_n)-f(x_{n-1})|=|f'(\xi_1)(x_n-x_{n-1})|$$
$$<\frac{1}{2}|x_n-x_{n-1}|=\frac{1}{2}|f(x_{n-1})-f(x_{n-2})|=\frac{1}{2}|f'(\xi_2)(x_{n-1}-x_{n-2})|$$
$$<\frac{1}{2^2}|x_{n-1}-x_{n-2}|<\cdots<\frac{1}{2^{n-1}}|x_2-x_1|.$$

显然 $\displaystyle\sum_{n=1}^{\infty}\dfrac{1}{2^{n-1}}|x_2-x_1|$ 收敛, 故级数 $\displaystyle\sum_{n=1}^{\infty}(x_{n+1}-x_n)$ 绝对收敛.

(2) 设 $S_n=\displaystyle\sum_{k=1}^{n}(x_{k+1}-x_k)$, 由 (1) 知, S_n 收敛, 即极限存在.

又 $S_n=x_{n+1}-x_1$, 故 $\displaystyle\lim_{n\to\infty}x_n$ 存在, 设 $\displaystyle\lim_{n\to\infty}x_n=A.$

由 $x_{n+1}=f(x_n)(n=1,2,\cdots)$ 可得, $A=f(A).$

令 $F(x)=f(x)-x,$

则 $F(0)=f(0)=1,F(2)=f(2)-2=f(2)-f(0)-1=2f'(\xi)-1<0.\ (0<\xi<2)$

又 $F'(x)=f'(x)-1<0,$

故由零点定理可得, $F(x)$ 在 $(0,2)$ 内有且仅有一个零点, 所以 $0<A<2.$

例2 设 $f(x)$ 在 $x=0$ 处的某邻域内具有连续的二阶导数, 且 $\displaystyle\lim_{x\to0}\dfrac{f(x)}{x}=0$, 证明:

$\displaystyle\sum_{n=1}^{\infty}f\left(\dfrac{1}{n}\right)$ 绝对收敛.

分析: 要考察级数 $\displaystyle\sum_{n=1}^{\infty}f\left(\dfrac{1}{n}\right)$ 的绝对收敛性, 正项级数比较判别法的不等式形式可能比其他判别法行之有效. 我们想去找 $\left|f\left(\dfrac{1}{n}\right)\right|$ 与 $\dfrac{1}{n^2}$ 的关系, 再把 $\dfrac{1}{n}$ 换成 x, 这样就要找 $|f(x)|$ 与 x^2 的关系, 泰勒展开能解决这一问题.

证明: 由 $\displaystyle\lim_{x\to0}\dfrac{f(x)}{x}=0$ 知, $f(0)=f'(0)=0.$

$f(x)$ 在 $x=0$ 处的泰勒展开为

$$f(x)=f(0)+f'(0)x+\frac{f''(\xi)}{2}x^2=\frac{f''(\xi)}{2}x^2,\ \xi\in(0,x)\,[\text{或}(x,0)],$$

即 $\lim\limits_{x\to 0}\dfrac{f(x)}{x^2}=\lim\limits_{x\to 0}\dfrac{f''(\xi)}{2}=\lim\limits_{\xi\to 0}\dfrac{f''(\xi)}{2}=\dfrac{f''(0)}{2}.$

则有 $\lim\limits_{n\to\infty}\dfrac{\left|f\left(\dfrac{1}{n}\right)\right|}{\dfrac{1}{n^2}}=\dfrac{1}{2}|f''(0)|.$

由 $\sum\limits_{n=1}^{\infty}\dfrac{1}{n^2}$ 收敛得, $\sum\limits_{n=1}^{\infty}f\left(\dfrac{1}{n}\right)$ 绝对收敛.

【举一反三】

1. 设 $f(x)$ 定义在 $[-1,1]$ 上, $f''(x)$ 有界, $a_n=f\left(\dfrac{1}{n}\right)$,证明: $\sum\limits_{n=1}^{\infty}\sqrt{n}\,a_n$ 绝对收敛的充要条件是 $f(0)=f'(0)=0$.

证明:(必要性) 已知 $f(0)=f'(0)=0$, $f''(x)$ 有界,即 $\exists M>0,|f''(x)|\leqslant M.$ $f(x)$ 在 $x=0$ 处的泰勒展开为

$$f(x)=f(0)+f'(0)x+\dfrac{f''(\xi)}{2}x^2,\xi\in(0,x)(\text{或}(x,0)),$$

则有 $|f(x)|\leqslant\dfrac{M}{2}x^2$,即有 $\left|\sqrt{n}f\left(\dfrac{1}{n}\right)\right|\leqslant\dfrac{M}{2n^{\frac{3}{2}}},$

由正项级数比较判别法得, $\sum\limits_{n=1}^{\infty}\sqrt{n}\,a_n$ 绝对收敛.

(充分性) 已知 $\sum\limits_{n=1}^{\infty}\sqrt{n}\,a_n$ 绝对收敛,由级数收敛的必要条件知, $\lim\limits_{n\to\infty}a_n=0.$ 因为 $f(x)$ 连续,所以 $0=\lim\limits_{n\to\infty}a_n=\lim\limits_{n\to\infty}f\left(\dfrac{1}{n}\right)=f(0).$

假设 $f'(0)=a\neq 0$,则 $\lim\limits_{n\to\infty}\dfrac{\sqrt{n}\,|a_n|}{\dfrac{1}{\sqrt{n}}}=\lim\limits_{n\to\infty}\left|\dfrac{f\left(\dfrac{1}{n}\right)}{\dfrac{1}{n}}\right|=f'(0)=a\neq 0.$

由正项级数比较判别法的极限形式得, $\sum\limits_{n=1}^{\infty}\sqrt{n}\,a_n$ 发散,与已知矛盾.

因此 $f'(0)=0.$

例3 级数 $\sum\limits_{n=1}^{\infty}a_n$ 收敛, $\{a_n\}$ 单调递减且大于 0 ,证明: $\lim\limits_{n\to\infty}na_n=0.$

分析:从级数本身出发,我们可用柯西收敛准则证明.

证明:已知级数 $\sum\limits_{n=1}^{\infty}a_n$ 收敛,则 $\lim\limits_{n\to\infty}a_n=0$,且 $\forall\varepsilon>0,\exists N,\forall n>N,$

$$0<a_{N+1}+\cdots+a_n<\dfrac{\varepsilon}{2}.$$

由于 $\{a_n\}$ 单调递减且大于 0 ,故有

$$(n-N)a_n<a_{N+1}+\cdots+a_n<\dfrac{\varepsilon}{2},\text{即}\,na_n<\dfrac{\varepsilon}{2}+Na_n,$$

即 $\lim\limits_{n\to\infty} na_n = 0$.

【举一反三】

1. 已知 $\lim\limits_{n\to\infty} \dfrac{1}{n}\sum\limits_{k=1}^{n} ka_k = A$,证明:$\lim\limits_{n\to\infty} \dfrac{1}{n^2}\sum\limits_{k=1}^{n} k^2 a_k = \dfrac{A}{2}$.

证明: 令 $S_n = \sum\limits_{k=1}^{n} ka_k$,则 $\lim\limits_{n\to\infty} \dfrac{S_n}{n} = A$,且 $ka_k = S_k - S_{k-1}$,

所以 $\lim\limits_{n\to\infty} \dfrac{1}{n^2}\sum\limits_{k=1}^{n} k^2 a_k = \lim\limits_{n\to\infty} \dfrac{1}{n^2}\sum\limits_{k=1}^{n} k(ka_k) = \lim\limits_{n\to\infty} \dfrac{1}{n^2}\sum\limits_{k=1}^{n} k(S_k - S_{k-1})$

$$= \lim\limits_{n\to\infty} \dfrac{1}{n^2}\Big(\sum\limits_{k=1}^{n} kS_k - \sum\limits_{k=1}^{n} kS_{k-1}\Big) = \lim\limits_{n\to\infty} \dfrac{1}{n^2}\Big[\sum\limits_{k=1}^{n} kS_k - \sum\limits_{k=0}^{n-1}(k+1)S_k\Big]$$

$$= \lim\limits_{n\to\infty} \dfrac{1}{n^2}\Big(-\sum\limits_{k=1}^{n-1} S_k + nS_n\Big) = -\lim\limits_{n\to\infty} \dfrac{1}{n^2}\sum\limits_{k=1}^{n-1} S_k + \lim\limits_{n\to\infty} \dfrac{S_n}{n}$$

$$= -\lim\limits_{n\to\infty} \dfrac{S_n}{2n+1} + \lim\limits_{n\to\infty} \dfrac{S_n}{n} = \dfrac{A}{2}.$$

例4 将调和级数的各项符号改变为:每 p 项正的之后,接着出现 q 项负的,依此规则排下去得一个新的级数 $\sum\limits_{n=1}^{\infty} u_n$. 证明:

(1) $p = q$,$\sum\limits_{n=1}^{\infty} u_n$ 收敛;

(2) $p \neq q$,$\sum\limits_{n=1}^{\infty} u_n$ 发散.

分析: 交错级数 $\sum\limits_{n=1}^{\infty} \dfrac{(-1)^n}{n}$ 是本例的特例,可以从这个特例出发找到思路.

证明: (1) $p = q$,$\sum\limits_{n=1}^{\infty} u_n = \sum\limits_{n=1}^{\infty} \text{sgn} u_n \cdot \dfrac{1}{n}$,$\forall n$,$\left|\sum\limits_{k=1}^{n} \text{sgn} u_k\right| \leq p$,$\left\{\dfrac{1}{n}\right\}$ 单调减少趋于0,由狄利克雷判别法得,$\sum\limits_{n=1}^{\infty} u_n$ 收敛.

(2) 因 $p \neq q$,不妨设 $p > q$,因为加括号后的级数通项为

$$\dfrac{1}{mp+mq+1} + \cdots + \dfrac{1}{(m+1)p+mq} - \dfrac{1}{(m+1)p+mq+1} - \cdots - \dfrac{1}{(m+1)p+(m+1)q}$$

$$\geq \dfrac{1}{mp+mq+1} = \dfrac{1}{m(p+q)+1},$$

由正项级数比较判别法得,$\sum\limits_{n=1}^{\infty} u_n$ 发散.

【举一反三】

1. 讨论级数 $\sum\limits_{n=1}^{\infty} \left(1 + \dfrac{1}{2} + \cdots + \dfrac{1}{n}\right)\dfrac{\sin nx}{n}$ 的敛散性.

解：$x \neq 2m\pi(m \in \mathbf{Z})$，$\left| \sum\limits_{k=1}^{n} \sin kx \right| \leqslant \left| \dfrac{1}{\sin \dfrac{x}{2}} \right|$，

且 $\dfrac{\left(1 + \dfrac{1}{2} + \cdots + \dfrac{1}{n+1}\right) \dfrac{1}{n+1}}{\left(1 + \dfrac{1}{2} + \cdots + \dfrac{1}{n}\right) \dfrac{1}{n}} = \dfrac{n}{n+1}\left[1 + \dfrac{1}{\left(1 + \dfrac{1}{2} + \cdots + \dfrac{1}{n}\right)(n+1)}\right]$

$< \dfrac{n}{n+1}\left(1 + \dfrac{1}{n}\right) = 1$，

又 $\lim\limits_{n \to \infty} \dfrac{1 + \dfrac{1}{2} + \cdots + \dfrac{1}{n}}{n} = 0$，

由狄利克雷判别法知，级数 $\sum\limits_{n=1}^{\infty} \left(1 + \dfrac{1}{2} + \cdots + \dfrac{1}{n}\right) \dfrac{\sin nx}{n}$ 收敛.

2. 证明：级数 $\sum\limits_{n=1}^{\infty} x^{1 + \frac{1}{2} + \cdots + \frac{1}{n}}$，当 $0 < x < \mathrm{e}^{-1}$ 时收敛，当 $x \geqslant \mathrm{e}^{-1}$ 时发散.

证明：因为 $\lim\limits_{n \to \infty}\left(1 + \dfrac{1}{2} + \cdots + \dfrac{1}{n} - \ln n\right) = C$，所以 $\lim\limits_{n \to \infty} \dfrac{x^{1 + \frac{1}{2} + \cdots + \frac{1}{n}}}{x^{\ln n}} = x^C > 0(x > 0)$，

又 $\sum\limits_{n=1}^{\infty} x^{\ln n} = \sum\limits_{n=1}^{\infty} \mathrm{e}^{\ln x \ln n} = \sum\limits_{n=1}^{\infty} n^{\ln x} = \sum\limits_{n=1}^{\infty} \dfrac{1}{n^{-\ln x}}$，则

当 $-\ln x > 1$，即当 $0 < x < \mathrm{e}^{-1}$ 时，级数 $\sum\limits_{n=1}^{\infty} x^{1 + \frac{1}{2} + \cdots + \frac{1}{n}}$ 收敛；

当 $-\ln x \leqslant 1$，即当 $x \geqslant \mathrm{e}^{-1}$ 时，级数 $\sum\limits_{n=1}^{\infty} x^{1 + \frac{1}{2} + \cdots + \frac{1}{n}}$ 发散.

例 5　判别下列级数的敛散性：

$(1)\ \sum\limits_{n=1}^{\infty} \dfrac{a^n}{(1+a)(1+a^2)\cdots(1+a^n)}(a > 0)$；　　$(2)\ \sum\limits_{n=1}^{\infty} (-1)^n \dfrac{1}{[n + (-1)^n]^p}(p > 0)$；

$(3)\ \sum\limits_{n=1}^{\infty} \left[\mathrm{e} - \left(1 + \dfrac{1}{n}\right)^n\right]^p (p > 0)$；　　$(4)\ \sum\limits_{n=1}^{\infty} (-1)^{n-1}\left(\mathrm{e}^{\frac{1}{\sqrt{n}}} - 1 - \dfrac{1}{\sqrt{n}}\right)$；

$(5)\ \sum\limits_{n=1}^{\infty} (\sqrt{n+1} - \sqrt{n})^\alpha \cos n$；　　　　$(6)\ \sum\limits_{n=1}^{\infty} \dfrac{n^p \cos \dfrac{n\pi}{2}}{1 + n^q}(q > 0)$；

$(7)\ \sum\limits_{n=1}^{\infty} \int_0^{\frac{1}{n}} \dfrac{\sqrt{x}}{1 + x^2} \mathrm{d}x$；　　　$(8)\ 1 - \dfrac{1}{3}\left(1 + \dfrac{1}{2}\right) + \dfrac{1}{5}\left(1 + \dfrac{1}{2} + \dfrac{1}{3}\right) - \dfrac{1}{7}\left(1 + \dfrac{1}{2} + \dfrac{1}{3} + \dfrac{1}{4}\right) + \cdots$.

分析：先确定级数的类型，$(1)(3)(7)$ 为正项级数，根据通项形式，(1) 适合用比值判别法，(3) 可以利用等价无穷小，而 (7) 则可以通过对通项的被积函数放大，用比较判别法可得结果；$(2)(4)(8)$ 是交错级数，只有 (2) 不满足莱布尼茨判别法，在分母中提出 n^p，运用泰勒展开式讨论其敛散性，$(5)(6)$ 是任意项级数，可以先加绝对值，选择正项级数判别法，利用绝对收敛一定收敛得结果. 如不是绝对收敛，再由通项的特点选择判别法.

解: (1) $\displaystyle\lim_{n\to\infty} \frac{\dfrac{a^{n+1}}{(1+a)(1+a^2)\cdots(1+a^n)(1+a^{n+1})}}{\dfrac{a^n}{(1+a)(1+a^2)\cdots(1+a^n)}} = a\lim_{n\to\infty}\frac{1}{1+a^{n+1}}.$

当 $a > 1$ 时,$a\displaystyle\lim_{n\to\infty}\frac{1}{1+a^{n+1}} = 0 < 1$,级数 $\displaystyle\sum_{n=1}^{\infty}\frac{a^n}{(1+a)(1+a^2)\cdots(1+a^n)}$ 收敛;

当 $0 < a < 1$ 时,$a\displaystyle\lim_{n\to\infty}\frac{1}{1+a^{n+1}} = a < 1$,级数 $\displaystyle\sum_{n=1}^{\infty}\frac{a^n}{(1+a)(1+a^2)\cdots(1+a^n)}$ 收敛;

当 $a = 1$ 时,$\displaystyle\sum_{n=1}^{\infty}\frac{a^n}{(1+a)(1+a^2)\cdots(1+a^n)} = \sum_{n=1}^{\infty}\frac{1}{2^n}$,显然收敛.

(2) $u_n = \dfrac{(-1)^n}{n^p}\dfrac{1}{\left[1+\dfrac{(-1)^n}{n}\right]^p} = \dfrac{(-1)^n}{n^p}\left(1 - p\dfrac{(-1)^n}{n} + o\left(\dfrac{1}{n^2}\right)\right)$

$\quad\quad = \dfrac{(-1)^n}{n^p} - p\dfrac{(-1)^n}{n^{p+1}} + o\left(\dfrac{1}{n^{p+2}}\right).$

显然 $\forall p > 0$,级数收敛.

由于 $\displaystyle\sum_{n=1}^{\infty}|u_n| = \sum_{n=1}^{\infty}\frac{1}{[n+(-1)^n]^p}$,

因此,当 $p > 1$ 时,级数绝对收敛,当 $p \le 1$ 时,级数条件收敛.

(3) 当 $n\to\infty$ 时,

$\left[e - \left(1+\dfrac{1}{n}\right)^n\right]^p = \left[e - e^{n\ln\left(1+\frac{1}{n}\right)}\right]^p = e\left[1 - e^{n\ln\left(1+\frac{1}{n}\right)-1}\right]^p \sim e\left[1 - n\ln\left(1+\dfrac{1}{2}\right)\right]^p,$

因为 $\displaystyle\lim_{n\to\infty}\dfrac{1 - n\ln\left(1+\dfrac{1}{n}\right)}{\dfrac{1}{n}} = \dfrac{1}{2},$

由正项级数比较判别法得,当 $p > 1$ 时,级数收敛;当 $p \le 1$ 时,级数发散.

(4) 令 $f(x) = e^x - 1 - x$,则 $f'(x) = e^x - 1 > 0$,函数 $f(x)$ 单调增加.

则 $e^{\frac{1}{\sqrt{n}}} - 1 - \dfrac{1}{\sqrt{n}}$ 单调减少,又 $\displaystyle\lim_{n\to\infty}\left(e^{\frac{1}{\sqrt{n}}} - 1 - \dfrac{1}{\sqrt{n}}\right) = 0,$

由莱布尼茨判别法得,$\displaystyle\sum_{n=1}^{\infty}(-1)^{n-1}\left(e^{\frac{1}{\sqrt{n}}} - 1 - \dfrac{1}{\sqrt{n}}\right)$ 收敛.

对于级数 $\displaystyle\sum_{n=1}^{\infty}\left(e^{\frac{1}{\sqrt{n}}} - 1 - \dfrac{1}{\sqrt{n}}\right)$,因为 $\displaystyle\lim_{n\to\infty}\dfrac{e^{\frac{1}{\sqrt{n}}} - 1 - \dfrac{1}{\sqrt{n}}}{\dfrac{1}{n}} = \dfrac{1}{2},$

由正项级数比较判别法得,$\displaystyle\sum_{n=1}^{\infty}\left(e^{\frac{1}{\sqrt{n}}} - 1 - \dfrac{1}{\sqrt{n}}\right)$ 发散.

综上,$\displaystyle\sum_{n=1}^{\infty}(-1)^{n-1}\left(e^{\frac{1}{\sqrt{n}}} - 1 - \dfrac{1}{\sqrt{n}}\right)$ 条件收敛.

(5) 当 $\alpha \le 0$ 时,级数发散.

当 $\alpha > 0$ 时,$\left| \sum\limits_{k=1}^{n} \cos k \right| \leqslant \dfrac{1}{\left| \sin \dfrac{1}{2} \right|}$,

$(\sqrt{n+1} - \sqrt{n})^{\alpha} = \dfrac{1}{(\sqrt{n+1} + \sqrt{n})^{\alpha}}$ 单调递减且趋于 0,

由狄利克雷判别法得,$\sum\limits_{n=1}^{\infty} (\sqrt{n+1} - \sqrt{n})^{\alpha} \cos n$ 收敛.

又 $\left| (\sqrt{n+1} - \sqrt{n})^{\alpha} \cos n \right| \leqslant (\sqrt{n+1} - \sqrt{n})^{\alpha} \leqslant \dfrac{1}{(\sqrt{n})^{\alpha}}$,

当 $\alpha > 2$ 时,级数绝对收敛.

当 $0 < \alpha \leqslant 2$ 时,

$\left| (\sqrt{n+1} - \sqrt{n})^{\alpha} \cos n \right| \geqslant (\sqrt{n+1} - \sqrt{n})^{\alpha} \cos^2 n$

$= \dfrac{1 - \cos 2n}{2} (\sqrt{n+1} - \sqrt{n})^{\alpha} = \dfrac{1}{2} (\sqrt{n+1} - \sqrt{n})^{\alpha} - \dfrac{\cos 2n}{2} (\sqrt{n+1} - \sqrt{n})^{\alpha}$.

级数 $\sum\limits_{n=1}^{\infty} \left| (\sqrt{n+1} - \sqrt{n})^{\alpha} \cos n \right|$ 发散,则原级数条件收敛.

(6) $\sum\limits_{n=1}^{\infty} \dfrac{n^p \cos \dfrac{n\pi}{2}}{1 + n^q} = \sum\limits_{n=1}^{\infty} \dfrac{n^p \cos \dfrac{n\pi}{2}}{n^q} \dfrac{1}{1 + n^{-q}} = \sum\limits_{n=1}^{\infty} \dfrac{\cos \dfrac{n\pi}{2}}{n^{q-p}} \dfrac{1}{1 + n^{-q}}$.

当 $q > p$ 时,$\dfrac{1}{n^{q-p}} \to 0$,$\left| \sum\limits_{k=1}^{n} \cos \dfrac{n\pi}{2} \right| \leqslant \dfrac{1}{\left| \sin \dfrac{\pi}{4} \right|}$,$\left\{ \dfrac{1}{1 + n^{-q}} \right\}$ 单调有界,

由狄利克雷判别法得,$\sum\limits_{n=1}^{\infty} \dfrac{n^p \cos \dfrac{n\pi}{2}}{1 + n^q}$ 收敛.

$\sum\limits_{n=1}^{\infty} \left| \dfrac{n^p \cos \dfrac{n\pi}{2}}{1 + n^q} \right| = \sum\limits_{n=1}^{\infty} \dfrac{(2n)^p}{1 + (2n)^q} \begin{cases} 收敛, q - p > 1, \\ 发散, q - p \leqslant 1, \end{cases}$

故 $q > p + 1$ 时,级数绝对收敛;$p < q \leqslant p + 1$,级数条件收敛.

(7) $0 < \displaystyle\int_0^{\frac{1}{n}} \dfrac{\sqrt{x}}{1 + x^2} \mathrm{d}x \leqslant \int_0^{\frac{1}{n}} \sqrt{x}\, \mathrm{d}x = \dfrac{2}{3n^{\frac{3}{2}}}$,由正项级数比较判别法得,级数收敛.

(8) 因为 $|u_n| = \dfrac{1}{2n-1} \left(1 + \dfrac{1}{2} + \dfrac{1}{3} + \dfrac{1}{4} + \cdots + \dfrac{1}{n} \right)$

$\qquad = \dfrac{2n - 1 + 2}{(2n-1)(2n+1)} \left(1 + \dfrac{1}{2} + \dfrac{1}{3} + \dfrac{1}{4} + \cdots + \dfrac{1}{n} \right)$

$\qquad = \dfrac{1}{2n+1} \left[\left(1 + \dfrac{2}{2n-1} \right) \left(1 + \dfrac{1}{2} + \dfrac{1}{3} + \dfrac{1}{4} + \cdots + \dfrac{1}{n} \right) \right]$

$\qquad > \dfrac{1}{2n+1} \left[1 + \dfrac{1}{2} + \dfrac{1}{3} + \dfrac{1}{4} + \cdots + \dfrac{1}{n} + \dfrac{1}{n+1} \right] = |u_{n+1}|$,

且 $\lim\limits_{n\to\infty}|u_n| = \lim\limits_{n\to\infty}\dfrac{1}{2n-1}\left(1+\dfrac{1}{2}+\dfrac{1}{3}+\dfrac{1}{4}+\cdots+\dfrac{1}{n}\right)$

$$= \lim\limits_{n\to\infty}\dfrac{1}{2n-1}(\ln n + C + \varepsilon_n) = 0,$$

由莱布尼茨判别法知,级数收敛.

又 $\lim\limits_{n\to\infty}\dfrac{\dfrac{1}{2n-1}\left(1+\dfrac{1}{2}+\dfrac{1}{3}+\dfrac{1}{4}+\cdots+\dfrac{1}{n}\right)}{\dfrac{1}{2n-1}} = \infty$,

由正项级数比较判别法得,$\sum\limits_{n=1}^{\infty}|u_n|$ 发散,故原级数条件收敛.

例6 已知 $\alpha\in(0,1)$,$\{u_n\}$ 是正数列,且 $\lim\limits_{n\to\infty}n^{\alpha}\left(\dfrac{u_n}{u_{n+1}}-1\right)=\lambda$,$\lambda\in(0,+\infty)$,证明:

(1) $\{u_n\}$ 从某项之后单调递减;

(2) $\sum\limits_{n=1}^{\infty}(u_n-u_{n+1})$ 收敛;

(3) $\lim\limits_{n\to\infty}u_n = 0$;

(4) $\sum\limits_{n=1}^{\infty}(-1)^n u_n$ 收敛.

分析:此题通过已知极限的保号性,逐步分析即得要证的结论.

证明:(1) 已知 $\lim\limits_{n\to\infty}n^{\alpha}\left(\dfrac{u_n}{u_{n+1}}-1\right)=\lambda\in(0,+\infty)$,则 $\exists N$,当 $n>N$,$n^{\alpha}\left(\dfrac{u_n}{u_{n+1}}-1\right)=\lambda>0$,

得 $u_n > u_{n+1}$. 亦即从 N 项以后,数列 $\{u_n\}$ 单调递减.

(2) 已知 $u_n > 0$,由单调有界必有极限知,$\lim\limits_{n\to\infty}u_n$ 存在,记为 A.

记级数 $\sum\limits_{n=1}^{\infty}(u_n-u_{n+1})$ 前 n 项和为 S_n,则

$\lim\limits_{n\to\infty}S_n = \lim\limits_{n\to\infty}(u_1-u_2+u_2-u_3+\cdots+u_n-u_{n+1}) = \lim\limits_{n\to\infty}(u_1-u_{n+1}) = u_1 - A$,

所以级数 $\sum\limits_{n=1}^{\infty}(u_n-u_{n+1})$ 收敛.

(3) 由(2)知,$A\geqslant 0$.

假设 $A>0$,则 $\exists N_1$,当 $n>N_1$ 时,$n^{\alpha}\left(1-\dfrac{u_{n+1}}{u_n}\right)>\dfrac{\lambda}{2}>0$.

由于改变级数的有限项不会改变级数的收敛性,因此不妨设 $n^{\alpha}\left(1-\dfrac{u_{n+1}}{u_n}\right)>\dfrac{\lambda}{2}$,$n=1,2,\cdots$

即 $u_n-u_{n+1}>\dfrac{\lambda}{2n^{\alpha}}u_n\geqslant\dfrac{\lambda}{2n^{\alpha}}A$(由 u_n 的单调递减性),于是

$u_1 > u_1-u_{n+1} = \sum\limits_{k=1}^{n}(u_k-u_{k+1}) > \dfrac{\lambda A}{2}\sum\limits_{k=1}^{n}\dfrac{1}{k} = \dfrac{\lambda A}{2}\left(1+\dfrac{1}{2}+\cdots+\dfrac{1}{n}\right)$,$n=1,2\cdots$

与级数 $1 + \dfrac{1}{2} + \cdots + \dfrac{1}{n} + \cdots$ 为发散级数矛盾.

故 $\lim\limits_{n \to \infty} u_n = A = 0$.

(4)由(3)及莱布尼茨判别法得，$\sum\limits_{n=1}^{\infty} (-1)^{n-1} u_n$ 收敛.

例7 求下列级数的和：

(1) $\displaystyle\sum_{n=1}^{\infty} \dfrac{1 + \dfrac{1}{2} + \cdots + \dfrac{1}{n}}{n(n+2)}$；

(2) $1 - \dfrac{1}{2} + \dfrac{1}{3} - \dfrac{1}{4} + \cdots + (-1)^{n-1} \dfrac{1}{n} + \cdots$.

分析：按照级数定义，前 n 项部分和数列的极限即为级数和. 数项级数的和也可以看作幂级数和函数在某点的函数值. 计算过程中细节处理需要根据级数通项的形式来决定. 如根据(1)题中分母的特点可以尝试裂项，(2)则可以看作是幂级数 $\displaystyle\sum_{n=1}^{\infty} (-1)^{n-1} \dfrac{x^n}{n}$ 的和函数 $\ln(1+x)$ 在 $x = 1$ 处的值，在此例中我们利用收敛级数加括号后仍收敛的性质求级数的和.

解：（1）由 $\lim\limits_{n \to \infty} \dfrac{\dfrac{1 + \dfrac{1}{2} + \cdots + \dfrac{1}{n}}{n(n+2)}}{\dfrac{1}{n^{\frac{3}{2}}}} = \lim\limits_{n \to \infty} \dfrac{1 + \dfrac{1}{2} + \cdots + \dfrac{1}{n}}{\sqrt{n} + \dfrac{2}{\sqrt{n}}} = \lim\limits_{n \to \infty} \dfrac{1 + \dfrac{1}{2} + \cdots + \dfrac{1}{n}}{\sqrt{n}} \cdot$

$\dfrac{\sqrt{n}}{\sqrt{n} + \dfrac{2}{\sqrt{n}}} = 0$ 知，级数收敛.

于是 $\displaystyle\sum_{n=1}^{\infty} \dfrac{1 + \dfrac{1}{2} + \cdots + \dfrac{1}{n}}{n(n+2)} = \dfrac{1}{2} \left(\sum_{n=1}^{\infty} \dfrac{1 + \dfrac{1}{2} + \cdots + \dfrac{1}{n}}{n} - \sum_{n=1}^{\infty} \dfrac{1 + \dfrac{1}{2} + \cdots + \dfrac{1}{n}}{n+2} \right)$

$= \dfrac{1}{2} \left(1 + \dfrac{3}{4} + \sum_{n=3}^{\infty} \dfrac{\dfrac{1}{n-1} + \dfrac{1}{n}}{n} \right) = \dfrac{1}{2} \left[\dfrac{7}{4} + \sum_{n=3}^{\infty} \dfrac{1}{n(n-1)} + \sum_{n=3}^{\infty} \dfrac{1}{n^2} \right]$

$= \dfrac{1}{2} \left[\dfrac{7}{4} + \dfrac{1}{2} + \left(\dfrac{\pi^2}{6} - 1 - \dfrac{1}{4} \right) \right] = \dfrac{\pi^2}{12} + \dfrac{1}{2}$.

（2）由莱布尼茨判别法知，$1 - \dfrac{1}{2} + \dfrac{1}{3} - \dfrac{1}{4} + \cdots + (-1)^{n-1} \dfrac{1}{n} + \cdots$ 收敛，

故级数 $\left(1 - \dfrac{1}{2} \right) + \left(\dfrac{1}{3} - \dfrac{1}{4} \right) + \cdots + \left(\dfrac{1}{2n-1} - \dfrac{1}{2n} \right) + \cdots$ 也收敛.

已知 $\lim\limits_{n \to \infty} \left(1 + \dfrac{1}{2} + \cdots + \dfrac{1}{n} - \ln n \right) = C$，

所以 $1 + \dfrac{1}{2} + \cdots + \dfrac{1}{n} = C + \ln n + \varepsilon_n \left(\lim\limits_{n \to \infty} \varepsilon_n = 0 \right)$.

$$S_n = \sum_{k=1}^{n}\left(\frac{1}{2k-1} - \frac{1}{2k}\right) = \sum_{k=1}^{n}\frac{1}{2k-1} - \sum_{k=1}^{n}\frac{1}{2k} = \sum_{k=1}^{n}\frac{1}{2k-1} + \sum_{k=1}^{n}\frac{1}{2k} - 2\sum_{k=1}^{n}\frac{1}{2k}$$

$$= \sum_{k=1}^{2n}\frac{1}{k} - \sum_{k=1}^{n}\frac{1}{k} = C + \ln 2n + \varepsilon_{2n} - (C + \ln n + \varepsilon_n),$$

$$\lim_{n\to\infty}S_n = \lim_{n\to\infty}\left[C + \ln 2n + \varepsilon_{2n} - (C + \ln n + \varepsilon_n)\right] = \ln 2.$$

因此 $\sum_{n=1}^{\infty}\frac{(-1)^{n-1}}{n} = \ln 2$.

【举一反三】

1. 求 $1 + \frac{1}{2} + \left(\frac{1}{3} - 1\right) + \frac{1}{4} + \frac{1}{5} + \left(\frac{1}{6} - 2\right) + \frac{1}{7} + \cdots$

解：$S_{3n} = 1 + \frac{1}{2} + \left(\frac{1}{3} - 1\right) + \cdots + \frac{1}{3n-2} + \frac{1}{3n-1} + \left(\frac{1}{3n} - \frac{1}{n}\right)$

$$= 1 + \frac{1}{2} + \cdots + \frac{1}{3n} - \left(1 + \frac{1}{2} + \cdots + \frac{1}{n}\right) = \ln 3n + C + \varepsilon_{3n} - \ln n - C - \varepsilon_n,$$

$$\lim_{n\to\infty}S_{3n} = \lim_{n\to\infty}(\ln 3n + C + \varepsilon_{3n} - \ln n - C - \varepsilon_n) = \ln 3,$$

$$S_{3n+1} = S_{3n} + \frac{1}{3n+1},\ S_{3n+2} = S_{3n} + \frac{1}{3n+1} + \frac{1}{3n+2},$$

$$\lim_{n\to\infty}S_{3n+1} = \lim_{n\to\infty}S_{3n+2} = \lim_{n\to\infty}S_{3n} = \ln 3,$$

所以 $1 + \frac{1}{2} + \left(\frac{1}{3} - 1\right) + \frac{1}{4} + \frac{1}{5} + \left(\frac{1}{6} - 2\right) + \frac{1}{7} + \cdots = \ln 3$.

例 8 已知 $f(x) = \frac{1}{1-x-x^2}$，证明：$\sum_{n=1}^{\infty}\frac{n!}{f^{(n)}(0)}$ 收敛.

分析：观察级数通项的分母，需要计算 $f^{(n)}(0)$. 可以通过对 $f(x) = \frac{1}{1-x-x^2}$ 的分母因式分解，裂项计算 n 阶导数. 也可以对方程 $f(x) - xf(x) - x^2f(x) = 1$ 两端求 n 阶导数，通过莱布尼茨公式求得 $f^{(n)}(0)$.

证明：（法一）令 $a = \frac{\sqrt{5}-1}{2}, b = \frac{\sqrt{5}+1}{2}$，则

$$f(x) = \frac{1}{1-x-x^2} = \frac{1}{\sqrt{5}}\left(\frac{1}{a-x} + \frac{1}{b+x}\right), f^{(n)}(x) = \frac{1}{\sqrt{5}}\left[\frac{n!}{(a-x)^{n+1}} + \frac{(-1)^n n!}{(b+x)^{n+1}}\right],$$

$$\frac{n!}{f^{(n)}(0)} = \sqrt{5}\left[\frac{n!}{\frac{n!}{a^{n+1}} + \frac{(-1)^n n!}{b^{n+1}}}\right] = \sqrt{5}\left[\frac{1}{\frac{1}{a^{n+1}} + \frac{(-1)^n}{b^{n+1}}}\right] > 0,$$

所以级数 $\sum_{n=1}^{\infty}\frac{n!}{f^{(n)}(0)}$ 为正项级数.

又 $\lim_{n\to\infty}\frac{\frac{n!}{f^{(n)}(0)}}{a^{n+1}} = \sqrt{5}\lim_{n\to\infty}\frac{\frac{1}{a^{n+1}\left[1 + \frac{(-1)^n a^{n+1}}{b^{n+1}}\right]}}{a^{n+1}} = \sqrt{5}\lim_{n\to\infty}\frac{1}{1 + \frac{(-1)^n a^{n+1}}{b^{n+1}}} = \sqrt{5},$

又 $\sum\limits_{n=1}^{\infty} a^{n+1} = \sum\limits_{n=1}^{\infty} \left(\dfrac{\sqrt{5}-1}{2}\right)^{n+1}$ 收敛,由比较判别法得,$\sum\limits_{n=1}^{\infty} \dfrac{n!}{f^{(n)}(0)}$ 收敛.

(法二)对方程 $f(x) - xf(x) - x^2 f(x) = 1$ 两端求 n 阶导数,得

$$f^{(n)}(x) - xf^{(n)}(x) - nf^{(n-1)}(x) - x^2 f^{(n)}(x) - n \cdot 2xf^{(n-1)}(x) - \dfrac{n(n-1)}{2} \cdot 2f^{(n-2)}(x) = 0,$$

则 $f^{(n)}(0) - nf^{(n-1)}(0) - n(n-1)f^{(n-2)}(0) = 0$,

两端同时除以 $n!$,得

$$\dfrac{f^{(n)}(0)}{n!} = \dfrac{f^{(n-1)}(0)}{(n-1)!} + \dfrac{f^{(n-2)}(0)}{(n-2)!}.$$

令 $a_n = \dfrac{f^{(n)}(0)}{n!}$,有 $a_{n+1} = a_n + a_{n-1}$,又 $a_0 = a_1 = 1$,

故 $a_{n+1} = a_n + a_{n-1} = 2a_{n-1} + a_{n-2} > 2a_{n-1}$,即有 $\dfrac{\dfrac{1}{a_{2k+1}}}{\dfrac{1}{a_{2k-1}}} < \dfrac{1}{2}, \dfrac{\dfrac{1}{a_{2k}}}{\dfrac{1}{a_{2k-2}}} < \dfrac{1}{2}$.

可得 $\sum\limits_{n=1}^{\infty} \dfrac{n!}{f^{(n)}(0)}$ 收敛.

【举一反三】

1. 已知 $f(x) = \dfrac{1}{1-x-x^2}$,$a_n = \dfrac{1}{n!} f^{(n)}(0)$,求级数 $\sum\limits_{n=0}^{\infty} \dfrac{a_{n+1}}{a_n a_{n+2}}$ 的和.

解:由例8知,$a_{n+1} = a_n + a_{n-1}$,又已知

$a_0 = a_1 = 1, a_2 = a_1 + a_0 = 2, a_3 = a_2 + a_1 = 3, \cdots$,可知 $\lim\limits_{n\to\infty} a_n = +\infty$.

则 $S_n = \sum\limits_{k=0}^{n} \dfrac{a_{k+1}}{a_k a_{k+2}} = \sum\limits_{k=0}^{n} \dfrac{a_{k+2} - a_k}{a_k a_{k+2}} = \sum\limits_{k=0}^{n} \left(\dfrac{1}{a_k} - \dfrac{1}{a_{k+2}}\right)$

$= \sum\limits_{k=0}^{n} \left(\dfrac{1}{a_k} - \dfrac{1}{a_{k+1}}\right) + \sum\limits_{k=0}^{n} \left(\dfrac{1}{a_{k+1}} - \dfrac{1}{a_{k+2}}\right)$

$= \left(\dfrac{1}{a_0} - \dfrac{1}{a_1}\right) + \left(\dfrac{1}{a_1} - \dfrac{1}{a_2}\right) + \cdots + \left(\dfrac{1}{a_n} - \dfrac{1}{a_{n+1}}\right) + \left(\dfrac{1}{a_1} - \dfrac{1}{a_2}\right) + \cdots + \left(\dfrac{1}{a_{n+1}} - \dfrac{1}{a_{n+2}}\right)$

$= \dfrac{1}{a_0} - \dfrac{1}{a_{n+1}} + \dfrac{1}{a_1} - \dfrac{1}{a_{n+2}}$,

$\lim\limits_{n\to\infty} S_n = 1 - \lim\limits_{n\to\infty} \dfrac{1}{a_{n+1}} + 1 - \lim\limits_{n\to\infty} \dfrac{1}{a_{n+2}} = 2$,即 $\sum\limits_{n=0}^{\infty} \dfrac{a_{n+1}}{a_n a_{n+2}} = 2$.

拓展训练

1. 证明:级数 $\sum\limits_{n=1}^{\infty} \left(\dfrac{1}{\sqrt{n}} - \sqrt{\ln\left(1 + \dfrac{1}{n}\right)}\right)$ 收敛.

2. 证明：(1) $\{x_n\}$ 收敛的充要条件是 $\sum\limits_{n=1}^{\infty}(x_n-x_{n-1})$ 收敛.

(2) $x_n=\ln n!-\left(n+\dfrac{1}{2}\right)\ln n+n$ 收敛.

3. 设正数列 $\{a_n\}$ 单调递增，证明：级数 $\sum\limits_{n=1}^{\infty}\left(1-\dfrac{a_n}{a_{n+1}}\right)$ 收敛 $\Leftrightarrow\{a_n\}$ 有界.

4. 设 $f(x)$ 是 $(-\infty,+\infty)$ 内的可导函数，且满足：(1) $f(x)>0,\forall x\in(-\infty,+\infty)$；(2) $|f'(x)|\leqslant mf(x),0<m<1$. 任取 $a_0\in\mathbf{R}$，定义 $a_n=\ln f(a_{n-1}),n=1,2,\cdots$ 证明：级数 $\sum\limits_{n=1}^{\infty}|a_n-a_{n-1}|$ 收敛.

5. 设 $a_1\geqslant a_2\geqslant a_3\geqslant\cdots\geqslant0$，证明：级数 $\sum\limits_{n=1}^{\infty}a_n$ 与 $\sum\limits_{n=0}^{\infty}2^n a_{2^n}$ 同时敛散.

6. 设正项级数 $\sum\limits_{n=1}^{\infty}a_n$ 发散，$S_n=\sum\limits_{k=1}^{n}a_k$.

(1) 证明级数 $\sum\limits_{n=1}^{\infty}\dfrac{a_n}{a_n+1}$ 发散；

(2) 讨论级数 $\sum\limits_{n=1}^{\infty}\dfrac{a_n}{n^2 a_n+1}$ 的敛散性；

(3) 讨论级数 $\sum\limits_{n=1}^{\infty}\dfrac{a_n}{a_n^2+1}$ 的敛散性.

7. 已知级数 $\sum\limits_{n=1}^{\infty}a_n$ 收敛，且 $\lim\limits_{n\to\infty}na_n=0$，证明：$\sum\limits_{n=1}^{\infty}n(a_n-a_{n+1})=\sum\limits_{n=1}^{\infty}a_n$.

8. 判别下列级数的绝对收敛和条件收敛性：

(1) $\sum\limits_{n=1}^{\infty}\dfrac{\sin nx}{n^p}(0<x<\pi)$；　　(2) $\sum\limits_{n=1}^{\infty}\dfrac{(-1)^n}{n}\cdot\dfrac{p^n}{1+p^n}$；

(3) $\sum\limits_{n=1}^{\infty}\dfrac{(-1)^{n-1}}{n^{p+\frac{1}{n}}}$；　　(4) $\sum\limits_{n=1}^{\infty}\sin(\pi\sqrt{n^2+k^2})$.

9. 已知 $x_0=\sqrt{6}$，$x_{n+1}=\sqrt{6+x_n}$，判断级数 $\sum\limits_{n=1}^{\infty}\sqrt{3-x_n}$ 的敛散性.

10. 设级数 $\sum\limits_{n=1}^{\infty}a_n$ 收敛，$a_n>0$，$v_n=\sum\limits_{m=n}^{\infty}a_m$，证明：

(1) $\sum\limits_{n=1}^{\infty}\dfrac{a_n}{v_n}$ 发散；

(2) $\sum\limits_{n=1}^{\infty}\dfrac{a_n}{\sqrt{v_n}}$ 收敛.

11. 已知 $f(x)=\dfrac{1}{(2+x)\left(\dfrac{1}{2}-x\right)}$，证明：级数 $\sum\limits_{n=1}^{\infty}\dfrac{n!}{f^n(0)}$ 收敛.

12. 已知数列 $\{a_n\}$ 单调递减，$a_n>0$，证明：$\lim\limits_{n\to\infty}a_n=0$ 的充要条件是 $\sum\limits_{n=1}^{\infty}\left(1-\dfrac{a_{n+1}}{a_n}\right)$ 发散.

13. 讨论数项级数 $\sum\limits_{n=1}^{\infty} (-1)^{n-1}(\sqrt[n]{n}-1)$ 的条件收敛和绝对收敛性.

14. 讨论下列数项级数的敛散性:

$(1)\ \sum\limits_{n=1}^{\infty} \dfrac{\ln(e^n+n^2)}{n^2\ln^2 n};(2)\ \sum\limits_{n=1}^{\infty}\left[e-\left(1+\dfrac{1}{n}\right)^n\right]^p(p>0);(3)\ \sum\limits_{n=1}^{\infty}\dfrac{a^n n!}{n^n}.$

15. 设 $\sum\limits_{n=1}^{\infty}u_n$ 为收敛的数项级数,证明: $\lim\limits_{n\to\infty}\dfrac{u_1+2u_2+\cdots+nu_n}{n}=0.$

16. 设 $u_1=\sin x>0,u_2=\sin u_1,\cdots,u_n=\sin u_{n-1},\cdots$

(1)证明: $\lim\limits_{n\to\infty}\sqrt{\dfrac{n}{3}}u_n=1$;

(2)讨论 $\sum\limits_{n=1}^{\infty}u_n^s$ 的收敛性($s\in\mathbf{R}$).

17. 已知 $\{a_n\},\{b_n\}$ 满足 $0<a_n<\dfrac{\pi}{2},0<b_n<\dfrac{\pi}{2},\cos a_n-a_n=\cos b_n$,且 $\sum\limits_{n=1}^{\infty}b_n$ 收敛,证明:

(1) $\lim\limits_{n\to\infty}a_n=0$;

(2)级数 $\sum\limits_{n=1}^{\infty}\dfrac{a_n}{b_n}$ 收敛.

18. $\lim\limits_{n\to\infty}\dfrac{n}{u_n}=1,u_n>0$,判别 $\sum\limits_{n=1}^{\infty}(-1)^n\left(\dfrac{1}{u_n}+\dfrac{1}{u_{n+1}}\right)$ 是绝对收敛还是条件收敛.

19. 设 $a_n=\int_0^{\frac{\pi}{4}}\tan^n x\,\mathrm{d}x,n=1,2,\cdots$

(1)证明: $a_n+a_{n+2}=\dfrac{1}{n+1}$;

(2)证明:数列 $\{b_n\}=\{na_n\}$ 收敛,并求其极限;

(3)若 p 为实数,讨论级数 $\sum\limits_{n=1}^{\infty}(-1)^n a_n^p$ 的绝对收敛和条件收敛.

20. 设 $f'(x)$ 在 $[0,+\infty)$ 上单调减少,且 $\lim\limits_{x\to+\infty}f(x)=1$,证明:

(1)级数 $\sum\limits_{n=1}^{\infty}[f(n)-f(n-1)]$ 收敛,并求其和;

(2)级数 $\sum\limits_{n=1}^{\infty}f'(n)$ 收敛.

21. 设 $\varphi(x)$ 在 $(-\infty,+\infty)$ 上连续,周期为 1,且 $\int_0^1\varphi(x)\mathrm{d}x=0$,

函数 $f(x)$ 在 $[0,1]$ 上有连续导数,$a_n=\int_0^1 f(x)\varphi(nx)\mathrm{d}x$,证明: $\sum\limits_{n=1}^{\infty}a_n$ 绝对收敛.

拓展训练参考答案7

第八讲

函数列与函数项级数

知识要点

一、基本定义

定义1　函数列一致收敛

设函数列 $\{f_n\}$ 与函数 f 定义在同一数集 D 上,若对任给的正数 ε,总存在某一正数 $N(\varepsilon)$,使得当 $n > N$ 时,对一切 $x \in D$,都有 $|f_n(x) - f(x)| < \varepsilon$,则称函数列 $\{f_n\}$ 在 D 上一致收敛于 f.

记作:$f_n(x) \rightrightarrows f(x)(n \rightarrow \infty), x \in D$.

定义2　函数列内闭一致收敛

设函数列 $\{f_n\}$ 与函数 f 定义在区间 I 上,若对任意的闭区间 $[a,b] \subset I$,$\{f_n\}$ 在 $[a,b]$ 上一致收敛于 f,则称函数列 $\{f_n\}$ 在 I 上内闭一致收敛于 f.

定义3　函数项级数一致收敛

函数项级数 $\sum\limits_{n=1}^{\infty} u_n(x)$ 在 D 上一致收敛于和函数 $S(x)$ 是指:$\forall \varepsilon > 0, \exists N$,当 $n > N$ 时 $\forall x \in D$,有 $|S(x) - S_n(x)| < \varepsilon$. 其中 $S_n(x) = \sum\limits_{k=1}^{n} u_k(x)$.

记作:$\sum\limits_{n=1}^{\infty} u_n(x) \overset{D}{\rightrightarrows} S(x)$.

定义4　函数项级数内闭一致收敛

若 $\sum u_n(x)$ 在任意闭区间 $[a,b] \subset I$ 上一致收敛,则称 $\sum u_n(x)$ 在 I 上内闭一致收敛.

二、重要性质、定理

性质1 一致收敛函数列的性质

(1) 函数极限与序列极限交换定理:设函数列 $\{f_n\}$ 在 $(a,x_0) \cup (x_0,b)$ 上一致收敛于 $f(x)$,且对每个 n,$\lim\limits_{x \to x_0} f_n(x) = a_n$,则 $\lim\limits_{n \to \infty} a_n$ 与 $\lim\limits_{x \to x_0} f(x)$ 均存在且相等.

(2) 连续性定理:设函数列 $\{f_n\}$ 在区间 I 上一致收敛,且每一项都连续,则其极限函数 $f(x)$ 也在 I 上连续.

(3) 可积性定理:设函数列 $\{f_n\}$ 在 $[a,b]$ 上一致收敛,且每一项都连续,则

$$\int_a^b \lim_{n \to \infty} f_n(x)\,\mathrm{d}x = \lim_{n \to \infty} \int_a^b f_n(x)\,\mathrm{d}x.$$

(4) 可微性定理:设 $\{f_n\}$ 为定义在 $[a,b]$ 上的函数列,若 $x_0 \in [a,b]$ 为 $\{f_n\}$ 的一个收敛点,$\{f_n\}$ 的每一项在 $[a,b]$ 上有连续的导函数,且 $\{f_n'\}$ 在 $[a,b]$ 上一致收敛,则其极限函数在 $[a,b]$ 上可导且 $\dfrac{\mathrm{d}}{\mathrm{d}x}\left(\lim\limits_{n \to \infty} f_n(x)\right) = \lim\limits_{n \to \infty} \dfrac{\mathrm{d}}{\mathrm{d}x} f_n(x)$.

性质2 一致收敛函数项级数的性质

(1) 逐项求极限定理:设函数项级数 $\sum\limits_{n=1}^{\infty} u_n(x)$ 在 $(a,x_0) \cup (x_0,b)$ 上一致收敛于 $S(x)$,且对每个 n,$\lim\limits_{x \to x_0} u_n(x) = a_n$,则 $\sum\limits_{n=1}^{\infty} a_n$ 与 $\lim\limits_{x \to x_0} \sum\limits_{n=1}^{\infty} u_n(x)$ 均存在且相等.

(2) 连续性定理:设函数项级数 $\sum\limits_{n=1}^{\infty} u_n(x)$ 在区间 I 上(内闭)一致收敛,且每一项都连续,则其和函数 $S(x)$ 也在 I 上连续.

(3) 逐项求积定理:设函数项级数 $\sum\limits_{n=1}^{\infty} u_n(x)$ 在 $[a,b]$ 上一致收敛,且每一项都连续,则 $\int_a^b \sum\limits_{n=1}^{\infty} u_n(x)\,\mathrm{d}x = \sum\limits_{n=1}^{\infty} \int_a^b u_n(x)\,\mathrm{d}x.$

(4) 逐项微分定理:设函数项级数 $\sum\limits_{n=1}^{\infty} u_n(x)$ 的每一项在 $[a,b]$ 上都有连续导函数,且 $\sum\limits_{n=1}^{\infty} u_n'(x)$ 在 $[a,b]$ 上一致收敛于 $\sigma(x)$,又 $\sum\limits_{n=1}^{\infty} u_n(x)$ 收敛于 $S(x)$,则 $S'(x) = \sigma(x)$,即

$$\frac{\mathrm{d}}{\mathrm{d}x} \sum_{n=1}^{\infty} u_n(x) = \sum_{n=1}^{\infty} \frac{\mathrm{d}}{\mathrm{d}x} u_n(x),$$

且 $\sum\limits_{n=1}^{\infty} u_n(x)$ 一致收敛于 $S(x)$.

定理1 函数列一致收敛的柯西准则

函数列 $\{f_n\}$ 在数集 D 上一致收敛的充分必要条件:对任给的正数 ε,总存在正数 $N(\varepsilon)$,使得当 $n,m > N$ 时,对一切 $x \in D$,有 $|f_n(x) - f_m(x)| < \varepsilon$.

定理 2 函数列一致收敛的余项准则

函数列 $\{f_n\}$ 在数集 D 上一致收敛于 f 的充要条件：$\lim\limits_{n\to\infty} \sup\limits_{x\in D} |f_n(x) - f(x)| = 0$.

定理 3 函数项级数一致收敛的柯西准则

函数项级数 $\sum\limits_{n=1}^{\infty} u_n(x)$ 在数集 D 上一致收敛的充要条件：对任给的正数 ε，总存在正数 $N(\varepsilon)$，使得当 $n > N$ 时，对一切 $x \in D$，一切正整数 p，都有 $|S_{n+p}(x) - S_n(x)| < \varepsilon$，$[S_n(x) = \sum\limits_{k=1}^{n} u_k(x)]$，即 $|u_{n+1}(x) + u_{n+2}(x) + \cdots + u_{n+p}(x)| < \varepsilon$.

定理 4 函数项级数一致收敛的余项准则

函数项级数 $\sum\limits_{n=1}^{\infty} u_n(x)$ 在数集 D 上一致收敛于 $S(x)$ 的充要条件：

$$\lim_{n\to\infty} \sup_{x\in D} |R_n(x)| = \lim_{n\to\infty} \sup_{x\in D} |S(x) - S_n(x)| = 0. \ (S_n(x) = \sum_{k=1}^{n} u_k(x))$$

定理 5 夹逼一致收敛

$\{f_n(x)\}_1^{\infty}$ 在 D 上一致收敛于 $f(x)$，$\{h_n(x)\}_1^{\infty}$ 在 D 上一致收敛于 $f(x)$，且 $\exists N$，当 $n > N$，$\forall x \in D, f_n(x) \leqslant g_n(x) \leqslant h_n(x)$，则 $\{g_n(x)\}_1^{\infty}$ 在 D 上一致收敛于 $f(x)$.

定理 6 复合函数一致收敛

设函数 $f(u)$ 在区间 I 上一致连续，$\{g_n(x)\}_1^{\infty}$ 在 D 上一致收敛于 $g(x)$，$g(D) \subset I$，$\exists N_0 \in \mathbf{N}$，当 $n > N_0$，$\forall x \in D$，有 $g_n(x) \in I$，则 $\{f(g_n(x))\}_1^{\infty}$ 在 D 上一致收敛于 $f(g(x))$.

三、一致收敛基本判别法

(1) 魏尔斯特拉斯判别法(优级数判别法或 M-判别法)：设函数项级数 $\sum\limits_{n=1}^{\infty} u_n(x)$ 定义在数集 D 上，$\sum\limits_{n=1}^{\infty} M_n$ 为收敛的正项级数，若对一切 $x \in D$，有 $|u_n(x)| \leqslant M_n, n = 1, 2, \cdots$，则函数项级数 $\sum\limits_{n=1}^{\infty} u_n(x)$ 在 D 上一致收敛.

(2) 狄尼定理：

① 设函数列 $\{f_n(x)\}$ 在 $[a,b]$ 上收敛于 $f(x)$，并且还满足：

(i) $\forall x \in [a,b]$，$\{f_n(x)\}$ 单调；

(ii) $f_n(x)(n = 1, 2, \cdots)$ 及 $f(x)$ 在 $[a,b]$ 上都连续.

则函数列 $\{f_n(x)\}$ 在 $[a,b]$ 上一致收敛于 $f(x)$.

② 设函数项级数 $\sum\limits_{n=1}^{\infty} u_n(x)$ 在 $[a,b]$ 上收敛于 $S(x)$，并且满足：

(i) $\forall x \in [a,b]$，$\{u_n(x)\}$ 的符号都相同；

(ii) $u_n(x)(n = 1, 2, \cdots)$ 及 $S(x)$ 在 $[a,b]$ 上都连续.

则函数项级数 $\sum\limits_{n=1}^{\infty} u_n(x)$ 在 $[a,b]$ 上一致收敛于 $S(x)$.

(3) 阿贝尔判别法：设

（ⅰ）$\sum u_n(x)$ 在区间 I 上一致收敛；

（ⅱ）$\forall x \in I, \{v_n(x)\}$ 是单调的；

（ⅲ）$\{v_n(x)\}$ 在 I 上一致有界，即存在正数 M，对一切 $x \in I$ 和正整数 n，都有 $|v_n(x)| \leqslant M$．

则 $\sum\limits_{n=1}^{\infty} u_n(x) v_n(x)$ 在 I 上一致收敛．

（4）狄利克雷判别法：设

（ⅰ）$\sum u_n(x)$ 的部分和函数列 $S_n(x) = \sum\limits_{k=1}^{n} u_k(x)(n=1,2,\cdots)$ 在 I 上一致有界；

（ⅱ）$\forall x \in I, \{v_n(x)\}$ 是单调的；

（ⅲ）$v_n(x) \rightrightarrows 0 \ (n \to \infty)(x \in I)$．

则 $\sum\limits_{n=1}^{\infty} u_n(x) v_n(x)$ 在 I 上一致收敛．

四、重要公式

1. $\left| \sum\limits_{k=1}^{n} \cos kx \right| = \left| \dfrac{\sin\left(n+\dfrac{1}{2}\right)x}{2\sin\dfrac{x}{2}} - \dfrac{1}{2} \right| \leqslant \dfrac{1}{2\left|\sin\dfrac{x}{2}\right|} + \dfrac{1}{2} \leqslant \dfrac{1}{\left|\sin\dfrac{x}{2}\right|}$．

2. $\left| \sum\limits_{k=1}^{n} \sin kx \right| = \left| \dfrac{\cos\dfrac{1}{2}x - \cos\dfrac{2n+1}{2}x}{2\sin\dfrac{x}{2}} \right| \leqslant \dfrac{1}{\left|\sin\dfrac{x}{2}\right|}$．

3. $\left| \sum\limits_{k=1}^{n} (-1)^k \cos kx \right| = \left| \sum\limits_{k=1}^{n} \cos k(x-\pi) \right| \leqslant \dfrac{1}{\left|\sin\dfrac{x-\pi}{2}\right|} = \dfrac{1}{\left|\cos\dfrac{x}{2}\right|}$．

4. $\left| \sum\limits_{k=1}^{n} (-1)^k \sin kx \right| = \left| \sum\limits_{k=1}^{n} \sin k(x-\pi) \right| \leqslant \dfrac{1}{\left|\sin\dfrac{x-\pi}{2}\right|} = \dfrac{1}{\left|\cos\dfrac{x}{2}\right|}$．

典型例题

例1 讨论下列函数列的一致收敛性：

(1) $f_n(x) = \dfrac{x^n}{1+x^n}$，（ⅰ）$x \in [0,1]$，（ⅱ）$x \in [0, 1-\delta](0 < \delta < 1)$；

(2) $f_n(x) = \dfrac{n+x^2}{nx}$，$x \in (0,1)$；

(3) $f_n(x) = \dfrac{1}{1+nx}$，$x \in (0,1)$；

(4) $f_n(x) = \dfrac{x(\ln n)^\alpha}{n^x}$，$n = 2,3,\cdots$，问：当 α 取何值时，$\{f_n(x)\}$ 在 $[0, +\infty)$ 上一致

收敛?

(5) $f_n(x) = \dfrac{x}{n}\ln\dfrac{x}{n}, x \in (0,1)$;

(6) $f_n(x) = \left(\dfrac{\sin x}{x}\right)^n, x \in (0,1)$;

(7) $f_n(x) = \left(1 + \dfrac{x}{n}\right)^n$, (i) $x \in (a,b), a > 0$; (ii) $x \in (-\infty, +\infty)$;

(8) $f_n(x) = 1 - e^{-\frac{x}{n}}$, (i) $x \in [0,A], A$ 为有限数; (ii) $x \in [0, +\infty)$.

分析: 判别函数列的一致收敛性,可先求其极限函数,再运用定义或确界极限法,也可利用函数在区间上的最值法. 判别函数列的非一致收敛性,可以依据函数列一致收敛的分析性质,取点列判断 $\lim\limits_{n\to\infty}|f_n(x_n) - f(x_n)| \neq 0$,也是常用的方法.

解: (1)(i) 由 $f(x) = \lim\limits_{n\to\infty} f_n(x) = \begin{cases} 0, x \in [0,1), \\ \dfrac{1}{2}, x = 1 \end{cases}$ 有

$$\lim\limits_{n\to\infty}\sup_{[0,1]}|f_n(x) - f(x)| = \lim\limits_{n\to\infty}\sup_{[0,1]}\left|\dfrac{x^n}{1 + x^n}\right| = \dfrac{1}{2} \neq 0,$$

即 $\{f_n(x)\}_1^\infty$ 在 $[0,1]$ 上非一致收敛.

(ii) 因为 $f(x) = \lim\limits_{n\to\infty} f_n(x) = 0, x \in [0, 1-\delta]$,

所以 $\lim\limits_{n\to\infty}\sup_{[0,1-\delta]}|f_n(x) - f(x)| = \lim\limits_{n\to\infty}\sup_{[0,1-\delta]}\left|\dfrac{x^n}{1 + x^n}\right| = \lim\limits_{n\to\infty}\dfrac{(1-\delta)^n}{1 + (1-\delta)^n} = 0,$

即 $\{f_n(x)\}_1^\infty$ 在 $[0, 1-\delta]$ 上一致收敛.

(2) 由 $f(x) = \lim\limits_{n\to\infty} f_n(x) = \lim\limits_{n\to\infty}\dfrac{n + x^2}{nx} = \dfrac{1}{x}$,有

$$\lim\limits_{n\to\infty}\sup_{(0,1)}|f_n(x) - f(x)| = \lim\limits_{n\to\infty}\sup_{(0,1)}\left|\dfrac{n + x^2}{nx} - \dfrac{1}{x}\right| = \lim\limits_{n\to\infty}\sup_{(0,1)}\left|\dfrac{n + x^2 - n}{nx}\right| = \lim\limits_{n\to\infty}\sup_{(0,1)}\left|\dfrac{x}{n}\right| = 0,$$

即 $\{f_n(x)\}_1^\infty$ 在 $(0,1)$ 上一致收敛.

(3) 由于 $f(x) = \lim\limits_{n\to\infty} f_n(x) = \lim\limits_{n\to\infty}\dfrac{1}{1 + nx} = 0$,取 $x_n = \dfrac{1}{n} \in (0,1)$,有

$$\lim\limits_{n\to\infty}|f_n(x_n) - f(x_n)| = \lim\limits_{n\to\infty}\dfrac{1}{1 + nx_n} = \dfrac{1}{2},$$

即 $\{f_n(x)\}_1^\infty$ 在 $(0,1)$ 上非一致收敛.

(4) 显然 $f(x) = \lim\limits_{n\to\infty}\dfrac{x(\ln n)^\alpha}{n^x} = 0$,而 $f_n'(x) = \dfrac{(\ln n)^{\alpha+1}}{n^\alpha}\left(\dfrac{1}{\ln n} - x\right)$.

令 $f_n'(x) = 0$,得 $x = \dfrac{1}{\ln n}$,即 $f_n(x)$ 在 $x = \dfrac{1}{\ln n}$ 处取得最大值.

则 $\sup_{x \in (0,+\infty)}|f_n(x) - f(x)| = \sup_{x \in (0,+\infty)}\left|\dfrac{x(\ln n)^\alpha}{n^x}\right| = f_n\left(\dfrac{1}{\ln n}\right)$

$$= \dfrac{(\ln n)^{\alpha-1}}{n^{1/\ln n}} = \dfrac{1}{e}(\ln n)^{\alpha-1} \begin{cases} \text{不收敛于} 0, \alpha \geq 1, n \to \infty \text{ 时}; \\ \text{收敛于} 0, \alpha < 1, n \to \infty \text{ 时}. \end{cases}$$

故当且仅当 $\alpha < 1$ 时，$\{f_n(x)\}_1^\infty$ 在 $[0, +\infty)$ 上一致收敛.

(5) 显然 $f(x) = \lim\limits_{n\to\infty} \dfrac{x}{n}\ln\dfrac{x}{n} = 0$. 又已知 $\lim\limits_{x\to 0^+}g(x) = \lim\limits_{x\to 0^+}x\ln x = 0$，则 $g(x)$ 在零点的右邻域有界，即 $\exists M > 0$，有 $|x\ln x| \leq M$.

于是 $|f_n(x) - f(x)| = \left|\dfrac{x}{n}\ln\dfrac{x}{n}\right| = \left|\dfrac{1}{n}x\ln x - \dfrac{x}{n}\ln n\right| \leq \dfrac{M}{n} + \dfrac{\ln n}{n} \xrightarrow{n\to\infty} 0$,

即 $\{f_n(x)\}_1^\infty$ 在 $(0,1)$ 上一致收敛.

(6) $\forall x \in (0,1)$，$\dfrac{\sin x}{x} < 1$，则 $f(x) = \lim\limits_{n\to\infty}f_n(x) = \lim\limits_{n\to\infty}\left(\dfrac{\sin x}{x}\right)^n = 0.$

取 $x_n = \dfrac{1}{n} \in (0,1)$. 由于 $\lim\limits_{t\to 0}\left(\dfrac{\sin t}{t}\right)^{\frac{1}{t}} = \lim\limits_{t\to 0}\left(1 + \dfrac{\sin t - t}{t}\right)^{\frac{1}{t}} = e^0 = 1$,

则 $\lim\limits_{n\to\infty}\left(\dfrac{\sin\frac{1}{n}}{\frac{1}{n}}\right)^n = 1.$

于是 $\left|f_n\left(\dfrac{1}{n}\right) - f\left(\dfrac{1}{n}\right)\right| = \left(\dfrac{\sin\frac{1}{n}}{\frac{1}{n}}\right)^n > \dfrac{1}{2}$,

即 $\{f_n(x)\}_1^\infty$ 在 $(0,1)$ 上非一致收敛.

(7) $f(x) = \lim\limits_{n\to\infty}f_n(x) = \lim\limits_{n\to\infty}\left(1 + \dfrac{x}{n}\right)^n = e^x$,

(i) $\sup|f_n(x) - f(x)| = \sup\left|\left(1 + \dfrac{x}{n}\right)^n - e^x\right| = \sup\left|e^{n\ln\left(1+\frac{x}{n}\right)} - e^x\right| = \sup e^x\left|e^{n\ln\left(1+\frac{x}{n}\right)-x} - 1\right|$

$= \sup e^x\left|e^{n\left(\frac{x}{n}-\frac{x^2}{2n^2}+o\left(\frac{1}{n^2}\right)-x\right)} - 1\right| = \sup e^x\left|e^{-\frac{x^2}{2n}+o\left(\frac{1}{n}\right)} - 1\right| = \sup e^x\left|1 - \dfrac{x^2}{2n^2} + o\left(\dfrac{1}{n^2}\right) - 1\right|$

$= \sup e^x\left|\dfrac{x^2}{2n^2} + o\left(\dfrac{1}{n^2}\right)\right| \leq e^b\dfrac{b^2}{2n^2} \to 0(n\to\infty).$

故 $f_n(x) = \left(1 + \dfrac{x}{n}\right)^n$ 在 (a,b) 上一致收敛.

(ii) $\exists \varepsilon_0 = 1, \forall N, \exists n_0 > N, \exists x_0 = n_0,$

$\qquad |f_{n_0}(x_0) - f(x_0)| = \left|e^{n_0\ln\left(1+\frac{x_0}{n_0}\right)} - e^{x_0}\right| = e^{n_0}\left|e^{n_0\left[\ln\left(1+\frac{x_0}{n_0}\right)-1\right]} - 1\right| > 1,$

故 $f_n(x) = \left(1 + \dfrac{x}{n}\right)^n$ 在 $(-\infty, +\infty)$ 上非一致收敛.

(8) (i) $f(x) = \lim\limits_{n\to\infty}f_n(x) = 0,$

$|f_n(x) - f(x)| = \left|1 - e^{-\frac{x}{n}}\right| = 1 - e^{-\frac{A}{n}} \to 0$,

故 $f_n(x) = 1 - e^{-\frac{x}{n}}$ 在 $[0,A]$ 上一致收敛.

(ii) $\exists \varepsilon_0 = 1, \forall N, \exists n_0 > N, \exists x_0 = n_0, |f_{n_0}(x_0) - f(x_0)| = \left|1 - e^{-\frac{x_0}{n_0}}\right| = 1 - \dfrac{1}{e}$ 不趋于 0,

故 $f_n(x) = 1 - e^{-\frac{x}{n}}$ 在 $[0, +\infty)$ 上非一致收敛.

【举一反三】

1. 设 $f_n(x) = n^k x e^{-nx^2}(k > 0)$.

(1) 求能使 $f_n(x)$ 一致收敛的 k 值;

(2) 求使 $\lim\limits_{n\to\infty}\int_0^x f_n(t)\mathrm{d}t = \int_0^x \lim\limits_{n\to\infty} f_n(t)\mathrm{d}t$ 成立的 k 值.

解: (1) $f_n'(x) = n^k e^{-nx^2}(1 - 2nx^2)$, 令 $f_n'(x) = 0$, 得 $x = \pm\dfrac{1}{\sqrt{2n}}\cdot f_n(x)$ 在 $x = \pm\dfrac{1}{\sqrt{2n}}$ 取得最大值.

则 $\max f_n(x) = f_n\left(\pm\dfrac{1}{\sqrt{2n}}\right) = \pm\dfrac{n^{k-\frac{1}{2}}}{\sqrt{2e}}$.

当 $k < \dfrac{1}{2}$ 时, $\lim\limits_{n\to\infty}\dfrac{n^{k-\frac{1}{2}}}{\sqrt{2e}} = 0$, 且 $\forall x: |f_n(x)| \leqslant \dfrac{n^{k-\frac{1}{2}}}{\sqrt{2e}} \to 0(n\to\infty)$.

即当 $k < \dfrac{1}{2}$ 时, $\{f_n(x)\}_1^\infty$ 一致收敛于 0.

当 $k \geqslant \dfrac{1}{2}$ 时, 取 $x_n = \dfrac{1}{\sqrt{2n}}$, 则 $f_n(x_n) = n^k\cdot\dfrac{1}{\sqrt{2n}}e^{-n\cdot\frac{1}{2n}} \geqslant \dfrac{1}{\sqrt{2e}}$.

又 $f(x) = \lim\limits_{n\to\infty} n^k x e^{-nx^2} = 0$,

即当 $k \geqslant \dfrac{1}{2}$ 时, $\{f_n(x)\}_1^\infty$ 非一致收敛于 0.

(2) $k < \dfrac{1}{2}$ 时, $\lim\limits_{n\to\infty}\int_0^x f_n(t)\mathrm{d}t = \int_0^x \lim\limits_{n\to\infty} f_n(t)\mathrm{d}t$ 成立.

而 $\forall x: f(x) = \lim\limits_{n\to\infty} n^k x e^{-nx^2} = 0$, 所以 $\int_0^x \lim\limits_{n\to\infty} f_n(t)\mathrm{d}t = 0$.

而 $\lim\limits_{n\to\infty}\int_0^x f_n(t)\mathrm{d}t = \lim\limits_{n\to\infty} n^k\left(-\dfrac{e^{-nt^2}}{2n}\right)\Big|_0^x = \dfrac{n^{k-1}}{2}\left(1 - \dfrac{e^{-nx^2}}{2n}\right)$,

则当 $k < 1$ 时, 有 $\int_0^x \lim\limits_{n\to\infty} f_n(t)\mathrm{d}t = \lim\limits_{n\to\infty}\dfrac{n^{k-1}}{2}(1 - e^{-nx^2}) = 0$,

于是使等式成立的 k 的取值范围是 $(-\infty, 1)$.

例2 讨论下列函数列的一致收敛性:

(1) $\sum\limits_{n=1}^\infty (1-x)\dfrac{x^n}{1-x^{2n}}\sin nx, x \in \left(\dfrac{1}{2}, 1\right)$;

(2) $\sum\limits_{n=1}^\infty x e^{-nx^2}$, (i) $x \in [\delta, +\infty)$, (ii) $x \in (0, +\infty)$;

(3) $\sum\limits_{n=2}^\infty \ln\left(1 + \dfrac{x}{n\ln^2 n}\right), x \in [-\alpha, +\alpha], \alpha \in (0, 2\ln^2 2)$;

(4) $\sum\limits_{n=1}^{\infty}(-1)^n\dfrac{n+x^2}{n^2}, x\in[a,b]$;

(5) $\sum\limits_{n=1}^{\infty}\dfrac{(-1)^n}{\sqrt{n+\sqrt{x}}}, x\in[0,+\infty)$;

(6) $\sum\limits_{n=1}^{\infty}\dfrac{nx}{n^2+(n+2)x}, x\in[0,+\infty)$;

(7) $\sum\limits_{n=1}^{\infty}\dfrac{(-1)^{n-1}x^2}{(1+x^2)^n}, -\infty<x<+\infty$;

(8) $\sum\limits_{n=1}^{\infty}\dfrac{x^2}{(1+x^2)^n}, -\infty<x<+\infty$.

分析：函数项级数的一致收敛性的判别法,有定义或余项和趋于0、最值法、确界极限、狄利克雷判别法、阿贝尔判别法等.

验证函数项级数非一致收敛的方法有：

(1)验证通项：对任意$x\in D$, $u_n(x)$非一致趋于0；

(2)验证$\lim\limits_{n\to\infty}\sup\limits_{x\in D}|S_n(x)-S(x)|\neq0$；

(3)利用柯西收敛准则的否定形式的正面叙述来验证；

(4)利用函数项级数一致收敛性的性质验证.

解：(1)因为$\left|\sum\limits_{k=1}^{n}\sin kx\right|<\dfrac{1}{\sin\frac{x}{2}}<\dfrac{1}{\sin\frac{1}{4}}$, $(1-x)\dfrac{x^n}{1-x^{2n}}=\dfrac{x^n}{1+x+x^2+\cdots+x^{2n-1}}$,

$$\dfrac{\dfrac{x^{n+1}}{1+x+x^2+\cdots+x^{2n+1}}}{\dfrac{x^n}{1+x+x^2+\cdots+x^{2n-1}}}=\dfrac{x(1+x+x^2+\cdots+x^{2n-1})}{1+x+x^2+\cdots+x^{2n+1}}<1,$$

数列$(1-x)\dfrac{x^n}{1-x^{2n}}$随$n$的增大而递减,且

$$(1-x)\dfrac{x^n}{1-x^{2n}}=\dfrac{x^n}{1+x+x^2+\cdots+x^{2n-1}}<\dfrac{x^n}{1+x+x^2+\cdots+x^{n-1}}<\dfrac{x^n}{nx^n}=\dfrac{1}{n},$$

由狄利克雷判别法得,级数$\sum\limits_{n=1}^{\infty}(1-x)\dfrac{x^n}{1-x^{2n}}\sin nx$在$\left(\dfrac{1}{2},1\right)$上一致收敛.

(2)（ⅰ）$S_n(x)=x\dfrac{\mathrm{e}^{-x^2}(1-\mathrm{e}^{-nx^2})}{1-\mathrm{e}^{-x^2}}$, $S(x)=\lim\limits_{n\to\infty}S_n(x)=x\dfrac{\mathrm{e}^{-x^2}}{1-\mathrm{e}^{-x^2}}$.

$f_n(x)=x\mathrm{e}^{-(n+1)x^2}$, $f_n'(x)=\mathrm{e}^{-nx^2}[1-2(n+1)x^2]$.

令$f_n'(x)=0$,得$x=\dfrac{1}{\sqrt{2(n+1)}}$.

$$\sup\limits_{x\in[\delta,+\infty)}|S_n(x)-S(x)|=\sup\limits_{x\in[\delta,+\infty)}x\dfrac{\mathrm{e}^{-(n+1)x^2}}{1-\mathrm{e}^{-x^2}}\leqslant\dfrac{1}{1-\mathrm{e}^{-\delta^2}}\sup\limits_{x\in[\delta,+\infty)}x\mathrm{e}^{-(n+1)x^2}$$

$$=\dfrac{1}{1-\mathrm{e}^{-\delta^2}}\dfrac{1}{\sqrt{2\mathrm{e}(n+1)}}\to0(n\to\infty),$$

故级数 $\sum\limits_{n=1}^{\infty} x\mathrm{e}^{-nx^2}$ 在 $[\delta, +\infty)$ 上一致收敛.

（ⅱ）令 $x_n = \dfrac{1}{\sqrt{n+1}}$，则

$$|S_n(x_n) - S(x_n)| = \frac{1}{\sqrt{n+1}} \frac{\mathrm{e}^{-1}}{1 - \mathrm{e}^{-\frac{1}{n+1}}} \to \infty \quad (n \to \infty)$$

故级数 $\sum\limits_{n=1}^{\infty} x\mathrm{e}^{-nx^2}$ 在 $(0, +\infty)$ 上非一致收敛.

（3）因为 $\ln\left(1 - \dfrac{\alpha}{n\ln^2 n}\right) \leqslant \ln\left(1 + \dfrac{x}{n\ln^2 n}\right) \leqslant \ln\left(1 + \dfrac{\alpha}{n\ln^2 n}\right)$，

且 $\ln\left(1 \pm \dfrac{\alpha}{n\ln^2 n}\right) \sim \pm \dfrac{\alpha}{n\ln^2 n}$，$\sum\limits_{n=2}^{\infty} \dfrac{\alpha}{n\ln^2 n}$ 收敛，

故级数 $\sum\limits_{n=2}^{\infty} \ln\left(1 + \dfrac{x}{n\ln^2 n}\right)$ 在 $[-\alpha, +\alpha]$ 上一致收敛.

（4）$\sum\limits_{n=1}^{\infty} (-1)^n \dfrac{n+x^2}{n^2} = \sum\limits_{n=1}^{\infty} \dfrac{(-1)^n}{n} \dfrac{n+x^2}{n}$. 已知 $\sum\limits_{n=1}^{\infty} \dfrac{(-1)^n}{n}$ 一致收敛，

$\forall x \in [a,b]$，$\dfrac{n+x^2}{n}$ 单调减少，且 $0 < \dfrac{n+x^2}{n} = 1 + \dfrac{x^2}{n} \leqslant 1 + a^2 + b^2$，

由阿贝尔判别法得，级数 $\sum\limits_{n=1}^{\infty} (-1)^n \dfrac{n+x^2}{n^2}$ 在 $[a,b]$ 上一致收敛.

（5）$\left|\sum\limits_{k=1}^{n} (-1)^k\right| \leqslant 1$，$\forall x \in [0, +\infty)$，$\dfrac{1}{\sqrt{n + \sqrt{x}}}$ 单调减少，且

$$\frac{1}{\sqrt{n + \sqrt{x}}} \leqslant \frac{1}{\sqrt{n}} \to 0 \quad (n \to \infty),$$

由狄利克雷判别法得，级数 $\sum\limits_{n=1}^{\infty} \dfrac{(-1)^n}{\sqrt{n + \sqrt{x}}}$ 在 $[0, +\infty)$ 上一致收敛.

（6）令 $u_n(x) = \dfrac{nx}{n^2 + (n+2)x}$，则 $\lim\limits_{n \to \infty} u_n(x) = 0$，

且 $u_n'(x) = \dfrac{n^3}{[n^2 + (n+2)x]^2} > 0$，

于是 $\sup\limits_{[0,+\infty)} |u_n(x) - 0| = \lim\limits_{x \to +\infty} \dfrac{nx}{n^2 + (n+2)x} = \dfrac{n}{n+2} \to 1, (n \to \infty)$

即函数列 $\{u_n(x)\}$ 在 $[0, +\infty)$ 上不一致收敛于 0，

则级数 $\sum\limits_{n=1}^{\infty} \dfrac{nx}{n^2 + (n+2)x}$ 在 $[0, +\infty)$ 上非一致收敛.

（7）（法一）$\left|\sum\limits_{k=1}^{n} (-1)^{k-1}\right| \leqslant 1$，且 $\forall x$，数列 $\dfrac{x^2}{(1+x^2)^n}$ 单调减少，且

$$\frac{x^2}{(1+x^2)^n} = \frac{x^2}{1 + nx^2 + \cdots + x^{2n}} < \frac{1}{n} \to 0, (n \to \infty)$$

由狄利克雷判别法得，$\sum_{n=1}^{\infty} \dfrac{(-1)^{n-1}x^2}{(1+x^2)^n}$ 在 $(-\infty, +\infty)$ 上一致收敛.

（法二）$|r_n(x)| \leqslant \dfrac{x^2}{(1+x^2)^{n+1}} \leqslant \dfrac{x^2}{(1+x^2)^n} = \dfrac{x^2}{1+nx^2+\cdots+x^{2n}} < \dfrac{1}{n} \to 0.(n\to\infty)$

（8）$S_n(x) = x^2 \dfrac{\dfrac{1}{1+x^2}\left[1-\left(\dfrac{1}{1+x^2}\right)^n\right]}{1-\dfrac{1}{1+x^2}} = 1-\left(\dfrac{1}{1+x^2}\right)^n,$

$S(x) = 1, x \neq 0, S(x) = 0, x = 0,$

取 $x_n = \dfrac{1}{\sqrt{n}}$，则

$$\left| S_n\left(\dfrac{1}{\sqrt{n}}\right) - S\left(\dfrac{1}{\sqrt{n}}\right) \right| = \left(\dfrac{1}{1+\dfrac{1}{n}}\right)^n = \left(\dfrac{n}{1+n}\right)^n \to e^{-1}, (n\to\infty)$$

所以级数 $\sum_{n=1}^{\infty} \dfrac{(-1)^{n-1}x^2}{(1+x^2)^n}$ 在 $(-\infty, +\infty)$ 上非一致收敛.

例3 已知 $f_n(x) \in C[a,b]$ 一致收敛于 $f(x)$，若 $x_n, c \in [a,b]$，$\lim_{n\to\infty} x_n = c$，证明：$\lim_{n\to\infty} f_n(x_n) = f(c)$.

分析： 将函数列一致收敛和数列极限定义融汇即得所证.

证明： 已知 $f_n(x) \in C[a,b]$ 一致收敛于 $f(x)$，

即 $\forall \varepsilon > 0, \exists N_1, \forall n > N_1, \forall x \in [a,b]$，有

$|f_n(x) - f(x)| < \varepsilon$，且有 $f(x) \in C[a,b]$.

又已知 $x_n, c \in [a,b]$，所以有 $|f_n(x_n) - f(x_n)| < \varepsilon$，且 $\lim_{n\to\infty} f(x_n) = f(c)$，

即对上述 $\varepsilon, \exists N_2, \forall n > N_2, |f(x_n) - f(c)| < \varepsilon$.

取 $N = \max\{N_1, N_2\}, \forall n > N$，有

$|f_n(x_n) - f(c)| \leqslant |f_n(x_n) - f(x_n)| + |f(x_n) - f(c)| < 2\varepsilon$，

所以 $\lim_{n\to\infty} f_n(x_n) = f(c)$.

【举一反三】

1. 已知 $f_n(x) \in \mathbf{R}[a,b]$ 一致收敛于 $f(x)$，证明：$f(x)$ 在 $[a,b]$ 上可积，且

$$\lim_{n\to\infty} \int_a^b f_n(x)\,\mathrm{d}x = \int_a^b f(x)\,\mathrm{d}x.$$

证明： 已知 $f_n(x) \in \mathbf{R}[a,b]$ 一致收敛于 $f(x)$，

即 $\forall \varepsilon > 0, \exists N, \forall n > N, \forall x \in [a,b]$，有 $|f_n(x) - f(x)| < \varepsilon$.

且有 $f(x) \in \mathbf{R}[a,b]$，即对上述 $\varepsilon, \sum_k \omega_k(f_n)\Delta x_k < \varepsilon$，

$|f(x') - f(x'')| \leqslant |f(x') - f_n(x')| + |f_n(x') - f_n(x'')| + |f_n(x'') - f(x'')|$

$\qquad\qquad < \varepsilon + |f_n(x') - f_n(x'')| + \varepsilon = 2\varepsilon + |f_n(x') - f_n(x'')|,$

$\sum_k \omega_k(f)\Delta x_k \leqslant 2\varepsilon(b-a) + \sum_k \omega_k(f_n)\Delta x_k < 2\varepsilon(b-a) + \varepsilon.$

故 $f(x)$ 在 $[a,b]$ 上可积,且 $\forall n > N$,有

$$\left| \int_a^b f_n(x)\,\mathrm{d}x - \int_a^b f(x)\,\mathrm{d}x \right| \leqslant \int_a^b |f_n(x) - f(x)|\,\mathrm{d}x < \varepsilon(b-a),$$

即得 $\lim\limits_{n \to \infty} \int_a^b f_n(x)\,\mathrm{d}x = \int_a^b f(x)\,\mathrm{d}x.$

例 4 设 $f(x)$ 在 (a,b) 内有连续的导函数 $f'(x)$,且 $f_n(x) = n\left[f\left(x + \dfrac{1}{n} \right) - f(x) \right]$,

证明:$\forall \alpha \leqslant x \leqslant \beta(a < \alpha < \beta < b)$,有 $f_n(x)$ 一致收敛于 $f'(x)$.

分析:由导数定义可以得到极限函数为 $f'(x)$. 想说明 $|f_n(x) - f'(x)| < \varepsilon$,可通过拉格朗日中值定理将 $|f_n(x) - f'(x)|$ 转变为讨论 $f'(x)$ 的性质.

证明: $\lim\limits_{n \to \infty} f_n(x) = \lim\limits_{n \to \infty} \dfrac{f\left(x + \dfrac{1}{n} \right) - f(x)}{\dfrac{1}{n}} = f'(x).$

由已知得,$f'(x)$ 在 $[\alpha,\beta]$ 上一致连续,则 $\forall \varepsilon > 0, \exists \delta > 0, \forall x_1, x_2 \in [\alpha,\beta]$,当 $|x_1 - x_2| < \delta$ 时,有 $|f'(x_1) - f'(x_2)| < \varepsilon$.

又 $|f_n(x) - f'(x)| = \left| n\left[f\left(x + \dfrac{1}{n} \right) - f(x) \right] - f'(x) \right| = |f'(\xi) - f'(x)|$,

其中 ξ 介于 x 与 $x + \dfrac{1}{n}$ 之间,即 $|\xi - x| < \dfrac{1}{n}$.

取 $N \geqslant \left[\dfrac{1}{\delta} \right] + 1$,则当 $n > N$ 时,有 $|\xi - x| < \dfrac{1}{n} < \dfrac{1}{N} < \delta$,

则 $|f_n(x) - f'(x)| = |f'(\xi) - f'(x)| < \varepsilon$,即 $\forall \alpha \leqslant x \leqslant \beta, f_n(x) \rightrightarrows f'(x)$.

【举一反三】

1. 设 $f_n(x) = \sum\limits_{i=0}^{n-1} \dfrac{1}{n} f\left(x + \dfrac{i}{n} \right)$,$f(x)$ 为连续函数,证明:$\{f_n(x)\}_1^\infty$ 在 $[a,b]$ 上一致收敛.

证明:由于 $\lim\limits_{n \to \infty} f_n(x) = \lim\limits_{n \to \infty} \sum\limits_{i=0}^{n-1} \dfrac{1}{n} f\left(x + \dfrac{i}{n} \right) = \int_0^1 f(x+t)\,\mathrm{d}t = \int_x^{x+1} f(t)\,\mathrm{d}t.$

注意到当 $f_n(x)$ 中,$x \in [a,b]$ 时,$f(t)$ 中 $t \in [a, b+1]$.

显然 $f(x)$ 在 $[a, b+1]$ 上一致连续,即 $\forall \varepsilon > 0, \exists \delta > 0, \forall x_1, x_2 \in [a, b+1]$,当 $|x_1 - x_2| < \delta$ 时,有 $|f(x_1) - f(x_2)| < \varepsilon$.

又 $\left| \int_0^1 f(x+t)\,\mathrm{d}t - f_n(x) \right| = \left| \sum\limits_{i=0}^{n-1} \int_{\frac{i}{n}}^{\frac{i+1}{n}} f(x+t)\,\mathrm{d}t - \sum\limits_{i=0}^{n-1} \dfrac{1}{n} f\left(x + \dfrac{i}{n} \right) \right|$

$= \left| \sum\limits_{i=0}^{n-1} \int_{\frac{i}{n}}^{\frac{i+1}{n}} \left[f(x+t) - f\left(x + \dfrac{i}{n} \right) \right]\,\mathrm{d}t \right| \leqslant \sum\limits_{i=0}^{n-1} \int_{\frac{i}{n}}^{\frac{i+1}{n}} \left| f(x+t) - f\left(x + \dfrac{i}{n} \right) \right|\,\mathrm{d}t.$

取 $N \geqslant \left[\dfrac{1}{\delta}\right] + 1$，则当 $n > N$ 时，由于 $\left| x + t - x - \dfrac{i}{n} \right| = \left| t - \dfrac{i}{n} \right| < \dfrac{1}{n} < \dfrac{1}{N} < \delta$，

所以有 $\left| f(x + t) - f\left(x + \dfrac{i}{n} \right) \right| < \varepsilon$.

于是 $\left| \displaystyle\int_0^1 f(x + t)\mathrm{d}t - f_n(x) \right| \leqslant \sum_{i=0}^{n-1} \int_{\frac{i}{n}}^{\frac{i+1}{n}} \left| f(x + t) - f\left(x + \dfrac{i}{n} \right) \right| \mathrm{d}t \leqslant \sum_{i=0}^{n-1} \dfrac{1}{n} \cdot \varepsilon = \varepsilon.$

即 $\{f_n(x)\}_1^\infty$ 在 $[a, b]$ 上一致收敛.

例 5 设 $f(x)$ 在 $[0, 1]$ 上连续，$f(1) = 0, g_n(x) = f(x)x^n, n = 1, 2, \cdots$，证明：$\{g_n(x)\}_1^\infty$ 在 $[0, 1]$ 上一致收敛.

分析：已知函数列 $\{x^n\}_1^\infty$ 在 $[0, 1]$ 上非一致收敛，性质在 $x = 1$ 处发生突变. 题目要证明函数列 $\{f(x)x^n\}_1^\infty$ 一致收敛，可以利用 $f(x)$ 在 $x = 1$ 处的连续性将区间 $[0, 1]$ 分为 $[0, 1 - \delta], [1 - \delta, 1]$，不同区间运用 $f(x)$ 不同的性质. 或者利用 $|g_n(x)|$ 在 $(0, 1)$ 内取到最大值直接得结果.

证明：（法一）显然 $\lim\limits_{n \to \infty} g_n(x) = 0 = g(x)$.

又因为 $f(1) = 0, f(x)$ 在 $x = 1$ 处连续，

则 $\forall \varepsilon > 0, \exists 0 < \delta < 1, \forall x \in [1 - \delta, 1]$，有 $|f(x)| < \varepsilon$.

进而 $\sup\limits_{[1-\delta, 1]} |g_n(x) - g(x)| = \sup\limits_{[1-\delta, 1]} |f(x)x^n| < \varepsilon$.

又 $f(x)$ 在 $[0, 1]$ 上连续，即 $\exists M > 0, |f(x)| \leqslant M (\forall x \in [0, 1])$，则

$\sup\limits_{[0, 1-\delta]} |g_n(x) - g(x)| = \sup\limits_{[0, 1-\delta]} |f(x)x^n| < M(1 - \delta)^n \xrightarrow{n \to \infty} 0$，

即对上述 $\varepsilon, \exists N$，当 $n > N$ 时，有 $|g_n(x) - g(x)| < \varepsilon$.

从而 $\sup\limits_{[0,1]} |g_n(x) - g(x)| \leqslant \sup\limits_{[0, 1-\delta]} |g_n(x) - g(x)| + \sup\limits_{[1-\delta, 1]} |g_n(x) - g(x)| < 2\varepsilon$，

即 $\lim\limits_{n \to \infty} \sup\limits_{[0,1]} |g_n(x) - g(x)| = 0$.

亦即 $\{g_n(x)\}_1^\infty$ 在 $[0, 1]$ 上一致收敛.

（法二）因为 $g_n(1) = g_n(0) = 0$，则 $|g_n(x)|$ 在 $(0, 1)$ 内取到最大值，

即 $\exists x_0 \in (0, 1)$，使得 $|g_n(x_0)| = \max\limits_{[0, 1]} |g_n(x)|$.

故 $\sup\limits_{[0,1]} |g_n(x) - g(x)| = \sup\limits_{[0,1]} |f(x)x^n| \leqslant |f(x_0)x_0^n| \to 0 (n \to \infty)$.

【举一反三】

1. 设 $f(x)$ 在 $[-a, a]$ 上连续，且 $|f(x)| < |x| (x \neq 0)$，定义 $f_1(x) = f(x)$，$f_{n+1}(x) = f(f_n(x))$，证明：$\{f_n(x)\}_1^\infty$ 在 $[-a, a]$ 上一致收敛.

证明：由 $|f(x)| < |x|$ 且 $f(x)$ 在 $[-a, a]$ 上连续知，$f(0) = \lim\limits_{x \to 0} f(x) = 0$，

则 $|f(x)| \leqslant |x|, \forall x \in [-a, a]$.

$\forall \varepsilon > 0$，在 $[-a, -\varepsilon], [\varepsilon, a]$ 上，连续函数 $\left| \dfrac{f(x)}{x} \right|$ 有最大值 $M (M < 1)$，

所以 $|f(x)| < M|x| \leqslant aM.$

在 $[-\varepsilon, \varepsilon]$ 上，$|f(x)| \leqslant |x| < \varepsilon$，

于是 $|f(x)| \leqslant \max\{aM, \varepsilon\}$.

由归纳法知，$|f_n(x)| \leqslant \max\{aM^n, \varepsilon\}$.

由于 $0 < M < 1$，则 $\lim\limits_{n \to \infty} M^n = 0$.

即对上述 $\varepsilon > 0$，$\exists N$，当 $n > N$ 时，$aM^n < \varepsilon$.

于是，当 $n > N$，$\forall x \in [-a, a]$，有 $|f_n(x)| < \varepsilon$.

即 $\{f_n(x)\}_1^\infty$ 在 $[-a, a]$ 上一致收敛于 0.

2. (1) 证明：多项式 $f_n(x) = \dfrac{\displaystyle\int_0^x (1-t^2)^n \mathrm{d}t}{\displaystyle\int_0^1 (1-t^2)^n \mathrm{d}t}$ 在 $[-1, -\varepsilon]$ 上一致收敛于 -1，在 $[\varepsilon, 1]$ 上

一致收敛于 1，其中 $0 < \varepsilon < 1$；

(2) 利用 (1) 证明：$g_n(x) = \displaystyle\int_0^x f_n(t) \mathrm{d}t$ 在 $[-1, 1]$ 上一致收敛于 $|x|$.

证明： (1) 当 $0 < \varepsilon < x \leqslant 1$ 时，

$$
|f_n(x) - 1| = \left| \frac{\displaystyle\int_0^x (1-t^2)^n \mathrm{d}t}{\displaystyle\int_0^1 (1-t^2)^n \mathrm{d}t} - 1 \right| = \frac{\displaystyle\int_x^1 (1-t^2)^n \mathrm{d}t}{\displaystyle\int_0^1 (1-t^2)^n \mathrm{d}t} \leqslant \frac{(1-x^2)^n (1-x)}{\displaystyle\int_0^1 (1-t)^n \mathrm{d}t}
$$

$$
= (n+1)(1-x^2)^n (1-x) \leqslant (n+1)(1-\varepsilon^2)^n \to 0. \quad (n \to \infty)
$$

即得 $f_n(x)$ 在 $[\varepsilon, 1]$ 上一致收敛于 1.

同理可得，$f_n(x)$ 在 $[-1, -\varepsilon]$ 上一致收敛于 -1.

(2) $\forall x \in [-1, 0]$，$0 < \varepsilon < 1$，

$$
|g_n(x) - |x|| = \left| \int_0^x f_n(t) \mathrm{d}t + x \right| = \left| \int_x^0 (f_n(t) + 1) \mathrm{d}t \right| \leqslant \int_x^0 |f_n(t) + 1| \mathrm{d}t \leqslant \int_{-1}^0 |f_n(t) + 1| \mathrm{d}t
$$

$$
= \int_{-1}^{-\varepsilon} |f_n(t) + 1| \mathrm{d}t + \int_{-\varepsilon}^0 |f_n(t) + 1| \mathrm{d}t.
$$

显然，当 $-1 \leqslant t \leqslant 0$ 时，有 $-1 \leqslant f_n(x) \leqslant 0$，则 $\displaystyle\int_{-\varepsilon}^0 |f_n(t) + 1| \mathrm{d}t \leqslant \varepsilon$.

由 (1) 知，$f_n(t)$ 在 $[-1, -\varepsilon]$ 上一致收敛于 -1，则 $\forall \varepsilon > 0$，$\exists N$，当 $n > N$ 时，有 $|f_n(t) + 1| < \varepsilon$，$\forall t \in [-1, -\varepsilon]$.

从而 $\displaystyle\int_{-1}^{-\varepsilon} |f_n(t) + 1| \mathrm{d}t \leqslant \varepsilon(-\varepsilon + 1) < \varepsilon$.

于是当 $n > N$ 时，有 $|g_n(x) - |x|| < 2\varepsilon$，

即 $g_n(x)$ 在 $[-1, 0]$ 上一致收敛于 $|x|$.

同理可得，$g_n(x)$ 在 $[0, 1]$ 上一致收敛于 $|x|$.

因此 $g_n(x)$ 在 $[-1,1]$ 上一致收敛于 $|x|$.

例6 设 $f_1(x) = f(x) = \dfrac{x}{\sqrt{1+x^2}}, f_{n+1}(x) = f(f_n(x)), n = 1,2,\cdots$.

(1)求 $f_n(x)$ 的表达式, $n = 1,2,\cdots$;

(2)证明函数列 $\{f_n(x)\}$ 在 $\mathbf{R}$ 上一致收敛.

分析: 讨论递推式表达的函数列的一致收敛性,要么找到函数列的一般式,回到正常的函数列的讨论中;要么运用递推式对函数放缩,再利用定义、判别法进行验证.

(1)**解:** $f_1(x) = \dfrac{x}{\sqrt{1+x^2}}$,则 $f_2(x) = f(f_1(x)) = \dfrac{\dfrac{x}{\sqrt{1+x^2}}}{\sqrt{1 + \dfrac{x^2}{1+x^2}}} = \dfrac{x}{\sqrt{1+2x^2}}$,

于是猜想 $f_n(x) = \dfrac{x}{\sqrt{1+nx^2}}$. 下面用数学归纳法证明:

当 $n=1$ 时,显然成立.

假设 $n=k$ 时, $f_k(x) = \dfrac{x}{\sqrt{1+kx^2}}$.

当 $n=k+1$ 时,

$$f_{k+1}(x) = f(f_k(x)) = \dfrac{\dfrac{x}{\sqrt{1+kx^2}}}{\sqrt{1 + \dfrac{x^2}{1+kx^2}}} = \dfrac{x}{\sqrt{1+(k+1)x^2}}, \text{由归纳法即得} f_n(x) = \dfrac{x}{\sqrt{1+nx^2}}.$$

(2)**证明:** 当 $x=0$ 时, $f_n(0) = 0$;

当 $x \neq 0$ 时, $\lim\limits_{n\to\infty} f_n(x) = \lim\limits_{n\to\infty} \dfrac{x}{\sqrt{1+nx^2}} = 0$.

即函数列 $\{f_n(x)\}$ 的极限函数是 $f(x) = 0, x \in \mathbf{R}$.

那么 $\alpha_n = \sup\limits_{x\in\mathbf{R}} |f_n(x) - f(x)| = \sup\limits_{x\in\mathbf{R}} \left| \dfrac{x}{\sqrt{1+nx^2}} \right| \leqslant \dfrac{1}{\sqrt{n}}$,

从而 $\lim\limits_{n\to\infty} \alpha_n = 0$,即函数列 $\{f_n(x)\}$ 在 $\mathbf{R}$ 上一致收敛于 0.

【举一反三】

1. 设 $f_1(x)$ 在 $[a,b]$ 上黎曼可积, $f_{n+1}(x) = \displaystyle\int_a^x f_n(t)\,\mathrm{d}t, n = 1,2,\cdots$ 证明:函数列 $\{f_n(x)\}$ 在 $[a,b]$ 上一致收敛于 0.

证明: 因为 $f_1(x)$ 在 $[a,b]$ 上黎曼可积,故在 $[a,b]$ 上有界,
即 $\exists M > 0$,使得 $\forall x \in [a,b], |f_1(x)| \leqslant M$. 从而

$$|f_2(x)| \leqslant \int_a^x |f_1(t)|\,\mathrm{d}t \leqslant M(x-a),$$

$$|f_3(x)| \leqslant \int_a^x |f_2(t)| \, \mathrm{d}t \leqslant M \int_a^x (t-a) \, \mathrm{d}t = \frac{M(x-a)^2}{2!}.$$

一般来说,若对 n 有 $|f_n(x)| \leqslant \dfrac{M(x-a)^{n-1}}{(n-1)!}$,

则 $|f_{n+1}(x)| \leqslant \displaystyle\int_a^x |f_n(t)| \, \mathrm{d}t = \frac{M}{(n-1)!} \int_a^x (t-a)^{n-1} \, \mathrm{d}t = \frac{M(x-a)^n}{n!} \leqslant \frac{M(b-a)^n}{n!}.$

所以 $|f_n(x)| \leqslant \dfrac{M(b-a)^{n-1}}{(n-1)!} \to 0, n \to \infty.$

故函数列 $\{f_n(x)\}$ 在 $[a,b]$ 上一致收敛于 0.

例 7　设由可微函数构成的序列 $\{f_n(x)\}$ 在 $[a,b]$ 上处处收敛,并且 $\exists M > 0$,使 $|f_n'(x)| \leqslant M$ 关于 n 与 x 一致成立,证明:$\{f_n(x)\}_1^\infty$ 在 $[a,b]$ 上一致收敛.

分析:想通过柯西收敛准则说明函数列从点点收敛到一致收敛,大胆猜想需要

$$|f_m(x) - f_n(x)| < |f_m(x) - f_m(x_{i_0})| + |f_m(x_{i_0}) - f_n(x_{i_0})| + |f_n(x_{i_0}) - f_n(x)|$$
$$= |f_m'(\xi_1)(x - x_{i_0})| + |f_m(x_{i_0}) - f_n(x_{i_0})| + |f_n'(\xi_2)(x_{i_0} - x)| < \varepsilon.$$

这需要做到两个事情:(1)找到区间上公共的 $N(\varepsilon)$;(2) $|x - x_{i_0}| \to 0$.

证明:$\forall \varepsilon > 0$,取自然数 N_0,使 $\dfrac{b-a}{N_0} < \dfrac{\varepsilon}{4M}$,将 $[a,b]$ 分成 N_0 等分,设分点 $a = x_0 < x_1 < \cdots < x_{N_0} = b.$

由已知 $\forall n \in \mathbf{N}, f_n(x)$ 在点 $x_i (i = 0, 1, 2, \cdots, N_0)$ 收敛,则由柯西收敛准则,对上述的 $\varepsilon > 0$,$\exists N_1$,当 $m > n > N_1$ 时,$|f_m(x_i) - f_n(x_i)| < \dfrac{\varepsilon}{2} (i = 0, 1, 2, \cdots, N_0).$

取 $N = \max\{N_0, N_1\}$,当 $m, n > N$ 时,$\forall x \in [a,b]$,$\exists i_0 (0 \leqslant i_0 \leqslant N_0 - 1)$,使得 $x \in [x_{i_0}, x_{i_0+1}]$,有

$$|f_m(x) - f_n(x)| < |f_m(x) - f_m(x_{i_0})| + |f_m(x_{i_0}) - f_n(x_{i_0})| + |f_n(x_{i_0}) - f_n(x)|$$
$$< |f_m'(\xi)| \cdot |x - x_{i_0}| + \frac{\varepsilon}{2} + |f_n'(\eta)| \cdot |x - x_{i_0}| < \frac{\varepsilon}{2} + 2M \cdot \frac{\varepsilon}{4M} < \varepsilon.$$

其中 $\xi, \eta \in (x_{i_0}, x)$,即得 $\{f_n(x)\}_1^\infty$ 在 $[a,b]$ 上一致收敛.

【举一反三】

1. $\{u_n(x)\}$ 在 $[a,b]$ 上可导,$\exists M > 0$,使 $\left| \displaystyle\sum_{k=1}^n u_k'(x) \right| \leqslant M$ 关于 n 与 x 一致成立,$\displaystyle\sum_{n=1}^\infty u_n(x)$ 在 $[a,b]$ 上处处收敛,证明:$\displaystyle\sum_{n=1}^\infty u_n(x)$ 在 $[a,b]$ 上一致收敛.

证明:$\forall \varepsilon > 0$,取自然数 N_0,使 $\dfrac{b-a}{N_0} < \dfrac{\varepsilon}{4M}$,将 $[a,b]$ 分成 N_0 等分,设分点 $a = x_0 < x_1 < \cdots < x_{N_0} = b.$

已知 $\displaystyle\sum_{n=1}^\infty u_n(x)$ 在点 $x_i (i = 0, 1, 2, \cdots, N_0)$ 收敛,则由柯西收敛准则,对上述 $\varepsilon > 0$,$\exists N_1$,当 $n > N_1$,$\forall p$,$|u_{n+1}(x_i) + u_{n+2}(x_i) + \cdots + u_{n+p}(x_i)| < \dfrac{\varepsilon}{2} (i = 0, 1, 2, \cdots, N_0).$

取 $N = \max\{N_0, N_1\}$，当 $m, n > N$ 时，$\forall x \in [a, b]$，$\exists i_0 (0 \leqslant i_0 \leqslant N_0 - 1)$，使得 $x \in [x_{i_0}, x_{i_0+1}]$，有

$$|u_{n+1}(x) + u_{n+2}(x) + \cdots + u_{n+p}(x)|$$

$$\leqslant |u_{n+1}(x) - u_{n+1}(x_i) + u_{n+2}(x) - u_{n+2}(x_i) + \cdots + u_{n+p}(x) - u_{n+p}(x_i)|$$

$$+ |u_{n+1}(x_i) + u_{n+2}(x_i) + \cdots + u_{n+p}(x_i)|$$

$$\leqslant |u_{n+1}(x_i) + u_{n+2}(x_i) + \cdots + u_{n+p}(x_i)| + \left| \int_{x_i}^{x} \sum_{k=n+1}^{n+p} u_k'(t) \, dt \right| < \frac{\varepsilon}{2} + 2M |x - x_i| < \varepsilon,$$

即得 $\sum\limits_{n=1}^{\infty} u_n(x)$ 在 $[a, b]$ 上一致收敛.

例 8 $\{f_n(x)\}$ 是 $[a, b]$ 上连续可导的函数列，$c \in [a, b]$，$\{f_n(c)\}$ 收敛，$\{f_n'(x)\}$ 在 $[a, b]$ 上一致收敛于 $g(x)$，证明：

(1) $\{f_n(x)\}$ 在 $[a, b]$ 上一致收敛于某函数(设为 $f(x)$)；

(2) $f(x)$ 在 $[a, b]$ 上可导，且 $f'(x) = g(x)$.

分析：要说明原函数的一致收敛，想到牛顿-莱布尼茨公式：$\int_{c}^{x} f_n'(t) \, dt = f_n(x) - f_n(c)$.

证明：(1) $\{f_n'(x)\}$ 在 $[a, b]$ 上一致收敛于 $g(x)$，即

$$\forall \varepsilon > 0, \exists N, \forall n > N, \forall x \in [a, b], |f_n'(x) - g(x)| < \varepsilon.$$

由于 $\left| \int_{c}^{x} f_n'(t) \, dt - \int_{c}^{x} g(t) \, dt \right| = \left| \int_{c}^{x} [f_n'(t) - g(t)] \, dt \right| \leqslant \int_{c}^{x} |f_n'(t) - g(t)| \, dt \leqslant \varepsilon(b - a)$,

说明 $\int_{c}^{x} f_n'(t) \, dt = f_n(x) - f_n(c)$ 一致收敛于 $\int_{c}^{x} g(t) \, dt$.

已知 $\{f_n(c)\}$ 收敛，且 $f_n(x) = f_n(c) + [f_n(x) - f_n(c)]$，

可得函数列 $\{f_n(x)\}$ 在 $[a, b]$ 上一致收敛于 $f(x) = A + \int_{c}^{x} g(t) \, dt$. $(A = \lim\limits_{n \to \infty} f_n(c))$

(2) 由(1)知，函数 $g(x)$ 在 $[a, b]$ 上连续，

再由 $f(x) = A + \int_{c}^{x} g(t) \, dt$，即得 $f(x)$ 在 $[a, b]$ 上可导，且 $f'(x) = g(x)$.

【举一反三】

1. 设函数列 $\{f_n(x)\}$ 在 $[a, b]$ 上连续，且 $\{f_n(x)\}$ 一致收敛于 $f(x)$，证明：若 $f(x)$ 在 $[a, b]$ 上无零点，则当 n 充分大时，$f_n(x)$ 在 $[a, b]$ 上也无零点，并有 $\dfrac{1}{f_n(x)}$ 一致收敛于 $\dfrac{1}{f(x)}$，$x \in [a, b]$.

证明：由已知，不妨设 $f(x) > 0$，且 $f(x)$ 在 $[a, b]$ 上连续，

所以 $f(x)$ 在 $[a, b]$ 上的最小值 $m > 0$.

又 $\{f_n(x)\}$ 一致收敛于 $f(x)$，

$\forall m > 0, \exists N > 0$，当 $n, m > N$ 时，$\forall x \in [a, b]$，有

$$\left| \{f_n(x)\} - f(x) \right| < \frac{m}{2},$$

即 $0 < \frac{m}{2} < f(x) - \frac{m}{2} < f_n(x) < f(x) + \frac{m}{2}$.

则当 n 充分大时，$f_n(x)$ 在 $[a,b]$ 上也无零点，且

$$\left| \frac{1}{f_n(x)} - \frac{1}{f(x)} \right| = \left| \frac{f_n(x) - f(x)}{f_n(x)f(x)} \right| \leqslant \left| \frac{f_n(x) - f(x)}{\frac{m}{2}m} \right| < \frac{2}{m^2}\varepsilon.$$

所以 $\dfrac{1}{f_n(x)}$ 一致收敛于 $\dfrac{1}{f(x)}$，$x \in [a,b]$.

例 9 证明：$f(x) = \displaystyle\sum_{n=1}^{\infty} \frac{\mathrm{e}^{-nx}}{n^2}$ 在开区间 $(0, +\infty)$ 内连续，并有连续导函数.

分析：此类问题主要讨论一致收敛性，利用函数项级数的分析性质即可得证. 但是有时候一致收敛性未必满足，可以通过内闭一致收敛达到目的.

证明：因 $\left| \dfrac{\mathrm{e}^{-nx}}{n^2} \right| \leqslant \dfrac{1}{n^2}$，$x \in (0, +\infty)$ 且 $\displaystyle\sum_{n=1}^{\infty} \dfrac{1}{n^2}$ 收敛，

则由 M-判别法知，$\displaystyle\sum_{n=1}^{\infty} \dfrac{\mathrm{e}^{-nx}}{n^2}$ 在 $(0, +\infty)$ 内一致收敛.

又 $\forall n \in \mathbf{N}$，$\dfrac{\mathrm{e}^{-nx}}{n^2}$ 在 $(0, +\infty)$ 内连续，

于是由连续性定理得 $f(x)$ 在 $(0, +\infty)$ 内连续.

又因为 $\displaystyle\sum_{n=1}^{\infty} \left(\frac{\mathrm{e}^{-nx}}{n^2} \right)^{(k)} = \sum_{n=1}^{\infty} \frac{(-1)^k n^k \mathrm{e}^{-nx}}{n^2}$，

$\forall \alpha > 0$，有 $\left| \dfrac{(-1)^k n^k \mathrm{e}^{-nx}}{n^2} \right| \leqslant \dfrac{n^k}{n^2 \mathrm{e}^{\alpha \cdot n}}$，$\forall x \in [\alpha, +\infty)$.

由于 $\displaystyle\lim_{n \to \infty} \frac{\dfrac{(n+1)^k}{(n+1)^2} \cdot \dfrac{1}{\mathrm{e}^{(n+1)\alpha}}}{\dfrac{n^k}{n^2} \cdot \dfrac{1}{\mathrm{e}^{n\alpha}}} = \frac{1}{\mathrm{e}^{\alpha}} < 1$，根据达朗贝尔判别法得，$\displaystyle\sum_{n=1}^{\infty} \frac{1}{n\mathrm{e}^{n\alpha}}$ 收敛，

因而由 M-判别法得，$\displaystyle\sum_{n=1}^{\infty} \dfrac{\mathrm{e}^{-nx}}{n}$ 在 $[\alpha, +\infty)$ 上一致收敛，

即在 $(0, +\infty)$ 上内闭一致收敛，

因此由可导性定理得，$\displaystyle\sum_{n=1}^{\infty} \dfrac{\mathrm{e}^{-nx}}{n^2}$ 在 $(0, +\infty)$ 内有连续导函数.

【举一反三】

1. 证明：函数项级数 $\displaystyle\sum_{n=1}^{\infty} \mathrm{e}^{-n^2 x}$ 在 $(0, +\infty)$ 上不一致收敛，但和函数在 $(0, +\infty)$ 上无穷次可微.

证明：当 $x = \dfrac{1}{n^2}$ 时，$\mathrm{e}^{-n^2 \cdot \frac{1}{n^2}} = \mathrm{e}^{-1} \neq 0$，

所以函数项级数 $\sum\limits_{n=1}^{\infty} e^{-n^2x}$ 在 $(0, +\infty)$ 上不一致收敛.

由 $(\sum\limits_{n=1}^{\infty} e^{-n^2x})' = \sum\limits_{n=1}^{\infty} (-n^2 e^{-n^2x})$ 可得, $(\sum\limits_{n=1}^{\infty} e^{-n^2x})^{(k)} = \sum\limits_{n=1}^{\infty} (-1)^k n^{2k} e^{-n^2x}$,

$\forall x \in [a, b] \subset (0, +\infty)$, $|(-1)^k n^{2k} e^{-n^2x}| \leqslant n^{2k} e^{-n^2a}$,

又 $\lim\limits_{n\to\infty} \dfrac{(n+1)^{2k} e^{-(n+1)^2a}}{n^{2k} e^{-n^2a}} = 0 < 1$,

由 M - 判别法知, $\sum\limits_{n=1}^{\infty} (-1)^k n^{2k} e^{-n^2x}$ 在 $[a, b]$ 上一致收敛,

故和函数在 $(0, +\infty)$ 上无穷次可微.

2. 设 $f(x) = \sum\limits_{n=1}^{\infty} \dfrac{1}{2^n} \tan \dfrac{x}{2^n}$.

(1) 证明: $f(x)$ 在 $\left[\dfrac{\pi}{6}, \dfrac{\pi}{2}\right]$ 上连续;

(2) 计算 $\int\limits_{\frac{\pi}{6}}^{\frac{\pi}{2}} f(x) \mathrm{d}x$.

(1) **证明:** $\dfrac{1}{2^n} \tan \dfrac{x}{2^n} \leqslant \dfrac{1}{2^n} \tan\left(\dfrac{1}{2^n} \dfrac{\pi}{2}\right) \leqslant \dfrac{1}{2^n} \tan \dfrac{\pi}{4} = \dfrac{1}{2^n}$.

当 $x \in \left[\dfrac{\pi}{6}, \dfrac{\pi}{2}\right]$ 时, 由于 $\sum\limits_{n=1}^{\infty} \dfrac{1}{2^n}$ 收敛, 由 M - 判别法得, $f(x) = \sum\limits_{n=1}^{\infty} \dfrac{1}{2^n} \tan \dfrac{x}{2^n}$ 在

$\left[\dfrac{\pi}{6}, \dfrac{\pi}{2}\right]$ 上一致收敛,

故 $f(x)$ 在 $\left[\dfrac{\pi}{6}, \dfrac{\pi}{2}\right]$ 上连续.

(2) **解:** $\int\limits_{\frac{\pi}{6}}^{\frac{\pi}{2}} f(x) \mathrm{d}x = \int\limits_{\frac{\pi}{6}}^{\frac{\pi}{2}} \sum\limits_{n=1}^{\infty} \dfrac{1}{2^n} \tan \dfrac{x}{2^n} \mathrm{d}x = \sum\limits_{n=1}^{\infty} \int\limits_{\frac{\pi}{6}}^{\frac{\pi}{2}} \dfrac{1}{2^n} \tan \dfrac{x}{2^n} \mathrm{d}x$

$$= \sum\limits_{n=1}^{\infty} \int\limits_{\frac{\pi}{6}}^{\frac{\pi}{2}} \tan \dfrac{x}{2^n} \mathrm{d}\left(\dfrac{x}{2^n}\right) = \sum\limits_{n=1}^{\infty} -\ln\left|\cos \dfrac{x}{2^n}\right|\Big|_{\frac{\pi}{6}}^{\frac{\pi}{2}} = \sum\limits_{n=1}^{\infty} \ln \dfrac{\cos \dfrac{\pi}{6 \cdot 2^n}}{\cos \dfrac{\pi}{2 \cdot 2^n}},$$

$$S_n = \sum\limits_{k=1}^{n} \ln \dfrac{\cos \dfrac{\pi}{6 \cdot 2^k}}{\cos \dfrac{\pi}{2 \cdot 2^k}} = \ln \dfrac{\cos \dfrac{\pi}{6 \cdot 2} \cos \dfrac{\pi}{6 \cdot 2^2} \cdots \cos \dfrac{\pi}{6 \cdot 2^n}}{\cos \dfrac{\pi}{2 \cdot 2} \cos \dfrac{\pi}{2 \cdot 2^2} \cdots \cos \dfrac{\pi}{2 \cdot 2^n}}$$

$$= \ln \dfrac{2^n \cos \dfrac{\pi}{6 \cdot 2} \cos \dfrac{\pi}{6 \cdot 2^2} \cdots \cos \dfrac{\pi}{6 \cdot 2^n} \sin \dfrac{\pi}{6 \cdot 2^n} \sin \dfrac{\pi}{2 \cdot 2^n}}{2^n \cos \dfrac{\pi}{2 \cdot 2} \cos \dfrac{\pi}{2 \cdot 2^2} \cdots \cos \dfrac{\pi}{2 \cdot 2^n} \sin \dfrac{\pi}{6 \cdot 2^n} \sin \dfrac{\pi}{2 \cdot 2^n}}$$

$$= \ln \frac{2^n \sin \frac{\pi}{6} \sin \frac{\pi}{2 \cdot 2^n}}{2^n \sin \frac{\pi}{2} \sin \frac{\pi}{6 \cdot 2^n}},$$

即 $\lim\limits_{n \to \infty} S_n = \ln \frac{3}{2}$，故 $\int_{\frac{\pi}{6}}^{\frac{\pi}{2}} f(x) \mathrm{d}x = \ln \frac{3}{2}$.

例 10 级数 $\sum\limits_{n=1}^{\infty} a_n \sin nx$ 在 $(-\infty, +\infty)$ 上一致收敛，$\{a_n\}$ 单调递减，证明：$\lim\limits_{n \to \infty} n a_n = 0$.

分析：若 $\sin kx > c$，则利用函数项级数一致收敛的柯西收敛准则能够找到 $n a_n$，即

$$0 \leqslant n a_{2n} c \leqslant c \sum_{k=n}^{2n} a_k \leqslant \sum_{k=n}^{2n} a_k \sin kx < \varepsilon.$$

现在的问题就是如何说明 $\sin kx > c$，级数 $\sum\limits_{n=1}^{\infty} a_n \sin nx$ 的一致收敛可以回答这个问题.

证明：已知级数 $\sum\limits_{n=1}^{\infty} a_n \sin nx$ 在 $(-\infty, +\infty)$ 上一致收敛，有 $\sum\limits_{n=1}^{\infty} a_n \sin \frac{n\pi}{2}$ 收敛，则

$\lim\limits_{k \to \infty} a_{2k+1} = 0$.

已知 $\{a_n\}$ 单调递减，于是 $\lim\limits_{n \to \infty} a_n = 0$，因而 $a_n \geqslant 0$.

因为级数 $\sum\limits_{n=1}^{\infty} a_n \sin nx$ 在 $(-\infty, +\infty)$ 上一致收敛，

所以 $\forall \varepsilon > 0, \exists N, \forall m, n > N, \forall x \in (-\infty, +\infty)$，有 $\left| \sum\limits_{k=n}^{m} a_k \sin kx \right| < \varepsilon$，

取 $m = 2n, x = \frac{\pi}{4n}$，有 $\left| \sum\limits_{k=n}^{2n} a_k \sin k \frac{\pi}{4n} \right| < \varepsilon$.

因为 $n \leqslant k \leqslant 2n$ 时，$\frac{\pi}{4} \leqslant k \frac{\pi}{4n} \leqslant \frac{\pi}{2}, \sin k \frac{\pi}{4n} \geqslant \sin \frac{\pi}{4} = \frac{1}{\sqrt{2}}$，

所以 $0 \leqslant \frac{1}{\sqrt{2}} n a_{2n} \leqslant \frac{1}{\sqrt{2}} \sum\limits_{k=n}^{2n} a_k \leqslant \sum\limits_{k=n}^{2n} a_k \sin k \frac{\pi}{4n} < \varepsilon$，则 $\lim\limits_{n \to \infty} 2n a_{2n} = 0$，

又 $(2n+1) a_{2n+1} \leqslant 2n a_{2n} + a_{2n+1}$，知 $\lim\limits_{n \to \infty} (2n+1) a_{2n+1} = 0$，所以 $\lim\limits_{n \to \infty} n a_n = 0$.

【举一反三】

1. 证明：$\sum\limits_{n=0}^{\infty} \int_0^x t^n \sin \pi t \mathrm{d}t = \int_0^x \frac{\sin \pi t \mathrm{d}t}{1-t} (0 \leqslant x < 1)$.

证明：固定 $x < 1$，$\left| t^n \sin \pi t \right| \leqslant x^n (0 \leqslant t \leqslant x)$，

由 M - 判别法得，$\sum\limits_{n=0}^{\infty} t^n \sin \pi t$ 在 $[0, x]$ 上一致收敛，

故 $\sum\limits_{n=0}^{\infty} \int_0^x t^n \sin \pi t \mathrm{d}t = \int_0^x \left(\sum\limits_{n=0}^{\infty} t^n \right) \sin \pi t \mathrm{d}t = \int_0^x \frac{\sin \pi t \mathrm{d}t}{1-t} (0 \leqslant x < 1)$.

2. 证明: $\sum\limits_{n=0}^{\infty}\int_0^x t^n \sin \pi t \mathrm{d}t$ 在 $[0,1]$ 上一致收敛.

证明: 由于 $\left| \int_0^x t^n \sin \pi t \mathrm{d}t \right| \leqslant \left| \int_0^1 t^n \sin \pi t \mathrm{d}t \right| = \left| \int_0^1 \sin \pi t \mathrm{d} \dfrac{t^{n+1}}{n+1} \right|$

$= \left| \dfrac{t^{n+1} \sin \pi t}{n+1} \right|_0^1 - \dfrac{\pi}{n+1} \int_0^1 t^{n+1} \cos \pi t \mathrm{d}t \right| \leqslant \dfrac{\pi}{n+1} \int_0^1 |t^{n+1} \cos \pi t| \mathrm{d}t$

$\leqslant \dfrac{\pi}{n+1} \int_0^1 t^n \mathrm{d}t = \dfrac{\pi}{(n+1)^2}.$

由 M – 判别法得一致收敛.

3. 证明: $\sum\limits_{n=0}^{\infty}\int_0^1 t^n \sin \pi t \mathrm{d}t = \int_0^1 \dfrac{\sin \pi t}{t} \mathrm{d}t.$

证明: 由第 2 题的结论及连续性定理得, $\sum\limits_{n=0}^{\infty}\int_0^x t^n \sin \pi t \mathrm{d}t = S(x)$ 在 $[0,1]$ 上连续,

且 $\sum\limits_{n=0}^{\infty}\int_0^x t^n \sin \pi t \mathrm{d}t = \int_0^x \dfrac{\sin \pi t \mathrm{d}t}{1-t}.$

令 $x \to 1$, 得

$\sum\limits_{n=0}^{\infty}\int_0^1 t^n \sin \pi t \mathrm{d}t = S(1) = \int_0^1 \dfrac{\sin \pi t}{1-t} \mathrm{d}t \xlongequal{1-t=x} \int_0^1 \dfrac{\sin \pi x}{x} \mathrm{d}x = \int_0^1 \dfrac{\sin \pi t}{t} \mathrm{d}t.$

例 11 设 $f(x) = \sum\limits_{n=1}^{\infty} \left(x + \dfrac{1}{n} \right)^n.$

(1) 求 $f(x)$ 的收敛域 I;

(2) 证明: $\forall [a,b] \subset I, f(x)$ 在 $[a,b]$ 上一致收敛;

(3) 证明: $f(x)$ 在 I 上可导, 并求 $f'(x)$.

分析: 把 x 看作常数, (1) 就变为讨论数项级数的收敛性, 根据通项的特点由根值判别法可得收敛区间, 再讨论端点处的敛散性即得收敛域. (2)(3) 的讨论和例 9 类似.

(1) **解:** $\lim\limits_{n \to \infty} \sqrt[n]{\left| \left(x + \dfrac{1}{n} \right)^n \right|} = \lim\limits_{n \to \infty} \left| x + \dfrac{1}{n} \right| = |x| < 1,$

$x = 1$ 时, $\sum\limits_{n=1}^{\infty} \left(1 + \dfrac{1}{n} \right)^n, \lim\limits_{n \to \infty} \left(1 + \dfrac{1}{n} \right)^n = \mathrm{e}$, 发散;

$x = -1$ 时, $\sum\limits_{n=1}^{\infty} \left(-1 + \dfrac{1}{n} \right)^n, \lim\limits_{n \to \infty} \left(-1 + \dfrac{1}{n} \right)^n = \dfrac{1}{\mathrm{e}}$, 发散.

所以 $f(x)$ 的收敛域是 $(-1,1)$.

(2) **证明:** $\left| \left(x + \dfrac{1}{n} \right)^n \right| \leqslant \max\left\{ \left[(|a| + |b|) + \dfrac{1}{n} \right]^n \right\}, |a| < 1, |b| < 1,$

$\sum\limits_{n=1}^{\infty} \left[(|a| + |b|) + \dfrac{1}{n} \right]^n$ 收敛,

所以 $f(x)$ 在 $[a,b]$ 上一致收敛.

（3）证明：$f'(x) = \sum\limits_{n=1}^{\infty} \left[\left(x + \dfrac{1}{n}\right)^n\right]' = \sum\limits_{n=1}^{\infty} n\left(x + \dfrac{1}{n}\right)^{n-1}$,

$\left| n\left(x + \dfrac{1}{n}\right)^{n-1} \right| \leqslant n\max\left\{ \left[(|a| + |b|) + \dfrac{1}{n}\right]^{n-1} \right\}$,

$\lim\limits_{n\to\infty} \sqrt[n]{n\max\left\{ \left[(|a| + |b|) + \dfrac{1}{n}\right]^{n-1} \right\}} = \max(|a|, |b|) < 1$,

故 $\sum\limits_{n=1}^{\infty} n\left(x + \dfrac{1}{n}\right)^{n-1}$ 在 $[a,b]$ 上一致收敛.

由 a,b 的任意性知，$f(x)$ 在 I 上可导.

【举一反三】

1. 证明：（1）级数 $\sum\limits_{n=1}^{\infty} \dfrac{n^{n+2}}{(1+nx)^n}$ 在 $(1, +\infty)$ 上收敛;

（2）级数 $\sum\limits_{n=1}^{\infty} \dfrac{n^{n+2}}{(1+nx)^n}$ 在 $(1, +\infty)$ 上非一致收敛，但在 $(1, +\infty)$ 上连续.

证明：（1）$\forall x_0 \in (1, +\infty)$，$\lim\limits_{n\to\infty} \sqrt[n]{\dfrac{n^{n+2}}{(1+nx_0)^n}} = \lim\limits_{n\to\infty} \dfrac{n^{\frac{n+2}{n}}}{1+nx_0} = \lim\limits_{n\to\infty} \dfrac{e^{\ln n}}{1+nx_0} = \dfrac{1}{x_0} < 1$,

所以级数 $\sum\limits_{n=1}^{\infty} \dfrac{n^{n+2}}{(1+nx)^n}$ 在 $(1, +\infty)$ 上收敛.

（2）级数 $\sum\limits_{n=1}^{\infty} \dfrac{n^{n+2}}{(1+nx)^n}$ 在 $(1, +\infty)$ 上处处收敛，$x = 1$ 时，$\dfrac{n^{n+2}}{(1+n)^n}$ 连续,

而 $\sum\limits_{n=1}^{\infty} \dfrac{n^{n+2}}{(1+n)^n}$ 发散，$\left($由于 $\dfrac{n^{n+2}}{(1+n)^n} > \dfrac{n^n}{(1+n)^n}$，$\lim\limits_{n\to\infty} \dfrac{n^n}{(1+n)^n} = \dfrac{1}{e}\right)$

所以级数 $\sum\limits_{n=1}^{\infty} \dfrac{n^{n+2}}{(1+nx)^n}$ 在 $(1, +\infty)$ 上非一致收敛.

取 $\delta > 0$，在区间 $[1+\delta, +\infty)$ 上，$\dfrac{n^{n+2}}{(1+nx)^n} < \dfrac{n^{n+2}}{[1+n(1+\delta)]^n}$,

而 $\sum\limits_{n=1}^{\infty} \dfrac{n^{n+2}}{[1+n(1+\delta)]^n}$ 收敛,

由比较判别法知，级数 $\sum\limits_{n=1}^{\infty} \dfrac{n^{n+2}}{(1+nx)^n}$ 在 $[1+\delta, +\infty)$ 上内闭一致收敛,

则级数 $\sum\limits_{n=1}^{\infty} \dfrac{n^{n+2}}{(1+nx)^n}$ 在 $[1+\delta, +\infty)$ 上连续.

由 δ 的任意性知，级数 $\sum\limits_{n=1}^{\infty} \dfrac{n^{n+2}}{(1+nx)^n}$ 在 $(1, +\infty)$ 上连续.

例 12 函数列 $f_n(x)$ 的每一项在 $[0,1]$ 连续，且 $f_n(x)$ 在 $[0,1]$ 上一致收敛于 $f(x)$，

证明：$\lim\limits_{n\to\infty} \int_0^{1-\frac{1}{n}} f_n(x)\mathrm{d}x = \int_0^1 f(x)\mathrm{d}x$.

分析：这是积分极限，直接由已知条件和数列极限定义讨论 $\left| \int_0^{1-\frac{1}{n}} f_n(x)\,\mathrm{d}x - \int_0^1 f(x)\,\mathrm{d}x \right|$ 即可.

证明：$f_n(x)$ 在 $[0,1]$ 上一致收敛于 $f(x)$，

即 $\forall \varepsilon > 0, \exists N_1 > 0, \forall n > N_1, \forall x \in [0,1]$，有 $|f_n(x) - f(x)| < \dfrac{\varepsilon}{2}$，且 $f(x)$ 在 $[0,1]$ 上连续，$\exists M > 0, \forall x \in [0,1], |f(x)| \leqslant M$.

$\lim\limits_{n \to \infty} \dfrac{M}{n} = 0$，对上述 ε，$\exists N_2 > 0, \forall n > N_2$，有 $\left| \dfrac{M}{n} \right| < \dfrac{\varepsilon}{2}$.

则 $\left| \int_0^{1-\frac{1}{n}} f_n(x)\,\mathrm{d}x - \int_0^1 f(x)\,\mathrm{d}x \right| = \left| \int_0^{1-\frac{1}{n}} f_n(x)\,\mathrm{d}x - \int_0^{1-\frac{1}{n}} f(x)\,\mathrm{d}x - \int_{1-\frac{1}{n}}^1 f(x)\,\mathrm{d}x \right|$

$\leqslant \left| \int_0^{1-\frac{1}{n}} [f_n(x) - f(x)]\,\mathrm{d}x \right| + \left| \int_{1-\frac{1}{n}}^1 f(x)\,\mathrm{d}x \right| < \int_0^1 |f_n(x) - f(x)|\,\mathrm{d}x + \dfrac{M}{n} < \varepsilon$,

故 $\lim\limits_{n \to \infty} \int_0^{1-\frac{1}{n}} f_n(x)\,\mathrm{d}x = \int_0^1 f(x)\,\mathrm{d}x$.

【举一反三】

1. $f_n(x) \in C^{(1)}[a,b], \exists M > 0, |f_n(x) - f_n(y)| \leqslant \dfrac{M}{n}|x-y|, g(x) \in C[a,b]$，证明：$\lim\limits_{n \to \infty} \int_a^b g(x) f_n'(x)\,\mathrm{d}x = 0$.

证明：由已知得 $f_n'(x)$ 在 $[a,b]$ 上连续且一致连续，

即 $\forall \varepsilon > 0, \exists \delta > 0, \forall x,y \in [a,b], |x-y| < \delta, |f_n'(x) - f_n'(y)| < \varepsilon$.

$g(x) \in C[a,b], \exists M_1$，使得 $\forall x \in [a,b], |g(x)| \leqslant M_1$.

对 $[a,b]$ 作分法，$a = x_0 < x_1 < \cdots < x_m = b, \lambda = \max\{\Delta x_i\} < \delta$，

$\forall i = 1,2,\cdots,m, \exists \xi_i \in (x_{i-1}, x_i), |f_n'(\xi_i)| < \dfrac{M}{n}$，则 $\forall x \in [a,b]$，

$|f_n'(x)| = |f_n'(x) - f_n'(\xi_{i_0}) + f_n'(\xi_{i_0})| \leqslant |f_n'(x) - f_n'(\xi_{i_0})| + |f_n'(\xi_{i_0})| \leqslant \varepsilon + \dfrac{M}{n}$,

于是 $\left| \int_a^b g(x) f_n'(x)\,\mathrm{d}x \right| \leqslant M \int_a^b |f_n'(x)|\,\mathrm{d}x = M\left(\varepsilon + \dfrac{M}{n}\right)(b-a)$,

即 $\lim\limits_{n \to \infty} \int_a^b g(x) f_n'(x)\,\mathrm{d}x = 0$.

2. 设函数列 $\{\varphi_n(x)\}$ 满足下列条件：

（ⅰ）$\varphi_n(x)$ 在 $[-1,1]$ 上是非负连续函数且 $\lim\limits_{n \to \infty} \int_{-1}^1 \varphi_n(x)\,\mathrm{d}x = 1$;

（ⅱ）$\forall o < c < 1, \{\varphi_n(x)\}$ 在 $[-1, -c]$ 及 $[c, 1]$ 上一致收敛于 0.

证明:对于 $[-1, 1]$ 上的连续函数 $g(x)$,有 $\lim\limits_{n\to\infty} \int_{-1}^{1} g(x)\varphi_n(x)\mathrm{d}x = g(0)$.

证明:由于 $g(x)$ 在 $[-1, 1]$ 上连续,则 $\exists M > 0$,有 $|g(x)| \leqslant M (\forall x \in [-1, 1])$,
且 $\forall \varepsilon > 0, \exists \delta, \forall x \in [-1, 1]$,当 $|x| < \delta$ 时,有 $|g(x) - g(0)| < \varepsilon$.

同时注意到 $g(0) = \int_{-1}^{1} g(0)\varphi_n(x)\mathrm{d}x$,又已知 $0 < c < 1, \{\varphi_n(x)\}_1^{\infty}$ 在 $[-1, -c]$ 及 $[c, 1]$
上一致收敛于 0,

即对上述 $\varepsilon > 0, \exists N_1$,当 $n > N_1$ 时,有 $|\varphi_n(x)| < \varepsilon, (\forall x \in [-1, -c]$ 或 $x \in [c, 1])$.

由于 $\lim\limits_{n\to\infty} \int_{-1}^{1} \varphi_n(x)\mathrm{d}x = 1$,则对上述的 $\varepsilon > 0, \exists N_2$,当 $n > N_2$ 时,有 $\left| \int_{-1}^{1} \varphi_n(x)\mathrm{d}x - 1 \right| < \varepsilon$.

取 $\varepsilon = 1$,则 $0 < \int_{-1}^{1} \varphi_n(x)\mathrm{d}x < 2$.

取 $N = \max\{N_1, N_2\}$,当 $n > N$ 时,有

$$\left| \int_{-1}^{1} g(x)\varphi_n(x)\mathrm{d}x - g(0) \right| = \left| \int_{-1}^{1} g(x)\varphi_n(x)\mathrm{d}x - \int_{-1}^{1} g(0)\varphi_n(x)\mathrm{d}x \right| = \left| \int_{-1}^{1} [g(x) - g(0)]\varphi_n(x)\mathrm{d}x \right|$$

$$\leqslant \int_{-1}^{-c} |g(x) - g(0)|\varphi_n(x)\mathrm{d}x + \int_{-c}^{c} |g(x) - g(0)|\varphi_n(x)\mathrm{d}x + \int_{c}^{1} |g(x) - g(0)|\varphi_n(x)\mathrm{d}x$$

$$\leqslant 2M(1-c)\varepsilon + 2\varepsilon + 2M(1-c)\varepsilon < 4M\varepsilon + 2\varepsilon = (4M+2)\varepsilon,$$

即得 $\lim\limits_{n\to\infty} \int_{-1}^{1} g(x)\varphi_n(x)\mathrm{d}x = g(0)$.

拓展训练

1. 讨论下列函数列在所示区域内的一致收敛性:

$(1) f_n(x) = \sqrt{x^2 + \dfrac{1}{n^2}}, -\infty < x < +\infty$;

$(2) f_n(x) = x^n - x^{2n} (0 \leqslant x \leqslant 1)$;

$(3) f_n(x) = \sin\dfrac{x}{n}, (\text{ⅰ}) -l < x < l, (\text{ⅱ}) -\infty < x < +\infty$;

$(4) f_n(x) = x^n(1-x), x \in [0, 1]$;

$(5) f_n(x) = (\sin x)^n, x \in [0, \pi]$;

$(6) f_n(x) = \left(\dfrac{\sin x}{x}\right)^n, x \in (0, 1)$;

$(7) f$ 在 **R** 上连续,$F_n(x) = \int_{x}^{x+\frac{1}{n}} f(t)\mathrm{d}t, x \in [\alpha, \beta]$;

$(8) f_n(x) = \dfrac{\ln(nx)}{nx^2}, x \in (0, +\infty)$.

2. 证明：函数列 $\{f_n(x)\}_1^\infty$ 在区间 D 上一致收敛于 $f(x) \Leftrightarrow \forall \{x_n\} \subset D$，有 $\lim\limits_{n\to\infty} |f_n(x_n) - f(x_n)| = 0$.

3. 设 $s_0(x) = 1, 0 \leq x \leq 1, s_n(x) = \sqrt{x s_{n-1}(x)}, n = 1, 2, \cdots$，求 $\lim\limits_{n\to\infty} s_n(x)$，并证明 $\{s_n(x)\}_1^\infty$ 在 $[0,1]$ 上一致收敛.

4. 设函数列 $\{f_n(x)\}$ 在 $[a,b]$ 上连续，且 $\{f_n(b)\}$ 发散，证明：函数列 $\{f_n(x)\}$ 在 $[a,b)$ 上非一致收敛.

5. 证明：(1) 若 $f_n(x)$ 在 D 上一致收敛于 $f(x)$，且 $f(x)$ 在 D 上有界，则 $\{f_n(x)\}_1^\infty$ 至多除有限项外在 D 上一致有界；

(2) 若 $f_n(x)$ 在 D 上一致收敛于 $f(x)$，且 $\forall n \in \mathbf{N}, f_n(x)$ 在 D 上有界，则 $\{f_n(x)\}$ 在 D 上一致有界.

6. 讨论下列函数项级数的一致收敛性：

$(1) \sum\limits_{n=1}^\infty x^n (1-x)^2, x \in [0,1]$；

$(2) \sum\limits_{n=1}^\infty x (1-x)^n, x \in (0,1)$；

$(3) \sum\limits_{n=1}^\infty x^2 (1-x)^n, x \in (0,1)$；

$(4) \sum\limits_{n=1}^\infty (-1)^n x^n (1-x), x \in [0,1]$；

$(5) \sum\limits_{n=1}^\infty x^n (\ln x)^2, x \in [0,1]$；

$(6) \sum\limits_{n=1}^\infty x^n \ln x, x \in [0,1]$.

7. 证明：级数 $\sum\limits_{n=1}^\infty (-1)^n \dfrac{e^{x^2} + \sqrt{n}}{n^{\frac{3}{2}}}$ 在任何有界区间 $[a,b]$ 上一致收敛，但在任何一点 $x_0 \in [a,b]$ 处不绝对收敛.

8. 证明：函数项级数 $\sum\limits_{n=1}^\infty a_n \dfrac{1}{n!} \int_0^x t^n e^{-t} \mathrm{d}t$ 在 $[0, +\infty)$ 上一致收敛的充要条件是 $\sum\limits_{n=1}^\infty a_n$ 收敛.

9. (1) 证明：函数列 $\left\{ \left(1 + \dfrac{x}{n}\right)^n : n = 1, 2, \cdots \right\}$ 在 $x \in [0,1]$ 上对 n 单调增加；

(2) 证明：$\sum\limits_{n=1}^\infty \dfrac{(-1)^n (n+x)^n}{n^{n+1}}$ 在 $[0,1]$ 上一致收敛.

10. 证明：$S(x) = \sum\limits_{n=1}^\infty \dfrac{x^n}{n^2 \ln(1+n)}$ 是 $[-1,1]$ 上的连续函数，且 $S(-1)$ 存在.

11. 设 $p > 1, q \in \mathbf{R}$. 证明：函数项级数 $\sum\limits_{n=1}^\infty \dfrac{1}{n^p + n^q x^2}$ 在 $(-\infty, +\infty)$ 上一致收敛，且

当 $q < 3p - 2$ 时,可逐项微分.

12. 设 $f(x) = \sum\limits_{n=1}^{\infty} \dfrac{e^{-nx}}{n^2 + 1}$. 证明:

(1) $f(x)$ 的定义域为 $[0, +\infty)$;

(2) $f(x)$ 在 $[0, +\infty)$ 上连续;

(3) $f(x)$ 在 $(0, +\infty)$ 上有连续的导数.

13. $\{x_n\}$ 是 $(0,1)$ 内的全体有理数,记 $f(x) = \sum\limits_{n=1}^{\infty} \dfrac{\operatorname{sgn}(x - x_n)}{2^n}$,证明:$f(x)$ 在 $(0,1)$ 内任一无理数处连续,而在任一有理数处不连续.

14. 证明级数 $\sum\limits_{n=1}^{\infty} n e^{-nx}$ 在 $[\alpha, +\infty)\ (\alpha > 0)$ 上一致收敛,并求其和函数.

15. 证明:$\sum\limits_{n=1}^{\infty} \dfrac{1}{n^x}$ 在 $(1, +\infty)$ 上连续且有连续的导函数.

16. 已知 $f(x)$ 在 $\left[\dfrac{\pi}{4}, \dfrac{\pi}{2}\right]$ 上连续,证明:

(1) $\{f(x)\sin^n x\}$ 在 $\left[\dfrac{\pi}{4}, \dfrac{\pi}{2}\right]$ 上逐点收敛;

(2) $\{f(x)\sin^n x\}$ 在 $\left[\dfrac{\pi}{4}, \dfrac{\pi}{2}\right]$ 上一致收敛的充要条件是 $f\left(\dfrac{\pi}{2}\right) = 0$.

17. 已知 a_n 单调收敛于 0,证明:$\sum\limits_{n=1}^{\infty} (-1)^{n-1} a_n \cos nx$ 在 $[-\pi+\delta, \pi-\delta]\ (0 < \delta < \pi)$ 上一致收敛.

18. 设 $f(x)$ 是 $[a,b]$ 上的连续函数,证明:存在一子列多项式 $\{P_n(x)\}$ 在 $[a,b]$ 上满足 $P_1 \leqslant P_2 \leqslant \cdots \leqslant P_n \leqslant \cdots$,并且 $\{P_n(x)\}$ 在 $[a,b]$ 上一致收敛于 $f(x)$.

19. 已知 $f(x)$ 在 $[a,b]$ 上连续,$\sum\limits_{n=1}^{\infty} [f(x)]^n$ 在 $[a,b]$ 上处处收敛,证明:$\sum\limits_{n=1}^{\infty} [f(x)]^n$ 在 $[a,b]$ 上一致收敛.

20. 已知函数 $f(x)$ 在 $[-1,1]$ 上有二阶连续导数,$f(x)$ 的值域为 $[-1,1]$,$f(0) = 0$,$0 < f'(0) < \dfrac{1}{2}$,$|f'(x)| \leqslant M < 1$,令 $f_1(x) = f(f(x)), \cdots, f_n(x) = f(f_{n-1}(x)), n = 1, 2,$ $\cdots$,证明:$\sum\limits_{n=1}^{\infty} f_n(x)$ 在 $[-1,1]$ 上一致收敛.

21. $f(x)$ 在 $[-1,1]$ 上连续可导,$f(0) = 0$,证明:

(1) 级数 $\sum\limits_{n=1}^{\infty} \dfrac{1}{n} f\left(\dfrac{x}{n}\right)$ 在 $[-1,1]$ 上一致收敛;

(2) $S(x) = \sum\limits_{n=1}^{\infty} \dfrac{1}{n} f\left(\dfrac{x}{n}\right)$ 在 $[-1,1]$ 上连续可导.

拓展训练参考答案 8

22. 设函数项级数 $\sum\limits_{n=1}^{\infty} u_n(x)$ 在 $[a,b]$ 上收敛于函数 $S(x)$,而 $u_n(x)$ 在 $[a,b]$ 上是非负连续函数,证明:函数 $S(x)$ 在 $[a,b]$ 上取到最小值.

第九讲

幂级数

知识要点

一、基本定义

定义1　幂级数

函数项级数 $\sum\limits_{n=0}^{\infty} a_n (x - x_0)^n = a_0 + a_1 (x - x_0)^2 + \cdots + a_n (x - x_0)^n + \cdots$（其中 $a_0, a_1,$ $a_2, \cdots$ 都是常数）称为幂级数，a_n 称为 n 次项的系数.

当 $x_0 = 0$ 时，称幂级数 $\sum\limits_{n=0}^{\infty} a_n x^n = a_0 + a_1 x + \cdots + a_n x^n + \cdots$ 为麦克劳林级数.

二、重要性质、定理

性质1　幂级数在收敛域 $(-R, R)$ 内绝对收敛.

性质2　幂级数在其收敛域 $(-R, R)$ 内的和函数 $S(x)$ 为连续函数. 若 $\sum\limits_{n=0}^{\infty} a_n x^n$ 在 $x = -R$ 处收敛，则 $S(x)$ 在 $x = -R$ 处右连续；若 $\sum\limits_{n=0}^{\infty} a_n x^n$ 在 $x = R$ 处收敛，则 $S(x)$ 在 $x = R$ 处左连续.

性质3　幂级数 $\sum\limits_{n=0}^{\infty} a_n x^n$ 在收敛域 $(-R, R)$ 内的和函数 $S(x)$ 为可导函数：$S'(x) = \sum\limits_{n=0}^{\infty} a_n \cdot n x^{n-1}$，逐项求导后收敛半径不变.

性质4　幂级数 $\sum\limits_{n=0}^{\infty} a_n x^n$ 在收敛域 $(-R, R)$ 内的和函数 $S(x)$ 为可积函数：$\int\limits_0^x S(t)\,\mathrm{d}t =$

$\sum\limits_{n=0}^{\infty}\int_0^x a_n t^n \mathrm{d}t$,且逐项积分后收敛半径不变.

定理1　阿贝尔定理

(1)若 $\sum\limits_{n=0}^{\infty} a_n x^n$ 在 $x_0 \neq 0$ 收敛,则 $\sum\limits_{n=0}^{\infty} a_n x^n$ 在 $(-|x_0|,|x_0|)$ 内绝对收敛;

(2)若 $\sum\limits_{n=0}^{\infty} a_n x^n$ 在 x_0 发散,则 $\sum\limits_{n=0}^{\infty} a_n x^n$ 在 $(-\infty,-|x_0|)\cup(|x_0|,+\infty)$ 内发散.

定理2

对于 $\sum\limits_{n=0}^{\infty} a_n x^n$,设 $a_n \neq 0$ 且 $\lim\limits_{n\to\infty}\left|\dfrac{a_{n+1}}{a_n}\right|=\rho$(或 $\lim\limits_{n\to\infty}\sqrt[n]{|a_n|}=\rho$).

(1)若 $\rho=+\infty$,则 $R=0$;

(2)若 $\rho=0$,则 $R=+\infty$;

(3)若 $0<\rho<+\infty$,则 $R=\dfrac{1}{\rho}$.

三、重要公式

1. $\mathrm{e}^x = 1 + x + \dfrac{x^2}{2!} + \dfrac{x^3}{3!} + \cdots + \dfrac{x^n}{n!} + \cdots, x\in(-\infty,+\infty)$;

2. $\sin x = x - \dfrac{x^3}{3!} + \dfrac{x^5}{5!} + \cdots + (-1)^n\dfrac{x^{2n+1}}{(2n+1)!} + \cdots, x\in(-\infty,+\infty)$;

3. $\cos x = 1 - \dfrac{x^2}{2!} + \dfrac{x^4}{4!} - \cdots + (-1)^n\dfrac{x^{2n}}{(2n)!} + \cdots, x\in(-\infty,+\infty)$;

4. $\ln(1+x) = x - \dfrac{x^2}{2} + \dfrac{x^3}{3} - \cdots + (-1)^n\dfrac{x^{n+1}}{n+1} + \cdots, x\in(-1,1]$;

5. $(1+x)^m = 1 + mx + \dfrac{m(m-1)}{2!}x^2 + \cdots + \dfrac{m(m-1)(m-2)\cdots(m-n+1)}{n!}x^n + \cdots,$

$x\in(-1,1)$.

典型例题

例1　求下列幂级数的收敛半径及收敛域:

(1) $\sum\limits_{n=1}^{\infty}\dfrac{1}{3^n+(-2)^n}\cdot\dfrac{(x-1)^n}{n}$;　　　　(2) $\sum\limits_{n=1}^{\infty}\left(\dfrac{a^n}{n}+\dfrac{b^n}{n^2}\right)x^n,(a>0,b>0)$;

(3) $\sum\limits_{n=1}^{\infty}(-1)^n\dfrac{n}{2^n}(x-1)^{2n}$;　　　　(4) $\sum\limits_{n=1}^{\infty}\left[(-1)^n+\sin n+\dfrac{1}{n^2}\right]x^{2n}$.

分析: (1)(2)(3)可利用定理2求收敛半径,考虑收敛区间的两个端点对应的级数的敛散性,即可求得收敛域.(4)较为特殊,可将幂级数系数看作两部分的和,通过讨论这两部分之间的关系得到收敛域.

解:(1)由于 $\lim\limits_{n\to\infty}\left|\dfrac{u_{n+1}}{u_n}\right| = \lim\limits_{n\to\infty}\left|\dfrac{1}{3^{n+1}+(-2)^{n+1}}\cdot\dfrac{(x-1)^{n+1}}{n+1}\right| \bigg/ \left|\dfrac{1}{3^n+(-2)^n}\cdot\dfrac{(x-1)^n}{n}\right|$

$= |x-1|\lim\limits_{n\to\infty}\left|\dfrac{n}{n+1}\cdot\dfrac{3^n+(-2)^n}{3^{n+1}+(-2)^{n+1}}\right| = |x-1|\lim\limits_{n\to\infty}\left|\dfrac{1+\left(-\dfrac{2}{3}\right)^n}{3+\left(-\dfrac{2}{3}\right)^n(-2)}\right| = \dfrac{|x-1|}{3} < 1,$

得 $|x-1| < 3$. 因此 $R = 3$, 收敛区间为 $(-2,4)$.

当 $x = 4$ 时,得 $\sum\limits_{n=1}^{\infty}\dfrac{3^n}{3^n+(-2)^n}\cdot\dfrac{1}{n}$,

而 $\dfrac{3^n}{3^n+(-2)^n}\cdot\dfrac{1}{n} > \dfrac{3^n}{3^n+3^n}\cdot\dfrac{1}{n} = \dfrac{1}{2n}$,

而 $\sum\limits_{n=1}^{\infty}\dfrac{1}{2n}$ 发散,即有 $\sum\limits_{n=1}^{\infty}\dfrac{3^n}{3^n+(-2)^n}\cdot\dfrac{1}{n}$ 发散.

当 $x = -2$ 时, $\sum\limits_{n=1}^{\infty}\dfrac{(-3)^n}{3^n+(-2)^n}\cdot\dfrac{1}{n} = \sum\limits_{n=1}^{\infty}(-1)^n\dfrac{1}{n} - \sum\limits_{n=1}^{\infty}\dfrac{2^n}{3^n+(-2)^n}\cdot\dfrac{1}{n}$.

显然 $\sum\limits_{n=1}^{\infty}(-1)^n\dfrac{1}{n}$ 收敛,又因为 $2\in(-3,3)$,因此 $\sum\limits_{n=1}^{\infty}\dfrac{2^n}{3^n+(-2)^n}\cdot\dfrac{1}{n}$ 也收敛,

于是收敛域为 $[-2,4)$.

(2)因为 $\lim\limits_{n\to\infty}\sqrt[n]{\dfrac{a^n}{n}+\dfrac{b^n}{n^2}} = \begin{cases} a, a\geqslant b, \\ b, a < b. \end{cases}$

(i) $a\geqslant b$ 时, $R = \dfrac{1}{a}$, 收敛区间为 $\left(-\dfrac{1}{a},\dfrac{1}{a}\right)$.

当 $x = -\dfrac{1}{a}$ 时, $\sum\limits_{n=1}^{\infty}\left(\dfrac{a^n}{n}+\dfrac{b^n}{n^2}\right)\dfrac{(-1)^n}{a^n} = \sum\limits_{n=1}^{\infty}\dfrac{(-1)^n}{n} + \sum\limits_{n=1}^{\infty}\dfrac{(-1)^n}{n^2}\left(\dfrac{b}{a}\right)^n$ 收敛.

当 $x = \dfrac{1}{a}$ 时, $\sum\limits_{n=1}^{\infty}\left(\dfrac{a^n}{n}+\dfrac{b^n}{n^2}\right)\dfrac{1}{a^n} = \sum\limits_{n=1}^{\infty}\dfrac{1}{n} + \sum\limits_{n=1}^{\infty}\dfrac{1}{n^2}\left(\dfrac{b}{a}\right)^n$ 发散.

于是收敛域为 $\left[-\dfrac{1}{a},\dfrac{1}{a}\right)$.

(ii) $a < b$ 时, $R = \dfrac{1}{b}$, 收敛区间为 $\left(-\dfrac{1}{b},\dfrac{1}{b}\right)$.

当 $x = -\dfrac{1}{b}$ 时, $\sum\limits_{n=1}^{\infty}\left(\dfrac{a^n}{n}+\dfrac{b^n}{n^2}\right)\dfrac{(-1)^n}{b^n} = \sum\limits_{n=1}^{\infty}\dfrac{(-1)^n}{n}\left(\dfrac{a}{b}\right)^n + \sum\limits_{n=1}^{\infty}\dfrac{(-1)^n}{n^2}$ 收敛.

当 $x = \dfrac{1}{b}$ 时, $\sum\limits_{n=1}^{\infty}\left(\dfrac{a^n}{n}+\dfrac{b^n}{n^2}\right)\dfrac{1}{b^n} = \sum\limits_{n=1}^{\infty}\dfrac{1}{n}\left(\dfrac{a}{b}\right)^n + \sum\limits_{n=1}^{\infty}\dfrac{1}{n^2}$ 收敛.

于是收敛域为 $\left[-\dfrac{1}{b},\dfrac{1}{b}\right]$.

(3)由 $\lim\limits_{n\to\infty}\dfrac{\left|(-1)^{n+1}\dfrac{n+1}{2^{n+1}}(x-1)^{2(n+1)}\right|}{\left|(-1)^n\dfrac{n}{2^n}(x-1)^{2n}\right|} = \dfrac{1}{2}|x-1|^2 < 1,$

得 $|x-1|<\sqrt{2}$. 因此 $R=\sqrt{2}$,收敛区间为 $(1-\sqrt{2},1+\sqrt{2})$.

当 $x=1\pm\sqrt{2}$ 时,级数为 $\displaystyle\sum_{n=1}^{\infty}(-1)^{n}n$,发散.

所以收敛域为 $(1-\sqrt{2},1+\sqrt{2})$.

(4)首先考虑 $\displaystyle\sum_{n=1}^{\infty}\frac{1}{n^{2}}x^{2n}$.

由 $\displaystyle\lim_{n\to\infty}\frac{\left|\dfrac{1}{(n+1)^{2}}x^{2(n+1)}\right|}{\left|\dfrac{1}{n^{2}}x^{2n}\right|}=x^{2}<1$,得 $R_{1}=1$,收敛区间为 $(-1,1)$.

又 $x=\pm1$ 时, $\displaystyle\sum_{n=1}^{\infty}\frac{1}{n^{2}}$ 显然收敛,于是收敛域为 $[-1,1]$.

其次考虑 $\displaystyle\sum_{n=1}^{\infty}\left[(-1)^{n}+\sin n\right]x^{2n}$.

由于 $\left|\left[(-1)^{n}+\sin n\right]x^{2n}\right|\leqslant 2x^{2n}$,且 $\displaystyle\sum_{n=1}^{\infty}2x^{2n}$ 当 $|x|<1$ 时收敛,因此

当 $|x|<1$ 时, $\displaystyle\sum_{n=1}^{\infty}\left[(-1)^{n}+\sin n\right]x^{2n}$ 收敛;

当 $|x|>1$ 时,由于 $\displaystyle\lim_{n\to\infty}\left[(-1)^{n}+\sin n\right]x^{2n}=\infty$,所以 $\displaystyle\sum_{n=1}^{\infty}\left[(-1)^{n}+\sin n\right]x^{2n}$ 发散;

当 $|x|=1$ 时, $\displaystyle\lim_{n\to\infty}\left[(-1)^{n}+\sin n\right]$ 不存在,所以 $\displaystyle\sum_{n=1}^{\infty}\left[(-1)^{n}+\sin n\right]x^{2n}$ 发散.

综上,级数 $\displaystyle\sum_{n=1}^{\infty}\left[(-1)^{n}+\sin n+\frac{1}{n^{2}}\right]x^{2n}$ 的收敛半径 $R=1$,收敛域为 $(-1,1)$.

【举一反三】

1.求幂级数 $\displaystyle\sum_{n=1}^{\infty}\frac{x^{2n}}{n-3^{2n}}$ 的收敛半径及收敛域.

解: $\displaystyle\lim_{n\to\infty}\left|\frac{x^{2n+2}}{n+1-3^{2n+2}}\cdot\frac{n-3^{2n}}{x^{2n}}\right|=x^{2}\lim_{n\to\infty}\left|\frac{n-3^{2n}}{n+1-3^{2n+2}}\right|=x^{2}\lim_{n\to\infty}\left|\frac{\dfrac{n}{3^{2n}}-1}{\dfrac{n}{3^{2n}}+\dfrac{1}{3^{2n}}-9}\right|$

$$=\frac{x^{2}}{9}<1,$$

则 $|x|<3$,因此收敛半径 $R=3$,收敛区间为 $(-3,3)$.

当 $x=\pm3$ 时, $\displaystyle\sum_{n=1}^{\infty}\frac{x^{2n}}{n-3^{2n}}=\sum_{n=1}^{\infty}\frac{9^{n}}{n-9^{n}}$, $\displaystyle\lim_{n\to\infty}\frac{9^{n}}{n-9^{n}}=-1\neq0$,级数发散.

故收敛域为 $(-3,3)$.

2. 设 $f(x)$ 在 $[0,2]$ 上连续, $f(x)>0$, $A_{n}=\displaystyle\int_{0}^{2}x^{n}f(x)\mathrm{d}x$,求幂级数 $\displaystyle\sum_{n=0}^{\infty}\frac{x^{n}}{A_{n}}$ 的收敛半径及

收敛域.

解: 已知 $f(x)$ 在 $[0,2]$ 上连续, 由闭区间上连续函数的性质知, $f(x)$ 在 $[0,2]$ 上取得最大值 M, 最小值 m.

因为 $m\displaystyle\int_0^2 x^n \mathrm{d}x \leqslant \displaystyle\int_0^2 x^n f(x) \mathrm{d}x \leqslant M\displaystyle\int_0^2 x^n \mathrm{d}x$, 则 $m\dfrac{2^{n+1}}{n+1} \leqslant \displaystyle\int_0^2 x^n f(x)\mathrm{d}x \leqslant M\dfrac{2^{n+1}}{n+1}$,

即 $\sqrt[n]{m\dfrac{2^{n+1}}{n+1}} \leqslant \sqrt[n]{\displaystyle\int_0^2 x^n f(x)\mathrm{d}x} \leqslant \sqrt[n]{M\dfrac{2^{n+1}}{n+1}}$.

由夹逼定理得, 收敛半径 $R = \lim\limits_{n\to\infty}\sqrt[n]{A_n} = \lim\limits_{n\to\infty}\sqrt[n]{\displaystyle\int_0^2 x^n f(x)\mathrm{d}x} = 2$.

则收敛区间为 $(-2,2)$.

当 $x=2$ 时, $\displaystyle\sum_{n=0}^{\infty}\dfrac{2^n}{A_n} = \sum_{n=0}^{\infty}\dfrac{2^n}{\displaystyle\int_0^2 x^n f(x)\mathrm{d}x}$, $\dfrac{2^n}{\displaystyle\int_0^2 x^n f(x)\mathrm{d}x} > \dfrac{2^n}{2^n\displaystyle\int_0^2 f(x)\mathrm{d}x}$, 级数发散.

当 $x=-2$ 时, $\displaystyle\sum_{n=0}^{\infty}\dfrac{(-2)^n}{A_n} = \sum_{n=0}^{\infty}\dfrac{(-2)^n}{\displaystyle\int_0^2 x^n f(x)\mathrm{d}x}$, $\lim\limits_{n\to\infty}\dfrac{(-2)^n}{\displaystyle\int_0^2 x^n f(x)\mathrm{d}x} \neq 0$, 级数发散.

故收敛域为 $(-2,2)$.

例2 求下列级数的和:

(1) $\displaystyle\sum_{n=1}^{\infty}\dfrac{1}{n(n+1)(n+2)}$; (2) $\displaystyle\sum_{n=0}^{\infty}(-1)^n\dfrac{1}{3n+1}$; (3) $\displaystyle\sum_{n=1}^{\infty}\dfrac{n!+1}{2^n(n-1)!}$;

(4) $\displaystyle\sum_{n=0}^{\infty}\dfrac{n^2+1}{2^n n!}x^n$; (5) $\displaystyle\sum_{n=1}^{\infty}\dfrac{1}{2^n}x^{n-1}$.

分析: 求常数项级数和的方法有利用定义求部分和, 或者将级数和看作幂级数和函数在某点的函数值. 幂级数求和函数可以利用已知的麦克劳林展开式及幂级数的性质 (有理运算性质、逐项求导、逐项求积).

解: (1) $\dfrac{1}{n(n+1)(n+2)} = \dfrac{1}{2}\left[\dfrac{1}{n(n+1)} - \dfrac{1}{(n+1)(n+2)}\right]$,

$S_n = \dfrac{1}{2}\left\{\left(\dfrac{1}{1\times 2} - \dfrac{1}{2\times 3}\right) + \left(\dfrac{1}{2\times 3} - \dfrac{1}{3\times 4}\right) + \cdots + \left[\dfrac{1}{n(n+1)} - \dfrac{1}{(n+1)(n+2)}\right]\right\}$

$= \dfrac{1}{2}\left[\dfrac{1}{1\times 2} - \dfrac{1}{(n+1)(n+2)}\right]$.

$\lim\limits_{n\to\infty}S_n = \dfrac{1}{4}$, 则 $\displaystyle\sum_{n=1}^{\infty}\dfrac{1}{n(n+1)(n+2)} = \dfrac{1}{4}$.

(2) 设 $S(x) = \displaystyle\sum_{n=0}^{\infty}(-1)^n\dfrac{x^{3n+1}}{3n+1}$, 则 $S'(x) = \displaystyle\sum_{n=0}^{\infty}(-1)^n x^{3n} = \dfrac{1}{1+x^3}$,

$S(x) = \displaystyle\int_0^x S'(t)\mathrm{d}t + S(0) = \int_0^x \dfrac{1}{1+t^3}\mathrm{d}t = \int_0^x\left[\dfrac{1}{3(1+t)} - \dfrac{t-2}{3(t^2-t+1)}\right]\mathrm{d}t$

$$= \frac{1}{6}\ln\frac{(x+1)^2}{x^2-x+1} + \frac{1}{\sqrt{3}}\arctan\frac{2x-1}{\sqrt{3}} + \frac{\pi}{6\sqrt{3}}, (-1 < x < 1)$$

$$\lim_{x\to 1^-}S(x) = 1 - \frac{1}{4} + \frac{1}{7} - \frac{1}{10} + \cdots = S(1) = \frac{1}{3}\ln 2 + \frac{\pi}{3\sqrt{3}}.$$

(3) $\displaystyle\sum_{n=1}^{\infty}\frac{n!+1}{2^n(n-1)!} = \sum_{n=1}^{\infty}\frac{n}{2^n} + \sum_{n=1}^{\infty}\frac{1}{2^n(n-1)!} = \frac{1}{2}\sum_{n=1}^{\infty}\frac{n}{2^{n-1}} + \frac{1}{2}\sum_{n=1}^{\infty}\frac{1}{2^{n-1}(n-1)!}.$

令 $\displaystyle S_1(x) = \sum_{n=1}^{\infty}nx^{n-1}$,则 $\displaystyle\int_0^x S_1(t)\mathrm{d}t = \int_0^x\sum_{n=1}^{\infty}nt^{n-1}\mathrm{d}t = \sum_{n=1}^{\infty}x^n = \frac{x}{1-x}.$

由于 $\displaystyle S_1(x) = \left(\int_0^x S_1(t)\mathrm{d}t\right)' = \left(\frac{x}{1-x}\right)' = \frac{1}{(1-x)^2}.$ 所以 $\displaystyle\frac{1}{2}\sum_{n=1}^{\infty}\frac{n}{2^{n-1}} = 2.$

令 $\displaystyle S_2(x) = \sum_{n=1}^{\infty}\frac{1}{(n-1)!}x^{n-1}$,则 $\displaystyle S_2(x) = \sum_{n=0}^{\infty}\frac{1}{n!}x^n = \mathrm{e}^x,$

所以 $\displaystyle\frac{1}{2}\sum_{n=1}^{\infty}\frac{1}{2^{n-1}(n-1)!} = \frac{1}{2}\mathrm{e}^{\frac{1}{2}}.$

于是 $\displaystyle\sum_{n=1}^{\infty}\frac{n!+1}{2^n(n-1)!} = \frac{1}{2}\sum_{n=1}^{\infty}\frac{n}{2^{n-1}} + \frac{1}{2}\sum_{n=1}^{\infty}\frac{1}{2^{n-1}(n-1)!} = 2 + \frac{1}{2}\mathrm{e}^{\frac{1}{2}}.$

(4) $\displaystyle\sum_{n=0}^{\infty}\frac{n^2+1}{2^n n!}x^n = \sum_{n=0}^{\infty}\frac{n^2+1}{n!}\left(\frac{x}{2}\right)^n = \sum_{n=1}^{\infty}\frac{n}{(n-1)!}\left(\frac{x}{2}\right)^n + \sum_{n=0}^{\infty}\frac{1}{n!}\left(\frac{x}{2}\right)^n$

$$= \frac{x^2}{4}\sum_{n=2}^{\infty}\frac{1}{(n-2)!}\left(\frac{x}{2}\right)^{n-2} + \frac{x}{2}\sum_{n=1}^{\infty}\frac{1}{(n-1)!}\left(\frac{x}{2}\right)^{n-1} + \mathrm{e}^{\frac{x}{2}}$$

$$= \frac{x^2}{4}\mathrm{e}^{\frac{x}{2}} + \frac{x}{2}\mathrm{e}^{\frac{x}{2}} + \mathrm{e}^{\frac{x}{2}}, x \in (-\infty, +\infty).$$

(5) $\displaystyle\lim_{n\to\infty}\sqrt[n]{\frac{1}{2^n\cdot n}} = \frac{1}{2}$,则 $R = 2$,收敛区间为 $(-2, 2).$

当 $x = 2$ 时,$\displaystyle\sum_{n=2}^{\infty}\frac{1}{2n}$ 发散;当 $x = -2$ 时,$\displaystyle\sum_{n=2}^{\infty}\frac{(-1)^{n-1}}{2n}$ 收敛.

则级数收敛域为 $[-2, 2).$

设 $\displaystyle S(x) = \sum_{n=1}^{\infty}\frac{1}{2^n n}x^{n-1}.$

当 $x = 0$ 时,$S(x) = \frac{1}{2}.$

当 $x \in [-2, 0) \cup (0, 2]$ 时,$\displaystyle S(x) = \frac{1}{x}\sum_{n=1}^{\infty}\frac{1}{n}\left(\frac{x}{2}\right)^n = \frac{1}{x}\left[-\ln\left(1 - \frac{x}{2}\right)\right].$

故 $S(x) = \begin{cases} \dfrac{1}{2}, x = 0, \\[2mm] \dfrac{1}{x}\left[-\ln\left(1 - \dfrac{x}{2}\right)\right], x \in [-2, 0) \cup (0, 2]. \end{cases}$

【举一反三】

1. 求级数 $\displaystyle\sum_{n=0}^{\infty}\frac{(-1)^n(n^2-n+1)}{2^n}$ 的和.

解：$\sum_{n=0}^{\infty} \frac{(-1)^n(n^2-n+1)}{2^n} = \sum_{n=0}^{\infty} (-1)^n \frac{n^2}{2^n} - \sum_{n=0}^{\infty} \frac{(-1)^n n}{2^n} + \sum_{n=0}^{\infty} \frac{(-1)^n}{2^n}.$

令 $S_1(x) = \sum_{n=0}^{\infty} (-1)^n n^2 x^n = x \sum_{n=0}^{\infty} (-1)^n n^2 x^{n-1}, S_2(x) = \sum_{n=0}^{\infty} (-1)^n n^2 x^{n-1},$

则 $\int_0^x S_2(t)\mathrm{d}t = \sum_{n=0}^{\infty} (-1)^n n x^n = x \sum_{n=0}^{\infty} (-1)^n n x^{n-1}.$

令 $S_3(x) = \sum_{n=0}^{\infty} (-1)^n n x^{n-1},$

则 $\int_0^x S_3(t)\mathrm{d}t = \sum_{n=0}^{\infty} (-1)^n x^n = \frac{1}{1+x}.$

故 $S_3(x) = \frac{-1}{(1+x)^2}, S_2(x) = \left[\frac{-x}{(1+x)^2}\right]' = \frac{x^2-1}{(1+x)^4}, S_1(x) = \frac{x(x^2-1)}{(1+x)^4},$

即得 $S_1\left(\frac{1}{2}\right) = -\frac{2}{27}.$

令 $S_4(x) = \sum_{n=0}^{\infty} (-1)^n n x^n = x S_3(x) = \frac{-x}{(1+x)^2},$ 则 $S_4\left(\frac{1}{2}\right) = -\frac{2}{9}.$

所以原式 $= -\frac{2}{27} + \frac{2}{9} + \lim_{n\to\infty} \frac{1-\left(-\frac{1}{2}\right)^n}{1+\frac{1}{2}} = \frac{22}{27}.$

例3 证明：$\int_0^1 \frac{x\ln x}{x-1}\mathrm{d}x = 1 - \sum_{n=2}^{\infty} \frac{1}{n^2(n-1)}.$

分析：等式左端的被积函数的原函数不能够用初等函数的形式表现，可利用幂级数的性质采用逐项积分计算．

证明：已知 $\sum_{n=1}^{\infty} x^n = \frac{x}{1-x}, x \in (-1,1),$ 则 $-\sum_{n=1}^{\infty} x^n \ln x = \frac{x\ln x}{1-x}, x \in (0,1).$

又 $\sum_{n=1}^{\infty} \int_0^1 x^n \ln x \mathrm{d}x = \sum_{n=1}^{\infty} \left(\frac{1}{n+1} x^{n+1} \ln x \Big|_0^1 - \frac{1}{n+1} \int_0^1 x^n \mathrm{d}x\right) = -\sum_{n=1}^{\infty} \frac{1}{(n+1)^2}$ 收敛．

所以有 $\int_0^1 \frac{x\ln x}{x-1}\mathrm{d}x = \sum_{n=1}^{\infty} \frac{1}{(n+1)^2}.$

则 $1 - \sum_{k=2}^n \frac{1}{k^2(k-1)} = 1 - \sum_{k=2}^n \left[\frac{1}{k(k-1)} - \frac{1}{k^2}\right] = 1 - \sum_{k=2}^n \left(\frac{1}{k-1} - \frac{1}{k}\right) + \sum_{k=2}^n \frac{1}{k^2}$

$$= \frac{1}{n} + \sum_{k=2}^n \frac{1}{k^2},$$

有 $\lim_{n\to\infty}\left(1 - \sum_{k=2}^n \frac{1}{k^2(k-1)}\right) = \sum_{k=2}^{\infty} \frac{1}{k^2} = \sum_{k=2}^{\infty} \frac{1}{(n+1)^2},$

所以 $\int_0^1 \frac{x\ln x}{x-1}\mathrm{d}x = 1 - \sum_{n=2}^{\infty} \frac{1}{n^2(n-1)}.$

【举一反三】

1. 设 $f(x) = \sum\limits_{n=0}^{\infty} a_n x^n \mathrm{d}x$ 在 $|x| < R$ 内收敛，若 $\sum\limits_{n=0}^{\infty} a_n \dfrac{R^{n+1}}{n+1}$ 收敛，则 $\int\limits_0^R f(x)\mathrm{d}x =$

$\sum\limits_{n=0}^{\infty} a_n \dfrac{R^{n+1}}{n+1}$. 运用上述结论证明：$\int\limits_0^1 \dfrac{1}{1+x}\mathrm{d}x = \ln 2 = \sum\limits_{n=1}^{\infty} \dfrac{(-1)^{n-1}}{n}$.

证明： 由题意知，$\int\limits_0^R f(t)\mathrm{d}t = \sum\limits_{n=0}^{\infty} a_n \dfrac{x^{n+1}}{n+1}, x \in (-R,R)$，

$\sum\limits_{n=0}^{\infty} a_n \dfrac{R^{n+1}}{n+1}$ 在 $[0,R]$ 上收敛，则 $\sum\limits_{n=0}^{\infty} a_n \dfrac{x^{n+1}}{n+1}, \int\limits_0^x f(t)\mathrm{d}t$ 在 $[0,R]$ 上连续，

即 $\int\limits_0^R f(x)\mathrm{d}x = \lim\limits_{x \to R^-} \int\limits_0^x f(t)\mathrm{d}t = \sum\limits_{n=0}^{\infty} \lim\limits_{x \to R^-} a_n \dfrac{x^{n+1}}{n+1} = \sum\limits_{n=0}^{\infty} a_n \dfrac{R^{n+1}}{n+1}$.

令 $f(x) = \sum\limits_{n=1}^{\infty} (-1)^n x^n, x \in (-1,1)$，

则 $f(x) = \dfrac{1}{1+x}, \forall x \in (-1,1)$，

$\int\limits_0^x \dfrac{1}{1+t}\mathrm{d}t = \sum\limits_{n=0}^{\infty} \dfrac{(-1)^n x^{n+1}}{n+1} = \sum\limits_{n=1}^{\infty} \dfrac{(-1)^{n-1}}{n} x^n$，

即 $\sum\limits_{n=1}^{\infty} \dfrac{(-1)^{n-1}}{n} = \int\limits_0^1 \dfrac{1}{1+t}\mathrm{d}t = \ln 2$.

例 4 设 $\sum\limits_{n=1}^{\infty} a_n x^n$ 满足：$a_{n+2} + c_1 a_{n+1} + c_2 a_n = 0 (n \geqslant 0), c_1, c_2$ 为常数，$a_0 = 1, a_1 = -7$，

$a_2 = -1, a_3 = -43. S(x)$ 是收敛域内的和函数.

（1）求 a_n 的一般表达式；

（2）证明：$S(x) = \dfrac{1-8x}{(1-3x)(1+2x)}$；

（3）求 $\sum\limits_{n=1}^{\infty} a_n x^n$ 的收敛半径.

分析： 解本题的关键是要找到 a_n，从已知的递推公式出发可以得到 c_1, c_2，由此找规律即得 a_n.

解：（1）由 $a_{n+2} + c_1 a_{n+1} + c_2 a_n = 0$，得

$a_2 + c_1 a_1 + c_2 a_0 = 0$，

$a_3 + c_1 a_2 + c_2 a_1 = 0$.

将 $a_0 = 1, a_1 = -7, a_2 = -1, a_3 = -43$ 代入，得 $c_1 = -1, c_2 = -6$.

又 $a_{n+2} - 3a_{n+1} = -2(a_{n+1} - 3a_n) = \cdots = (-2)^n (a_2 - 3a_1) = 10(-2)^{n+1}$，

$a_{n+2} + 2a_{n+1} = 3(a_{n+1} + 2a_n) = \cdots = 3^n (a_2 + 2a_1) = 3^{n+1} \cdot (-5)$，

得 $a_n = -3^n + 2(-2)^n$.

（2）**证明**：由（1）知，$\sum\limits_{n=0}^{\infty} a_n x^n = 2\sum\limits_{n=0}^{\infty}(-2x)^n - \sum\limits_{n=0}^{\infty}(3x)^n = 2\cdot\dfrac{1}{1-(-2x)} - \dfrac{1}{1-3x}$

$= \dfrac{1-8x}{(1-3x)(1+2x)}$,

即 $S(x) = \dfrac{1-8x}{(1-3x)(1+2x)}$.

（3）**解**：收敛半径 $R = \dfrac{1}{\lim\limits_{n\to\infty}\sqrt[n]{|-3^n + 2(-2)^n|}} = \dfrac{1}{\lim\limits_{n\to\infty}\sqrt[n]{3^n\left|1 - 2\left(-\dfrac{2}{3}\right)^n\right|}} = \dfrac{1}{3}$.

【举一反三】

1. 设 $f(x) = \sum\limits_{n=1}^{\infty} \dfrac{x^n}{n^2}$ 定义在 $[0,1]$ 上，证明它在 $(0,1)$ 上满足：

$$f(x) + f(1-x) + \ln x \ln(1-x) = f(1).$$

证明：设 $g(x) = f(x) + f(1-x) + \ln x \ln(1-x)$,

则 $g'(x) = f'(x) - f'(1-x) - \dfrac{\ln x}{1-x} + \dfrac{\ln(1-x)}{x}$

$= \sum\limits_{n=1}^{\infty} \dfrac{x^{n-1}}{n} - \sum\limits_{n=1}^{\infty} \dfrac{(1-x)^{n-1}}{n} - \dfrac{\ln x}{1-x} + \dfrac{\ln(1-x)}{x}$

$= \dfrac{1}{x}\sum\limits_{n=1}^{\infty} \dfrac{x^n}{n} - \dfrac{1}{1-x}\sum\limits_{n=1}^{\infty} \dfrac{(1-x)^n}{n} - \dfrac{\ln x}{1-x} + \dfrac{\ln(1-x)}{x}$

$= -\dfrac{\ln(1-x)}{x} + \dfrac{\ln x}{1-x} - \dfrac{\ln x}{1-x} + \dfrac{\ln(1-x)}{x} = 0$,

故函数 $g(x)$ 为常值函数，即有

$\lim\limits_{x\to 1^-} g(x) = \lim\limits_{x\to 1^-}[f(x) + f(1-x) + \ln x \ln(1-x)] = f(1)$.

因此 $f(x) + f(1-x) + \ln x \ln(1-x) = f(1)$.

例5 （1）将 $y = \ln(1 - x - 2x^2)$ 展开成 x 的幂级数，并指出其收敛区间；

（2）将函数 $y = \arctan\dfrac{1-2x}{1+2x}$ 展开为 x 的幂级数，并求 $\sum\limits_{n=0}^{\infty} \dfrac{(-1)^n}{(2n+1)}$ 的和.

分析：幂级数展开的问题，一般地，先将函数作适当的变形，利用已知的展开式展开. 但如果所给函数形式复杂，不能通过恒等变形直接展开，则可先对函数微分（或者积分），对导函数（积分之后的函数）进行幂级数展开，而后通过逐项积分（逐项可导）即可得结果.

解：（1）$\ln(1 - x - 2x^2) = \ln(1-2x)(1+x) = \ln(1+x) + \ln(1-2x)$

$= \sum\limits_{n=1}^{\infty}(-1)^{n-1}\dfrac{x^n}{n} + \sum\limits_{n=1}^{\infty}\dfrac{-(2x)^n}{n}$

$= \sum\limits_{n=1}^{\infty}\dfrac{(-1)^{n+1} - 2^n}{n}x^n. \left(x \in \left[-\dfrac{1}{2}, \dfrac{1}{2}\right)\right)$

（2）$y' = \dfrac{\left(\dfrac{1-2x}{1+2x}\right)'}{1 + \left(\dfrac{1-2x}{1+2x}\right)^2} = -\dfrac{2}{1+4x^2} = -2\left[\sum\limits_{n=0}^{\infty}(-1)^n(4x^2)^n\right] = -2\sum\limits_{n=0}^{\infty}(-1)^n 4^n x^{2n}$,

则 $y(x) - y(0) = \int_0^x y'(t)\mathrm{d}t = -2\sum_{n=0}^{\infty}(-1)^n 4^n \int_0^x t^{2n}\mathrm{d}t = -2\sum_{n=0}^{\infty}(-1)^n 4^n \cdot \frac{x^{2n+1}}{2n+1}$.

故有 $y = \frac{\pi}{4} - 2\sum_{n=0}^{\infty}(-1)^n 4^n \frac{x^{2n+1}}{2n+1}$.

由于 $\sum_{n=0}^{\infty}\frac{(-1)^n}{2n+1}$ 收敛，$f(x)$ 在 $x = \frac{1}{2}$ 处连续，

所以 $y = \frac{\pi}{4} - 2\sum_{n=0}^{\infty}(-1)^n 4^n \frac{x^{2n+1}}{2n+1}$，$x \in \left(-\frac{1}{2}, \frac{1}{2}\right]$.

令 $x = \frac{1}{2}$，则 $y\left(\frac{1}{2}\right) = \frac{\pi}{4} - 2\sum_{n=0}^{\infty}(-1)^n 4^n \cdot \frac{1}{2n+1} \cdot \frac{1}{2^{2n+1}}$.

又 $y\left(\frac{1}{2}\right) = 0$，则 $\sum_{n=0}^{\infty}(-1)^n \cdot \frac{1}{2n+1} = \frac{\pi}{4} - y\left(\frac{1}{2}\right) = \frac{\pi}{4}$.

【举一反三】

1. 将 $\frac{\mathrm{d}}{\mathrm{d}x}\left(\frac{e^x-1}{x}\right)$ 展开成 x 的幂级数，并求 $\sum_{n=0}^{\infty}\frac{n}{(n+1)!}$ 的和.

解：$e^x = \sum_{n=0}^{\infty}\frac{x^n}{n!}$，

则 $\frac{e^x-1}{x} = \sum_{n=0}^{\infty}\frac{x^n}{(n+1)!}$，$\frac{\mathrm{d}}{\mathrm{d}x}\left(\frac{e^x-1}{x}\right) = \sum_{n=0}^{\infty}\frac{nx^{n-1}}{(n+1)!}$，$(-\infty < x < \infty)$

$\sum_{n=0}^{\infty}\frac{n}{(n+1)!} = \sum_{n=0}^{\infty}\frac{nx^{n-1}}{(n+1)!}\bigg|_{x=1} = \frac{\mathrm{d}}{\mathrm{d}x}\left(\frac{e^x-1}{x}\right)\bigg|_{x=1} = \frac{xe^x - e^x + 1}{x^2}\bigg|_{x=1} = 1$.

2. 当 $-1 < x < 1$ 时，设 $f(x) = \ln(1+x) + \frac{x}{(1-x)^3} = \sum_{n=1}^{\infty}a_n x^n$，求 a_n.

解：（法一）因为 $\ln(1+x) = \sum_{n=1}^{\infty}\frac{(-1)^{n-1}}{n}x^n$，所以下面考虑 $\frac{1}{(1-x)^3}$ 的展开即可.

因为 $\frac{1}{1-x} = 1 + x + x^2 + \cdots = 1 + \sum_{n=1}^{\infty}x^n$，

$\left(\frac{1}{1-x}\right)' = \frac{1}{(1-x)^2} = \sum_{n=1}^{\infty}nx^{n-1} = 1 + \sum_{n=2}^{\infty}nx^{n-1}$，

$\left(\frac{1}{1-x}\right)'' = \frac{2}{(1-x)^3} = \sum_{n=2}^{\infty}n(n-1)x^{n-2} \Rightarrow \frac{1}{(1-x)^3} = \frac{1}{2}\sum_{n=2}^{\infty}n(n-1)x^{n-2}$，

所以 $f(x) = \ln(1+x) + x \cdot \frac{1}{(1-x)^3} = \sum_{n=1}^{\infty}\frac{(-1)^{n-1}}{n}x^n + \frac{1}{2}\sum_{n=2}^{\infty}n(n-1)x^{n-1}$

$= \sum_{n=1}^{\infty}\frac{(-1)^{n-1}}{n}x^n + \frac{1}{2}\sum_{n=1}^{\infty}(n+1)nx^n = \sum_{n=1}^{\infty}\left[\frac{(-1)^{n-1}}{n} + \frac{(n+1)n}{2}\right]x^n$，$(-1 < x < 1)$

即 $a_n = \frac{(-1)^{n-1} \cdot 2 + (n+1)n^2}{2n}$.

（法二）令 $g(x) = \frac{1}{(1-x)^3}$，

则 $\int_0^x g(t)\mathrm{d}t = \int_0^x \dfrac{1}{(1-t)^3}\mathrm{d}t = -\int_0^x \dfrac{1}{(1-t)^3}\mathrm{d}(1-t) = \dfrac{1}{2}(1-t)^{-2}\Big|_0^x = \dfrac{1}{2(1-x)^2} - \dfrac{1}{2}.$

令 $h(x) = \dfrac{1}{(1-x)^2},$

则 $\int_0^x h(t)\mathrm{d}t = \int_0^x \dfrac{1}{(1-t)^2}\mathrm{d}t = \dfrac{1}{1-x} - 1 = \sum_{n=0}^{\infty} x^n - 1 = \sum_{n=1}^{\infty} x^n,$

因此 $h(x) = \Big[\int_0^x h(t)\mathrm{d}t\Big]' = \Big(\sum_{n=1}^{\infty} x^n\Big)' = \sum_{n=1}^{\infty} nx^{n-1},$

$g(x) = \Big[\int_0^x g(t)\mathrm{d}t\Big]' = \Big(\dfrac{1}{2}\sum_{n=1}^{\infty} nx^{n-1} - \dfrac{1}{2}\Big)' = \dfrac{1}{2}\sum_{n=2}^{\infty} n(n-1)x^{n-2}.$

$f(x) = \ln(1+x) + \dfrac{x}{(1-x)^3} = \sum_{n=1}^{\infty} \dfrac{(-1)^{n-1}}{n}x^n + \dfrac{1}{2}\sum_{n=1}^{\infty}(n+1)nx^n$

$= \sum_{n=1}^{\infty}\Big[\dfrac{(-1)^{n-1}}{n} + \dfrac{(n+1)n}{2}\Big]x^n,$

即 $a_n = \dfrac{(-1)^{n-1}\cdot 2 + (n+1)n^2}{2n}.$

例6 设幂级数 $\sum_{n=0}^{\infty} a_n x^n$ 在 $(-\infty, +\infty)$ 内收敛,其和函数 $y(x)$ 满足:

$y'' - 2xy' - 4y = 0, y(0) = 0, y'(0) = 1.$

(1) 证明:$a_{n+2} = \dfrac{2}{n+1}a_n, n = 1,2,\cdots;$

(2) 求 $y(x)$ 的表达式.

分析: 利用逐项可导得系数 a_n 的递推表达式.

(1)**证明:** $y' = \sum_{n=1}^{\infty} na_n x^{n-1}, y'' = \sum_{n=2}^{\infty} n(n-1)a_n x^{n-2},$

代入 $y'' - 2xy' - 4y = 0$,得 $\sum_{n=0}^{\infty}(n+1)(n+2)a_{n+2}x^n - 2\sum_{n=1}^{\infty} na_n x^n - 4\sum_{n=0}^{\infty} a_n x^n = 0,$

则有 $\begin{cases} 2a_2 - 4a_0 = 0, \\ (n+1)(n+2)a_{n+2} - 2(n+2)a_n = 0, \end{cases}$ 即 $a_{n+2} = \dfrac{2}{n+1}a_n.$

(2) **解:** $y(0) = a_0 = 0, y'(1) = a_1 = 1,$

故 $a_{2n+1} = \dfrac{2}{2n}a_{2n-1} = \cdots = \dfrac{2^n}{2n\cdot 2(n-1)\cdots 4\cdot 2}a_1 = \dfrac{1}{n!},$

$a_{2n} = \cdots = \dfrac{2^n}{2n\cdot 2(n-1)\cdots 4\cdot 2}a_0 = 0,$

故 $y(x) = \sum_{n=0}^{\infty} a_{2n+1}x^{2n+1} = \sum_{n=0}^{\infty}\dfrac{x^{2n+1}}{n!} = x\sum_{n=0}^{\infty}\dfrac{x^{2n}}{n!} = x\mathrm{e}^{x^2}.\ (-\infty < x < \infty)$

【举一反三】

1. 设 $a_0 = 1, a_1 = 0, a_{n+1} = \dfrac{1}{n+1}(na_n + a_{n-1})(n = 1,2,\cdots), S(x)$ 为幂级数 $\sum_{n=0}^{\infty} a_n x^n$ 的

和函数,证明:

(1) 幂级数 $\sum\limits_{n=0}^{\infty} a_n x^n$ 的收敛半径不小于1;

(2) $(1-x)S'(x) - xS(x) = 0, x \in (-1,1)$,并求 $S(x)$ 的表达式.

证明:(1) 由已知得,$0 \leqslant a_2 \leqslant 1$,

从而由归纳法可知 $0 \leqslant a_{n+1} \leqslant 1$,于是 $|a_n x^n| \leqslant |x^n|$.

由于幂级数 $\sum\limits_{n=0}^{\infty} x^n$ 的收敛半径为1,

则当 $x \in (-1,1)$ 时,$\sum\limits_{n=0}^{\infty} x^n$ 绝对收敛,此时 $\sum\limits_{n=0}^{\infty} a_n x^n$ 收敛,

则幂级数 $\sum\limits_{n=0}^{\infty} a_n x^n$ 的收敛半径不小于1.

(2) $S(x) = \sum\limits_{n=0}^{\infty} a_n x^n = a_0 + \sum\limits_{n=1}^{\infty} a_n x^n$,即 $xS(x) = \sum\limits_{n=0}^{\infty} a_n x^{n+1}$.

则 $S'(x) = \sum\limits_{n=1}^{\infty} na_n x^{n-1} = \sum\limits_{n=0}^{\infty} (n+1)a_{n+1} x^n$,

所以 $(1-x)S'(x) = \sum\limits_{n=0}^{\infty} (n+1)a_{n+1} x^n - \sum\limits_{n=0}^{\infty} (n+1)a_{n+1} x^{n+1}$

$= a_1 + \sum\limits_{n=1}^{\infty} (n+1) \cdot \dfrac{1}{n+1}(na_n + a_{n-1}) x^n - \sum\limits_{n=1}^{\infty} na_n x^n$

$= \sum\limits_{n=1}^{\infty} (na_n + a_{n-1}) x^n - \sum\limits_{n=1}^{\infty} na_n x^n = \sum\limits_{n=1}^{\infty} a_{n-1} x^n = \sum\limits_{n=0}^{\infty} a_n x^{n+1} = xS(x)$,

所以 $(1-x)S'(x) - xS(x) = 0$,这是变量分离方程,

则 $\dfrac{dS(x)}{S(x)} = \dfrac{x}{1-x}dx \Rightarrow \ln|S(x)| = -x - \ln|1-x| + \ln C_1$,得 $S(x) = \dfrac{Ce^{-x}}{1-x}$.

因为 $S(0) = a_0 = 1$,则 $C = 1$,所以 $S(x) = \dfrac{e^{-x}}{1-x}$.

拓展训练

1. 求下列幂级数的收敛域:

(1) $\sum\limits_{n=0}^{\infty} \dfrac{(2x+1)^n}{n}$;

(2) $\sum\limits_{n=0}^{\infty} \dfrac{x^{n^2}}{2^n}$;

(3) $\sum\limits_{n=1}^{\infty} \dfrac{\ln(n+1)}{n^{\alpha + \frac{1}{n}}} x^n (\alpha > 0)$.

2. 求幂级数 $\sum\limits_{n=0}^{\infty} n(n+1)x^n$ 的和函数.

3. 求幂级数 $\sum\limits_{n=0}^{\infty} (-1)^{n+1} \dfrac{1}{n(n+1)} x^{n+1}$ 的和函数.

4. 求幂级数 $\sum\limits_{n=0}^{\infty} (-1)^{n} \dfrac{1}{n(2n-1)3^{n}}$ 的和.

5. 求级数 $\sum\limits_{n=1}^{\infty} \dfrac{1}{4n^{2}-1}$ 的和.

6. 求级数 $\sum\limits_{n=1}^{\infty} \dfrac{x^{2n-1}}{1 \cdot 3 \cdot 5 \cdots (2n-1)}$ 的和.

7. 求幂级数 $\sum\limits_{n=1}^{\infty} \dfrac{n}{(n+1)!} x^{n-1}$ 的和函数.

8. 求幂级数 $\sum\limits_{n=2}^{\infty} \dfrac{x^{n}}{n^{2}-1}$ 的和函数, 并求级数 $\sum\limits_{n=2}^{\infty} \dfrac{1}{(n^{2}-1)2^{n}}$ 的和.

9. 设 $a_0, a_1, \cdots$ 为等差数列 $(a_0 \neq 0)$, 求:

(1) $\sum\limits_{n=0}^{\infty} a_n x^n$ 的收敛半径;

(2) $\sum\limits_{n=0}^{\infty} \dfrac{a_n}{2^n}$ 的和.

10. 求幂级数 $\sum\limits_{n=1}^{\infty} \dfrac{(-1)^{n-1} x^{2n+1}}{n(2n-1)}$ 的收敛域及和函数.

11. 求幂级数 $\sum\limits_{n=1}^{\infty} (-1)^{n-1} n^{2} x^{n}$ 的和函数.

12. 设 $I_n = \displaystyle\int_0^{\frac{\pi}{4}} \tan^{n} x \, \mathrm{d}x$.

(1) 求 $\sum\limits_{n=1}^{\infty} \dfrac{I_{n+2}+I_n}{n}$;

(2) 证明: $\forall \lambda > 0, \sum\limits_{n=1}^{\infty} \dfrac{I_n}{n^{\lambda}}$ 收敛.

13. 已知 $f(x) = \arctan \dfrac{4+x^2}{4-x^2}$, 将 $f(x)$ 展成 x 的幂级数, 并求 $\sum\limits_{n=0}^{\infty} \dfrac{(-1)^n}{(2n+1)2^{2n+1}}$.

14. 将函数 $f(x) = x\arctan x - \ln\sqrt{1+x^2}$ 展开为 x 的幂级数.

15. 求 $\displaystyle\int_0^1 \dfrac{1}{1+x^3}\mathrm{d}x$, 并证明 $\displaystyle\int_0^1 \dfrac{1}{1+x^3}\mathrm{d}x = \sum\limits_{n=1}^{\infty} \dfrac{(-1)^{n-1}}{3n-2}$.

16. 求 $f(x) = \dfrac{\ln(x+\sqrt{1+x^2})}{\sqrt{1+x^2}}$ 在 $x=0$ 的幂级数展开式.

17. 已知当 $\alpha > 1$ 时, $\displaystyle\int_{-1}^{1} \dfrac{1}{\alpha-x}\dfrac{\mathrm{d}x}{\sqrt{1-x^2}} = \dfrac{\pi}{\sqrt{\alpha^2-1}}$, 证明:

$$\int_{-1}^{1} \frac{x^{2n}}{\sqrt{1-x^2}}\mathrm{d}x = \frac{(2n-1)!!}{(2n)!!}\pi.$$

18. 证明：

（1） $\displaystyle\int_{0}^{1} x^x \mathrm{d}x = \sum_{n=1}^{\infty} (-1)^{n+1} n^{-n}$；

（2） $\displaystyle\sum_{n=1}^{\infty} \frac{1}{n^2} = -\int_{0}^{1} \frac{\ln(1-t)}{t}\mathrm{d}t.$

19. 设 $S_n(x) = 2\displaystyle\sum_{k=1}^{n} \frac{\sin(2k-1)x}{2k-1}$，证明：

（1） $S_n(x) = \displaystyle\int_{0}^{x} \frac{\sin 2nt}{\sin t}\mathrm{d}t$；

（2）当 $0 < x < \dfrac{\pi}{2}$ 时，有 $\left| S_n(x) - \displaystyle\int_{0}^{2nx} \frac{\sin t}{t}\mathrm{d}t \right| < \dfrac{\pi x^2}{24}.$

拓展训练参考答案9

第十讲

傅里叶级数

一、基本定义

定义 1　函数 $f(x)$ 在 $[-\pi, \pi]$ 上的傅里叶展开

设 $f(x)$ 是以 2π 为周期的函数,且在 $[-\pi, \pi]$ 上可积,则 $f(x)$ 的傅里叶级数为

$$f(x) \sim \frac{a_0}{2} + \sum_{n=1}^{\infty} (a_n \cos nx + b_n \sin nx).$$

其中, $a_n = \frac{1}{\pi} \int_{-\pi}^{\pi} f(x) \cos nx \mathrm{d}x, n = 0, 1, 2, \cdots, b_n = \frac{1}{\pi} \int_{-\pi}^{\pi} f(x) \sin nx \mathrm{d}x, n = 1, 2, \cdots.$

定义 2　函数 $f(x)$ 在一般区间上的傅里叶展开

设 $f(x)$ 是以 $2l$ 为周期的函数,且在 $[-l, l]$ 上可积,则 $f(x)$ 的傅里叶级数为

$$f(x) \sim \frac{a_0}{2} + \sum_{n=1}^{\infty} \left(a_n \cos \frac{n\pi}{l}x + b_n \sin \frac{n\pi}{l}x \right);$$

$$a_n = \frac{1}{l} \int_{-l}^{l} f(x) \cos \frac{n\pi x}{l} \mathrm{d}x, n = 0, 1, 2, \cdots;$$

$$b_n = \frac{1}{l} \int_{-l}^{l} f(x) \sin \frac{n\pi x}{l} \mathrm{d}x, n = 1, 2, \cdots.$$

二、重要性质、定理

定理 1　收敛性定理

设 $f(x)$ 在 $[-\pi, \pi]$ 上满足:(1)除去有限个第一类间断点外都连续;(2)只有有限个

极值点,则 $f(x)$ 的傅里叶级数在 $[-\pi,\pi]$ 上收敛,且有

$$\frac{a_0}{2}+\sum_{n=1}^{\infty}(a_n\cos nx+b_n\sin nx)=\begin{cases}f(x),x \text{ 是 } f(x) \text{ 的连续点};\\[2mm]\dfrac{1}{2}[f(x_0-0)+f(x_0+0)],x_0 \text{ 是 } f(x) \text{ 的第一类间断点};\\[2mm]\dfrac{1}{2}[f(-\pi+0)+f(\pi-0)],x=\pm\pi.\end{cases}$$

性质 1 傅里叶级数的部分和 $S_n(x)$ 的性质

设 $f(x)$ 是以 2π 为周期的函数,且在 $[-\pi,\pi]$ 上可积,$\forall n \in \mathbf{N}$,

$$S_n(x)=\frac{a_0}{2}+\sum_{k=1}^{n}(a_k\cos kx+b_k\sin kx)$$

为 $f(x)$ 的傅里叶级数的部分和. 若 $T_n(x)$ 为任一个 n 阶三角多项式,则有

(1) $\displaystyle\int_{-\pi}^{\pi}[f(x)-S_n(x)]^2\mathrm{d}x \leqslant \int_{-\pi}^{\pi}[f(x)-T_n(x)]^2\mathrm{d}x$;

(2) $\displaystyle\frac{1}{\pi}\int_{-\pi}^{\pi}[f(x)-S_n(x)]^2\mathrm{d}x=\frac{1}{\pi}\int_{-\pi}^{\pi}[f(x)]^2\mathrm{d}x-\left[\frac{a_0^2}{2}+\sum_{k=1}^{n}(a_k^2+b_k^2)\right]$;

(3) $\displaystyle\frac{a_0^2}{2}+\sum_{n=1}^{\infty}(a_n^2+b_n^2) \leqslant \frac{1}{\pi}\int_{-\pi}^{\pi}[f(x)]^2\mathrm{d}x$;

(4) $\displaystyle\lim_{n\to\infty}\int_{-\pi}^{\pi}[f(x)-S_n(x)]^2\mathrm{d}x=0$;

(5) $\displaystyle\int_{-\pi}^{\pi}f(x)\sum_{k=1}^{n}(a_k\cos kx)\mathrm{d}x=\pi\sum_{k=1}^{n}a_k^2,\int_{-\pi}^{\pi}f(x)\sum_{k=1}^{n}(b_k\sin kx)\mathrm{d}x=\pi\sum_{k=1}^{n}b_k^2$;

(6) $\displaystyle\frac{1}{\pi}\int_{-\pi}^{\pi}f^2(x)\mathrm{d}x=\frac{a_0^2}{2}+\sum_{n=1}^{\infty}(a_n^2+b_n^2)$.

典型例题

例 1 将 $f(x)=\begin{cases}0,-2 \leqslant x < 0,\\h,0 \leqslant x < 2\end{cases}$ 展开成傅里叶级数.

分析:按照已知公式计算即可.

解:$a_n=\dfrac{1}{2}\displaystyle\int_0^2 h\cos\frac{n\pi x}{2}\mathrm{d}x=\frac{1}{2}\cdot\frac{2}{n\pi}h\sin\frac{n\pi x}{2}\Big|_0^2=0(n\neq 0)$,

$a_0=\dfrac{1}{2}\displaystyle\int_0^2 f(x)\mathrm{d}x=\frac{1}{2}\int_0^2 h\mathrm{d}x=h$,

$b_n=\dfrac{1}{2}\displaystyle\int_0^2 h\sin\frac{n\pi x}{2}\mathrm{d}x=\frac{h}{2}\left[-\frac{2}{n\pi}\cos\frac{n\pi x}{2}\right]\Big|_0^2=\frac{h(1-\cos n\pi)}{n\pi}$

$$= \begin{cases} \dfrac{2h}{(2k-1)\pi}, n=2k-1, k=1,2,\cdots; \\ 0, n=2k, k=1,2,\cdots. \end{cases}$$

故 $f(x) \sim \dfrac{h}{2} + \sum\limits_{k=1}^{\infty} \dfrac{2h}{(2k-1)\pi} \sin\dfrac{(2k-1)\pi x}{2} = \begin{cases} 0, -2 < x < 0, \\ h, 0 < x < 2, \\ \dfrac{h}{2}, x=0, \pm 2. \end{cases}$

【举一反三】

1. 设 $f(x) = \begin{cases} -1, -\pi \leqslant x < 0, \\ 0, 0 \leqslant x < \pi \end{cases}$ 是周期为 2π 的周期函数,将其展开为傅里叶级数.

解: $f(x)$ 为奇函数,故 $a_n = 0$.

$b_n = \dfrac{2}{\pi}\displaystyle\int_0^{\pi} f(x)\sin nx\mathrm{d}x = \dfrac{2}{\pi}\int_0^{\pi}\sin nx\mathrm{d}x = \dfrac{2}{n\pi}(1-\cos n\pi) = \dfrac{2}{n\pi}[1-(-1)^n]$

$\qquad = \begin{cases} \dfrac{4}{(2k-1)\pi}, n=2k-1, k=1,2,\cdots, \\ 0, n=2k, k=1,2,\cdots. \end{cases}$

所以 $f(x)$ 的傅里叶级数为 $\sum\limits_{n=1}^{\infty} \dfrac{4}{(2n-1)\pi}\sin(2n-1)x.$

当 $x = k\pi$ $(k=0, \pm 1, \pm 2,\cdots)$ 时,$f(x)$ 间断,

$$\sum_{n=1}^{\infty} \frac{4}{(2n-1)\pi}\sin(2n-1)x = \frac{-1+1}{2} = 0.$$

当 $x \neq k\pi$ $(k=0, \pm 1, \pm 2,\cdots)$ 时,$f(x)$ 连续,

$$\sum_{n=1}^{\infty} \frac{4}{(2n-1)\pi}\sin(2n-1)x = f(x).$$

例2 将函数 $f(x) = x$ 在 $[0,\pi]$ 上展开为余弦级数.

分析: 利用对称区间上定积分计算,可以得到:

在 $[0,\pi]$ 上展开为余弦级数 $\begin{cases} a_n = \dfrac{2}{\pi}\displaystyle\int_0^{\pi} f(x)\cos nx\mathrm{d}x, n=0,1,2,\cdots, \\ b_n = 0, n=1,2,\cdots. \end{cases}$

在 $[0,\pi]$ 上展开为正弦级数 $\begin{cases} a_n = 0, n=0,1,2,\cdots, \\ b_n = \dfrac{2}{\pi}\displaystyle\int_0^{\pi} f(x)\sin nx\mathrm{d}x, n=1,2,\cdots. \end{cases}$

同理可得,

在 $[0,l]$ 上展开为余弦级数 $\begin{cases} a_n = \dfrac{2}{l}\displaystyle\int_0^{l} f(x)\cos\dfrac{n\pi x}{l}\mathrm{d}x, n=0,1,2,\cdots, \\ b_n = 0, n=1,2,\cdots. \end{cases}$

在 $[0,l]$ 上展开为正弦级数 $\begin{cases} a_n = 0, n = 0,1,2,\cdots, \\ b_n = \dfrac{2}{l}\int_0^l f(x)\sin\dfrac{n\pi x}{l}dx, n = 1,2,\cdots. \end{cases}$

解: 将函数作周期为 2π 的偶延拓,则 $b_n = 0$.

$$a_0 = \frac{1}{\pi}\int_{-\pi}^{\pi} f(x)dx = \frac{2}{\pi}\int_0^{\pi} xdx = \pi,$$

$$a_n = \frac{1}{\pi}\int_{-\pi}^{\pi} f(x)\cos nx dx = \frac{2}{\pi}\int_0^{\pi} x\cos nx dx = \frac{2}{n\pi}\int_0^{\pi} x d\sin nx$$

$$= \frac{2}{n\pi}\left(x\sin nx\,\Big|_0^{\pi} - \int_0^{\pi}\sin nx dx\right) = \frac{2}{n^2\pi}(\cos nx)\,\Big|_0^{\pi} = \frac{2}{n^2\pi}\left[(-1)^n - 1\right].$$

故 $x = \dfrac{\pi}{2} - \dfrac{4}{\pi}\left(\cos x + \dfrac{\cos 3x}{3^2} + \cdots + \dfrac{\cos(2n-1)x}{(2n-1)^2} + \cdots\right).$

【举一反三】

1. 将 $f(x) = x$ 在 $[0,2]$ 上展开成正弦级数.

解: 将 $f(x)$ 作周期为 4 的奇延拓,则 $a_n = 0$.

$$b_n = \frac{2}{2}\int_0^2 x\sin\frac{n\pi x}{2}dx = -\frac{2}{n\pi}\int_0^2 x d\cos\frac{n\pi x}{2} = -\frac{2}{n\pi}\left(x\cos\frac{n\pi x}{2}\,\Big|_0^2 - \int_0^2\cos\frac{n\pi x}{2}dx\right)$$

$$= -\frac{4}{n\pi}\cos n\pi = \frac{4}{n\pi}(-1)^{n+1}, n = 1,2,\cdots.$$

$$f(x) = x = \sum_{n=1}^{\infty}\frac{4}{n\pi}(-1)^{n+1}\sin\frac{n\pi x}{2} = \frac{4}{\pi}\left(\sin\frac{\pi x}{2} - \frac{1}{2}\sin\frac{2\pi x}{2} + \frac{1}{3}\sin\frac{3\pi x}{2} + \cdots\right).$$

当 $x = 0,2$ 时,右端级数收敛于 0.

例3 设 $f(x)$ 为 $[-\pi,\pi]$ 上的可积函数,证明:若 $f(x)$ 的傅里叶级数在 $[-\pi,\pi]$ 上一致收敛于 $f(x)$,则 $\dfrac{1}{\pi}\int_{-\pi}^{\pi}[f(x)]^2 dx = \dfrac{a_0^2}{2} + \sum_{n=1}^{\infty}(a_n^2 + b_n^2).$ [帕塞瓦尔(Parseval)等式]

分析: 将被积函数 $[f(x)]^2$ 写成 $f(x)\left[\dfrac{a_0}{2} + \sum_{n=1}^{\infty}(a_n\cos nx + b_n\sin nx)\right]$ 即得.

证明: 由已知得 $f(x) = \dfrac{a_0}{2} + \sum_{n=1}^{\infty}(a_n\cos nx + b_n\sin nx).$

则 $\dfrac{1}{\pi}\int_{-\pi}^{\pi}[f(x)]^2 dx = \dfrac{1}{\pi}\int_{-\pi}^{\pi} f(x)\left[\dfrac{a_0}{2} + \sum_{n=1}^{\infty}(a_n\cos nx + b_n\sin nx)\right]dx$

$= \dfrac{a_0}{2}\cdot\dfrac{1}{\pi}\int_{-\pi}^{\pi} f(x)dx + \dfrac{1}{\pi}\int_{-\pi}^{\pi} f(x)\left[\sum_{n=1}^{\infty}(a_n\cos nx + b_n\sin nx)\right]dx$

$= \dfrac{a_0^2}{2} + \dfrac{1}{\pi}\sum_{n=1}^{\infty}\int_{-\pi}^{\pi}[a_n f(x)\cos nx + b_n f(x)\sin nx]dx$

$= \dfrac{a_0^2}{2} + \sum_{n=1}^{\infty}\left[a_n\dfrac{1}{\pi}\int_{-\pi}^{\pi} f(x)\cos nx dx + b_n\dfrac{1}{\pi}\int_{-\pi}^{\pi} f(x)\sin nx dx\right] = \dfrac{a_0^2}{2} + \sum_{n=1}^{\infty}(a_n^2 + b_n^2).$

【举一反三】

1. 对于在 $[-\pi, \pi]$ 上的可积函数 $f(x)$，$a_0, a_k, b_k(k = 1, 2, \cdots, n)$ 为 f 的傅里叶系数.

证明：当 $A_0 = a_0, A_k = a_k, B_k = b_k(k = 1, 2, \cdots, n)$ 时，积分 $\int_{-\pi}^{\pi} [f(x) - T_n(x)]^2 \mathrm{d}x$ 取最小值，

且最小值为 $\int_{-\pi}^{\pi} [f(x)]^2 \mathrm{d}x - \pi \left[\dfrac{a_0^2}{2} + \sum\limits_{k=1}^{n} (a_k^2 + b_k^2) \right]$，其中，$T_n(x) = \dfrac{A_0}{2} + \sum\limits_{k=1}^{n} (A_k \cos kx + B_k \sin kx)$.

证明：
$$\int_{-\pi}^{\pi} [f(x) - T_n(x)]^2 \mathrm{d}x = \int_{-\pi}^{\pi} \left\{ f(x) - \left[\frac{A_0}{2} + \sum_{k=1}^{n} (A_k \cos kx + B_k \sin kx) \right] \right\}^2 \mathrm{d}x$$

$$= \int_{-\pi}^{\pi} -2f(x) \left[\frac{A_0}{2} + \sum_{k=1}^{n} (A_k \cos kx + B_k \sin kx) \right] \mathrm{d}x$$

$$+ \int_{-\pi}^{\pi} \left[\frac{A_0}{2} + \sum_{k=1}^{n} (A_k \cos kx + B_k \sin kx) \right]^2 \mathrm{d}x + \int_{-\pi}^{\pi} 2f(x) \left[\frac{a_0}{2} + \sum_{k=1}^{n} (a_k \cos kx + b_k \sin kx) \right] \mathrm{d}x$$

$$- \int_{-\pi}^{\pi} \left[\frac{a_0}{2} + \sum_{k=1}^{n} (a_k \cos kx + b_k \sin kx) \right]^2 \mathrm{d}x$$

$$= -2\pi \left(\frac{A_0}{2} a_0 + \sum_{k=1}^{n} A_k a_k + \sum_{k=1}^{n} B_k b_k \right) + \pi \left(\frac{A_0^2}{2} + \sum_{k=1}^{n} A_k^2 + \sum_{k=1}^{n} B_k^2 \right)$$

$$+ 2\pi \left(\frac{a_0^2}{2} + \sum_{k=1}^{n} a_k^2 + \sum_{k=1}^{n} b_k^2 \right) - \pi \left(\frac{a_0^2}{2} + \sum_{k=1}^{n} a_k^2 + \sum_{k=1}^{n} b_k^2 \right)$$

$$= \pi \left[\frac{1}{2} (A_0 - a_0)^2 + \sum_{k=1}^{n} (A_k - a_k)^2 + \sum_{k=1}^{n} (B_k - b_k)^2 \right] \geqslant 0,$$

当 $A_0 = a_0, A_k = a_k, B_k = b_k$ 时，$\int_{-\pi}^{\pi} [f(x) - T_n(x)]^2 \mathrm{d}x$ 取最小值，且最小值为

$$\int_{-\pi}^{\pi} \left[f(x) - \left(\frac{a_0}{2} + \sum_{k=1}^{n} (a_k \cos kx + b_k \sin kx) \right) \right]^2 \mathrm{d}x$$

$$= \int_{-\pi}^{\pi} [f(x)]^2 \mathrm{d}x - \int_{-\pi}^{\pi} 2f(x) \left[\frac{a_0}{2} + \sum_{k=1}^{n} (a_k \cos kx + b_k \sin kx) \right] \mathrm{d}x$$

$$+ \int_{-\pi}^{\pi} \left[\frac{a_0}{2} + \sum_{k=1}^{n} (a_k \cos kx + b_k \sin kx) \right]^2 \mathrm{d}x$$

$$= \int_{-\pi}^{\pi} [f(x)]^2 \mathrm{d}x - 2 \left(\frac{a_0^2}{2} \pi + \pi \sum_{k=1}^{n} a_k^2 + \pi \sum_{k=1}^{n} b_k^2 \right) + \left[\frac{a_0^2}{4} 2\pi + \sum_{k=1}^{n} (\pi a_k^2 + \pi b_k^2) \right]$$

$$= \int_{-\pi}^{\pi} [f(x)]^2 \mathrm{d}x - \pi \left(\frac{a_0^2}{2} + \sum_{k=1}^{n} a_k^2 + \sum_{k=1}^{n} b_k^2 \right) = \int_{-\pi}^{\pi} [f(x)]^2 \mathrm{d}x - \pi \left[\frac{a_0^2}{2} + \sum_{k=1}^{n} (a_k^2 + b_k^2) \right].$$

例 4 设定义在 $[a, b]$ 上的连续函数列 $\{\varphi_n\}$ 满足关系：$\int_{a}^{b} \varphi_n(x) \varphi_m(x) \mathrm{d}x =$

$\begin{cases} 0, n \neq m, \\ 1, n = m, \end{cases}$ 对于在 $[a,b]$ 上的可积函数 $f(x)$, 定义 $a_n = \int_a^b \varphi_n(x) f(x) \mathrm{d}x, n = 1, 2, \cdots$, 证明:

$\sum\limits_{n=1}^{\infty} a_n^2$ 收敛, 且有不等式 $\sum\limits_{n=1}^{\infty} a_n^2 \leqslant \int_a^b [f(x)]^2 \mathrm{d}x$.

分析: 直接考察结论中的 $\sum\limits_{k=1}^{n} a_k^2$,

$$\sum_{k=1}^{n} a_k^2 = \sum_{k=1}^{n} a_k \int_a^b f(x) \varphi_k(x) \mathrm{d}x = \sum_{k=1}^{n} \int_a^b f(x) a_k \varphi_k(x) \mathrm{d}x.$$

若令 $S_n(x) = \sum\limits_{k=1}^{n} a_k \varphi_k(x)$, 则 $\sum\limits_{k=1}^{n} a_k^2 = \int_a^b f(x) S_n(x) \mathrm{d}x$.

关注到 $\int_a^b [S_n(x)]^2 \mathrm{d}x = \sum\limits_{k=1}^{n} a_k^2$, 再与要证的结论相比, 我们只需要讨论

$$\int_a^b [f(x) - S_n(x)]^2 \mathrm{d}x.$$

证明: 作级数 $\sum\limits_{n=1}^{\infty} a_n \varphi_n(x)$, 令 $S_m(x) = \sum\limits_{n=1}^{m} a_n \varphi_n(x)$,

考察积分 $\int_a^b [f(x) - S_m(x)]^2 \mathrm{d}x = \int_a^b [f(x)]^2 \mathrm{d}x - 2\int_a^b f(x) S_m(x) \mathrm{d}x + \int_a^b S_m^2(x) \mathrm{d}x$.

$$\int_a^b f(x) S_m(x) \mathrm{d}x = \int_a^b f(x) \sum_{n=1}^{m} a_n \varphi_n(x) \mathrm{d}x = \sum_{n=1}^{m} a_n \int_a^b f(x) \varphi_n(x) \mathrm{d}x = \sum_{n=1}^{\infty} a_n^2,$$

同理 $\int_a^b [S_m(x)]^2 \mathrm{d}x = \sum\limits_{n=1}^{\infty} a_n^2$,

于是 $0 \leqslant \int_a^b [f(x) - S_m(x)]^2 \mathrm{d}x = \int_a^b [f(x)]^2 \mathrm{d}x - \sum\limits_{n=1}^{\infty} a_n^2$,

因此 $\sum\limits_{n=1}^{m} a_n^2 \leqslant \int_a^b [f(x)]^2 \mathrm{d}x, \forall m$.

而 $\int_a^b f^2(x) \mathrm{d}x$ 为有限值,

所以正项级数的部分和数列有界, 因而收敛, 且 $\sum\limits_{n=1}^{\infty} a_n^2 \leqslant \int_a^b [f(x)]^2 \mathrm{d}x$.

拓展训练

1. 将函数 $f(x) = 10 - x (5 < x < 15)$ 展开为以 10 为周期的傅里叶级数.

2. 将函数 $f(x) = 1 + x (0 \leq x \leq \pi)$ 展开为以 2π 周期的余弦级数，并求 $\sum\limits_{n=1}^{\infty} \dfrac{1}{n^2}$ 之和.

3. (1) 把函数 $f(x) = \begin{cases} ax, & -\pi < x \leq 0, \\ bx, & 0 < x < \pi \end{cases} (a \neq b, a \neq 0, b \neq 0)$ 展开成傅里叶级数;

(2) 把函数 $f(x) = \begin{cases} 0, & -5 \leq x < 0, \\ 3, & 0 \leq x < 5 \end{cases}$ 展开成傅里叶级数.

4. 设 f 是以 2π 为周期的可积函数. 证明: 对任何实数 C, 有

$$a_n = \frac{1}{\pi} \int_C^{C+2\pi} f(x) \cos nx \, dx = \frac{1}{\pi} \int_{-\pi}^{\pi} f(x) \cos nx \, dx, n = 0, 1, \cdots,$$

$$b_n = \frac{1}{\pi} \int_C^{C+2\pi} f(x) \sin nx \, dx = \frac{1}{\pi} \int_{-\pi}^{\pi} f(x) \sin nx \, dx, n = 1, 2, \cdots.$$

5. 设 $f(x)$ 在 $[0, \pi]$ 上有连续导数, $f'(x)$ 在 $[0, \pi]$ 上分段光滑, $\int_0^\pi f(x) \, dx = 0$, 证明:

$$\int_0^\pi [f'(x)]^2 \, dx \geq \int_0^\pi [f(x)]^2 \, dx.$$

6. 试求三角多项式 $T_n(x) = \dfrac{A_0}{2} + \sum\limits_{k=1}^{n} (A_k \cos kx + B_k \sin kx)$ 的傅里叶级数展开式.

7. 设 $f(x)$ 的周期为 2π, 且 $f(x) = \left(\dfrac{\pi - x}{2} \right)^2, 0 < x \leq 2\pi$, 试利用 $f(x)$ 的傅里叶展开式 计算 $\sum\limits_{n=1}^{\infty} \dfrac{1}{n^2}$ 的和.

8. 设 $f(x)$ 在 $[a, b]$ 上可积, 求 $\lim\limits_{n \to \infty} f(x) |\sin nx| \, dx$.

拓展训练参考答案10

第十一讲

多元函数微分学

知识要点

一、基本定义

定义1　函数在一点处的极限

$\lim\limits_{\substack{x \to x_0 \\ y \to y_0}} f(x,y) = A \Leftrightarrow \forall \varepsilon > 0, \exists \delta > 0, 0 < |x - x_0| < \delta, 0 < |y - y_0| < \delta$,且$(x,y)$不与$(x_0, y_0)$重合,$|f(x,y) - A| < \varepsilon$.

定义2　二次极限

$\lim\limits_{x \to x_0} \lim\limits_{y \to y_0} f(x,y), \lim\limits_{y \to y_0} \lim\limits_{x \to x_0} f(x,y)$称为二次极限,这里$x \to x_0, y \to y_0$是有先后顺序的.

定义3　函数在一点的连续性

若函数$f(x,y)$在(x_0, y_0)处的邻域内有定义,如果$\lim\limits_{\substack{x \to x_0 \\ y \to y_0}} f(x,y) = f(x_0, y_0)$,那么称函数$f(x,y)$在$(x_0, y_0)$连续.

定义4　偏导数

对于函数$f(x,y)$,如给自变量x以增量Δx时,对应的函数增量为

$$\Delta_x f = f(x + \Delta x, y) - f(x,y),$$

若$\lim\limits_{\Delta x \to 0} \dfrac{\Delta_x f}{\Delta x} = \lim\limits_{\Delta x \to 0} \dfrac{f(x + \Delta x, y) - f(x,y)}{\Delta x}$存在,则称$f(x,y)$在点$(x,y)$处关于$x$的偏导数存在,并记为$\dfrac{\partial f}{\partial x}, f_x(x,y)$.

类似地,

若$\lim\limits_{\Delta y \to 0} \dfrac{\Delta_y f}{\Delta y} = \lim\limits_{\Delta y \to 0} \dfrac{f(x, y + \Delta y) - f(x,y)}{\Delta y}$存在,则称$f(x,y)$在点$(x,y)$处关于$y$的偏导

数存在,并记为 $\frac{\partial f}{\partial y}, f_y(x,y)$.

定义 5　全微分

若函数 $f(x,y)$ 的全改变量可表示为

$$\Delta f = f(x + \Delta x, y + \Delta y) - f(x,y) = A\Delta x + B\Delta y + o(\sqrt{(\Delta x)^2 + (\Delta y)^2}),$$

其中 A,B 与 $\Delta x, \Delta y$ 无关,则称 $f(x,y)$ 在点 (x,y) 可微,

并称 $A\Delta x + B\Delta y$ 为 $f(x,y)$ 在点 (x,y) 的全微分. 记为

$$\mathrm{d}f = A\mathrm{d}x + B\mathrm{d}y.$$

定义 6　空间曲线的切线与法平面

设空间曲线 G 的参数方程为

$$\begin{cases} x = \varphi(t), \\ y = \phi(t), \\ z = w(t), \end{cases}$$

这里假定 $\varphi(t), \phi(t), w(t)$ 都在 $[a,b]$ 上可导.

在曲线 G 上取对应于 $t = t_0$ 的一点 $M_0(x_0, y_0, z_0)$,

曲线的切向量:切线的方向向量称为曲线的切向量.

向量 $T = (\varphi'(t_0), \phi'(t_0), w'(t_0))$ 就是曲线 G 在点 M_0 处的一个切向量.

切线方程: $\dfrac{x - x_0}{\varphi'(t_0)} = \dfrac{y - y_0}{\phi'(t_0)} = \dfrac{z - z_0}{w'(t_0)}$.

法平面:通过点 M_0 而与切线垂直的平面称为曲线 G 在点 M_0 处的法平面,其法平面方程为

$$\varphi'(t_0)(x - x_0) + \phi'(t_0)(y - y_0) + w'(t_0)(z - z_0) = 0.$$

定义 7　曲面的切平面与法线

设曲面 S 的方程为 $F(x,y,z) = 0, M_0(x_0, y_0, z_0)$ 是曲面 S 上的一点,并设函数 $F(x,y,z)$ 的偏导数在该点连续且不同时为零.

曲面的法向量:垂直于曲面上切平面的向量称为曲面的法向量.

向量 $\boldsymbol{n} = (F_x(x_0, y_0, z_0), F_y(x_0, y_0, z_0), F_z(x_0, y_0, z_0))$ 就是曲面 S 在点 M_0 处的一个法向量.

曲面的法线:通过点 $M_0(x_0, y_0, z_0)$ 而垂直于切平面的直线称为曲面在该点的法线.

法线方程为 $\dfrac{x - x_0}{F_x(x_0, y_0, z_0)} = \dfrac{y - y_0}{F_y(x_0, y_0, z_0)} = \dfrac{z - z_0}{F_z(x_0, y_0, z_0)}$.

曲面上通过点 M_0 的一切曲线在点 M_0 的切线都在同一个平面上.

这个平面称为曲面 S 在点 M_0 的切平面. 该切平面的方程是

$$F_x(x_0, y_0, z_0)(x - x_0) + F_y(x_0, y_0, z_0)(y - y_0) + F_z(x_0, y_0, z_0)(z - z_0) = 0.$$

定义 8　方向导数

设 l 是 xOy 平面上以 $P_0(x_0, y_0)$ 为始点的一条射线, $\boldsymbol{e}_l = (\cos\alpha, \cos\beta)$ 是与 l 同方向的单位向量.

射线 l 的参数方程为 $\begin{cases} x = x_0 + t\cos\alpha, \\ y = y_0 + t\cos\beta \end{cases} (t \geqslant 0).$

设函数 $z = f(x, y)$ 在点 $P_0(x_0, y_0)$ 的某一邻域 $U(P_0)$ 内有定义，

$P(x_0 + t\cos\alpha, y_0 + t\cos\beta)$ 为 l 上另一点，且 $P \in U(P_0)$.

如果函数增量 $f(x_0 + t\cos\alpha, y_0 + t\cos\beta) - f(x_0, y_0)$ 与 P 到 P_0 的距离 $|PP_0| = t$ 的比值 $\dfrac{f(x_0 + t\cos\alpha, y_0 + t\cos\beta) - f(x_0, y_0)}{t}$ 当 P 沿着 l 趋于 P_0（即 $t \to 0^+$）时的极限存在，则称此极限为函数 $f(x, y)$ 在点 P_0 沿方向 l 的方向导数，记作 $\left.\dfrac{\partial f}{\partial l}\right|_{(x_0, y_0)}$，即

$$\left.\frac{\partial f}{\partial l}\right|_{(x_0, y_0)} = \lim_{t \to 0^+} \frac{f(x_0 + t\cos\alpha, y_0 + t\cos\beta) - f(x_0, y_0)}{t}.$$

定义 9　梯度

设函数 $z = f(x, y)$ 在平面区域 D 内具有一阶连续偏导数，

则对于每一点 $P_0(x_0, y_0) \in D$，都可确定一个向量 $f_x(x_0, y_0)\boldsymbol{i} + f_y(x_0, y_0)\boldsymbol{j}$，该向量称为函数 $f(x, y)$ 在点 $P_0(x_0, y_0)$ 的梯度，

记作 $\mathrm{grad} f(x_0, y_0)$，即 $\mathrm{grad} f(x_0, y_0) = f_x(x_0, y_0)\boldsymbol{i} + f_y(x_0, y_0)\boldsymbol{j}$.

定义 10　多元函数的极值

设函数 $z = f(x, y)$ 在点 (x_0, y_0) 的某个邻域内有定义，如果对于该邻域内任意一点 (x, y)，都有 $f(x, y) < f(x_0, y_0)$（或 $f(x, y) > f(x_0, y_0)$），则称函数在点 (x_0, y_0) 有极大值（或极小值）$f(x_0, y_0)$.

二、重要性质、定理

定理 1　如果函数 $f(P)$ 在有界闭区域 D 内连续，那么

(1) $\exists K > 0$，使得 $|f(P)| \leqslant K$，$P \in D$；

(2) $f(P)$ 在 D 上可取得最大值 M 及最小值 m；

(3) $\forall \mu \in [m, M]$，$\exists Q \in D$，使 $f(Q) = \mu$；

(4) $f(P)$ 必在 D 上一致连续.

定理 2　如果函数 $z = f(x, y)$ 在点 (x, y) 可微分，则该函数在点 (x, y) 的偏导数 $\dfrac{\partial z}{\partial x}, \dfrac{\partial z}{\partial y}$ 必存在，且函数 $z = f(x, y)$ 在点 (x, y) 的全微分为

$$\mathrm{d}z = \frac{\partial z}{\partial x}\mathrm{d}x + \frac{\partial z}{\partial y}\mathrm{d}y.$$

定理 3　如果函数 $z = f(x, y)$ 的偏导数 $\dfrac{\partial z}{\partial x}, \dfrac{\partial z}{\partial y}$ 在点 (x, y) 连续，则函数 $z = f(x, y)$ 在点 (x, y) 的全微分存在.

定理 4　如果函数 $z = f(x, y)$ 的两个二阶混合偏导数 $\dfrac{\partial^2 z}{\partial y \partial x}$ 及 $\dfrac{\partial^2 z}{\partial x \partial y}$ 在区域 D 内连续，那么在该区域内这两个二阶混合偏导数必相等.

定理 5　设函数 $F(x, y)$ 在点 $P(x_0, y_0)$ 的某一邻域内具有连续的偏导数，且 $F(x_0, y_0) = 0$，$F_y(x_0, y_0) \neq 0$，则方程 $F(x, y) = 0$ 在点 $P(x_0, y_0)$ 的某一邻域内恒能唯一确定一个单值连续且具有连续导数的函数 $y = f(x)$，它满足条件 $y_0 = f(x_0)$，并有 $\dfrac{\mathrm{d}y}{\mathrm{d}x} = -\dfrac{F_x}{F_y}$.

定理 6 设函数 $F(x,y,z)$ 在点 $F(x_0,y_0,z_0)$ 的某一邻域内有连续的偏导数，且 $F(x_0,y_0,z_0)=0$，$F_z(x_0,y_0,z_0) \neq 0$，则方程 $F(x,y,z)=0$ 在点 $P(x_0,y_0,z_0)$ 的某一邻域内恒能唯一确定一个单值连续且具有连续偏导数的函数 $z=f(x,y)$，它满足条件 $z_0=f(x_0,y_0)$，并有

$$\frac{\partial z}{\partial x}=-\frac{F_x}{F_z}, \quad \frac{\partial z}{\partial y}=-\frac{F_y}{F_z}.$$

三、重要公式及基本判别法

1. 复合函数的求导法则：

设函数 $z=f(u,v)$，且 $u=u(x,y)$，$v=v(x,y)$ 的一阶偏导数存在，则

$$\frac{\partial z}{\partial x}=\frac{\partial z}{\partial u}\frac{\partial u}{\partial x}+\frac{\partial z}{\partial v}\frac{\partial v}{\partial x}, \quad \frac{\partial z}{\partial y}=\frac{\partial z}{\partial u}\frac{\partial u}{\partial y}+\frac{\partial z}{\partial v}\frac{\partial v}{\partial y}.$$

2. 多元隐函数的偏导数：

设函数 $z=z(x,y)$，$F(x,y,z)=0$，则称 $z=z(x,y)$ 是方程 $F(x,y,z)=0$ 的隐函数，求它的偏导数时，只要对上面恒等式求偏导即可. 或者 $\dfrac{\partial z}{\partial x}=-\dfrac{F_x(x,y,z)}{F_z(x,y,z)}$，$\dfrac{\partial z}{\partial y}=-\dfrac{F_y(x,y,z)}{F_z(x,y,z)}$.

3. 梯度与方向导数的关系：

如果函数 $f(x,y)$ 在点 $P_0(x_0,y_0)$ 可微分，$\boldsymbol{e}_l=(\cos\alpha,\cos\beta)$ 是与方向 $\boldsymbol{l}$ 同方向的单位向量，则

$$\left.\frac{\partial f}{\partial \boldsymbol{l}}\right|_{(x_0,y_0)}=f_x(x_0,y_0)\cos\alpha+f_y(x_0,y_0)\cos\beta=\mathrm{grad}f(x_0,y_0)\boldsymbol{e}_l\,|$$
$$=|\,\mathrm{grad}f(x_0,y_0)\,|\cos(\mathrm{grad}f(x_0,y_0)\,\hat{}\,\boldsymbol{e}_l).$$

4. 极值判别法：

设函数 $z=f(x,y)$ 在点 (x_0,y_0) 的某邻域内连续且有一阶及二阶连续偏导数，

又 $f_x(x_0,y_0)=0$，$f_y(x_0,y_0)=0$，

令 $f_{xx}(x_0,y_0)=A$，$f_{xy}(x_0,y_0)=B$，$f_{yy}(x_0,y_0)=C$，则 $f(x,y)$ 在 (x_0,y_0) 处是否取得极值的条件如下：

(1) $AC-B^2>0$ 时，具有极值，且当 $A<0$ 时，有极大值，当 $A>0$ 时，有极小值；

(2) $AC-B^2<0$ 时，没有极值；

(3) $AC-B^2=0$ 时，可能有极值，也可能没有极值.

5. 条件极值：

对自变量有附加条件的极值称为条件极值.

要找函数 $z=f(x,y)$ 在条件 $\varphi(x,y)=0$ 下的可能极值点，可以先构成辅助函数 $F(x,y)=f(x,y)+\lambda\varphi(x,y)$，其中 λ 为某一常数. 然后解方程组

$$\begin{cases} F_x(x,y)=f_x(x,y)+\lambda\varphi_x(x,y)=0, \\ F_y(x,y)=f_y(x,y)+\lambda\varphi_y(x,y)=0, \\ \varphi(x,y)=0. \end{cases}$$

由该方程组解出 x,y 及 λ，则其中 (x,y) 就是所要求的可能的极值点.

6. 最大值和最小值问题:

求最大值和最小值的一般方法:将函数 $f(x,y)$ 在 D 内的所有驻点处的函数值及在 D 的边界上的最大值和最小值相互比较,其中最大的就是最大值,最小的就是最小值. 在通常遇到的实际问题中,如果根据问题的性质知道函数 $f(x,y)$ 的最大值(或最小值)一定在 D 的内部取得,而函数在 D 内只有一个驻点,那么可以肯定该驻点处的函数值就是函数 $f(x,y)$ 在 D 上的最大值(或最小值).

典型例题

例 1 求下列极限:

$(1)\ \lim\limits_{\substack{x\to 0 \\ y\to 0}} \dfrac{(x^2+2y^2)[1-\cos(x^2+y^2)]}{(x^2+y^2)^{\frac{3}{2}}}$; $\quad (2)\ \lim\limits_{\substack{x\to 0 \\ y\to 0}} \dfrac{x^2 y}{x^2+y^2}$;

$(3)\ \lim\limits_{\substack{x\to 0 \\ y\to 0}} \dfrac{1}{x^4+y^4} \mathrm{e}^{-\frac{1}{x^2+y^2}}$; $\quad (4)\ \lim\limits_{\substack{x\to 0 \\ y\to 1}} \dfrac{\sqrt{xy+1}-1}{xy(x+y+2)}$.

分析:求二元函数的极限,可以利用极限的定义及性质(如四则运算法则、夹逼定理、无穷小量与有界变量之积仍为无穷小量);可以转化为一元函数极限,利用一元函数求极限方法求解;可以利用极坐标变换等.

解:(1) 令 $x=r\cos\theta,y=r\sin\theta$,

则 $\lim\limits_{\substack{x\to 0 \\ y\to 0}} \dfrac{(x^2+2y^2)[1-\cos(x^2+y^2)]}{(x^2+y^2)^{\frac{3}{2}}} = \lim\limits_{r\to 0} \dfrac{r^2(1+\sin^2\theta)(1-\cos r^2)}{r^3}$

$= \lim\limits_{r\to 0} \dfrac{r^2(1+\sin^2\theta)\cdot\frac{1}{2}(r^2)^2}{r^3} = \dfrac{1}{2} \lim\limits_{r\to 0} r^3(1+\sin^2\theta) = 0$.

$(2)\ 0 \leqslant \left| \dfrac{x^2 y}{x^2+y^2} \right| \leqslant \dfrac{|x|\cdot\frac{x^2+y^2}{2}}{x^2+y^2} = \dfrac{1}{2}|x|$,

根据夹逼定理可得,$\lim\limits_{\substack{x\to 0 \\ y\to 0}} \dfrac{x^2 y}{x^2+y^2} = 0$.

$(3)\ \dfrac{1}{x^4+y^4} \mathrm{e}^{-\frac{1}{x^2+y^2}} = \dfrac{(x^2+y^2)^2}{x^4+y^4} \cdot \dfrac{\mathrm{e}^{-\frac{1}{x^2+y^2}}}{(x^2+y^2)^2}$.

令 $x^2+y^2=t$,

有 $\lim\limits_{\substack{x\to 0 \\ y\to 0}} \dfrac{\mathrm{e}^{-\frac{1}{x^2+y^2}}}{(x^2+y^2)^2} = \lim\limits_{t\to 0} \dfrac{\mathrm{e}^{-\frac{1}{t}}}{t^2} = \lim\limits_{t\to 0} \dfrac{1}{t^2} \mathrm{e}^{-\frac{1}{t}} = 0, \dfrac{(x^2+y^2)^2}{x^4+y^4} = 1 + \dfrac{2x^2 y^2}{x^4+y^4} \leqslant 2$,

得 $\lim\limits_{\substack{x\to 0 \\ y\to 0}} \dfrac{1}{x^4+y^4} \mathrm{e}^{-\frac{1}{x^2+y^2}} = 0$.

(4)(法一) $\lim\limits_{\substack{x\to 0 \\ y\to 1}} \dfrac{\sqrt{xy+1}-1}{xy(x+y+2)} = \lim\limits_{\substack{x\to 0 \\ y\to 1}} \dfrac{xy}{xy(x+y+2)(\sqrt{xy+1}+1)}$

$$= \lim_{\substack{x \to 0 \\ y \to 1}} \frac{1}{(x + y + 2)(\sqrt{xy + 1} + 1)} = \frac{1}{6}.$$

（法二）$\lim\limits_{\substack{x \to 0 \\ y \to 1}} \dfrac{\sqrt{xy + 1} - 1}{xy(x + y + 2)} = \lim\limits_{\substack{x \to 0 \\ y \to 1}} \dfrac{\frac{1}{2}xy}{xy(x + y + 2)} = \dfrac{1}{6}.$

【举一反三】

1. 证明：$\lim\limits_{\substack{x \to 0 \\ y \to 0}} \dfrac{x^2 y^2}{x^2 y^2 + (x - y)^2}$ 不存在.

证明： 由于 $\lim\limits_{\substack{x \to 0 \\ y = 0}} \dfrac{x^2 y^2}{x^2 y^2 + (x - y)^2} = 0$，即沿 x 轴趋向原点时，极限值为零.

$\lim\limits_{\substack{x \to 0 \\ y = x}} \dfrac{x^2 y^2}{x^2 y^2 + (x - y)^2} = \lim\limits_{x \to 0} \dfrac{x^4}{x^4} = 1$，即沿直线 $y = x$ 趋向原点时，极限值为1.

所以 $\lim\limits_{\substack{x \to 0 \\ y \to 0}} \dfrac{x^2 y^2}{x^2 y^2 + (x - y)^2}$ 不存在.

例2 设 $f(x,y) = \begin{cases} \dfrac{|x|^\alpha |y|^\alpha}{x^2 + y^2}, & (x,y) \neq (0,0), \\ 0, & (x,y) = (0,0), \end{cases}$ 证明：

(1) $\alpha > 1$ 时，$f(x,y)$ 在 $(0,0)$ 连续；

(2) $\alpha > \dfrac{3}{2}$ 时，$f(x,y)$ 在 $(0,0)$ 可微.

分析： 根据连续的定义，只需判断 $\lim\limits_{\substack{x \to 0 \\ y \to 0}} f(x,y)$ 是否存在且等于 $f(0,0)$ 即可.

函数可微性的讨论常用以下三种方法：(1) 可微的定义；(2) 可微的必要条件是可微函数必可导，也就是，不可导的函数一定不可微；(3) 可微的充分条件是有连续一阶偏导数的函数一定可微.

证明： (1) 由连续的定义，要使

$$\lim_{\substack{x \to 0 \\ y \to 0}} f(x,y) = \lim_{\substack{x \to 0 \\ y \to 0}} \frac{|x|^\alpha |y|^\alpha}{x^2 + y^2} = \lim_{r \to 0} \frac{r^{2\alpha} |\cos \theta|^\alpha |\sin \theta|^\alpha}{r^2} = 0 = f(0,0),$$

只需 $\alpha > 1$.

(2) 显然当 $\alpha > 0$ 时，$f_x(0,0) = 0, f_y(0,0) = 0$.

若 $\mathrm{d}f|_{(0,0)}$ 存在，则 $\mathrm{d}f|_{(0,0)} = 0$，

由微分的定义需 $\lim\limits_{\substack{x \to 0 \\ y \to 0}} \dfrac{\frac{|x|^\alpha |y|^\alpha}{x^2 + y^2}}{\sqrt{x^2 + y^2}} = \lim\limits_{\substack{x \to 0 \\ y \to 0}} \dfrac{|x|^\alpha |y|^\alpha}{(x^2 + y^2)^{\frac{3}{2}}} = \lim\limits_{r \to 0} \dfrac{r^{2\alpha} |\cos \theta|^\alpha |\sin \theta|^\alpha}{r^3} = 0,$

因此 $\alpha > \dfrac{3}{2}$.

【举一反三】

1. 用定义证明：若 $f(x,y)$ 满足 $|f(x,y) - 2x - 3y| \leqslant x^2 + y^2$，则 $f(x,y)$ 在 $(0,0)$ 可微，并求 $\mathrm{d}f(x,y)|_{(0,0)}$.

证明：$|f(x,y) - 2x - 3y| \leqslant x^2 + y^2$，令 $x = 0, y = 0$，得 $f(0,0) = 0$.

令 $y = 0$，$|f(x,0) - 2x| \leqslant x^2$，有 $\left| \dfrac{f(x,0) - 2x}{x} \right| \leqslant |x|$，

即 $\lim\limits_{x \to 0} \dfrac{f(x,0) - f(0,0) - 2x}{x} = 0$，

即 $\lim\limits_{x \to 0} \dfrac{f(x,0) - f(0,0)}{x} = 2 = f_x(0,0)$.

同理可得，$f_y(0,0) = 3$.

由 $\left| \dfrac{f(x,y) - f(0,0) - 2x - 3y}{\sqrt{x^2 + y^2}} \right| \leqslant \dfrac{x^2 + y^2}{\sqrt{x^2 + y^2}} = \sqrt{x^2 + y^2}$，

得 $\lim\limits_{\substack{x \to 0 \\ y \to 0}} \dfrac{f(x,y) - f(0,0) - 2x - 3y}{\sqrt{x^2 + y^2}} = 0$，

因而结论成立，且 $\mathrm{d}f(x,y)\big|_{(0,0)} = 2\mathrm{d}x + 3\mathrm{d}y$.

2. 证明：函数 $f(x,y) = \begin{cases} (x^2 + y^2)\sin\dfrac{1}{x^2 + y^2}, & x^2 + y^2 \neq 0, \\ 0, & x^2 + y^2 = 0. \end{cases}$ 的偏导数存在，但偏导数

在 $(0,0)$ 点不连续，且在 $(0,0)$ 点的任何邻域中无界，而在原点 $(0,0)$ 可微.

证明：$f_x'(x,y) = 2x\sin\dfrac{1}{x^2 + y^2} - \cos\dfrac{1}{x^2 + y^2}\dfrac{2x}{x^2 + y^2}, x^2 + y^2 \neq 0$，

$f_y'(x,y) = 2y\sin\dfrac{1}{x^2 + y^2} - \cos\dfrac{1}{x^2 + y^2}\dfrac{2y}{x^2 + y^2}$，

$f_x'(0,0) = \lim\limits_{x \to 0} \dfrac{f(x,0) - f(0,0)}{x} = \lim\limits_{x \to 0} \dfrac{x^2\sin\dfrac{1}{x^2}}{x} = 0$，

$f_y'(0,0) = \lim\limits_{x \to 0} \dfrac{f(0,y) - f(0,0)}{y} = \lim\limits_{x \to 0} \dfrac{y^2\sin\dfrac{1}{y^2}}{y} = 0$.

因为 $\lim\limits_{\substack{x \to 0 \\ y \to 0}} f_x'(x,y) = \lim\limits_{\substack{x \to 0 \\ y \to 0}} \left(2x\sin\dfrac{1}{x^2 + y^2} - \cos\dfrac{1}{x^2 + y^2}\dfrac{2x}{x^2 + y^2} \right)$ 不存在，

$\lim\limits_{\substack{x \to 0 \\ y \to 0}} f_y'(x,y) = \lim\limits_{\substack{x \to 0 \\ y \to 0}} \left(2y\sin\dfrac{1}{x^2 + y^2} - \cos\dfrac{1}{x^2 + y^2}\dfrac{2y}{x^2 + y^2} \right)$ 不存在，

故偏导数在 $(0,0)$ 点不连续，且在 $(0,0)$ 点的任何邻城内无界.

假设 $\mathrm{d}f\big|_{(0,0)}$ 存在，则 $\mathrm{d}f\big|_{(0,0)} = 0$，$\Delta f = [(\Delta x)^2 + (\Delta y)^2]\sin\dfrac{1}{(\Delta x)^2 + (\Delta y)^2}$，

所以 $\lim\limits_{\substack{\Delta x \to 0 \\ \Delta y \to 0}} \dfrac{\Delta f - \mathrm{d}f}{\sqrt{(\Delta x)^2 + (\Delta y)^2}} = \lim\limits_{\substack{\Delta x \to 0 \\ \Delta y \to 0}} \dfrac{[(\Delta x)^2 + (\Delta y)^2]\sin\dfrac{1}{(\Delta x)^2 + (\Delta y)^2}}{\sqrt{(\Delta x)^2 + (\Delta y)^2}}$

$= \lim\limits_{\substack{\Delta x \to 0 \\ \Delta y \to 0}} \sqrt{(\Delta x)^2 + (\Delta y)^2}\sin\dfrac{1}{(\Delta x)^2 + (\Delta y)^2} = 0$，

因此，函数 $f(x,y)$ 在 $(0,0)$ 点的全微分存在.

例3 设 $u = f\left(x^2 + y^2, \dfrac{y}{x}\right)$，其中 $f(u,v)$ 具有连续二阶偏导数，求 $\dfrac{\partial^2 u}{\partial x \partial y}$.

分析：抽象复合函数的导数或偏导数的求导法则需要理解以下两个问题.(1)决定对函数关于变量求偏导数还是求导数；(2)外函数对中间变量求一阶偏导数或求了一阶导数后所得函数的结构与外函数是否相同.

解：$\dfrac{\partial u}{\partial x} = 2x f_1' - \dfrac{y}{x^2} f_2'$，

$$\dfrac{\partial^2 u}{\partial x \partial y} = 2x\left(2y f_{11}'' + \dfrac{1}{x} f_{12}''\right) - \dfrac{1}{x^2} f_t' - \dfrac{y}{x^2}\left(2y f_{21}'' + \dfrac{1}{x} f_{22}''\right) = 4xy f_{11}'' + 2\left(1 - \dfrac{y^2}{x^2}\right) f_{12}'' - \dfrac{1}{x^2} f_t' - \dfrac{y}{x^3} f_{22}''.$$

【举一反三】

1. 设 $z = \displaystyle\int_0^{x^2 y} f(t, e^t)\,dt$，其中 f 具有连续一阶偏导数，求 dz 及 $\dfrac{\partial^2 z}{\partial x \partial y}$.

解：由于 $dz = f(x^2 y, e^{x^2 y})\,dx^2 y = f(x^2 y, e^{x^2 y}) \cdot (2xy\,dx + x^2\,dy)$，

所以 $\dfrac{\partial z}{\partial x} = f(x^2 y, e^{x^2 y})2xy$，

可得 $\dfrac{\partial^2 z}{\partial x \partial y} = 2xf(x^2 y, e^{x^2 y}) + (x^2 f_1' + x^2 e^{x^2 y} f_2') \cdot 2xy = 2xf(x^2 y, e^{x^2 y}) + 2x^3 y(f_1' + e^{x^2 y} f_2')$.

2. 设函数 $z = f(x,y)$ 在点 $(1,1)$ 处可微，且 $f(1,1) = 1$，$\dfrac{\partial f}{\partial x}\Big|_{(1,1)} = 2$，$\dfrac{\partial f}{\partial y}\Big|_{(1,1)} = 3$，$g(x) = f(x, f(x,x))$. 求 $\dfrac{d[g(x)]^3}{dx}\Big|_{x=1}$.

解：由题设知，$g(1) = f(1, f(1,1)) = f(1,1) = 1$.

$\dfrac{d[g(x)]^3}{dx}\Big|_{x=1} = 3g^2(x)g'(x)\Big|_{x=1} = 3g'(1)$.

令 $g = f(u,v)$，$u = x$，$v = f(m,n)$，$m = x$，$n = x$，

则 $g'(x) = f_u'(u,v) + f_v'(u,v) \cdot [f_m'(m,n) + f_n'(m,n)]$，

$g'(1) = f_u'(1,1) + f_v'(1,1) \cdot [f_m'(1,1) + f_n'(1,1)] = 2 + 3 \times (2 + 3) = 17$，

故 $\dfrac{d[g(x)]^3}{dx}\Big|_{x=1} = 51$.

例4 设 $z = z(x,y)$ 由方程 $x^2 + z^2 = y\varphi\left(\dfrac{z}{y}\right)$ 确定，其中 φ 为可微函数，求 dz.

分析：求隐函数的偏导数或导数，有以下三种方法.(1)对方程两端同时关于自变量求偏导数或导数；(2)利用隐函数存在定理所得的计算公式；(3)利用微分的一阶形式不变性.

解：(法一) 方程两端对 x 求导得，$2x + 2z\dfrac{\partial z}{\partial x} = \varphi'\left(\dfrac{z}{y}\right) \cdot \dfrac{\partial z}{\partial x}$.

解得 $\dfrac{\partial z}{\partial x} = -\dfrac{2x}{2z - \varphi'\left(\dfrac{z}{y}\right)}$.

方程两端对 y 求导得, $2z\dfrac{\partial z}{\partial y} = \varphi\left(\dfrac{z}{y}\right) + \dfrac{y\dfrac{\partial z}{\partial y} - z}{y}\cdot\varphi'\left(\dfrac{z}{y}\right)$.

解得 $\dfrac{\partial z}{\partial y} = \dfrac{y\varphi\left(\dfrac{z}{y}\right) - z\varphi'\left(\dfrac{z}{y}\right)}{2yz - y\varphi'\left(\dfrac{z}{y}\right)}$.

所以 $\mathrm{d}z = \dfrac{-2x}{2z - \varphi'\left(\dfrac{z}{y}\right)}\mathrm{d}x + \dfrac{y\varphi\left(\dfrac{z}{y}\right) - z\varphi'\left(\dfrac{z}{y}\right)}{2yz - y\varphi'\left(\dfrac{z}{y}\right)}\mathrm{d}y$.

（法二）令 $F(x,y,z) = x^2 + z^2 - y\varphi\left(\dfrac{z}{y}\right)$ ，

则 $F'_x = 2x$, $F'_y = -\varphi\left(\dfrac{z}{y}\right) + \dfrac{z}{y}\varphi'\left(\dfrac{z}{y}\right)$, $F'_z = 2z - \varphi'\left(\dfrac{z}{y}\right)$ ，

故 $\dfrac{\partial z}{\partial x} = -\dfrac{F'_x}{F'_z} = -\dfrac{2x}{2z - \varphi'\left(\dfrac{z}{y}\right)}$, $\dfrac{\partial z}{\partial y} = -\dfrac{F'_y}{F'_z} = \dfrac{y\varphi\left(\dfrac{z}{y}\right) - z\varphi'\left(\dfrac{z}{y}\right)}{2yz - y\varphi'\left(\dfrac{z}{y}\right)}$.

于是 $\mathrm{d}z = \dfrac{-2x}{2z - \varphi'\left(\dfrac{z}{y}\right)}\mathrm{d}x + \dfrac{y\varphi\left(\dfrac{z}{y}\right) - z\varphi'\left(\dfrac{z}{y}\right)}{2yz - y\varphi'\left(\dfrac{z}{y}\right)}\mathrm{d}y$.

（法三）方程两端求全微分得,

$2x\mathrm{d}x + 2z\mathrm{d}z = \varphi\left(\dfrac{z}{y}\right)\mathrm{d}y + \varphi'\left(\dfrac{z}{y}\right)\cdot\dfrac{y\mathrm{d}z - z\mathrm{d}y}{y}$.

于是 $\mathrm{d}z = \dfrac{-2x}{2z - \varphi'\left(\dfrac{z}{y}\right)}\mathrm{d}x + \dfrac{y\varphi\left(\dfrac{z}{y}\right) - z\varphi'\left(\dfrac{z}{y}\right)}{2yz - y\varphi'\left(\dfrac{z}{y}\right)}\mathrm{d}y$.

例5 已知 $a \neq 0$, 函数 $z = z(u,v)$ 有连续二阶偏导数, 试用线性变换 $u = x + ay$, $v = x - ay$, 化简方程 $\dfrac{\partial^2 z}{\partial y^2} = a^2\dfrac{\partial^2 z}{\partial x^2}$.

分析: 可将 u,v 看作中间变量, 利用复合函数求导运算法则进行解题.

解: $\dfrac{\partial z}{\partial x} = \dfrac{\partial z}{\partial u}\cdot\dfrac{\partial u}{\partial x} + \dfrac{\partial z}{\partial v}\cdot\dfrac{\partial v}{\partial x} = \dfrac{\partial z}{\partial u} + \dfrac{\partial z}{\partial v}$,

$\dfrac{\partial z}{\partial y} = \dfrac{\partial z}{\partial u}\cdot\dfrac{\partial u}{\partial y} + \dfrac{\partial z}{\partial v}\cdot\dfrac{\partial v}{\partial y} = a\cdot\dfrac{\partial z}{\partial u} - a\cdot\dfrac{\partial z}{\partial v}$,

$\dfrac{\partial^2 z}{\partial x^2} = \dfrac{\partial}{\partial x}\left(\dfrac{\partial z}{\partial u} + \dfrac{\partial z}{\partial v}\right) = \dfrac{\partial^2 z}{\partial^2 u}\cdot\dfrac{\partial u}{\partial x} + \dfrac{\partial^2 z}{\partial u\partial v}\cdot\dfrac{\partial v}{\partial x} + \dfrac{\partial^2 z}{\partial v\partial u}\cdot\dfrac{\partial u}{\partial x} + \dfrac{\partial^2 z}{\partial^2 v}\cdot\dfrac{\partial v}{\partial x} = \dfrac{\partial^2 z}{\partial^2 u} + 2\dfrac{\partial^2 z}{\partial u\partial v} + \dfrac{\partial^2 z}{\partial^2 v}$,

$\dfrac{\partial^2 z}{\partial y^2} = a\dfrac{\partial}{\partial y}\left(\dfrac{\partial z}{\partial u} - \dfrac{\partial z}{\partial v}\right) = a\left(\dfrac{\partial^2 z}{\partial u^2}\cdot\dfrac{\partial u}{\partial y} + \dfrac{\partial^2 z}{\partial u\partial v}\cdot\dfrac{\partial v}{\partial y}\right) - a\left(\dfrac{\partial^2 z}{\partial v\partial u}\cdot\dfrac{\partial u}{\partial y} + \dfrac{\partial^2 z}{\partial v^2}\cdot\dfrac{\partial v}{\partial y}\right)$

$$= a^2 \frac{\partial^2 z}{\partial u^2} - 2a^2 \frac{\partial^2 z}{\partial u \partial v} + a^2 \frac{\partial^2 z}{\partial v^2},$$

于是 $\frac{\partial^2 z}{\partial y^2} - a^2 \frac{\partial^2 z}{\partial x^2} = -4a^2 \frac{\partial^2 z}{\partial u \partial v}$，所以方程可化简为 $\frac{\partial^2 z}{\partial u \partial v} = 0$.

【举一反三】

1. 设变换 $\begin{cases} u = x - 2y, \\ v = x + ay \end{cases}$ 可把方程 $6\frac{\partial^2 z}{\partial x^2} + \frac{\partial^2 z}{\partial x \partial y} - \frac{\partial^2 z}{\partial y^2} = 0$ 简化成 $\frac{\partial^2 z}{\partial u \partial v} = 0$，其中 z 具有连续二阶偏导数，求 a.

解：$\dfrac{\partial z}{\partial x} = \dfrac{\partial z}{\partial u} + \dfrac{\partial z}{\partial v}$,

$\dfrac{\partial z}{\partial y} = -2\dfrac{\partial z}{\partial u} + a\dfrac{\partial z}{\partial v}$,

$\dfrac{\partial^2 z}{\partial x^2} = \dfrac{\partial^2 z}{\partial u^2} + 2\dfrac{\partial^2 z}{\partial u \partial v} + \dfrac{\partial^2 z}{\partial v^2}$,

$\dfrac{\partial^2 z}{\partial y^2} = 4\dfrac{\partial^2 z}{\partial u^2} - 4a\dfrac{\partial^2 z}{\partial u \partial v} + a^2\dfrac{\partial^2 z}{\partial v^2}$,

$\dfrac{\partial^2 z}{\partial x \partial y} = -2\dfrac{\partial^2 z}{\partial u^2} + (a - 2)\dfrac{\partial^2 z}{\partial u \partial v} + a\dfrac{\partial^2 z}{\partial v^2}$.

代入已知方程，得

$$(10 + 5a)\frac{\partial^2 z}{\partial u \partial v} + (6 + a - a^2)\frac{\partial^2 z}{\partial v^2} = 0.$$

a 应满足 $\begin{cases} 6 + a - a^2 = 0, \\ 10 + 5a \neq 0, \end{cases}$ 解得 $a = 3$.

例 6 设 $u = \dfrac{x}{y}, v = x, w = xz - y$，变换方程 $y\dfrac{\partial^2 z}{\partial y^2} + 2\dfrac{\partial z}{\partial y} = \dfrac{2}{x}$.

分析：与例 5 不同的是本题中函数、自变量全部改变，这种类型的题目运用全微分的方法最简捷.

解：$\mathrm{d}u = \dfrac{1}{y}\mathrm{d}x - \dfrac{x}{y^2}\mathrm{d}y, \mathrm{d}v = \mathrm{d}x, \mathrm{d}w = x\mathrm{d}z + z\mathrm{d}x - \mathrm{d}y$,

$\mathrm{d}w = x\mathrm{d}z + z\mathrm{d}x - \mathrm{d}y, \mathrm{d}w = w_u\mathrm{d}u + w_v\mathrm{d}v$,

$\mathrm{d}w = w_u\mathrm{d}u + w_v\mathrm{d}v = w_u\dfrac{1}{y}\mathrm{d}x - w_u\dfrac{x}{y^2}\mathrm{d}y + w_v\mathrm{d}x = x\mathrm{d}z + z\mathrm{d}x - \mathrm{d}y$.

$x\mathrm{d}z = \left(w_u\dfrac{1}{y} + w_v - z\right)\mathrm{d}x + \left(1 - w_u\dfrac{x}{y^2}\right)\mathrm{d}y$,

$\mathrm{d}z = \dfrac{1}{x}\left(w_u\dfrac{1}{y} + w_v - z\right)\mathrm{d}x + \dfrac{1}{x}\left(1 - w_u\dfrac{x}{y^2}\right)\mathrm{d}y$.

$z_x = \dfrac{1}{x}\left(w_u\dfrac{1}{y} + w_v - z\right), z_y = \dfrac{1}{x}\left(1 - w_u\dfrac{x}{y^2}\right)$,

$z_{yy} = w_u\dfrac{2}{y^3} - \dfrac{1}{y^2}w_{uu}\left(-\dfrac{x}{y^2}\right)$.

由已知, $y\left[w_u\dfrac{2}{y^3}-\dfrac{1}{y^2}w_{uu}\left(-\dfrac{x}{y^2}\right)\right]+2\dfrac{1}{x}\left(1-w_u\dfrac{x}{y^2}\right)=\dfrac{2}{x}$,

于是 $uw_{uu}=0$.

【举一反三】

1. 设 $u=x+y,v=x-y,w=xy-z$, 变换方程 $\dfrac{\partial^2 z}{\partial x^2}+2\dfrac{\partial^2 z}{\partial x\partial y}+\dfrac{\partial^2 z}{\partial y^2}=0$.

解: $\mathrm{d}u=\mathrm{d}x+\mathrm{d}y,\mathrm{d}v=\mathrm{d}x-\mathrm{d}y,\mathrm{d}w=y\mathrm{d}x+x\mathrm{d}y-\mathrm{d}z$,

则 $y\mathrm{d}x+x\mathrm{d}y-\mathrm{d}z=\mathrm{d}w=w_u\mathrm{d}u+w_v\mathrm{d}v=w_u\mathrm{d}x+w_u\mathrm{d}y+w_v\mathrm{d}x-w_v\mathrm{d}y$,

得 $\mathrm{d}z=(-w_u-w_v+y)\mathrm{d}x+(-w_u+w_v+x)\mathrm{d}y$,

即 $\dfrac{\partial z}{\partial x}=-w_u-w_v+y,\dfrac{\partial z}{\partial y}=-w_u+w_v+x$. 于是有

$$\dfrac{\partial^2 z}{\partial x^2}=-\dfrac{\partial w_u}{\partial u}\dfrac{\partial u}{\partial x}-\dfrac{\partial w_u}{\partial v}\dfrac{\partial v}{\partial x}-\dfrac{\partial w_v}{\partial u}\dfrac{\partial u}{\partial x}-\dfrac{\partial w_v}{\partial v}\dfrac{\partial v}{\partial x}=-\dfrac{\partial^2 w}{\partial u^2}-2\dfrac{\partial^2 w}{\partial v\partial u}-\dfrac{\partial^2 w}{\partial v^2},$$

$$\dfrac{\partial^2 z}{\partial x\partial y}=-\dfrac{\partial w_u}{\partial u}\dfrac{\partial u}{\partial y}-\dfrac{\partial w_u}{\partial v}\dfrac{\partial v}{\partial y}-\dfrac{\partial w_v}{\partial u}\dfrac{\partial u}{\partial y}-\dfrac{\partial w_v}{\partial v}\dfrac{\partial v}{\partial y}+1=1-\dfrac{\partial^2 w}{\partial u^2}+\dfrac{\partial^2 w}{\partial v^2},$$

$$\dfrac{\partial^2 z}{\partial y^2}=-\dfrac{\partial w_u}{\partial u}\dfrac{\partial u}{\partial y}-\dfrac{\partial w_u}{\partial v}\dfrac{\partial v}{\partial y}+\dfrac{\partial w_v}{\partial u}\dfrac{\partial u}{\partial y}+\dfrac{\partial w_v}{\partial v}\dfrac{\partial v}{\partial y}=-\dfrac{\partial^2 w}{\partial u^2}+2\dfrac{\partial^2 w}{\partial v\partial u}-\dfrac{\partial^2 w}{\partial v^2},$$

由已知 $\dfrac{\partial^2 z}{\partial x^2}+2\dfrac{\partial^2 z}{\partial x\partial y}+\dfrac{\partial^2 z}{\partial y^2}=0$, 得 $2-4\dfrac{\partial^2 w}{\partial u^2}=0$, 即 $2\dfrac{\partial^2 w}{\partial u^2}=1$.

例 7 求二元函数 $f(x,y)=x^2(2+y^2)+y\ln y$ 的极值.

分析: 此题只需要按照无条件极值的判别法计算即可.

解: $\begin{cases}f'_x=2x(2+y^2)=0,\\ f'_y=2x^2y+\ln y+1=0,\end{cases}$ 解得 $\begin{cases}x=0,\\ y=\mathrm{e}^{-1}.\end{cases}$

$A=f''_{xx}(0,\mathrm{e}^{-1})=2(2+\mathrm{e}^{-2})>0,B=f''_{xy}(0,\mathrm{e}^{-1})=0$,

$C=f''_{yy}(0,\mathrm{e}^{-1})=\mathrm{e},\Delta=B^2-AC<0$,

所以 $f(x,y)$ 有极小值 $f''(0,\mathrm{e}^{-1})=-\mathrm{e}^{-1}$.

【举一反三】

1. 设 $z=z(x,y)$ 是由 $x^2-6xy+10y^2-2yz-z^2+18=0$ 确定的函数,求 $z=z(x,y)$ 的极值点与极值.

解: $\begin{cases}2x-6y-2yz'_x-2zz'_x=0,\\ -6x+20y-2z-2yz'_y-2zz'_y=0,\end{cases}$

即 $\begin{cases}x-3y-yz'_x-zz'_x=0, & ①\\ -3x+10y-z-yz'_y-zz'_y=0. & ②\end{cases}$

令 $\begin{cases}z'_x=0,\\ z'_y=0,\end{cases}$ 得 $\begin{cases}2x-6y=0,\\ -6x+20y-2z=0,\end{cases}$ 即 $\begin{cases}x=3y,\\ z=y,\end{cases}$

代入原方程可得, $y=\pm 3$.

因此得驻点 $(9,3),(-9,-3)$,

相应的函数值 $z(9,3)=3, z(-9,-3)=-3$.

① 式对 x 求偏导：$1-yz''_{xx}-(z'_x)^2-zz''_{xx}=0, A=z''_{xx}=\dfrac{1}{y+z}$,

② 式对 x 求偏导：$-3-z'_x-yz''_{xy}-z'_x \cdot z'_y-z \cdot z''_{xy}=0, B=z''_{xy}=\dfrac{-3}{y+z}$,

② 式对 y 求偏导：$10-z'_y-z'_y-yz''_{yy}-(z'_y)^2-zz''_{yy}=0, C=z''_{yy}=\dfrac{10}{y+z}$.

所以在 $(9,3)$ 点处，$A=\dfrac{1}{6}, B=\dfrac{-3}{6}=-\dfrac{1}{2}, C=\dfrac{10}{6}=\dfrac{5}{3}$,

$B^2-AC=\dfrac{1}{4}-\dfrac{5}{18}=-\dfrac{1}{36}<0, A>0$, 故 $(9,3)$ 为极小值点，

极小值为 $z=3$.

例 8 求函数 $u=|z|$ 在条件 $x^2+y^2-2z^2=0$ 和 $x+y+3z=5$ 下的最值.

分析：由于目标函数不易求导，问题是求最值，所以将目标函数改为 z^2，构造拉格朗日函数.

解：令 $F=z^2+\lambda(x^2+y^2-2z^2)+\mu(x+y+3z-5)$，则

$$\begin{cases} F'_x=2\lambda x+\mu=0, & ① \\ F'_y=2\lambda y+\mu=0, & ② \\ F'_z=2z-4\lambda z+3\mu=0, & ③ \\ F'_\lambda=x^2+y^2-2z^2=0, & ④ \\ F'_\mu=x+y+3z-5=0. & ⑤ \end{cases} \quad 解得 \begin{cases} x=1, \\ y=1, \\ z=1, \end{cases} 或 \begin{cases} x=-5, \\ y=-5, \\ z=5. \end{cases}$$

所以在 $(1,1,1)$ 处，$|z|=1$ 为最小值，在 $(-5,-5,5)$ 处，$|z|=5$ 为最大值.

例 9 设 $z=f(x,y)$ 的全微分 $\mathrm{d}z=2x\mathrm{d}x-2y\mathrm{d}y$，并且 $f(1,1)=2$，求 $z=f(x,y)$ 在闭区域 $D=\left\{(x,y)\,\middle|\,x^2+\dfrac{y^2}{4}\leqslant 1\right\}$ 上的最值.

分析：依据求多元函数在闭区域上最值的步骤计算.

解：由已知得 $f(x,y)=x^2-y^2+C$.

由 $f(1,1)=2$，得 $C=2$.

所以 $f(x,y)=x^2-y^2+2$.

令 $\begin{cases} z'_x=2x=0, \\ z'_y=-2y=0, \end{cases}$ 解得 $x=0, y=0$，且 $f(0,0)=2$.

令 $F(x,y,\lambda)=f(x,y)+\lambda\left(x^2+\dfrac{y^2}{4}-1\right)$，则 $\begin{cases} F'_x=\dfrac{\partial f}{\partial x}+2\lambda x=2(1+\lambda)x=0, \\ F'_y=\dfrac{\partial f}{\partial y}+\dfrac{\lambda y}{2}=-2y+\dfrac{1}{2}\lambda y=0, \\ F'_\lambda=x^2+\dfrac{y^2}{4}-1=0, \end{cases}$

解得 $\begin{cases} x=0, \\ y=2, \\ \lambda=4, \end{cases} 或 \begin{cases} x=0, \\ y=-2, \\ \lambda=4, \end{cases} 或 \begin{cases} x=1, \\ y=0, \\ \lambda=-1, \end{cases} 或 \begin{cases} x=-1, \\ y=0, \\ \lambda=-1. \end{cases}$

所以 $f(0, \pm 2) = -2, f(\pm 1, 0) = 3$,

故 $z = f(x,y)$ 在闭区域上的最大值为 3, 最小值为 -2.

【举一反三】

1. 设 $D = \{(x,y) \mid x \geq 0, y \geq 0\}$, 证明: $\dfrac{x^2 + y^2}{4} \leq e^{x+y-2}, (x,y) \in D$.

解: 令 $f(x,y) = (x^2 + y^2) e^{-x-y}$,

则 $\begin{cases} f'_x = (2x - x^2 - y^2) e^{-x-y} = 0, \\ f'_y = (2y - x^2 - y^2) e^{-x-y} = 0. \end{cases}$ 解方程组得 $\begin{cases} x = 1, \\ y = 1. \end{cases}$, $f(1,1) = 2e^{-2}$.

在 $x = 0$ 上, $f(x,0) = x^2 e^{-x}$,

$f'(x,0) = (2x - x^2) e^{-x} = 0$, 得 $x = 0$, 或 $x = 2$, $f(0,0) = 0, f(2,0) = 4e^{-2}$.

同理可得, 在 $y = 0$ 上, $f(0,2) = 4e^{-2}$.

$\lim\limits_{\substack{x \to +\infty \\ y \to +\infty}} f(x,y) = 0$, 且 $\forall x \geq 0, \lim\limits_{y \to +\infty} f(x,y) = 0, \forall y \geq 0, \lim\limits_{x \to +\infty} f(x,y) = 0$,

$f_{\min} = 0, f_{\max} = 4e^{-2}$, 即得 $\dfrac{x^2 + y^2}{4} \leq e^{x+y-2}, (x,y) \in D$.

例 10 $f(x,y)$ 的偏导数 f_x, f_y 在区域 D 上有界, 证明: $f(x,y)$ 在 D 上一致连续.

分析: 回到一元函数, 如果函数的一阶导数在某区间上有界, 则函数一致连续. 用相同的方法可以证明二元函数的一致连续.

证明: 由已知, $\exists M > 0$, 使得 $|f_x| \leq M, |f_y| \leq M$.

$\forall \varepsilon > 0$, 取 $\delta = \dfrac{\varepsilon}{2M}$, $\forall (x',y'), (x'',y'') \in D, |x' - x''| \leq \dfrac{\varepsilon}{2M}, |y' - y''| \leq \dfrac{\varepsilon}{2M}$,

由拉格朗日中值定理, $\exists \xi \in (x',x''), \eta \in (y',y'')$, 有

$|f(x',y') - f(x'',y'')| \leq |f(x',y') - f(x'',y')| + |f(x'',y') - f(x'',y')|$

$= |f_x(\xi,y')||x' - x''| + |f_y(x'',\eta)||y' - y''| \leq M(|x' - x''| + |y' - y''|) < \varepsilon$,

故 $f(x,y)$ 在 D 上一致连续.

【举一反三】

1. 判断 $f(x,y) = \sin \dfrac{\pi}{1 - x^2 - y^2}$ 在区域 $D = \{(x,y) \mid x^2 + y^2 < 1\}$ 内是否一致连续.

解: $\exists \varepsilon_0 = \dfrac{1}{2}$, $\forall \delta, \exists (x'_n, y'_n) = \left(\sqrt{\dfrac{2n-1}{4n}}, \sqrt{\dfrac{2n-1}{4n}} \right), (x''_n, y''_n) = \left(\sqrt{\dfrac{4n-1}{2(4n+1)}}, \right.$

$\left. \sqrt{\dfrac{4n-1}{2(4n+1)}} \right)$,

显然 $|(x'_n, y'_n) - (x''_n, y''_n)| \to 0, (n \to \infty)$

$|f(x'_n, y'_n) - f(x''_n, y''_n)| = \left| \sin \dfrac{\pi}{1 - (x'_n)^2 - (y'_n)^2} - \sin \dfrac{\pi}{1 - (x''_n)^2 - (y''_n)^2} \right|$

$= \left| \sin 2n\pi - \sin \left(2n + \dfrac{1}{2} \right) \pi \right| = 1 > \dfrac{1}{2}$.

故 $f(x,y) = \sin \dfrac{\pi}{1 - x^2 - y^2}$ 在区域 D 内非一致连续.

拓展训练

1. 设 $f(x,y) = \begin{cases} xy\dfrac{x^2-y^2}{x^2+y^2}, & x^2+y^2 \neq 0, \\ 0, & x^2+y^2 = 0. \end{cases}$ 试求 $f''_{xy}(0,0)$ 和 $f''_{yx}(0,0)$.

2. 设 $f(x,y) = \begin{cases} y\arctan\dfrac{1}{\sqrt{x^2+y^2}}, & x^2+y^2 \neq 0, \\ 0, & x^2+y^2 = 0. \end{cases}$ 讨论函数 $f(x,y)$ 在 $(0,0)$ 点处的极限、连续、偏导数及可微性.

3. 设 $f(x,y) = \begin{cases} \dfrac{(x+y)\sin xy}{x^2+y^2}, & x^2+y^2 \neq 0, \\ 0, & x^2+y^2 = 0. \end{cases}$ 证明：$f(x,y)$ 在点 $(0,0)$ 处连续，但不可微.

4. 已知 $f(x,y) = \varphi(|xy|)$，$\varphi(0) = 0$，φ 在 $u=0$ 附近满足 $\varphi(u) \leqslant u^2$，证明：$f(x,y)$ 在 $(0,0)$ 点可微.

5. 设 $f(x,y) = |x-y|\varphi(x,y)$，$\varphi(x,y)$ 在 $(0,0)$ 点的一个邻域内有定义，试给函数 $\varphi(x,y)$ 增加适当条件，使得：

(1) $f(x,y)$ 在 $(0,0)$ 点连续；

(2) $f(x,y)$ 在 $(0,0)$ 点存在偏导数；

(3) $f(x,y)$ 在 $(0,0)$ 点可微.

6. 设 $u = f(x,xy,xyz)$，其中 f 具有一阶连续偏导数，求 u 的一阶偏导数.

7. 设 $u = f(x+y,xz)$ 有二阶连续偏导数，求 $\dfrac{\partial^2 u}{\partial x \partial z}$.

8. 设 $u = f(x\sin y,xy)$，其中 $f(u,v)$ 具有连续二阶偏导数，求 $\dfrac{\partial u}{\partial x}$，$\dfrac{\partial^2 u}{\partial x \partial y}$.

9. 设 $z = x^2 f(x+y,xy)$，其中 f 具有连续二阶偏导数，求 $\dfrac{\partial^2 z}{\partial x \partial y}$.

10. 设 $z = f(ax+by) + g(x^2y,xy^2)$，其中 f,g 都有连续二阶偏导数，求 $\dfrac{\partial^2 z}{\partial x \partial y}$.

11. $f(x,y)$ 满足 $f(x,y) = y + 2\displaystyle\int_0^x f(x-t,y)\mathrm{d}t$，$g(x,y)$ 满足 $g_x(x,y) = 1$，$g_y(x,y) = -1$，$g(0,0) = 0$，求 $\displaystyle\lim_{n\to\infty}\left[\dfrac{f\left(\dfrac{1}{n},n\right)}{g(n,1)}\right]^n$.

12. 设二元函数 $u = u(x,y)$ 有连续二阶偏导数，满足方程 $\dfrac{\partial^2 u}{\partial x^2} - \dfrac{\partial^2 u}{\partial y^2} = 0$，且 $u(x,2x) = x$，$u'_x(x,2x) = x^2$，求 $u''_{xx}(x,2x)$，$u''_{xy}(x,2x)$，$u''_{yy}(x,2x)$.

13. 设二元函数 $f(x,y)$ 在区域 $D: \{(x,y): x+y\}$ 上可微，$\forall (x,y) \in D$，$\left|\dfrac{\partial f}{\partial x}\right| \leqslant 1$，

$\left|\dfrac{\partial f}{\partial y}\right| \leqslant 1$. 证明: $\forall (x_1, y_1), (x_2, y_2) \in D$, 有 $|f(x_1, y_1) - f(x_2, y_2)| \leqslant |y_1 - y_2| + |x_1 - x_2|$.

14. 证明曲面 $xyz = a^3 (a > 0)$ 上任一点处切平面与各坐标面所围成的四面体的体积为定值.

15. 试证曲面 $\sqrt{x} + \sqrt{y} + \sqrt{z} = \sqrt{a} (a > 0)$ 上任何点处的切平面在各坐标轴上的截距之和为 a.

16. 求表面积为 a^2 而体积为最大的长方体的体积.

17. 从斜边为 l 的所有直角三角形中, 求有最大周长者.

18. 将周长为 $2p$ 的矩形绕它的一边旋转, 问: 矩形各边为多少时, 所得圆柱体体积最大?

19. 求内接于半径为 a 的球的体积最大的长方体.

20. 求直线 $\begin{cases} y + 2 = 0, \\ x + 2z - 7 = 0 \end{cases}$ 上的点 M_0, 使 M_0 到点 $(0, -1, 1)$ 的距离最短.

21. 求函数 $f(x, y) = (x - 1)^2 + (y - 2)^2 + 1$ 在区域 $D: x^2 + y^2 \leqslant 20$ 上的最大值、最小值.

22. 求函数 $f(x, y) = \mathrm{e}^{-xy}$ 在 $x^2 + 4y^2 \leqslant 1$ 上的最大值.

23. 在椭圆 $x^2 + 4y^2 = 4$ 上求一点, 使其到直线 $2x + 3y - 6 = 0$ 的距离最短.

24. 在第一卦限内作椭球面 $\dfrac{x^2}{a^2} + \dfrac{y^2}{b^2} + \dfrac{z^2}{c^2} = 1$ 的切平面, 使切平面与三坐标面所围成的四面体体积最小, 求切点坐标.

25. 在椭球面 $2x^2 + 2y^2 + z^2 = 1$ 上求一点, 使函数 $f(x, y, z) = x^2 + y^2 + z^2$ 在该点沿方向 $\boldsymbol{l} = \boldsymbol{i} - \boldsymbol{j}$ 的方向导数最大.

26. 设 $f(x, y) = kx^2 + 2kxy + y^2$ 在 $(0, 0)$ 处取得极小值, 求 k 的取值范围.

27. $f(x, y)$ 称为 n 次齐次函数, 若对任意正数 t, $f(tx, ty, tz) = t^n f(x, y, z)$, 证明: $f(x, y)$ 为 n 次齐次函数的充要条件是 $xf_x(x, y, z) + yf_y(x, y, z) + zf_z(x, y, z) = nf(x, y, z)$.

28. 设 $L: \dfrac{x^2}{4} + y^2 = 1$, $(x > 0, y > 0)$, 过 L 上一点作切线, 求切线、曲线 L 及坐标轴所围成面积的最小值.

拓展训练参考答案11

第十二讲

反常积分

知识要点

一、基本定义

定义1 无穷限广义积分收敛与发散

对任意 $A>a$，函数 $f(x)$ 在 $[a,A]$ 上可积，若 $\lim\limits_{A\to+\infty}\int_a^A f(x)\,\mathrm{d}x$ 存在（或不存在），称 $f(x)$ 的无穷限广义积分 $\int_a^{+\infty} f(x)\,\mathrm{d}x$ 收敛（或发散），其极限称为 $f(x)$ 在 $[a,+\infty)$ 上的积分.

记作：$\displaystyle\int_a^{+\infty} f(x)\,\mathrm{d}x = \lim\limits_{A\to+\infty}\int_a^A f(x)\,\mathrm{d}x.$

定义2 无界函数广义积分收敛与发散

设函数 $f(x)$ 在 $x=b$ 点的邻近无界（称 b 点为 $f(x)$ 的奇点），但对于任意充分小的正数 η，$f(x)$ 在 $[a,b-\eta]$ 上可积，即 $\varphi(\eta)=\displaystyle\int_a^{b-\eta} f(x)\,\mathrm{d}x$ 存在，若 $\lim\limits_{\eta\to 0}\varphi(\eta)$ 存在（或不存在），称无界函数 $f(x)$ 在 $[a,b]$ 上的积分收敛（或发散），其极限称为 $f(x)$ 在 $[a,b]$ 上的积分.

记作：$\displaystyle\int_a^b f(x)\,\mathrm{d}x = \lim\limits_{\eta\to 0}\int_a^{b-\eta} f(x)\,\mathrm{d}x.$

二、重要性质、定理

定理 1 无穷限广义积分的柯西收敛准则

$$\int_a^{+\infty} f(x)\mathrm{d}x \text{ 收敛} \Leftrightarrow \forall \varepsilon > 0, \exists A_0 > a, \forall A_1 > A_0, A_2 > A_0, \text{有} \left| \int_{A_1}^{A_2} f(x)\mathrm{d}x \right| < \varepsilon.$$

定理 2 无界函数广义积分的柯西收敛准则

设 $x = a$ 为奇点,则 $\int_a^b f(x)\mathrm{d}x$ 收敛 $\Leftrightarrow \forall \varepsilon > 0, \exists \eta > 0, \forall x_1, x_2 \in (a, a + \eta)$,有

$$\left| \int_{x_1}^{x_2} f(x)\mathrm{d}x \right| < \varepsilon.$$

三、基本判别法

1. 无穷限广义积分敛散性的判别法:

(1)比较判别法:设从某一值 $a_0 \geqslant a$ 起, $|f(x)| \leqslant \varphi(x)$,且 $\int_a^{+\infty} \varphi(x)\mathrm{d}x$ 收敛,则 $\int_a^{+\infty} f(x)\mathrm{d}x$ 绝对收敛. 若 $|f(x)| \geqslant \varphi(x) \geqslant 0$,且 $\int_a^{+\infty} \varphi(x)\mathrm{d}x$ 发散,则 $\int_a^{+\infty} f(x)\mathrm{d}x$ 发散.

(2)柯西判别法:

若 $\lim\limits_{x \to +\infty} x^p |f(x)| = l(0 \leqslant l < +\infty, p > 1)$,则 $\int_a^{+\infty} |f(x)|\mathrm{d}x$ 收敛.

若 $\lim\limits_{x \to +\infty} x^p |f(x)| = l(0 < l \leqslant +\infty, p \leqslant 1)$,则 $\int_a^{+\infty} |f(x)|\mathrm{d}x$ 发散.

(3)阿贝尔判别法:若 $f(x)$ 在 $[a, +\infty)$ 上可积, $g(x)$ 单调有界,则 $\int_a^{+\infty} f(x)g(x)\mathrm{d}x$ 收敛.

(4)狄利克雷判别法:若 $F(A) = \int_a^A f(x)\mathrm{d}x$ 有界,即 $\exists k > 0, \left| \int_a^A f(x)\mathrm{d}x \right| \leqslant k, g(x)$ 单调且当 $x \to +\infty$ 时趋于零,则 $\int_a^{+\infty} f(x)g(x)\mathrm{d}x$ 收敛.

2. 无界函数广义积分敛散性的判别法:

(1)比较判别法:设 $x = a$ 为奇点,设 $\exists \delta > 0$,当 $a < x < a + \delta$ 时, $|f(x)| \leqslant \varphi(x)$,且 $\int_a^b \varphi(x)\mathrm{d}x$ 收敛,则 $\int_a^b |f(x)|\mathrm{d}x$ 收敛.

若 $|f(x)| \geqslant \varphi(x) > 0$,且 $\int_a^b \varphi(x)\mathrm{d}x$ 发散,则 $\int_a^b |f(x)|\mathrm{d}x$ 发散.

（2）柯西判别法：设 $x = a$ 为奇点.

若 $\lim\limits_{x \to a^+} (x - a)^p |f(x)| = l \, (0 \leqslant l < +\infty, p < 1)$，则 $\int_a^b |f(x)| \mathrm{d}x$ 收敛；

若 $\lim\limits_{x \to a^+} (x - a)^p |f(x)| = l \, (0 < l \leqslant +\infty, p \geqslant 1)$，则 $\int_a^b |f(x)| \mathrm{d}x$ 发散.

（3）阿贝尔判别法：设 $f(x)$ 在 $x = a$ 有奇点，$\int_a^b f(x) \mathrm{d}x$ 收敛，$g(x)$ 单调有界，则 $\int_a^b f(x) g(x) \mathrm{d}x$ 收敛.

（4）狄利克雷判别法：设 $f(x)$ 在 $x = a$ 有奇点，$\int_{a+\eta}^b f(x) \mathrm{d}x$ 是 η 的有界函数，$g(x)$ 单调，且当 $x \to a$ 时趋于零，则 $\int_a^b f(x) g(x) \mathrm{d}x$ 收敛.

典型例题

例1 求广义积分值：

（1）$\int_0^\pi \dfrac{1}{2 + \cos x} \mathrm{d}x$； （2）$\int_1^{+\infty} \dfrac{1}{x\sqrt{x^6 + x^3 + 1}} \mathrm{d}x$.

分析：看作正常的积分运算，在运用牛顿–莱布尼茨公式时，注意计算相应的极限即可.

解：（1）令 $u = \tan \dfrac{x}{2}$，则 $\mathrm{d}x = \dfrac{2}{1 + u^2} \mathrm{d}u$.

则 $\int_0^\pi \dfrac{1}{2 + \cos x} \mathrm{d}x = \int_0^{+\infty} \dfrac{\frac{2}{1+u^2}\mathrm{d}u}{2 + \frac{1-u^2}{1+u^2}} = 2 \int_0^{+\infty} \dfrac{\mathrm{d}u}{3 + u^2} = \dfrac{2}{\sqrt{3}} \arctan \dfrac{x}{\sqrt{3}} \Big|_0^{+\infty} = \dfrac{\pi}{\sqrt{3}}$.

（2）$\int_1^{+\infty} \dfrac{1}{x\sqrt{x^6 + x^3 + 1}} \mathrm{d}x = \dfrac{1}{3} \int_1^{+\infty} \dfrac{1}{x^3\sqrt{x^6 + x^3 + 1}} \mathrm{d}x^3 \left(\text{令 } u = x^3\right)$

$= \dfrac{1}{3} \int_1^{+\infty} \dfrac{1}{u\sqrt{\left(u + \frac{1}{2}\right)^2 + \frac{3}{4}}} \mathrm{d}u \left(\text{令 } u + \dfrac{1}{2} = \dfrac{\sqrt{3}}{2} \tan t\right)$

$= \dfrac{1}{3} \int_{\frac{\pi}{3}}^{\frac{\pi}{2}} \dfrac{\frac{\sqrt{3}}{2} \sec^2 t}{\left(\frac{\sqrt{3}}{2}\tan t - \frac{1}{2}\right) \frac{\sqrt{3}}{2} \sec t} \mathrm{d}t = \dfrac{1}{3} \int_{\frac{\pi}{3}}^{\frac{\pi}{2}} \dfrac{1}{\left(\frac{\sqrt{3}}{2}\sin t - \frac{1}{2}\cos t\right)} \mathrm{d}t$

$$= \frac{1}{3} \int_{\frac{\pi}{3}}^{\frac{\pi}{2}} \frac{1}{\sin\left(t - \frac{\pi}{6}\right)} \mathrm{d}t = \frac{1}{3} \int_{\frac{\pi}{3}}^{\frac{\pi}{2}} \csc\left(t - \frac{\pi}{6}\right) \frac{\csc\left(t - \frac{\pi}{6}\right) + \cot\left(t - \frac{\pi}{6}\right)}{\csc\left(t - \frac{\pi}{6}\right) + \cot\left(t - \frac{\pi}{6}\right)} \mathrm{d}t$$

$$= -\frac{1}{3} \ln\left[\csc\left(t - \frac{\pi}{6}\right) + \cot\left(t - \frac{\pi}{6}\right)\right] \Big|_{\frac{\pi}{3}}^{\frac{\pi}{2}} = \frac{1}{3}\left[\ln\left(2 + \sqrt{3}\right) - \frac{1}{2}\ln 3\right].$$

【举一反三】

1. 计算下列广义积分值:

$(1) \displaystyle\int_0^{+\infty} \frac{x\ln x}{(1 + x^2)^2} \mathrm{d}x;$　$(2) \displaystyle\int_0^{+\infty} x^3 \mathrm{e}^{-x} \mathrm{d}x.$

解: (1) (法一) $\displaystyle\int_0^{+\infty} \frac{x\ln x}{(1 + x^2)^2} \mathrm{d}x = -\frac{1}{2} \int_0^{+\infty} \ln x \, \mathrm{d}\frac{1}{1 + x^2} = -\frac{1}{2} \frac{\ln x}{1 + x^2} \Big|_0^{+\infty} + \frac{1}{2} \int_0^{+\infty} \frac{1}{x(1 + x^2)} \mathrm{d}x$

$$= -\frac{1}{2} \frac{\ln x}{1 + x^2} \Big|_0^{+\infty} + \frac{1}{4} \int_0^{+\infty} \frac{1}{x^2(1 + x^2)} \mathrm{d}x^2 = -\frac{1}{2} \frac{\ln x}{1 + x^2} \Big|_0^{+\infty} + \frac{1}{4}\left(\ln \frac{x^2}{1 + x^2}\right) \Big|_0^{+\infty}$$

$= 0.$

$$\left(\lim_{x \to 0^+}\left(\frac{1}{2} \frac{\ln x}{1 + x^2} - \frac{1}{4}\ln \frac{x^2}{1 + x^2}\right) = \lim_{x \to 0^+}\left[\frac{1}{2} \frac{\ln x}{1 + x^2} - \frac{1}{2}\ln x + \frac{1}{4}\ln\left(1 + x^2\right)\right] = 0\right).$$

(法二) $\displaystyle\int_0^{+\infty} \frac{x\ln x}{(1 + x^2)^2} \mathrm{d}x = \int_0^1 \frac{x\ln x}{(1 + x^2)^2} \mathrm{d}x + \int_1^{+\infty} \frac{x\ln x}{(1 + x^2)^2} \mathrm{d}x,$

再对右端的一个积分利用替换 $x = \dfrac{1}{t}$ 也可得结果.

$(2) \displaystyle\int_0^{+\infty} x^3 \mathrm{e}^{-x} \mathrm{d}x = 6.$ $(\Gamma(n + 1) = n!)$

【注】也可以直接运用分部积分计算.

例2　讨论下列广义积分的敛散性:

$(1) \displaystyle\int_1^{+\infty} \frac{\sin x}{x^p} \mathrm{d}x (p > 0);$　　$(2) \displaystyle\int_1^{+\infty} \frac{\left(\mathrm{e}^{\frac{1}{x}} - 1\right)^\alpha}{\left[\ln\left(1 + \frac{1}{x}\right)\right]^{2\beta}} \mathrm{d}x;$　　$(3) \displaystyle\int_0^{+\infty} \frac{\ln(1 + x)}{x^p} \mathrm{d}x;$

$(4) \displaystyle\int_0^{\frac{\pi}{2}} \ln(\tan\theta) \mathrm{d}\theta;$　　$(5) \displaystyle\int_0^{\frac{1}{2}} \left(\ln \frac{1}{x}\right)^\alpha \mathrm{d}x (\alpha > 0);$　　$(6) \displaystyle\int_0^{+\infty} \frac{\sin\left(x + \frac{1}{x}\right)}{x^p} \mathrm{d}x;$

$(7) \displaystyle\int_0^1 \frac{\ln x \, \mathrm{d}x}{(1 - x^2)^\alpha \left(\tan \frac{\pi}{2}x\right)^\beta};$　$(8) \displaystyle\int_0^{+\infty} \frac{\mathrm{d}x}{1 + x^4\sin^2 x}.$

分析: 敛散性的判别有判别法、阶的估计、泰勒展开式、变量替换、无穷级数等,难点在于如何找准判别的方法. $(2)(3)(7)$ 中的被积函数有熟悉的等价无穷小,可以考虑等价无穷小替换; $(1)(6)(8)$ 中有函数 $\sin x$, $(1)(6)$ 中 $\sin x$ 在分子上,可以尝试用狄利克雷判别法, (8) 中被积函数是周期的,可以将积分放到一个积分区间上讨论,将积分写为积分和的形式;(4)(5)的被积函数较为复杂或不常见,可用变量替换将其转换为正常的被积函数再进行判别.

解:(1)当 $p > 1$ 时,$\left| \dfrac{\sin x}{x^p} \right| \leqslant \dfrac{1}{x^p}$,

而 $\displaystyle\int_1^{+\infty} \dfrac{1}{x^p}\mathrm{d}x$ 当 $p > 1$ 时收敛,则 $\displaystyle\int_1^{+\infty} \left| \dfrac{\sin x}{x^p} \right| \mathrm{d}x$ 收敛,即 $\displaystyle\int_1^{+\infty} \dfrac{\sin x}{x^p}\mathrm{d}x$ 绝对收敛.

当 $0 < p \leqslant 1$ 时,$\left| \displaystyle\int_1^A \sin x \mathrm{d}x \right| = |\cos A - 1| \leqslant 2$,且 $\dfrac{1}{x^p}$ 在 $[1, +\infty)$ 上单调减少趋于

零,由狄利克雷判别法知,$\displaystyle\int_1^{+\infty} \dfrac{\sin x}{x^p}\mathrm{d}x$ 收敛.

又 $\left| \dfrac{\sin x}{x^p} \right| \geqslant \dfrac{\sin^2 x}{x^p} = \dfrac{1}{2x^p} - \dfrac{\cos 2x}{2x^p}$,$\displaystyle\int_1^{+\infty} \dfrac{1}{2x^p}\mathrm{d}x$ 发散,$\displaystyle\int_1^{+\infty} \dfrac{\cos 2x}{2x^p}\mathrm{d}x$ 收敛,

则 $\displaystyle\int_1^{+\infty} \dfrac{\sin^2 x}{x^p}\mathrm{d}x$ 发散,由比较判别法知,$\displaystyle\int_1^{+\infty} \left| \dfrac{\sin x}{x^p} \right| \mathrm{d}x$ 发散.

即当 $0 < p \leqslant 1$ 时,$\displaystyle\int_1^{+\infty} \dfrac{\sin x}{x^p}\mathrm{d}x$ 条件收敛.

(2)被积函数 $\dfrac{(\mathrm{e}^{\frac{1}{x}} - 1)^\alpha}{\left[\ln\left(1 + \dfrac{1}{x}\right) \right]^{2\beta}} \geqslant 0$,且当 $x \to +\infty$ 时,$\mathrm{e}^{\frac{1}{x}} - 1 \sim \dfrac{1}{x}$,$\ln\left(1 + \dfrac{1}{x}\right) \sim \dfrac{1}{x}$,

于是 $\dfrac{(\mathrm{e}^{\frac{1}{x}} - 1)^\alpha}{\left[\ln\left(1 + \dfrac{1}{x}\right) \right]^{2\beta}} \sim \dfrac{\left(\dfrac{1}{x}\right)^\alpha}{\left(\dfrac{1}{x}\right)^{2\beta}} = x^{2\beta - \alpha}$.

因此,当 $\alpha - 2\beta > 1$ 时,$\displaystyle\int_1^{+\infty} \dfrac{(\mathrm{e}^{\frac{1}{x}} - 1)^\alpha}{\left[\ln\left(1 + \dfrac{1}{x}\right) \right]^{2\beta}}\mathrm{d}x$ 收敛.

当 $\alpha - 2\beta \leqslant 1$ 时,$\displaystyle\int_1^{+\infty} \dfrac{(\mathrm{e}^{\frac{1}{x}} - 1)^\alpha}{\left[\ln\left(1 + \dfrac{1}{x}\right) \right]^{2\beta}}\mathrm{d}x$ 发散.

(3)由于 $x = 0$ 为奇点,则 $\displaystyle\int_0^{+\infty} \dfrac{\ln(1 + x)}{x^p}\mathrm{d}x = \int_0^1 \dfrac{\ln(1 + x)}{x^p}\mathrm{d}x + \int_1^{+\infty} \dfrac{\ln(1 + x)}{x^p}\mathrm{d}x = I_1 + I_2$.

对 I_1,$\displaystyle\lim_{x \to 0^+} x^{p-1} \dfrac{\ln(1 + x)}{x^p} = \lim_{x \to 0^+} \dfrac{\ln(1 + x)}{x} = 1$,则当 $p - 1 < 1$,即 $p < 2$ 时,I_1 收敛.

对 I_2,$\displaystyle\lim_{x \to +\infty} x^{p-\varepsilon} \dfrac{\ln(1 + x)}{x^p} = \lim_{x \to +\infty} \dfrac{\ln(1 + x)}{x^\varepsilon} = 0$,则当 $p - \varepsilon > 1$ 时,I_2 收敛.

由 ε 的任意性得,当 $1 < p < 2$ 时,$\displaystyle\int_0^{+\infty} \dfrac{\ln(1 + x)}{x^p}\mathrm{d}x$ 收敛.

(4)令 $\tan\theta = x$,则 $\int\limits_0^{\frac{\pi}{2}}\ln(\tan\theta)\mathrm{d}\theta = \int\limits_0^{+\infty}\dfrac{\ln x}{1+x^2}\mathrm{d}x = \int\limits_0^1\dfrac{\ln x}{1+x^2}\mathrm{d}x + \int\limits_1^{+\infty}\dfrac{\ln x}{1+x^2}\mathrm{d}x = I_1 + I_2.$

对 I_1,$\lim\limits_{x\to 0^+}x^{\frac{1}{2}}\dfrac{\ln x}{1+x^2} = 0$,$\dfrac{1}{2} < 1$,则 I_1 收敛.

对 I_2,令 $x = \dfrac{1}{t}$,则 $I_2 = -\int\limits_0^1\dfrac{\ln x}{1+x^2}\mathrm{d}x$,即得 I_2 收敛.

于是 $\int\limits_0^{\frac{\pi}{2}}\ln(\tan\theta)\mathrm{d}\theta$ 收敛.

(5)令 $t = \dfrac{1}{x}$,则 $\int\limits_0^{1/2}\left(\ln\dfrac{1}{x}\right)^\alpha\mathrm{d}x = \int\limits_2^{+\infty}\dfrac{(\ln t)^\alpha}{t^2}\mathrm{d}t.$

因为 $\lim\limits_{t\to +\infty}t^{2-\varepsilon}\cdot\dfrac{(\ln t)^\alpha}{t^2} = 0$,则由 ε 的任意性知,$\int\limits_0^{1/2}\left(\ln\dfrac{1}{x}\right)^\alpha\mathrm{d}x(\alpha > 0)$ 收敛.

(6)由于 $x = 0$ 为奇点,

于是 $\int\limits_0^{+\infty}\dfrac{\sin\left(x+\dfrac{1}{x}\right)}{x^p}\mathrm{d}x = \int\limits_0^1\dfrac{\sin\left(x+\dfrac{1}{x}\right)}{x^p}\mathrm{d}x + \int\limits_1^{+\infty}\dfrac{\sin\left(x+\dfrac{1}{x}\right)}{x^p}\mathrm{d}x = I_1 + I_2.$

对 I_2,$I_2 = \int\limits_1^{+\infty}\dfrac{\sin x\cos\dfrac{1}{x} + \cos x\sin\dfrac{1}{x}}{x^p}\mathrm{d}x$,

由阿贝尔判别法知,当 $p > 0$ 时,I_2 收敛.

当 $p \leqslant 0$ 时,令 $\alpha = -p \geqslant 0$,$I_2 = \int\limits_1^{+\infty}x^\alpha\sin\left(x+\dfrac{1}{x}\right)\mathrm{d}x$.

由于 $\int\limits_{2k\pi-\frac{\pi}{4}}^{2k\pi+\frac{\pi}{4}}x^\alpha\sin\left(x+\dfrac{1}{x}\right)\mathrm{d}x \geqslant \left(2k\pi+\dfrac{\pi}{4}\right)^\alpha\cdot\dfrac{\sqrt{2}}{2}\cdot\dfrac{\pi}{4}.$

由柯西收敛准则知,当 $p \leqslant 0$ 时,I_2 发散.

对 I_1,令 $\dfrac{1}{x} = t$,则 $I_1 = \int\limits_1^{+\infty}\dfrac{\sin\left(t+\dfrac{1}{t}\right)}{t^{2-p}}\mathrm{d}t$,

则由上述讨论知,当 $p < 2$ 时,收敛,当 $p \geqslant 2$ 时,发散,

即当 $0 < p < 2$ 时,$\int\limits_0^{+\infty}\dfrac{\sin\left(x+\dfrac{1}{x}\right)}{x^p}\mathrm{d}x$ 收敛,$p \leqslant 0$ 或 $p \geqslant 2$ 时,$\int\limits_0^{+\infty}\dfrac{\sin\left(x+\dfrac{1}{x}\right)}{x^p}\mathrm{d}x$ 发散.

另一方面,$\dfrac{\left|\sin\left(x+\dfrac{1}{x}\right)\right|}{x^p} \geqslant \dfrac{\sin^2\left(x+\dfrac{1}{x}\right)}{x^p} = \dfrac{1}{2x^p} - \dfrac{\cos 2\left(x+\dfrac{1}{x}\right)}{2x^p}.$

由于 $0 < p < 2$ 时，$\displaystyle\int_0^{+\infty} \frac{1}{2x^p}\mathrm{d}x$ 发散，$\displaystyle\int_0^{+\infty} \frac{\cos 2\left(x+\dfrac{1}{x}\right)}{2x^p}\mathrm{d}x$ 收敛，

因此当 $0 < p < 2$ 时，$\displaystyle\int_0^{+\infty}\left|\frac{\sin\left(x+\dfrac{1}{x}\right)}{x^p}\right|\mathrm{d}x$ 发散. 即当 $0 < p < 2$ 时，$\displaystyle\int_0^{+\infty}\frac{\sin\left(x+\dfrac{1}{x}\right)}{x^p}\mathrm{d}x$

条件收敛.

$$(7)\ \int_0^1 \frac{\ln x \,\mathrm{d}x}{(1-x^2)^\alpha\left(\tan\dfrac{\pi}{2}x\right)^\beta} = \int_0^{\frac{1}{2}} \frac{\ln x \,\mathrm{d}x}{(1-x^2)^\alpha\left(\tan\dfrac{\pi}{2}x\right)^\beta} + \int_{\frac{1}{2}}^1 \frac{\ln x \,\mathrm{d}x}{(1-x^2)^\alpha\left(\tan\dfrac{\pi}{2}x\right)^\beta}$$

$$= I_1 + I_2.$$

对 I_1，被积函数恒为负值，$\dfrac{\ln x}{(1-x^2)^\alpha\left(\tan\dfrac{\pi}{2}x\right)^\beta} \sim \dfrac{\ln x}{(1-x^2)^\alpha\left(\dfrac{\pi}{2}x\right)^\beta}$，

$$\int_0^1 \frac{\ln x \,\mathrm{d}x}{(1-x^2)^\alpha\left(\dfrac{\pi}{2}x\right)^\beta} : \lim_{x\to 0} x^{\beta+\varepsilon}\,\frac{\ln x}{(1-x^2)^\alpha\left(\dfrac{\pi}{2}x\right)^\beta} = 0,$$

由 ε 的任意性知，当 $\beta < 1$ 时，$\displaystyle\int_0^{\frac{1}{2}} \frac{\ln x \,\mathrm{d}x}{(1-x^2)^\alpha\left(\tan\dfrac{\pi}{2}x\right)^\beta}$ 收敛.

对 I_2，$\dfrac{\ln x}{(1-x^2)^\alpha\left(\tan\dfrac{\pi}{2}x\right)^\beta} = \dfrac{\ln(1+(x-1))}{(1-x^2)^\alpha\left(\tan\dfrac{\pi}{2}x\right)^\beta} \sim \dfrac{x-1}{(1+x)^\alpha(1-x)^\alpha}\left(\dfrac{\pi}{2}\right)^\beta(1-x)^\beta.$

当 $\alpha - \beta < 2$ 时，$\displaystyle\int_{\frac{1}{2}}^1 \frac{\ln x \,\mathrm{d}x}{(1-x^2)^\alpha\left(\tan\dfrac{\pi}{2}x\right)^\beta}$ 收敛.

故当 $\beta < 1$，且 $\alpha - \beta < 2$ 时，$\displaystyle\int_0^1 \frac{\ln x \,\mathrm{d}x}{(1-x^2)^\alpha\left(\tan\dfrac{\pi}{2}x\right)^\beta}$ 收敛.

$$(8)\ \int_0^{+\infty}\frac{\mathrm{d}x}{1+x^4\sin^2 x} = \sum_{n=0}^\infty \int_{n\pi}^{(n+1)\pi}\frac{\mathrm{d}x}{1+x^4\sin^2 x} \leqslant \sum_{n=0}^\infty \int_0^\pi \frac{\mathrm{d}x}{1+(n\pi)^4\sin^2 x} = \sum_{n=0}^\infty \int_0^\pi \frac{\csc^2 x\,\mathrm{d}x}{\csc^2 x+(n\pi)^4}$$

$$= \sum_{n=0}^\infty \int_0^\pi \frac{-\mathrm{d}\cot x}{\cot^2 x+[1+(n\pi)^4]} = \sum_{n=0}^\infty \frac{\pi}{\sqrt{1+(n\pi)^4}}.$$

已知 $\displaystyle\sum_{n=0}^\infty \frac{\pi}{\sqrt{1+(n\pi)^4}}$ 收敛，所以 $\displaystyle\int_0^{+\infty}\frac{\mathrm{d}x}{1+x^4\sin^2 x}$ 收敛.

【举一反三】

1. 已知 $f(x)$ 在 $[a,+\infty)$ 可微，当 $x \to +\infty$ 时，$f'(x)$ 单调增加趋于 $+\infty$，证明：

(1) $\displaystyle\int_a^{+\infty} \sin f(x)\mathrm{d}x$ 收敛；

(2) $\displaystyle\int_a^{+\infty} \frac{1}{1+[f(x)]^2}\mathrm{d}x$ 收敛.

证明: 不妨设 $f'(x) > 0$,则 $f(x)$ 单调增加.

(1) $\forall b > a$,$\displaystyle\int_a^b \sin f(x)\mathrm{d}x \xlongequal{t=f(x)} \int_{f(a)}^{f(b)} \sin t \frac{1}{f'(x)}\mathrm{d}t$,

$t\to +\infty$ 时,$f'(x(t))$ 单调增加趋于 $+\infty$,$\dfrac{1}{f'(x(t))}$ 单调减少趋于 0,

$\left|\displaystyle\int_{f(a)}^{f(b)} \sin t\mathrm{d}t\right| \leqslant 2$,由狄利克雷判别法得,积分收敛.

(2) $\displaystyle\int_a^b \frac{1}{1+[f(x)]^2}\mathrm{d}x \xlongequal{t=f(x)} \int_{f(a)}^{f(b)} \frac{\dfrac{1}{1+t^2}}{f'(x(t))}\mathrm{d}t$,

$t\to +\infty$,$f'(x(t))$ 单调增加趋于 $+\infty$,$\dfrac{1}{f'(x(t))}$ 单调减少趋于 0,

$\left|\displaystyle\int_{f(a)}^{f(b)} \frac{1}{1+t^2}\mathrm{d}t\right| = |\arctan f(b) - \arctan f(a)| \leqslant \pi$,

由狄利克雷判别法得,积分收敛.

例 3 设 $f(x)$ 在 $[a, +\infty)$ 上一致连续,$\displaystyle\int_a^{+\infty} f(x)\mathrm{d}x$ 收敛,证明:$\displaystyle\lim_{x\to +\infty} f(x) = 0$.

分析: 反证法是好的选择,从极限的否定叙述中找到出路.

证明: 假设 $\displaystyle\lim_{x\to +\infty} f(x) \neq 0$,即 $\exists \varepsilon_0 > 0$,$\forall X$,$\exists x_0 > X$,使得 $|f(x_0)| \geqslant \varepsilon_0$.

因为 $f(x)$ 在 $[a, +\infty)$ 上一致连续,对上述的 $\varepsilon_0 > 0$,$\exists \delta > 0$,$\forall x:|x-x_0| < \delta$,有 $|f(x)-f(x_0)| < \dfrac{\varepsilon_0}{2}$.

于是 $|f(x)| = |f(x)-f(x_0)+f(x_0)| \geqslant |f(x_0)| - |f(x)-f(x_0)| \geqslant \varepsilon_0 - \dfrac{\varepsilon_0}{2} = \dfrac{\varepsilon_0}{2}$.

$\forall x \in [x_0-\delta, x_0+\delta]$,$\left|\displaystyle\int_{x_0-\delta}^{x_0+\delta} f(x)\mathrm{d}x\right| = |f(\xi)| \cdot 2\delta \geqslant \dfrac{\varepsilon_0}{2} \cdot 2\delta = \varepsilon_0\delta$,$\xi \in (x_0-\delta, x_0+\delta)$,

即 $\displaystyle\int_a^{+\infty} f(x)\mathrm{d}x$ 发散,与已知矛盾.因此 $\displaystyle\lim_{x\to +\infty} f(x) = 0$.

【举一反三】

1. 设函数 $f(x)$ 在 $[0, +\infty)$ 上连续可微,并且 $\displaystyle\int_0^{+\infty} [f(x)]^2\mathrm{d}x < +\infty$,如果 $|f'(x)| \leqslant M$（当 $x > 0$ 时）,其中 M 为一常数. 证明:$\displaystyle\lim_{x\to +\infty} f(x) = 0$.

证明:假设 $\lim\limits_{x \to +\infty} f(x) \neq 0$,即 $\exists \varepsilon_0, \forall X > 0, \exists x_0 > X$ 时,$|f(x_0)| > \sqrt{\varepsilon_0}$.

因为 $f(x)$ 在 $[0, +\infty)$ 上连续,且 $|f'(x)| \leqslant M$,

可得 $f(x)$ 在 $[0, +\infty)$ 上一致连续,也有 $[f(x)]^2$ 在 $[0, +\infty)$ 上一致连续,

即对 $\dfrac{\varepsilon_0}{2} > 0, \exists \delta > 0, \forall x \in [0, +\infty)$,使 $|x - x_0| < \delta$,

即 $\left| [f(x)]^2 - [f(x_0)]^2 \right| < \dfrac{\varepsilon_0}{2}$.

故 $\left| [f(x)]^2 \right| = \left| [f(x_0)]^2 - \left| [f(x)]^2 - [f(x_0)]^2 \right| \right| > \varepsilon_0 - \dfrac{\varepsilon_0}{2} = \dfrac{\varepsilon_0}{2}$.

于是有

$$\int_{x_0-\delta}^{x_0+\delta} [f(x)]^2 \mathrm{d}x > \frac{\varepsilon_0}{2} 2\delta = \varepsilon_0 \delta,\text{与已知矛盾. 所以} \lim\limits_{x \to +\infty} f(x) = 0.$$

例 4 若 $\displaystyle\int_a^{+\infty} f(x) \mathrm{d}x$ 收敛,且 $\lim\limits_{x \to +\infty} f(x) = \lambda$,则 $\lambda = 0$.

分析: 反证法是解本题最好的选择. 这个结论说明 $\displaystyle\int_a^{+\infty} f(x) \mathrm{d}x$ 收敛与 $\lim\limits_{x \to +\infty} f(x) = 0$ 没有必然的关系,只有在一定的条件下可以讨论被积函数在无穷处的极限.

证明:假设 $\lambda \neq 0$,不妨设 $\lambda > 0$,则 $\exists \beta > 0$,有 $\lambda > \beta > 0$.

由于 $\lim\limits_{x \to +\infty} f(x) = \lambda$,即 $\exists A > a$,当 $x > A$ 时,有 $f(x) > \beta > 0$.

于是 $\displaystyle\int_a^{+\infty} f(x) \mathrm{d}x \geqslant \int_a^{A} f(x) \mathrm{d}x + \int_A^{+\infty} f(x) \mathrm{d}x \geqslant \int_a^{A} f(x) \mathrm{d}x + \int_A^{+\infty} \beta \mathrm{d}x \to +\infty$.

与已知矛盾. 因此有 $\lim\limits_{x \to +\infty} f(x) = \lambda = 0$.

【举一反三】

1. 若 $\displaystyle\int_a^{+\infty} f(x) \mathrm{d}x$ 收敛,$f(x)$ 在 $[a, +\infty)$ 上为单调,证明:$\lim\limits_{x \to +\infty} f(x) = 0$.

证明:不妨设 $f(x)$ 在 $[a, +\infty)$ 上为单调递增,且假设 $f(x)$ 在 $[a, +\infty)$ 无上界,则 $\forall A > 0, \exists G > a$,当 $x > G$ 时,有 $f(x) \geqslant A$,

于是 $\displaystyle\int_a^{+\infty} f(x) \mathrm{d}x > \int_a^{G} f(x) \mathrm{d}x + \int_G^{+\infty} f(x) \mathrm{d}x > \int_a^{G} f(x) \mathrm{d}x + \int_G^{+\infty} A \mathrm{d}x \to +\infty$.

与 $\displaystyle\int_a^{+\infty} f(x) \mathrm{d}x$ 收敛矛盾,则 $f(x)$ 在 $[a, +\infty)$ 上单调递增且有上界,从而 $\lim\limits_{x \to +\infty} f(x)$ 存在,由例 4 即得,$\lim\limits_{x \to +\infty} f(x) = 0$.

2. 若 $\displaystyle\int_a^{+\infty} f(x) \mathrm{d}x$ 收敛,$\displaystyle\int_a^{+\infty} f'(x) \mathrm{d}x$ 收敛,证明:$\lim\limits_{x \to +\infty} f(x) = 0$.

证明:由于 $\displaystyle\int_a^{A} f'(x) \mathrm{d}x = f(A) - f(a)$,两端取极限 $A \to +\infty$,得

$$\lim_{A\to+\infty}\int_a^A f'(x)\,\mathrm{d}x = \lim_{A\to+\infty}[f(A)-f(a)].$$

已知 $\int_a^{+\infty} f'(x)\,\mathrm{d}x$ 收敛,则 $\lim\limits_{A\to+\infty} f(A)$ 存在,

由例 4 即得结论.

3. 若 $\int_{-\infty}^{+\infty}\{[f(x)]^2+[f'(x)]^2\}\mathrm{d}x$ 收敛且等于 1,证明:$\lim\limits_{x\to+\infty}f(x)=0$,且 $f(x)\leqslant\dfrac{\sqrt{2}}{2}(x\in\mathbf{R})$.

证明: 由于 $\int_a^{+\infty}[f(x)]^2\mathrm{d}x \leqslant \int_a^{+\infty}\{[f(x)]^2+[f'(x)]^2\}\mathrm{d}x$,

$$\int_a^{+\infty}[f'(x)]^2\mathrm{d}x \leqslant \int_a^{+\infty}\{[f(x)]^2+[f'(x)]^2\}\mathrm{d}x$$

$$2\int_a^{+\infty}f(x)f'(x)\,\mathrm{d}x \leqslant \int_a^{+\infty}\{[f(x)]^2+[f'(x)]^2\}\mathrm{d}x,$$

$$\int_a^{+\infty}\{[f(x)]^2\}'\mathrm{d}x \leqslant \int_a^{+\infty}\{[f(x)]^2+[f'(x)]^2\}\mathrm{d}x$$

则 $\lim\limits_{A\to+\infty}[f(A)]^2$ 存在,且 $\lim\limits_{A\to+\infty}[f(A)]^2=0$,得 $\lim\limits_{x\to+\infty}f(x)=0.$

$$[f(x)]^2 = [f(x)]^2-[f(-\infty)]^2 = 2\int_{-\infty}^{x}f(t)f'(t)\mathrm{d}t \leqslant 2\int_{-\infty}^{x}|f(x)f'(t)|\,\mathrm{d}t,$$

$$[f(x)]^2 = |[f(+\infty)]^2-[f(x)]^2| = 2\left|\int_x^{+\infty}f(t)f'(t)\mathrm{d}t\right| \leqslant 2\int_x^{+\infty}|f(t)f'(t)|\,\mathrm{d}t,$$

$$[f(x)]^2 \leqslant \int_{-\infty}^{+\infty}|f(t)f'(t)|\,\mathrm{d}t \leqslant \left\{\int_{-\infty}^{+\infty}[f(t)]^2\mathrm{d}t\right\}^{\frac{1}{2}}\left\{\int_{-\infty}^{+\infty}[f'(t)]^2\mathrm{d}t\right\}^{\frac{1}{2}}$$

$$\leqslant \frac{1}{2}\left\{\int_{-\infty}^{+\infty}\{[f(t)]^2+[f'(t)]^2\}\right\}\mathrm{d}t = \frac{1}{2},$$

于是 $f(x)\leqslant\dfrac{\sqrt{2}}{2}(x\in\mathbf{R})$.

例 5 已知 $f_n(x)\in C[0,+\infty)$,$|f_n(x)|\leqslant g(x)$,$g(x)$ 在 $[0,+\infty)$ 上广义可积,对任意 $R>0$,在 $[0,R]$ 上 $f_n(x)$ 一致收敛于 $f(x)$,证明:

(1) $f(x)$ 在 $[0,+\infty)$ 上广义可积;

(2) $\int_0^{+\infty}f(x)\,\mathrm{d}x = \lim\limits_{n\to\infty}\int_0^{+\infty}f_n(x)\,\mathrm{d}x.$

分析: 只就函数 $f(x)$ 本身出发,可以用柯西收敛准则.

证明: (1) 已知对任意 $R>0$,在 $[0,R]$ 上,$f_n(x)$ 一致收敛于 $f(x)$,

$\forall\varepsilon>0,\exists N,\forall n>N,\forall x\in[0,R]$,有 $|f_n(x)-f(x)|<\varepsilon.$

又 $g(x)$ 在 $[0,+\infty)$ 上广义可积,对上述 ε,$\exists A_0,\forall A'>A,A''>A$,有

$$\left| \int_{A'}^{A''} g(x)\,dx \right| < \varepsilon.$$

于是 $\left| \int_{A'}^{A''} f(x)\,dx \right| \le \left| \int_{A'}^{A''} [f_n(x) - f(x)]\,dx \right| + \left| \int_{A'}^{A''} f_n(x)\,dx \right|$

$\le \int_0^{A'} |f_n(x) - f(x)|\,dx + \int_0^{A''} |f_n(x) - f(x)|\,dx + \left| \int_{A'}^{A''} g(x)\,dx \right| < \varepsilon(A' + A'') + \varepsilon.$

因此,$f(x)$ 在 $[0, +\infty)$ 上广义可积.

(2) 已知对任意 $R > 0$,在 $[0,R]$ 上,$f_n(x)$ 一致收敛于 $f(x)$,

$\forall \varepsilon > 0, \exists N, \forall n > N, \forall x \in [0,R]$,有 $|f_n(x) - f(x)| < \varepsilon.$

$\left| \int_0^{+\infty} [f_n(x) - f(x)]\,dx \right| \le \int_0^A |f_n(x) - f(x)|\,dx + \int_A^{+\infty} |f_n(x) - f(x)|\,dx$

$\le \varepsilon A + \int_A^{+\infty} |f_n(x)|\,dx + \int_A^{+\infty} |f(x)|\,dx < \varepsilon(A + 2),$

因此 $\int_0^{+\infty} f(x)\,dx = \lim_{n\to\infty} \int_0^{+\infty} f_n(x)\,dx.$

【举一反三】

1. $f(x)$ 在区间 $(0, +\infty)$ 上绝对可积,证明:$\lim_{n\to\infty} \int_0^{+\infty} f(x)\sin nx\,dx = 0.$

证明:$f(x)$ 在区间 $(0, +\infty)$ 上绝对可积,

由定义,$\forall \varepsilon > 0, \exists A_0, \forall A > A_0, \int_A^{+\infty} |f(x)|\,dx < \dfrac{\varepsilon}{2}.$

由黎曼引理得,$\lim_{n\to\infty} \int_0^A f(x)\sin nx\,dx = 0.$

对上述 $\varepsilon > 0, \exists N, \forall n > N, \left| \int_0^A f(x)\sin nx\,dx \right| < \dfrac{\varepsilon}{2},$

则 $\left| \int_0^{+\infty} f(x)\sin nx\,dx \right| \le \left| \int_0^A f(x)\sin nx\,dx \right| + \left| \int_A^{+\infty} f(x)\sin nx\,dx \right|$

$\le \dfrac{\varepsilon}{2} + \int_A^{+\infty} |f(x)|\,dx < \varepsilon,$

即 $\lim_{n\to\infty} \int_0^{+\infty} f(x)\sin nx\,dx = 0.$

例6 (1)设 $f(x)$ 在 $[a, +\infty)$ 上为非负连续函数,若 $\int_a^{+\infty} xf(x)\,dx$ 收敛,则 $\int_a^{+\infty} f(x)\,dx$ 也收敛;

(2)设 $f(x)$ 在 $[a, +\infty)$ 上连续可微,且当 $x \to +\infty$ 时, $f(x)$ 单调递减且趋于零,则 $\int_a^{+\infty} f(x)\mathrm{d}x$ 收敛的充要条件是 $\int_a^{+\infty} xf'(x)\mathrm{d}x$ 收敛.

分析: 闭区间上的连续函数一定可积,对(1),为了达到证明的目的可以将区间 $[a, +\infty)$ 分为 $[a,1], [1, +\infty)$.

(2)利用牛顿-莱布尼茨公式:

$$\int_a^A f(x)\mathrm{d}x = xf(x)\Big|_a^A - \int_a^A xf'(x)\mathrm{d}x = Af(A) - af(a) - \int_a^A xf'(x)\mathrm{d}x.$$

充分性、必要性都要讨论 $\lim\limits_{A\to+\infty} Af(A)$ 的存在性.

证明: (1)取 $A = \max\{|a|, 1\}$,则由 $\int_a^{+\infty} xf(x)\mathrm{d}x$ 收敛知, $\int_A^{+\infty} xf(x)\mathrm{d}x$ 也收敛.

又 $0 \leqslant \int_A^{+\infty} f(x)\mathrm{d}x \leqslant \int_A^{+\infty} xf(x)\mathrm{d}x$,因此 $\int_A^{+\infty} f(x)\mathrm{d}x$ 收敛,即得 $\int_a^{+\infty} f(x)\mathrm{d}x$ 收敛.

(2)(必要性)已知 $f(x)$ 单调递减且当 $x \to +\infty$ 时趋于零,则 $f(x) \geqslant 0$,且

$$\int_{\frac{x}{2}}^x f(t)\mathrm{d}t = f(\xi)\left(x - \frac{x}{2}\right) \geqslant f(x)\frac{x}{2} = \frac{1}{2}xf(x). \quad \left[\text{其中 } \xi \in \left(\frac{x}{2}, x\right)\right]$$

已知 $\int_a^{+\infty} f(x)\mathrm{d}x$ 收敛,即 $\forall \varepsilon > 0, \exists A_0 > 0, \forall A', A'' > A_0(> a)$,有 $\left|\int_{A'}^{A''} f(x)\mathrm{d}x\right| < \varepsilon$.

当 $\frac{x}{2} > A_0$ 时,有 $|xf(x)| \leqslant 2\left|\int_{\frac{x}{2}}^x f(t)\mathrm{d}t\right| < 2\varepsilon$.

显然,当 $A' > 2A_0$ 时,有 $|A'f(A')| < 2\varepsilon$,

当 $A'' > 2A_0$ 时,有 $|A''f(A'')| < 2\varepsilon$,于是,当 $A', A'' > 2A_0$,有

$$\left|\int_{A'}^{A''} xf'(x)\mathrm{d}x\right| = \left|\int_{A'}^{A''} x\mathrm{d}f(x)\right| = \left|xf(x)\Big|_{A'}^{A''} - \int_{A'}^{A''} f(x)\mathrm{d}x\right| = \left|A''f(A'') - A'f(A') - \int_{A'}^{A''} f(x)\mathrm{d}x\right|$$

$$\leqslant |A''f(A'')| + |A'f(A')| + \left|\int_{A'}^{A''} f(x)\mathrm{d}x\right| < 2\varepsilon + 2\varepsilon + \varepsilon = 5\varepsilon.$$

即得 $\int_a^{+\infty} xf'(x)\mathrm{d}x$ 收敛.

(充分性)由已知, $\forall x \in [a, +\infty)$,有 $f(x) \geqslant 0, f'(x) \leqslant 0$,且 $\int_a^{+\infty} xf'(x)\mathrm{d}x$ 收敛,则 $\forall \varepsilon > 0, \exists A_0 > 0$,当 $A > A_0(> a)$ 时,有

$$0 \leqslant Af(A) = |A| |0 - f(A)| = \left|A\int_A^{+\infty} f'(x)\mathrm{d}x\right| \leqslant \left|\int_A^{+\infty} xf'(x)\mathrm{d}x\right| < \varepsilon,$$

即 $\lim\limits_{A\to+\infty} Af(A) = 0$.

又 $\int\limits_a^A f(x)\,\mathrm{d}x = xf(x)\,\Big|_a^A - \int\limits_a^A xf'(x)\,\mathrm{d}x = Af(A) - af(a) - \int\limits_a^A xf'(x)\,\mathrm{d}x$,

令 $A \to +\infty$ 得，$\int\limits_a^{+\infty} f(x)\,\mathrm{d}x = -af(a) - \int\limits_a^{+\infty} xf'(x)\,\mathrm{d}x$ ，

即有 $\int\limits_a^{+\infty} f(x)\,\mathrm{d}x$ 收敛.

【举一反三】

1. 设函数 $xf(x)$ 在 $[a, +\infty)$ 上单调减少，$\int\limits_a^{+\infty} f(x)\,\mathrm{d}x$ 收敛，则 $\lim\limits_{x \to +\infty} xf(x)\ln x = 0$.

证明：不失一般性，设 $a \geqslant 1$，否则将积分拆为 $\int\limits_a^1 f(x)\,\mathrm{d}x + \int\limits_1^{+\infty} f(x)\,\mathrm{d}x$ 即可.

首先证明：$\forall x \geqslant a$，有 $xf(x) \geqslant 0$.

假设 $\exists x_0 \geqslant a$，使 $x_0 f(x_0) = c < 0$，由 $xf(x)$ 的单减性，$\forall x \geqslant x_0$，

$xf(x) \leqslant x_0 f(x_0) = c < 0, f(x) \leqslant \dfrac{c}{x}$ ，

则 $\int\limits_{x_0}^{+\infty} f(x)\,\mathrm{d}x \leqslant c \int\limits_{x_0}^{+\infty} \dfrac{\mathrm{d}x}{x} = -\infty$.

这与已知 $\int\limits_a^{+\infty} f(x)\,\mathrm{d}x$ 收敛矛盾.

由于 $\int\limits_a^{+\infty} f(x)\,\mathrm{d}x$ 收敛，则根据柯西收敛准则知，$\forall \varepsilon > 0$，$\exists A > a \geqslant 1$，当 $x > \sqrt{x} > A$ 时，有

$\varepsilon > \left| \int\limits_{\sqrt{x}}^x f(t)\,\mathrm{d}t \right| = \int\limits_{\sqrt{x}}^x \dfrac{tf(t)}{t}\,\mathrm{d}t \geqslant xf(x) \int\limits_{\sqrt{x}}^x \dfrac{1}{t}\,\mathrm{d}t = xf(x)(\ln t)\,\Big|_{\sqrt{x}}^x = \dfrac{1}{2}xf(x)\ln x.$

因此得 $\lim\limits_{x \to +\infty} xf(x)\ln x = 0$.

例7 设 $f(x) \in C[0, +\infty)$，$\int\limits_0^{+\infty} g(x)\,\mathrm{d}x$ 绝对收敛，证明：

$$\lim\limits_{n \to \infty} \int\limits_0^{\sqrt{n}} f\left(\dfrac{x}{n}\right) g(x)\,\mathrm{d}x = f(0) \int\limits_0^{+\infty} g(x)\,\mathrm{d}x.$$

分析：直接利用定义证明，由已知条件将无穷区间拆分，不同区间运用函数不同的性质.

证明：令 $A = \int\limits_0^{+\infty} |g(x)|\,\mathrm{d}x \geqslant 0$.

由于 $f(x)$ 在 $x = 0$ 连续，则 $\forall \varepsilon > 0$，$\exists \delta > 0$，$\forall x : 0 \leqslant x < \delta$，有

$$\left| f(x) - f(0) \right| < \frac{\varepsilon}{2(A+1)}.$$

又 $\lim\limits_{n\to\infty}\dfrac{1}{\sqrt{n}} = 0$，则对上述 δ，$\exists N_1$，当 $n > N_1$ 时，有 $\dfrac{1}{\sqrt{n}} < \delta$.

已知 $\displaystyle\int_0^{+\infty} \left| g(x) \right| \mathrm{d}x$ 收敛，则对上述 $\varepsilon > 0$，$\exists N_2$，当 $n > N_2$ 时，有

$$\int_{\sqrt{n}}^{+\infty} \left| g(x) \right| \mathrm{d}x < \frac{\varepsilon}{2(\left| f(0) \right| + 1)}.$$

取 $N = \max\{N_1, N_2\}$，当 $n > N$ 时，有

$$\left| \int_0^{\sqrt{n}} f\left(\frac{x}{n}\right) g(x)\mathrm{d}x - f(0)\int_0^{+\infty} g(x)\mathrm{d}x \right| = \left| \int_0^{\sqrt{n}} \left[f\left(\frac{x}{n}\right) - f(0) \right] g(x)\mathrm{d}x - \int_{\sqrt{n}}^{+\infty} f(0)g(x)\mathrm{d}x \right|$$

$$\leqslant \int_0^{\sqrt{n}} \left| f\left(\frac{x}{n}\right) - f(0) \right| \left| g(x) \right| \mathrm{d}x + \int_{\sqrt{n}}^{+\infty} \left| f(0) \right| \cdot \left| g(x) \right| \mathrm{d}x$$

$$< \frac{\varepsilon}{2(A+1)} \int_0^{\sqrt{n}} \left| g(x) \right| \mathrm{d}x + \left| f(0) \right| \int_{\sqrt{n}}^{+\infty} \left| g(x) \right| \mathrm{d}x$$

$$< \frac{\varepsilon}{2(A+1)} \cdot A + \left| f(0) \right| \cdot \frac{\varepsilon}{2(\left| f(0) \right| + 1)} < \frac{\varepsilon}{2} + \frac{\varepsilon}{2} = \varepsilon.$$

即有 $\lim\limits_{n\to\infty}\displaystyle\int_0^{\sqrt{n}} f\left(\frac{x}{n}\right) g(x)\mathrm{d}x = f(0)\int_0^{+\infty} g(x)\mathrm{d}x.$

【举一反三】

1. 证明：$\lim\limits_{n\to\infty}\displaystyle\int_0^{+\infty} \frac{n^2 x}{1 + x^2}\mathrm{e}^{-n^2 x^2}\mathrm{d}x = \frac{1}{2}.$

证明：因为 $\lim\limits_{n\to\infty}\displaystyle\int_0^{+\infty} n^2 x\mathrm{e}^{-n^2 x^2}\mathrm{d}x = -\frac{1}{2}\lim\limits_{n\to\infty}\mathrm{e}^{-n^2 x^2} \Big|_0^{+\infty} = \frac{1}{2},$

且对 $0 < a < \varepsilon$，$\lim\limits_{n\to\infty}\mathrm{e}^{-n^2 a^2} = 0$，即对 $\varepsilon > 0$，$\exists N$，当 $n > N$，有 $\mathrm{e}^{-n^2 a^2} < \varepsilon$，

故 $\left| \displaystyle\int_0^{+\infty} \frac{n^2 x}{1 + x^2}\mathrm{e}^{-n^2 x^2}\mathrm{d}x - \int_0^{+\infty} n^2 x\mathrm{e}^{-n^2 x^2}\mathrm{d}x \right| = \left| \int_0^{+\infty} \left(\frac{n^2 x}{1 + x^2}\mathrm{e}^{-n^2 x^2} - n^2 x\mathrm{e}^{-n^2 x^2} \right)\mathrm{d}x \right|$

$$= \left| \int_0^{+\infty} \frac{n^2 x^3}{1 + x^2}\mathrm{e}^{-n^2 x^2}\mathrm{d}x \right| \leqslant \int_0^a \frac{n^2 x^3}{1 + x^2}\mathrm{e}^{-n^2 x^2}\mathrm{d}x + \int_a^{+\infty} \frac{n^2 x^3}{1 + x^2}\mathrm{e}^{-n^2 x^2}\mathrm{d}x$$

$$< \int_0^a \frac{n^2 x^3}{2x} \frac{1}{n^2 x^2}\mathrm{d}x - \frac{1}{2}\mathrm{e}^{-n^2 x^2} \Big|_a^{+\infty} < \int_0^\varepsilon \frac{1}{2}\mathrm{d}x + \frac{\varepsilon}{2} = \varepsilon,$$

即 $\lim\limits_{n\to\infty}\displaystyle\int_0^{+\infty} \frac{n^2 x}{1 + x^2}\mathrm{e}^{-n^2 x^2}\mathrm{d}x = \frac{1}{2}.$

例 8 证明：$L = \displaystyle\int_0^{+\infty} \frac{1}{(1 + x^2)(1 + x^p)}\mathrm{d}x$ 与 p 无关.

分析：无穷限广义积分与无界函数广义积分可以通过特殊变量替换相互转换，这种方式可以处理一类积分的计算.

证明：$L = \int_0^{+\infty} \dfrac{1}{(1+x^2)(1+x^p)}dx = \int_0^1 \dfrac{1}{(1+x^2)(1+x^p)}dx + \int_1^{+\infty} \dfrac{1}{(1+x^2)(1+x^p)}dx$

因为 $\int_0^1 \dfrac{1}{(1+x^2)(1+x^p)}dx \xlongequal{x=\frac{1}{t}} \int_1^{+\infty} \dfrac{1}{(1+t^2)(1+t^{-p})}dt = \int_1^{+\infty} \dfrac{t^p}{(1+t^2)(1+t^p)}dt$,

则 $L = \int_0^{+\infty} \dfrac{1}{(1+x^2)(1+x^p)}dx = \int_1^{+\infty} \dfrac{t^p}{(1+t^2)(1+t^p)}dt + \int_1^{+\infty} \dfrac{1}{(1+t^2)(1+t^p)}dt$

$= \int_1^{+\infty} \dfrac{1+t^p}{(1+t^2)(1+t^p)}dt = \int_1^{+\infty} \dfrac{1}{(1+t^2)}dt = \arctan t \Big|_1^{+\infty} = \dfrac{\pi}{4}.$

【举一反三】

1. 计算：$\int_0^{+\infty} \dfrac{\ln x}{a^2+x^2}dx.$

解：由于 $\int_0^{+\infty} \dfrac{\ln t}{1+t^2}dt = \int_0^1 \dfrac{\ln t}{1+t^2}dt + \int_1^{+\infty} \dfrac{\ln t}{1+t^2}dt = \int_0^1 \dfrac{\ln t}{1+t^2}dt + \int_0^1 \dfrac{\ln\frac{1}{t}}{1+\left(\frac{1}{t}\right)^2}\dfrac{1}{t^2}dt$

$= \int_0^1 \dfrac{\ln t}{1+t^2}dt - \int_0^1 \dfrac{\ln t}{1+t^2}dt,$

$\lim\limits_{t\to 0^+}t^{\frac{1}{2}}\dfrac{\ln t}{1+t^2} = 0$,故 $\int_0^{+\infty} \dfrac{\ln t}{1+t^2}dt = 0.$

则 $\int_0^{+\infty} \dfrac{\ln x}{a^2+x^2}dx = \dfrac{1}{a^2}\int_0^{+\infty} \dfrac{\ln x}{1+\left(\frac{x}{a}\right)^2}dx = \dfrac{1}{a}\int_0^{+\infty} \dfrac{\ln at}{1+t^2}dt = \dfrac{1}{a}\int_0^{+\infty} \dfrac{\ln a + \ln t}{1+t^2}dt$

$= \dfrac{\ln a}{a}\int_0^{+\infty} \dfrac{1}{1+t^2}dt + \dfrac{1}{a}\int_0^{+\infty} \dfrac{\ln t}{1+t^2}dt = \dfrac{\pi\ln a}{2a}.$

2. 证明：$\int_0^{+\infty} \dfrac{x^2}{1+x^4}dx = \int_0^{+\infty} \dfrac{1}{1+x^4}dx = \dfrac{\pi}{2\sqrt{2}}.$

证明：令 $x = \dfrac{1}{t}$，则

$\int_0^{+\infty} \dfrac{x^2}{1+x^4}dx = \int_{+\infty}^0 \dfrac{\frac{1}{t^2}}{1+\left(\frac{1}{t}\right)^4}\left(-\dfrac{1}{t^2}\right)dt = \int_0^{+\infty} \dfrac{1}{1+t^4}dt = \int_0^{+\infty} \dfrac{1}{1+x^4}dx.$

于是 $\int_0^{+\infty} \dfrac{x^2}{1+x^4}dx = \dfrac{1}{2}\left(\int_0^{+\infty} \dfrac{x^2}{1+x^4}dx + \int_0^{+\infty} \dfrac{1}{1+x^4}dx\right) = \dfrac{1}{2}\int_0^{+\infty} \dfrac{1+x^2}{1+x^4}dx$

$$= \frac{1}{2} \int_0^{+\infty} \frac{1 + \dfrac{1}{x^2}}{\dfrac{1}{x^2} + x^2} \mathrm{d}x = \frac{1}{2} \int_0^{+\infty} \frac{1}{\dfrac{1}{x^2} + x^2} \mathrm{d}\left(x - \frac{1}{x}\right)$$

$$= \frac{1}{2} \int_0^{+\infty} \frac{1}{\left(x - \dfrac{1}{x}\right)^2 + 2} \mathrm{d}\left(x - \frac{1}{x}\right) = \frac{1}{2\sqrt{2}} \arctan \frac{x - \dfrac{1}{x}}{\sqrt{2}} \Bigg|_0^{+\infty} = \frac{\pi}{2\sqrt{2}}.$$

拓展训练

1. 讨论 $\displaystyle\int_0^{+\infty} \frac{\sin x}{x^{p-1} + \dfrac{1}{x}} \mathrm{d}x\,(p \geqslant 0)$ 的条件收敛和绝对收敛性.

2. 讨论 $\displaystyle\int_0^{+\infty} \frac{\sqrt{x}\cos x}{x + 100} \mathrm{d}x$ 的绝对收敛和条件收敛性.

3. 讨论 $\displaystyle\int_2^{+\infty} \sin x \frac{\ln\ln x}{\ln x} \mathrm{d}x$ 的绝对收敛和条件收敛性.

4. 讨论 $\displaystyle\int_1^{+\infty} \frac{\mathrm{d}x}{x^p \ln^q x}$ 的敛散性.

5. 讨论 $\displaystyle\int_0^1 x^{a-1}(1-x)^{b-1} \mathrm{d}x$ 的敛散性.

6. 讨论 $\displaystyle\int_0^1 x^{a-1}(1-x)^{b-1} \ln x \mathrm{d}x$ 的敛散性.

7. 讨论 $\displaystyle\int_{-\infty}^{+\infty} \frac{1}{|x - a_1|^{p_1}|x - a_2|^{p_2}\cdots|x - a_n|^{p_n}} \mathrm{d}x\,(p_i > 0, i = 1, 2, \cdots, n, a_1 < a_2 < \cdots < a_n)$ 的敛散性.

8. 设 $f(x)$ 在 $[0, +\infty)$ 上连续,证明:

(1) 若 $\displaystyle\lim_{x \to +\infty} f(x) = k$,则 $\displaystyle\int_0^{+\infty} \frac{f(ax) - f(bx)}{x} \mathrm{d}x = [f(0) - k]\ln\frac{b}{a}$;

(2) 若 $\displaystyle\int_A^{+\infty} \frac{f(z)}{z} \mathrm{d}z\,(A > 0)$ 收敛,则 $\displaystyle\int_0^{+\infty} \frac{f(ax) - f(bx)}{x} \mathrm{d}x = f(0)\ln\frac{b}{a}\,(a, b > 0)$.

9. 证明下面各题:

(1) 设 a 为大于 0 的常数,当 $x > 0$ 时,$f(x) = \dfrac{1}{\sqrt{x}} - \dfrac{1}{\sqrt{x + a}}$ 单调递减;

(2) $\displaystyle\int_0^{\sqrt{2\pi}} \sin x^2 \mathrm{d}x > \frac{2 - \sqrt{2}}{2\sqrt{\pi}}$;

（3）$\int\limits_0^\infty \sin x^2 \mathrm{d}x$ 条件收敛.

10. 设函数 $f(x)$ 在 $[1,+\infty)$ 上连续,对任意 $x \in [1,+\infty)$,有 $f(x) > 0$,另外 $\lim\limits_{x \to +\infty} \dfrac{\ln f(x)}{\ln x} = -\lambda$,试证明:若 $\lambda > 1$,则 $\int\limits_1^{+\infty} f(x) \mathrm{d}x$ 收敛.

11. 设 $f(x)$ 在 $[1,+\infty)$ 上二阶连续可导,对于任何 $x \in [1,+\infty)$,有 $f(x) > 0$,且 $\lim\limits_{x \to +\infty} f''(x) = +\infty$.证明:无穷积分 $\int\limits_1^{+\infty} \dfrac{1}{f(x)} \mathrm{d}x$ 收敛.

12. 设 $\forall A > a, f(x), g(x)$ 在 $[a,A]$ 上可积,$g(x)$ 恒正且 $\int\limits_a^{+\infty} g(x) \mathrm{d}x$ 发散,$f(x) = o(g(x))\ (x \to +\infty)$,证明:$\int\limits_a^{+\infty} f(x) \mathrm{d}x = o\left(\int\limits_a^{+\infty} g(x) \mathrm{d}x\right)\ (x \to +\infty)$.

13. 若 $\int\limits_0^1 f(x) \mathrm{d}x$ 收敛(其中 $x = 0$ 为奇点),且 $f(x)$ 在 $(0,1]$ 上单调减少,证明:
$$\lim\limits_{n \to \infty} \frac{1}{n} \sum_{k=1}^{\infty} f\left(\frac{k}{n}\right) = \int\limits_0^1 f(x) \mathrm{d}x.$$

14. 证明:$\left|\int\limits_a^{+\infty} \sin x^2 \mathrm{d}x\right| \leqslant \dfrac{1}{a}\ (a \geqslant 1)$.

15. 设 $f(x)$ 在 $(0,+\infty)$ 内有一阶连续导数,$f(x) > 0, f'(x) > 0, \int\limits_1^{+\infty} \dfrac{1}{f(x)+f'(x)} \mathrm{d}x$,证明:$\int\limits_1^{+\infty} \dfrac{1}{f(x)} \mathrm{d}x$ 收敛.

16. 已知 $\int\limits_{-\infty}^{+\infty} f(x) \mathrm{d}x$ 收敛,证明:$\int\limits_{-\infty}^{+\infty} f(x) \mathrm{d}x = \int\limits_{-\infty}^{+\infty} f\left(x - \dfrac{1}{x}\right) \mathrm{d}x$.

17. 已知 $f(x) = \mathrm{e}^{x^2} \int\limits_x^{+\infty} \mathrm{e}^{-t^2} \mathrm{d}t$,证明:$f(x) \leqslant \dfrac{\sqrt{\pi}}{2}\ (x \geqslant 0)$.

18. 设 $f(x)$ 在 $[0,+\infty)$ 上有界,二阶连续可导,且为正函数,如果存在 $\alpha > 0$,使得 $f''(x) \geqslant \alpha f(x)\ (x \geqslant 0)$,证明:

（1）$f'(x)$ 单调递增,且 $\lim\limits_{x \to \infty} f'(x) = 0$;

（2）$\lim\limits_{x \to \infty} f(x) = 0$.

19. 已知 $f(x)$ 在 $[a,+\infty)$ 单调递增且大于 0,$\{a_n\}$ 单调递增且

大于 0,$\int\limits_{a_1}^{+\infty} \dfrac{\mathrm{d}x}{xf(x)}$ 收敛,证明:$\sum\limits_{n=1}^{+\infty}\left(1 - \dfrac{a_n}{a_{n+1}}\right)\dfrac{1}{f(a_{n+1})}$ 收敛.

拓展训练参考答案 12

第十三讲

含参变量的正常积分

一、基本定义

定义 1　含参变量的正常积分

设函数 $f(x,y)$ 在矩形区域 $R:a \leqslant x \leqslant b,c \leqslant y \leqslant d$ 上连续,则称 $I(y) = \int_a^b f(x,y)\,\mathrm{d}x$, $y \in [c,d]$ 为定义在 $[c,d]$ 上的含参变量 y 的正常积分,简称含参变量积分.

二、重要性质、定理

性质 1　函数 $I(y) = \int_a^b f(x,y)\,\mathrm{d}x, y \in [c,d]$ 在 $[c,d]$ 上的分析性质

(1)连续性:设 $f(x,y)$ 在矩形 $[a,b;c,d]$ 上连续,则 $I(y) = \int_a^b f(x,y)\,\mathrm{d}x$ 是 $[c,d]$ 上的连续函数.

(2)可微性:设 $f(x,y)$ 及 $f_y(x,y)$ 都在矩形 $[a,b;c,d]$ 上连续,则

$$\frac{\mathrm{d}}{\mathrm{d}y}\int_a^b f(x,y)\,\mathrm{d}x = \int_a^b f_y(x,y)\,\mathrm{d}x = \int_a^b \frac{\partial}{\partial y} f(x,y)\,\mathrm{d}x.$$

简称积分号下可微分.

一般地,若函数 $f(x,y)$ 及 $f_y(x,y)$ 都在 $[a,b;\ c,d]$ 上连续,同时在 $[c,d]$ 上 $a'(y)$, $b'(y)$ 皆存在,且满足 $a \leqslant a(y) \leqslant b, a \leqslant b(y) \leqslant b(c \leqslant y \leqslant d)$,则

$$F'(y) = \Big[\int_{a(y)}^{b(y)} f(x,y)\,dx\Big]' = \int_{a(y)}^{b(y)} f_y(x,y)\,dx + f(b(y),y)b'(y) - f(a(y),y)a'(y).$$

（3）可积性：设 $f(x,y)$ 在矩形 $[a,b;c,d]$ 上连续，则

$$\int_c^d dy \int_a^b f(x,y)\,dx = \int_a^b dx \int_c^d f(x,y)\,dy.$$

简称积分号下可积分.

典型例题

例1 已知函数 $f(x,t)$ 满足 $f_{tt}(x,t) = f_{xx}(x,t)$，$I(t) = \dfrac{1}{2}\int_{t-1}^{1-t}\{[f_x(x,t)]^2 + [f_t(x,t)]^2\}\,dx$，证明：$I(t)$ 单调递减.

分析：证明可导的函数单调递减，可用一阶导数小于零判断，在计算过程中用到含参变量正常积分的求导公式.

证明： $\dfrac{d}{dt}I(t) = \int_{t-1}^{1-t}[f_x(x,t)f_{xt}(x,t) + f_t(x,t)f_{tt}(x,t)]\,dx +$

$\dfrac{1}{2}\{[f_x(1-t,t)]^2(-1) + [f_t(1-t,t)]^2(-1)\} - \dfrac{1}{2}\{[f_x(t-1,t)]^2 + [f_t(t-1,t)]^2\}$

$= \int_{t-1}^{1-t}[f_x(x,t)\,df_t(x,t) + \int_{t-1}^{1-t}f_t(x,t)f_{tt}(x,t)\,dx] -$

$\dfrac{1}{2}\{[f_x(1-t,t)]^2 + [f_t(1-t,t)]^2 - \dfrac{1}{2}[f_x(t-1,t)]^2 + [f_t(t-1,t)]^2\}$

$= -\dfrac{1}{2}[f_x(1-t,t) - f_t(1-t,t)]^2 - \dfrac{1}{2}\{[f_x(t-1,t)]^2 + [f_t(t-1,t)^2]\} < 0,$

故函数 $I(t)$ 单调递减.

【举一反三】

1. 已知函数 $f(x)$ 连续，$F(x) = \int_0^x dv \int_0^x f(x+u+v)\,du$，求 $F''(0)$.

证明： $F(x) = \int_0^x dv \int_0^x f(x+u+v)\,du = \int_0^x\Big[\int_0^x f(x+u+v)\,du\Big]\,dv = \int_0^x\Big[\int_{x+v}^{2x+v} f(t)\,dt\Big]\,dv,$

$F'(x) = 3\int_{2x}^{3x} f(y)\,dy - \int_x^{2x} f(y)\,dy,$

$F''(x) = 3[3f(3x) - 2f(2x)] - 2f(2x) + f(x) = 9f(3x) - 8f(2x) + f(x),$

所以 $F''(0) = 2f(0).$

例2 计算定积分 $I = \int_0^1 \dfrac{\ln(1+x)}{1+x^2}\mathrm{d}x.$

分析:利用含参变量积分性质求定积分,一是利用积分号下可微求得 $I'(u)$,再由 $\int_0^1 I'(u)\mathrm{d}u = I(1) - I(0)$,即得要求的定积分值;二是利用可积性,将被积函数或其一部分用积分形式表现,通过交换积分顺序得到所求积分值.

解:(法一)考虑含参变量积分 $I(u) = \int_0^1 \dfrac{\ln(1+ux)}{1+x^2}\mathrm{d}x.$

显然 $I(0) = 0, I(1) = I$,且 $I(u)$ 在矩形 $[0,1;0,1]$ 上满足积分号下可微的条件,则

$$I'(u) = \int_0^1 \frac{x}{(1+x^2)(1+ux)}\mathrm{d}x = \int_0^1 \frac{1}{1+u^2}\left(\frac{u+x}{1+x^2} - \frac{u}{1+ux}\right)\mathrm{d}x$$

$$= \frac{1}{1+u^2}\left[\int_0^1 \frac{u+x}{1+x^2}\mathrm{d}x - \int_0^1 \frac{u}{1+ux}\mathrm{d}x\right]$$

$$= \frac{1}{1+u^2}\left[u\arctan x\Big|_0^1 + \frac{1}{2}\ln(1+x^2)\Big|_0^1 - \ln(1+ux)\Big|_0^1\right]$$

$$= \frac{1}{1+u^2}\left[u\cdot\frac{\pi}{4} + \frac{1}{2}\ln 2 - \ln(1+u)\right].$$

$$\int_0^1 I'(u)\mathrm{d}u = \int_0^1 \frac{1}{1+u^2}\left[\frac{\pi}{4}u + \frac{1}{2}\ln 2 - \ln(1+u)\right]\mathrm{d}u$$

$$= \frac{\pi}{8}\ln(1+u^2)\Big|_0^1 + \frac{1}{2}\ln 2\arctan u\Big|_0^1 - I(1)$$

$$= \frac{\pi}{8}\ln 2 + \frac{\pi}{8}\ln 2 - I(1)$$

$$= \frac{\pi}{4}\ln 2 - I(1).$$

$$\int_0^1 I'(u)\mathrm{d}u = I(1) - I(0) = I(1),$$

因此 $I = I(1) = \dfrac{\pi}{8}\ln 2.$

(法二)$I = \int_0^1 \dfrac{\ln(1+x)}{1+x^2}\mathrm{d}x$(令 $x = \tan t$)

$$= \int_0^{\frac{\pi}{4}} \frac{\ln(1+\tan t)}{1+\tan^2 t}\sec^2 t\,\mathrm{d}t = \int_0^{\frac{\pi}{4}}\ln(1+\tan t)\mathrm{d}t\left(令\ t = \frac{\pi}{4} - u\right)$$

$$= \int_0^{\frac{\pi}{4}}\ln\left[1+\tan\left(\frac{\pi}{4} - u\right)\right]\mathrm{d}u = \int_0^{\frac{\pi}{4}}\ln\left(1+\frac{1-\tan u}{1+\tan u}\right)\mathrm{d}u$$

$$= \int_0^{\frac{\pi}{4}} \ln\left(\frac{2}{1+\tan u}\right) \mathrm{d}u = \int_0^{\frac{\pi}{4}} \left[\ln 2 - \ln(1 + \tan u)\right] \mathrm{d}u,$$

$$I = \int_0^1 \frac{\ln(1+x)}{1+x^2} \mathrm{d}x = \frac{\pi}{8} \ln 2.$$

【举一反三】

1. 计算定积分 $\int_0^{\frac{\pi}{2}} \ln(\sin^2 x + a^2 \cos^2 x) \mathrm{d}x, a > 0.$

解：视 a 为参变量，则 $I(a) = \int_0^{\frac{\pi}{2}} \ln(\sin^2 x + a^2 \cos^2 x) \mathrm{d}x$ 在矩形 $\left[0, \frac{\pi}{2}, \varepsilon, r\right]$ 上满足积分号下可微的条件 $(0 < \varepsilon < a)$，

则 $I'(a) = \int_0^{\frac{\pi}{2}} \frac{2a \cos^2 x}{\sin^2 x + a^2 \cos^2 x} \mathrm{d}x = \int_0^{\frac{\pi}{2}} \frac{2a}{\tan^2 x + a^2} \mathrm{d}x (\diamondsuit u = \tan x)$

$$= \int_0^{+\infty} \frac{2a}{u^2 + a^2} \cdot \frac{1}{1 + u^2} \mathrm{d}u = \frac{2a}{a^2 - 1} \int_0^{+\infty} \left(\frac{-1}{u^2 + a^2} + \frac{1}{u^2 + 1}\right) \mathrm{d}u = \frac{\pi}{a+1}.$$

对上式两边积分得，

$$I(a) = \int I'(a) \mathrm{d}a = \int \frac{\pi}{a+1} \mathrm{d}a = \pi \ln(1 + a) + C.$$

由于 $I(1) = 0$，则代入上式得 $C = -\pi \ln 2.$

因此 $I(a) = \pi \ln(a + 1) - \pi \ln 2 = \pi \ln \frac{a+1}{2}.$

2. 求 $I = \int_0^1 \frac{x^b - x^a}{\ln x} \mathrm{d}x (b > a > 0)$.

解：$\int_a^b x^y \mathrm{d}y = \frac{x^b - x^a}{\ln x}$，且 x^y 在 $[0,1] \times [a,b]$ 上连续，

故 $I = \int_0^1 \mathrm{d}x \int_a^b x^y \mathrm{d}y$，则 $I = \int_a^b \mathrm{d}y \int_0^1 x^y \mathrm{d}x = \int_a^b \frac{1}{1+y} \mathrm{d}y = \ln \frac{1+b}{1+a}$.

例3 已知 $y > 0, G(y) = \int_0^1 \frac{y}{\sqrt{x^2 + y^2}} \mathrm{d}x, F(y) = \frac{1}{2}\left(\sqrt{1 + y^2} + y^2 \ln \frac{1 + \sqrt{1 + y^2}}{y}\right)$，证明：$G(y) = F'(y).$

分析：最直接的想法当然是对已知函数 $F(y)$ 求导，但很难说明结论 $G(y) = F'(y)$. 改变思路，反向思维——把结论看作找 $G(y)$ 的原函数.

证明：$\int_0^y G(t) \mathrm{d}t = \int_0^y \left(\int_0^1 \frac{t}{\sqrt{x^2 + t^2}} \mathrm{d}x\right) \mathrm{d}t = \int_0^1 \mathrm{d}x \int_0^y \frac{t}{\sqrt{x^2 + t^2}} \mathrm{d}t = \int_0^1 \sqrt{x^2 + t^2} \Big|_0^y \mathrm{d}x$

$$= \int_0^1 (\sqrt{x^2 + y^2} - x)\mathrm{d}x = \left[\frac{x}{2}\sqrt{x^2 + y^2} + \frac{y^2}{2}\ln\left|x + \sqrt{x^2 + y^2}\right|\right]\Big|_0^1 - \frac{1}{2}$$

$$= \frac{1}{2}\sqrt{1 + y^2} + \frac{y^2}{2}\ln\left|1 + \sqrt{1 + y^2}\right| - \frac{y^2}{2}\ln y - \frac{1}{2}$$

$$= \frac{1}{2}\sqrt{1 + y^2} + \frac{y^2}{2}\ln\frac{1 + \sqrt{1 + y^2}}{y} - \frac{1}{2}$$

$$= F(y) - \frac{1}{2},$$

即得 $G(y) = F'(y)$.

拓展训练

1. 计算 $\displaystyle\int_0^{\frac{\pi}{2}} \frac{\arctan(\alpha\tan x)}{\tan x}\mathrm{d}x, \forall \alpha \in \mathbf{R}$.

2. 求 $\displaystyle I(a) = \int_0^{\frac{\pi}{2}} \frac{1}{\cos x}\ln\frac{1 + a\cos x}{1 - a\cos x}\mathrm{d}x, |a| < 1$.

3. 求 $\displaystyle I(\theta) = \int_0^{\pi}\ln(1 + \theta\cos x)\mathrm{d}x(|\theta| < 1)$.

4. 应用对参数求导法计算积分 $\displaystyle\int_0^{\frac{\pi}{2}}\ln(a^2 - \sin^2 x)\mathrm{d}x(a > 1)$.

（不用确定结论中的常数值. 若计算时出现无界情况, 取极限计算）

5. 计算积分 $\displaystyle\int_0^{\pi}\ln(1 - 2a\cos x + a^2)\mathrm{d}x(|a| < 1)$.

6. 计算 $\displaystyle\int_0^1 \frac{x^{\alpha} - x^{\beta}}{\ln x}\sin(\ln x)\mathrm{d}x(\alpha > \beta > 0)$.

7. 设 $\displaystyle f(x) = \int_0^1 \frac{\mathrm{e}^{-x^2(y^2 + 1)}}{y^2 + 1}\mathrm{d}y, g(x) = \left(\int_0^x \mathrm{e}^{-y^2}\mathrm{d}y\right)^2, x \geqslant 0$, 求 $f(x) + g(x)$.

8. 设 $\displaystyle f(x) = \int_0^x \mathrm{d}t\int_t^x \mathrm{e}^{-s^2}\mathrm{d}s$, 求 $f(x)$ 的解析式.

9. 求 $\displaystyle\lim_{n\to\infty}\int_0^1 \frac{\mathrm{d}x}{1 + \left(1 + \dfrac{x}{n}\right)^n}$.

10. 设 $\displaystyle F(r) = \int_0^{2\pi}\mathrm{e}^{r\cos\theta}\sin(r\sin\theta)\mathrm{d}\theta$, 求 $F(r)$.

11. 已知 $f(x)$ 在 $[0,1]$ 上连续，讨论 $F(t) = \int_0^1 \dfrac{t}{x^2 + t^2} f(x)\,dx$ 的连续性.

12. 已知 $f(x,y) = \dfrac{x^2 - y^2}{(x^2 + y^2)^2}$，求 $I_1 = \int_0^1 dx \int_0^1 f(x,y)\,dy$，$I_2 = \int_0^1 dy \int_0^1 f(x,y)\,dx$.

拓展训练参考答案 13

含参变量的反常积分

知识要点

一、基本定义

定义 1　含参变量的广义积分

形如 $\int_a^{+\infty} f(x,y)\,\mathrm{d}x$ 的积分,称为含参变量 y 的广义积分.

定义 2　含参变量的广义积分一致收敛

若对任意给定的 $\varepsilon > 0$,存在 $A_0(\varepsilon) > a$,当 $A \geqslant A_0$ 时,$\forall y \in [c,d]$,

$\left| \int_A^{+\infty} f(x,y)\,\mathrm{d}x \right| < \varepsilon$ 成立,就称 $\int_a^{+\infty} f(x,y)\,\mathrm{d}x$ 关于 $y \in [c,d]$ 为一致收敛.

二、重要性质、定理

定理 1　含参变量无穷限广义积分的柯西收敛准则

$\int_a^{+\infty} f(x,y)\,\mathrm{d}x$ 关于 $y \in [c,d]$ 为一致收敛 $\Leftrightarrow \forall \varepsilon > 0$,$\exists A > a$,当 $A',A'' > A$ 时,

$\forall y \in [c,d]$,有 $\left| \int_{A'}^{A''} f(x,y)\,\mathrm{d}x \right| < \varepsilon$.

定理 2 含参变量的广义积分与函数项级数的关系

$\displaystyle\int_a^{+\infty} f(x,y)\,\mathrm{d}x$ 在 $[c,d]$ 上一致收敛 $\Leftrightarrow \forall \{a_n\}, A_1 = a, A_n \to +\infty$，函数项级数

$$\sum_{n=1}^{\infty} \int_{A_{n-1}}^{A_n} f(x,y)\,\mathrm{d}x = \sum_{n=1}^{\infty} u_n(y) \text{ 在} [c,d] \text{ 上一致收敛}.$$

性质 1 含参变量广义积分的分析性质

（1）连续性：设 $f(x,y)$ 在 $[a, +\infty; c,d]$ 上连续，$\displaystyle\int_a^{+\infty} f(x,y)\,\mathrm{d}x$ 关于 y 在 $[c,d]$ 上一致收敛，$I(y) = \displaystyle\int_a^{+\infty} f(x,y)\,\mathrm{d}x$ 是 y 在 $[c,d]$ 上的连续函数.

（2）可积性：设 $f(x,y)$ 在 $[a, +\infty; c,d]$ 上连续，$\displaystyle\int_a^{+\infty} f(x,y)\,\mathrm{d}x$ 关于 y 在 $[c,d]$ 上一致收敛，则 $I(y) = \displaystyle\int_a^{+\infty} f(x,y)\,\mathrm{d}x$ 在 $[c,d]$ 上的积分可以在积分号下进行，即

$$\int_c^d \mathrm{d}y \int_a^{+\infty} f(x,y)\,\mathrm{d}x = \int_a^{+\infty} \mathrm{d}x \int_c^d f(x,y)\,\mathrm{d}y.$$

（3）可微性：设 $f(x,y), f_y(x,y)$ 在 $[a, +\infty; c,d]$ 上连续，$\displaystyle\int_a^{+\infty} f(x,y)\,\mathrm{d}x$ 存在，$\displaystyle\int_a^{+\infty} f_y(x,y)\,\mathrm{d}x$ 关于 y 在 $[c,d]$ 上一致收敛，则 $I(y) = \displaystyle\int_a^{+\infty} f(x,y)\,\mathrm{d}x$ 的导数存在，且

$$\frac{\mathrm{d}}{\mathrm{d}y} \int_a^{+\infty} f(x,y)\,\mathrm{d}x = \int_a^{+\infty} \frac{\partial}{\partial y} f(x,y)\,\mathrm{d}x.$$

三、基本判别法

1. M-判别法：设有函数 $F(x)$，使 $|f(x,y)| \leqslant F(x)\ (a \leqslant x < +\infty, c \leqslant y \leqslant d)$，若 $\displaystyle\int_a^{+\infty} F(x)\,\mathrm{d}x$ 收敛，则 $\displaystyle\int_a^{+\infty} f(x,y)\,\mathrm{d}x$ 关于 $y \in [c,d]$ 为一致收敛.

2. 阿贝尔判别法：设 $\displaystyle\int_a^{+\infty} f(x,y)\,\mathrm{d}x$ 关于 $y \in [c,d]$ 为一致收敛，$g(x,y)$ 对 x 单调（即对每个固定的 $y \in [c,d]$，$g(x,y)$ 作为 x 的函数是单调的），并且关于 y 为一致有界，即 $\exists L > 0$，有 $|g(x,y)| < L\ (a \leqslant x < +\infty, c \leqslant y \leqslant d)$，则 $\displaystyle\int_a^{+\infty} f(x,y)g(x,y)\,\mathrm{d}x$ 关于 y 在 $[c,d]$ 上一致收敛.

3. 狄利克雷判别法：设 $\displaystyle\int_a^A f(x,y)\,\mathrm{d}x$ 对于 $A \geqslant a$ 及 $y \in [c,d]$ 一致有界，即 $\exists k > 0$，

$\left| \displaystyle\int_a^A f(x,y)\,\mathrm{d}x \right| \leqslant k\,(\,\forall A \geqslant a, y \in [c,d]\,)$，又 $g(x,y)$ 关于 x 为单调，且当 $x \to +\infty$ 时，$g(x,y)$ 关于 $[c,d]$ 上的 y 一致趋于零，即 $\forall \varepsilon > 0, \exists A_0$，当 $x \geqslant A_0, \forall y \in [c,d]$，有 $|g(x,y)| < \varepsilon$，则 $\displaystyle\int_a^{+\infty} f(x,y)g(x,y)\,\mathrm{d}x$ 关于 y 在 $[c,d]$ 上一致收敛.

4. 狄尼定理：设 $f(x,y)$ 在 $[a,+\infty;c,d]$ 上连续，$f(x,y) \geqslant 0$，若 $\displaystyle\int_a^{+\infty} f(x,y)\,\mathrm{d}x$ 在 $[c,d]$ 上连续，则 $\displaystyle\int_a^{+\infty} f(x,y)\,\mathrm{d}x$ 关于 y 在 $[c,d]$ 上一致收敛.

典型例题

例1 讨论下列含参变量的广义积分在指定区域上的一致收敛性：

(1) $\displaystyle\int_0^{+\infty} x\mathrm{e}^{-xy}\,\mathrm{d}x$，（ⅰ）$y \in (0,+\infty)$，（ⅱ）$y \in [a,b](a>0)$；

(2) $\displaystyle\int_0^{+\infty} \mathrm{e}^{-tu^2}\sin t\,\mathrm{d}u, t \in [0,+\infty)$；

(3) $\displaystyle\int_0^{+\infty} \mathrm{e}^{-tu^2}\sin t\,\mathrm{d}t, u \in [0,+\infty)$；

(4) $\displaystyle\int_0^{+\infty} \dfrac{\sin xy}{y}\,\mathrm{d}y$，（ⅰ）$x \in [\delta,+\infty)(\delta>0)$，（ⅱ）$x \in (0,+\infty)$；

(5) $\displaystyle\int_0^{+\infty} \dfrac{\sin x}{1+x\mathrm{e}^y}\,\mathrm{d}x, y \in [0,+\infty)$.

分析：一致收敛性的判别可以利用已知的广义积分的收敛性，如（1）；可以用定义，如（2）；可以用判别法，如（4）（5）. 非一致收敛性可用定义的否定叙述，如（4）；可用柯西收敛准则的否定叙述，如（1）；可用反证法利用一致收敛的性质说明，如（3）.

解：（1）（ⅰ）$\forall x \in (0,+\infty)$，有 $\left| \displaystyle\int_{A_1}^{A_2} x\mathrm{e}^{-xy}\,\mathrm{d}y \right| = |\mathrm{e}^{-xA_1} - \mathrm{e}^{-xA_2}|$.

取 $\varepsilon_0 = \dfrac{1}{2}[\mathrm{e}^{-1} - \mathrm{e}^{-2}], \forall M > 0, \exists A_1 = M, A_2 = 2M, x_0 = \dfrac{1}{M}$，则

$$\left| \int_{A_1}^{A_2} x_0 \mathrm{e}^{-x_0 y}\,\mathrm{d}y \right| = \mathrm{e}^{-1} - \mathrm{e}^{-2} > \varepsilon_0.$$

由柯西收敛准则知，$\displaystyle\int_0^{+\infty} x\mathrm{e}^{-xy}\,\mathrm{d}y$ 关于 x 在 $(0,+\infty)$ 上非一致收敛.

（ii）$\forall x \in [a,b]$，有 $|xy^{-xy}| \leqslant be^{-ay}$.

而 $\int_0^{+\infty} be^{-ay}\mathrm{d}y = \dfrac{a}{b}$，收敛，由 M-判别法得，$\int_0^{+\infty} xe^{-xy}\mathrm{d}y$ 关于 x 在 $[a,b]$ 上一致收敛.

（2）$\forall \varepsilon > 0$，取 $\delta = \dfrac{4\varepsilon^2}{\pi}$，当 $t \geqslant \delta > 0$ 时，$|e^{-tu^2}\sin t| \leqslant e^{-\delta u^2}$.

又 $\int_0^{+\infty} e^{-\delta u^2}\mathrm{d}u \xlongequal{\sqrt{\delta}u=x} \dfrac{1}{\sqrt{\delta}}\int_0^{+\infty} e^{-x^2}\mathrm{d}x$ 收敛，

由 M-判别法知，$\int_0^{+\infty} e^{-tu^2}\sin t\mathrm{d}u$ 在 $[\delta, +\infty)$ 上一致收敛.

当 $0 \leqslant t < \delta$ 时，$\left| \int_A^{+\infty} e^{-tu^2}\sin t\mathrm{d}u \right| \leqslant |\sin t| \int_A^{+\infty} e^{-tu^2}\mathrm{d}u \xlongequal{\sqrt{t}u=x} |\sin t| \dfrac{1}{\sqrt{t}} \int_0^{+\infty} e^{-x^2}\mathrm{d}x$

$$< t \dfrac{1}{\sqrt{t}} \int_0^{+\infty} e^{-x^2}\mathrm{d}x < \sqrt{\delta} \int_0^{+\infty} e^{-x^2}\mathrm{d}x = \sqrt{\delta}\dfrac{\sqrt{\pi}}{2} = \varepsilon.$$

由定义知，$\int_0^{+\infty} e^{-tu^2}\sin t\mathrm{d}u$ 在 $(0,\delta]$ 上一致收敛.

故 $\int_0^{+\infty} e^{-tu^2}\sin t\mathrm{d}u$ 在 $[0, +\infty)$ 上一致收敛.

（3）如果 $\int_0^{+\infty} e^{-tu^2}\sin t\mathrm{d}t$ 在 $(0, +\infty)$ 上一致收敛，

即 $\forall \varepsilon > 0$，$\exists A_0(\varepsilon) > a$，$A',A'' \geqslant A_0$ 时，$\forall u \in (0, +\infty)$，$\left| \int_{A'}^{A''} e^{-tu^2}\sin t\mathrm{d}t \right| < \varepsilon$.

令 $u \to 0$，$\left| \int_{A'}^{A''} \sin t\mathrm{d}t \right| < \varepsilon$.

则 $\int_0^{+\infty} \sin t\mathrm{d}t$ 在 $(0, +\infty)$ 上一致收敛，矛盾.

因此 $\int_0^{+\infty} e^{-tu^2}\sin t\mathrm{d}t$ 在 $(0, +\infty)$ 上非一致收敛.

（4）（i）令 $f(x,y) = \sin xy$，$g(x,y) = \dfrac{1}{y}$.

显然 $g(x,y)$ 关于 y 是单调减少，且当 $y \to +\infty$ 时，$g(x,y)$ 关于 x 一致收敛于 0.

同时 $\left| \int_0^A \sin xy\mathrm{d}y \right| = \left| \dfrac{1}{x}\int_0^A \mathrm{d}(\cos xy) \right| = \left| \dfrac{1}{x}(\cos Ax - 1) \right| \leqslant \dfrac{2}{\delta}$.

即 $\int_0^A \sin xy\mathrm{d}y$ 关于 x 在 $[\delta, +\infty)$ 上一致有界.

由狄利克雷判别法得，$\int_0^{+\infty} \dfrac{\sin xy}{y}\mathrm{d}y$ 关于 x 在 $[\delta, +\infty)$ 上一致收敛.

（ⅱ）已知 $\displaystyle\int_0^{+\infty}\frac{\sin u}{u}\mathrm{d}u$ 收敛，则 $\exists\varepsilon_0,m,\exists x(x>0)$，有 $\left|\displaystyle\int_{mx}^{+\infty}\frac{\sin u}{u}\mathrm{d}u-\int_0^{+\infty}\frac{\sin u}{u}\mathrm{d}u\right|<\varepsilon_0$，

即 $\displaystyle\int_0^{+\infty}\frac{\sin u}{u}\mathrm{d}u-\varepsilon_0<\int_{mx}^{+\infty}\frac{\sin u}{u}\mathrm{d}u<\int_0^{+\infty}\frac{\sin u}{u}\mathrm{d}u+\varepsilon_0$.

取 $\varepsilon_0=\dfrac{1}{2}\displaystyle\int_0^{+\infty}\frac{\sin u}{u}\mathrm{d}u$，令 $xy=u$，则 $\displaystyle\int_m^{+\infty}\frac{\sin xy}{y}\mathrm{d}y=\int_{mx}^{+\infty}\frac{\sin u}{u}\mathrm{d}u>2\varepsilon_0-\varepsilon_0=\varepsilon_0$.

即 $\displaystyle\int_0^{+\infty}\frac{\sin xy}{y}\mathrm{d}y$ 关于 x 在 $(0,+\infty)$ 上非一致收敛.

（5）$\left|\displaystyle\int_0^A\sin x\mathrm{d}x\right|\leqslant 2$，对 $y\geqslant 0$，$\dfrac{1}{1+x\mathrm{e}^y}$ 在 $x\in[1,+\infty)$ 上单调减少，且

$$0<\frac{1}{1+x\mathrm{e}^y}\leqslant\frac{1}{1+x},$$

$$\lim_{x\to+\infty}\frac{1}{1+x}=0,$$

由狄利克雷判别法得，积分一致收敛.

【举一反三】

1. 证明：$I(\alpha)=\displaystyle\int_0^{+\infty}\sin x^\alpha\mathrm{d}x$ 关于 $\alpha\geqslant\alpha_0>1$ 一致收敛.

证明： 因为 $\sin x^\alpha=\alpha x^{\alpha-1}\sin x^\alpha\dfrac{1}{\alpha x^{\alpha-1}}$，

$$\left|\int_1^A\alpha x^{\alpha-1}\sin x^\alpha\mathrm{d}x\right|=\left|\int_1^A\sin x^\alpha\mathrm{d}x^\alpha\right|\leqslant 2，且\frac{1}{\alpha x^{\alpha-1}}关于 x 单调，$$

$$\frac{1}{\alpha x^{\alpha-1}}<\frac{1}{\alpha_0 x^{\alpha_0-1}}，\lim_{x\to+\infty}\frac{1}{\alpha_0 x^{\alpha_0-1}}=0,$$

所以 $I(\alpha)=\displaystyle\int_0^{+\infty}\sin x^\alpha\mathrm{d}x$ 关于 $\alpha\geqslant\alpha_0>1$ 一致收敛.

2. 证明：$I(\alpha)=\displaystyle\int_0^{+\infty}\frac{\sin\alpha x}{x}\mathrm{d}x$ 关于 $\alpha\in[a,b](a,b>0)$ 一致收敛.

证明： $\left|\displaystyle\int_1^A\sin\alpha x\mathrm{d}x\right|=\dfrac{|\cos\alpha A-1|}{\alpha}<\dfrac{2}{\min\{a,b\}}$，且 $\dfrac{1}{x}$ 关于 x 单调，$\displaystyle\lim_{x\to+\infty}\frac{1}{x}=0$，

所以 $I(\alpha)=\displaystyle\int_0^{+\infty}\frac{\sin\alpha x}{x}\mathrm{d}x$ 关于 $\alpha\in[a,b](a,b>0)$ 一致收敛.

例2 设 $f(x)=\displaystyle\int_0^{+\infty}\mathrm{e}^{-t^2}\cos 2xt\mathrm{d}t$，证明：$f(x)$ 满足方程 $f'(x)+2xf(x)=0$，且 $f(x)=$

$\dfrac{\sqrt{\pi}}{2}\mathrm{e}^{-x^2}$.

分析: 根据含参变量的广义积分一致收敛的分析性质证明.

证明: 因为 $e^{-t^2}\cos 2xt, \dfrac{\partial}{\partial x}(e^{-t^2}\cos 2xt) = -e^{-t^2}2t\sin 2xt$ 在 $0 \leq t < +\infty$, $-\infty < x < +\infty$

上连续,且 $\displaystyle\int_0^{+\infty} \dfrac{\partial}{\partial x}(-e^{-t^2}\cos 2xt)\mathrm{d}t = -\int_0^{+\infty} 2te^{-t^2}\sin 2xt\mathrm{d}t.$

又 $|-2te^{-t^2}\sin 2xt| \leq 2te^{-t^2}$, 而

$$2\int_0^{+\infty} te^{-t^2}\mathrm{d}t = \lim_{p\to+\infty}\left[-\int_0^p e^{-t^2}\mathrm{d}(-t^2)\right] = -\lim_{p\to+\infty} e^{-t^2}\Big|_0^p = 1.$$

由 M-判别法得 $\displaystyle\int_0^{+\infty} \dfrac{\partial}{\partial x}(e^{-t^2}\cos 2xt)\mathrm{d}t = -\int_0^{+\infty} 2te^{-t^2}\sin 2xt\mathrm{d}t$ 在 $(-\infty, +\infty)$ 上一致收敛,

且易知 $f(x)$ 在 $(-\infty, +\infty)$ 上一致收敛.

由积分号下可微性定理知, $\forall t \in (0, +\infty)$, $f'(x) = -2\displaystyle\int_0^{+\infty} te^{-t^2}\sin 2xt\mathrm{d}t.$

利用分部积分法得,

$$f'(x) = \int_0^{+\infty} \sin 2tx\mathrm{d}e^{-t^2} = \sin 2txe^{-t^2}\Big|_0^{+\infty} - \int_0^{+\infty} e^{-t^2}2x\cos 2tx\mathrm{d}t = -2x\int_0^{+\infty} e^{-t^2}\cos 2tx\mathrm{d}t = -2xf(x).$$

即 $f'(x) + 2xf(x) = 0$, 得 $[e^{x^2}f(x)]' = 0$, 即 $e^{x^2}f(x) = C$. 所以 $f(x) = Ce^{-x^2}$.

而 $f(0) = \displaystyle\int_0^{+\infty} e^{-t^2}\mathrm{d}t = \dfrac{\sqrt{\pi}}{2}$, 且 $f(0) = C$, 因此 $f(x) = \dfrac{\sqrt{\pi}}{2}e^{-x^2}$.

【举一反三】

1. 已知 $f(x) = \displaystyle\int_0^{+\infty} \dfrac{e^{-tx}}{1+t^2}\mathrm{d}t, x \in [0, +\infty)$, 证明:

$(1) f(x) \in C[0, +\infty)$, 且 $\displaystyle\lim_{x\to+\infty} f(x) = 0$;

$(2) \forall x > 0, f''(x) + f(x) = \dfrac{1}{x}.$

证明: (1) $\dfrac{e^{-tx}}{1+t^2} \leq \dfrac{1}{1+t^2}$, $\displaystyle\int_0^{+\infty} \dfrac{1}{1+t^2}\mathrm{d}t$ 收敛,

由 M-判别法知, $\displaystyle\int_0^{+\infty} \dfrac{e^{-tx}}{1+t^2}\mathrm{d}t$ 在 $[0, +\infty)$ 上一致收敛,

又 $\dfrac{e^{-tx}}{1+t^2}$ 在 $[0, +\infty) \times [0, +\infty)$ 上连续,即得 $f(x) \in C[0, +\infty)$.

因为 $0 \leq f(x) = \displaystyle\int_0^{+\infty} \dfrac{e^{-tx}}{1+t^2}\mathrm{d}t = -\dfrac{1}{x}\int_0^{+\infty} \dfrac{1}{1+t^2}\mathrm{d}e^{-tx} = -\dfrac{1}{x}\dfrac{e^{-tx}}{1+t^2}\Big|_0^{+\infty} - \dfrac{1}{x}\int_0^{+\infty} \dfrac{2te^{-tx}}{(1+t^2)^2}\mathrm{d}t \leq \dfrac{1}{x},$

由夹逼定理得, $\displaystyle\lim_{x\to+\infty} f(x) = 0.$

$(2) f'(x) = \displaystyle\int_0^{+\infty} \dfrac{-te^{-tx}}{1+t^2}\mathrm{d}t, f''(x) = \int_0^{+\infty} \dfrac{t^2e^{-tx}}{1+t^2}\mathrm{d}t.$

取 $\delta > 0, \forall x \in [\delta, +\infty), \left| \dfrac{-te^{-tx}}{1+t^2} \right| \leqslant \dfrac{te^{-t\delta}}{1+t^2} \leqslant te^{-t\delta}, \dfrac{t^2 e^{-tx}}{1+t^2} \leqslant \dfrac{t^2 e^{-t\delta}}{1+t^2} \leqslant t^2 e^{-t\delta},$

由 M-判别法知 $,f'(x),f''(x)$ 在 $[\delta, +\infty)$ 上一致收敛.

因为 $\displaystyle\int_{\delta}^{+\infty} \dfrac{t^2 e^{-tx}}{1+t^2}dt + \int_{\delta}^{+\infty} \dfrac{e^{-tx}}{1+t^2}dt = \int_{\delta}^{+\infty} e^{-tx}dt = -\dfrac{e^{-tx}}{x}\Big|_{\delta}^{+\infty} = \dfrac{e^{-\delta x}}{x},$

令 $\delta \to 0,$ 即得 $f''(x) + f(x) = \dfrac{1}{x}.$

例 3　确定使函数 $I(y) = \displaystyle\int_{0}^{+\infty} \dfrac{\ln(1+x^3)}{x^y}dx$ 连续的 y 的范围.

分析:积分 $\displaystyle\int_{0}^{+\infty} \dfrac{\ln(1+x^3)}{x^y}dx$ 既是含参变量的无穷限广义积分,也是含参变量的无界

函数广义积分,可利用积分可加性分为两部分讨论.

解: $I(y) = \displaystyle\int_{0}^{1} \dfrac{\ln(1+x^3)}{x^y}dx + \int_{1}^{+\infty} \dfrac{\ln(1+x^3)}{x^y}dx.$

由于 $\dfrac{\ln(1+x^3)}{x^y} \sim \dfrac{1}{x^{y-3}},$ 当 $y - 3 < 1$ 时,即 $y < 4$ 时收敛.

又 $\displaystyle\lim_{x \to +\infty} x^{y-\varepsilon} \dfrac{\ln(1+x^3)}{x^y} = \lim_{x \to +\infty} \dfrac{\ln(1+x^3)}{x^{\varepsilon}} = 0,$

当 $y - \varepsilon > 1,$ 即 $y > 1$ 时收敛. 故当 $1 < y < 4$ 时 $,I(y)$ 收敛.

$\forall [a,b] \subset (1,4),$

因为 $\left| \dfrac{\ln(1+x^3)}{x^y} \right| \leqslant \dfrac{\ln(1+x^3)}{x^b}, \left| \dfrac{\ln(1+x^3)}{x^y} \right| \leqslant \dfrac{\ln(1+x^3)}{x^a},$

则 $I(y) = \displaystyle\int_{0}^{+\infty} \dfrac{\ln(1+x^3)}{x^y}dx$ 在 $[a,b]$ 上一致收敛,

故 $I(y) = \displaystyle\int_{0}^{+\infty} \dfrac{\ln(1+x^3)}{x^y}dx$ 在 $(1,4)$ 上连续.

【举一反三】

1. 证明: $f(\alpha) = \displaystyle\int_{0}^{+\infty} \dfrac{x dx}{2 + x^{\alpha}}$ 在 $(2, +\infty)$ 上连续.

证明: $\forall \alpha \in (2+\varepsilon, +\infty), \dfrac{x}{2+x^{\alpha}} \leqslant \dfrac{1}{x^{1+\varepsilon}},$ 则

$f(\alpha) = \displaystyle\int_{0}^{+\infty} \dfrac{x dx}{2+x^{\alpha}}$ 在 $(2+\varepsilon, +\infty)$ 上一致收敛,且 $f(\alpha) = \displaystyle\int_{0}^{+\infty} \dfrac{x dx}{2+x^{\alpha}}$ 在 $(2+\varepsilon, +\infty)$ 上连续,

由 ε 的任意性知 $,f(\alpha) = \displaystyle\int_{0}^{+\infty} \dfrac{x dx}{2+x^{\alpha}}$ 在 $(2, +\infty)$ 上连续.

例 4　计算 $g(\alpha) = \displaystyle\int_{1}^{+\infty} \dfrac{\arctan \alpha x}{x^2 \sqrt{x^2 - 1}}dx$ 及 $g'(\alpha).$

分析：本题类似于含参变量的广义积分，可先求导，再用牛顿–莱布尼茨公式 $g(\alpha) = g(\alpha) - g(0) = \int_0^\alpha g'(t)\mathrm{d}t$ 还原.

解： $x = 1$ 为奇点，因而 $g(\alpha) = \int_1^2 \dfrac{\arctan \alpha x}{x^2\sqrt{x^2-1}}\mathrm{d}x + \int_2^{+\infty} \dfrac{\arctan \alpha x}{x^2\sqrt{x^2-1}}\mathrm{d}x = I_1(\alpha) + I_2(\alpha)$.

对 $I_1(\alpha)$，$\forall \alpha \in \mathbf{R}$，当 $x \to 1^+$ 时，$\dfrac{\arctan \alpha x}{x^2\sqrt{x^2-1}}$ 与 $\dfrac{1}{\sqrt{x-1}}$ 同阶，而 $\int_1^2 \dfrac{1}{\sqrt{x-1}}\mathrm{d}x$ 收敛，

因此 $I_1(\alpha)$ 在 $(-\infty, +\infty)$ 收敛.

对 $I_2(x)$，$\forall \alpha \in \mathbf{R}$，当 $x \to +\infty$ 时，$\dfrac{\arctan \alpha x}{x^2\sqrt{x^2-1}}$ 与 $\dfrac{1}{x^3}$ 同阶，而 $\int_2^{+\infty} \dfrac{1}{x^3}\mathrm{d}x$ 收敛，

因此 $I_2(\alpha)$ 在 $(-\infty, +\infty)$ 收敛.

即得 $g(\alpha) = I_1(\alpha) + I_2(\alpha)$ 在 $(-\infty, +\infty)$ 上收敛.

由于 $\left(\dfrac{\arctan \alpha x}{x^2\sqrt{x^2-1}}\right)'_\alpha = \dfrac{1}{x\sqrt{x^2-1}(1+\alpha^2 x^2)}$，且

$\left| \dfrac{1}{x\sqrt{x^2-1}(1+\alpha^2 x^2)} \right| \leqslant \dfrac{1}{x\sqrt{x^2-1}}$，$\forall \alpha \in \mathbf{R}, x \in (1, +\infty)$.

而 $\int_1^{+\infty} \dfrac{1}{x\sqrt{x^2-1}}\mathrm{d}x = \int_1^2 \dfrac{1}{x\sqrt{x^2-1}}\mathrm{d}x + \int_2^{+\infty} \dfrac{1}{x\sqrt{x^2-1}}\mathrm{d}x$ 收敛.

由 M–判别法得 $\int_1^{+\infty} \left(\dfrac{\arctan \alpha x}{x^2\sqrt{x^2-1}}\right)'_\alpha \mathrm{d}x$ 在 $(-\infty, +\infty)$ 上一致收敛.

利用积分号下可微性定理，得

$$g'(\alpha) = \int_1^{+\infty} \dfrac{\mathrm{d}x}{x\sqrt{x^2-1}(1+\alpha^2 x^2)} \quad (\text{令 } x = \sec t)$$

$$= \int_0^{\frac{\pi}{2}} \dfrac{\mathrm{d}t}{1 + \alpha^2 \sec^2 t} \quad (\text{令 } u = \tan t)$$

$$= \int_0^{+\infty} \dfrac{1}{1 + \alpha^2(1 + u^2)} \dfrac{\mathrm{d}u}{1 + u^2}$$

$$= \int_0^{+\infty} \left[\dfrac{1}{1 + u^2} - \dfrac{\alpha^2}{1 + \alpha^2(1 + u^2)} \right] \mathrm{d}u = \dfrac{\pi}{2}\left(1 - \dfrac{|\alpha|}{\sqrt{1+\alpha^2}} \right).$$

由于 $g(-\alpha) = -g(\alpha)$，因此只考虑 $\alpha \geqslant 0$ 的情况：

$$g(\alpha) = g(\alpha) - g(0) = \int_0^\alpha g'(t)\mathrm{d}t = \int_0^\alpha \dfrac{\pi}{2}\left(1 - \dfrac{t}{\sqrt{1+t^2}} \right)\mathrm{d}t = \dfrac{\pi}{2}\left[(\alpha + 1) - \sqrt{1+\alpha^2} \right].$$

综上，$g(\alpha) = \dfrac{\pi}{2}\left[|\alpha| + 1 - \sqrt{1+\alpha^2} \right] \operatorname{sgn} \alpha, \alpha \in \mathbf{R}$.

【举一反三】

1. 已知 $\int_0^{+\infty} \dfrac{\sin xt}{t}\mathrm{d}t = \dfrac{\pi}{2}(x > 0)$，求 $F(x) = \int_0^{+\infty} \dfrac{\sin^2 xt}{t^2}\mathrm{d}t(x > 0)$.

解：令 $f(x,t) = \dfrac{\sin^2 xt}{t^2}$，则 $f_x(x,t) = \dfrac{\sin 2tx}{t}$.

定义 $f_x(0,0) = 0$，由于 $\int_0^x f_x(x,t)\mathrm{d}t$ 关于 x 在 $[x_0, +\infty)$ 上一致收敛，$(x_0 > 0)$

则 $F'(x) = \int_0^{+\infty} \dfrac{\sin 2xt}{t}\mathrm{d}t = \dfrac{\pi}{2}$，$(x > 0)$

即 $F(x) = \dfrac{\pi}{2}x + C$.

又 $\left| \dfrac{\sin^2 xt}{t^2} \right| \leqslant \dfrac{1}{t^2}(\forall x \geqslant 0, t \neq 0)$ （$t = 0$ 不是 $\int_0^{+\infty} f(x,t)\mathrm{d}t$ 的奇点）

由 M-判别法得，$F(x) = \int_0^{+\infty} \dfrac{\sin^2 xt}{t^2}\mathrm{d}t$ 关于 $x \geqslant 0$ 一致收敛，

利用连续性定理得，$F(x)$ 是在 $[0, +\infty)$ 上的连续函数，且 $F(0) = 0$，

则 $C = 0$，故 $F(x) = \dfrac{\pi}{2}x$.

例 5 设 $f(x)$ 在 $(-\infty, +\infty)$ 上绝对可积，函数 $g(x)$ 在 $(-\infty, +\infty)$ 上有界，且满足利普希茨条件，即 $\exists L > 0$，有 $|g(x) - g(x')| \leqslant L|x - x'|$，$\forall x, x' \in (-\infty, +\infty)$，证明：$F(y) = \int_{-\infty}^{+\infty} f(x)g(xy)\mathrm{d}x$ 在 $(-\infty, +\infty)$ 上一致连续.

分析：由一致连续定义，只需说明

$$|F(y_1) - F(y_2)| = \left| \int_{-\infty}^{+\infty} f(x)[g(xy_1) - g(xy_2)]\mathrm{d}x \right| < \varepsilon.$$

已知 $f(x)$ 在区间 $(-\infty, +\infty)$ 上绝对可积，运用其定义将无穷区间分为若干个区间依次说明，然后得出所要证明的结论.

证明：已知 $f(x)$ 在区间 $(-\infty, +\infty)$ 上绝对可积，则有

$\int_{-\infty}^{+\infty} |f(x)|\mathrm{d}x = M$，且 $\forall \varepsilon > 0$，$\exists A_0$，$\forall A > A_0$，有 $\int_{-\infty}^{-A} |f(x)|\mathrm{d}x < \varepsilon$，$\int_A^{+\infty} |f(x)|\mathrm{d}x < \varepsilon$.

又已知 $g(x)$ 在 $(-\infty, +\infty)$ 上有界，即 $\exists C > 0$，有 $|g(x)| < C$.

$\forall y_1, y_2 \in (-\infty, +\infty)$，且取 $A = A_0 + 1 > A_0$，有

$$|F(y_1) - F(y_2)| = \left| \int_{-\infty}^{+\infty} f(x)[g(xy_1) - g(xy_2)]\mathrm{d}x \right|$$

$$\leqslant \left| \int_{-\infty}^{-A} f(x)[g(xy_1) - g(xy_2)]\mathrm{d}x \right| + \left| \int_{-A}^{A} f(x)[g(xy_1) - g(xy_2)]\mathrm{d}x \right| +$$

$$\left| \int_{-A}^{+\infty} f(x)[g(xy_1) - g(xy_2)]dx \right|$$

$$\leqslant \int_{-\infty}^{-A} |f(x)| \cdot |g(xy_1) - g(xy_2)|dx + \int_{-A}^{A} |f(x)| \cdot |g(xy_1) - g(xy_2)|dx$$

$$+ \int_{A}^{+\infty} |f(x)| \cdot |g(xy_1) - g(xy_2)|dx$$

$$\leqslant 2C \cdot \varepsilon + L \cdot 2A \cdot M|y_1 - y_2| + 2C\varepsilon.$$

取 $\delta = \dfrac{\varepsilon}{2ALM}$, 当 $|y_1 - y_2| < \delta$ 时, 有 $|F(y_1) - F(y_2)| \leqslant 4C\varepsilon + \varepsilon = (4C + 1)\varepsilon$,

即得 $F(y) = \displaystyle\int_{-\infty}^{+\infty} f(x)g(xy)dx$ 在 $(-\infty, +\infty)$ 上一致连续.

【举一反三】

1. 设 $\displaystyle\int_{0}^{+\infty} f(x,t)dt$ 在 $x \geqslant a$ 时一致收敛于 $F(x)$, 且 $\lim\limits_{x \to +\infty} f(x,t) = \varphi(t)$, $\forall t \in [a,b] \subset$

$(0, +\infty)$ 一致地成立, 证明: $\lim\limits_{x \to +\infty} F(x) = \displaystyle\int_{0}^{+\infty} \varphi(t)dt$.

证明: 由于 $\displaystyle\int_{0}^{+\infty} f(x,t)dt$ 在 $x \geqslant a$ 时一致收敛于 $F(x)$, 利用连续性定理得, $F(x)$ 在

$[a, +\infty)$ 上连续, 且 $\lim\limits_{x \to +\infty} F(x) = \displaystyle\int_{0}^{+\infty} \lim\limits_{x \to +\infty} f(x,t)dt.$

又已知 $\lim\limits_{x \to +\infty} f(x,t) = \varphi(t)$ 对 $\forall t \in [a,b] \subset [0, +\infty]$ 一致地成立, 则

$$\lim\limits_{x \to +\infty} F(x) = \int_{0}^{+\infty} \lim\limits_{x \to +\infty} f(x,t)dt = \int_{0}^{+\infty} \varphi(t)dt.$$

2. 设 $s > 0, a > 0$, 证明: $\displaystyle\sum_{n=1}^{\infty} \frac{1}{n} \int_{a}^{+\infty} \frac{\sin 2n\pi x}{x^s}dx$ 收敛, 并且 $\lim\limits_{a \to +\infty} \displaystyle\sum_{n=1}^{\infty} \frac{1}{n} \int_{a}^{+\infty} \frac{\sin 2n\pi x}{x^s}dx = 0$.

证明: 由 $\displaystyle\int_{a}^{+\infty} \frac{\sin 2n\pi x}{x^s}dx = -\frac{1}{2n\pi} \int_{a}^{+\infty} \frac{1}{x^s}d\cos 2n\pi x$

$$= -\frac{1}{2n\pi} \frac{\cos 2n\pi x}{x^s}\bigg|_{a}^{+\infty} - \frac{s}{2n\pi} \int_{a}^{+\infty} \frac{\cos 2n\pi x}{x^{s+1}}dx,$$

及 $\left| \dfrac{\cos 2n\pi x}{x^{s+1}} \right| \leqslant \dfrac{1}{x^{s+1}}(s + 1 > 1)$ 知, 广义积分 $\displaystyle\int_{a}^{+\infty} \frac{\sin 2n\pi x}{x^s}dx$ 收敛, 并且

$$\left| \int_{a}^{+\infty} \frac{\sin 2n\pi x}{x^s}dx \right| \leqslant \frac{1}{2n\pi a^s} + \frac{s}{2n\pi} \int_{a}^{+\infty} \frac{1}{x^{s+1}}dx = \frac{1}{2n\pi a^s} + \frac{1}{2n\pi a^s} = \frac{1}{n\pi a^s}.$$

从而级数通项 $a_n = \dfrac{1}{n} \displaystyle\int_{a}^{+\infty} \frac{\sin 2n\pi x}{x^s}dx$ 满足:

$$|a_n| = \left| \frac{1}{n} \int_a^{+\infty} \frac{\sin 2n\pi x}{x^s} dx \right| \leqslant \frac{1}{\pi a^s} \frac{1}{n^2}.$$

故级数 $\sum\limits_{n=1}^{\infty} \frac{1}{n} \int_a^{+\infty} \frac{\sin 2n\pi x}{x^s} dx$ 收敛,并且绝对收敛.

又因为 $\left| \sum\limits_{n=1}^{\infty} \frac{1}{n} \int_a^{+\infty} \frac{\sin 2n\pi x}{x^s} dx \right| \leqslant \frac{1}{\pi a^s} \sum\limits_{n=1}^{\infty} \frac{1}{n^2}, \lim\limits_{a\to+\infty} \frac{1}{\pi a^s} \sum\limits_{n=1}^{\infty} \frac{1}{n^2} = 0,$

于是 $\lim\limits_{a\to+\infty} \sum\limits_{n=1}^{\infty} \frac{1}{n} \int_a^{+\infty} \frac{\sin 2n\pi x}{x^s} dx = 0.$

例6 设 $f(t) = \int_1^{+\infty} \frac{\cos xt}{1+x^2} dx$,证明:

(1)积分在 $-\infty < t < +\infty$ 上一致收敛;

(2) $f(t) \in C(-\infty, +\infty)$;

(3) $\lim\limits_{t\to\infty} f(t) = 0$;

(4) $f(t)$ 在 $[0, \pi]$ 上至少有一零点.

分析:(1)(2)直接由判别法及连续性定理即可证明.由(1)可知 $\left| \int_A^{+\infty} \frac{\cos xt}{1+x^2} dx \right| < \varepsilon,$

只需说明 $\lim\limits_{t\to\infty} \int_1^A \frac{\cos xt}{1+x^2} dx = 0$,用黎曼引理即可证明(3).对(4)要用零点存在定理进行证明.

证明:(1)由于 $\left| \frac{\cos xt}{1+x^2} \right| \leqslant \frac{1}{1+x^2}$,而 $\int_1^{+\infty} \frac{1}{1+x^2} dx$ 收敛,

由 M-判别法得 $f(t) = \int_1^{+\infty} \frac{\cos xt}{1+x^2} dx$ 关于 t 在 $(-\infty, +\infty)$ 上一致收敛.

(2)因为 $\frac{\cos xt}{1+x^2}$ 在 $x \geqslant 1$, $-R \leqslant t \leqslant R$ 上连续(其中 R 为任意大于 0 的实数),由连续性定理得,$f(t)$ 在 $|t| \leqslant R$ 连续,由 R 的任意性,有 $f(t) \in C(-\infty, +\infty)$.

(3)由(1)得 $\forall \varepsilon > 0, \exists A_0, \forall A > A_0, t \in (-\infty, +\infty)$,有 $\left| \int_A^{+\infty} \frac{\cos xt}{1+x^2} dx \right| < \varepsilon.$

由黎曼引理得,$\lim\limits_{t\to\infty} \int_1^A \frac{\cos xt}{1+x^2} dx = 0,$

即对上述 $\varepsilon > 0, \exists T$,当 $|t| > T$ 时,有 $\left| \int_1^A \frac{\cos xt}{1+x^2} dx \right| < \varepsilon.$

则当 $|t| > T$ 时,$\left| \int_1^{+\infty} \frac{\cos xt}{1+x^2} dx \right| \leqslant \left| \int_1^A \frac{\cos xt}{1+x^2} dx \right| + \left| \int_A^{+\infty} \frac{\cos xt}{1+x^2} dx \right| < 2\varepsilon,$

即有 $\lim\limits_{t\to\infty} f(t) = 0.$

(4)由于 $f(0) = \displaystyle\int_1^{+\infty} \frac{1}{1+x^2}\mathrm{d}x = \frac{\pi}{4} > 0$,利用闭区间上连续函数零点存在定理,只需证

明 $f(\pi) \leqslant 0$,或 $\displaystyle\int_0^\pi f(t)\mathrm{d}t \leqslant 0$,或 $\displaystyle\int_0^\pi \sin tf(t)\mathrm{d}t \leqslant 0$. 下面证 $\displaystyle\int_0^\pi \sin tf(t)\mathrm{d}t \leqslant 0$.

由于 $\dfrac{\sin t\cos xt}{1+x^2}$ 在 $x \geqslant 1, 0 \leqslant t \leqslant \pi$ 上连续,且 $\left|\dfrac{\sin t\cos xt}{1+x^2}\right| \leqslant \dfrac{1}{1+x^2}$,

而 $\displaystyle\int_1^{+\infty} \frac{1}{1+x^2}\mathrm{d}x$ 收敛,由 M-判别法得,$\displaystyle\int_1^{+\infty} \frac{\sin t\cos xt}{1+x^2}\mathrm{d}x$ 关于 t 在 $[0,\pi]$ 上一致收敛.

由可积性定理得,

$$\int_0^\pi \sin tf(t)\mathrm{d}t = \int_1^{+\infty}\mathrm{d}x\int_0^\pi \frac{\cos xt\sin t}{1+x^2}\mathrm{d}t = \frac{1}{2}\int_1^{+\infty}\mathrm{d}x\int_0^\pi \frac{\sin(x+1)t - \sin(x-1)t}{1+x^2}\mathrm{d}t$$

$$= \int_1^{+\infty}\frac{1+\cos\pi x}{1-x^4}\mathrm{d}x \leqslant 0.$$

(只需补充 $\dfrac{1+\cos\pi x}{1-x^4}$ 在 $x=1$ 点的值即得其连续)

利用积分第一中值定理,$\exists\xi \in [0,\pi]$,有

$$\int_0^\pi \sin tf(t)\mathrm{d}t = f(\xi)\int_0^\pi \sin t\mathrm{d}t = 2f(\xi) \leqslant 0.$$

若 $f(\xi) = 0$,即得结论.

若 $f(\xi) < 0$,由闭区间上连续函数零点存在定理,$\exists\eta \in (0,\xi)$,有 $f(\eta) = 0$,即 $f(t)$ 在 $[0,\pi]$ 上至少有一零点.

例7 计算下列积分:

(1) $\displaystyle\int_0^{+\infty} \frac{\cos\alpha x - \cos\beta x}{x^2}\mathrm{d}x\ (\alpha > 0, \beta > 0)$;

(2) $\displaystyle\int_0^{+\infty} \frac{\mathrm{e}^{-\alpha^2 x^2} - \mathrm{e}^{-\beta^2 x^2}}{x^2}\mathrm{d}x\ (\alpha > 0, \beta > 0)$.

分析:明显的特征是被积函数中有一部分是同型函数差,可以用积分的形式表示,再由一致收敛的分析性质交换积分顺序得积分值.

解:(1)因为 $\cos\alpha x - \cos\beta x = \cos tx\ \Big|_\beta^\alpha = -\displaystyle\int_\beta^\alpha x\sin tx\mathrm{d}t = \int_\alpha^\beta x\sin tx\mathrm{d}t$.

则 $\displaystyle\int_0^{+\infty} \frac{\cos\alpha x - \cos\beta x}{x^2}\mathrm{d}x = \int_0^{+\infty}\frac{1}{x^2}\mathrm{d}x\int_\alpha^\beta x\sin tx\mathrm{d}t = \int_0^{+\infty}\mathrm{d}x\int_\alpha^\beta \frac{\sin tx}{x}\mathrm{d}t$.

易证 $\displaystyle\int_0^{+\infty} \frac{\sin tx}{x}\mathrm{d}x$ 关于 t 在 $[\alpha,\beta]\ (\alpha > 0, \beta > 0)$ 上一致收敛,且 $\dfrac{\sin tx}{x}$ 在 $[0,+\infty) \times [\alpha,\beta]$ 上连续,利用可积性定理得,

$$\int_0^{+\infty} \frac{\cos\alpha x - \cos\beta x}{x^2}\mathrm{d}x = \int_\alpha^\beta \mathrm{d}t \int_0^{+\infty} \frac{\sin tx}{x}\mathrm{d}x = \frac{\pi}{2}(\beta - \alpha).$$

（2）因为 $\dfrac{\mathrm{e}^{-\alpha^2 x^2} - \mathrm{e}^{-\beta^2 x^2}}{x^2} = \displaystyle\int_{\alpha^2}^{\beta^2} \mathrm{e}^{-x^2 y}\mathrm{d}y$，

则 $\displaystyle\int_0^{+\infty} \frac{\mathrm{e}^{-\alpha^2 x^2} - \mathrm{e}^{-\beta^2 x^2}}{x^2}\mathrm{d}x = \int_0^{+\infty} \mathrm{d}x \int_{\alpha^2}^{\beta^2} \mathrm{e}^{-x^2 y}\mathrm{d}y.$

易证 $\displaystyle\int_0^{+\infty} \mathrm{e}^{-x^2 y}\mathrm{d}x$ 关于 y 在 $[\alpha^2, \beta^2]$ 上一致收敛，且 $\mathrm{e}^{-x^2 y}$ 在 $[0, +\infty) \times [\alpha^2, \beta^2]$ 上连续，利用可积性定理得，

$$\int_0^{+\infty} \frac{\mathrm{e}^{-\alpha^2 x^2} - \mathrm{e}^{-\beta^2 x^2}}{x^2}\mathrm{d}x = \int_{\alpha^2}^{\beta^2} \mathrm{d}y \int_0^{+\infty} \mathrm{e}^{-x^2 y}\mathrm{d}x = \int_{\alpha^2}^{\beta^2} \frac{1}{\sqrt{y}}\mathrm{d}y \int_0^{+\infty} \mathrm{e}^{-x^2 y}\mathrm{d}x \sqrt{y}$$

$$= \frac{\sqrt{\pi}}{2}\int_{\alpha^2}^{\beta^2} \frac{1}{\sqrt{y}}\mathrm{d}y = \sqrt{\pi}(\beta - \alpha).$$

【举一反三】

1. $\forall x \in (-\infty, +\infty)$，证明：$\displaystyle\int_0^{+\infty} \frac{\mathrm{e}^{-t}\sin tx}{t}\mathrm{d}t = \arctan x.$

证明： $\displaystyle\int_0^{+\infty} \frac{\mathrm{e}^{-t}\sin tx}{t}\mathrm{d}t = \int_0^{+\infty} \mathrm{e}^{-t}\left(\int_0^x \cos ty\,\mathrm{d}y\right)\mathrm{d}t = \int_0^{+\infty} \mathrm{d}t \int_0^x \mathrm{e}^{-t}\cos ty\,\mathrm{d}y,$

显然 $\mathrm{e}^{-t}\cos ty$ 在 $t \in [0, +\infty)$ 及 $y \in [0, x]$（或 $[x, 0]$）上连续，

又由于 $|\mathrm{e}^{-t}\cos tx| \leqslant \mathrm{e}^{-t}$，$\displaystyle\int_0^{+\infty} \mathrm{e}^{-t}\mathrm{d}t$ 收敛，

所以 $\displaystyle\int_0^{+\infty} \mathrm{e}^{-t}\cos ty\,\mathrm{d}t$ 关于 $y \in [0, x]$（或 $[x, 0]$）一致收敛，

故 $\displaystyle\int_0^{+\infty} \frac{\mathrm{e}^{-t}\sin tx}{t}\mathrm{d}t = \int_0^x \mathrm{d}y \int_0^{+\infty} \mathrm{e}^{-t}\cos ty\,\mathrm{d}t = \int_0^x \frac{\mathrm{e}^{-t}}{1 + y^2}(-\cos ty + y\sin ty)\bigg|_0^{+\infty}\mathrm{d}y$

$$= \int_0^x \frac{1}{1 + t^2}\mathrm{d}t = \arctan x.$$

2. 计算菲涅耳（Fresnel）积分 $\displaystyle\int_{-\infty}^{+\infty} \sin x^2 \mathrm{d}x.$

解： $\displaystyle\int_{-\infty}^{+\infty} \sin x^2 \mathrm{d}x = 2\int_0^{+\infty} \sin x^2 \mathrm{d}x \overset{x^2 = t}{=\!=\!=} \int_0^{+\infty} \frac{\sin t}{\sqrt{t}}\mathrm{d}t$

下面讨论积分 $\displaystyle\int_0^{+\infty} \mathrm{e}^{-x^2 t}\mathrm{d}x.$

令 $x\sqrt{t} = u$，则 $\displaystyle\int_0^{+\infty} e^{-x^2 t}dx = \frac{1}{\sqrt{t}}\int_0^{+\infty} e^{-u^2}du = \frac{1}{\sqrt{t}}\frac{\sqrt{\pi}}{2}.$

于是 $\displaystyle\int_{-\infty}^{+\infty} \sin x^2 dx = 2\int_0^{+\infty}\sin x^2 dx \stackrel{x^2=t}{=} \int_0^{+\infty}\frac{\sin t}{\sqrt{t}}dt = \frac{2}{\sqrt{\pi}}\int_0^{+\infty}\sin t\left(\int_0^{+\infty} e^{-x^2 t}dx\right)dt$

$$= \frac{2}{\sqrt{\pi}}\int_0^{+\infty}\left(\int_0^{+\infty} e^{-x^2 t}\sin t\, dt\right)dx \quad \left(\int e^{-at}\sin bt\, dt = \frac{b}{a^2 + b^2} + C\right)$$

$$= \frac{2}{\sqrt{\pi}}\int_0^{+\infty}\frac{dx}{1 + x^4} = \frac{2}{\sqrt{\pi}}\frac{\pi}{2\sqrt{2}} = \sqrt{\frac{\pi}{2}}.$$

拓展训练

1. 讨论下列含参变量的广义积分在指定区域上的一致收敛性：

(1) $\displaystyle\int_0^{+\infty}\frac{y}{1 + x^2 y^2}dx$，(i) $y \in [a_0, +\infty)(a_0 > 0)$，(ii) $y \in (0, +\infty)$；

(2) $\displaystyle\int_0^{+\infty}\frac{e^{-x}}{|\sin x|^\alpha}dx$，$\alpha \in (0, \alpha_0](\alpha_0 < 1)$；

(3) $\displaystyle\int_1^{+\infty}\frac{y\sin xy}{x(1 + y^2)}dy$，$x \in (0, 1)$；

(4) $\displaystyle\int_0^{+\infty}\sqrt{x}\, e^{-xy^2}dy$，(i) $x \in [\delta, +\infty)(\delta > 0)$，(ii) $x \in (0, +\infty)$；

(5) $\displaystyle\int_0^{+\infty} xe^{-\alpha x}dx$，(i) $\alpha \in [\alpha_0, +\infty)(\alpha_0 > 0)$，(ii) $\alpha \in (0, +\infty)$.

2. 证明：$I(\alpha) = \displaystyle\int_0^{+\infty}\frac{\sin x}{x(1 + \alpha x^2)}dx$ 关于 $\alpha \in [0, +\infty)$ 一致收敛.

3. 证明：$I(\alpha) = \displaystyle\int_0^{+\infty}\frac{\sin 2x}{x + \alpha}e^{-\alpha x}dx$ 关于 $\alpha \in (0, 1)$ 一致收敛.

4. 证明：$I(\alpha) = \displaystyle\int_1^{+\infty}\frac{x\sin tx}{a^2 + x^2}dx$($a$ 为固定常数) 关于 $t \in (0, +\infty)$ 非一致收敛.

5. 讨论 $\displaystyle\int_0^1 x^{p-1}(\ln x)^2 dx$ 在以下指定区域上的一致收敛性：(i)$p \geq p_0 > 0$；(ii)$p > 0$.

6. 讨论 $I(y) = \displaystyle\int_0^{+\infty}\frac{\sin x^2}{1 + x^y}dx$ 在 $y \in [0, +\infty)$ 上的一致收敛性.

7. 若 $\displaystyle\int_0^{+\infty} f(x)dx$ 收敛，则 $\displaystyle\lim_{y\to 0^+}\int_0^{+\infty} e^{-xy}f(x)dx = \int_0^{+\infty} f(x)dx.$

8. 设 $f(x) \in C[0, +\infty)$，且 $|f(x)| \leq M$，证明：$I = \lim\limits_{y \to 0^{\pm}} \dfrac{2}{\pi} \int_0^{+\infty} \dfrac{yf(x)\,\mathrm{d}x}{x^2 + y^2} = \pm f(0)$.

9. （1）求 $\displaystyle\int_0^{+\infty} \mathrm{e}^{-x^2}\,\mathrm{d}x$；

（2）区间 $(0, +\infty)$ 上函数 $u(x)$ 定义为 $u(x) = \displaystyle\int_0^{+\infty} \mathrm{e}^{-xt^2}\,\mathrm{d}t$，求 $u(x)$ 的初等函数表达式.

10. 已知 $\displaystyle\int_0^{+\infty} \dfrac{\sin x}{x}\,\mathrm{d}x = \dfrac{\pi}{2}$，求：

（1）$\displaystyle\int_0^{+\infty} \left(\dfrac{\sin x}{x}\right)^2 \mathrm{d}x$；

（2）$I = \displaystyle\int_0^{+\infty} \int_0^{+\infty} \dfrac{\sin x \sin(x+y)}{x(x+y)}\,\mathrm{d}x\mathrm{d}y$.

11. 证明 $\varphi(r) = \displaystyle\int_0^{+\infty} \mathrm{e}^{-x^2} \sin rx\,\mathrm{d}x$ 关于 $r \in [0, +\infty)$ 上一致收敛，并计算：

$$\lim_{r \to +\infty} r \int_0^{+\infty} \mathrm{e}^{-x^2} \sin rx\,\mathrm{d}x.$$

12. 已知 $a > 0, b > 0$，证明：$\displaystyle\int_0^{+\infty} \mathrm{e}^{-ax^2 - \frac{b}{x^2}}\,\mathrm{d}x = \dfrac{1}{2}\sqrt{\dfrac{\pi}{a}}\,\mathrm{e}^{-2\sqrt{ab}}$.

13. 求 $I = \displaystyle\int_0^{+\infty} \mathrm{e}^{-px} \dfrac{\sin bx - \sin ax}{x}\,\mathrm{d}x\,(p > 0, b > a)$.

拓展训练参考答案 14

第十五讲

重积分

知识要点

一、基本定义

定义1 二重积分

设 $f(x,y)$ 是闭区域 D 上的有界函数,对任意的分法 T 将 D 分成 n 个有面积的小区域 $\Delta\sigma_1,\Delta\sigma_2,\cdots,\Delta\sigma_n$,在每个小区域 $\Delta\sigma_i$ 上任取一点 $(\xi_i,\eta_i)(i=1,2,\cdots,n)$,作和数 $\sum\limits_{i=1}^{n}f(\xi_i,\eta_i)\Delta\sigma_i$,记 $\lambda=\max\{d_1,d_2,\cdots,d_n\}$,其中 d_i 为小区域 $\Delta\sigma_i$ 的直径,不论把区域 D 如何划分,也不论在 $\Delta\sigma_i$ 中的点 (ξ_i,η_i) 如何选取,如果 $\lambda\to0$ 时,和数 $\sum\limits_{i=1}^{n}f(\xi_i,\eta_i)\Delta\sigma_i$ 都趋于同一数为极限,则称此极限值为函数 $f(x,y)$ 在区域 D 上的二重积分. 记作:

$$\iint\limits_{D}f(x,y)\mathrm{d}\sigma=\lim_{\lambda\to0}\sum_{i=1}^{n}f(\xi_i,\eta_i)\Delta\sigma_i.$$

其中 D 称为积分区域, $f(x,y)$ 称为被积函数, $\mathrm{d}\sigma$ 称为面积微元.

定义2 三重积分

设 $f(x,y,z)$ 是空间有界闭区域 Ω 上的有界函数,将闭区域 Ω 任意分成 n 个小闭区域 $\Delta v_1,\Delta v_2,\cdots,\Delta v_n$,其中 Δv_i 表示第 i 个小闭区域,也表示它的体积,在每个 Δv_i 上任取一点 (ξ_i,η_i,ζ_i) 作乘积 $f(\xi_i,\eta_i,\zeta_i)\cdot\Delta v_i(i=1,2,\cdots,n)$,并作和,如果当各小闭区域的直径中的最大值 λ 趋近于零时,该和式的极限存在,则称此极限为函数 $f(x,y,z)$ 在闭区域 Ω 上的三重积分. 记作:

$$\iiint\limits_{\Omega}f(x,y,z)\mathrm{d}v=\lim_{\lambda\to0}\sum_{i=1}^{n}f(\xi_i,\eta_i,\zeta_i)\Delta v_i.$$

其中 Ω 称为积分区域,$f(x,y,z)$ 称为被积函数,$\mathrm{d}v$ 称为体积微元.

二、基本性质、定理

1. 二重积分的可积条件.

(1)必要条件:函数 $f(x,y)$ 在 D 上可积的必要条件是函数 $f(x,y)$ 在 D 上有界.

(2)充要条件:函数 $f(x,y)$ 在有界闭区域 D 上可积的充要条件是 $\displaystyle\lim_{\lambda\to 0}\sum_{i=1}^{n}w_i\Delta\sigma_i=0$,其中 w_i 称为函数 $f(x,y)$ 在 $\Delta\sigma_i$ 上的振幅.

(3)充分条件:函数 $f(x,y)$ 在有界闭区域 D 上连续,则函数 $f(x,y)$ 在 D 上可积.

2. 二重积分的性质.

设 $f(x,y)$,$g(x,y)$ 在有界闭区域 D(或 D_1,D_2)上连续,则

(1) $\displaystyle\iint\limits_{D}kf(x,y)\mathrm{d}\sigma=k\iint\limits_{D}f(x,y)\mathrm{d}\sigma,k$ 为常数;

(2) $\displaystyle\iint\limits_{D}[f(x,y)\pm g(x,y)]\mathrm{d}\sigma=\iint\limits_{D}f(x,y)\mathrm{d}\sigma\pm\iint\limits_{D}g(x,y)\mathrm{d}\sigma$;

(3)若 $D=D_1+D_2$,则 $\displaystyle\iint\limits_{D}f(x,y)\mathrm{d}\sigma=\iint\limits_{D_1}f(x,y)\mathrm{d}\sigma+\iint\limits_{D_2}f(x,y)\mathrm{d}\sigma$;

(4)若在 D 上,$f(x,y)\leqslant g(x,y)$,则 $\displaystyle\iint\limits_{D}f(x,y)\mathrm{d}\sigma\leqslant\iint\limits_{D}g(x,y)\mathrm{d}\sigma$;

(5) $\displaystyle\left|\iint\limits_{D}f(x,y)\mathrm{d}\sigma\right|\leqslant\iint\limits_{D}|f(x,y)|\mathrm{d}\sigma$;

(6)若在 D 上有 $m\leqslant f(x,y)\leqslant M$,且记区域 D 的面积为 σ,则有
$$m\sigma\leqslant\iint\limits_{D}f(x,y)\mathrm{d}\sigma\leqslant M\sigma.$$

(7)若 $f(x,y)$ 在 D 上连续,记 D 的面积为 σ,则在区域 D 内至少存在一点 (ξ,η),使得
$$\iint\limits_{D}f(x,y)\mathrm{d}\sigma=f(\xi,\eta)\sigma.$$

3. 二重积分的对称性.

(1)若积分区域 D 关于 x 轴对称,$f(x,y)$ 为 y 的奇、偶函数,则
$$\iint\limits_{D}f(x,y)\mathrm{d}\sigma=\begin{cases}0,f(x,-y)=-f(x,y),\\2\iint\limits_{D_1}f(x,y)\mathrm{d}\sigma,f(x,-y)=f(x,y).\end{cases}$$

其中 D_1 为 D 的上半平面部分.

(2)若积分区域 D 关于 y 轴对称,$f(x,y)$ 为 x 的奇、偶函数,则
$$\iint\limits_{D}f(x,y)\mathrm{d}\sigma=\begin{cases}0,f(-x,y)=-f(x,y),\\2\iint\limits_{D_1}f(x,y)\mathrm{d}\sigma,f(-x,y)=f(x,y).\end{cases}$$

其中 D_1 为 D 的右半平面部分.

（3）若积分区域 D 关于 $y=x$ 对称,则 $\iint\limits_{D} f(x,y)\mathrm{d}\sigma = \iint\limits_{D} f(y,x)\mathrm{d}\sigma$.

4. 三重积分的对称性.

三重积分的性质与二重积分的性质完全类似.

（1）对称性:立体 Ω 关于 xOy 面对称,则

$$\iiint\limits_{\Omega} f(x,y,z)\mathrm{d}z = \begin{cases} 2\iiint\limits_{\Omega_1} f(x,y,z)\mathrm{d}v, f(x,y,z) \text{ 关于 } z \text{ 是偶函数,其中 } \Omega_1 \text{ 为 } \Omega \text{ 的上半部分,} \\ 0, f(x,y,z) \text{ 关于 } z \text{ 是奇函数.} \end{cases}$$

同理,关于 yOz,zOx 面对称有类似的结论.

（2）对换性:若 Ω 具有 x,y 对换性,则

$$\iiint\limits_{\Omega} f(x,y,z)\mathrm{d}v = \iiint\limits_{\Omega} f(y,x,z)\mathrm{d}v.$$

（3）轮换性:若 Ω 具有轮换性,则

$$\iiint\limits_{\Omega} f(x,y,z)\mathrm{d}v = \iiint\limits_{\Omega} f(y,z,x)\mathrm{d}v = \iiint\limits_{\Omega} f(z,x,y)\mathrm{d}v.$$

三、重要公式

1.二重积分的计算:

（1）若函数 $f(x,y)$ 在闭矩形域 $D[a \leqslant x \leqslant b, c \leqslant y \leqslant d]$ 上可积,且 $\forall x \in [a,b]$,

$I(x) = \int_{c}^{d} f(x,y)\mathrm{d}y$ 存在,则 $\int_{a}^{b}\mathrm{d}x\int_{c}^{d} f(x,y)\mathrm{d}y$ 也存在,且

$$\iint\limits_{D} f(x,y)\mathrm{d}x\mathrm{d}y = \int_{a}^{b}\mathrm{d}x\int_{c}^{d} f(x,y)\mathrm{d}y.$$

（2）设区域 D 由下列不等式给出: $a \leqslant x \leqslant b, \varphi_1(x) \leqslant y \leqslant \varphi_2(x)$,其中 $\varphi_1(x),\varphi_2(x)$ 为 $[a,b]$ 上的连续函数,若 $f(x,y)$ 在 D 上连续,则

$$\iint\limits_{D} f(x,y)\mathrm{d}x\mathrm{d}y = \int_{a}^{b}\mathrm{d}x\int_{\varphi_1(x)}^{\varphi_2(x)} f(x,y)\mathrm{d}y.$$

（3）二重积分的变量替换:

若函数 $f(x,y)$ 在有界闭区域 D 上连续,函数组 $x=x(u,v),y=y(u,v)$,将 uv 平面上区域 D' 一对一地变换为 xy 平面上的区域 D,且函数组 $\begin{cases} x=x(u,v) \\ y=y(u,v) \end{cases}$,在 D' 上对 u,v 存在连续偏导数,对任意 $(u,v) \in D'$,且 $J = \dfrac{\partial(x,y)}{\partial(u,v)} \neq 0$,则

$$\iint\limits_{D} f(x,y)\mathrm{d}x\mathrm{d}y = \iint\limits_{D'} f(x(u,v),y(u,v))|J|\mathrm{d}u\mathrm{d}v.$$

特例:极坐标变换.由公式 $\begin{cases} x=r\cos\theta \\ y=r\sin\theta \end{cases}$,确定的极坐标变换,其变换公式为

$$\iint\limits_{D}f(x,y)\mathrm{d}x\mathrm{d}y = \iint\limits_{D'}f(r\cos\theta,r\sin\theta)r\mathrm{d}r\mathrm{d}\theta.$$

2. 三重积分的计算：

（1）设有界闭区域 Ω 由下列不等式确定：

$$a \leqslant x \leqslant b, y_1(x) \leqslant y \leqslant y_2(x), z_1(x,y) \leqslant z \leqslant z_2(x,y).$$

其中 $y_1(x), y_2(x)$ 是闭区间 $[a,b]$ 上的连续函数，$z_1(x,y), z_2(x,y)$ 是 Ω 在 xOy 平面上的投影区域 D 上的连续函数，则三重积分

$$\iiint\limits_{\Omega}f(x,y,z)\mathrm{d}x\mathrm{d}y\mathrm{d}z = \int_{a}^{b}\mathrm{d}x\int_{y_1(x)}^{y_2(x)}\mathrm{d}y\int_{z_1(x,y)}^{z_2(x,y)}f(x,y,z)\mathrm{d}z.$$

（2）三重积分的变量替换：设 $x = x(u,v,w), y = y(u,v,w), z = z(u,v,w)$ 在闭区域 Ω' 上有连续的一阶偏导数，且雅可比行列式 $J = \dfrac{\partial(x,y,z)}{\partial(u,v,w)}$ 在 Ω' 上处处不为零，若 $f(x,y,z)$ 在 Ω 上连续，则有三重积分变量替换公式

$$\iiint\limits_{\Omega}f(x,y,z)\mathrm{d}x\mathrm{d}y\mathrm{d}z = \iiint\limits_{\Omega'}f[x(u,v,w),y(u,v,w),z(u,v,w)]\,|J|\mathrm{d}u\mathrm{d}v\mathrm{d}w.$$

特例1 柱面坐标变换：

设 $\begin{cases}x = \rho\cos\theta, \\ y = \rho\sin\theta, \\ z = z.\end{cases}$ 其中 $0 \leqslant \rho < +\infty, 0 \leqslant \theta \leqslant 2\pi, -\infty < z < +\infty, |J| = \rho$，则

$$\iiint\limits_{\Omega}f(x,y,z)\mathrm{d}x\mathrm{d}y\mathrm{d}z = \iiint\limits_{\Omega'}f(\rho\cos\theta,\rho\sin\theta,z)\rho\mathrm{d}\rho\mathrm{d}\theta\mathrm{d}z.$$

特例2 球面坐标变换：

设 $\begin{cases}x = \rho\cos\theta\sin\varphi, \\ y = \rho\sin\theta\sin\varphi, \\ z = \rho\cos\varphi,\end{cases}$ 其中 $0 \leqslant \rho < +\infty, 0 \leqslant \theta \leqslant 2\pi, 0 \leqslant \varphi \leqslant \pi, |J| = \rho^2\sin\varphi$，则

$$\iiint\limits_{\Omega}f(x,y,z)\mathrm{d}x\mathrm{d}y\mathrm{d}z = \iiint\limits_{\Omega'}f(\rho\cos\theta\sin\varphi,\rho\sin\theta\sin\varphi,\rho\cos\varphi)\rho^2\sin\varphi\mathrm{d}\rho\mathrm{d}\theta\mathrm{d}\varphi.$$

典型例题

例1 （1）设 a,b 是正数，计算二重积分 $\iint\limits_{D}(x^2+xy+y^2)\mathrm{d}x\mathrm{d}y$，其中区域 $D: \dfrac{x^2}{a^2} + \dfrac{y^2}{b^2} \leqslant 1$.

分析： 对称性可以简化二重积分的计算，尤其在被积函数中出现 x,y,xy 时，先考虑对称性.

解： 首先由对称性知，$\iint\limits_{D}xy\mathrm{d}x\mathrm{d}y = 0$.

令 $x = ar\cos\theta, y = br\sin\theta$，则 D 变成 $D': 0 \leqslant r \leqslant 1, 0 \leqslant \theta \leqslant 2\pi, J = abr.$

于是 $\iint\limits_{D}(x^2+y^2+xy)\mathrm{d}x\mathrm{d}y = \iint\limits_{D}(x^2+y^2)\mathrm{d}x\mathrm{d}y + \iint\limits_{D}xy\mathrm{d}x\mathrm{d}y$

$$= \int_{0}^{2\pi}\mathrm{d}\theta\int_{0}^{1}(a^2\cos^2\theta + b^2\sin^2\theta)\cdot abr^3\mathrm{d}r + 0$$

$$= \frac{1}{4}ab\int_{0}^{2\pi}\left(a^2\frac{1+\cos 2\theta}{2} + b^2\frac{1-\cos 2\theta}{2}\right)\mathrm{d}\theta$$

$$= \frac{\pi}{4}ab(a^2+b^2).$$

【举一反三】

1. 设 $f(u)$ 是 $\mathbf{R}$ 上的连续函数,求二重积分 $\iint\limits_{D}x[1-yf(x^2-y^2)]\mathrm{d}x\mathrm{d}y$,其中 D 为曲线 $y=x^3, y=1, x=-1$ 所围成的区域.

解:(法一)函数 f 在 $\mathbf{R}$ 上连续,记其原函数为 F.

故 $\iint\limits_{D}x[1-yf(x^2-y^2)]\mathrm{d}x\mathrm{d}y$

$$= \int_{-1}^{1}x\mathrm{d}x\int_{x^3}^{1}\mathrm{d}y - \int_{-1}^{1}x\mathrm{d}x\int_{x^3}^{1}yf(x^2-y^2)\mathrm{d}y$$

$$= -\int_{-1}^{1}x^4\mathrm{d}x + \frac{1}{2}\int_{-1}^{1}x\mathrm{d}x\int_{x^3}^{1}f(x^2-y^2)\mathrm{d}(x^2-y^2)$$

$$= -\frac{2}{5} + \frac{1}{2}\int_{-1}^{1}x[F(x^2-1)-F(x^2-x^6)]\mathrm{d}x$$

$$= -\frac{2}{5}.$$

(法二)在区域 D 中插入曲线 $y=-x^3$,则

$$\iint\limits_{D}x[1-yf(x^2-y^2)]\mathrm{d}x\mathrm{d}y = \int_{-1}^{1}x\mathrm{d}x\int_{x^3}^{1}\mathrm{d}y - 0 = -\int_{-1}^{1}x^4\mathrm{d}x = -\frac{2}{5}.$$

2. 计算 $\iint\limits_{D}\dfrac{x^2-xy-y^2}{x^2+y^2}\mathrm{d}x\mathrm{d}y$,$D$ 由直线 $y=1, y=x, y=-x$ 围成.

解: 如图 1,$\iint\limits_{D}\dfrac{x^2-xy-y^2}{x^2+y^2}\mathrm{d}x\mathrm{d}y = \iint\limits_{D}\dfrac{x^2-y^2}{x^2+y^2}\mathrm{d}x\mathrm{d}y - \iint\limits_{D}\dfrac{xy}{x^2+y^2}\mathrm{d}x\mathrm{d}y$

$$= 2\iint\limits_{D_1}\frac{x^2-y^2}{x^2+y^2}\mathrm{d}x\mathrm{d}y - 0 = 2\int_{\frac{\pi}{4}}^{\frac{\pi}{2}}\mathrm{d}\theta\int_{0}^{\frac{1}{\sin\theta}}\frac{\rho^2(\cos^2\theta-\sin^2\theta)}{\rho^2}\rho\mathrm{d}\rho$$

$$= \int_{\frac{\pi}{4}}^{\frac{\pi}{2}}\frac{\cos^2\theta-\sin^2\theta}{\sin^2\theta}\mathrm{d}\theta = \int_{\frac{\pi}{4}}^{\frac{\pi}{2}}\frac{1}{\sin^2\theta}\mathrm{d}\theta - \frac{\pi}{2} = 1 - \frac{\pi}{2}.$$

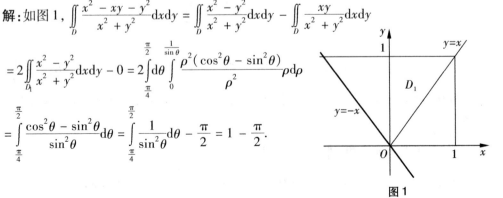

图 1

例 2 计算二重积分 $\displaystyle\iint\limits_{D}\frac{y\sin(\pi\sqrt{x^2+y^2})}{x+y}\mathrm{d}x\mathrm{d}y$, $D=\{(x,y)\mid 1\le x^2+y^2\le 4, x\ge 0,$ $y\ge 0\}$.

分析:积分区域 D 关于 $y=x$ 对称,则

$$\iint\limits_{D}f(x,y)\mathrm{d}\sigma=\iint\limits_{D}f(y,x)\mathrm{d}\sigma=\frac{1}{2}\iint\limits_{D}[f(x,y)+f(y,x)]\mathrm{d}\sigma.$$

解:(法一) $\displaystyle\iint\limits_{D}\frac{y\sin(\pi\sqrt{x^2+y^2})}{x+y}\mathrm{d}x\mathrm{d}y=\iint\limits_{D}\frac{x\sin(\pi\sqrt{x^2+y^2})}{x+y}\mathrm{d}x\mathrm{d}y$

$$=\frac{1}{2}\iint\limits_{D}\frac{(x+y)\sin(\pi\sqrt{x^2+y^2})}{x+y}\mathrm{d}x\mathrm{d}y=\frac{1}{2}\iint\limits_{D}\sin(\pi\sqrt{x^2+y^2})\mathrm{d}x\mathrm{d}y$$

$$=\frac{1}{2}\int_{0}^{\frac{\pi}{2}}\mathrm{d}\theta\int_{1}^{2}r\sin\pi r\mathrm{d}r=-\frac{1}{4}\int_{1}^{2}r\mathrm{d}\cos\pi r=-\frac{3}{4}.$$

(法二)

$$\iint\limits_{D}\frac{y\sin(\pi\sqrt{x^2+y^2})}{x+y}\mathrm{d}x\mathrm{d}y=\int_{0}^{\frac{\pi}{2}}\mathrm{d}\theta\int_{1}^{2}\frac{r\sin\theta\sin\pi r}{r(\cos\theta+\sin\theta)}r\mathrm{d}r=\int_{0}^{\frac{\pi}{2}}\frac{\sin\theta}{\cos\theta+\sin\theta}\mathrm{d}\theta\int_{1}^{2}\sin(\pi r)r\mathrm{d}r$$

$$=\frac{\pi}{4}\int_{1}^{2}\sin(\pi r)r\mathrm{d}r=-\frac{3}{4}.$$

【举一反三】

1. 求 $\displaystyle\iint\limits_{D}\sin x\cdot\sin y\cdot\max\{x,y\}\mathrm{d}x\mathrm{d}y$, $D=\{(x,y)\mid 0\le x\le\pi, 0\le y\le\pi\}$.

解: $\displaystyle\iint\limits_{D}\sin x\cdot\sin y\cdot\max\{x,y\}\mathrm{d}x\mathrm{d}y=\iint\limits_{D_1:y<x}x\sin x\cdot\sin y\mathrm{d}x\mathrm{d}y+\iint\limits_{D_2:y\ge x}y\sin x\cdot\sin y\mathrm{d}x\mathrm{d}y$

$$=2\iint\limits_{D_1}x\sin x\cdot\sin y\mathrm{d}x\mathrm{d}y=2\int_{0}^{\pi}\mathrm{d}x\int_{0}^{x}x\sin x\sin y\mathrm{d}y=2\int_{0}^{\pi}x\sin x(1-\cos x)\mathrm{d}x=\frac{5}{2}\pi.$$

2. 求 $\displaystyle\iint\limits_{D}|x-y|\mathrm{d}x\mathrm{d}y$, $D:x^2+y^2\le 2(x+y)$.

解: $\displaystyle\iint\limits_{D}|x-y|\mathrm{d}x\mathrm{d}y=\iint\limits_{D_1:y\ge x}(y-x)\mathrm{d}x\mathrm{d}y+\iint\limits_{D_2:y<x}(x-y)\mathrm{d}x\mathrm{d}y$

$$=2\iint\limits_{D_2}(x-y)\mathrm{d}x\mathrm{d}y=2\int_{-\frac{\pi}{4}}^{\frac{\pi}{4}}\mathrm{d}\theta\int_{0}^{2(\cos\theta+\sin\theta)}(r\cos\theta-r\sin\theta)r\mathrm{d}r$$

$$=2\sqrt{2}\int_{-\frac{\pi}{4}}^{\frac{\pi}{4}}\mathrm{d}\theta\int_{0}^{2\sqrt{2}\sin(\theta+\frac{\pi}{4})}r^2\cos\left(\theta+\frac{\pi}{4}\right)\mathrm{d}r=\frac{16}{3}.$$

例 3 计算二重积分:

(1) $I=\displaystyle\iint\limits_{D}\rho^2\sin\theta\sqrt{1-\rho^2\cos 2\theta}\mathrm{d}\rho\mathrm{d}\theta$, 其中 $D=\left\{(\rho,\theta)\,\middle|\,0\le\rho\le\sec\theta, 0\le\theta\le\frac{\pi}{4}\right\}$;

(2) $I = \iint\limits_{D} | y - x^2 | \mathrm{d}x\mathrm{d}y$，其中$D: -1 \leqslant x \leqslant 1, 0 \leqslant y \leqslant 1$.

分析：(1)尽管给出了极坐标系下的ρ, θ的上下限，但积分计算很复杂，可以运用极坐标把积分转换为直角坐标系进行计算.(2)被积函数带有绝对值，基本思想是根据绝对值内函数在积分域内的正负划分原积分区域，去掉被积函数中的绝对值.

解：(1)把$D = \left\{ (\rho, \theta) \left| 0 \leqslant \rho \leqslant \sec\theta, 0 \leqslant \theta \leqslant \dfrac{\pi}{4} \right. \right\}$转换成直角坐标为$D: \begin{cases} 0 \leqslant x \leqslant 1, \\ 0 \leqslant y \leqslant x. \end{cases}$

则$I = \iint\limits_{D} y\sqrt{1 - x^2 + y^2}\,\mathrm{d}x\mathrm{d}y = \dfrac{1}{2}\int_0^1 \mathrm{d}x \int_0^x \sqrt{1 - x^2 + y^2}\,\mathrm{d}(1 - x^2 + y^2)$

$= \dfrac{1}{3}\int_0^1 \left[(1 - x^2 + y^2)^{\frac{3}{2}} \right]_{y=0}^{y=x} \mathrm{d}x = \dfrac{1}{3}\int_0^1 \left[1 - (1 - x^2)^{\frac{3}{2}} \right] \mathrm{d}x$

$= \dfrac{1}{3} - \dfrac{1}{3}\int_0^1 (1 - x^2)^{\frac{3}{2}}\,\mathrm{d}x$,

令$x = \sin t, t \in \left(0, \dfrac{\pi}{2} \right)$,

则$\int_0^1 (1 - x^2)^{\frac{3}{2}}\,\mathrm{d}x = \int_0^{\frac{\pi}{2}} \cos^3 t \mathrm{d}\sin t = \int_0^{\frac{\pi}{2}} \cos^4 t\,\mathrm{d}t = \dfrac{3}{4} \cdot \dfrac{1}{2} \cdot \dfrac{\pi}{2} = \dfrac{3\pi}{16}$,

故$I = \dfrac{1}{3} - \dfrac{\pi}{16}$.

(2)插入辅助线$y = x^2$，则

$I = 2\iint\limits_{D_1: 0 \leqslant x \leqslant 1, y \leqslant x^2} (x^2 - y)\,\mathrm{d}x\mathrm{d}y + 2\iint\limits_{D_2: 0 \leqslant x \leqslant 1, y \geqslant x^2} (y - x^2)\,\mathrm{d}x\mathrm{d}y$

$= 2\int_0^1 \mathrm{d}x \int_0^{x^2} (x^2 - y)\,\mathrm{d}y + 2\int_0^1 \mathrm{d}x \int_{x^2}^1 (y - x^2)\,\mathrm{d}y$

$= 2\int_0^1 \left(x^2 y - \dfrac{1}{2}y^2 \right) \Big|_0^{x^2} \mathrm{d}x + 2\int_0^1 \left(\dfrac{1}{2}y^2 - x^2 y \right) \Big|_{x^2}^1 \mathrm{d}x$

$= \int_0^1 x^4\,\mathrm{d}x + 2\int_0^1 \left(\dfrac{1}{2} - x^2 + \dfrac{1}{2}x^4 \right) \mathrm{d}x = \dfrac{11}{15}$.

例4 (1)设平面区域$D: |x| \leqslant y, (x^2 + y^2)^3 \leqslant y^4$，求$\iint\limits_{D} \dfrac{x + y}{\sqrt{x^2 + y^2}}\,\mathrm{d}x\mathrm{d}y$；

(2)设平面区域$D = \{ (x, y) \mid x^2 + y^2 \leqslant x + y + 1 \}$，求$\iint\limits_{D} (x + y)\,\mathrm{d}x\mathrm{d}y$；

(3)计算积分$\iint\limits_{D} \dfrac{y^3}{(1 + x^2 + y^4)^2}\,\mathrm{d}x\mathrm{d}y$，其中$D$是第一象限中以曲线$y = \sqrt{x}$与$x$轴为边界的无界区域.

分析：计算二重积分时，观察积分区域、被积函数，选择合适的坐标系及积分次序进

行计算.(1)尽管不好画出积分区域,但是看到 $y = |x|$ 及被积函数,对称性只需计算

$\iint\limits_{D的右半部分} \dfrac{y}{\sqrt{x^2 + y^2}}\mathrm{d}x\mathrm{d}y$ 的二倍,由积分区域的边界线选择极坐标.(2)也可以利用对称性,

此法留给读者计算.(3)对被积函数选择先 y 积分后 x 积分.

解:(1)区域 D 关于 y 轴对称,设 D_1 为 D 在第一象限的部分,则

$$I = \iint\limits_{D} \frac{x}{\sqrt{x^2 + y^2}}\mathrm{d}x\mathrm{d}y + \iint\limits_{D} \frac{y}{\sqrt{x^2 + y^2}}\mathrm{d}x\mathrm{d}y = 2\iint\limits_{D的右半部分} \frac{y}{\sqrt{x^2 + y^2}}\mathrm{d}x\mathrm{d}y$$

$$= 2\int_{\frac{\pi}{4}}^{\frac{\pi}{2}}\mathrm{d}\theta\int_0^{\sin^2\theta} \frac{r\sin\theta}{r} \cdot r\mathrm{d}r = \int_{\frac{\pi}{4}}^{\frac{\pi}{2}}\sin^5\theta\mathrm{d}\theta = -\int_{\frac{\pi}{4}}^{\frac{\pi}{2}}(1 - \cos^2\theta)^2\mathrm{d}\cos\theta = \frac{43\sqrt{2}}{120}.$$

(2)令 $x = \dfrac{1}{2} + r\cos\theta, y = \dfrac{1}{2} + r\sin\theta$,则此变换下圆的极坐标方程为 $r = \dfrac{\sqrt{6}}{2}$,

$$原式 = \int_0^{2\pi}\mathrm{d}\theta\int_0^{\frac{\sqrt{6}}{2}}(1 + r\cos\theta + r\sin\theta)r\mathrm{d}r$$

$$= \int_0^{2\pi}\mathrm{d}\theta\int_0^{\frac{\sqrt{6}}{2}}r\mathrm{d}r + \int_0^{2\pi}\cos\theta\mathrm{d}\theta\int_0^{\frac{\sqrt{6}}{2}}r^2\mathrm{d}r + \int_0^{2\pi}\sin\theta\mathrm{d}\theta\int_0^{\frac{\sqrt{6}}{2}}r^2\mathrm{d}r = \frac{3\pi}{2}.$$

(3)$\iint\limits_{D} \dfrac{y^3}{(1 + x^2 + y^4)^2}\mathrm{d}x\mathrm{d}y = \int_0^{+\infty}\mathrm{d}x\int_0^{\sqrt{x}} \dfrac{y^3}{(1 + x^2 + y^4)^2}\mathrm{d}y = -\dfrac{1}{4}\int_0^{+\infty} \dfrac{1}{(1 + x^2 + y^4)}\bigg|_0^{\sqrt{x}}\mathrm{d}x$

$$= -\frac{1}{4}\int_0^{+\infty}\left(\frac{1}{1 + 2x^2} - \frac{1}{1 + x^2}\right)\mathrm{d}x$$

$$= -\frac{1}{4}\left(\frac{1}{\sqrt{2}}\arctan\sqrt{2}x - \arctan x\right)\bigg|_0^{+\infty} = \frac{2 - \sqrt{2}}{16}\pi.$$

例 5　(1)设函数 $f(x)$ 连续, $f(0) = 1$,令 $F(t) = \iint\limits_{x^2 + y^2 \leqslant t^2} f(x^2 + y^2)\mathrm{d}x\mathrm{d}y\,(t \geqslant 0)$,求

$F''(0)$;

(2)设函数 $f(x)$ 连续, $F(\mu, v) = \iint\limits_{D_{\mu v}} \dfrac{f(x^2 + y^2)}{\sqrt{x^2 + y^2}}\mathrm{d}x\mathrm{d}y$,

$D_{\mu v}$ 如图 2,求 $\dfrac{\partial F}{\partial \mu}$;

(3)设函数 $f(t)$ 在 $[0, +\infty)$ 上连续,且满足

$$f(t) = \mathrm{e}^{4\pi t^2} + \iint\limits_{x^2 + y^2 \leqslant 4t^2} f\left(\frac{1}{2}\sqrt{x^2 + y^2}\right)\mathrm{d}x\mathrm{d}y ,求 f(t).$$

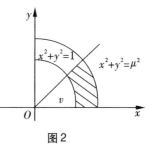

图 2

分析:此例中二重积分不再是数值,可以在极坐标系

下化为关于变量 t 或 u, v 的函数.

解:(1) $F(t) = \iint\limits_{x^2 + y^2 \leqslant t^2} f(x^2 + y^2)\mathrm{d}x\mathrm{d}y = \int_0^{2\pi}\mathrm{d}\theta\int_0^t f(\rho^2)\rho\mathrm{d}\rho = 2\pi\int_0^t f(\rho^2)\rho\mathrm{d}\rho$,

则 $F'(t) = 2\pi f(t^2)t$,即有 $F'(0) = 0$.

于是 $F''(0) = \lim\limits_{t \to 0^+} \dfrac{F'(t) - F'(0)}{t - 0} = \lim\limits_{t \to 0^+} \dfrac{2\pi f(t^2)t}{t} = \lim\limits_{t \to 0^+} 2\pi f(t^2) = 2\pi f(0) = 2\pi.$

（2） $F(\mu, v) = \int_0^v d\theta \int_1^\mu \dfrac{f(\rho^2)}{\rho}\rho d\rho = v\int_1^\mu f(\rho^2)d\rho$, $\dfrac{\partial F}{\partial \mu} = vf(\mu^2).$

（3）显然 $f(0) = 1$,且

$$\iint\limits_{x^2+y^2 \leq 4t^2} f\left(\frac{1}{2}\sqrt{x^2 + y^2}\right)dxdy = \int_0^{2\pi}d\theta\int_0^{2t}f\left(\frac{1}{2}\rho\right)\rho d\rho = 2\pi\int_0^{2t}f\left(\frac{1}{2}\rho\right)\rho d\rho ,$$

则 $f(t) = e^{4\pi t^2} + 2\pi\int_0^{2t}f\left(\dfrac{1}{2}\rho\right)\rho d\rho.$

两端同时关于 t 求导得,

$f'(t) = 8\pi t e^{4\pi t^2} + 2\pi \cdot 2f(t) \cdot 2t = 8\pi t e^{4\pi t^2} + 8\pi t f(t).$

解上述微分方程,得 $f(t) = 4\pi t^2 e^{4\pi t^2} + Ce^{4\pi t^2}.$

由于 $f(0) = 1$,则 $C = 1$. 因此 $f(t) = (4\pi t^2 + 1)e^{4\pi t^2}.$

例6 设 $f(t)$ 是 $[0,1]$ 上的连续函数,证明: $\int_0^1 e^{f(x)}dx\int_0^1 e^{-f(y)}dy \geq 1.$

分析: 可以将左端的两个定积分的乘积转化为重积分.

证明: （法一）设 $D = \{(x,y) \mid 0 \leq x \leq 1, 0 \leq y \leq 1\}$,

由于 $e^{f(x)-f(y)} \geq 1 + f(x) - f(y)$,

因此 $\displaystyle\int_0^1 e^{f(x)}dx\int_0^1 e^{-f(y)}dy = \iint\limits_D e^{f(x)-f(y)}dxdy \geq \iint\limits_D [1 + f(x) - f(y)]dxdy$

$$= \int_0^1 dx\int_0^1 dy + \int_0^1 f(x)dx\int_0^1 dy - \int_0^1 dx\int_0^1 f(y)dy = 1.$$

（法二） $\displaystyle\int_0^1 e^{f(x)}dx\int_0^1 e^{-f(y)}dy = \iint\limits_D e^{f(x)-f(y)}dxdy = \iint\limits_D e^{f(y)-f(x)}dxdy$

$$= \frac{1}{2}\iint\limits_D [e^{f(x)-f(y)} + e^{f(y)-f(x)}]dxdy \geq \frac{1}{2}\iint\limits_D 2dxdy = 1.$$

（法三） $\displaystyle\int_0^1 e^{f(x)}dx\int_0^1 e^{-f(y)}dy = \int_0^1 [\sqrt{e^{f(x)}}]^2 dx\int_0^1 [\sqrt{e^{-f(x)}}]^2 dx \geq \left[\int_0^1 \sqrt{e^{f(x)}}\sqrt{e^{-f(x)}}dx\right]^2 = 1.$

【举一反三】

1. 已知 $D = \{(x,y) \mid 0 \leq x \leq 1, 0 \leq y \leq 1\}$, $I = \iint\limits_D f(x,y)dxdy$, $f(x,y)$ 在 D 上有二阶

连续偏导数,且 $f(0,y) = f(x,0) = 0$, $\dfrac{\partial^2 f}{\partial x \partial y} \leq A$,证明: $I \leq \dfrac{A}{4}.$

证明: $I = \displaystyle\int_0^1 dy\int_0^1 f(x,y)dx = -\int_0^1 dy\int_0^1 f(x,y)d(1-x),$

$$\int_0^1 f(x,y)\,\mathrm{d}(1-x) = f(x,y)(1-x)\Big|_0^1 - \int_0^1 (1-x)\frac{\partial f(x,y)}{\partial x}\mathrm{d}x,$$

$$I = \int_0^1 \mathrm{d}y \int_0^1 (1-x)\frac{\partial f(x,y)}{\partial x}\mathrm{d}x = \int_0^1 (1-x)\mathrm{d}x\int_0^1 \frac{\partial f(x,y)}{\partial x}\mathrm{d}y$$

$$= -\int_0^1 (1-x)\mathrm{d}x\int_0^1 \frac{\partial f(x,y)}{\partial x}\mathrm{d}(1-y) = \int_0^1 (1-x)\mathrm{d}x\int_0^1 (1-y)\frac{\partial^2 f(x,y)}{\partial x\partial y}\mathrm{d}y$$

$$= \iint_D (1-x)(1-y)\frac{\partial^2 f(x,y)}{\partial x\partial y}\mathrm{d}x\mathrm{d}y \leqslant A\iint_D (1-x)(1-y)\mathrm{d}x\mathrm{d}y = \frac{A}{4}.$$

例 7　D 为平面曲线 $xy=1$，$xy=3$，$y^2=x$，$y^2=3x$ 所围成的有界闭区域，计算重积分 $\iint_D \dfrac{3x}{y^2+xy^3}\mathrm{d}x\mathrm{d}y$.

分析：由于所给区域不规则，直接划为二次积分计算比较麻烦，因此可采用变量替换.

解：令 $\begin{cases} u = xy, \\ v = \dfrac{y}{x^2}, \end{cases}$ 则 $\dfrac{\partial(u,v)}{\partial(x,y)} = \begin{vmatrix} y & x \\ -\dfrac{y^2}{x^2} & 2\dfrac{y}{x} \end{vmatrix} = 3\dfrac{y^2}{x} = 3v$，

区域 D 变为 $\{(u,v)\mid 1\leqslant u\leqslant 3, 1\leqslant v\leqslant 3\}$.

因此 $I = \iint\limits_{\substack{1\leqslant u\leqslant 3 \\ 1\leqslant v\leqslant 3}} \dfrac{3}{v(1+u)}\cdot\dfrac{1}{3v}\mathrm{d}u\mathrm{d}v = \int_1^3 \dfrac{1}{v^2}\mathrm{d}v\int_1^3 \dfrac{1}{1+u}\mathrm{d}u = \dfrac{2}{3}\ln 2.$

【举一反三】

1. 计算 $\iint_D \mathrm{e}^{\frac{y-x}{y+x}}\mathrm{d}x\mathrm{d}y$，$D$：$x=0$，$y=0$，$x+y=2$.

解：令 $u=x+y$，$v=y-x$，则 D 变为 D'：$0\leqslant u\leqslant 2$，$-u\leqslant v\leqslant u$.

$$|J| = \left|\frac{\partial(x,y)}{\partial(u,v)}\right| = \frac{1}{\left|\dfrac{\partial(u,v)}{\partial(x,y)}\right|} = \frac{1}{2}.$$

因此 $\iint_D \mathrm{e}^{\frac{y-x}{y+x}}\mathrm{d}x\mathrm{d}y = \iint_{D'} \mathrm{e}^{\frac{v}{u}}\left|-\dfrac{1}{2}\right|\mathrm{d}u\mathrm{d}v = \dfrac{1}{2}\int_0^2 \mathrm{d}u\int_{-u}^u \mathrm{e}^{\frac{v}{u}}\mathrm{d}v = \dfrac{1}{2}\int_0^2 (\mathrm{e}-\mathrm{e}^{-1})u\mathrm{d}u = \mathrm{e}-\mathrm{e}^{-1}.$

2. $I = \iint_D \left[\left(\dfrac{\partial f}{\partial x}\right)^2 + \left(\dfrac{\partial f}{\partial y}\right)^2\right]\mathrm{d}x\mathrm{d}y$，作变换 $x=x(u,v)$，$y=y(u,v)$，区域 D 变为 Ω，且 $\dfrac{\partial x}{\partial u} = \dfrac{\partial y}{\partial v}$，$\dfrac{\partial x}{\partial v} = -\dfrac{\partial y}{\partial u}$，证明：$I = \iint_\Omega \left[\left(\dfrac{\partial f}{\partial u}\right)^2 + \left(\dfrac{\partial f}{\partial v}\right)^2\right]\mathrm{d}u\mathrm{d}v.$

证明：$\dfrac{\partial f}{\partial u} = \dfrac{\partial f}{\partial x}\dfrac{\partial x}{\partial u} + \dfrac{\partial f}{\partial y}\dfrac{\partial y}{\partial u}$，

$$\left(\dfrac{\partial f}{\partial u}\right)^2 = \left(\dfrac{\partial f}{\partial x}\dfrac{\partial x}{\partial u}\right)^2 + \left(\dfrac{\partial f}{\partial y}\dfrac{\partial y}{\partial u}\right)^2 + 2\dfrac{\partial f}{\partial x}\dfrac{\partial x}{\partial u}\dfrac{\partial f}{\partial y}\dfrac{\partial y}{\partial u},$$

$$\left(\dfrac{\partial f}{\partial v}\right)^2 = \left(\dfrac{\partial f}{\partial x}\dfrac{\partial x}{\partial v}\right)^2 + \left(\dfrac{\partial f}{\partial y}\dfrac{\partial y}{\partial v}\right)^2 + 2\dfrac{\partial f}{\partial x}\dfrac{\partial x}{\partial v}\dfrac{\partial f}{\partial y}\dfrac{\partial y}{\partial v}.$$

将上述两个式子相加,得 $\left(\dfrac{\partial f}{\partial u}\right)^2 + \left(\dfrac{\partial f}{\partial v}\right)^2 = \left[\left(\dfrac{\partial f}{\partial x}\right)^2 + \left(\dfrac{\partial f}{\partial y}\right)^2\right]\left|\dfrac{\partial(x,y)}{\partial(u,v)}\right|$.

于是 $I = \iint\limits_{\Omega}\left[\left(\dfrac{\partial f}{\partial u}\right)^2 + \left(\dfrac{\partial f}{\partial v}\right)^2\right]\left|\dfrac{\partial(u,v)}{\partial(x,y)}\right|\left|\dfrac{\partial(x,y)}{\partial(u,v)}\right|\mathrm{d}u\mathrm{d}v = \iint\limits_{\Omega}\left[\left(\dfrac{\partial f}{\partial x}\right)^2 + \left(\dfrac{\partial f}{\partial y}\right)^2\right]\mathrm{d}u\mathrm{d}v$.

例 8 证明：$\left(\displaystyle\int_0^1 \mathrm{e}^{-x^2}\mathrm{d}x\right)^2 = \dfrac{\pi}{4} - \displaystyle\int_0^1\dfrac{\mathrm{e}^{-x^2(1+t^2)}}{1+t^2}\mathrm{d}t$,并求 $\displaystyle\int_0^{+\infty}\mathrm{e}^{-x^2}\mathrm{d}x$.

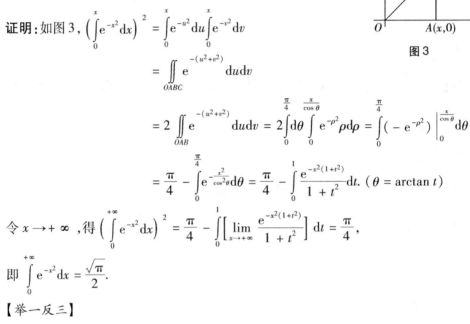
图 3

分析:计算泊松积分的方法很多,此例利用二重积分得到泊松积分值.

证明:如图 3,$\left(\displaystyle\int_0^x \mathrm{e}^{-x^2}\mathrm{d}x\right)^2 = \displaystyle\int_0^x \mathrm{e}^{-u^2}\mathrm{d}u\int_0^x \mathrm{e}^{-v^2}\mathrm{d}v$

$$= \iint\limits_{OABC} \mathrm{e}^{-(u^2+v^2)}\mathrm{d}u\mathrm{d}v$$

$$= 2\iint\limits_{OAB} \mathrm{e}^{-(u^2+v^2)}\mathrm{d}u\mathrm{d}v = 2\int_0^{\frac{\pi}{4}}\mathrm{d}\theta\int_0^{\frac{x}{\cos\theta}}\mathrm{e}^{-\rho^2}\rho\mathrm{d}\rho = \int_0^{\frac{\pi}{4}}(-\mathrm{e}^{-\rho^2})\Big|_0^{\frac{x}{\cos\theta}}\mathrm{d}\theta$$

$$= \frac{\pi}{4} - \int_0^{\frac{\pi}{4}}\mathrm{e}^{-\frac{x^2}{\cos^2\theta}}\mathrm{d}\theta = \frac{\pi}{4} - \int_0^1\frac{\mathrm{e}^{-x^2(1+t^2)}}{1+t^2}\mathrm{d}t. \quad (\theta = \arctan t)$$

令 $x \to +\infty$,得 $\left(\displaystyle\int_0^{+\infty}\mathrm{e}^{-x^2}\mathrm{d}x\right)^2 = \dfrac{\pi}{4} - \displaystyle\int_0^1\left[\lim_{x\to+\infty}\dfrac{\mathrm{e}^{-x^2(1+t^2)}}{1+t^2}\right]\mathrm{d}t = \dfrac{\pi}{4}$,

即 $\displaystyle\int_0^{+\infty}\mathrm{e}^{-x^2}\mathrm{d}x = \dfrac{\sqrt{\pi}}{2}$.

【举一反三】

1. 利用 $\iint\limits_{D:x^2+y^2=a^2}\mathrm{e}^{-x^2-y^2}\mathrm{d}x\mathrm{d}y$,求 $\displaystyle\int_0^{+\infty}\mathrm{e}^{-x^2}\mathrm{d}x$.

解: $\iint\limits_{D:x^2+y^2=a^2}\mathrm{e}^{-x^2-y^2}\mathrm{d}x\mathrm{d}y = \displaystyle\int_0^{2\pi}\mathrm{d}\theta\int_0^a \mathrm{e}^{-r^2}r\mathrm{d}r = \pi(1 - \mathrm{e}^{-a^2})$.

因为 $\iint\limits_{0\leqslant x,y\leqslant R}\mathrm{e}^{-x^2-y^2}\mathrm{d}x\mathrm{d}y = \displaystyle\int_0^R \mathrm{e}^{-x^2}\mathrm{d}x\int_0^R \mathrm{e}^{-y^2}\mathrm{d}y = \displaystyle\int_0^R \mathrm{e}^{-x^2}\mathrm{d}x\int_0^R \mathrm{e}^{-x^2}\mathrm{d}x = \left(\displaystyle\int_0^R \mathrm{e}^{-x^2}\mathrm{d}x\right)^2$,

设 $D_1 = \{(x,y)\mid x^2+y^2\leqslant R^2\}$,$D_2 = \{(x,y)\mid x^2+y^2\leqslant 2R^2\}$,

$S = \{(x,y)\mid 0\leqslant x\leqslant R,0\leqslant y\leqslant R\}$,则有

$$\iint\limits_{D_1}\mathrm{e}^{-x^2-y^2}\mathrm{d}x\mathrm{d}y < \iint\limits_{S}\mathrm{e}^{-x^2-y^2}\mathrm{d}x\mathrm{d}y < \iint\limits_{D_2}\mathrm{e}^{-x^2-y^2}\mathrm{d}x\mathrm{d}y.$$

又 $I = \iint\limits_{S}\mathrm{e}^{-x^2-y^2}\mathrm{d}x\mathrm{d}y = \left(\displaystyle\int_0^R \mathrm{e}^{-x^2}\mathrm{d}x\right)^2$,$I_1 = \iint\limits_{D_1}\mathrm{e}^{-x^2-y^2}\mathrm{d}x\mathrm{d}y = \dfrac{\pi}{4}(1 - \mathrm{e}^{-R^2})$,

$I_2 = \iint\limits_{D_2}\mathrm{e}^{-x^2-y^2}\mathrm{d}x\mathrm{d}y = \dfrac{\pi}{4}(1 - \mathrm{e}^{-2R^2})$,

于是得 $\dfrac{\pi}{4}(1 - \mathrm{e}^{-R^2}) < \left(\displaystyle\int_0^R \mathrm{e}^{-x^2}\mathrm{d}x\right)^2 < \dfrac{\pi}{4}(1 - \mathrm{e}^{-2R^2})$,

两端取极限 $R \to +\infty$,由夹逼定理得 $\left(\displaystyle\int_0^{+\infty} \mathrm{e}^{-x^2}\mathrm{d}x\right)^2 = \dfrac{\pi}{4}$,即 $\displaystyle\int_0^{+\infty} \mathrm{e}^{-x^2}\mathrm{d}x = \dfrac{\sqrt{\pi}}{2}$.

例 9 计算三重积分:

(1) 设 Ω 由 zOx 面上的直线 $z = x$ 绕 z 轴旋转一周形成的曲面与 $z = 1, z = 2$ 围成,计算 $I = \displaystyle\iiint_{\Omega}(1 + x^3 + z^4)\mathrm{d}x\mathrm{d}y\mathrm{d}z$;

(2) 设 $\Omega : x^2 + y^2 + z^2 \geqslant z, x^2 + y^2 + z^2 \leqslant 2z$,计算 $I = \displaystyle\iiint_{\Omega} z\mathrm{d}x\mathrm{d}y\mathrm{d}z$;

(3) $I = \displaystyle\iiint_V x^2 \mathrm{d}x\mathrm{d}y\mathrm{d}z$,其中 V 由 $z = ay^2, z = by^2 (y > 0)(0 < a < b), z = \alpha x$, $z = \beta x (0 < \alpha < \beta), z = h(h > 0)$ 所围.

分析: 与二重积分类似,对称性可以简化三重积分计算.同时依据积分区域、被积函数考虑变量替换、柱坐标、球坐标进行计算.

解: (1) Ω 由曲面 $z = \sqrt{x^2 + y^2}, z = 1, z = 2$ 围成.

(法一) $I = \displaystyle\iiint_{\Omega}(1 + x^3 + z^4)\mathrm{d}x\mathrm{d}y\mathrm{d}z = \iiint_{\Omega}(1 + z^4)\mathrm{d}x\mathrm{d}y\mathrm{d}z = \int_1^2 (1 + z^4)\mathrm{d}z \iint_{x^2+y^2 \leqslant z^2} \mathrm{d}x\mathrm{d}y$

$\qquad = \pi \displaystyle\int_1^2 (1 + z^4)z^2 \mathrm{d}z = \dfrac{430}{21}\pi$.

(法二) $I = \displaystyle\iiint_{\Omega}(1 + x^3 + z^4)\mathrm{d}x\mathrm{d}y\mathrm{d}z = \iiint_{\Omega}(1 + z^4)\mathrm{d}x\mathrm{d}y\mathrm{d}z$

$\qquad = \displaystyle\iint_{x^2+y^2 \leqslant 4} \mathrm{d}x\mathrm{d}y \int_{\sqrt{x^2+y^2}}^{2}(1 + z^4)\mathrm{d}z - \iint_{x^2+y^2 \leqslant 1} \mathrm{d}x\mathrm{d}y \int_{\sqrt{x^2+y^2}}^{1}(1 + z^4)\mathrm{d}z = \dfrac{430}{21}\pi$.

(2) 由对称性得,$I = \displaystyle\iiint_{\Omega} z\mathrm{d}x\mathrm{d}y\mathrm{d}z = 4 \iiint_{\Omega_1 : \Omega 中 x \geqslant 0, y \geqslant 0 部分} z\mathrm{d}x\mathrm{d}y\mathrm{d}z$

$\qquad = 4 \displaystyle\int_0^{\frac{\pi}{2}} \mathrm{d}\theta \int_0^{\frac{\pi}{2}} \mathrm{d}\varphi \int_{\cos\varphi}^{2\cos\varphi} r\cos\varphi \, r^2 \sin\varphi \, \mathrm{d}r = \dfrac{5}{4}\pi$.

(3) 令 $\dfrac{z}{y^2} = u, \dfrac{z}{x} = v, z = \omega$,则 $x = \dfrac{\omega}{v}, y = \sqrt{\dfrac{\omega}{u}}, z = \omega$.

$V : a \leqslant u \leqslant b, \alpha \leqslant v \leqslant \beta, 0 \leqslant z \leqslant h$.

$|J| = \left| \left| \dfrac{D(x,y,z)}{D(u,v,\omega)} \right| \right| = \begin{vmatrix} 0 & -\dfrac{\omega}{v^2} & \dfrac{1}{v} \\[2mm] -\dfrac{\sqrt{\omega}}{2u\sqrt{u}} & 0 & \dfrac{1}{2\sqrt{u\omega}} \\[2mm] 0 & 0 & 1 \end{vmatrix} = \dfrac{\omega\sqrt{\omega}}{2u\sqrt{u}\,v^2}$,

则 $I = \iiint\limits_V x^2 \mathrm{d}x\mathrm{d}y\mathrm{d}z = \int_0^h \mathrm{d}\omega \int_\alpha^\beta \mathrm{d}v \int_a^b \dfrac{w^2}{v^2} \dfrac{\omega\sqrt{\omega}}{2u\sqrt{u\,v^2}} \mathrm{d}u = \dfrac{2}{27}\Big(\dfrac{1}{\alpha^3} - \dfrac{1}{\beta^3}\Big)\Big(\dfrac{1}{\sqrt{a}} - \dfrac{1}{\sqrt{b}}\Big) h^4\sqrt{h}.$

【举一反三】

1. 计算 $I = \iiint\limits_V xyz\,\mathrm{d}x\mathrm{d}y\mathrm{d}z, V: x > 0, y > 0, z > 0, z = \dfrac{x^2 + y^2}{m}, z = \dfrac{x^2 + y^2}{n}, xy = a^2, xy = b^2,$

$y = \alpha x, y = \beta x (0 < a < b, 0 < \alpha < \beta, 0 < m < n).$

解: 令 $\dfrac{z}{x^2 + y^2} = u, xy = v, \dfrac{y}{x} = w,$ 则 $x = \sqrt{\dfrac{v}{w}}, y = \sqrt{wv}, z = uv\Big(w + \dfrac{1}{w}\Big).$

区域 V 变为 $V': \dfrac{1}{n} \leqslant u \leqslant \dfrac{1}{m}, a^2 \leqslant v \leqslant b^2, \alpha \leqslant w \leqslant \beta,$ 且

$$|J| = \left|\left|\frac{D(x,y,z)}{D(u,v,w)}\right|\right| = \begin{vmatrix} 0 & \dfrac{1}{2\sqrt{vw}} & -\dfrac{\sqrt{v}}{2w\sqrt{w}} \\[2mm] 0 & \dfrac{\sqrt{w}}{2\sqrt{v}} & \dfrac{\sqrt{v}}{2\sqrt{w}} \\[2mm] v\Big(w + \dfrac{1}{w}\Big) & u\Big(w + \dfrac{1}{w}\Big) & uv\Big(1 - \dfrac{1}{w^2}\Big) \end{vmatrix} = \dfrac{v}{2w}\Big(w + \dfrac{1}{w}\Big),$$

故 $I = \iiint\limits_V xyz\,\mathrm{d}x\mathrm{d}y\mathrm{d}z = \displaystyle\int_{\frac{1}{n}}^{\frac{1}{m}} \dfrac{u}{2}\mathrm{d}u \int_{a^2}^{b^2} v^3\mathrm{d}v \int_\alpha^\beta \Big(w + \dfrac{1}{w^2} + \dfrac{2}{w}\Big)\mathrm{d}w$

$= \dfrac{1}{32}\Big(\dfrac{1}{m^2} - \dfrac{1}{n^2}\Big)(b^8 - a^8)\Big[(\beta^2 - \alpha^2)\Big(1 + \dfrac{1}{\alpha^2\beta^2}\Big) + 4\ln\dfrac{\beta}{\alpha}\Big].$

例 10 设 $\Omega = \{(x,y,z) \mid x^2 + y^2 + z^2 \leqslant 1)\}$，证明：

$$\frac{4\sqrt[3]{2}}{3}\pi \leqslant \iiint\limits_\Omega \sqrt[3]{x + 2y - 2z + 5}\,\mathrm{d}x\mathrm{d}y\mathrm{d}z \leqslant \frac{8\pi}{3}.$$

分析: 积分区域是球，但纯粹进行三重积分计算比较麻烦，可以把不等式转化为被积函数在积分区域上的最值问题。

证明: 设 $f(x,y,z) = x + 2y - 2z + 5.$

由于 $f_x = 1 \neq 0, f_y = 2 \neq 0, f_z = -2 \neq 0,$ 因此函数 $f(x,y,z)$ 在区域 Ω 内无驻点，必在边界上取得最值。

令 $F(x,y,z,\lambda) = x + 2y - 2z + 5 + \lambda(x^2 + y^2 + z^2 - 1).$

由 $\begin{cases} F_x = 1 + 2\lambda x = 0, \\ F_y = 2 + 2\lambda y = 0, \\ F_z = -2 + 2\lambda z = 0, \\ F_\lambda = x^2 + y^2 + z^2 - 1 = 0 \end{cases}$ 得 $\begin{cases} x = \dfrac{1}{3}, \\ y = \dfrac{2}{3}, \\ z = -\dfrac{2}{3}, \end{cases}$ 或 $\begin{cases} x = -\dfrac{1}{3}, \\ y = -\dfrac{2}{3}, \\ z = \dfrac{2}{3}. \end{cases}$

$f\Big(\dfrac{1}{3}, \dfrac{2}{3}, -\dfrac{2}{3}\Big) = 8, f\Big(-\dfrac{1}{3}, -\dfrac{2}{3}, \dfrac{2}{3}\Big) = 2,$

即 $f(x,y,z)$ 在闭区域 Ω 上的最大值为 8,最小值为 2.

于是 $\dfrac{4\sqrt[3]{2}\pi}{3} = \iiint\limits_{\Omega}\sqrt[3]{2}\,\mathrm{d}x\mathrm{d}y\mathrm{d}z \leqslant \iiint\limits_{\Omega}\sqrt[3]{x+2y-2z+5}\,\mathrm{d}x\mathrm{d}y\mathrm{d}z \leqslant \iiint\limits_{\Omega}\sqrt[3]{8}\,\mathrm{d}x\mathrm{d}y\mathrm{d}z = \dfrac{8\pi}{3}.$

【举一反三】

1. 求函数 $f(x,y,z) = x^2 + y^2 + z^2$ 在 $x^2 + y^2 + z^2 \leqslant x + y + z$ 内的平均值.

解: 令 $x = \rho\cos\theta\sin\varphi + \dfrac{1}{2}, y = \rho\sin\theta\cos\varphi + \dfrac{1}{2}, z = \rho\cos\varphi + \dfrac{1}{2}$,

则 $\bar{f} = \dfrac{1}{V}\iiint\limits_{V}(x^2 + y^2 + z^2)\,\mathrm{d}v$

$= \dfrac{1}{V}\displaystyle\int_{0}^{2\pi}\mathrm{d}\theta\int_{-\frac{\pi}{2}}^{\frac{\pi}{2}}\mathrm{d}\varphi\int_{0}^{\frac{\sqrt{3}}{2}}\rho^2\sin\varphi\left(\dfrac{3}{4} + \rho^2 + \rho\cos\varphi + \rho\cos\theta\sin\varphi + \rho\sin\theta\cos\varphi\right)\mathrm{d}\rho$

$= \dfrac{5}{6}.$

例 11 设函数 $f(x)$ 在 $(-\infty, +\infty)$ 上连续,且满足

$$f(t) = 3\iiint\limits_{x^2+y^2+z^2\leqslant t^2}(f\sqrt{x^2 + y^2 + z^2})\,\mathrm{d}x\mathrm{d}y\mathrm{d}z + |t^3|.\ 求 f(t).$$

分析: 三重积分在球坐标系下可以化为一元变限函数,因此可将已知的等式变为带有变上限积分的等式,两端对 t 求导,解出 $f(t)$.

解: 由已知得 $f(t)$ 为偶函数,且 $f(0) = 0$,因此只需考虑 $t>0$ 的情况.

$$\iiint\limits_{x^2+y^2+z^2\leqslant t^2}(f\sqrt{x^2 + y^2 + z^2})\,\mathrm{d}x\mathrm{d}y\mathrm{d}z = \int_{0}^{2\pi}\mathrm{d}\theta\int_{0}^{\pi}\mathrm{d}\varphi\int_{0}^{t}f(\rho)\rho^2\sin\varphi\,\mathrm{d}\rho = 4\pi\int_{0}^{t}f(\rho)\rho^2\,\mathrm{d}\rho,$$

则 $f(t) = 12\pi\displaystyle\int_{0}^{t}f(\rho)\rho^2\,\mathrm{d}\rho + t^3.$

两端关于 t 求导得,$f'(t) = 12\pi f(t)t^2 + 3t^2.$

解此微分方程有 $f(t) = \dfrac{1}{4\pi}(\mathrm{e}^{4\pi t^3} - 1), t > 0.$

所以 $f(t) = \dfrac{1}{4\pi}(\mathrm{e}^{4\pi|t^3|} - 1).$

【举一反三】

1. 设函数 $f(x)$ 在 $(-\infty, +\infty)$ 连续且恒大于 0,令

$$f(t) = \dfrac{\iiint\limits_{\Omega(t)}f(x^2 + y^2 + z^2)\,\mathrm{d}v}{\iint\limits_{D(t)}f(x^2 + y^2)\,\mathrm{d}\sigma},\ G(t) = \dfrac{\iint\limits_{D(t)}f(x^2 + y^2)\,\mathrm{d}\sigma}{\displaystyle\int_{-t}^{t}f(x^2)\,\mathrm{d}x}.$$

其中 $\Omega(t) = \{(x,y,z)\mid x^2 + y^2 + z^2 \leqslant t^2\}, D(t) = \{(x,y)\mid x^2 + y^2 \leqslant t^2\}$. 证明:

(1) $F(t)$ 在 $(0, +\infty)$ 内单调增加;

（2）当 $t > 0$ 时，$F(t) > \dfrac{2}{\pi}G(t)$.

证明：（1）$F(t) = \dfrac{\iiint\limits_{\Omega(t)} f(x^2 + y^2 + z^2)\,\mathrm{d}v}{\iint\limits_{D(t)} f(x^2 + y^2)\,\mathrm{d}\sigma} = \dfrac{\displaystyle\int_0^{2\pi}\mathrm{d}\theta\int_0^{\pi}\mathrm{d}\varphi\int_0^t f(\rho^2)\rho^2\sin\varphi\,\mathrm{d}\rho}{\displaystyle\int_0^{2\pi}\mathrm{d}\theta\int_0^t f(\rho^2)\rho\,\mathrm{d}\rho} = 2\dfrac{\displaystyle\int_0^t f(\rho^2)\rho^2\,\mathrm{d}\rho}{\displaystyle\int_0^t f(\rho^2)\rho\,\mathrm{d}\rho},$

则 $F'(t) = 2\dfrac{f(t^2)t^2 \cdot \displaystyle\int_0^t f(\rho^2)\rho\,\mathrm{d}\rho - \displaystyle\int_0^t f(\rho^2)\rho^2\,\mathrm{d}\rho \cdot f(t^2)t}{\left[\displaystyle\int_0^t f(\rho^2)\rho\,\mathrm{d}\rho\right]^2}$

$$= 2\dfrac{tf(t^2)\displaystyle\int_0^t f(\rho^2)\rho(t - \rho)\,\mathrm{d}\rho}{\left[\displaystyle\int_0^t f(\rho^2)\rho\,\mathrm{d}\rho\right]^2} > 0.$$

即得 $F(t)$ 在 $(0, +\infty)$ 内单调增加.

（2）$G(t) = \dfrac{2\pi\displaystyle\int_0^t f(\rho^2)\rho\,\mathrm{d}\rho}{2\displaystyle\int_0^t f(\rho^2)\,\mathrm{d}\rho} = \pi\dfrac{\displaystyle\int_0^t f(\rho^2)\rho\,\mathrm{d}\rho}{\displaystyle\int_0^t f(\rho^2)\,\mathrm{d}\rho}.$

令 $g(t) = \displaystyle\int_0^t f(\rho^2)\rho^2\,\mathrm{d}\rho\int_0^t f(\rho^2)\,\mathrm{d}\rho - \left[\int_0^t f(\rho^2)\,\mathrm{d}\rho\right]^2,$

显然 $g(0) = 0$.

则 $g'(t) = f(t^2)t^2\displaystyle\int_0^t f(\rho^2)\,\mathrm{d}\rho + \int_0^t f(\rho^2)\rho^2\,\mathrm{d}\rho f(t^2) - 2\int_0^t f(\rho^2)\rho\,\mathrm{d}\rho f(t^2)t$

$$= f(t^2)\left[\int_0^t f(\rho^2)(t^2 + \rho^2 - 2\rho t)\,\mathrm{d}\rho\right] = f(t^2)\left[\int_0^t f(\rho^2)(t - \rho)^2\,\mathrm{d}\rho\right] > 0,$$

即 $g(t)$ 在 $(0, +\infty)$ 内严格单调增加，且 $g(0) = 0$，

因此当 $t > 0$ 时，$g(t) > 0$，得 $F(t) > \dfrac{2}{\pi}G(t)$.

例 12　计算 $I = \displaystyle\int_{-\infty}^{+\infty}\int_{-\infty}^{+\infty}\min\{x, y\}\,\mathrm{e}^{-x^2-y^2}\,\mathrm{d}x\mathrm{d}y.$

分析：类似于一元函数的反常积分，反常重积分有无界域上的反常重积分、无界函数的反常重积分.

解：$I = \displaystyle\int_{-\infty}^{+\infty}\int_{-\infty}^{+\infty}\min\{x, y\}\,\mathrm{e}^{-x^2-y^2}\,\mathrm{d}x\mathrm{d}y = \int_{-\infty}^{+\infty}\mathrm{e}^{-y^2}\mathrm{d}y\int_{-\infty}^{y} x\mathrm{e}^{-x^2}\mathrm{d}x + \int_{-\infty}^{+\infty}\mathrm{e}^{-x^2}\mathrm{d}y\int_{-\infty}^{x} y\mathrm{e}^{-y^2}\mathrm{d}x$

$$= -\frac{1}{2}\int_{-\infty}^{+\infty}e^{-2y^2}dy - \frac{1}{2}\int_{-\infty}^{+\infty}e^{-2x^2}dx = -\int_{-\infty}^{+\infty}e^{-2x^2}dx = -\frac{1}{2}\sqrt{2\pi}.$$

【举一反三】

1. 计算 $I = \iiint\limits_{\Omega}\dfrac{dxdydz}{\sqrt{1-x^2-y^2-z^2}}$，其中 $\Omega = \{(x,y,z)\mid x^2+y^2+z^2 \leqslant 1\}$.

解：在球坐标系下，Ω 可表示为 $\Omega = \{(\rho,\varphi,\theta)\mid 0\leqslant\rho\leqslant 1, 0\leqslant\varphi\leqslant\pi, 0\leqslant\theta\leqslant 2\pi\}$.

由于被积函数 $\dfrac{1}{\sqrt{1-x^2-y^2-z^2}}$ 非负且在 $x^2+y^2+z^2=1$ 附近无界，故对 $0 < R < 1$，

在区域 $\Omega_R = \{(\rho,\varphi,\theta)\mid 0\leqslant\rho\leqslant R, 0\leqslant\varphi\leqslant\pi, 0\leqslant\theta\leqslant 2\pi\}$ 上，

$$\iiint\limits_{\Omega_R}\frac{dxdydz}{\sqrt{1-x^2-y^2-z^2}} = \int_0^{2\pi}d\theta\int_0^{\pi}\sin\varphi\,d\varphi\int_0^{R}\frac{\rho^2}{\sqrt{1-\rho^2}}d\rho = 4\pi\int_0^{R}\frac{\rho^2}{\sqrt{1-\rho^2}}d\rho,$$

则 $I = \iiint\limits_{\Omega}\dfrac{dxdydz}{\sqrt{1-x^2-y^2-z^2}} = \lim\limits_{R\to 1^-}\iiint\limits_{\Omega_R}\dfrac{dxdydz}{\sqrt{1-x^2-y^2-z^2}} = 4\pi\lim\limits_{R\to 1^-}\int_0^{R}\dfrac{\rho^2}{\sqrt{1-\rho^2}}d\rho$

$$= 4\pi\int_0^{1}\frac{\rho^2}{\sqrt{1-\rho^2}}d\rho = \pi^2.$$

拓展训练

1. 更换下列积分次序：

(1) $\displaystyle\int_0^{2}dx\int_0^{\frac{x^2}{2}}f(x,y)dy + \int_0^{\sqrt{8}}dx\int_0^{\sqrt{8-x^2}}f(x,y)dy$；

(2) $\displaystyle\int_0^{1}dy\int_{1-y}^{1+y^2}f(x,y)dx$；

(3) $\displaystyle\int_{-\frac{\pi}{4}}^{\frac{\pi}{2}}d\theta\int_0^{2a\cos\theta}f(\rho,\theta)d\rho$.

2. 计算下列二重积分：

(1) $\displaystyle\int_0^{\frac{\pi}{6}}dy\int_y^{\frac{\pi}{6}}\frac{\cos x}{x}dx$；

(2) $\displaystyle\iint\limits_{D}e^{\max\{x^2,y^2\}}dxdy, D = \{(x,y)\mid 0\leqslant x\leqslant 1, 0\leqslant y\leqslant 1\}$；

(3) $\displaystyle\iint\limits_{D}xy[1+x^2+y^2]dxdy, D = \{(x,y)\mid x^2+y^2\leqslant\sqrt{2}, x\geqslant 0, y\geqslant 0\}, [1+x^2+y^2]$ 表示不超过 $1+x^2+y^2$ 的最大整数；

（4）设积分区域 D 是由 $x^2 + y^2 = 2y, x^2 + y^2 = 4y$ 及 $x - \sqrt{3}y = 0, y - \sqrt{3}x = 0$ 围成的闭区域，计算 $\iint\limits_{D}(x^2 + y^2)\mathrm{d}x\mathrm{d}y$；

（5）求 $I = \iint\limits_{D} \mathrm{e}^{\max\{b^2x^2, a^2y^2\}}\mathrm{d}\sigma, D = \{(x,y): |x| \leqslant a, |y| \leqslant b\}$.

3. 求 $\lim\limits_{\delta \to 0^+} \int_\delta^1 \mathrm{d}y \int_y^1 \left(\dfrac{\mathrm{e}^{x^2}}{x} - \mathrm{e}^{y^2}\right)\mathrm{d}x$.

4. 求二重积分：$\iint\limits_{D} x\mathrm{e}^{-y^2}\mathrm{d}x\mathrm{d}y, D: y = 4x^2, y = 9x^2, x \geqslant 0, y \geqslant 0$.

5. $f(x,y)$ 具有二阶连续偏导数，$f(1,y) = 0, f(x,1) = 0$，且

$$\iint\limits_{D} f(x,y)\mathrm{d}x\mathrm{d}y = A, D = \{(x,y) \mid 0 \leqslant x \leqslant 1, 0 \leqslant y \leqslant 1\}, 求 I = \iint\limits_{D} xy \frac{\partial^2 f}{\partial x \partial y}\mathrm{d}x\mathrm{d}y.$$

6. 将 $\iint\limits_{D: x^2+y^2 \leqslant 1} f(ax + by + c)\mathrm{d}x\mathrm{d}y$ 化为定积分，a, b 为不全为零的实数.

7. 求：（1）$I = \iint\limits_{D} \mathrm{sgn}(y \pm \sqrt{3}x^3)\mathrm{d}x\mathrm{d}y, D = \{(x,y) \mid x^2 + y^2 \leqslant 4\}$；

（2）$I = \iint\limits_{D} \cos\left(\dfrac{x - y}{x + y}\right)\mathrm{d}x\mathrm{d}y, D:$ 由 $x + y = 1, x = 0, y = 0$ 所围区域.

8. 已知 $f(x)$ 是大于 0 的连续函数，证明：$\int_a^b f(x)\mathrm{d}x \int_a^b \dfrac{1}{f(x)}\mathrm{d}x \geqslant (b - a)^2$.

9. 设 $f(x)$ 连续，$F(t) = \int_0^t \mathrm{d}y \int_y^t f(x)\mathrm{d}x$，求 $F'(2)$.

10. 设 $f(x,y)$ 连续，$f(x,y) = \sqrt{1 - x^2 - y^2} + \dfrac{4}{\pi} \iint\limits_{D} f(u,v)\mathrm{d}u\mathrm{d}v, D: x^2 + y^2 \leqslant y, x \geqslant 0$，求 $f(x,y)$.

11. 求由曲面 $z = x^2 + 2y$ 及 $z = 6 - 2x^2 - y^2$ 所围成的立体图形的体积.

12. 设半径为 R 的球面 Σ 的球心在定球面 $x^2 + y^2 + z^2 = a^2 (a > 0)$ 上，R 取何值时，球面 Σ 在定球面内部的那部分的面积最大？

13. 求 $I = \iiint\limits_{\Omega}(x^2 + y^2)\mathrm{d}x\mathrm{d}y\mathrm{d}z$，其中 Ω 为由 $\begin{cases} y^2 = 2z, \\ x = 0 \end{cases}$ 绕 z 轴旋转一周形成的曲面与平面 $z = 8$ 所围成的区域.

14. 求 $\iiint\limits_{V} z^2\mathrm{d}x\mathrm{d}y\mathrm{d}z, V$ 由 $x^2 + y^2 + z^2 = R^2$ 和 $x^2 + y^2 + z^2 = 2Rz$ 确定.

15. 计算三重积分 $\iiint\limits_{V} 2\sqrt{x^2 + y^2}\mathrm{d}V, V$ 是由 $z = \sqrt{a^2 - x^2 - y^2}, x \geqslant 0, y \geqslant 0$ 和 $z \geqslant 0$ 所围成的区域.

16. 求 $\iiint\limits_{\Omega} \sqrt{(x^2 + y^2)^3}\mathrm{d}v$，其中 Ω 是由 $x^2 + y^2 = 9, x^2 + y^2 = 16, z^2 = x^2 + y^2 (z \geqslant 0), z = 0$ 围成的立体区域.

17. 设 $\Omega: x^2 + y^2 + z^2 \leqslant 2z$, 计算 $I = \iiint\limits_{\Omega} (x + y + z)^2 \mathrm{d}v$.

18. 求 $\iiint\limits_{V} (x - y + z)(y - z + x)(z - x + y)\mathrm{d}x\mathrm{d}y\mathrm{d}z$,

$V = \left\{ (x, y, z) \,\middle|\, 0 \leqslant x - y + z \leqslant 1, 0 \leqslant y - z + x \leqslant 1, 0 \leqslant z - x + y \leqslant 1 \right\}$.

19. 求球体 $x^2 + y^2 + z^2 \leqslant 4a^2$ 被圆柱面 $x^2 + y^2 = 2ax(a > 0)$ 所截得的(含在圆柱面内的部分) 立体的体积.

20. 求曲面 $(x^2 + y^2 + z^2)^2 = a^3 z(a > 0)$ 所围成立体的体积.

21. 设 $f(x, y)$ 在无界域 D 上是有界连续函数,证明:若有某个数 $p > 2$ 和正常数 B,使得 $\left| f(x, y) \right| \leqslant \dfrac{B}{r^p} (r = \sqrt{x^2 + y^2} \geqslant a > 0)$,则反常二重积分 $\iint\limits_{D} f(x, y)\mathrm{d}x\mathrm{d}y$ 收敛.

22. 计算 $I = \iiint\limits_{\Omega} \dfrac{\mathrm{e}^z}{\sqrt{x^2 + y^2}}\mathrm{d}x\mathrm{d}y\mathrm{d}z$, Ω 由锥面 $z = \sqrt{x^2 + y^2}$ 与平面 $z = 2$ 所围.

拓展训练参考答案 15

第十六讲

线面积分

知识要点

一、基本定义

定义 1　第一类曲线积分

设 L 是分段光滑有限长的空间曲线, $f(x,y,z)$ 在 L 上有定义, 把 L 任意划分为 n 个弧段 $\Delta L_1, \Delta L_2, \cdots, \Delta L_n$, 每小段 ΔL_i 的长记为 $\Delta s_i (i = 1, 2, \cdots, n)$, 在每个小弧段 Δs_i 上任取一点 (ξ_i, η_i, ζ_i), 作和数 $\sum_{i=1}^{n} f(\xi_i, \eta_i, \zeta_i) \Delta s_i$. 令 $\lambda = \max_{1 \leqslant i \leqslant n} \{\Delta s_i\}$, 不论将曲线 L 如何划分, 也不论在 Δs_i 中点 (ξ_i, η_i, ζ_i) 如何选取, 当 $\lambda \to 0$ 时, $\sum_{i=1}^{n} f(\xi_i, \eta_i, \zeta_i) \Delta s_i$ 都趋于同一数为极限, 则称此极限值为函数 $f(x,y,z)$ 在曲线 L 上的对弧长的曲线积分, 也称第一类(第一型)曲线积分, 记作:

$$\int_L f(x,y,z)\, \mathrm{d}s = \lim_{\lambda \to 0} \sum_{i=1}^{n} f(\xi_i, \eta_i, \zeta_i) \Delta s_i.$$

定义 2　第二类曲线积分

设 $P(x,y,z), Q(x,y,z), R(x,y,z)$ 在分段光滑且有向的曲线段 AB 上有定义, 用 AB 上的点 $m_0(x_0, y_0, z_0) = A, m_1(x_1, y_1, z_1), \cdots, m_n(x_n, y_n, z_n) = B$ 把弧段 AB 划分为 n 个有向小弧段 $m_0 m_1, m_1 m_2, \cdots, m_{n-1} m_n$, 每个小弧段 $m_{i-1} m_i$ 在 x 轴、y 轴、z 轴上的投影分别是 $\Delta x_i, \Delta y_i, \Delta z_i$, 并在 $m_{i-1} m_i$ 上任取一点 (ξ_i, η_i, ζ_i) 作和数:

$$\sum_{i=1}^{n} \left[P(\xi_i, \eta_i, \zeta_i) \Delta x_i + Q(\xi_i, \eta_i, \zeta_i) \Delta y_i + R(\xi_i, \eta_i, \zeta_i) \Delta z_i \right].$$

令 $\lambda = \max\{m_0 m_1, m_1 m_2, \cdots, m_{n-1} m_n\}$, 其中 $m_{i-1} m_i$ 既表示第 i 个有向小弧段, 又表示

它的弧长,不论将曲线段 AB 如何划分,也不论在 $m_{i-1}m_i$ 中点 (ξ_i,η_i,ζ_i) 如何选取,若当 $\lambda\to0$ 时,上述和式都趋于同一数为极限,则称此极限为向量 $\{P(x,y,z),Q(x,y,z),$ $R(x,y,z)\}$ 在曲线 AB 上对坐标的曲线积分,也称第二类(或第二型)曲线积分,记作:

$$\int_{AB}P(x,y,z)\mathrm{d}x+Q(x,y,z)\mathrm{d}y+R(x,y,z)\mathrm{d}z=\lim_{\lambda\to0}\sum_{i=1}^n\big[P(\xi_i,\eta_i,\zeta_i)\Delta x_i+Q(\xi_i,\eta_i,\zeta_i)\Delta y_i+$$
$$R(\xi_i,\eta_i,\zeta_i)\Delta z_i\big].$$

定义 3　第一类曲面积分

设 S 为分片光滑曲面,函数 $f(x,y,z)$ 在 S 上有定义,把 S 任意分成 n 小块 $\Delta S_1,\Delta S_2,$ $\cdots,\Delta S_n(\Delta S_i$ 同时表示第 i 个小块曲面的面积),在 ΔS_i 中任意取一点 (ξ_i,η_i,ζ_i),作和数 $\sum_{i=1}^n f(\xi_i,\eta_i,\zeta_i)\Delta S_i$. 记 $\lambda=\max_{1\leqslant i\leqslant n}\{d_i\}$,$d_i$ 为 ΔS_i 的直径,不论 S 如何划分,也不论 (ξ_i,η_i,ζ_i) 在 ΔS_i 中如何选取,若当 $\lambda\to0$ 时,$\sum_{i=1}^n f(\xi_i,\eta_i,\zeta_i)\Delta S_i$ 都趋于同一数为极限,则称此极限为 $f(x,y,z)$ 在曲面 S 上的对面积的曲面积分(或第一类曲面积分),记作:

$$\iint_S f(x,y,z)\mathrm{d}S=\lim_{\lambda\to0}\sum_{i=1}^n f(\xi_i,\eta_i,\zeta_i)\Delta S_i.$$

定义 4　第二类曲面积分

设 Σ 为光滑的有向曲面,函数 $P(x,y,z)$ 在 Σ 上有定义,把 Σ 任意分成 n 块小曲面 $\Delta S_i(\Delta S_i$ 同时表示它的面积),ΔS_i 在 yOz 坐标面上的投影为 $(\Delta S_i)_{yz}$,(ξ_i,η_i,ζ_i) 为 ΔS_i 上任意取定的一点. 记 $\lambda=\max_{1\leqslant i\leqslant n}\{d_i\}$,$d_i$ 为 ΔS_i 的直径,不论 Σ 如何划分,也不论 (ξ_i,η_i,ζ_i) 在 ΔS_i 中如何选取,若当 $\lambda\to0$ 时,和数 $\sum_{i=1}^n f(\xi_i,\eta_i,\zeta_i)(\Delta S_i)_{yz}$ 都趋于同一数为极限,则称此极限为 $P(x,y,z)$ 在曲面 Σ 上对坐标 yOz 的曲面积分(或第二类曲面积分),记作:

$$\iint_\Sigma P(x,y,z)\mathrm{d}y\mathrm{d}z=\lim_{\lambda\to0}\sum_{i=1}^n P(\xi_i,\eta_i,\zeta_i)(\Delta S_i)_{yz}.$$

类似地,有
$$\iint_\Sigma Q(x,y,z)\mathrm{d}z\mathrm{d}x=\lim_{\lambda\to0}\sum_{i=1}^n Q(\xi_i,\eta_i,\zeta_i)(\Delta S_i)_{zx}.$$
$$\iint_\Sigma R(x,y,z)\mathrm{d}x\mathrm{d}y=\lim_{\lambda\to0}\sum_{i=1}^n R(\xi_i,\eta_i,\zeta_i)(\Delta S_i)_{xy}.$$

二、基本性质、定理

1. 第一类曲线积分的性质.

(1)第一类曲线积分与积分路线的方向无关,即
$$\int_{AB}f(x,y,z)\mathrm{d}s=\int_{BA}f(x,y,z)\mathrm{d}s.$$

(2) $\int_L\big[f(x,y,z)\pm g(x,y,z)\big]\mathrm{d}s=\int_L f(x,y,z)\mathrm{d}s\pm\int_L g(x,y,z)\mathrm{d}s.$

(3) $\int_L kf(x,y,z)\mathrm{d}s=k\int_L f(x,y,z)\mathrm{d}s(k$ 为常数$).$

（4）若积分路线 L 分为两部分 L_1, L_2，则

$$\int_L f(x,y,z)\,\mathrm{d}s = \int_{L_1} f(x,y,z)\,\mathrm{d}s + \int_{L_2} f(x,y,z)\,\mathrm{d}s.$$

（5）在 L 上，$f(x,y,z) \leqslant g(x,y,z)$，则 $\int_L f(x,y,z)\,\mathrm{d}s \leqslant \int_L g(x,y,z)\,\mathrm{d}s.$

（6）$\left| \int_L f(x,y,z)\,\mathrm{d}s \right| \leqslant \int_L |f(x,y,z)|\,\mathrm{d}s.$

2. 第二类曲线积分的性质.

（1）$\int_{AB} P\mathrm{d}x + Q\mathrm{d}y + R\mathrm{d}z = -\int_{BA} P\mathrm{d}x + Q\mathrm{d}y + R\mathrm{d}z.$

（2）$\int_{ABC} P\mathrm{d}x + Q\mathrm{d}y + R\mathrm{d}z = \int_{AB} P\mathrm{d}x + Q\mathrm{d}y + R\mathrm{d}z + \int_{BC} P\mathrm{d}x + Q\mathrm{d}y + R\mathrm{d}z.$

其他性质与对弧长的曲线积分的性质类似.

3. 第一类曲面积分的性质.

$$\iint_{\Sigma_1 + \Sigma_2} f(x,y,z)\,\mathrm{d}S = \iint_{\Sigma_1} f(x,y,z)\,\mathrm{d}S + \iint_{\Sigma_2} f(x,y,z)\,\mathrm{d}S.$$

4. 第二类曲面积分的性质.

（1）$\iint_{\Sigma_1 + \Sigma_2} P\mathrm{d}y\mathrm{d}z + Q\mathrm{d}z\mathrm{d}x + R\mathrm{d}x\mathrm{d}y = \iint_{\Sigma_1} P\mathrm{d}y\mathrm{d}z + Q\mathrm{d}z\mathrm{d}x + R\mathrm{d}x\mathrm{d}y + \iint_{\Sigma_2} P\mathrm{d}y\mathrm{d}z + Q\mathrm{d}z\mathrm{d}x + R\mathrm{d}x\mathrm{d}y.$

（2）$\iint_{-\Sigma} P(x,y,z)\,\mathrm{d}y\mathrm{d}z = -\iint_{\Sigma} P(x,y,z)\,\mathrm{d}y\mathrm{d}z.$

三、重要公式

1. 曲线积分计算公式：

（1）第一类曲线积分计算公式：设曲线 L 的参数方程为 $\begin{cases} x = x(t), \\ y = y(t), \\ z = z(t) \end{cases} \alpha \leqslant t \leqslant \beta,$

$f(x,y,z)$ 在 L 上连续，其中 $x(t), y(t), z(t)$ 在 $[\alpha, \beta]$ 上有连续导数，且 $[x'(t)]^2 + [y'(t)]^2 + [z'(t)]^2 \neq 0$，则

$$\int_L f(x,y,z)\,\mathrm{d}s = \int_\alpha^\beta f(x(t),y(t),z(t)) \sqrt{[x'(t)]^2 + [y'(t)]^2 + [z'(t)]^2}\,\mathrm{d}t.$$

（2）第二类曲线积分计算公式：设曲线 AB 由参数方程 $\begin{cases} x = x(t), \\ y = y(t), \\ z = z(t) \end{cases}$ 给出，$P(x,y,z)$，

$Q(x,y,z), R(x,y,z)$ 在 AB 上连续，当参数 t 单调地由 α 变成 β 时，点 $m(x,y,z)$ 由起点 A 沿 AB 运动到终点 B，$x'(t), y'(t), z'(t)$ 在 $[\alpha, \beta]$ 上连续且 $[x'(t)]^2 + [y'(t)]^2 + [z'(t)]^2 \neq 0$，则

$$\int_{AB} P\mathrm{d}x + Q\mathrm{d}y + R\mathrm{d}z$$

$$= \int_{\alpha}^{\beta} \left[P(x(t),y(t),z(t))x'(t) + Q(x(t),y(t),z(t))y'(t) + R(x(t),y(t),z(t))z'(t) \right] \mathrm{d}t.$$

（3）两类曲线积分之间的关系：设空间曲线 AB 的参数方程为 $\begin{cases} x = x(s), \\ y = y(s), 0 \leqslant s \leqslant l, \\ z = z(s), \end{cases}$

并设 $x(s),y(s),z(s)$ 在 $[0,l]$ 上有连续导数，$[x'(s)]^2 + [y'(s)]^2 + [z'(s)]^2 \neq 0$，且 $P(x,y,z),Q(x,y,z),R(x,y,z)$ 在 AB 上连续，则

$$\int_{AB} P\mathrm{d}x + Q\mathrm{d}y + R\mathrm{d}z$$

$$= \int_{0}^{l} \left[P(x(s),y(s),z(s)) \frac{\mathrm{d}x}{\mathrm{d}s} + Q(x(s),y(s),z(s)) \frac{\mathrm{d}y}{\mathrm{d}s} + R(x(s),y(s),z(s)) \frac{\mathrm{d}z}{\mathrm{d}s} \right] \mathrm{d}s$$

$$= \int_{0}^{l} \left[P(x(s),y(s),z(s))\cos \alpha + Q(x(s),y(s),z(s))\cos \beta + R(x(s),y(s),z(y))\cos v \right] \mathrm{d}s$$

$$= \int_{AB} \left[P(x,y,z)\cos \alpha + Q(x,y,z)\cos \beta + R(x,y,z)\cos v \right] \mathrm{d}s.$$

其中 $\{\cos \alpha,\cos \beta,\cos v\} = \left\{ \dfrac{\mathrm{d}x}{\mathrm{d}s}, \dfrac{\mathrm{d}y}{\mathrm{d}s}, \dfrac{\mathrm{d}z}{\mathrm{d}s} \right\}$ 为空间曲线 AB 的单位切线向量，切线的指向与曲线 AB 的指向一致.

2. 曲面积分计算公式：

（1）第一类曲面积分计算公式：设光滑曲面 S 由参数方程 $\begin{cases} x = x(u,v), \\ y = y(u,v), \\ z = z(u,v) \end{cases}$ 给出，$(u,v) \in D$，

$f(x,y,z)$ 在曲面 S 上各点有定义且连续，则

$$\iint_S f(x,y,z)\mathrm{d}S = \iint_D f(x(u,v),y(u,v),z(u,v)) \sqrt{EG - F^2} \, \mathrm{d}u\mathrm{d}v.$$

其中　　　$E = \left(\dfrac{\partial x}{\partial u} \right)^2 + \left(\dfrac{\partial y}{\partial u} \right)^2 + \left(\dfrac{\partial z}{\partial u} \right)^2, G = \left(\dfrac{\partial x}{\partial v} \right)^2 + \left(\dfrac{\partial y}{\partial v} \right)^2 + \left(\dfrac{\partial z}{\partial v} \right)^2,$

$$F = \frac{\partial x}{\partial u} \cdot \frac{\partial x}{\partial v} + \frac{\partial y}{\partial u} \cdot \frac{\partial y}{\partial v} + \frac{\partial z}{\partial u} \cdot \frac{\partial z}{\partial v}.$$

特别地，曲面 S 的方程由 $z = z(x,y),(x,y) \in D_{xy}$ 给出，则

$$\iint_S f(x,y,z)\mathrm{d}S = \iint_D f(x,y,z(x,y)) \sqrt{1 + z_x^2 + z_y^2} \, \mathrm{d}x\mathrm{d}y.$$

（2）设 $R(x,y,z)$ 是光滑曲面 $\Sigma: z = z(x,y),(x,y) \in D_{xy}$ 上的连续函数，则 $R(x,y,z)$ 在曲面 Σ 上的第二类曲面积分为

$$\iint_{\Sigma} R(x,y,z)\mathrm{d}x\mathrm{d}y = \pm \iint_{D_{xy}} R(x,y,z(x,y))\mathrm{d}x\mathrm{d}y.$$

类似地，有

$$\iint_{\Sigma} P(x,y,z)\mathrm{d}y\mathrm{d}z = \pm \iint_{D_{yz}} P(x(y,z),y,z)\mathrm{d}y\mathrm{d}z,$$

$$\iint_{\Sigma} Q(x,y,z)\,\mathrm{d}z\mathrm{d}x = \pm\iint_{D_{zx}} Q(x,y(z,x,),z)\,\mathrm{d}z\mathrm{d}x.$$

上述的正负号由曲面 Σ 的法向量 $\boldsymbol{n}$ 分别与 z,x,y 轴的夹角为锐角或钝角而定.

（3）两类曲面积分之间的关系：

$$\iint_{\Sigma} P\mathrm{d}y\mathrm{d}z + Q\mathrm{d}z\mathrm{d}x + R\mathrm{d}x\mathrm{d}y = \iint_{S} (P\cos\alpha + Q\cos\beta + R\cos\gamma)\,\mathrm{d}S.$$

其中 $\{\cos\alpha,\cos\beta,\cos\gamma\}$ 是有向曲面 Σ 上点 (x,y,z) 处的单位法向量.

3.12 个重要公式：

（1）格林公式：设 D 是以光滑曲线 l 为边界的平面单连通区域，函数 $P(x,y),Q(x,y)$ 在 D 及 l 上连续并具有对 x 和 y 的连续偏导数，则有

$$\iint_{D}\left(\frac{\partial Q}{\partial x} - \frac{\partial P}{\partial y}\right)\mathrm{d}x\mathrm{d}y = \oint_{L} P\mathrm{d}x + Q\mathrm{d}y.$$

这里右端积分路径的方向是和区域正向联系的，即当一个人沿着曲线 l 行走时区域 D 始终在它的左边.

（2）平面曲线积分与积分路径无关的条件：设开区域 D 是一个单连通区域，$P(x,y)$，$Q(x,y)$ 在 D 内具有一阶连续偏导数，则

$$\int_{l} P\mathrm{d}x + Q\mathrm{d}y \text{ 在 } D \text{ 内与积分路径无关} \Leftrightarrow \text{沿 } D \text{ 内任意闭曲线 } C, \oint_{C} P\mathrm{d}x + Q\mathrm{d}y = 0 \Leftrightarrow$$

$\dfrac{\partial Q}{\partial x} = \dfrac{\partial P}{\partial y} \Leftrightarrow$ 在 D 内存在函数 $u(x,y)$，使得 $\mathrm{d}u = P\mathrm{d}x + Q\mathrm{d}y$.

（3）高斯公式：设空间二维单连通区域 V 的边界曲面 Σ 是光滑的，函数 $P(x,y,z),Q(x,y,z),R(x,y,z)$ 在 V 及 Σ 上具有关于 x,y,z 的连续偏导数，则

$$\iint_{\Sigma} P\mathrm{d}y\mathrm{d}z + Q\mathrm{d}z\mathrm{d}x + R\mathrm{d}x\mathrm{d}y = \iiint_{V}\left(\frac{\partial P}{\partial x} + \frac{\partial Q}{\partial y} + \frac{\partial R}{\partial z}\right)\mathrm{d}x\mathrm{d}y\mathrm{d}z.$$

其中 Σ 取外侧.

（4）斯托克斯公式：设光滑曲面 S 的边界为光滑曲线 L，函数 $P(x,y,z),Q(x,y,z)$，$R(x,y,z)$ 在曲面 S 及曲线 L 上具有对 x,y,z 的连续偏导数，则

$$\int_{L} P\mathrm{d}x + Q\mathrm{d}y + R\mathrm{d}z = \iint_{S}\left(\frac{\partial R}{\partial y} - \frac{\partial Q}{\partial z}\right)\mathrm{d}y\mathrm{d}z + \left(\frac{\partial P}{\partial z} - \frac{\partial R}{\partial x}\right)\mathrm{d}z\mathrm{d}x + \left(\frac{\partial Q}{\partial x} - \frac{\partial P}{\partial y}\right)\mathrm{d}x\mathrm{d}y.$$

其中 S 的侧与 L 的方向按右手法则确定.

典型例题

例 1 求：(1) $I_1 = \int_{L} x^2\mathrm{d}s$；(2) $I_2 = \int_{L} (xy + yz + zx)\mathrm{d}s$. $L:\begin{cases} x^2 + y^2 + z^2 = a^2, \\ x + y + z = 0 \end{cases}$，（$a$ 为有限数）.

分析：轮换对称性的运用使得计算简单，另外对弧长的线积分的一般方法是写出线的参数方程化为定积分计算.

解：(1)（法一）$I_1 = \int_{L} x^2\mathrm{d}s = \dfrac{1}{3}\int_{L}(x^2 + y^2 + z^2)\mathrm{d}s = \dfrac{a^3}{3} \cdot 2\pi a = \dfrac{2}{3}\pi a^3.$

或者,

(法二)将 $x^2 + y^2 + (-x-y)^2 = a^2$ 配方,得 $\left(x + \dfrac{y}{2}\right)^2 + \dfrac{3y^2}{4} = \dfrac{a^2}{2}$.

于是有曲线 L 的参数方程:

$$\begin{cases} x = \dfrac{a}{\sqrt{2}}\cos\theta - \dfrac{1}{2}\sqrt{\dfrac{2}{3}}\,a\sin\theta, \\[3mm] y = \sqrt{\dfrac{2}{3}}\,a\sin\theta, \\[3mm] z = -x - y = -\dfrac{a}{\sqrt{2}}\cos\theta + \dfrac{1}{2}\sqrt{\dfrac{2}{3}}\,a\sin\theta - \sqrt{\dfrac{2}{3}}\,a\sin\theta, \end{cases}$$

所以 $\displaystyle\int_l x^2 \mathrm{d}s = \int_0^{2\pi} \left(\dfrac{a}{\sqrt{2}}\cos\theta - \dfrac{1}{2}\sqrt{\dfrac{2}{3}}\,a\sin\theta\right)^2 \cdot$

$$\sqrt{\left(\dfrac{a}{\sqrt{2}}\sin\theta + \dfrac{1}{2}\sqrt{\dfrac{2}{3}}\,a\cos\theta\right)^2 + \left(\sqrt{\dfrac{2}{3}}\,a\cos\theta\right)^2 + \left(\dfrac{a}{\sqrt{2}}\sin\theta - \dfrac{1}{2}\sqrt{\dfrac{2}{3}}\,a\cos\theta\right)^2}\,\mathrm{d}\theta$$

$$= a^2\int_0^{2\pi}\left(\dfrac{a^2}{2}\cos^2\theta - \dfrac{1}{\sqrt{2}}\sqrt{\dfrac{2}{3}}\,a^2\cos\theta\sin\theta + \dfrac{a^2}{6}\sin^2\theta\right)\mathrm{d}\theta = \dfrac{2\pi}{3}a^3.$$

(2) $I_2 = \displaystyle\int_L (xy + yz + zx)\,\mathrm{d}s = \dfrac{1}{2}\int_L \left[(x+y+z)^2 - (x^2 + y^2 + z^2)\right]\mathrm{d}s.$

$$= \dfrac{1}{2}\int_L (0^2 - a^2)\,\mathrm{d}x = -\dfrac{a^2}{2}\cdot 2\pi a = -\pi a^3.$$

【举一反三】

1. 已知 $L: y = \sqrt{a^2 - x^2},\ y = x,\ y = -x$,计算 $I = \displaystyle\int_L (x+y)\mathrm{e}^{x^2+y^2}\mathrm{d}s.$

解: $I = \displaystyle\int_L x\mathrm{e}^{x^2+y^2}\mathrm{d}s + \int_L y\mathrm{e}^{x^2+y^2}\mathrm{d}s = 2\int_{L_1: L右侧部分} y\mathrm{e}^{x^2+y^2}\mathrm{d}s$

$$= 2\int_0^{\sqrt{2}} x\mathrm{e}^{2x^2}\sqrt{2}\,\mathrm{d}x + 2\int_{\frac{\pi}{4}}^{\frac{\pi}{2}} a\sin\theta\,\mathrm{e}^{a^2}\sqrt{(-a\sin\theta)^2 + (a\cos\theta)^2}\,\mathrm{d}\theta$$

$$= \dfrac{\sqrt{2}}{2}\left[(1 + 2a^2)\mathrm{e}^{a^2} - 1\right].$$

2. 计算 $I = \displaystyle\int_L |y|\,\mathrm{d}s,\ L: (x^2 + y^2)^2 = a^2(x^2 - y^2)\ (a > 0).$

解: $I = \displaystyle\int_L |y|\,\mathrm{d}s = 4\int_{L_1: L第一象限部分} y\,\mathrm{d}s = 4\int_0^{\frac{\pi}{4}} a\sqrt{\cos 2\theta}\sin\theta\sqrt{\dfrac{a^2\cos^2 2\theta + a^2\sin^2 2\theta}{\cos 2\theta}}\,\mathrm{d}\theta$

$$= 4a^2\int_0^{\frac{\pi}{4}}\sin\theta\,\mathrm{d}\theta = 4a^2\left(1 - \dfrac{\sqrt{2}}{2}\right).$$

例2 求 $I = \int_{OA} e^x[(1 - \cos y)dx - (y - \sin y)dy]$，其中 OA 是 $y = \sin x$ 从 $O(0,0)$ 到 $A(\pi,0)$ 的一段弧(如图1).

分析: 曲线不封闭,直接计算不方便. 首先考察是否与路径无关,如果不是与路径无关,考虑补线用格林公式,也可以用全微分法,将被积函数或者被积函数的一部分写为一个函数的全微分.

解: (法一) $I = \int_{OA} e^x[(1 - \cos y)dx - (y - \sin y)dy]$

$$= \int_{OA} e^x dx - e^x \cos y dx + e^x \sin dy + \int_{OA} (- e^x y)dy = I_1 + I_2.$$

$$I_1 = \int_{OA} de^x - \cos y de^x - e^x d\cos y = (e^x - e^x \cos y)\Big|_{(0,0)}^{(\pi,0)} = 0.$$

$$I_2 = \int_0^\pi - e^x \sin x \cos x dx = -\frac{1}{2}\int_0^\pi e^x \sin 2x dx = e^\pi - 1 - 4I_2.$$

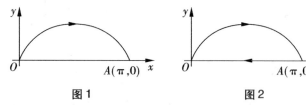

图1　　　　　　图2

可知 $I_2 = \frac{1}{5}(e^\pi - 1)$,则 $I = \frac{1}{5}(e^\pi - 1)$.

(法二) 如图2,

添加辅助线 AO : $\begin{cases} x = x, \\ y = 0, \end{cases}$

令 $P = e^x(1 - \cos y)$, $Q = - e^x(y - \sin y)$.

由格林公式得,

$$I = \int_{OA} e^x[(1 - \cos y)dx - (y - \sin y)dy] + \int_{AO} e^x[(1 - \cos y)dx - (y - \sin y)dy]$$

$$- \int_{AO} e^x[(1 - \cos y)dx - (y - \sin y)dy]$$

$$= -\iint_D \left(\frac{\partial Q}{\partial x} - \frac{\partial P}{\partial y}\right)dxdy - \int_\pi^0 0dx = -\iint_D [- e^x(y - \sin y) - e^x \sin y]dxdy$$

$$= \iint_D e^x y dxdy = \int_0^\pi e^x dx \int_0^{\sin x} y dy = \int_0^\pi \frac{1}{2}e^x \sin^2 x dx$$

$$= \frac{1}{2}\int_0^\pi \sin^2 x de^x = -\frac{1}{2}\int_0^\pi e^x \sin 2x dx = \frac{1}{5}(e^\pi - 1).$$

【举一反三】

1. 设区域 D 由摆线 $x = a(t - \sin t)$, $y = a(1 - \cos t)$ $(0 \leq t \leq 2\pi)$ 的第一拱与 x 轴围

成(如图 3),求 $I = \iint\limits_{D} y^2 \mathrm{d}x\mathrm{d}y$.

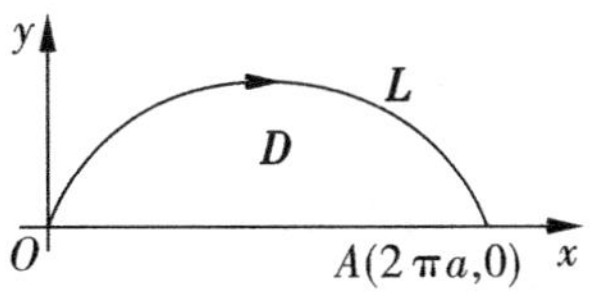

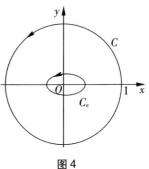

图 3

解:令 $P = y^3, Q = 0$,则

$$\int_L P\mathrm{d}x + Q\mathrm{d}y = - \iint\limits_{D}\Big(\frac{\partial Q}{\partial x} - \frac{\partial P}{\partial y}\Big)\mathrm{d}x\mathrm{d}y.$$

即 $\int_L y^3 \mathrm{d}x = 3 \iint\limits_{D} y^2 \mathrm{d}x\mathrm{d}y.$

于是 $\iint\limits_{D} y^2 \mathrm{d}x\mathrm{d}y = \dfrac{1}{3} \int_L y^3 \mathrm{d}x = \dfrac{1}{3} \int_0^{2\pi} a^3 (1 - \cos t)^3 a (1 - \cos t) \mathrm{d}t$

$$= \frac{16}{3} a^4 \int_0^{2\pi} \sin^8 \frac{t}{2}\mathrm{d}t \quad \Big(作代换\ s = \frac{t}{2}\Big)$$

$$= \frac{32}{3} a^4 \int_0^{\pi} \sin^8 s\,\mathrm{d}s = \frac{32}{3} a^4 \cdot 2 \int_0^{\frac{\pi}{2}} \sin^8 s\,\mathrm{d}s$$

$$= \frac{32}{3} a^4 \cdot 2 \cdot \frac{7 \cdot 5 \cdot 3}{8 \cdot 6 \cdot 4 \cdot 2} \cdot \frac{\pi}{2} = \frac{35}{12}\pi a^4.$$

例 3　求 $I = \oint_C \dfrac{(x + 4y)\mathrm{d}y + (x - y)\mathrm{d}x}{x^2 + 4y^2}$,其中 C 为单位圆的正向(如图 4).

分析:本题中的 $P = \dfrac{x - y}{x^2 + 4y^2}$,$Q = \dfrac{x + 4y}{x^2 + 4y^2}$,除 $(0,0)$ 外,P, Q 都有连续的一阶偏导数,且 $\dfrac{\partial P}{\partial y} = \dfrac{\partial Q}{\partial x} = \dfrac{4y^2 - 8xy - x^2}{(x^2 + 4y^2)^2}$. 所以应分 $(0,0)$ 点在曲线 C 所围区域之外以及之内两种情况计算.

图 4

解:令 $P = \dfrac{x - y}{x^2 + 4y^2}$,$Q = \dfrac{x + 4y}{x^2 + 4y^2}$.

当 $(x, y) \neq (0, 0)$ 时,$\dfrac{\partial P}{\partial y} = \dfrac{\partial Q}{\partial x} = \dfrac{4y^2 - 8xy - x^2}{(x^2 + 4y^2)^2}$.

(1)当 $(0,0)$ 在单位圆 C 外时,由格林公式得 $I = 0$.

(2)当 $(0,0)$ 在单位圆 C 内时,如图 4,以 $(0,0)$ 为中心作包含于 C 内部的椭圆 C_{ε}:$x^2 + 4y^2 = \varepsilon^2$,取其边界的正向,则

$$I = \oint_C \frac{(x + 4y)\mathrm{d}y + (x - y)\mathrm{d}x}{x^2 + 4y^2} = \oint_{C_{\varepsilon}} \frac{(x + 4y)\mathrm{d}y + (x - y)\mathrm{d}x}{x^2 + 4y^2} = \frac{1}{\varepsilon^2} \oint_{C_{\varepsilon}} (x - y)\mathrm{d}x +$$

$(x + 4y)\mathrm{d}y = \dfrac{1}{\varepsilon^2} \iint\limits_{D} 2\mathrm{d}x\mathrm{d}y = \dfrac{1}{\varepsilon^2} \cdot 2 \cdot \varepsilon \cdot \dfrac{\varepsilon}{2} \cdot \pi = \pi.$　$(D: C_{\varepsilon}: x^2 + 4y^2 \leqslant \varepsilon^2)$

【举一反三】

1. 设 $P(x, y) = \dfrac{-y}{(x + 1)^2 + y^2}$,$Q(x, y) = \dfrac{x + 1}{(x + 1)^2 + y^2}$,求 $I = \oint_C P(x, y)\mathrm{d}x +$

$Q(x,y)\mathrm{d}y$,其中 C 是以原点为圆心,以 2 为半径的圆周(如图5),取逆时针.

解:$\dfrac{\partial P}{\partial y} = \dfrac{\partial Q}{\partial x} = \dfrac{y^2 - (x+1)^2}{[(x+1)^2 + y^2]^2}$,当 $(x,y) \neq (-1,0)$.

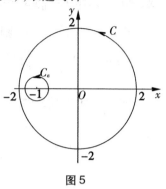

如图5,以 $(-1,0)$ 为圆心,以充分小的 $\varepsilon > 0$ 为半径作圆

$C_\varepsilon : (x+1)^2 + y^2 = \varepsilon^2$. 取其边界的正向,则

$$I = \oint_C P(x,y)\mathrm{d}x + Q(x,y)\mathrm{d}y = \oint_{C_\varepsilon} P(x,y)\mathrm{d}x + Q(x,y)\mathrm{d}y$$

$$= \oint_{C_\varepsilon} \frac{-y\mathrm{d}x + (x+1)\mathrm{d}y}{(x+1)^2 + y^2}$$

$$= \frac{1}{\varepsilon^2} \oint_{C_\varepsilon} -y\mathrm{d}x + (x+1)\mathrm{d}y = \frac{1}{\varepsilon^2} \iint\limits_{(x+1)^2 + y^2 \leqslant \varepsilon^2} 2\mathrm{d}x\mathrm{d}y$$

$$= \frac{1}{\varepsilon^2} \cdot 2 \cdot \pi\varepsilon^2 = 2\pi.$$

图5

2. 求 $I = \oint_L \dfrac{(x+y)\mathrm{d}x - (x-y)\mathrm{d}y}{x^2 + y^2}$,其中 L 是绕原点两周的正向闭路.

解:将 L 在其自身交点处分为两部分:$L = L_1 \cup L_2$,则

$$I = \oint_{L_1 + L_2} \frac{(x+y)\mathrm{d}x - (x-y)\mathrm{d}y}{x^2 + y^2}.$$

令 $P = \dfrac{x+y}{x^2+y^2}, Q = \dfrac{y-x}{x^2+y^2}$.

当 $(x,y) \neq (0,0)$ 时,$\dfrac{\partial P}{\partial y} = \dfrac{\partial Q}{\partial x} = \dfrac{x^2 - y^2 - 2xy}{(x^2+y^2)^2}$.

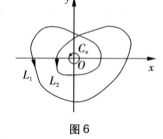

图6

如图6,在 L_1, L_2 内部以 $(0,0)$ 为圆心,以充分小的 $\varepsilon > 0$ 为

半径作圆 $C_\varepsilon : x^2 + y^2 = \varepsilon^2$,取逆时针方向,则 $I = \oint_{L_1} \dfrac{(x+y)\mathrm{d}x - (x-y)\mathrm{d}y}{x^2 + y^2} =$

$\dfrac{1}{\varepsilon^2} \iint\limits_{x^2 + y^2 \leqslant \varepsilon^2} (-2)\mathrm{d}x\mathrm{d}y = -2\pi.$

于是 $I = \oint_L \dfrac{(x+y)\mathrm{d}x - (x-y)\mathrm{d}y}{x^2 + y^2} = 2\int_{L_1} \dfrac{(x+y)\mathrm{d}x - (x-y)\mathrm{d}y}{x^2 + y^2} = -4\pi.$

例4 设 $f(x)$ 在 $(-\infty, +\infty)$ 内具有一阶连续导数,L 是上半平面($y > 0$)内的有向分段光滑曲线,起点为 (a,b),终点为 (c,d),当 $ab = cd$ 时,求:

$$I = \int_L \frac{1}{y}[1 + y^2 f(xy)]\mathrm{d}x + \frac{x}{y^2}[y^2 f(xy) - 1]\mathrm{d}y.$$

分析:由于 $\dfrac{\partial P}{\partial y} = \dfrac{\partial Q}{\partial x} = -\dfrac{1}{y^2} + f(xy) + xyf'(xy)$,所以积分与路径无关.

解:令 $P = \dfrac{1}{y}[1 + y^2 f(xy)], Q = \dfrac{x}{y^2}[y^2 f(xy) - 1]$.

则 $\dfrac{\partial P}{\partial y} = \dfrac{\partial Q}{\partial x} = -\dfrac{1}{y^2} + f(xy) + xyf'(xy)$.

所以积分与路径无关,因此

$$I = \int_{(a,b)}^{(c,d)} P\mathrm{d}x + Q\mathrm{d}y = \int_a^c P(x,b)\,\mathrm{d}x + \int_b^d Q(c,y)\,\mathrm{d}y$$

$$= \int_a^c \left[\frac{1}{b} + bf(xb) \right]\mathrm{d}x + \int_b^d \left[cf(xy) - \frac{c}{y^2} \right]\mathrm{d}y$$

$$= \frac{c-a}{b} + \int_{ab}^{cb} f(t)\,\mathrm{d}t + \int_{bc}^{cd} f(t)\,\mathrm{d}t + \frac{c}{d} - \frac{c}{b} = \frac{c}{d} - \frac{a}{b} + \int_{ab}^{cd} f(t)\,\mathrm{d}t = \frac{c}{d} - \frac{a}{b}.$$

【举一反三】

1. 计算曲线积分 $I = \oint_L \left(-\frac{y}{4x^2 + y^2} \right)\mathrm{d}x + \left(\frac{x}{4x^2+y^2} \right)\mathrm{d}y, L:A(-1,0)$ 经点 $B(1,0)$ 到点 $C(-1,2)$,AB 为下半圆周,BC 为直线.

解:$P = \dfrac{-y}{4x^2+y^2}, Q = \dfrac{x}{4x^2+y^2}, \dfrac{\partial P}{\partial y} = \dfrac{\partial Q}{\partial x}, (x,y) \neq (0,0),$

则 $I = \oint_{L+\overrightarrow{CA}} \left(-\dfrac{y}{4x^2+y^2} \right)\mathrm{d}x + \left(\dfrac{x}{4x^2+y^2} \right)\mathrm{d}y - \oint_{\overrightarrow{CA}} \left(-\dfrac{y}{4x^2+y^2} \right)\mathrm{d}x + \left(\dfrac{x}{4x^2+y^2} \right)\mathrm{d}y$

$$= \oint_{l:4x^2+y^2 = \varepsilon^2} \left(-\dfrac{y}{4x^2+y^2} \right)\mathrm{d}x + \left(\dfrac{x}{4x^2+y^2} \right)\mathrm{d}y - \oint_{\overrightarrow{CA}:x=-1} \dfrac{-1}{4+y^2}\mathrm{d}y = \dfrac{7\pi}{8}.$$

例 5 设函数 $f(x,y)$ 在 $D = \{(x,y) \mid x^2 + y^2 \leqslant 1\}$ 上具二阶偏导数,且 $\dfrac{\partial^2 f}{\partial x^2} + \dfrac{\partial^2 f}{\partial y^2} = \mathrm{e}^{-(x^2+y^2)}$,求 $\iint_D \left(x\dfrac{\partial f}{\partial x} + y\dfrac{\partial f}{\partial y} \right)\mathrm{d}x\mathrm{d}y$.

分析:利用格林公式的逆向思维,用线积分计算二重积分.

解:作极坐标 $x = r\cos\theta, y = r\sin\theta$,则 $x\dfrac{\partial f}{\partial x} + y\dfrac{\partial f}{\partial y} = \dfrac{\partial f}{\partial x}r\cos\theta + \dfrac{\partial f}{\partial y}r\sin\theta$.

则 $\iint_D \left(x\dfrac{\partial f}{\partial x} + y\dfrac{\partial f}{\partial y} \right)\mathrm{d}x\mathrm{d}y = \int_0^1 r\mathrm{d}r \int_0^{2\pi} \dfrac{\partial f}{\partial r}r\mathrm{d}\theta$,

由格林公式得,$\displaystyle\int_0^{2\pi} \dfrac{\partial f}{\partial r}r\mathrm{d}\theta = \int_{x^2+y^2=r^2} \dfrac{\partial f}{\partial r}\mathrm{d}s = \int_{x^2+y^2=r^2} \left(\dfrac{\partial f}{\partial x}\mathrm{d}y - \dfrac{\partial f}{\partial y}\mathrm{d}x \right)$

$$= \iint_{x^2+y^2 \leqslant r^2} \left(\dfrac{\partial^2 f}{\partial x^2} + \dfrac{\partial^2 f}{\partial y^2} \right)\mathrm{d}x\mathrm{d}y = \int_0^{2\pi}\mathrm{d}\theta \int_0^r \mathrm{e}^{-\rho^2}\rho\mathrm{d}\rho = \pi(1 - \mathrm{e}^{-r^2}),$$

于是 $\iint_D \left(x\dfrac{\partial f}{\partial x} + y\dfrac{\partial f}{\partial y} \right)\mathrm{d}x\mathrm{d}y = \int_0^1 \pi(1 - \mathrm{e}^{-r^2})r\mathrm{d}r = \dfrac{\pi}{2\mathrm{e}}.$

【举一反三】

1. 设 D 是由 $y = x, y = 4x, xy = 1, xy = 4$ 所围成的闭区域(如图 7),边界 L 取正向,$F(xy)$ 在 D 上连续可导,证明:$\oint_L \dfrac{F(xy)}{y}\mathrm{d}y = \ln 2 \int_1^4 f(u)\,\mathrm{d}u$,其中 $f(u) = F'(u)$.

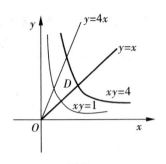

图 7

证明:设 $P = 0, Q = \dfrac{F(xy)}{y}$,则 $\dfrac{\partial Q}{\partial x} = F'(xy)$.

由格林公式,有 $\oint_L \dfrac{F(xy)}{y}\mathrm{d}y = \iint_D F'(xy)\mathrm{d}x\mathrm{d}y$.

令 $xy = u, \dfrac{y}{x} = v$,则 $1 \leq u \leq 4, 1 \leq v \leq 4$,

且 $x = \sqrt{\dfrac{u}{v}}, y = \sqrt{uv}, J = \dfrac{1}{2v} > 0$.

于是 $\oint_L \dfrac{F(xy)}{y}\mathrm{d}y = \iint_D F'(xy)\mathrm{d}x\mathrm{d}y = \iint_{D'} F'(u)\dfrac{1}{2v}\mathrm{d}u\mathrm{d}v$

$$= \int_1^4 \dfrac{1}{2v}\mathrm{d}v\int_1^4 F'(u)\mathrm{d}u = \ln\sqrt{v}\Big|_1^4 \cdot \int_0^4 f(u)\mathrm{d}u = \ln 2\int_1^4 f(u)\mathrm{d}u.$$

其中 $D' = \{(u,v) \mid 1 \leq u \leq 4, 1 \leq v \leq 4\}$.

例 6 设 $f(x)$ 为连续函数,且 C 为逐段光滑闭曲线,证明:

$$\oint_C f(x^2 + y^2)(x\mathrm{d}x + y\mathrm{d}y) = 0.$$

分析:将被积函数写为二元函数的全微分.

证明:令 $F(x,y) = \dfrac{1}{2}\int_0^{x^2+y^2} f(t)\mathrm{d}t$,则 $F_x = xf(x^2 + y^2), F_y = yf(x^2 + y^2)$.

显然 F_x, F_y 为 x, y 的连续函数,因此 $F(x,y)$ 可微,且

$\mathrm{d}F(x,y) = F_x(x,y)\mathrm{d}x + F_y(x,y)\mathrm{d}y = f(x^2 + y^2)(x\mathrm{d}x + y\mathrm{d}y).$

于是 C 上任取一点 (x_0, y_0),有 $\oint_C f(x^2 + y^2)(x\mathrm{d}x + y\mathrm{d}y) = F(x,y)\Big|_{(x_0,y_0)}^{(x_0,y_0)} = 0.$

【举一反三】

1. 设函数 $\varphi(y)$ 在 $(-\infty, +\infty)$ 内具有连续导数,L 是从 $(\pi, 2)$ 到 $(3\pi, 4)$ 线段下面的一段光滑曲线,且线段与曲线所围面积为 2.求:

$$I = \oint_L [\varphi(y)\cos x - \pi y]\mathrm{d}x + [\varphi'(y)\sin x - \pi]\mathrm{d}y.$$

解:记 L_1 是连接 $(\pi, 2)$ 到 $(3\pi, 4)$ 的直线段,则 L_1 的方程为 $y = \dfrac{1}{\pi}(x - \pi) + 2$,

D 是 L_1 与 L 所围区域.

则 $I = \oint_{L+L_1} [\varphi(y)\cos x - \pi y]\mathrm{d}x + [\varphi'(y)\sin x - \pi]\mathrm{d}y$

$- \oint_{L_1} [\varphi(y)\cos x - \pi y]\mathrm{d}x + [\varphi'(y)\sin x - \pi]\mathrm{d}y$

$= \iint_D \pi\mathrm{d}x\mathrm{d}y - \oint_{L_1} [\varphi(y)\cos x - \pi y]\mathrm{d}x + [\varphi'(y)\sin x - \pi]\mathrm{d}y$

$= 2\pi - \oint_{L_1} [\varphi(y)\cos x - \pi y]\mathrm{d}x + [\varphi'(y)\sin x - \pi]\mathrm{d}y$

$= 2\pi - \oint_{L_1} \varphi(y)\cos x\mathrm{d}x + [\varphi'(y)\sin x - \pi]\mathrm{d}y + \oint_{L_1} \pi y\mathrm{d}x$

$$= 2\pi + \left[\varphi(y) \sin x - \pi y \right] \Big|_{(\pi, 2)}^{(3\pi, 4)} - \pi \int_{\pi}^{3\pi} \left[\frac{1}{\pi}(x - \pi) + 2 \right] dx$$

$$= -6\pi^2.$$

例 7 计算 $\iint\limits_{\Sigma}(xy + yz + zx)dS$，其中 Σ 为锥面 $z = \sqrt{x^2 + y^2}$ 被圆柱面 $x^2 + y^2 = 2ax$

$(a > 0)$ 所截下的部分.

分析： 对称性依旧是计算面积分的首选.

解： 由对称性可得，$\iint\limits_{\Sigma}(xy + yz + zx)dS = \iint\limits_{\Sigma} zx dS$

$$dS = \sqrt{1 + z_x^2 + z_y^2}\,dxdy = \sqrt{1 + \frac{x^2}{x^2 + y^2} + \frac{y^2}{x^2 + y^2}}\,dxdy = \sqrt{2}\,dxdy.$$

则 $\iint\limits_{\Sigma} zx dS = \iint\limits_{D} x\sqrt{x^2 + y^2} \cdot \sqrt{2}\,dxdy = \sqrt{2} \int_{-\frac{\pi}{2}}^{\frac{\pi}{n}} d\theta \int_{0}^{2a\cos\theta} \rho^3 \cos\theta d\rho = \frac{64}{15}\sqrt{2}\,a^4.$ $(D: x^2 + y^2 \leqslant 2ax)$

【举一反三】

1. 求 $\oiint\limits_{\Sigma} x dS$，其中 Σ 是 $x^2 + y^2 = 1, z = x + 2$ 及 $z = 0$ 所围成的空间立体的表面.

解： 设 $\Sigma_1: z = 0, \Sigma_2: z = x + 2, \Sigma_3: x^2 + y^2 = 1$，

则 $\oiint\limits_{\Sigma} x dS = \iint\limits_{\Sigma_1} x dS + \iint\limits_{\Sigma_2} x dS + \iint\limits_{\Sigma_3} x dS$

$$= \iint\limits_{D_{1xy}} x dxdy + \iint\limits_{D_{xy}} x\sqrt{2}\,dxdy + \oiint\limits_{\Sigma_3} x dS = 0 + 0 + \iint\limits_{\Sigma_3} x dS = \iint\limits_{\Sigma_3} x dS.$$

由 $\Sigma_3: x^2 + y^2 = 1$ 得 $y = \pm\sqrt{1 - x^2}$，将曲面分为左右两部分.

原式 $= \iint\limits_{\Sigma_3} x dS = \iint\limits_{\Sigma_{31}} x dS + \iint\limits_{\Sigma_{32}} x dS = 2\iint\limits_{D_{zx}} x\sqrt{\frac{1}{1 - x^2}}\,dzdx = 2\int_{-1}^{1} dx \int_{0}^{x+2} \frac{x}{\sqrt{1 - x^2}}\,dz = \pi.$

2. 设 P 为椭球面 $S: x^2 + y^2 + z^2 - yz = 1$ 上的动点，若 S 在点 P 处的切平面与 xOy 面垂

直，求 P 点的轨迹 C，并计算曲面积分 $I = \iint\limits_{\Sigma} \frac{(x + \sqrt{3})\,|y - 2z|}{\sqrt{4 + y^2 + z^2 - 4yz}}\,dS$，其中 Σ 是椭球面 S 位

于曲线 C 上方的部分.

解： (1)求点 P 的轨迹.

令 $F(x, y, z) = x^2 + y^2 + z^2 - yz - 1$，

点 P 处的法向量为 $\{2x, 2y - z, 2z - y\}$，与 xOy 的法向量 $\{0, 0, 1\}$ 垂直，

所以曲线 C 的方程为 $\begin{cases} x^2 + y^2 + z^2 - yz = 1, \\ 2z - y = 0. \end{cases}$

(2)用代入法求此第一类曲面积分.

Σ 在 xOy 上的投影为交线 C 的投影围成区域，$D: x^2 + \frac{3}{4}y^2 \leqslant 1$，且 $z \geqslant \frac{y}{2}$.

由 $S: x^2 + y^2 + z^2 - yz = 1$ 两边分别对 x, y 求导得，$z'_x = \dfrac{-2x}{2z - y}$，$z'_y = \dfrac{z - 2y}{2z - y}$.

则 $dS = \sqrt{1 + \left(\dfrac{-2x}{2z - y}\right)^2 + \left(\dfrac{z - 2y}{2z - y}\right)}\, dx dy = \dfrac{\sqrt{4 + y^2 + z^2 - 4yz}}{|y - 2z|}\, dx dy.$

故可得 $I = \iint\limits_{\Sigma} \dfrac{x + \sqrt{3}\,|y - 2z|}{\sqrt{4 + y^2 + z^2 - 4yz}}\, dS = \iint\limits_{D}(x + \sqrt{3})\, dx dy$

$$= \iint\limits_{D} \sqrt{3}\, dx dy = \sqrt{3} \cdot \pi \cdot 1 \cdot \dfrac{2}{\sqrt{3}} = 2\pi.$$

例 8 求 $I = \iint\limits_{\Sigma} \dfrac{ax dy dz + (z + a)^2 dx dy}{(x^2 + y^2 + z^2)^{\frac{1}{2}}}$，其中 Σ 为下半球面 $z = -\sqrt{a^2 - x^2 - y^2}$ （a 为常数，且 $a > 0$）的上侧.

分析: 由面积分的代入性可得 $I = \dfrac{1}{a}\iint\limits_{\Sigma} ax dy dz + (z + a)^2 dx dy$，此时用补面或直接计算都较为方便.

解: 所求 I 即求 $I = \dfrac{1}{a}\iint\limits_{\Sigma} ax dy dz + (z + a)^2 dx dy.$

如图 8，补充曲面 $S_1 : z = 0$，取下侧.

由高斯公式得

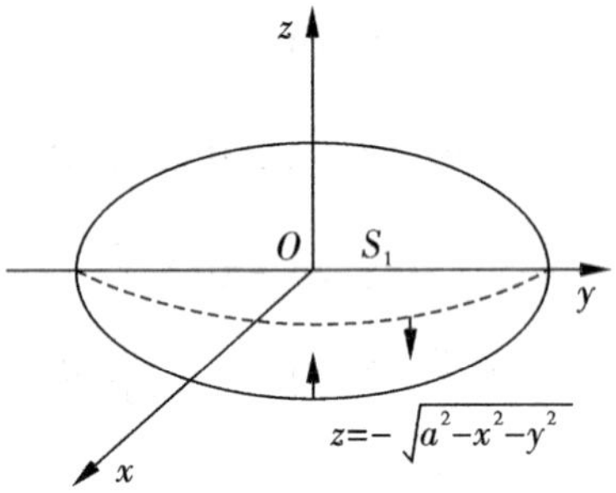

图 8

$I = \dfrac{1}{a}\iint\limits_{\Sigma + S_1} ax dy dz + (z + a)^2 dx dy - \dfrac{1}{a}\iint\limits_{S_1} ax dy dz +$

$(z + a)^2 dx dy$

$$= \dfrac{1}{a}\left[-\iiint\limits_{V}(3a + 2z)\, dx dy dz + \iint\limits_{x^2 + y^2 \leqslant a^2} a^2\, dx dy\right]$$

（$V: -\sqrt{a^2 - x^2 - y^2} \leqslant z \leqslant 0$）

$$= \dfrac{1}{a}\left(-2\pi a^4 - 2\iiint\limits_{V} z dx dy dz + \pi a^4\right) = \dfrac{1}{a}\left(-\pi a^4 - 2\int_0^{2\pi} d\theta \int_0^a \rho d\rho \int_{-\sqrt{a^2 - \rho^2}}^0 z dz\right) = -\dfrac{\pi}{2}a^3.$$

【举一反三】

1. 设 $f(u)$ 有连续导函数，计算：$I = \iint\limits_{\Sigma} \dfrac{1}{y}f\left(\dfrac{x}{y}\right) dy dz + \dfrac{1}{x}f\left(\dfrac{x}{y}\right) dz dx + z dx dy.$ 其中 Σ 是 $y = x^2 + z^2 + 6$，$y = 8 - x^2 - z^2$ 所围立体的外侧.

解: 设 V 是 Σ 所围的区域，它在 xOz 面上的投影为 $x^2 + z^2 \leqslant 1$，由高斯公式得

$$I = \iiint\limits_{V}\left[\dfrac{1}{y^2}f'\left(\dfrac{x}{y}\right) - \dfrac{1}{y^2}f'\left(\dfrac{x}{y}\right) + 1\right] dx dy dz = \iiint\limits_{V} dx dy dz = \int_0^{2\pi} d\theta \int_0^1 \rho d\rho \int_{\rho^2 + 6}^{8 - \rho^2} dy = \pi.$$

2. 计算 $I = \iint\limits_{\Sigma} 2x^3 dy dz + 2y^3 dz dx + 3(z^2 - 1) dx dy$，其中 Σ 是 $z = 1 - x^2 - y^2$（$z \geqslant 0$）的上侧.

解: 补充曲面 $S_1 : z = 0$，取下侧，如图 9，由高斯公式，得

$$I = \iint\limits_{\Sigma + S_1} 2x^3 \mathrm{d}y\mathrm{d}z + 2y^3 \mathrm{d}z\mathrm{d}x + 3(z^2 - 1)\mathrm{d}x\mathrm{d}y$$

$$- \iint\limits_{S_1} 2x^3 \mathrm{d}y\mathrm{d}z + 2y^3 \mathrm{d}z\mathrm{d}x + 3(z^2 - 1)\mathrm{d}x\mathrm{d}y$$

$$= \iiint\limits_{V:0 \leqslant z \leqslant 1-x^2-y^2} (6x^2 + 6y^2 + 6z)\mathrm{d}x\mathrm{d}y\mathrm{d}z - 3 \iint\limits_{x^2+y^2 \leqslant 1} \mathrm{d}x\mathrm{d}y$$

$$= 6\int_0^{2\pi}\mathrm{d}\theta\int_0^1\mathrm{d}\rho\int_0^{1-\rho^2} (\rho^2 + z)\rho\mathrm{d}z - 3\pi = -\pi.$$

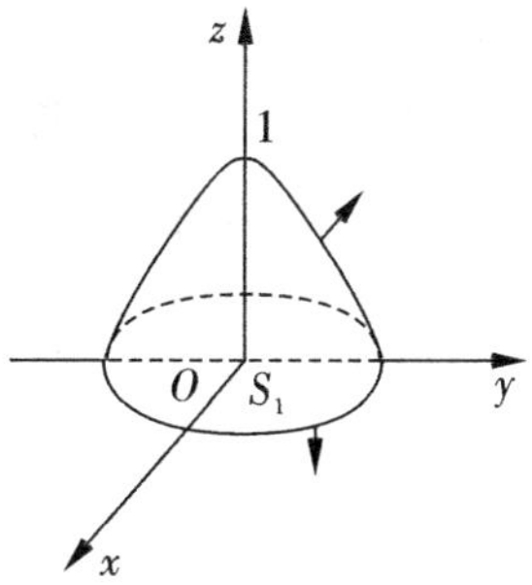

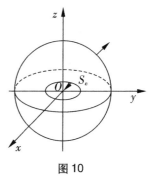

图 9

例 9　设 $P(x,y,z) = \dfrac{x}{(4x^2 + y^2 + z^2)^{\frac{3}{2}}}, Q(x,y,z) =$

$\dfrac{y}{(4x^2 + y^2 + z^2)^{\frac{3}{2}}}, R(x,y,z) = \dfrac{z}{(4x^2 + y^2 + z^2)^{\frac{3}{2}}}$，$S$ 为球面：$x^2 + y^2 + z^2 = b^2(b > 0)$，取

外侧，求 $I = \iint\limits_{S} P\mathrm{d}y\mathrm{d}z + Q\mathrm{d}z\mathrm{d}x + R\mathrm{d}x\mathrm{d}y$.

分析：本题中的 $\dfrac{\partial P}{\partial x} + \dfrac{\partial Q}{\partial y} + \dfrac{\partial R}{\partial z} = 0$ 除 $(0,0,0)$ 外，P,Q,R 都

有连续的一阶偏导数，不能直接用高斯公式.

解：作椭球面 $S_\varepsilon : 4x^2 + y^2 + z^2 = \varepsilon^2$（如图 10），

法向量朝向原点 $(0,0,0)$，其中 ε 充分小，

又 $\dfrac{\partial P}{\partial x} + \dfrac{\partial Q}{\partial y} + \dfrac{\partial R}{\partial z} = 0$. 则在 S_ε 与 S 所围区域 Ω_ε 上，有

$$\iint\limits_{S \cup S_\varepsilon} P\mathrm{d}y\mathrm{d}z + Q\mathrm{d}z\mathrm{d}x + R\mathrm{d}x\mathrm{d}y = \iiint\limits_{\Omega_\varepsilon}\left(\dfrac{\partial P}{\partial x} + \dfrac{\partial Q}{\partial y} + \dfrac{\partial R}{\partial z}\right)\mathrm{d}x\mathrm{d}y\mathrm{d}z = 0.$$

于是 $I = \iint\limits_{S} P\mathrm{d}y\mathrm{d}z + Q\mathrm{d}z\mathrm{d}x + R\mathrm{d}x\mathrm{d}y = -\iint\limits_{S_\varepsilon} P\mathrm{d}y\mathrm{d}z + Q\mathrm{d}z\mathrm{d}x + R\mathrm{d}x\mathrm{d}y$

$$= -\dfrac{1}{\varepsilon^3}\iint\limits_{S_\varepsilon} x\mathrm{d}y\mathrm{d}z + y\mathrm{d}z\mathrm{d}x + z\mathrm{d}x\mathrm{d}y.$$

图 10

记 S_ε 所围区域为 $V_\varepsilon = \{(x,y,z) \mid 4x^2 + y^2 + z^2 \leqslant \varepsilon^2\}$.

$$I = -\dfrac{1}{\varepsilon^3}\iint\limits_{S_\varepsilon} x\mathrm{d}y\mathrm{d}z + y\mathrm{d}z\mathrm{d}x + z\mathrm{d}x\mathrm{d}y = \dfrac{1}{\varepsilon^3}\iiint\limits_{V_\varepsilon} 3\mathrm{d}x\mathrm{d}y\mathrm{d}z = \dfrac{3}{\varepsilon^3}\int_{-\varepsilon}^{\varepsilon}\mathrm{d}z\iint\limits_{D(z)} \mathrm{d}x\mathrm{d}y$$

$$= \dfrac{3}{\varepsilon^3}\int_{-\varepsilon}^{\varepsilon} \dfrac{\pi}{2}(\varepsilon^2 - z^2)\mathrm{d}z = 2\pi. \text{ 其中 } D(z) = \{(x,y) \mid 4x^2 + y^2 \leqslant \varepsilon^2 - z^2\}.$$

例 10　设对于半空间 $x > 0$ 内任意光滑有向封闭曲面 S，都有

$$\oiint\limits_{S} xf(x)\mathrm{d}y\mathrm{d}z - xyf(x)\mathrm{d}z\mathrm{d}x - \mathrm{e}^{2x}z\mathrm{d}x\mathrm{d}y = 0,$$

其中 $f(x)$ 在 $(0,+\infty)$ 内具有连续的一阶导数，且 $\lim\limits_{x \to 0^+} f(x) = 1$，求 $f(x)$.

分析：在半空间 $x > 0$ 内任意光滑有向封闭曲面上的积分为零，通过高斯公式得到半

空间 $x > 0$ 内任何有界闭区域上相应的三重积分为零，由区域的任意性，三重积分的被积

函数为零.

解: 由已知及高斯公式,有

$$\oiint_S xf(x)\mathrm{d}y\mathrm{d}z - xyf(x)\mathrm{d}z\mathrm{d}x - \mathrm{e}^{2x}z\mathrm{d}x\mathrm{d}y = \pm \iiint_V [xf'(x) + f(x) - xf(x) - \mathrm{e}^{2x}]\mathrm{d}x\mathrm{d}y\mathrm{d}z.$$

其中,V 为 S 围成的有界闭区域,当有向曲面 S 的法向量指向外侧时,取"+"号,指向内侧时,取"−"号. 由 S 的任意性,得

$$xf'(x) + f(x) - xf(x) - \mathrm{e}^{2x} = 0, (x > 0)$$

解上述微分方程,得 $f(x) = \dfrac{\mathrm{e}^x}{x}(\mathrm{e}^x + C).\ (x > 0)$

而已知 $\lim\limits_{x\to 0^+} f(x) = \lim\limits_{x\to 0^+} \dfrac{\mathrm{e}^x(\mathrm{e}^x + C)}{x} = 1$,得 $C = -1$. 因此 $f(x) = \dfrac{\mathrm{e}^x(\mathrm{e}^x - 1)}{x}$.

例 11 求 $I = \iint\limits_{\Sigma}(x^3\cos\alpha + y^3\cos\beta + z^3\cos\gamma)\mathrm{d}S$,$\Sigma$ 是锥面 $z^2 = x^2 + y^2$ 在 $-1 \leqslant z \leqslant 0$ 的部分,$\cos\alpha, \cos\beta, \cos\gamma$ 是 Σ 上任一点 (x, y, z) 的法线向量的方向余弦,且 $\cos\gamma < 0$.

分析: 由第一类曲面积分与第二类曲面积分间的关系式及高斯公式计算.

解: 补充曲面 $S_1: z = -1$,法向量朝上,则

$$I = \oiint\limits_{\Sigma + S_1}(x^3\cos\alpha + y^3\cos\beta + z^3\cos\gamma)\mathrm{d}S - \iint\limits_{S_1}(x^3\cos\alpha + y^3\cos\beta + z^3\cos\gamma)\mathrm{d}S.$$

又 $\iint\limits_{S_1}(x^3\cos\alpha + y^3\cos\beta + z^3\cos\gamma)\mathrm{d}S = \iint\limits_{S_1}(-\cos\gamma)\mathrm{d}S = -\iint\limits_{x^2 + y^2 \leqslant 1}\mathrm{d}x\mathrm{d}y = -\pi.$

由第一类曲面积分与第二类曲面积分间的关系式及高斯公式,得

$$\oiint\limits_{\Sigma + S_1}(x^3\cos\alpha + y^3\cos\beta + z^3\cos\gamma)\mathrm{d}S = \oiint\limits_{\Sigma + S_1}x^3\mathrm{d}y\mathrm{d}z + y^3\mathrm{d}z\mathrm{d}x + z^3\mathrm{d}x\mathrm{d}y$$

$$= -3\iiint\limits_{\Omega}(x^2 + y^2 + z^2)\mathrm{d}x\mathrm{d}y\mathrm{d}z = -3\int_0^{2\pi}\mathrm{d}\theta\int_{\frac{3\pi}{4}}^{\pi}\sin\varphi\mathrm{d}\varphi\int_0^{-\frac{1}{\cos\varphi}}\rho^4\mathrm{d}\rho$$

$$= \frac{6\pi}{5}\int_{\frac{3\pi}{4}}^{\pi}\sin\varphi\cdot\frac{1}{\cos^5\varphi}\mathrm{d}\varphi = -\frac{6\pi}{5}\int_{\frac{3\pi}{4}}^{\pi}\cos^{-5}\varphi\mathrm{d}\cos\varphi = -\frac{9\pi}{10}.$$

因此 $I = -\dfrac{9\pi}{10} - (-\pi) = \dfrac{\pi}{10}.$

【举一反三】

1. 设 Σ 为曲面 $z = \sqrt{x^2 + y^2}\ (1 \leqslant x^2 + y^2 \leqslant 4)$ 的下侧,$f(x)$ 是连续函数,计算:

$$I = \iint\limits_{\Sigma}[xf(xy) + 2x - y]\mathrm{d}y\mathrm{d}z + [yf(xy) + 2y + x]\mathrm{d}z\mathrm{d}x + [zf(xy) + z]\mathrm{d}x\mathrm{d}y.$$

解: 令 $F(x, y, z) = \sqrt{x^2 + y^2} - z$,

法向量为 $\boldsymbol{n} = \left(\dfrac{x}{\sqrt{x^2 + y^2}}, \dfrac{y}{\sqrt{x^2 + y^2}}, -1\right)$,

其单位向量为 $\boldsymbol{n}^0 = \left(\dfrac{x}{\sqrt{2}\,\sqrt{x^2 + y^2}}, \dfrac{y}{\sqrt{2}\,\sqrt{x^2 + y^2}}, -\dfrac{1}{\sqrt{2}} \right)$,

则 $I = \displaystyle\iint_{\Sigma} \left\{ [xf(xy) + 2x - y] \dfrac{x}{\sqrt{2}\,\sqrt{x^2 + y^2}} + [yf(xy) + 2y + x] \dfrac{y}{\sqrt{2}\,\sqrt{x^2 + y^2}} \right.$

$\qquad\qquad \left. + [zf(xy) + z]\left(-\dfrac{1}{\sqrt{2}} \right) \right\} \mathrm{d}S$

$\qquad = \displaystyle\iint_{\Sigma} \left\{ [xf(xy) + 2x - y] \dfrac{x}{\sqrt{2}\,\sqrt{x^2 + y^2}} + [yf(xy) + 2y + x] \dfrac{y}{\sqrt{2}\,\sqrt{x^2 + y^2}} \right.$

$\qquad\qquad \left. + [zf(xy) + z] - \dfrac{1}{\sqrt{2}} \right\} \mathrm{d}S$

$\qquad = \displaystyle\iint_{\Sigma} \left\{ \dfrac{x^2 + y^2}{\sqrt{2}\,\sqrt{x^2 + y^2}} f(xy) + \dfrac{2x^2 + 2y^2}{\sqrt{2}\,\sqrt{x^2 + y^2}} - \dfrac{z}{\sqrt{2}} f(xy) - \dfrac{z}{\sqrt{2}} \right\} \mathrm{d}S$

$\qquad = \dfrac{1}{\sqrt{2}} \displaystyle\iint_{\Sigma} \sqrt{x^2 + y^2}\, \mathrm{d}S$

$\qquad = \dfrac{1}{\sqrt{2}} \displaystyle\iint_{1 \leqslant x^2 + y^2 \leqslant 4} \sqrt{x^2 + y^2}\, \sqrt{1 + \left(\dfrac{x}{\sqrt{x^2 + y^2}} \right)^2 + \left(\dfrac{y}{\sqrt{x^2 + y^2}} \right)^2}\, \mathrm{d}x\mathrm{d}y$

$\qquad = \displaystyle\iint_{1 \leqslant x^2 + y^2 \leqslant 4} \sqrt{x^2 + y^2}\, \mathrm{d}x\mathrm{d}y = \int_0^{2\pi} \mathrm{d}\theta \int_1^2 r r \,\mathrm{d}r = \dfrac{14\pi}{3}.$

例 12 计算 $\displaystyle\oint_L (y^2 - z^2)\mathrm{d}x + (2z^2 - x^2)\mathrm{d}y + (3x^2 - y^2)\mathrm{d}z$,其中 L 是平面 $x + y + z = 2$ 与柱面 $|x| + |y| = 1$ 的交线,从 z 轴正向看去,L 为逆时针方向.

分析:利用斯托克斯公式将线积分转为第二类曲面积分,再由两类面积分的关系化为第一类面积分.

解:设 Σ 为位于平面 $x+y+z=2$ 上且在 L 内部的平面区域,Σ 的法线向上,利用斯托克斯公式,有

$\displaystyle\oint_L (y^2 - z^2)\mathrm{d}x + (2z^2 - x^2)\mathrm{d}y + (3x^2 - y^2)\mathrm{d}z$

$= \displaystyle\iint_{\Sigma} (-2y - 4z)\mathrm{d}y\mathrm{d}z + (-2z - 6x)\mathrm{d}z\mathrm{d}x + (-2x - 2y)\mathrm{d}x\mathrm{d}y$

$= \displaystyle\iint_{\Sigma} \left[(-2y - 4z)\dfrac{1}{\sqrt{3}} + (-2z - 6x)\dfrac{1}{\sqrt{3}} + (-2x - 2y)\dfrac{1}{\sqrt{3}} \right] \mathrm{d}S$

$= \dfrac{1}{\sqrt{3}} \displaystyle\iint_{\Sigma} (-8x - 4y - 6z)\mathrm{d}S = -\dfrac{2}{\sqrt{3}} \displaystyle\iint_{\Sigma} (4x + 2y + 3z)\mathrm{d}S$

$= -\dfrac{2}{\sqrt{3}} \displaystyle\iint_{D} [4x + 2y + 3(2 - x - y)] \sqrt{1 + z_x^2 + z_y^2}\, \mathrm{d}x\mathrm{d}y \quad (\text{其中} D = \{(x,y) \mid |x| + |y| \leqslant 1\})$

$= -2 \displaystyle\iint_{D} (6 + x - y)\mathrm{d}x\mathrm{d}y = -12 \displaystyle\iint_{Dxy} \mathrm{d}x\mathrm{d}y = -24.$

【举一反三】

1.求 $I = \oint_C y\mathrm{d}x + z\mathrm{d}y + x\mathrm{d}z$,其中 $C:\begin{cases} x^2 + y^2 + z^2 = 2a(x + y) \\ x + y = 2a \end{cases}$,方向为逆时针.

解:由斯托克斯公式得 $I = -\iint_S \mathrm{d}x\mathrm{d}y + \mathrm{d}y\mathrm{d}z + \mathrm{d}z\mathrm{d}x$,其中 S 为平面 $x + y = 2a$ 上的圆面,方向向外, S 在 xOz,yOz 平面上的投影分别为

$$D_{xz}:(x - a)^2 + \frac{z^2}{2} = a^2, D_{yz}:(y - a)^2 + \frac{z^2}{2} = a^2,$$

所以 $I = -2\iint_{D_{xz}} \mathrm{d}z\mathrm{d}x = -2\sqrt{2}\pi a^2.$

例13 （1）证明: $\iint_D \left[\left(\frac{\partial u}{\partial x}\right)^2 + \left(\frac{\partial u}{\partial y}\right)^2\right]\mathrm{d}x\mathrm{d}y = -\iint_D u\Delta u\mathrm{d}x\mathrm{d}y + \oint_C u\frac{\partial u}{\partial n}\mathrm{d}s.$

（光滑曲线 C 包围有界域 D ）

（2）若 $\Delta u = \frac{\partial^2 u}{\partial x^2} + \frac{\partial^2 u}{\partial y^2} + \frac{\partial^2 u}{\partial z^2}$,证明:

（ⅰ） $\iint_\Omega \frac{\partial u}{\partial n}\mathrm{d}S = \iiint_V \Delta u\mathrm{d}x\mathrm{d}y\mathrm{d}z;$

（ⅱ） $\iint_\Omega u\frac{\partial u}{\partial n}\mathrm{d}S = \iiint_V u\Delta u\mathrm{d}x\mathrm{d}y\mathrm{d}z + \iiint_V \left[\left(\frac{\partial u}{\partial x}\right)^2 + \left(\frac{\partial u}{\partial y}\right)^2 + \left(\frac{\partial u}{\partial z}\right)^2\right]\mathrm{d}x\mathrm{d}y\mathrm{d}z,$

$\frac{\partial u}{\partial n}$ 为沿曲面 Ω 的外法线的导函数.

分析:问题（1）建立了二重积分与第一类线积分的关系.利用方向导数的计算公式将第一类线积分换为第二类线积分,格林公式就可以解决问题（1）的证明.问题（2）是把问题（1）推广到了空间上.

证明:（1） $\oint_C u\frac{\partial u}{\partial n}\mathrm{d}s = \oint_C u\left[\frac{\partial u}{\partial x}\cos(n,x) + \frac{\partial u}{\partial y}\sin(n,x)\right]\mathrm{d}s$

$$= \oint_C u\frac{\partial u}{\partial x}\mathrm{d}y - u\frac{\partial u}{\partial y}\mathrm{d}x = \iint_D \left[\frac{\partial}{\partial x}\left(u\frac{\partial u}{\partial x}\right) + \frac{\partial}{\partial y}\left(u\frac{\partial u}{\partial y}\right)\right]\mathrm{d}x\mathrm{d}y$$

$$= \iint_D u\Delta u\mathrm{d}x\mathrm{d}y + \iint_D \left[\left(\frac{\partial u}{\partial x}\right)^2 + \left(\frac{\partial u}{\partial y}\right)^2\right]\mathrm{d}x\mathrm{d}y.$$

（2）（ⅰ） $\iint_\Omega \frac{\partial u}{\partial n}\mathrm{d}S = \iint_S \left(\frac{\partial u}{\partial x}\cos\alpha + \frac{\partial u}{\partial y}\cos\beta + \frac{\partial u}{\partial z}\cos\gamma\right)\mathrm{d}S$

$$= \iint_S \frac{\partial u}{\partial x}\mathrm{d}y\mathrm{d}z + \frac{\partial u}{\partial y}\mathrm{d}z\mathrm{d}x + \frac{\partial u}{\partial z}\mathrm{d}x\mathrm{d}y = \iiint_V \left(\frac{\partial^2 u}{\partial x^2} + \frac{\partial^2 u}{\partial y^2} + \frac{\partial^2 u}{\partial z^2}\right)\mathrm{d}x\mathrm{d}y\mathrm{d}z$$

$$= \iiint_V \Delta u\mathrm{d}x\mathrm{d}y\mathrm{d}z.$$

（ⅱ） $\iint_\Omega u\frac{\partial u}{\partial n}\mathrm{d}S = \iint_S \left(u\frac{\partial u}{\partial x}\cos\alpha + u\frac{\partial u}{\partial y}\cos\beta + u\frac{\partial u}{\partial z}\cos\gamma\right)\mathrm{d}S$

$$= \iint_S u\frac{\partial u}{\partial x}\mathrm{d}y\mathrm{d}z + u\frac{\partial u}{\partial y}\mathrm{d}z\mathrm{d}x + u\frac{\partial u}{\partial z}\mathrm{d}x\mathrm{d}y$$

$$= \iiint\limits_{V} \left[\frac{\partial}{\partial x}\left(u\,\frac{\partial u}{\partial x} \right) + \frac{\partial}{\partial y}\left(u\,\frac{\partial u}{\partial y} \right) + \frac{\partial}{\partial z}\left(u\,\frac{\partial u}{\partial z} \right) \right] \mathrm{d}x\mathrm{d}y\mathrm{d}z$$

$$= \iiint\limits_{V} u\Delta u\,\mathrm{d}x\mathrm{d}y\mathrm{d}z + \iiint\limits_{V} \left[\left(\frac{\partial u}{\partial x} \right)^2 + \left(\frac{\partial u}{\partial y} \right)^2 + \left(\frac{\partial u}{\partial z} \right)^2 \right] \mathrm{d}x\mathrm{d}y\mathrm{d}z.$$

【举一反三】

1. 设 $\Delta f = \dfrac{\partial^2 f}{\partial x^2} + \dfrac{\partial^2 f}{\partial y^2} + \dfrac{\partial^2 f}{\partial z^2} = x^2 + y^2 + z^2$，函数 $f(x,y,z)$ 在区域 $V: x^2 + y^2 + z^2 \leqslant 1$ 上具有连续的二阶偏导数，计算：

$$I = \iiint\limits_{V} \left(\frac{x}{\sqrt{x^2+y^2+z^2}}\,\frac{\partial f}{\partial x} + \frac{y}{\sqrt{x^2+y^2+z^2}}\,\frac{\partial f}{\partial y} + \frac{z}{\sqrt{x^2+y^2+z^2}}\,\frac{\partial f}{\partial z} \right) \mathrm{d}x\mathrm{d}y\mathrm{d}z.$$

解： 令 $g(x,y,z) = \sqrt{x^2+y^2+z^2}$，球面 $S: x^2 + y^2 + z^2 = 1$，

$$I = \iiint\limits_{V} \nabla g\,\nabla f\,\mathrm{d}x\mathrm{d}y\mathrm{d}z$$

$$= \oiint\limits_{S} \sqrt{x^2+y^2+z^2}\,(f_x\mathrm{d}y\mathrm{d}z + f_y\mathrm{d}z\mathrm{d}x + f_z\mathrm{d}x\mathrm{d}y) - \iiint\limits_{V} \sqrt{x^2+y^2+z^2}\,(x^2+y^2+z^2)\mathrm{d}x\mathrm{d}y\mathrm{d}z$$

$$= \oiint\limits_{S} (f_x\mathrm{d}y\mathrm{d}z + f_y\mathrm{d}z\mathrm{d}x + f_z\mathrm{d}x\mathrm{d}y) - \iiint\limits_{V} (x^2+y^2+z^2)^{\frac{3}{2}}\,\mathrm{d}x\mathrm{d}y\mathrm{d}z$$

$$= \iiint\limits_{V} (x^2+y^2+z^2)\,\mathrm{d}x\mathrm{d}y\mathrm{d}z + \frac{2\pi}{3}$$

$$= \int_0^{2\pi}\mathrm{d}\theta \int_0^{\pi}\sin\varphi\,\mathrm{d}\varphi \int_0^1 \rho^2\cdot\rho^2\,\mathrm{d}\rho + \frac{2\pi}{3} = \frac{18}{15}\pi.$$

2. 已知 B 为单位球 $x^2 + y^2 + z^2 \leqslant 1$，$\partial B$ 为其球面，f 为 k 次齐次函数，即 $f(ax,ay,az) = a^k f(x,y,z)$，证明：$\displaystyle\iint\limits_{\partial B} f(x,y,z)\,\mathrm{d}S = \frac{1}{k}\iiint\limits_{B}\Delta f\,\mathrm{d}x\mathrm{d}y\mathrm{d}z$，其中 $\Delta f = \dfrac{\partial^2 f}{\partial x^2} + \dfrac{\partial^2 f}{\partial y^2} + \dfrac{\partial^2 f}{\partial z^2}$.

证明： f 为 k 次齐次函数，则

$$xf_x'(ax,ay,az) + yf_y'(ax,ay,az) + zf_x'(ax,ay,az) = ka^{k-1}f(x,y,z).$$

令 $a = 1$，则有 $xf_x' + yf_y' + zf_z' = kf(x,y,z)$.

记单位球的单位外法向量为 (x,y,z)，令 $F = (f_x', f_y', f_z')$，由高斯公式得

$$\iint\limits_{\partial B} f(x,y,z)\,\mathrm{d}S = \iint\limits_{\partial B} (f_x', f_y', f_z')\left(\frac{x}{k}, \frac{y}{k}, \frac{z}{k} \right)\mathrm{d}S = \frac{1}{k}\iiint\limits_{B}\Delta f\,\mathrm{d}x\mathrm{d}y\mathrm{d}z.$$

拓展训练

1. 求 $I = \displaystyle\int_L xyz\,\mathrm{d}s$，其中 $L: x = a\cos t, y = a\sin t, z = kt\,(0 \leqslant t \leqslant 2\pi)$ 的一段弧.

2. 求 $\displaystyle\int_{\overset{\frown}{AB}} x\,\mathrm{d}y$，其中弧 AB 是圆心在原点，半径为 r 的圆的第一象限部分，并取顺时针方向.

3. 求 $\oint_L \dfrac{x\mathrm{d}y - y\mathrm{d}x}{x^2 + y^2}$，其中 L 为无重点分段光滑且不经过原点的连续闭曲线，逆时针方向.

4. 计算 $\oint_L \dfrac{x\mathrm{d}y - y\mathrm{d}x}{|x| + |y|}$，其中 L 为依次以 $A(a,0)$，$B(0,a)$，$E(-a,0)$，$F(0,-a)$ $(a > 0)$ 为定点的逆时针方向的正方形边界.

5. 设 $P = \dfrac{-y}{(x+1)^2 + y^2}$，$Q = \dfrac{x+1}{(x+1)^2 + y^2}$，求 $\oint_L P\mathrm{d}x + Q\mathrm{d}y$，其中 L 是以原点为圆心，半径为 $R(R \neq 1)$，取逆时针方向的圆周.

6. 计算 $\displaystyle\int_L \left(1 - \dfrac{y^2}{x^2}\cos\dfrac{y}{x}\right)\mathrm{d}x + \left(\sin\dfrac{y}{x} + \dfrac{y}{x}\cos\dfrac{y}{x}\right)\mathrm{d}y$，其中 L 分别是：

(1) $(x-2)^2 + (y-2) = 1$ 的正向；

(2) 沿曲线 $y = x^2$ 从点 $0(0,0)$ 到 $A(\pi,\pi^2)$ 的一段弧.

7. 设函数 $\varphi(y)$ 在 $(-\infty, +\infty)$ 内具有连续导数，在围绕原点的任意分段光滑简单闭曲线上，$\oint_L \dfrac{\varphi(y)\mathrm{d}x + 2xy\mathrm{d}y}{2x^2 + y^4}$ 的值恒为同一常数.

(1) 证明：对右半平面 $x > 0$ 内的任意分段光滑简单闭曲线 C，有 $\oint_L \dfrac{\varphi(y)\mathrm{d}x + 2xy\mathrm{d}y}{2x^2 + y^4} = 0$；

(2) 求函数 $\varphi(y)$ 的表达式.

8. 设区域 D 关于 $y = x$ 对称，面积为 2，函数 $f(x)$ 是 $(-\infty, +\infty)$ 上的连续正函数，$a - b = m$，求 $\displaystyle\iint\limits_{\partial D}\left[\int_0^y \dfrac{bf(t)}{f(x) + f(t)}\mathrm{d}t\right]\mathrm{d}x + \left[\int_0^x \dfrac{af(t)}{f(y) + f(t)}\mathrm{d}t\right]\mathrm{d}y$，$\partial D$ 是 D 的边界，取逆时针方向.

9. 已知曲线积分 $\displaystyle\int_L \dfrac{1}{\varphi(x) + y^2}(x\mathrm{d}y - y\mathrm{d}x) = A$（$A$ 为常数），其中 $\varphi(x)$ 是可导函数且 $\varphi(1) = 1$，L 是绕原点 $(0,0)$ 一周的任意正向闭曲线，试求 $\varphi(x)$ 及 A.

10. 设 P,Q 是光滑 $\overparen{AB}$ 上的连续函数，$\overparen{AB}$ 的长度记为 l，证明：

(1) $\left|\displaystyle\int_{\overparen{AB}} P\mathrm{d}x + Q\mathrm{d}y\right| \leqslant lM$（$M = \max\sqrt{P^2 + Q^2}$，$(x,y) \in \overparen{AB}$）；

(2) $I_R = \displaystyle\lim_{R \to \infty}\int\limits_{x^2 + y^2 = R^2} \dfrac{y\mathrm{d}x - x\mathrm{d}y}{(x^2 + xy + y^2)^2} = 0$.

11. 计算 $\displaystyle\iint\limits_{\Sigma} \dfrac{\mathrm{d}S}{z}$，其中 Σ 为 $x^2 + y^2 + z^2 = a^2$ 被 $z = h(0 < h < a)$ 截得的顶部.

12. 计算 $\displaystyle\iint\limits_{\Sigma} \dfrac{\mathrm{d}S}{x^2 + y^2 + z^2}$，$\Sigma$ 是界于 $z = 0$ 及 $z = H$ 间的圆柱面 $x^2 + y^2 = R^2$.

13. 计算 $\displaystyle\iint\limits_{\Sigma}(x + y + z)\mathrm{d}S$，其中 Σ 为平面 $y + z = 5$ 被柱面 $x^2 + y^2 = 25$ 所截得的部分.

14. 求 $\displaystyle\iint\limits_{\Sigma}(y^2 - x)\mathrm{d}y\mathrm{d}z + (z^2 - y)\mathrm{d}z\mathrm{d}x + (x^2 - z)\mathrm{d}x\mathrm{d}y$，其中 Σ 是曲面 $z = 2 - x^2 - y^2$

$(1 \leqslant z \leqslant 2)$ 的上侧.

15. 若 $I = \iint\limits_{\Sigma} (x^3 - x)\,\mathrm{d}y\mathrm{d}z + (y^3 - y)\,\mathrm{d}z\mathrm{d}x + (z^3 - z)\,\mathrm{d}x\mathrm{d}y$，求 Σ 的方程,使所求积分最小.

16. 设 L 是曲线 $\begin{cases} x^2 + y^2 = 4y, \\ 3y - z + 1 = 0, \end{cases}$ 且从 z 轴正向看 L 的方向是逆时针方向,求 $I = \int_L yz\mathrm{d}x + 3zx\mathrm{d}y - xy\mathrm{d}z$.

17. 求 $\oint_L z\mathrm{d}x + x\mathrm{d}y + y\mathrm{d}z$，其中曲线 L 是 $x + y + z = 1$ 被三个坐标面所截得的三角形的整个边界,它的正向与这个三角形上侧的法向量之间符合右手规则.

拓展训练参考答案 16

专题一

函数极限

基本方法

1. 等价无穷小:

$x \to 0$ 时,$x \sim \sin x \sim \tan x \sim \arcsin x \sim \arctan x \sim \ln(1 + x) \sim e^x - 1$,

$1 - \cos x \sim \dfrac{1}{2}x^2,(1 + x)^a - 1 \sim ax \ (a \neq 0),a^x - 1 \sim x\ln a(a > 0)$.

2. 洛必达法则:

(1) $\dfrac{0}{0}$ **型不定式** 若函数 $f(x)$ 和 $g(x)$ 满足:

① $\lim\limits_{x \to x_0} f(x) = \lim\limits_{x \to x_0} g(x) = 0$;

② 在点 x_0 的某空心邻域 $(x_0 - \delta, x_0 + \delta)$ 内两者都可导,且 $g'(x) \neq 0$;

③ $\lim\limits_{x \to x_0} \dfrac{f'(x)}{g'(x)} = A$ 存在(A 可为实数,也可为 $\pm\infty$ 或 ∞),则

$$\lim\limits_{x \to x_0} \frac{f(x)}{g(x)} = \lim\limits_{x \to x_0} \frac{f'(x)}{g'(x)} = A.$$

(对 $x \to x_0^+, x \to x_0^-, x \to \pm\infty, x \to \infty$ 也可以有同样的结论).

(2) $\dfrac{\infty}{\infty}$ **型不定式** 若函数 $f(x)$ 和 $g(x)$ 满足:

① $\lim\limits_{x \to x_0^+} f(x) = \lim\limits_{x \to x_0^+} g(x) = \infty$;

② 在点 x_0 的某空心邻域 $(x_0 - \delta, x_0 + \delta)$ 内两者都可导,且 $g'(x) \neq 0$;

③ $\lim\limits_{x \to x_0^+} \dfrac{f'(x)}{g'(x)} = A$ 存在(A 可为实数,也可为 $\pm\infty$ 或 ∞),则

$$\lim\limits_{x \to x_0^+} \frac{f(x)}{g(x)} = \lim\limits_{x \to x_0^+} \frac{f'(x)}{g'(x)} = A.$$

($x \to x_0$, $x \to x_0^-$, $x \to \pm \infty$, $x \to \infty$ 时,同样结论成立)

3.泰勒公式:

若函数 $f(x)$ 在 $[a,b]$ 上有直到 n 阶连续导数,在 (a,b) 内存在 $(n+1)$ 阶导数,则对任意的 $x,x_0 \in [a,b]$,必存在一点 $\xi \in (a,b)$,使得

$$f(x) = f(x_0) + f'(x_0)(x-x_0) + \frac{f''(x_0)}{2!}(x-x_0)^2 + \cdots + \frac{f^{(n)}(x_0)}{n!}(x-x_0)^n + R_n(x).$$

其中,若 $R_n(x) = \dfrac{f^{(n+1)}(\xi)}{(n+1)!}(x-x_0)^{n+1}$,则上式称为带有泰勒型余项的泰勒公式;

若 $R_n(x) = \dfrac{f^{(n+1)}[x_0 + \theta(x-x_0)]}{(n+1)!}(x-x_0)^{n+1}$,则上式称为带有拉格朗日余项的泰勒公式;

若 $R_n(x) = o((x-x_0)^n)$,则上式称为带有佩亚诺余项的泰勒公式.

特殊地,若上述的 $x_0 = 0$,则上式称为麦克劳林公式.

常用公式:

$$\mathrm{e}^x = 1 + x + \frac{x^2}{2!} + \cdots + \frac{x^n}{n!} + o(x^n);$$

$$\sin x = x - \frac{x^3}{3!} + \frac{x^5}{5!} - \cdots + (-1)^n \frac{x^{2n+1}}{(2n+1)!} + o(x^{2n+2});$$

$$\cos x = 1 - \frac{x^2}{2!} + \frac{x^4}{4!} - \cdots + (-1)^n \frac{x^{2n}}{(2n)!} + o(x^{2n+1});$$

$$\ln(1+x) = x - \frac{x^2}{2} + \frac{x^3}{3} - \cdots + (-1)^{n-1}\frac{x^n}{n} + o(x^n);$$

$$\ln(1-x) = -x - \frac{x^2}{2} - \frac{x^3}{3} - \cdots - \frac{x^n}{n} + o(x^n);$$

$$\frac{1}{1-x} = 1 + x + x^2 + \cdots + x^n + o(x^n);$$

$$(1+x)^m = 1 + mx + \frac{m(m-1)}{2!}x^2 + \cdots + \frac{m(m-1)\cdots(m-n+1)}{n!}x^n + o(x^n).$$

4.拉格朗日中值定理:

若函数 $f(x)$ 满足条件:①在闭区间 $[a,b]$ 上连续,②在开区间 (a,b) 内可导,则在 (a,b) 内至少存在一点 ξ ,使得 $f'(\xi) = \dfrac{f(b)-f(a)}{b-a}$.

5.导数的定义:

设 $f(x)$ 在 x_0 点的某邻域内有定义,当自变量在 x_0 点获得增量 Δx 时,对应的函数增量为 $\Delta y = f(x_0 + \Delta x) - f(x_0)$,若 $\lim\limits_{\Delta x \to 0} \dfrac{\Delta y}{\Delta x}$ 存在,则称 $f(x)$ 在 x_0 点可导.

$$y'\big|_{x=x_0} = \frac{\mathrm{d}y}{\mathrm{d}x}\Big|_{x=x_0} = f'(x_0) = \lim_{\Delta x \to 0}\frac{\Delta y}{\Delta x}$$

$$= \lim_{\Delta x \to 0}\frac{f(x_0 + \Delta x) - f(x_0)}{\Delta x} \xlongequal{x = x_0 + \Delta x} \lim_{x \to x_0}\frac{f(x) - f(x_0)}{x - x_0}.$$

6. 利用已知极限：

$$\lim_{x\to0}(1+x)^{\frac{1}{x}}=\mathrm{e};\lim_{x\to0}\frac{x-\sin x}{x^3}=\frac{1}{6},\lim_{x\to0}\frac{x-\ln(1+x)}{x^2}=\frac{1}{2},$$

$$\lim_{x\to0}\frac{x-\arcsin x}{x^3}=-\frac{1}{6},\lim_{x\to0}\frac{x-\tan x}{x^3}=-\frac{1}{3}.$$

典型例题

例1 求下列函数极限：

$$(1)\lim_{x\to0}\left(\frac{2+\mathrm{e}^{\frac{1}{x}}}{1+\mathrm{e}^{\frac{4}{x}}}+\frac{\sin x}{|x|}\right);(2)\lim_{x\to+\infty}\left(\sqrt{x+\sqrt{x}}-\sqrt{x}\right).$$

分析：(1)中含有绝对值函数及指数函数 $\mathrm{e}^{\frac{1}{x}}$，由于 $\lim\limits_{x\to0}\dfrac{\sin x}{|x|},\lim\limits_{x\to0}\mathrm{e}^{\frac{1}{x}}$ 不存在，所以应分左右极限计算极限.(2)含有根式的极限通常采用根式有理化、从根式中提出因子(注意变量的符号)、倒代换对函数进行化简，再进行极限计算.

解：$(1)\lim\limits_{x\to0^+}\left(\dfrac{2+\mathrm{e}^{\frac{1}{x}}}{1+\mathrm{e}^{\frac{4}{x}}}+\dfrac{\sin x}{|x|}\right)=\lim\limits_{x\to0^+}\left(\dfrac{2\mathrm{e}^{-\frac{4}{x}}+\mathrm{e}^{-\frac{3}{x}}}{\mathrm{e}^{-\frac{4}{x}}+1}+\dfrac{\sin x}{x}\right)=\dfrac{0+0}{0+1}+1=1,$

$$\lim_{x\to0^-}\left(\frac{2+\mathrm{e}^{\frac{1}{x}}}{1+\mathrm{e}^{\frac{4}{x}}}+\frac{\sin x}{|x|}\right)=\lim_{x\to0^-}\left(\frac{2+\mathrm{e}^{\frac{1}{x}}}{1+\mathrm{e}^{\frac{4}{x}}}-\frac{\sin x}{x}\right)=\frac{2+0}{1+0}-1=1,$$

故 $\lim\limits_{x\to0}\left(\dfrac{2+\mathrm{e}^{\frac{1}{x}}}{1+\mathrm{e}^{\frac{4}{x}}}+\dfrac{\sin x}{|x|}\right)=1.$

$(2)(法一)\lim\limits_{x\to+\infty}\left(\sqrt{x+\sqrt{x}}-\sqrt{x}\right)=\lim\limits_{x\to+\infty}\dfrac{\sqrt{x}}{\sqrt{x+\sqrt{x}}+\sqrt{x}}=\lim\limits_{x\to+\infty}\dfrac{1}{\sqrt{1+\dfrac{1}{\sqrt{x}}}+1}=\dfrac{1}{2}.$

$(法二)\lim\limits_{x\to+\infty}\left(\sqrt{x+\sqrt{x}}-\sqrt{x}\right)=\lim\limits_{x\to+\infty}\sqrt{x}\left(\sqrt{1+\dfrac{1}{\sqrt{x}}}-1\right)=\lim\limits_{x\to+\infty}\sqrt{x}\cdot\dfrac{1}{2}\dfrac{1}{\sqrt{x}}=\dfrac{1}{2}.$

$(法三)令\dfrac{1}{x}=t,$

$$\lim_{x\to+\infty}\left(\sqrt{x+\sqrt{x}}-\sqrt{x}\right)=\lim_{t\to0^+}\left(\sqrt{\frac{1}{t}+\sqrt{\frac{1}{t}}}-\sqrt{\frac{1}{t}}\right)=\lim_{t\to0^+}\left(\sqrt{\frac{1+\sqrt{t}}{t}}-\sqrt{\frac{1}{t}}\right)$$

$$=\lim_{t\to0^+}\frac{\sqrt{1+\sqrt{t}}-1}{\sqrt{t}}=\frac{1}{2}.$$

【举一反三】

1. 求 $\lim\limits_{x\to-\infty}\dfrac{\sqrt{4x^2+x-1}+x+1}{\sqrt{x^2+\sin x}}.$

解:（法一）令 $x = \dfrac{1}{t}$，则

$$\lim_{x \to -\infty} \frac{\sqrt{4x^2 + x - 1} + x + 1}{\sqrt{x^2 + \sin x}} = \lim_{t \to 0^-} \frac{\sqrt{\dfrac{4}{t^2} + \dfrac{1}{t} - 1} + \dfrac{1}{t} + 1}{\sqrt{\dfrac{1}{t^2} + \sin \dfrac{1}{t}}}$$

$$= \lim_{t \to 0^-} \frac{-\sqrt{4 + t - t^2} + 1 + t}{-\sqrt{1 + t^2 \sin \dfrac{1}{t}}} = \frac{-2 + 1}{-1} = 1.$$

（法二）$\displaystyle \lim_{x \to -\infty} \frac{\sqrt{4x^2 + x - 1} + x + 1}{\sqrt{x^2 + \sin x}} = \lim_{x \to -\infty} \frac{-\sqrt{4 + \dfrac{1}{x} + \dfrac{1}{x^2}} + 1 - \dfrac{1}{x}}{-\sqrt{1 + \dfrac{1}{x^2} \sin x}} = 1.$

2. 求 $\displaystyle \lim_{x \to +\infty} \left[(x^3 + 3x)^{\frac{1}{3}} - (x^2 - 2x)^{\frac{1}{2}} \right]$.

解:（法一）$\displaystyle \lim_{x \to +\infty} \left[(x^3 + 3x)^{\frac{1}{3}} - (x^2 - 2x)^{\frac{1}{2}} \right] \xlongequal{\frac{1}{t} = x} \lim_{t \to 0} \frac{\sqrt[3]{1 + 3t^2} - \sqrt{1 - 2t}}{t} =$

$\displaystyle \lim_{t \to 0} \frac{\sqrt[3]{1 + 3t^2} - 1}{t} - \lim_{t \to 0} \frac{\sqrt{1 - 2t} - 1}{t} = 1.$

（法二）$\displaystyle \lim_{x \to +\infty} \left[(x^3 + 3x)^{\frac{1}{3}} - (x^2 - 2x)^{\frac{1}{2}} \right] = \lim_{x \to +\infty} \left[x\left(1 + \frac{3}{x^2}\right)^{\frac{1}{3}} - x\left(1 - \frac{2}{x}\right)^{\frac{1}{2}} \right]$

$\displaystyle = \lim_{x \to +\infty} \left[x\left(1 + \frac{3}{x^2}\right)^{\frac{1}{3}} - 1 \right] - \lim_{x \to +\infty} \left[x\left(1 - \frac{2}{x}\right)^{\frac{1}{2}} - 1 \right] = 1.$

3. 求 $\displaystyle \lim_{x \to 0} \frac{\sqrt{1 + \tan x} - \sqrt{1 + \sin x}}{e^{x^3} - 1}$.

解: $\displaystyle \lim_{x \to 0} \frac{\sqrt{1 + \tan x} - \sqrt{1 + \sin x}}{e^{x^3} - 1} = \lim_{x \to 0} \frac{\tan x - \sin x}{x^3 \left(\sqrt{1 + \tan x} + \sqrt{1 - \tan x}\right)}$

$\displaystyle = \frac{1}{2} \lim_{x \to 0} \frac{\tan x (1 - \cos x)}{x^3} = \frac{1}{4}.$

例2 求下列极限:

（1）$\displaystyle \lim_{x \to 0^+} \frac{e^{\tan x} - e^x}{\sin x - x\cos x}$; （2）$\displaystyle \lim_{x \to 0} \left(\frac{1}{\sin^2 x} - \frac{\cos^2 x}{x^2} \right)$.

分析: 通过对(1)的观察,分子是同型函数,可以利用基本运算将分子中一项作为公因式提出,再利用等价无穷小化简即得极限;或者可以将分子看做一个函数在不同两点的函数值差,这样就出现了拉格朗日中值定理的形式,可以尝试利用它计算极限. 对(2)通分,两个题目都是 $\dfrac{0}{0}$ 型,一般地我们可以利用洛必达法则计算,但合理利用已有知识可以让我们的计算事半功倍.

解:（1）（法一）$\displaystyle \lim_{x \to 0^+} \frac{e^{\tan x} - e^x}{\sin x - x\cos x} = \lim_{x \to 0^+} \frac{e^x (e^{\tan x - x} - 1)}{\sin x - x\cos x} = \lim_{x \to 0^+} \frac{\tan x - x}{\sin x - x\cos x}$

$$= \lim_{x \to 0^+} \frac{\sin x - x\cos x}{\sin x - x\cos x} \cdot \frac{1}{\cos x} = 1.$$

（法二） $\lim\limits_{x \to 0^+} \dfrac{e^{\tan x} - e^x}{\sin x - x\cos x} = \lim\limits_{x \to 0^+} \dfrac{e^{\tan x} - e^x}{\tan x - x} \dfrac{\tan x - x}{\sin x - x\cos x} = \lim\limits_{x \to 0^+} e^\xi$（$\xi$ 介于 x 与 $\tan x$ 之间）

$$= \lim_{\xi \to 0^+} e^\xi = 1.$$

（2） $\lim\limits_{x \to 0}\left(\dfrac{1}{\sin^2 x} - \dfrac{\cos^2 x}{x^2}\right) = \lim\limits_{x \to 0} \dfrac{x^2 - \dfrac{1}{4}\sin^2 2x}{x^2 \sin^2 x} = \lim\limits_{x \to 0} \dfrac{x^2 - \dfrac{1}{4}\sin^2 2x}{x^4} = \dfrac{1}{4}\lim\limits_{x \to 0} \dfrac{4x^2 - \sin^2 2x}{x^4}$

$$= \frac{1}{4}\lim_{x \to 0} \frac{2x - \sin 2x}{x^3} \frac{2x + \sin 2x}{x} = \lim_{x \to 0} \frac{2x - \sin 2x}{x^3} = \frac{4}{3}.$$

【举一反三】

1. 求 $\lim\limits_{x \to 0} \dfrac{\sqrt{1 + \tan x} - \sqrt{1 + \sin x}}{x\ln(1 + x) - x^2}$.

解： $\lim\limits_{x \to 0} \dfrac{\sqrt{1 + \tan x} - \sqrt{1 + \sin x}}{x\ln(1 + x) - x^2} = \lim\limits_{x \to 0} \dfrac{\sqrt{1 + \tan x} - \sqrt{1 + \sin x}}{x^3} \dfrac{x^3}{x\ln(1 + x) - x^2}$

$$= \lim_{x \to 0} \frac{\sqrt{1 + \tan x} - \sqrt{1 + \sin x}}{x^3} \lim_{x \to 0} \frac{x^2}{\ln(1 + x) - x}$$

$$= \frac{1}{4}\lim_{x \to 0} \frac{2x}{\dfrac{1}{1 + x} - 1} = -\frac{1}{2}.$$

2. 求 $\lim\limits_{x \to 0^+} \dfrac{\cos(\sin x) - e^{\cos x - 1}}{\tan^2 x - \sin^2 x}$.

解： 由于 $\lim\limits_{x \to 0^+} \dfrac{\tan x - \sin x}{x^3} = \lim\limits_{x \to 0^+} \dfrac{\tan x(1 - \cos x)}{x^3} = \dfrac{1}{2}$，

则 $\lim\limits_{x \to 0^+} \dfrac{\cos(\sin x) - e^{\cos x - 1}}{\tan^2 x - \sin^2 x} = \lim\limits_{x \to 0^+} \dfrac{\cos(\sin x) - e^{\cos x - 1}}{x^4} \lim\limits_{x \to 0^+} \dfrac{x^4}{(\tan x - \sin x)(\tan x + \sin x)}$

$$= \lim_{x \to 0^+} \frac{\cos(\sin x) - \cos x + \cos x - e^{\cos x - 1}}{x^4}$$

$$= \lim_{x \to 0^+} \frac{\cos(\sin x) - \cos x}{x^4} + \lim_{x \to 0^+} \frac{\cos x - e^{\cos x - 1}}{x^4}$$

$$= \lim_{x \to 0^+} (-\sin \xi) \frac{\sin x - x}{x^4} + \lim_{x \to 0^+} \frac{-\sin x + e^{\cos x - 1}\sin x}{4x^3}$$

$$(\sin x < \xi < x)$$

$$= -\lim_{x \to 0^+} \frac{\sin x - x}{x^3} + \lim_{x \to 0^+} \frac{-1 + e^{\cos x - 1}}{4x^2} = \frac{1}{24}.$$

例3 求下列极限：

（1） $\lim\limits_{x \to 0^+} (\arcsin x)^{\tan x}$;

（2） $\lim\limits_{x \to 0^+} (\cot x)^{\frac{1}{\ln x}}$;

（3） $\lim\limits_{x \to 0} (\cos 2x + 2x\sin x)^{\frac{1}{x^4}}$;

(4) $\displaystyle\lim_{x\to1}\frac{x^x-x}{1-x+\ln x}$.

分析：含有幂指函数的极限，如果是 1^∞ 型，可以利用重要极限 $\displaystyle\lim_{x\to\infty}\left(1+\frac{1}{x}\right)^x=e$；但通常情况下，不论极限是何种类型，都可以将幂指函数化为指数函数.如果是含有幂指函数与其他初等函数的运算，可以尝试化简为 $f(x)^{g(x)}-1$ 的形式，以便使用等价无穷小.

解：(1)（0^0 型）$\displaystyle\lim_{x\to0^+}(\arcsin x)^{\tan x}=\lim_{x\to0^+}e^{\tan x\cdot\ln\arcsin x}=e^{\lim\limits_{x\to0^+}x\cdot\ln\arcsin x}=e^{\lim\limits_{x\to0^+}\frac{\ln\arcsin x}{\frac{1}{x}}}=$

$e^{\lim\limits_{x\to0^+}\frac{\frac{1}{\arcsin x}\cdot\frac{1}{\sqrt{1-x^2}}}{-\frac{1}{x^2}}}=e^{-\lim\limits_{x\to0^+}\frac{x^2}{x}\cdot\frac{1}{\sqrt{1-x^2}}}=e^0=1.$

(2)（∞^0 型）$\displaystyle\lim_{x\to0^+}(\cot x)^{\frac{1}{\ln x}}=e^{\lim\limits_{x\to0^+}\frac{\ln\cot x}{\ln x}}=e^{\lim\limits_{x\to0^+}\frac{\frac{1}{\cot x}\cdot\left(-\frac{1}{\sin^2x}\right)}{\frac{1}{x}}}=e^{\lim\limits_{x\to0^+}\frac{-x}{\sin x\cos x}}=e^{-1}.$

(3)（1^∞ 型）（法一）$\displaystyle\lim_{x\to0}(\cos2x+2x\sin x)^{\frac{1}{x^4}}=\lim_{x\to0}(1+\cos2x+2x\sin x-1)^{\frac{1}{x^4}}$

$=\displaystyle\lim_{x\to0}(1+\cos2x+2x\sin x-1)^{\frac{1}{\cos2x+2x\sin x-1}\cdot\frac{\cos2x+2x\sin x-1}{x^4}}.$

由于 $\displaystyle\lim_{x\to0}\frac{\cos2x+2x\sin x-1}{x^4}=\lim_{x\to0}\frac{2x\sin x-2\sin^2x}{x^4}=\lim_{x\to0}\frac{2x-2\sin x}{x^3}=\frac{1}{3},$

得 $\displaystyle\lim_{x\to0}(\cos2x+2x\sin x)^{\frac{1}{x^4}}=e^{\frac{1}{3}}.$

（法二）$\displaystyle\lim_{x\to0}(\cos2x+2x\sin x)^{\frac{1}{x^4}}=\lim_{x\to0}e^{\frac{1}{x^4}\ln(\cos2x+2x\sin x)}=e^{\lim\limits_{x\to0}\frac{\cos2x+2x\sin x-1}{x^4}}$

$=e^{\lim\limits_{x\to0}\frac{2x\sin x-2\sin^2x}{x^4}}=e^{\lim\limits_{x\to0}\frac{2x-2\sin x}{x^3}}=e^{\frac{1}{3}}.$

(4)（法一）$\displaystyle\lim_{x\to1}\frac{x^x-x}{1-x+\ln x}=\lim_{x\to1}\frac{x(x^{x-1}-1)}{1-x+\ln x}=\lim_{x\to1}\frac{e^{(x-1)\ln x}-1}{1-x+\ln x}=\lim_{x\to1}\frac{(x-1)\ln x}{1-x+\ln x}$

$=\displaystyle\lim_{x\to1}\frac{(x-1)^2}{1-x+\ln x}=\lim_{x\to1}\frac{2(x-1)}{-1+\frac{1}{x}}=-2.$

（法二）$\displaystyle\lim_{x\to1}\frac{x^x-x}{1-x+\ln x}=\lim_{x\to1}\frac{e^{x\ln x}-x}{1-x+\ln x}=\lim_{x\to1}\frac{e^{x\ln x}-e^{\ln x}}{1-x+\ln x}=\lim_{x\to1}\frac{e^{\ln x}(e^{(x-1)\ln x}-1)}{1-x+\ln x}$

$=\displaystyle\lim_{x\to1}\frac{(x-1)\ln x}{1-x+\ln x}=\lim_{x\to1}\frac{(x-1)^2}{1-x+\ln x}=\lim_{x\to1}\frac{2(x-1)}{-1+\frac{1}{x}}=-2.$

第(4)题的第二种处理方法回到了例2的第(1)题，将分子变为同型函数.

【举一反三】

1. 已知 $\displaystyle\lim_{x\to0}f(x)=\lim_{x\to0}g(x)=0$，证明：$\displaystyle\lim_{x\to0}\frac{[1+f(x)]^{\frac{1}{f(x)}}-[1+g(x)]^{\frac{1}{g(x)}}}{f(x)-g(x)}=-\frac{e}{2}.$

证明：（法一）$\displaystyle\lim_{x\to0}\frac{[1+f(x)]^{\frac{1}{f(x)}}-[1+g(x)]^{\frac{1}{g(x)}}}{f(x)-g(x)}=\lim_{x\to0}\frac{e^{\frac{\ln(1+f(x))}{f(x)}}-e^{\frac{\ln(1+g(x))}{g(x)}}}{f(x)-g(x)}$

$$= e \lim_{x \to 0} \frac{\dfrac{\ln(1 + f(x))}{f(x)} - \dfrac{\ln(1 + g(x))}{g(x)}}{f(x) - g(x)} = e \lim_{x \to 0} \frac{\dfrac{\xi}{1 + \xi} - \ln(1 + \xi)}{\xi^2}$$

（ξ 介于 $f(x)$ 与 $g(x)$ 之间）

$$= e \lim_{\xi \to 0} \frac{\xi - (1 + \xi)\ln(1 + \xi)}{\xi^2(1 + \xi)} = e \lim_{\xi \to 0} \frac{1 - \ln(1 + \xi) - 1}{2\xi} = -\frac{e}{2}.$$

（法二）$\displaystyle\lim_{x \to 0} \frac{[1 + f(x)]^{\frac{1}{f(x)}} - [1 + g(x)]^{\frac{1}{g(x)}}}{f(x) - g(x)} = \lim_{x \to 0} \left[(1 + z)^{\frac{1}{z}} \right]' \Big|_{z = \xi}$

$$= \lim_{x \to 0} e^{\frac{1}{\xi}\ln(1 + \xi)} \left[\frac{\dfrac{\xi}{1 + \xi} - \ln(1 + \xi)}{\xi^2} \right] = -\frac{e}{2}.$$

2. 求 $\displaystyle\lim_{m, n \to \infty} \dfrac{\left(1 + \dfrac{1}{n}\right)^{n\sin\frac{1}{m}} - \left(1 + \dfrac{1}{n}\right)^{n\ln\left(1 + \frac{1}{m}\right)}}{1 - \cos\dfrac{1}{m}}.$

解：$\displaystyle\lim_{m, n \to \infty} \dfrac{\left(1 + \dfrac{1}{n}\right)^{n\sin\frac{1}{m}} - \left(1 + \dfrac{1}{n}\right)^{n\ln\left(1 + \frac{1}{m}\right)}}{1 - \cos\dfrac{1}{m}} = \lim_{m, n \to \infty} 2m^2 \left[e^{n\sin\frac{1}{m}\ln\left(1 + \frac{1}{n}\right)} - e^{n\ln\left(1 + \frac{1}{m}\right)\ln\left(1 + \frac{1}{n}\right)} \right]$

$$= \lim_{m, n \to \infty} 2m^2 e^{n\ln\left(1 + \frac{1}{n}\right)\ln\left(1 + \frac{1}{m}\right)} \left\{ e^{\ln\left(1 + \frac{1}{n}\right)^n \left[\sin\frac{1}{m} - \ln\left(1 + \frac{1}{m}\right)\right]} - 1 \right\}$$

$$= \lim_{m, n \to \infty} 2m^2 \cdot \ln\left(1 + \frac{1}{n}\right)^n \left[\sin\frac{1}{m} - \ln\left(1 + \frac{1}{m}\right) \right] = 2\lim_{n \to \infty} \frac{\sin\dfrac{1}{m} - \ln\left(1 + \dfrac{1}{m}\right)}{\dfrac{1}{m^2}}$$

$$= 2\lim_{n \to \infty} \frac{\sin\dfrac{1}{m} - \dfrac{1}{m} + \dfrac{1}{m} - \ln\left(1 + \dfrac{1}{m}\right)}{\dfrac{1}{m^2}} = 2\lim_{n \to \infty} \frac{\sin\dfrac{1}{m} - \dfrac{1}{m}}{\dfrac{1}{m^2}} + 2\lim_{n \to \infty} \frac{\dfrac{1}{m} - \ln\left(1 + \dfrac{1}{m}\right)}{\dfrac{1}{m^2}}$$

$$= 1.$$

第 2 题的倒数第二步利用了两个已知极限 $\displaystyle\lim_{x \to 0} \frac{x - \sin x}{x^3} = \frac{1}{6}$，$\displaystyle\lim_{x \to 0} \frac{x - \ln(1 + x)}{x^2} = \frac{1}{2}$ 的形式不变性.

例 4 求下列极限：

（1）$\displaystyle\lim_{x \to 0} \frac{e^x\tan x - x(1 + x)}{\arcsin^3 x}$；（2）$\displaystyle\lim_{x \to 0} \frac{\arcsin x - \sin x}{\arctan x - \tan x}$；（3）$\displaystyle\lim_{x \to \infty}\left(\frac{x^2}{e}\left(1 + \right)^x - x^2 + \frac{x}{2}\right).$

分析：利用带有佩亚诺余项的泰勒公式求极限也很方便，但要注意展开的项数. 如果有参考的多项式，要做到不漏项，不多项；如果没有参考的多项式，则从变量的零次开始，从低到高找到第一个系数不为零的即可. 对两个函数乘积的泰勒展开，以其中一个函数的最低次达到所需的次数为目的控制另一函数展开的项数.

解：（1）$\displaystyle\lim_{x \to 0} \frac{e^x\tan x - x(1 + x)}{\arcsin^3 x} = \lim_{x \to 0} \frac{e^x\tan x - x(1 + x)}{x^3}$

$$= \lim_{x \to 0} \frac{\left(1 + x + \frac{x^2}{2!} + o(x^2)\right)\left(x + \frac{x^3}{3} + o(x^3)\right) - x(1+x)}{x^3}$$

$$= \lim_{x \to 0} \frac{x + x^2 + \frac{5x^3}{6} + o(x^3) - x - x^2}{x^3} = \frac{5}{6}.$$

（2）（法一）$\lim_{x \to 0} \dfrac{\arcsin x - \sin x}{\arctan x - \tan x} = \lim_{x \to 0} \dfrac{x + \dfrac{1}{2} \cdot \dfrac{1}{3}x^3 - \left(x - \dfrac{x^3}{3!}\right) + o(x^3)}{x - \dfrac{1}{3}x^3 - \left(x + \dfrac{1}{3}x^3\right) + o(x^3)} = -\dfrac{1}{2}.$

（法二）$\lim_{x \to 0} \dfrac{\arcsin x - \sin x}{\arctan x - \tan x} = \lim_{x \to 0} \dfrac{\dfrac{1}{\sqrt{1-x^2}} - \cos x}{\dfrac{1}{1+x^2} - \sec^2 x} = \lim_{x \to 0} \dfrac{\dfrac{\dfrac{1}{\sqrt{1-x^2}} - \cos x}{x^2}}{\dfrac{\dfrac{1}{1+x^2} - \sec^2 x}{x^2}}$

$$= \lim_{x \to 0} \frac{\dfrac{\dfrac{1}{\sqrt{1-x^2}} - \cos x}{x^2}}{\lim\limits_{x \to 0} \dfrac{\dfrac{1}{1+x^2} - \sec^2 x}{x^2}}$$

$$= \lim_{x \to 0} \frac{\dfrac{\dfrac{1}{\sqrt{1-x^2}} - 1 + 1 - \cos x}{x^2}}{\lim\limits_{x \to 0} \dfrac{\dfrac{1}{1+x^2} - 1 + 1 - \sec^2 x}{x^2}}$$

$$= \left(\lim_{x \to 0} \frac{\dfrac{1}{\sqrt{1-x^2}} - 1}{x^2} + \lim_{x \to 0} \frac{1 - \cos x}{x^2}\right)\left(\frac{1}{\lim\limits_{x \to 0} \dfrac{\dfrac{1}{1+x^2} - 1}{x^2} + \lim\limits_{x \to 0} \dfrac{1 - \sec^2 x}{x^2}}\right) = -\frac{1}{2}.$$

（3）（法一）$\lim\limits_{x \to \infty}\left[\dfrac{x^2}{\mathrm{e}}\left(1 + \dfrac{1}{x}\right)^x - x^2 + \dfrac{x}{2}\right] = \lim\limits_{x \to \infty}\left[\dfrac{x^2}{\mathrm{e}}\mathrm{e}^{x\ln\left(1+\frac{1}{x}\right)} - x^2 + \dfrac{x}{2}\right] = \lim\limits_{x \to \infty}\left[x^2 \mathrm{e}^{x\ln\left(1+\frac{1}{x}\right)-1} - x^2 + \dfrac{x}{2}\right],$

由于 $\mathrm{e}^{x\ln\left(1+\frac{1}{x}\right)-1} = \mathrm{e}^{-\frac{1}{2x}+\frac{1}{3x^2}+o\left(\frac{1}{x^2}\right)} = 1 + \left(-\dfrac{1}{2x} + \dfrac{1}{3x^2}\right) + \dfrac{1}{2!}\left(-\dfrac{1}{2x} + \dfrac{1}{3x^2}\right)^2 + o\left(\dfrac{1}{x^2}\right)$

$$= 1 - \frac{1}{2x} + \frac{11}{24x^2} + o\left(\frac{1}{x^2}\right),$$

可得 $\lim\limits_{x \to \infty}\left[\dfrac{x^2}{\mathrm{e}}\left(1 + \dfrac{1}{x}\right)^x - x^2 + \dfrac{x}{2}\right] = \lim\limits_{x \to \infty}\left[x^2\mathrm{e}^{x\ln\left(1+\frac{1}{x}\right)-1} - x^2 + \dfrac{x}{2}\right]$

$$= \lim_{x \to \infty}\left[x^2\left(1 - \frac{1}{2x} + \frac{11}{24x^2} + o\left(\frac{1}{x^2}\right)\right) - x^2 + \frac{x}{2}\right] = \frac{11}{24}.$$

（法二）令 $x = \dfrac{1}{t}$，由已知 $\lim\limits_{t \to 0} \dfrac{1 - t - \mathrm{e}^{-t}}{t^2} = -\dfrac{1}{2},$

$$\lim_{x \to \infty}\left[\frac{x^2}{e}\left(1 + \frac{1}{x}\right)^x - x^2 + \frac{x}{2}\right] = \lim_{t \to 0}\frac{e^{\frac{\ln(1+t)-t}{t}} - 1 + \frac{t}{2}}{t^2} = \lim_{t \to 0}\frac{e^{\frac{\ln(1+t)-t}{t}} - e^{-\frac{t}{2}} + e^{-\frac{t}{2}} - 1 + \frac{t}{2}}{t^2}$$

$$= \lim_{t \to 0}\frac{e^{\frac{\ln(1+t)-t}{t}} - e^{-\frac{t}{2}}}{t^2} + \lim_{t \to 0}\frac{e^{-\frac{t}{2}} - 1 + \frac{t}{2}}{t^2} = \lim_{t \to 0}\frac{e^{-\frac{t}{2}}[e^{\frac{\ln(1+t)-t}{t} + \frac{t}{2}} - 1]}{t^2} + \frac{1}{8}$$

$$= \lim_{t \to 0}\frac{\frac{\ln(1+t)-t}{t} + \frac{t}{2}}{t^2} + \frac{1}{8} = \lim_{t \to 0}\frac{2\ln(1+t) - 2t + t^2}{2t^3} + \frac{1}{8}$$

$$= \lim_{t \to 0}\frac{2\left(t - \frac{t^2}{2} + \frac{t^3}{3} + o(t^3)\right) - 2t + t^2}{2t^3} + \frac{1}{8} = \frac{11}{24}.$$

【举一反三】

1. 求 $\lim\limits_{x \to 0}\dfrac{\ln(1+x)^{\frac{1}{x}} - e^{\frac{\ln(1+x)-x}{x}}}{x\sin x}$.

解：（法一）$\lim\limits_{x \to 0}\dfrac{\ln(1+x)^{\frac{1}{x}} - e^{\frac{\ln(1+x)-x}{x}}}{x\sin x} = \lim\limits_{x \to 0}\dfrac{\frac{1}{x}\ln(1+x) - e^{\frac{\ln(1+x)-x}{x}}}{x^2}$

$$= \lim_{x \to 0}\frac{\frac{1}{x}\left(x - \frac{x^2}{2} + \frac{x^3}{3} + o(x^3)\right) - e^{\frac{x - \frac{x^2}{2} + \frac{x^3}{3} + o(x^3) - x}{x}}}{x^2}$$

$$= \lim_{x \to 0}\frac{1 - \frac{x}{2} + \frac{x^2}{3} + o(x^2) - \left[1 - \frac{x}{2} + \frac{x^2}{3} + \frac{1}{2!}\left(-\frac{x}{2} + \frac{x^2}{3}\right)^2 + o(x^2)\right]}{x^2} = -\frac{1}{8}.$$

（法二）因为 $\lim\limits_{x \to 0}\dfrac{1 - \frac{1}{x}\ln(1+x)}{\frac{1}{2}x} = 1$，

令 $1 - \dfrac{1}{x}\ln(1+x) = t$，

则 $\lim\limits_{x \to 0}\dfrac{\ln(1+x)^{\frac{1}{x}} - e^{\frac{\ln(1+x)-x}{x}}}{x\sin x} = \lim\limits_{x \to 0}\dfrac{\frac{1}{x}\ln(1+x) - e^{\frac{\ln(1+x)-x}{x}}}{x^2} = \lim\limits_{t \to 0}\dfrac{1 - t - e^{-t}}{4t^2} = -\dfrac{1}{8}.$

2. $\lim\limits_{x \to 0}\dfrac{1 - \cos x\cos 2x\cos 3x}{ax^n} = 1$，求 a, n.

解：（法一）$1 = \lim\limits_{x \to 0}\dfrac{1 - \cos x\cos 2x\cos 3x}{ax^n} = \lim\limits_{x \to 0}\dfrac{1 - \left(1 - \frac{9x^2}{2!} - \frac{5x^2}{2!} + o(x^2)\right)}{ax^n}$,

可得 $a = 7, n = 2$.

（法二）由于 $\lim\limits_{x \to 0}\dfrac{1 - \cos x\cos 2x\cos 3x}{x^2} = \lim\limits_{x \to 0}\dfrac{1 - \cos x}{x^2} + \lim\limits_{x \to 0}\dfrac{\cos x(1 - \cos 2x\cos 3x)}{x^2}$

$$= \frac{1}{2} + \lim_{x \to 0} \frac{1 - \cos 2x}{x^2} \lim_{x \to 0} \frac{\cos 2x(1 - \cos 3x)}{x^2} = 7,$$

所以 $1 = \lim_{x \to 0} \frac{1 - \cos x \cos 2x \cos 3x}{ax^n} = \lim_{x \to 0} \frac{1 - \cos x \cos 2x \cos 3x}{x^2} \frac{x^2}{ax^n} = 7 \lim_{x \to 0} \frac{x^2}{ax^n},$

则 $a = 7, n = 2$.

例 5　求下列极限:

(1) $\lim_{x \to 0} \dfrac{\displaystyle\int_0^x \left[\int_0^{u^2} \arctan(1 + t) dt\right] du}{x(1 - \cos x)}$;　　　(2) $\lim_{x \to 0^+} \dfrac{\displaystyle\int_0^{x^2} dt \int_{\sqrt{t}}^x \frac{\sin u}{u} du}{x^3}$;

(3) $\lim_{x \to +\infty} \left[\displaystyle\int_0^x e^{t^2} dt\right]^{\frac{1}{x^2}}$;

(4) 已知 $f(x) = \displaystyle\int_x^{x^2} \left(1 + \frac{1}{2t}\right)^t \sin \frac{1}{\sqrt{t}} dt$, 求 $\lim_{n \to \infty} f(n) \sin \frac{1}{n}$.

分析: 含有变限积分函数的极限,运用洛必达法则最为合适,因为对变限积分函数求导可将积分号消除. 在求导计算时,要么根据变限积分函数的类型采用不同方法对其求导(有可能进行二重积分更换积分次序),要么利用含参变量正常积分的求导公式.

解: (1) $\lim_{x \to 0} \dfrac{\displaystyle\int_0^x \left[\int_0^{u^2} \arctan(1 + t) dt\right] du}{x(1 - \cos x)} = 2 \lim_{x \to 0} \dfrac{\displaystyle\int_0^x \left[\int_0^{u^2} \arctan(1 + t) dt\right] du}{x^3}$

$= 2 \lim_{x \to 0} \dfrac{\displaystyle\int_0^{x^2} \arctan(1 + t) dt}{3x^2} = \lim_{x \to 0} \dfrac{\arctan(1 + x^2) \cdot 2x}{3x} = \dfrac{\pi}{6}$.

(2)(法一) $\lim_{x \to 0^+} \dfrac{\displaystyle\int_0^{x^2} dt \int_{\sqrt{t}}^x \frac{\sin u}{u} du}{x^3} = \lim_{x \to 0^+} \dfrac{\displaystyle\int_0^x du \int_0^{u^2} \frac{\sin u}{u} dt}{x^3} = \lim_{x \to 0^+} \dfrac{\displaystyle\int_0^x u \sin u \, dt}{x^3} = \lim_{x \to 0^+} \dfrac{x \sin x}{3x^2} = \dfrac{1}{3}$.

(法二) 记 $f(x, t) = \displaystyle\int_{\sqrt{t}}^x \frac{\sin u}{u} du$,

$\lim_{x \to 0^+} \dfrac{\displaystyle\int_0^{x^2} dt \int_{\sqrt{t}}^x \frac{\sin u}{u} du}{x^3} = \lim_{x \to 0^+} \dfrac{\displaystyle\int_0^{x^2} f(x, t) dt}{x^3} = \lim_{x \to 0^+} \dfrac{\displaystyle\int_0^{x^2} \frac{\partial f(x, t)}{\partial x} dt - f(x, x^2) \cdot 2x}{3x^2}$

$= \lim_{x \to 0^+} \dfrac{\displaystyle\int_0^{x^2} \frac{\sin x}{x} dt}{3x^2} = \lim_{x \to 0^+} \dfrac{x \sin x}{3x^2} = \dfrac{1}{3}$.

（3）因为 $\lim\limits_{x\to+\infty}\dfrac{1}{x^2}\ln\int_0^x e^{t^2}dt=\lim\limits_{x\to+\infty}\dfrac{\frac{e^{x^2}}{x}}{2x\int_0^x e^{t^2}dt}=\lim\limits_{x\to+\infty}\dfrac{2xe^{x^2}}{2\int_0^x e^{t^2}dt+2xe^{x^2}}=\lim\limits_{x\to+\infty}\dfrac{1}{\frac{\int_0^x e^{t^2}dt}{xe^{x^2}}+1}=1$,

故 $\lim\limits_{x\to+\infty}\left(\int_0^x e^{t^2}dt\right)^{\frac{1}{x^2}}=e$.

（4）由于

$$\lim_{x\to+\infty}f(x)\frac{1}{x}=\lim_{x\to+\infty}\frac{\int_x^{x^2}\left(1+\frac{1}{2t}\right)^t\sin\frac{1}{\sqrt{t}}dt}{x}=\lim_{x\to+\infty}\left[\left(1+\frac{1}{2x^2}\right)^{x^2}\sin\frac{1}{x}\cdot2x-\left(1+\frac{1}{2x}\right)^x x\sin\frac{1}{\sqrt{x}}\right]$$

$$=\sqrt{e}\lim_{x\to+\infty}\left(\sin\frac{1}{x}\cdot2x\right)-\sqrt{e}\lim_{x\to+\infty}\left(\sin\frac{1}{\sqrt{x}}\right)=2\sqrt{e},$$

所以 $\lim\limits_{n\to\infty}f(n)\sin\dfrac{1}{n}=\lim\limits_{n\to\infty}f(n)\dfrac{1}{n}=2\sqrt{e}$.

例 6 求下列极限：

（1）$f(1)=0$，$f'(1)$ 存在，求 $\lim\limits_{x\to0}\dfrac{f(\sin^2x+\cos x)\sin3x}{(e^{x^2}-1)\sin x}$；

（2）已知函数 $f(x)$ 连续，$f(0)\neq0$，求 $\lim\limits_{x\to0}\dfrac{\int_0^x(x-t)f(t)dt}{x\int_0^x f(x-t)dt}$；

（3）设 $f(0)=0$，$f'(0)$ 存在，求 $\lim\limits_{n\to\infty}\left[f\left(\dfrac{1}{n^2}\right)+f\left(\dfrac{2}{n^2}\right)+\cdots+f\left(\dfrac{n}{n^2}\right)\right]$.

分析：本题最大的特点就是抽象函数的存在，用洛必达法则需要满足 $f(x)$ 在 $x=0$ 的去心邻域内可导且导函数连续. 若不能使用洛必达法则，要根据已知条件及 $f(x)$ 的性质选择合适的方法计算极限.

解：（1）$\lim\limits_{x\to0}\dfrac{f(\sin^2x+\cos x)\sin3x}{(e^{x^2}-1)\sin x}=3\lim\limits_{x\to0}\dfrac{f(\sin^2x+\cos x)}{x^2}$

$=3\lim\limits_{x\to0}\dfrac{f(1+\sin^2x+\cos x-1)}{\sin^2x+\cos x-1}\dfrac{\sin^2x+\cos x-1}{x^2}=\dfrac{3}{2}f'(1)$.

（2）$\lim\limits_{x\to0}\dfrac{\int_0^x(x-t)f(t)dt}{x\int_0^x f(x-t)dt}=\lim\limits_{x\to0}\dfrac{x\int_0^x f(t)dt-\int_0^x tf(t)dt}{x\int_0^x f(t)dt}=1-\lim\limits_{x\to0}\dfrac{\int_0^x tf(t)dt}{x\int_0^x f(t)dt}$

$=1-\lim\limits_{x\to0}\dfrac{xf(x)}{\int_0^x f(t)dt+xf(x)}=1-\dfrac{1}{\lim\limits_{x\to0}\frac{\int_0^x f(t)dt}{x}\frac{1}{f(0)}+1}=\dfrac{1}{2}$.

（3）设 $x_n = f\left(\dfrac{1}{n^2}\right) + f\left(\dfrac{2}{n^2}\right) + \cdots + f\left(\dfrac{n}{n^2}\right)$，

由于 $f'(0) = \lim\limits_{x\to 0}\dfrac{f(x)-f(0)}{x} = \lim\limits_{x\to 0}\dfrac{f(x)}{x}$ 存在，

因此 $f\left(\dfrac{k}{n^2}\right) = \dfrac{k}{n^2}f'(0) + \alpha_k \cdot \dfrac{k}{n^2}$，其中 $\alpha_k \cdot \dfrac{k}{n^2} = o\left(\dfrac{k}{n^2}\right)$，

于是 $x_n = \dfrac{f'(0)}{n^2}\sum\limits_{k=1}^{n}k + \dfrac{\alpha_1 + 2\alpha_2 + \cdots + n\alpha_n}{n^2} = \dfrac{n(n+1)}{2n^2}f'(0) + \dfrac{\alpha_1 + 2\alpha_2 + \cdots + n\alpha_n}{n^2}$，

而 $\lim\limits_{n\to\infty}\dfrac{\alpha_1 + 2\alpha_2 + \cdots + n\alpha_n}{n^2} = \lim\limits_{n\to\infty}\dfrac{(n+1)\alpha_{n+1}}{(n+1)^2 - n^2} = \lim\limits_{n\to\infty}\dfrac{1}{2}\alpha_{n+1} = 0$，

可得 $\lim\limits_{n\to\infty}x_n = \lim\limits_{n\to\infty}\dfrac{n(n+1)}{2n^2}f'(0) = \dfrac{1}{2}f'(0)$.

【举一反三】

1. 设 $f''(x)$ 连续，且 $f''(x) > 0, f(0) = f'(0) = 0$，求 $\lim\limits_{x\to 0^+}\dfrac{\displaystyle\int_0^{u(x)}f(t)\,\mathrm{d}t}{\displaystyle\int_0^{x}f(t)\,\mathrm{d}t}$，其中 $u(x)$ 是曲线

$y = f(x)$ 在点 $(x, f(x))$ 处的切线在 x 轴上的截距.

解： 由导数的几何意义得，曲线 $y = f(x)$ 在点 $(x, f(x))$ 处的切线为

$Y - f(x) = f'(x)(X - x)$.

令 $Y = 0$，得 $-f(x) = f'(x)X - xf'(x)$，

即 $X = \dfrac{xf'(x) - f(x)}{f'(x)} = x - \dfrac{f(x)}{f'(x)}$.

亦即 $u(x) = x - \dfrac{f(x)}{f'(x)}$，

由已知 $u'(x) = 1 - \dfrac{[f'(x)]^2 - f(x)\cdot f''(x)}{[f'(x)]^2} = \dfrac{f(x)f''(x)}{[f'(x)]^2}$.

又由于 $f(x), f'(x)$ 在 $x = 0$ 点处的泰勒公式为

$f(x) = \dfrac{1}{2}f''(0)x^2 + o(x^2)$，

则 $f'(x) = f''(0)x + o(x)$.

则 $u(x) = x - \dfrac{f(x)}{f'(x)} = x - \dfrac{\dfrac{1}{2}f''(0)x^2 + o(x^2)}{f''(0)x + o(x)} \approx x - \dfrac{1}{2}x = \dfrac{1}{2}x$.

于是 $\lim\limits_{x\to 0^+}\dfrac{\displaystyle\int_0^{u(x)}f(t)\,\mathrm{d}t}{\displaystyle\int_0^{x}f(t)\,\mathrm{d}t} = \lim\limits_{x\to 0^+}\dfrac{f(u(x))\cdot u'(x)}{f(x)}$

$$= \lim_{x \to 0^+} \frac{\dfrac{1}{2} f''(0) u^2(x) + o(x^2)}{f(x)} \cdot \frac{f(x) f''(x)}{[f'(x)]^2}$$

$$= \lim_{x \to 0^+} \frac{\dfrac{1}{2} f''(0) u^2(x) + o(x^2)}{[f''(0) x + o(x)]^2} \cdot f''(x)$$

$$= \lim_{x \to 0^+} \frac{\dfrac{1}{2} f''(0) \left(\dfrac{x}{2}\right)^2 + o(x^2)}{[f''(0) x + o(x)]^2} f''(x) = \frac{1}{8}.$$

2. 已知 $\lim\limits_{x \to 0} \left(1 + x + \dfrac{f(x)}{x}\right)^{\frac{1}{x}} = e^3$,其中 $f(x)$ 二阶可导,求 $f(0)$,$f'(0)$,$f''(0)$

及 $\lim\limits_{x \to 0} \left(1 + \dfrac{f(x)}{x}\right)^{\frac{1}{x}}$.

解:由 $\lim\limits_{x \to 0} \left(1 + x + \dfrac{f(x)}{x}\right)^{\frac{1}{x}} = e^3$ 知,

$\lim\limits_{x \to 0} \left(x + \dfrac{f(x)}{x}\right) = 0$,且 $\lim\limits_{x \to 0} \left(x + \dfrac{f(x)}{x}\right) \dfrac{1}{x} = 3$,即 $\lim\limits_{x \to 0} \dfrac{f(x)}{x^2} = 2$.

而 $f(x) = f(0) + f'(0) x + \dfrac{f''(0)}{2!} x^2 + o(x^2)$,

由 $\lim\limits_{x \to 0} \dfrac{f(x)}{x^2} = \lim\limits_{x \to 0} \dfrac{f(0) + f'(0) x + \dfrac{f''(0)}{2!} x^2 + o(x^2)}{x^2} = 2$ 知,

$f(0) = 0$,$f'(0) = 0$,$f''(0) = 4$.

由于 $\lim\limits_{x \to 0} \dfrac{f(x)}{x^2} = 2$,则 $\lim\limits_{x \to 0} \left[1 + \dfrac{f(x)}{x}\right]^{\frac{1}{x}} = e^2$.

拓展训练

求下列极限:

(1) $\lim\limits_{x \to 1} \dfrac{e^{\frac{x-1}{2}} - \sqrt{x}}{[\ln(2x - 1)]^2}$;

(2) $\lim\limits_{x \to 0} \left(\dfrac{x - \sin^2 x}{x}\right)^{\frac{2}{x}}$;

(3) $\lim\limits_{x \to 0^+} (\tan x)^{\sin x}$;

(4) $\lim\limits_{x \to 0} \dfrac{\sqrt[5]{1 + 3x^4} - \sqrt{1 - 2x}}{\sqrt[3]{1 + x} - \sqrt{1 + x}}$;

(5) $\lim\limits_{x \to 0^+} \left(\sqrt{\dfrac{1}{x} + \sqrt{\dfrac{1}{x} + \sqrt{\dfrac{1}{x}}}} - \sqrt{\dfrac{1}{x} - \sqrt{\dfrac{1}{x} + \sqrt{\dfrac{1}{x}}}}\right)$;

(6) $\lim\limits_{x \to 1} \left(\dfrac{1}{x} - \left[\dfrac{1}{x}\right]\right)$;

(7) $\lim\limits_{x \to 0} \left(\dfrac{2 - e^{\frac{1}{x}}}{1 + e^{\frac{2}{x}}} + \dfrac{x}{|x|}\right)$;

$(8)\ \lim\limits_{x\to\infty}\dfrac{\left(1+\dfrac{1}{x}\right)^x-\mathrm{e}}{\sin\dfrac{1}{x}}$;

$(9)\ \lim\limits_{x\to0}(\sqrt{1+x}-x)^{\frac{1}{x}}$;

$(10)\ \lim\limits_{x\to0}(\cos x)^{\frac{1}{x^2}}$;

$(11)\ \lim\limits_{x\to\infty}\left(\dfrac{\pi}{2}-\arctan x\right)^{\frac{1}{\ln x}}$;

$(12)\ \lim\limits_{x\to0^+}\left(\ln\dfrac{1}{x}\right)^{\sin x}$;

$(13)\ \lim\limits_{x\to0}\dfrac{(x-\sin x)\mathrm{e}^{-x^2}}{\sqrt{1-x^3}-1}$;

$(14)\ \lim\limits_{x\to0}\left(\dfrac{a_1^x+a_2^x+\cdots+a_n^x}{n}\right)^{\frac{1}{x}}$;

$(15)\ \lim\limits_{x\to+\infty}(\sqrt{x+\sqrt{x+\sqrt{x}}}-\sqrt{x})$;

$(16)\ \lim\limits_{x\to+\infty}\left[\sqrt[n]{(x+a_1)(x+a_2)\cdots(x+a_n)}-x\right]$;

$(17)\ \lim\limits_{x\to0}\dfrac{\mathrm{e}^{\arctan x}-\mathrm{e}^x}{\tan^3 x}$;

$(18)\ \lim\limits_{x\to0}\dfrac{\mathrm{e}^{\tan x}-\mathrm{e}^{\sin x}}{x-\sin x}$;

$(19)\ \lim\limits_{x\to\infty}2x\left[\left(1+\dfrac{1}{x}\right)^x-\mathrm{e}\right]$;

$(20)\ \lim\limits_{n\to\infty}n^2(x^{\frac{1}{n}}-x^{\frac{1}{n+1}})\ (x>0)$;

$(21)\ \lim\limits_{x\to0}\left(\dfrac{1}{x^2}-\dfrac{\cot x}{x}\right)$;

$(22)\ \lim\limits_{x\to0}\dfrac{\ln(1+\sin^2 x)-4\sin^2\dfrac{x}{2}}{x^4}$;

$(23)\ \lim\limits_{x\to0}\dfrac{\sin x-\sin\tan x}{x^2\ln(1+x)}$;

$(24)\ \lim\limits_{x\to\infty}\left[\dfrac{x^{1+x}}{(1+x)^x}-\dfrac{x}{\mathrm{e}}\right]$;

$(25)\ \lim\limits_{n\to\infty}n^2\left(\sqrt[n]{a}+\dfrac{1}{\sqrt[n]{a}}-2\right)\ (a>0)$;

$(26)\ \lim\limits_{x\to0}\dfrac{\ln(2-\cos x\sqrt{\cos 2x})}{\sin x^2}$;

$(27)\ \lim\limits_{x\to0}\dfrac{\sin^2 x-x^2\cos x}{\arctan x^2\ln(1+x^2)}$;

$(28)\ \lim\limits_{x\to\infty}\left[x-x^2\ln\left(1+\dfrac{1}{x}\right)-\dfrac{x+1}{x+\mathrm{e}^{\sin x}}\right]$;

$(29)\ \lim\limits_{x\to0}\dfrac{\mathrm{e}^{-x^2}+1-2\sqrt{1-x^2}}{\sin^4 x+3\tan^5 x}$;

$(30)\ \lim\limits_{x\to0}\dfrac{\tan(\tan x)-\sin(\sin x)}{\tan x-\sin x}$;

$(31)\ \lim\limits_{x\to0}\left[\dfrac{1}{\pi x}-\dfrac{1}{\sin\pi x}-\dfrac{1}{\pi(1-x)}\right]$;

$(32)\ \lim\limits_{x\to1}\left[\dfrac{1}{\pi x}-\dfrac{1}{\sin\pi x}+\dfrac{1}{\pi(1-x)}\right]$;

$(33)\ \lim\limits_{x\to+\infty}x^2\left[\left(1+\dfrac{1}{x+1}\right)^{x+1}-\left(1+\dfrac{1}{x}\right)^x\right]$;

$(34)\ \lim\limits_{x\to+\infty}\ln\left(1+\dfrac{1}{x}\right)^{x^3}\mathrm{e}^{-x^2+\frac{x}{2}}$;

$(35)\ \lim\limits_{n\to\infty}n^2\left[\sqrt[n]{5}-1-\ln\left(1+\dfrac{\ln 5}{n}\right)\right]$;

$(36)\ \lim\limits_{x\to0}\dfrac{\ln(1+\sin^2 x)-6\sqrt[3]{2-\cos x}+6}{x^4}$;

$(37)\ \lim\limits_{x\to0}\left[\dfrac{1}{\ln(1+x)}-\dfrac{1}{\mathrm{e}^x-1}\right]$;

$(38)\ \lim\limits_{x\to+\infty}\mathrm{e}^{-\sqrt{x}}\left(1+\dfrac{1}{\sqrt{x}}\right)^x$;

$(39)\ \lim\limits_{x\to0}\dfrac{\cos(\tan x)-\cos x}{x^3\sin x}$;

$(40)\ \lim\limits_{x\to0}\dfrac{x\mathrm{e}^x-\ln(1+x)}{(\sqrt{1+x}-1)(\mathrm{e}^x-1)}$;

$(41)\ \lim\limits_{x\to0}\dfrac{2\sqrt{1+x}-x-2\cos x}{x\mathrm{e}^x-\ln(1+x)}$;

$(42)\ \lim\limits_{x\to0}\left(-\dfrac{\cot x}{\mathrm{e}^{-2x}}+\dfrac{1}{\mathrm{e}^{-x}\sin x}-\dfrac{1}{x^2}\right)$;

(43) $\lim\limits_{x \to 0} \dfrac{e^{x^2+x} - e^x + 2\ln\cos x}{x^3}$;

(44) $\lim\limits_{x \to 0} \left(\dfrac{1 + \int_0^x e^{t^2} \mathrm{d}t}{e^x - 1} - \dfrac{1}{\sin x} \right)$;

(45) $\lim\limits_{x \to 0} \dfrac{\int_0^{x^2} \sqrt{1+t^2}\, \mathrm{d}t}{e^x \sin x - \sin x}$;

(46) $\lim\limits_{n \to \infty} \dfrac{1}{\sqrt{n}} \int_1^n \ln\left(1 + \dfrac{1}{\sqrt{x}}\right) \mathrm{d}x$;

(47) $\lim\limits_{x \to 0} \dfrac{\int_0^x t\cos t\, \mathrm{d}t - 1 + \cos x}{\sqrt{1 + x\tan x} - \sqrt{1 + x\sin x}}$;

(48) $f(x)$ 在 $x = 1$ 的某个邻域连续, $f(1) = 0$, $f'(1) = 1$, 求 $\lim\limits_{x \to 0} \dfrac{\int_0^{x^2} e^t f(1 + e^{x^2} - e^t)\, \mathrm{d}t}{x^2 \ln\cos x}$.

拓展训练专题参考答案1

专题二

中值定理

重要定理

定理1　费马定理

若：

①函数 $f(x)$ 在点 x_0 的某邻域内有定义，且在此邻域内恒有 $f(x) \geqslant f(x_0)$（或 $f(x) \leqslant f(x_0)$）；

②$f(x)$ 在 x_0 处可导.

则有 $f'(x_0) = 0$.

达布定理　设 $f(x)$ 在 $[a,b]$ 内处处有导数，且 $f'_+(a) \cdot f'_-(b) < 0$，则至少存在一点 $c \in (a,b)$，使得 $f'(c) = 0$.

证明： 不妨设 $f'_+(a) < 0, f'_-(b) > 0$.

由于 $f'_+(a) = \lim\limits_{x \to a^+} \dfrac{f(x) - f(a)}{x - a} < 0, f'_-(b) = \lim\limits_{x \to b^-} \dfrac{f(x) - f(b)}{x - b} > 0$，

故 $\exists \xi > 0$，使得当 $x \in (a, a + \xi)$ 时，有 $\dfrac{f(x) - f(a)}{x - a} < 0$，即有 $f(x) < f(a)$

及当 $x \in (b - \xi, b)$ 时，有 $\dfrac{f(x) - f(b)}{x - b} > 0$，即有 $f(x) < f(b)$.

于是 $f(x)$ 在 $[a,b]$ 上的最小值必在 (a,b) 内某点 c 达到，由费马定理得 $f'(c) = 0$.

更一般地，我们有：

设函数 $f(x)$ 在 $[a,b]$ 上处处有导数，若 $f'_+(a) < \mu < f'_-(b)$，则至少存在一点 $\xi \in (a,b)$，使得 $f'(\xi) = \mu$.

定理2　罗尔定理

若函数 $f(x)$ 满足条件：

①在闭区间 $[a,b]$ 上连续；

②在开区间 (a,b) 内可导；

③ $f(a) = f(b)$.

则在 (a,b) 内至少存在一点 ξ，使 $f'(\xi) = 0$.

罗尔定理的推广

设 $f(x)$ 在 (a,b) 内可导（a,b 可以为 ∞），且 $\lim\limits_{x \to a^+} f(x) = \lim\limits_{x \to b^-} f(x)$ 存在，有限，则在 (a,b) 内至少存在一点 ξ，使得 $f'(\xi) = 0$.

定理 3 拉格朗日中值定理

若函数 $f(x)$ 满足条件：

(1) 在闭区间 $[a,b]$ 上连续；

(2) 在开区间 (a,b) 内可导.

则在 (a,b) 内至少存在一点 ξ，使 $f'(\xi) = \dfrac{f(b) - f(a)}{b - a}$.

定理 4 柯西中值定理

若函数 $f(x), g(x)$ 满足条件：

(1) 在闭区间 $[a,b]$ 上连续；

(2) 在开区间 (a,b) 内可导；

(3) $g'(x) \neq 0$.

则在 (a,b) 内至少存在一点 ξ，使 $\dfrac{f'(\xi)}{g'(\xi)} = \dfrac{f(b) - f(a)}{g(b) - g(a)}$.

定理 5 泰勒公式

若函数 $f(x)$ 在 $[a,b]$ 上有直到 n 阶连续导数，在 (a,b) 内存在 $(n+1)$ 阶导数，则对任意的 $x, x_0 \in [a,b]$，必存在一点 $\xi \in (a,b)$，使得

$$f(x) = f(x_0) + f'(x_0)(x - x_0) + \frac{f''(x_0)}{2!}(x - x_0)^2 + \cdots + \frac{f^{(n)}(x_0)}{n!}(x - x_0)^n + R_n(x).$$

其中，若 $R_n(x) = \dfrac{f^{(n+1)}(\xi)}{(n+1)!}(x - x_0)^{n+1}$，称上式为带有泰勒型余项的泰勒公式；

若 $R_n(x) = \dfrac{f^{(n+1)}(x_0 + \theta(x - x_0))}{(n+1)!}(x - x_0)^{n+1}$，称上式为带有拉格朗日余项的泰勒公式；

若 $R_n(x) = o((x - x_0)^n)$，称上式为带有佩亚诺余项的泰勒公式.

特殊地，若上述的 $x_0 = 0$，称为麦克劳林公式.

定理 6 积分中值定理

如果函数 $f(x)$ 在闭区间 $[a,b]$ 上连续，则在积分区间 $[a,b]$ 上至少存在一个点 ξ，使得

$$\int_a^b f(x)\mathrm{d}x = f(\xi)(b - a) \quad (a \leqslant \xi \leqslant b).$$

典型例题

例 1　设 $f(x)$ 在 $(0,1)$ 内可导, $\ln x \leqslant \dfrac{f(x)}{x} \leqslant 0$,则在 $(0,1)$ 内至少存在一点 ξ,使得 $f'(\xi) = 1 + \ln\xi$.

分析: 观察到已知的不等式可根据开区间上的罗尔定理,直接作辅助函数 $F(x) = f(x) - x\ln x$. 也可将结论化为等式 $f'(\xi) - 1 - \ln\xi = 0$,把左端视为某函数的导函数,以罗尔定理为基本出发点.可用"积分法"求得此题的辅助函数 $F(x)$,即首先将结论中 ξ 换为 x,进行不定积分 $\int f'(x)\mathrm{d}x = \int(1 + \ln x)\mathrm{d}x$,得 $f(x) = x\ln x$. 移项,一端为零,另一端即为所作的辅助函数 $F(x)$,注意:由于最终还要对 $F(x)$ 求导,因此可视不定积分中独立的积分常数为零.

证明: 设 $F(x) = f(x) - x\ln x$,显然, $F(x)$ 在 $(0,1)$ 内可导,且
$$\lim_{x\to 0^+} F(x) = \lim_{x\to 1^-} F(x) = 0,$$
由开区间上的罗尔定理即得,在 $(0,1)$ 内至少存在一点 ξ,使得 $F'(\xi) = 0$,即 $f'(\xi) = 1 + \ln\xi$.

【举一反三】

1. $f(x)$ 在 $[0, +\infty)$ 上可导,且 $0 \leqslant f(x) \leqslant \dfrac{x}{1 + x^2}$,证明:存在一点 $\xi > 0$,使得 $f'(\xi) = \dfrac{1 - \xi^2}{(1 + \xi^2)^2}$.

证明: 令 $F(x) = f(x) - \dfrac{x}{1 + x^2}(x \geqslant 0)$,显然 $F(x)$ 在 $[0, +\infty)$ 上可导.

由 $0 \leqslant f(x) \leqslant \dfrac{x}{1 + x^2}$ 知, $f(0) = 0$, $\lim\limits_{x\to +\infty} f(x) = 0$,则 $F(0) = 0$,且

$$\lim_{x\to +\infty} F(x) = \lim_{x\to +\infty}\left(f(x) - \dfrac{x}{1 + x^2}\right) = 0.$$

由开区间上的罗尔定理得,存在一点 $\xi > 0$,使得 $F'(\xi) = 0$,即 $f'(\xi) = \dfrac{1 - \xi^2}{(1 + \xi^2)^2}$.

2. 设 $a < b, ab > 0, f(x)$ 在 $[a, b]$ 上连续,在 (a, b) 内可导,且 $f(a) = f(b) = 0$,证明:至少存在一点 $\xi \in (a, b)$,使得 $\dfrac{f(\xi)}{\xi} = f'(\xi)$.

证明: 令 $F(x) = \dfrac{f(x)}{x}$.

因为 $ab > 0$,故在 $[a, b]$ 内不含原点.

显然 $F(x)$ 在 $[a, b]$ 上连续,在 (a, b) 内可导,且 $F(a) = F(b) = 0$.

从而 $F(x)$ 满足罗尔定理的条件,于是至少存在一个 $\xi \in (a, b)$,使得 $F'(\xi) = 0$,即

$$f'(\xi) = \frac{f(\xi)}{\xi}.$$

3. 设 $f(x)$ 在 $[a,b]$ 上连续,在 (a,b) 内可导,$f(a)=0$,证明:存在一点 $\xi \in (a,b)$,使得 $f'(\xi) = \dfrac{\xi f(\xi)}{b-\xi}$.

证明: 令 $F(x) = f(x)(b-x)^b e^x$.

显然 $F(x)$ 在 $[a,b]$ 上连续,在 (a,b) 内可导,且 $F(a) = F(b) = 0$.

由罗尔定理得,存在一点 $\xi \in (a,b)$,使得 $F'(\xi) = 0$,即 $f'(\xi) = \dfrac{\xi f(\xi)}{b-\xi}$.

例2 $f(x)$ 在 $\mathbf{R}$ 上处处可导,且 $\lim\limits_{x \to -\infty} f(x)$,$\lim\limits_{x \to +\infty}[f(x) - x]$ 都存在,证明:

(1) $\lim\limits_{x \to -\infty} \dfrac{f(x) - f(0)}{x} = 0$,$\lim\limits_{x \to +\infty} \dfrac{f(x) - f(0)}{x} = 1$;

(2) $\forall \lambda \in (0,1)$,$\exists \xi_\lambda \in \mathbf{R}$,使得 $f'(\xi_\lambda) = \lambda$.

分析:(2)结论为等式 $f'(\xi_\lambda) = \lambda$,可以联想用拉格朗日中值定理、达布定理,也可以将等式化为一端为零联想用罗尔定理.解决这类问题往往从结论出发,采用逆推法,去思考需要什么样的条件,又怎样才能达到.

(1)的两个极限没有问题,对(2)结论的证明采用什么方法,可以观察(1)两个极限中的函数 $\dfrac{f(x) - f(0)}{x}$,有拉格朗日中值定理的特点;另外根据结论中 λ 的取值范围,可以利用函数极限的保号性将 λ 与两个导数值联系起来,这明显是达布定理的结论.

证明:(1) $\lim\limits_{x \to -\infty} \dfrac{f(x) - f(0)}{x} = \lim\limits_{x \to -\infty} \dfrac{f(x)}{x} - \lim\limits_{x \to -\infty} \dfrac{f(0)}{x} = 0$,

$$\lim\limits_{x \to +\infty} \frac{f(x) - f(0)}{x} = \lim\limits_{x \to +\infty} \frac{f(x) - x + x - f(0)}{x} = \lim\limits_{x \to +\infty} \frac{f(x) - x}{x} + 1 - \lim\limits_{x \to +\infty} \frac{f(0)}{x} = 1.$$

(2) 已知 $\lim\limits_{x \to -\infty} \dfrac{f(x) - f(0)}{x} = 0 < \lambda < 1 = \lim\limits_{x \to +\infty} \dfrac{f(x) - f(0)}{x}$,

由极限保号性得,$\exists X > 0$,$\forall x < -X$,$f'(\eta) = \dfrac{f(x) - f(0)}{x} < \lambda$,($\eta \in (x,0)$)

$\forall x > X$,$f'(\gamma) = \dfrac{f(x) - f(0)}{x} > \lambda$,($\gamma \in (0,x)$),

再由达布定理得,$\forall \lambda \in (0,1)$,$\exists \xi_\lambda \in \mathbf{R}$,使得 $f'(\xi_\lambda) = \lambda$.

【举一反三】

1. $f(x)$ 在 $(-\infty, +\infty)$ 内二次可导且有界,则至少存在一点 $c \in (-\infty, +\infty)$,使得 $f''(c) = 0$.

证明:(i) 如果存在 $x_1 < x_2$,有 $f''(x_1)f''(x_2) \leq 0$,由达布定理,

$\exists c \in (x_1, x_2)$,使得 $f''(c) = 0$.

(ii) 如果 $f''(x) > 0$,则 $f'(x)$ 严格递增,不妨设 $\exists x_1$,使得 $f'(x_1) > 0$,

$\forall x > x_1$,由拉格朗日中值定理,$\exists \xi$,$x_1 < \xi < x$,有

$$f(x) = f(x_1) + f'(\xi)(x - x_1) > f(x_1) + f'(x_1)(x - x_1) \to +\infty,(x \to +\infty)$$

与已知函数有界矛盾,这说明函数 $f(x)$ 在 $(-\infty, +\infty)$ 上不可能都是 $f''(x) > 0$.
同理,函数 $f(x)$ 在 $(-\infty, +\infty)$ 上不可能都是 $f''(x) < 0$. 故结论成立.

2. 设函数 $f(x)$ 在 $(-\infty, +\infty)$ 上可导,且存在常数 $a, b, c, d(a < c)$,使得

$$\lim_{x \to -\infty} [f(x) - (ax + b)] = 0, \lim_{x \to +\infty} [f(x) - (cx + d)] = 0,$$

证明:$\forall \lambda \in (a, c), \exists \xi$,使得 $f'(\xi) = \lambda$.

证明: $a = \lim_{x \to -\infty} \dfrac{f(x)}{x} = \lim_{x \to -\infty} \dfrac{f(x) - f(0)}{x}, c = \lim_{x \to +\infty} \dfrac{f(x) - f(0)}{x}$,

$\forall \lambda \in (a, c)$,由函数极限保号性,

$\exists X_1 < 0, X_2 > 0, \dfrac{f(X_1) - f(0)}{X_1} < \lambda, \dfrac{f(X_2) - f(0)}{X_2} > \lambda$,

由拉格朗日中值定理,$\exists \xi_1 \in (X_1, 0), \xi_2 \in (0, X_2)$,使得

$\dfrac{f(X_1) - f(0)}{X_1} = f'(\xi_1) < \lambda, \dfrac{f(X_2) - f(0)}{X_2} = f'(\xi_2) > \lambda$,

由达布定理得 $\exists \xi$,有 $f'(\xi) = \lambda$.

例 3 设 $f(x)$ 是 $[0, +\infty)$ 上的可微函数,$\lim_{x \to +\infty} f(x), \lim_{x \to +\infty} f'(x)$ 存在,有限,证明:
$\lim_{x \to +\infty} f'(x) = 0$.

分析:证明抽象函数极限,利用定义及柯西收敛准则较为合适,有时也可以选择反证法,利用极限的否定叙述推出与已知相矛盾或者不正确的结论.

证明:(法一)$\lim_{x \to +\infty} f'(x)$ 存在,有限,则 $f'(x)$ 在 $[0, +\infty)$ 上一致连续,

即 $\forall \varepsilon > 0, \exists \delta > 0, \forall x', x'', |x' - x''| < \delta < \varepsilon$,有 $|f'(x') - f'(x'')| < \dfrac{\varepsilon}{2}$,

已知 $\lim_{x \to +\infty} f(x)$ 存在,有限,则对上述 $\varepsilon, \exists X > 0, \forall x > X, \exists \xi_x \in (x, x + \delta)$,

$|f(x + \delta) - f(x)| = |f'(\xi_x)| \delta < |f'(\xi_x)| \varepsilon < \dfrac{\varepsilon}{2}$,可得 $|f'(\xi_x)| < \dfrac{\varepsilon}{2}$,

于是 $|f'(x)| \leqslant |f'(x) - f'(\xi_x)| + |f'(\xi_x)| < \varepsilon$,故,$\lim_{x \to +\infty} f'(x) = 0$.

(法二)假设 $\lim_{x \to +\infty} f'(x) \neq 0$,则 $\exists \varepsilon_0 > 0, \forall X > 0, \exists x_n > X$,有 $|f'(x_n)| \geqslant \varepsilon_0$,
已知 $\lim_{x \to +\infty} f'(x)$ 存在,有限,则 $f'(x)$ 在 $[0, +\infty)$ 上一致连续,

对上述 $\varepsilon_0, \exists \delta > 0, \forall x', x'', |x' - x''| < \delta$,有 $|f'(x') - f'(x'')| < \dfrac{\varepsilon_0}{2}$,

$\forall x, |x - x_n| < \delta$,有 $|f'(x) - f'(x_n)| < \dfrac{\varepsilon_0}{2}$,

即 $\dfrac{\varepsilon_0}{2} < f'(x_n) - \dfrac{\varepsilon_0}{2} < f'(x) < \dfrac{\varepsilon_0}{2} + f'(x_n)$,

故 $\left| f\left(x_n + \dfrac{\delta}{2}\right) - f(x_n) \right| = \left| f'(\xi_n) \cdot \dfrac{\delta}{2} \right| > \dfrac{\varepsilon_0}{2} \cdot \dfrac{\delta}{2}$,

与已知"$\lim_{x \to +\infty} f(x)$ 存在,有限"矛盾,故,$\lim_{x \to +\infty} f'(x) = 0$.

【举一反三】

1. 设函数 $f(x)$ 在 $[0, +\infty)$ 上二阶可导,$\lim_{x \to +\infty} f(x), \lim_{x \to +\infty} f''(x)$ 存在,有限,证明:

$$\lim_{x \to +\infty} f'(x) = \lim_{x \to +\infty} f''(x) = 0.$$

证明:(法一)已知 $\lim\limits_{x \to +\infty} f''(x)$ 存在,有限,则 $\exists M > 0, |f''(x)| \le M$,

所以,$f'(x)$ 在 $(-\infty, +\infty)$ 上一致连续,即

$$\forall \varepsilon > 0, \exists \delta > 0, \forall x', x'', |x' - x''| < \delta = \frac{\varepsilon}{2M}, \text{有} |f'(x') - f'(x'')| < \frac{\varepsilon}{2},$$

已知 $\lim\limits_{x \to +\infty} f(x)$ 存在,有限,则 $\exists X > 0, \forall x > X, \exists \xi_x \in (x, x + \delta)$,

$$|f(x + \delta) - f(x)| = |f'(\xi_x)| \delta = \frac{\varepsilon}{2M}|f'(\xi_x)| < \frac{\varepsilon^2}{4M}, \text{即} |f'(\xi_x)| < \frac{\varepsilon}{2},$$

于是 $|f'(x)| \le |f'(x) - f'(\xi_x)| + |f'(\xi_x)| < \varepsilon$, 故 $\lim\limits_{x \to +\infty} f'(x) = 0.$

由例 3 知,$\lim\limits_{x \to +\infty} f''(x) = 0.$

(法二)将函数 $f(x)$ 在任意点 x 处进行泰勒展开:

$$f(t) = f(x) + f'(x)(t - x) + \frac{1}{2}f''(\eta)(t - x)^2, \quad (\eta \text{ 介于 } t \text{ 与 } x \text{ 之间})$$

$$\forall h > 0, f(x + h) = f(x) + f'(x)h + \frac{1}{2}f''(\xi)h^2, \quad (x < \xi < x + h)$$

得 $f'(x) = \frac{1}{h}[f(x + h) - f(x)] + \frac{1}{2}f''(\xi)h.$

令 $\lim\limits_{x \to +\infty} f(x) = A$,又 $\lim\limits_{x \to +\infty} f''(x)$ 存在,即 $\exists M > 0$,使 $|f''(x)| \le M$,则

$$|f'(x)| \le \frac{1}{h}[|f(x + h) - A| + |A - f(x)|] + \frac{1}{2}Mh.$$

$\forall \varepsilon > 0$,取 $h > 0$ 充分小,使 $\frac{1}{2}Mh < \frac{\varepsilon}{2}$,将 h 固定,由于 $\lim\limits_{x \to +\infty} f(x) = A$,则 $\exists X > 0$,

$\forall x > X$ 时,$\frac{1}{h}[|f(x + h) - A| + |A - f(x)|] < \frac{\varepsilon}{2}.$

因而 $|f'(x)| < \frac{\varepsilon}{2} + \frac{\varepsilon}{2} = \varepsilon$, 即 $\lim\limits_{x \to +\infty} f'(x) = 0.$

由例 3 知,$\lim\limits_{x \to +\infty} f''(x) = 0.$

2. 设函数 $f(x)$ 在 $(x_0, +\infty)$ 内可微,证明:

(1)若 $\lim\limits_{x \to +\infty} f'(x) = a$($a$ 有限),则 $\lim\limits_{x \to +\infty} \frac{f(x)}{x} = a$($a$ 有限);

(2)若 $\lim\limits_{x \to +\infty} f'(x) = \infty$,则 $\lim\limits_{x \to +\infty} f(x) = \infty.$

证明:(1)由 $\lim\limits_{x \to +\infty} f'(x) = a$ 知,$\forall \varepsilon < 1, \exists X > 0, \forall x: x > X$ 时,有

$|f'(x) - a| < \varepsilon$,即有 $|f'(x)| < |a| + 1.$

$\forall x > X$,在区间 $[X, x]$ 上应用拉格朗日中值定理,$\exists \xi \in (X, x)$,使得

$$f(x) - f(X) = f'(\xi)(x - X).$$

进而有 $\frac{f(x)}{x} = f'(\xi) + \frac{f(X) - f'(\xi)X}{x}$,

于是 $\left| \frac{f(x)}{x} - a \right| \le |f'(\xi) - a| + \left| \frac{f(X) - f'(\xi)X}{x} \right|$

$$< \varepsilon + \frac{|f(X)| + |f'(\xi)|X}{x} < \varepsilon + \frac{|f(X)| + (|a| + 1)X}{x}.$$

因为 $\lim\limits_{x \to +\infty} \dfrac{|f(X)| + (|a| + 1)X}{x} = 0$,

对上述 $\varepsilon > 0, \exists X_1, \forall x > X_1, \left| \dfrac{|f(X)| + (|a| + 1)X}{x} \right| < \varepsilon$,

取 $X_2 = \max\{X, X_1\}$, 得 $\left| \dfrac{f(x)}{x} - a \right| \leqslant 2\varepsilon$, 即 $\lim\limits_{x \to +\infty} \dfrac{f(x)}{x} = a$.

(2) 已知 $\lim\limits_{x \to +\infty} f'(x) = \infty$, 则对 $G = 1, \exists X > 0, \forall x : x > X$, 有 $|f'(x)| > 1$.

在 $[X, x]$ 上应用拉格朗日中值定理, $\exists \xi \in (X, x)$, 使得

$$f(x) - f(X) = f'(\xi)(x - X).$$

于是 $|f(x)| = |f(X) + f'(\xi)(x - X)|$

$$\geqslant |f'(\xi)(x - X)| - |f(X)| > (x - X) - |f(X)|$$

对上式取极限 $x \to +\infty$, 得 $\lim\limits_{x \to +\infty} |f(x)| = +\infty$. 故 $\lim\limits_{x \to +\infty} f(x) = \infty$.

例 4 设 $f(x)$ 在整个 x 轴上有定义且可导, 若 $f(0) = 0$, 且 $|f'(x)| \leqslant |f(x)|$, 证明: $f(x) \equiv 0, \forall x \in \mathbf{R}$.

分析: 证明函数为常值函数的方法很多, 需要根据已知条件分析. 比如本题, 已知条件给出导函数与函数的关系, 会想到拉格朗日中值定理, 但需要一个闭区间, 由 $f(0) = 0$, 可以找一个含有 0 的区间. 这样, 就把已知不等式 $|f'(x)| \leqslant |f(x)|$ 左右两端统一为两个一阶导数的比较或者是两个函数值的比较. 已知条件没有一阶导函数更多的信息, 我们从两个函数值下手, 进行区间长的选择, 再运用闭区间连续函数性质可以得到结论.

证明: 由已知得 $|f(x)|$ 在整个 x 轴上连续, 因此在 $\left[-\dfrac{1}{2}, \dfrac{1}{2} \right]$ 上, $|f(x)|$ 达到最大值, 设在 x_0 处达到. 由拉格朗日中值定理, $\exists \xi \in (0, x_0)$(或$(x_0, 0)$) 有

$$f(x_0) - f(0) = f'(\xi)(x_0 - 0).$$

于是 $|f(x_0)| = |f'(\xi)x_0| \leqslant |f(\xi)| \cdot \dfrac{1}{2} \leqslant |f(x_0)| \cdot \dfrac{1}{2}$.

因此 $|f(x_0)| = 0$, 即 $f(x)$ 在 $\left[-\dfrac{1}{2}, \dfrac{1}{2} \right]$ 上恒为零.

同理可推得, $f(x)$ 在 $\left[-1, -\dfrac{1}{2} \right]$, $\left[\dfrac{1}{2}, 1 \right]$ 上也恒为零,

这样逐段推移, 得到 $f(x) \equiv 0, \forall x \in \mathbf{R}$.

【举一反三】

1. 证明: 若函数 $f(x)$ 在 $\mathbf{R}$ 上存在任意阶导数, 且存在 $L > 0, \forall x \in \mathbf{R}, \forall n \in \mathbf{N}$, 有 $|f^{(n)}(x)| \leqslant L$, 且有 $f\left(\dfrac{1}{n} \right) = 0$, 则 $\forall x \in \mathbf{R}, f(x) = 0$.

证明: 显然 $f(x)$ 在点 0 处连续, 即 $f(0) = \lim\limits_{n \to \infty} f\left(\dfrac{1}{n} \right) = 0$.

而 $f(x)$ 在 $\left[\dfrac{1}{2}, 1 \right]$, $\left[\dfrac{1}{3}, \dfrac{1}{2} \right]$, $\cdots$, $\left[\dfrac{1}{n+1}, \dfrac{1}{n} \right]$, $\cdots$ 满足罗尔定理的条件,

故存在 $\xi_n \in \left(\dfrac{1}{n+1}, \dfrac{1}{n}\right)$ 且 $\xi_n \to 0 (n \to \infty)$，使得 $f'(\xi_n) = 0, n = 1, 2, \cdots$.

因为函数 $f'(x)$ 在点 0 处连续，所以 $f'(0) = \lim\limits_{n\to\infty} f'(\xi_n) = 0$.

同理可证，$\forall n \in \mathbf{N}, f^{(n)}(0) = 0$.

$\forall x \in \mathbf{R}$，将 $f(x)$ 在 $x = 0$ 处展成 n 阶泰勒公式，得

$$f(x) = f(0) + \dfrac{f'(0)}{1!}x + \cdots + \dfrac{f^{(n)}(0)}{n!}x^n + \dfrac{f^{(n+1)}(\theta x)}{(n+1)!}x^{n+1} = \dfrac{f^{(n+1)}(\theta x)}{(n+1)!}x^{n+1}. \quad (0 < \theta < 1)$$

因而有 $|f(x)| = \dfrac{|f^{(n+1)}(\theta x)|}{(n+1)!}|x|^{n+1} \leqslant L\dfrac{|x|^{n+1}}{(n+1)!}$.

又 $\lim\limits_{n\to\infty} \dfrac{|x|^{n+1}}{(n+1)!} = 0$，得 $f(x) = 0, \forall x \in \mathbf{R}$.

2. 设函数 $f(x)$ 在 $[0, +\infty)$ 上二阶可导，$f(0) = f'(0) = 0$，且 $|f''(x)| \leqslant L|f(x)f'(x)| (L > 0)$，证明：$f(x) = 0, \forall x \in [0, +\infty)$.

证明： 根据已知有，$-Lf(x)f'(x) \leqslant f''(x) \leqslant Lf(x)f'(x)$.

由不等式 $f''(x) - Lf(x)f'(x) \leqslant 0$ 可得，$\left[\mathrm{e}^{-L\int_0^x f(t)\mathrm{d}t}f'(x)\right]' \leqslant 0$，

即在 $[0, +\infty)$ 上，函数 $\mathrm{e}^{-L\int_0^x f(t)\mathrm{d}t}f'(x)$ 单调减少，

$x \geqslant 0$ 时，$\mathrm{e}^{-L\int_0^x f(t)\mathrm{d}t}f'(x) \leqslant 0$，有 $f'(x) \leqslant 0$，$f(x)$ 单调减少，

所以 $x \geqslant 0$ 时，$f(x) \leqslant f(0) = 0$.

同理可得，$f(x) \geqslant f(0) = 0$.

所以在 $[0, +\infty)$ 上，$f(x) \equiv 0$.

例 5 设 $f(x)$ 在 $[0,1]$ 上连续，在 $(0,1)$ 内二阶可导，$f(1) > 0$，$\lim\limits_{x\to 0^+}\dfrac{f(x)}{x} < 0$，证明：

(1) 方程 $f(x) = 0$ 在 $(0,1)$ 内至少存在一个实数根；

(2) 方程 $f(x)f''(x) + f'^2(x) = 0$ 在 $(0,1)$ 内至少存在两个不同的实数根.

分析： 想要证明存在两个介值的问题，一般来讲，首先将两个介值分离，然后选择合适的微分中值定理. 对于不同的介值点的说明，可以从两方面着手：一是在不同的区间使用中值定理，二是可以将其中一个介值点作为区间的端点.

证明：(1) $\lim\limits_{x\to 0^+}\dfrac{f(x)}{x} < 0$，由极限保号性，$\exists \delta > 0, \forall x \in (0,\delta), f(x) < 0$，

取 $x_1 \in (0,\delta)$，则有 $f(x_1) < 0$. 显然 $f(x)$ 在 $[x_1,1]$ 上连续，且 $f(x_1)f(1) < 0$，

由闭区间连续函数性质，$\exists \xi \in (x_1,1)$，使得 $f(\xi) = 0$，

即方程 $f(x) = 0$ 在 $(0,1)$ 内至少存在一个实数根.

(2) 令 $F(x) = f(x)f'(x)$，

根据已知条件得，$f(0) = 0$，则 $F(0) = 0$，再由 (1) 知，$F(\xi) = 0$.

另外 $f(x)$ 在 $[0,1]$ 上连续，在 $(0,1)$ 内二阶可导，且有 $f(0) = f(\xi) = 0$，

由罗尔定理得，$\exists \eta \in (0,\xi)$，使得 $f'(\eta) = 0$，则有 $F(\eta) = 0$.

分别在 $[0,\eta], [\eta,\xi]$ 上对 $F(x)$ 运用罗尔定理，可得

$\exists \alpha \in (0, \eta), \beta \in (\eta, \xi)$，有 $F'(\alpha) = F'(\beta) = 0$，即 $f(\alpha)f''(\alpha) + f'^2(\alpha) = 0$，
$f(\beta)f''(\beta) + f'^2(\beta) = 0$.

故方程 $f(x)f''(x) + f'^2(x) = 0$ 在 $(0,1)$ 内至少存在两个不同的实数根.

【举一反三】

1. 设 $f(x)$ 在 $[0,1]$ 可导，$f(0) = 0, f(1) = 1, \lambda_1, \lambda_2 > 0$，证明：存在 $\xi \neq \eta \in [0,1]$，使
得 $\dfrac{\lambda_1}{f'(\xi)} + \dfrac{\lambda_2}{f'(\eta)} = \lambda_1 + \lambda_2$.

证明： 由已知可得，$0 < \dfrac{\lambda_1}{\lambda_1 + \lambda_2}, \dfrac{\lambda_2}{\lambda_1 + \lambda_2} < 1$，根据闭区间连续函数性质，$\exists c \in (0,1)$，
有 $f(c) = \dfrac{\lambda_1}{\lambda_1 + \lambda_2}$.

分别在区间 $[0,c], [c,1]$ 上对函数 $f(x)$ 运用拉格朗日中值定理，
存在 $\xi \in (0,c), \eta \in (c,1)$，使得

$$f'(\xi) = \frac{f(c) - f(0)}{c} = \frac{\dfrac{\lambda_1}{\lambda_1 + \lambda_2}}{c}, f'(\eta) = \frac{f(1) - f(c)}{1 - c} = \frac{1 - \dfrac{\lambda_1}{\lambda_1 + \lambda_2}}{1 - c} = \frac{\dfrac{\lambda_2}{\lambda_1 + \lambda_2}}{1 - c},$$

于是 $\dfrac{\lambda_1}{f'(\xi)} + \dfrac{\lambda_2}{f'(\eta)} = \lambda_1 + \lambda_2$.

2. 设函数为 $f(x) \in C[a,b]$，在 (a,b) 内可导，$0 \leqslant a < b \leqslant \dfrac{\pi}{2}$，证明：在 (a,b) 内至
少存在两点 ξ_1, ξ_2，使得 $f'(\xi_2)\tan\dfrac{a+b}{2} = f'(\xi_1)\dfrac{\sin\xi_2}{\cos\xi_1}$.

证明： 设 $g_1(x) = \sin x$，则 $f(x), g_1(x)$ 在 $[a,b]$ 上满足柯西中值定理条件，至少存
在一点 $\xi_1 \in (a,b)$，使得 $\dfrac{f(b) - f(a)}{\sin b - \sin a} = \dfrac{f'(\xi_1)}{\cos\xi_1}$.

设 $g_2(x) = \cos x$，同样可得，$\exists \xi_2 \in (a,b)$，使得 $\dfrac{f(b) - f(a)}{\cos b - \cos a} = \dfrac{f'(\xi_2)}{-\sin\xi_2}$.

比较两式，有 $\dfrac{f'(\xi_1)}{\cos\xi_1}(\sin b - \sin a) = \dfrac{f'(\xi_2)}{\sin\xi_2}(\cos b - \cos a)$.

即 $\dfrac{\sin\xi_2}{\cos\xi_1}f'(\xi_1) = \dfrac{\cos b - \cos a}{\sin b - \sin a}f'(\xi_2) = \tan\dfrac{a+b}{2}f'(\xi_2)$.

例6 设 $f(x)$ 在 $[-a,a]$ 上具有二阶连续导数，$f(0) = 0$，证明：$\exists \xi \in (-a,a)$，使得
$f''(\xi) = \dfrac{f(a) + f(-a)}{a^2}$.

分析： 证明二阶导数值大于、小于或等于一个数值有以下两种方法：一种方法是把二
阶导数值看作一阶导数的一阶导数值，这样就要对一阶导函数应用微分中值定理，也就
需要三个不同点的函数值；另一种方法是对高阶导数值考虑泰勒展开.

证明：（法一）令 $F(x) = f(x) - \dfrac{f(a) + f(-a)}{2a^2}x^2$.

显然 $F(x)$ 在 $[-a, a]$ 上具有二阶连续导数, 且

$$F(0) = 0, F(a) = f(a) - \frac{f(a) + f(-a)}{2a^2}a^2 = \frac{f(a) - f(-a)}{2},$$

$$F(-a) = f(-a) - \frac{f(a) + f(-a)}{2} = \frac{f(-a) - f(a)}{2}.$$

分别在 $[-a, 0], [0, a]$ 上对 $F(x)$ 运用拉格朗日中值定理,

$$\exists x_1 \in (-a, 0), F'(x_1) = \frac{F(0) - F(-a)}{a} = \frac{f(a) - f(-a)}{2a},$$

$$\exists x_2 \in (0, a), F'(x_2) = \frac{F(a) - F(0)}{a} = \frac{f(a) - f(-a)}{2a},$$

在 $[x_1, x_2]$ 上对 $F'(x)$ 运用罗尔定理,

$$\exists \xi \in (x_1, x_2), F''(\xi) = 0, 即 f''(\xi) = \frac{f(a) + f(-a)}{a^2}.$$

(法二) 对 $f(x)$ 在 $x = 0$ 处泰勒展开, $f(x) = f(0) + f'(0)x + \frac{f''(\xi_1)}{2!}x^2, \xi_1$ 介于 0 与 x 之间.

有 $f(a) = f(0) + f'(0)a + \frac{f''(\xi_2)}{2!}a^2, \xi_2 \in (0, a)$

$$f(-a) = f(0) - f'(0)a + \frac{f''(\xi_3)}{2!}a^2, \xi_3 \in (-a, 0).$$

上述两式相加得, $f(a) + f(-a) = \frac{f''(\xi_2) + f''(\xi_3)}{2!}a^2,$

二阶导函数在闭区间 $[\xi_3, \xi_2]$ 上连续, 由介值定理得

$$\exists \xi \in (\xi_3, \xi_2), 使得 f''(\xi) = \frac{f(a) + f(-a)}{a^2}.$$

【举一反三】

1. $f(x), g(x)$ 在 $[a, b]$ 上连续, 在 (a, b) 内二阶可导, 且存在相同的最大值 $f(a) = g(a), f(b) = g(b)$, 证明:

(1) $\exists \eta \in (a, b)$, 使得 $f(\eta) = g(\eta)$;

(2) $\exists \xi \in (a, b)$, 使得 $f''(\xi) = g''(\xi)$.

证明: (1) 由已知条件得, $\exists x_1, f(x_1) = \max f(x), \exists x_2, g(x_2) = \max g(x)$, 且 $f(x_1) = g(x_2)$,

设 $F(x) = f(x) - g(x)$, 显然 $F(x)$ 在 $[a, b]$ 上连续, 在 (a, b) 内二阶可导, 且

$F(x_1) = f(x_1) - g(x_1) > 0, F(x_2) = f(x_2) - g(x_2) < 0,$

由闭区间连续函数性质, $\exists \eta \in (a, b)$, 使得 $f(\eta) = g(\eta)$.

(2) $F(a) = F(b) = F(\eta) = 0$,

分别在 $[a, \eta], [\eta, b]$ 上对 $F(x)$ 运用罗尔定理,

$\exists x_1 \in (a, \eta), F'(x_1) = 0, \exists x_2 \in (\eta, b), F'(x_2) = 0,$

在 $[x_1, x_2]$ 上对 $F'(x)$ 运用罗尔定理, $\exists \xi \in (x_1, x_2) \subset (a, b)$, 使得 $F''(\xi) = 0,$

即 $f''(\xi) = g''(\xi)$.

2. 设函数 $f(x)$ 和 $g(x)$ 在 $[a,b]$ 上存在二阶导数,且 $g''(x) \neq 0, f(a) = f(b) = 0$, $g(a) = g(b) = 0$,证明:

(1)在 (a,b) 内, $g(x) \neq 0$;

(2)在 (a,b) 内至少存在一点 ξ,使得 $\dfrac{f(\xi)}{g(\xi)} = \dfrac{f''(\xi)}{g''(\xi)}$.

证明:(1)假设 $\exists c \in (a,b)$,有 $g(c) = 0$.

则 $g(x)$ 在 $[a,c]$ 上满足罗尔定理,即在 (a,c) 内至少存在一点 η_1,使得 $g'(\eta_1) = 0$ 且 $g(x)$ 在 $[c,b]$ 上满足罗尔定理,即在 (c,b) 内至少存在一点 η_2,使得 $g'(\eta_2) = 0$.

因 $g(x)$ 在 $[a,b]$ 上二阶导数存在,于是 $g'(x)$ 在 $[\eta_1,\eta_2]$ 上满足罗尔定理条件,由罗尔定理得, $\exists \eta \in (\eta_1, \eta_2) \subset (a,b)$,使得 $g''(\eta) = 0$,与已知 $g''(x) \neq 0 [\forall x \in (a,b)]$ 矛盾,因此 $g(x) \neq 0, \forall x \in (a,b)$.

(2)作辅助函数 $F(x) = f(x)g'(x) - f'(x)g(x)$.

那么 $F(x)$ 在 $[a,b]$ 上连续且可导,且

$F(a) = f(a)g'(a) - f'(a)g(a) = 0, F(b) = f(b)g'(b) - f'(b)g(b) = 0$.

则由罗尔定理知, $\exists \xi \in (a,b)$,使得

$F'(\xi) = [f'(x)g'(x) - f(x)g''(x) - f'(x)g'(x) - f''(x)g(x)] \big|_{x=\xi} = 0$,

即 $\dfrac{f(\xi)}{g(\xi)} = \dfrac{f''(\xi)}{g''(\xi)}$.

例 7　设函数 $f(x)$ 在 $[a,b]$ 上连续,在 (a,b) 内有二阶连续导数,证明 $\exists \xi \in (a,b)$, 使得 $f(b) - 2f\left(\dfrac{a+b}{2}\right) + f(a) = \dfrac{(b-a)^2}{4}f''(\xi)$.

分析:例 6 的第二种做法就已经涉及泰勒展开,泰勒展开的证明有它自身的套路,确定一个函数在某点展开,通过对结论的分析,再代入特定点对所得代数式进行代数运算. 但是问题在于如何确定对哪个函数在哪一点展开.一般地,对函数 $f(x)$ 在已知一阶导数值的点进行展开.如果没有一阶导数值,就如本题,就要根据结论尝试对函数 $f(x)$ 在 $x = a, x = b, x = \dfrac{a+b}{2}$ 展开,依次分析后确定对函数 $f(x)$ 在 $x = \dfrac{a+b}{2}$ 展开.

本题的另一种思路称为"常值 A 法",这种方法适用于常数已分离出的命题.作辅助函数的步骤:令需证等式的常数部分为 A,观察含 A 的等式中关于端点 a,b 是否为对称式或轮换对称式,若是,只要把其中一个端点全部改写为 x,则换变量后的表达式就是所需的辅助函数.

证明:(法一)将 $f(x)$ 在 $x = \dfrac{a+b}{2}$ 展开到二阶导数项:

$$f(x) = f\left(\dfrac{a+b}{2}\right) + f'\left(\dfrac{a+b}{2}\right)\left(x - \dfrac{a+b}{2}\right) + \dfrac{f''(\eta)}{2!}\left(x - \dfrac{a+b}{2}\right)^2, \quad (a < \eta < x)$$

$$f(b) = f\left(\dfrac{a+b}{2}\right) + f'\left(\dfrac{a+b}{2}\right)\dfrac{b-a}{2} + \dfrac{f''(\xi_1)}{2!}\left(\dfrac{b-a}{2}\right)^2, \quad \left(\dfrac{a+b}{2} < \xi_1 < b\right)$$

$$f(a) = f\left(\dfrac{a+b}{2}\right) + f'\left(\dfrac{a+b}{2}\right)\dfrac{a-b}{2} + \dfrac{f''(\xi_2)}{2!}\left(\dfrac{b-a}{2}\right)^2 \cdot \left(a < \xi_2 < \dfrac{a+b}{2}\right)$$

相加后得，$f(b) - 2f\left(\dfrac{a+b}{2}\right) + f(a) = \dfrac{f''(\xi_1) + f''(\xi_2)}{2} \dfrac{(b-a)^2}{4}$.

不妨设 $f''(\xi_1) \leqslant f''(\xi_2)$，从而 $f''(\xi_1) \leqslant \dfrac{f''(\xi_1) + f''(\xi_2)}{2} \leqslant f''(\xi_2)$.

在 $[\xi_1, \xi_2]$ 上对 $f''(x)$ 应用闭区间上连续函数的介值定理，$\exists \xi \in (\xi_1, \xi_2) \subset (a, b)$，

使得 $f''(\xi) = \dfrac{f''(\xi_1) + f''(\xi_2)}{2}$.

因此 $f(b) - 2f\left(\dfrac{a+b}{2}\right) + f(a) = \dfrac{f''(\xi_1) + f''(\xi_2)}{2} \cdot \dfrac{(b-a)^2}{4} = f''(\xi) \cdot \dfrac{(b-a)^2}{4}$.

（法二）令 $A = \left[f(b) - 2f\left(\dfrac{a+b}{2}\right) + f(a)\right] \cdot \dfrac{4}{(b-a)^2}$，

作辅助函数 $F(x) = f(x) - 2f\left(\dfrac{a+x}{2}\right) + f(a) - \dfrac{(x-a)^2}{4}A$.

显然，$F(x)$ 在 $[a, b]$ 上连续，在 (a, b) 内可导，且 $F(a) = F(b) = 0$，
由罗尔定理，$\exists \xi_1 \in (a, b)$，使得

$$F'(\xi_1) = f'(\xi_1) - f'\left(\dfrac{a+\xi_1}{2}\right) - \dfrac{\xi_1 - a}{2}A = 0.$$

又 $f'(x)$ 在 $\left[\dfrac{a+\xi_1}{2}, \xi_1\right]$ 连续，在 $\left(\dfrac{a+\xi_1}{2}, \xi_1\right)$ 内可导，

由拉格朗日中值定理得，$\exists \xi \in \left(\dfrac{a+\xi_1}{2}, \xi_1\right)$，使得

$$f'(\xi_1) - f'\left(\dfrac{a+\xi_1}{2}\right) = f''(\xi)\left(\xi_1 - \dfrac{a+\xi_1}{2}\right) = f''(\xi)\dfrac{\xi_1 - a}{2}.$$

于是有 $f''(\xi) \cdot \dfrac{\xi_1 - a}{2} - \dfrac{\xi_1 - a}{2}A = 0$. 而 $\xi_1 \neq a$，因此 $f''(\xi) = A$，

即得 $f(b) - 2f\left(\dfrac{a+b}{2}\right) + f(a) = f''(\xi) \cdot \dfrac{(b-a)^2}{4}$.

【举一反三】

1. $f(x)$ 在 $[a, b]$ 上连续，在 (a, b) 内有二阶导数，证明：$\forall x \in (a, b)$，$\exists \xi \in (a, b)$，有
$$\dfrac{f(x) - f(a)}{x - a} - \dfrac{f(b) - f(a)}{b - a} = \dfrac{1}{2}(x - b)f''(\xi).$$

证明： 令 $F(t) = f(t) - f(a) - \dfrac{f(b) - f(a)}{b - a}(t - a) - \dfrac{1}{2}(t - b)(t - a)A$，

$F(a) = F(b) = F(x) = 0$.

显然 $F(t)$ 在 $[a, b]$ 上连续，在 (a, b) 内有二阶导数，由罗尔定理得，

$\exists \xi_1 \in (a, x)，\xi_2 \in (x, b)$，有 $F'(\xi_1) = F'(\xi_2) = 0$，

从而 $\exists \xi \in (\xi_1, \xi_2) \subset (a, b)$，有 $F''(\xi) = 0$，即 $f''(\xi) = A$.

因此，$\forall x \in (a, b)$，$\exists \xi \in (a, b)$，有

$$\dfrac{f(x) - f(a)}{x - a} - \dfrac{f(b) - f(a)}{b - a} = \dfrac{1}{2}(x - b)f''(\xi).$$

2. 设 $f(x)$ 在 $[a,b]$ 上具有连续导数,且 $f(a)=0$,证明:$\exists \xi \in (a,b)$,使得

$$\int_a^b f(x)\mathrm{d}x = \frac{(b-a)^2}{2}f'(\xi).$$

证明:(法一)令 $F(x)=\int_a^x f(t)\mathrm{d}t$,则 $F(x)$ 在 $[a,b]$ 上具有二阶连续导数且 $F(a)=0$,$F'(x)=f(x)$,$F''(x)=f'(x)$,$F'(a)=f(a)=0$.

将 $F(x)$ 在 $x=a$ 处泰勒展开得,$\exists \eta \in (a,x) \subset (a,b)$,有

$$F(x)=F(a)+F'(a)(x-a)+\frac{F''(\eta)}{2}(x-a)^2.$$

令 $x=b$,则 $F(b)=F(a)+F'(a)(b-a)+\frac{F''(\xi)}{2}(b-a)^2$,$\xi \in (a,b)$.

即得 $\int_a^b f(x)\mathrm{d}x = \frac{(b-a)^2}{2}f'(\xi)$.

(法二)令 $\frac{2}{(b-a)^2}\int_a^b f(x)\mathrm{d}x = A$,则 $\int_a^b f(x)\mathrm{d}x - \frac{(b-a)^2}{2}A=0$.

令 $F(x)=\int_a^x f(t)\mathrm{d}t - \frac{(x-a)^2}{2}A$.

显然 $F(x)$ 在 $[a,b]$ 上连续,(a,b) 内可导,且 $F(a)=F(b)=0$,由罗尔定理得,$\exists \xi_1 \in (a,b)$,使得 $F'(\xi_1)=0$.

又 $F'(x)=f(x)-(x-a)A$,且 $F'(a)=0$,在 $[a,\xi_1]$ 上,$F'(x)$ 满足罗尔定理,则 $\exists \xi \in (a,\xi_1) \subset (a,b)$,有 $F''(\xi)=0$,

即 $\left[f'(x)-A\right]\Big|_{x=\xi}=0$,亦即 $f'(\xi)=A=\frac{2}{(b-a)^2}\int_a^b f(x)\mathrm{d}x$.

例 8 设函数 $f(x)$ 在 $(-\infty,+\infty)$ 上有二阶连续导数,$[f(0)]^2+[f'(0)]^2=4$,$|f(x)| \leqslant 1$,证明:$\exists \xi \in (-\infty,+\infty)$,$f(\xi)+f''(\xi)=0$.

分析:可以将已知条件 $[f(0)]^2+[f'(0)]^2=4$ 看作函数 $F(x)=[f(x)]^2+[f'(x)]^2$ 在 $x=0$ 处的函数值,通过尝试对函数 $F(x)$ 求导,发现恰好包含了所要证明的结论.把要证的结论转换成要证明一阶导数值为零,我们有罗尔定理、达布定理,还有费马定理.

证明:设 $F(x)=[f(x)]^2+[f'(x)]^2$,$F(0)=4$,由拉格朗日定理知,

$\exists \xi_1 \in (-2,0)$,$f'(\xi_1)=\frac{f(0)-f(-2)}{2}$;$\exists \xi_2 \in (0,2)$,$f'(\xi_2)=\frac{f(2)-f(0)}{2}$.

已知 $|f(x)| \leqslant 1$,得 $|f'(\xi_1)| \leqslant 1$,$|f'(\xi_2)| \leqslant 1$,

因而 $|F(\xi_1)| \leqslant 2$,$|F(\xi_2)| \leqslant 2$.

设 $F(\xi)(\xi_1 < \xi < \xi_2)$ 为最大值,则 $F'(\xi)=2f'(\xi)[f(\xi)+f''(\xi)]=0$,

若 $f'(\xi)=0$,则 $F(\xi)=[f(\xi)]^2 \leqslant 1$,而 $F(0)=4$ 与 $F(\xi)$ 为最大值矛盾;

若 $f'(\xi) \neq 0$,即得 $f(\xi)+f''(\xi)=0$.

【举一反三】

1. 设 $f(x)$ 在 $[-2,2]$ 上有二阶连续导数，$\frac{1}{2}[f'(0)]^2 + [f(0)]^3 > \frac{3}{2}$，$|f(x)| \leqslant 1$，证明：$\exists \xi \in (-2,2)$，$3[f(\xi)]^2 + f''(\xi) = 0$。

证明： 设 $F(x) = [f(x)]^3 + \frac{1}{2}[f'(x)]^2$，$F(0) > \frac{3}{2}$，由拉格朗日定理知，

$\exists \xi_1 \in (-2,0)$，$f'(\xi_1) = \frac{f(0) - f(-2)}{2}$；$\exists \xi_2 \in (0,2)$，$f'(\xi_2) = \frac{f(2) - f(0)}{2}$。

已知 $|f(x)| \leqslant 1$，得 $|f'(\xi_1)| \leqslant 1$，$|f'(\xi_2)| \leqslant 1$，

因而 $|F(\xi_1)| \leqslant \frac{3}{2}$，$|F(\xi_2)| \leqslant \frac{3}{2}$。

设 $F(\xi)$（$\xi_1 < \xi < \xi_2$）为最大值，则 $F'(\xi) = f'(\xi)\{3[f(\xi)]^2 + f''(\xi)\} = 0$，

若 $f'(\xi) = 0$，则 $F(\xi) = [f(\xi)]^3 \leqslant 1$，而 $F(0) > \frac{3}{2}$，与 $F(\xi)$ 为最大值矛盾；

若 $f'(\xi) \neq 0$，即得 $3[f(\xi)]^2 + f''(\xi) = 0$。

例 9 设 $f(x)$ 在 $[0,\pi]$ 上连续，且 $\int_0^\pi f(x)\sin x\,dx = \int_0^\pi f(x)\cos x\,dx = 0$，证明：至少存在两点 α,β，使得 $f(\alpha) = f(\beta) = 0$。

分析： 已知积分，找函数值，可以通过积分中值定理。开区间上的积分中值定理事实上是对变限函数在某一区间上运用拉格朗日中值定理所得。如何去找函数的另外一个零点，本题利用的是反证法，如果函数只有一个零点是不成立的，那就至少有两个零点。

另外，有了变限函数的导数 $\left[\int_a^x f(t)\,dt\right]' = f(x)$，对 $f(\alpha)$ 的理解可以从两个方面考虑：一是函数值，二是导数值。本题证明 $f(\alpha) = 0$，把 $f(\alpha) = 0$ 认为是一阶导数值，对变限函数运用了微分中值定理。

证明： 令 $F(x) = \int_0^x f(t)\sin t\,dt$，则 $F(0) = F(\pi) = 0$。

由罗尔定理，$\exists \alpha \in (0,\pi)$，有 $F'(\alpha) = 0$，即有 $f(\alpha)\sin \alpha = 0$，因此 $f(\alpha) = 0$。

假设 $f(x)$ 在 $(0,\pi)$ 内有唯一零点 $x = \alpha$，则 $f(x)$ 在 $(0,\alpha)$ 及 (α,π) 这两个区间的符号必相反，否则不可能有 $\int_0^\pi f(x)\sin x\,dx = 0$。

而 $\sin(x - \alpha)$ 在 $(0,\alpha)$ 及 (α,π) 这两个区间的符号必相反，故 $f(x)\sin(x - \alpha)$ 在 $(0,\alpha)$ 及 (α,π) 这两个区间的符号必相同，

于是 $\int_0^\pi f(x)\sin(x - \alpha)\,dx > 0$，

而 $\int_0^\pi f(x)\sin(x - \alpha)\,dx = \int_0^\pi f(x)(\sin x\cos \alpha - \cos x\sin \alpha)\,dx$

$$= \cos\alpha\int_0^\pi f(x)\sin x\,dx - \sin\alpha\int_0^\pi f(x)\cos x\,dx = 0, 矛盾.$$

所以,至少存在两点 α,β,使得 $f(\alpha) = f(\beta) = 0$.

【举一反三】

1. 设 $f(x)$ 在 $[a,b]$ 上连续,在 (a,b) 内可导,且 $f'(x) > 0$,$\lim\limits_{x\to a^+}\dfrac{f(2x-a)}{x-a}$ 存在,证明:

(1) 在 $x \in (a,b)$ 内,$f(x) > 0$;

(2) (a,b) 内存在一点 ξ,使得 $\dfrac{b^2-a^2}{\int_a^b f(x)\,dx} = \dfrac{2\xi}{f(\xi)}$;

(3) (a,b) 内存在与(2)相异的点 η,满足 $f'(\eta)(b^2-a^2) = \dfrac{2\xi}{\xi-a}\int_a^b f(x)\,dx$.

证明:(1) 已知 $\lim\limits_{x\to a^+}\dfrac{f(2x-a)}{x-a}$ 存在,且 $f(x)$ 在 $[a,b]$ 上连续,可得

$$f(a) = \lim_{x\to a^+}f(x) = 0.$$

因为 $f'(x) > 0$,$f(x)$ 在 $[a,b]$ 上单调递增,

于是,在 (a,b) 内,$x > a$,则 $f(x) > f(a) = 0$.

(2) 对函数 $\int_a^x f(t)\,dt$ 和函数 $y = x^2$ 在 $[a,b]$ 上运用柯西中值定理,$\exists \xi \in (a,b)$,使得

$$\frac{b^2-a^2}{\int_a^b f(x)\,dx} = \frac{(x^2)'\,|_{x=\xi}}{\left[\int_a^x f(t)\,dt\right]'\,|_{x=\xi}} = \frac{2\xi}{f(\xi)}.$$

(3) 对函数 $f(x)$ 在 $[a,\xi]$ 上运用拉格朗日中值定理,$\exists \eta \in (a,\xi)$,使得 $f(\xi) = f'(\eta)(\xi-a)$,即得所要的结论.

2. 设 $f(x)$ 在 $[0,3]$ 上连续,在 $(0,3)$ 内二阶可导,且 $2f(0) = \int_0^2 f(x)\,dx = f(2) + f(3)$,证明:

(1) 至少存在一点 $\eta \in (0,2)$,使得 $f(\eta) = f(0)$;

(2) 至少存在一点 $\xi \in (0,3)$,使得 $f''(\xi) = 0$.

证明:(1)(法一)由开区间上积分中值定理,$\exists \eta \in (0,2)$,使得

$$f(\eta) = \frac{1}{2}\int_0^2 f(x)\,dx = f(0).$$

(法二)由拉格朗日中值定理,$\exists \eta \in (0,2)$,使得

$$\left[\int_0^x f(t)\,dt\right]'\,|_{x=\eta} = \frac{\int_0^2 f(x)\,dx - \int_0^0 f(x)\,dx}{2},$$

即 $f(\eta) = f(0)$.

(2)根据闭区间上连续函数的介值定理,$\exists \beta \in [2,3]$,使得

$$f(\beta) = \frac{f(2) + f(3)}{2} = f(0).$$

在 $[0, \eta]$ 和 $[\eta, \beta]$ 上对函数 $f(x)$ 运用罗尔定理,$\exists \xi_1 \in (0, \eta), \xi_2 \in (\eta, \beta)$,有 $f'(\xi_1) = f'(\xi_2) = 0$.

于是,$\exists \xi \in (\xi_1, \xi_2) \subset (0,3)$,使得 $f''(\xi) = 0$.

例 10 $f(x)$ 在 $[0,1]$ 连续,在 $(0,1)$ 内可导,且 $f(1) = k \int_0^{\frac{1}{k}} x \mathrm{e}^{1-x} f(x) \mathrm{d}x (k > 1)$,证明:至少存在一点 $\xi \in (0,1)$,使得 $f'(\xi) = (1 - \xi^{-1}) f(\xi)$.

分析:本题的特点是函数值等于积分值,且常数与积分区间长的乘积等于1,可以将被积函数作为辅助函数,利用积分中值定理找到合适的函数值.积分中值定理的逆向思维也是很重要的一种证明方法(见本例举一反三);另外也可以选择例 1 的辅助函数的作法.

证明:(法一)令 $F(x) = x \mathrm{e}^{1-x} f(x)$.显然 $F(x)$ 在 $[0,1]$ 连续,在 $(0,1)$ 内可导,

且由积分中值定理,$\exists \eta \in \left[0, \frac{1}{k}\right]$,使得 $F(1) = f(1) = k \int_0^{\frac{1}{k}} F(x) \mathrm{d}x = F(\eta)$.

对函数 $F(x)$ 在 $[\eta, 1]$ 上使用罗尔定理,$\exists \xi \in (\eta, 1) \subset (0,1)$,使得
$F'(\xi) = \mathrm{e}^{1-\xi} f(\xi) - \xi \mathrm{e}^{1-\xi} f(\xi) + \xi \mathrm{e}^{1-\xi} f'(\xi) = 0$,
即 $f'(\xi) = (1 - \xi^{-1}) f(\xi)$.

(法二)令 $G(x) = x \mathrm{e}^{-x} f(x)$,显然 $G(x)$ 在 $[0,1]$ 连续,在 $(0,1)$ 内可导,

且由积分中值定理,$\exists \beta \in \left[0, \frac{1}{k}\right]$,使得

$$G(1) = \mathrm{e}^{-1} f(1) = \mathrm{e}^{-1} k \int_0^{\frac{1}{k}} \mathrm{e} G(x) \mathrm{d}x = G(\beta).$$

对函数 $G(x)$ 在 $[\beta, 1]$ 上使用罗尔定理,$\exists \xi \in (\beta, 1) \subset (0,1)$,使得
$G'(\xi) = \mathrm{e}^{-\xi} f(\xi) - \xi \mathrm{e}^{-\xi} f(\xi) + \xi \mathrm{e}^{-\xi} f'(\xi) = 0$,
即 $f'(\xi) = (1 - \xi^{-1}) f(\xi)$.

【举一反三】

设 $f(x), g(x)$ 是 $[a,b]$ 上的连续函数,若 $\int_a^b g(x) \mathrm{d}x = 0$,则有 $\int_a^b f(x) g(x) \mathrm{d}x = 0$,证明:

(1)$\exists c \in [a,b]$,使得 $\int_a^b [f(x)]^2 \mathrm{d}x = f(c) \int_a^b f(x) \mathrm{d}x$;

(2)$f(x)$ 在 $[a,b]$ 上为常值函数.

证明:令 $F(x) = f(x) - \frac{1}{b-a} \int_a^b f(x) \mathrm{d}x$,则 $\int_a^b F(x) \mathrm{d}x = 0$.

$$0 = \int_a^b f(x) F(x) \mathrm{d}x = \int_a^b \left\{ [f(x)]^2 - \frac{f(x)}{b-a} \int_a^b f(x) \mathrm{d}x \right\} \mathrm{d}x$$

$$= \int_a^b [f(x)]^2 \mathrm{d}x - \frac{1}{b-a} \int_a^b f(x) \mathrm{d}x \int_a^b f(x) \mathrm{d}x = \int_a^b [f(x)]^2 \mathrm{d}x - \frac{1}{b-a} \left[\int_a^b f(x) \mathrm{d}x \right]^2$$

$$= \int_a^b [f(x)]^2 \mathrm{d}x - f(c) \int_a^b f(x) \mathrm{d}x. \quad (\text{积分中值定理})$$

$$(2) \int_a^b [f(x) - f(c)]^2 \mathrm{d}x$$

$$= \int_a^b [f(x)]^2 \mathrm{d}x - 2f(c) \int_a^b f(x) \mathrm{d}x + \int_a^b [f(c)]^2 \mathrm{d}x$$

$$= \int_a^b [f(x)]^2 \mathrm{d}x - 2f(c) \int_a^b f(x) \mathrm{d}x + f(c)f(c)(b-a)$$

$$= \int_a^b [f(x)]^2 \mathrm{d}x - 2f(c) \int_a^b f(x) \mathrm{d}x + f(c) \int_a^b f(x) \mathrm{d}x = 0.$$

即 $f(x) = f(c) = \dfrac{1}{b-a} \left[\int_a^b f(x) \mathrm{d}x \right]$.

例 11 设 $x_1 \ne x_2$，且 $x_1 x_2 > 0$，证明：至少存在一点 $\xi \in (x_1, x_2) [$ 或 $(x_2, x_1)]$，使得 $x_1 \mathrm{e}^{x_2} - x_2 \mathrm{e}^{x_1} = (1 - \xi) \mathrm{e}^{\xi} (x_1 - x_2)$.

分析：对欲证的等式变形，得 $\dfrac{x_1 \mathrm{e}^{x_2} - x_2 \mathrm{e}^{x_1}}{x_1 - x_2} = (1 - \xi) \mathrm{e}^{\xi}$.

等式左端的分子是解题的突破口，希望是一个函数在两点的函数值差，利用商的形式联想函数 $F(x) = \dfrac{\mathrm{e}^x}{x}$ 在两点的函数值差包含了上述等式左端的分子，但多出来了因式 $\dfrac{1}{x_1 x_2}$，这也正是等式左端分母所需要的，便有了柯西中值定理的形式.

证明：不妨设 $x_1 < x_2$，由于 $x_1 x_2 > 0$，故在 $[x_1, x_2]$ 内不含原点.

令 $F(x) = \dfrac{\mathrm{e}^x}{x}, G(x) = \dfrac{1}{x}$.

显然 $F(x), G(x)$ 在 $[x_1, x_2]$ 上连续，在 (x_1, x_2) 内可导，且 $G'(x) \ne 0, x \in (x_1, x_2)$.

由柯西中值定理得，在 (x_1, x_2) 内至少存在一点 ξ，使得

$$\frac{F'(\xi)}{G'(\xi)} = \frac{F(x_2) - F(x_1)}{G(x_2) - G(x_1)} = \frac{\dfrac{\mathrm{e}^{x_2}}{x_2} - \dfrac{\mathrm{e}^{x_1}}{x_1}}{\dfrac{1}{x_2} - \dfrac{1}{x_1}} = \frac{x_1 \mathrm{e}^{x_2} - x_2 \mathrm{e}^{x_1}}{x_1 - x_2}.$$

而 $\dfrac{F'(\xi)}{G'(\xi)} = \dfrac{\left[\dfrac{(-1+x)\mathrm{e}^x}{x^2} \right] \Big|_{x=\xi}}{\left(-\dfrac{1}{x^2} \right) \Big|_{x=\xi}} = (1 - \xi) \mathrm{e}^{\xi}.$

因此 $x_1 e^{x_2} - x_2 e^{x_1} = (1 - \xi) e^{\xi}(x_1 - x_2)$.

【举一反三】

1. 设函数 $f(x)$ 在 $[a,b]$ 上连续,在 (a,b) 内可导,$a > 0$,$f'(x) \neq 0$,证明:$\exists \xi, \eta, \zeta \in (a,b)$,使得 $\eta f'(\zeta) = \xi f'(\xi)$.

证明: 由柯西中值定理,$\exists \xi \in (a,b)$,使得 $\dfrac{f'(x)\,|_{x=\xi}}{(\ln x)'\,|_{x=\xi}} = \dfrac{f(b) - f(a)}{\ln b - \ln a}$,

再由拉格朗日中值定理,$\exists \eta, \zeta \in (a,b)$,

$$\frac{f(b) - f(a)}{\ln b - \ln a} = \frac{f'(\zeta)(b - a)}{\dfrac{1}{\eta}(b - a)},$$

于是 $\eta f'(\zeta) = \xi f'(\xi)$.

例 12 设函数 $f(x)$ 在 $[a,b]$ 上可导,$f(x)$ 的值域仍在 $[a,b]$ 内,$|f'(x)| < c < 1$,$\forall x_0 \in [a,b]$,$x_n = f(x_{n-1})$,证明:$\lim\limits_{n \to \infty} x_n = d \in [a,b]$,且 $|x_n - d| \leqslant \dfrac{c^n}{1 - c}|x_1 - x_0|$.

分析: 本题实际上是距离空间的压缩不动点定理. 微分中值定理的应用极其广泛,它们的共同点是在一定条件下讨论函数在某个区间上的增量与函数在区间内某一点的一阶导数值的关系.

证明:
$$\begin{aligned}
|x_n - x_{n-1}| &= |f(x_{n-1}) - f(x_{n-2})| = |f'(\xi_n)|\,|x_{n-1} - x_{n-2}| < c|x_{n-1} - x_{n-2}| \\
&< \cdots < c^{n-1}|x_1 - x_0|,
\end{aligned}$$

$$\begin{aligned}
|x_{n+p} - x_n| &\leqslant |x_{n+p} - x_{n+p-1}| + |x_{n+p-1} - x_{n+p-2}| + \cdots + |x_{n+1} - x_n| \\
&< (c^{n+p-1} + \cdots + c^n)|x_1 - x_0| = \frac{c^n(1 - c^p)}{1 - c}|x_1 - x_0| \\
&< \frac{c^n}{1 - c}|x_1 - x_0| \to 0 (n \to \infty).
\end{aligned}$$

由柯西收敛准则知,数列 $\{x_n\}$ 收敛. 记 $\lim\limits_{n \to \infty} x_n = d$.

由已知,$\lim\limits_{n \to \infty} x_n = d = \lim\limits_{n \to \infty} f(x_{n-1}) = f(d) \in [a,b]$.

由
$$\begin{aligned}
|x_{n+p} - x_n| &\leqslant |x_{n+p} - x_{n+p-1}| + |x_{n+p-1} - x_{n+p-2}| + \cdots + |x_{n+1} - x_n| \\
&< (c^{n+p-1} + \cdots + c^n)|x_1 - x_0| = \frac{c^n(1 - c^p)}{1 - c}|x_1 - x_0|.
\end{aligned}$$

取 $p \to \infty$,得 $|x_n - d| \leqslant \dfrac{c^n}{1 - c}|x_1 - x_0|$.

【举一反三】

1. 已知 $f(x)$ 是区间 $[0, +\infty)$ 上的连续函数,$f(0) < 0$,且 $f'(x) > 2(\forall x > 0)$,证明:方程 $f(x) = 0$ 在区间 $\left(0, \dfrac{|f(0)|}{2}\right)$ 中有且仅有一根.

证明: 已知 $f(x)$ 是区间 $[0, +\infty)$ 上的连续、可导函数,

由拉格朗日定理,$\exists \xi \in \left(0, \dfrac{|f(0)|}{2}\right)$,有 $\dfrac{f\left(\dfrac{|f(0)|}{2}\right) - f(0)}{\dfrac{|f(0)|}{2}} = f'(\xi)$,

即 $f\left(\dfrac{|f(0)|}{2}\right) = \dfrac{|f(0)|}{2}f'(\xi) + f(0) > |f(0)| + f(0) = 0$，且已知 $f(0) < 0$，

由零点存在定理即得，方程 $f(x) = 0$ 在区间 $\left(0, \dfrac{|f(0)|}{2}\right)$ 中至少存在一根.

又已知 $f'(x) > 2 > 0, f(x)$ 单调递增，

所以，方程 $f(x) = 0$ 在区间 $\left(0, \dfrac{|f(0)|}{2}\right)$ 中有且仅有一根.

2. 设 $f(x)$ 在 $(0, a]$ 上可导，且 $\lim\limits_{x \to 0^+} \sqrt{x}f'(x)$ 存在，证明：$f(x)$ 在 $(0, a]$ 上一致连续.

证明： 由已知 $\lim\limits_{x \to 0^+} \sqrt{x}f'(x)$ 存在，则 $\exists \delta_1 > 0, M > 0$，当 $x \in (0, \delta_1]$，有

$$\left| \sqrt{x}f'(x) \right| \leqslant M，即 \left| \dfrac{f'(x)}{\dfrac{1}{\sqrt{x}}} \right| \leqslant M.$$

令 $g(x) = 2\sqrt{x}$，则 $f(x), g(x)$，在 $(0, a]$ 上可导，满足柯西中值定理的条件，

故 $\forall x', x'' \in (0, \delta_1]$（不妨设 $x' < x''$），在 $[x', x'']$ 上，存在一点 $\xi \in (x', x'')$，有

$$\left| \dfrac{f(x'') - f(x')}{g(x'') - g(x')} \right| = \left| \dfrac{f(x'') - f(x')}{2\sqrt{x''} - 2\sqrt{x'}} \right| = \left| \dfrac{f'(\xi)}{\dfrac{1}{\sqrt{\xi}}} \right| \leqslant M.$$

即 $\left| f(x'') - f(x') \right| \leqslant M \left| g(x'') - g(x') \right| = 2M \left| \sqrt{x''} - \sqrt{x'} \right| \leqslant 2M\sqrt{|x'' - x'|}$.

于是 $\forall \varepsilon > 0$，取 $\delta_2 = \dfrac{\varepsilon^2}{4M^2} > 0$，令 $\delta = \min\{\delta_1, \delta_2\}$，$\forall x', x'' \in (0, \delta)$，

当 $0 < |x' - x''| < \delta$ 时，有 $\left| f(x'') - f(x') \right| \leqslant 2M\sqrt{|x'' - x'|} < 2M \cdot \dfrac{\varepsilon}{2M} = \varepsilon$.

由函数右极限存在的柯西收敛准则得，$\lim\limits_{x \to 0^+} f(x)$ 存在.

又 $f(x) \in C(0, a]$，从而 $f(x)$ 在 $(0, a]$ 上一致连续.

拓展训练

1. 设 $f(x)$ 在 $[0, +\infty)$ 上连续，在 $(0, +\infty)$ 内可导，$0 \leqslant f(x) < xe^{-x} (x \geqslant 0)$，证明：$\exists \xi \in (0, +\infty), f'(\xi) = e^{-\xi}(1 - \xi)$.

2. 设 $f(x)$ 在 $[a, b]$ 上连续，在 (a, b) 内可导，$f(a) = f(b) = 0$，证明：$\exists \xi \in (a, b)$，使得 $f'(\xi) + 3\xi^2 f(\xi) = 0$.

3. 设 $f(x)$ 在 $[a, c]$ 上可导，$f'(c) = 0$，证明：$\exists \xi \in (a, c)$，使得
$$f'(\xi) = 2[f(\xi) - f(a)].$$

4. 设 $f(x)$ 在 $[a, b]$ 上有连续导数，且 $\exists c \in (a, b), f'(c) = 0$，证明：存在 $\xi \in (a, b)$，使得 $f'(\xi) = \dfrac{f(\xi) - f(a)}{b - a}$.

5. 设 $f(x)$ 在 $[0,1]$ 上连续,证明: $\exists \xi \in (0,1)$,使得 $\int_0^{\xi} f(x)\mathrm{d}x = (1 - \xi)f(\xi)$.

6. 设 $f(x)$ 在 $[0,1]$ 上有连续导数,在 $(0,1)$ 内二阶可导, $f(0) = f(1)$,证明: $\exists \xi \in (0,1)$,使得 $f''(\xi) = \dfrac{kf'(\xi)}{1 - \xi}$,$k$ 为正常数.

7. 设 $f(x)$ 在 $[a,b]$ 上可导, $f(a) = f(b) = 0, f'(a)f'(b) > 0$,证明: $\exists \lambda \in (a,b)$,使得 $f''(\lambda) = 0$.

8. 设 $f(x)$ 在 $[0,1]$ 上连续,在 $(0,1)$ 内可导, $f(0) = f(1) = 0, f\left(\dfrac{1}{2}\right) = 1$,证明:

(1) $\exists \eta \in \left(\dfrac{1}{2}, 1\right)$,使得 $f(\eta) = \eta$;

(2) 对任意实数 λ,必存在 $\xi \in (0, \eta)$,使得 $f'(\xi) - \lambda[f(\xi) - \xi] = 1$.

9. 设 $f(x), g(x)$ 在 $[a,b]$ 上连续,在 (a,b) 内可导,且 $f(a) = f(b) = 0$,证明:至少存在一个 $\xi \in (a,b)$,使 $f'(\xi) + f(\xi)g'(\xi) = 0$.

10. 设 $f(x), g(x)$ 在 $[a,b]$ 上连续,在 (a,b) 内可导, $g'(x) \neq 0$,证明:在 (a,b) 内至少存在一点 ξ,使得 $\dfrac{f(a) - f(\xi)}{g(\xi) - g(b)} = \dfrac{f'(\xi)}{g'(\xi)}$.

11. 设 $f(x)$ 在 $[a,b]$ 上不恒为常数,在 (a,b) 内有二阶导数,满足 $f(a) = f(b)$, $\lim\limits_{x \to a^+} \dfrac{f(x) - f(a)}{(x - a)^2} = 2$,证明:

(1) $f'_+(a) = 0, f''_+(a) = 4$;

(2) 存在 $\xi \in (a,b)$,使得 $f''(\xi) = 0$;

(3) 存在 $\eta \in (a,b)$,使得 $f'(\eta) = \dfrac{f(\eta) - f(a)}{\eta - a}$.

12. $f(x)$ 在 $[a,b]$ 上连续,在 (a,b) 内可导, $f(a)f(b) > 0, f(a)f\left(\dfrac{a + b}{2}\right) < 0$,证明: $\exists \xi \in (a,b)$,使得 $f'(\xi) = f(\xi)$.

13. 设奇函数 $f(x)$ 在 $[-1,1]$ 具有二阶导数,且 $f(1) = 1$,证明:

(1) $\exists \xi \in (0,1)$,使得 $f'(\xi) = 1$;

(2) $\exists \eta \in (-1,1)$,使得 $f''(\eta) + f'(\eta) = 1$.

14. 设 $f(x)$ 在 $[0,1]$ 上连续,在 $(0,1)$ 内可导, $f(0) = 0, f(1) = 1$.证明:

(1) 存在一点 $\xi \in (0,1)$,使得 $f(\xi) = 1 - \xi$;

(2) 存在两个不同的点 η, ζ 使得 $f'(\eta)f'(\zeta) = 1$.

15. 设 $f(x)$ 在 $[0,1]$ 上连续, $I = \int_0^1 f(x)\mathrm{d}x \neq 0$,证明:存在 $\xi \neq \eta \in (0,1)$, $\dfrac{1}{f(\xi)} + \dfrac{1}{f(\eta)} = \dfrac{2}{I}$.

16. $f(x)$ 在 $[0,1]$ 上连续,在 $(0,1)$ 内可导, $f(0) = 0, f(1) = 1$,证明:

(1) 存在 $\lambda \neq \mu \in (0,1), f'(\lambda)[1 + f'(\mu)] = 2$;

(2) 存在 $\xi \neq \eta \in (0,1)$，$[1 + f'(\xi)][1 + f'(\eta)] = 4$.

17. 已知函数 $f(x)$ 在 $[a,b](a,b > 0)$ 上连续，在 (a,b) 内二阶可导，$f(a) = f(b) = 0$，$a < c < b$，$f(c) > 0$，证明：$\exists \xi \in (a,b)$，使得 $f''(\xi) < 0$.

18. 设 $f(x)$ 在 $[a,b]$ 上连续，在 (a,b) 内可导，$f(a) = a$，$\displaystyle\int_a^b f(x)\mathrm{d}x = \dfrac{b^2 - a^2}{2}$，证明：$\exists \xi \in (a,b)$，使得 $f'(\xi) = f(\xi) - \xi + 1$.

19. 设 $f(x)$ 在 $[a,b]$ 上有三阶连续导数，证明：$\exists \xi \in (a,b)$，有

$$f(b) = f(a) + (b-a)f'\left(\frac{a+b}{2}\right) + \frac{1}{24}f'''(\xi)(b-a)^3.$$

20. 证明：$\displaystyle\lim_{n\to\infty} n \cdot \sin(2\pi e n!) = 2\pi$.

21. 设 $y = f(x)$ 在 (a,b) 内任一点 x 处具有 $(n+1)$ 阶导数，且 $f^{(n+1)}(x) \neq 0$，并设

$$f(x+h) = f(x) + hf'(x) + \cdots + \frac{h^n}{n!}f^{(n)}(x+\theta h) \ (0 < \theta < 1),$$ 证明：$\displaystyle\lim_{h\to 0}\theta = \frac{1}{n+1}$.

22. 设 $f(x)$ 在 $(-\infty, +\infty)$ 内有二阶连续导数，$\forall x \in \mathbf{R}$，$f''(x) > 0$，又 $\exists x_0 \in \mathbf{R}$，$f(x_0) < 0$，$\displaystyle\lim_{x\to -\infty} f'(x) = \alpha < 0$，$\displaystyle\lim_{x\to +\infty} f'(x) = \beta > 0$，证明：$f(x)$ 在 $\mathbf{R}$ 上恰有两个零点.

23. 设 $f(x)$ 在 I 上可导，且 $\forall \varepsilon > 0$，$\exists \delta > 0$，$\forall t, x \in I: 0 < |t-x| < \delta$，$\left|\dfrac{f(t)-f(x)}{t-x} - f'(x)\right| < \varepsilon$（称 $f(x)$ 在 I 上一致可微），证明：$f(x)$ 在 I 上一致可微的充要条件是 $f'(x)$ 在 I 上一致连续.

24. 设 $f(x)$ 在 $[0,1]$ 上可导，证明：$\exists \xi \in (0,1)$，使得 $f'(\xi) = 2\xi[f(1) - f(0)]$.

拓展训练专题参考答案2

专题三

不等式证明

定义 1　凸函数

设函数 $f(x)$ 定义在区间 I 上,若 $\forall x_1, x_2 \in I, \forall t \in [0,1)$, 有

$$f(tx_1 + (1-t)x_2) \leqslant tf(x_1) + (1-t)f(x_2).$$

则称 $f(x)$ 为区间 I 上的下凸函数. 当不等号改为 "$\geqslant$" 时,称 $f(x)$ 为上凸函数.

重要方法

1. 证明不等式的方法.

(1)单调性;

(2)最值法;

(3)微分中值定理;

(4)凹凸性;

(5)用拉格朗日余项泰勒公式.

2. 零点问题存在性的证明方法.

(1)连续函数介值定理;

(2)罗尔定理.

3. 至多有几个零点的证明方法.

(1)讨论函数在定义域左、右两个端点的极限;

(2)讨论函数在定义域内的单调性、极值;

(3)分析极值和最值与 x 轴的相对位置,有时还要求区间端点的函数值或极限值.

典型例题

例 1 当 $x > 0$ 时,证明:$\ln^2\left(1 + \dfrac{1}{x}\right) < \dfrac{1}{x(1+x)}$.

分析:利用单调性证明不等式,所作辅助函数 $F(x)$ 不同,确定 $F'(x)$ 符号的难易程度可能不同,我们总以能简捷判明 $F'(x)$ (或 $F''(x)$) 符号的函数为最佳的辅助函数. 另外,不同辅助函数的构造一般来源于对原不等式的不同的同解变形.

证明:设 $F(x) = \ln(1+x) - \dfrac{x}{\sqrt{1+x}}$,则 $F'(x) = \dfrac{2\sqrt{1+x} - 2 - x}{2(1+x)\sqrt{1+x}}$.

令 $G(x) = 2\sqrt{1+x} - 2 - x$,则 $G'(x) = \dfrac{1}{\sqrt{1+x}} - 1 < 0$,

所以 $G(x)$ 单调递减,$x > 0$,则 $G(x) < G(0) = 0$,

于是 $F'(x) < 0$,$F(x)$ 单调递减,$x > 0$,则 $F(x) < F(0) = 0$,

即得 $\ln(1+x) < \dfrac{x}{\sqrt{1+x}}$.

令 $x = \dfrac{1}{t}$,则有 $\ln^2\left(1 + \dfrac{1}{t}\right) < \dfrac{1}{t(1+t)}$.

即得 $\ln^2\left(1 + \dfrac{1}{x}\right) < \dfrac{1}{x(1+x)}$.

【举一反三】

1. 证明:$\tan x + 2\sin x > 3x, x \in \left(0, \dfrac{\pi}{2}\right)$.

证明:令 $f(x) = \tan x + 2\sin x - 3x$,

则 $f'(x) = \sec^2 x + 2\cos x - 3 = 2\cos x + 2\tan^2 x - 2$,

$f''(x) = -\sin x + 2\tan^2 x \sec x = \sin x(\sec^3 x - 1) > 0, x \in \left(0, \dfrac{\pi}{2}\right)$.

$f'(x)$ 单调递增,$x > 0$,则 $f'(x) > f'(0) = 0$,

所以 $f(x)$ 单调递增,$x > 0$,则 $f(x) > f(0) = 0$,即 $\tan x + 2\sin x > 3x$.

2. 当 $0 < x \leqslant \dfrac{\pi}{2}$ 时,证明:$\dfrac{\sin^3 x}{x^3} > \cos x$.

证明:令 $F(x) = \sin x \cos^{-\frac{1}{3}} x - x$,有 $F(0) = 0$,且

$F'(x) = \cos^{\frac{2}{3}} x + \dfrac{1}{3}\cos^{-\frac{4}{3}} x(1 - \cos^2 x) - 1 = \dfrac{2}{3}\cos^{\frac{2}{3}} x + \dfrac{1}{3}\cos^{-\frac{4}{3}} x - 1$,

$F''(x) = -\dfrac{4}{9}\cos^{-\frac{1}{3}} x \sin x + \dfrac{4}{9}\cos^{-\frac{7}{3}} x \sin x$

$\qquad = \dfrac{4}{9}\sin x \cos^{-\frac{1}{3}} x(\cos^{-2} x - 1) = \dfrac{4}{9}\sin x \cos^{-\frac{1}{3}} x \tan^2 x > 0$.

则 $F'(x)$ 在 $\left(0,\dfrac{\pi}{2}\right]$ 上单调递增,且 $F'(0) = 0$,

因此 $F'(x) > F'(0) = 0$,

即 $F(x)$ 在 $\left(0,\dfrac{\pi}{2}\right]$ 上单调递增,又 $F(0) = 0$,

因此 $F(x) > F(0) = 0$,即有 $\sin x \cos^{-\frac{1}{3}} x > x$.

即 $\dfrac{\sin^3 x}{x^3} > \cos x, \forall x \in \left(0,\dfrac{\pi}{2}\right)$.

【注】本例还可作辅助函数 $F(x) = \dfrac{\sin^3 x}{x^3} - \cos x$.

例 2　设 $x \in (0,1)$,证明: $\dfrac{1}{\ln 2} - 1 < \dfrac{1}{\ln(1 + x)} - \dfrac{1}{x} < \dfrac{1}{2}$.

分析:观察结论左右两端的两个数与 $\dfrac{1}{\ln(1 + x)} - \dfrac{1}{x}$ 之间的关系,可利用最值法.

证明:考虑 $\varphi(x) = \dfrac{1}{\ln(1 + x)} - \dfrac{1}{x}$ 在区间 $(0,1)$ 上的单调性.

$\varphi'(x) = \dfrac{(1 + x)\ln^2(1 + x) - x^2}{x^2(1 + x)\ln^2(1 + x)}$.

令 $g(x) = (1 + x)\ln^2(1 + x) - x^2$,有 $g(0) = 0$,则

$g'(x) = \ln^2(1 + x) + 2\ln(1 + x) - 2x$,

$g''(x) = \dfrac{2}{1 + x}\left[\ln(1 + x) - x\right] < 0$.

可知 $g'(x)$ 在 $(0,1)$ 上单调减少,且 $g'(0) = 0$,

故 $g'(x) < g'(0) = 0$,即得 $g(x)$ 在 $(0,1)$ 上单调减少,且 $g(0) = 0$.

因此 $g(x) < g(0) = 0$.

则 $\varphi'(x) = \dfrac{(1 + x)\ln^2(1 + x) - x^2}{x^2(1 + x)\ln^2(1 + x)} < 0$,即有 $\varphi(x)$ 在 $(0,1)$ 上单调减少.

又 $\varphi(x)$ 在 $[0,1]$ 上连续,且 $\varphi(1) = \dfrac{1}{\ln 2} - 1$,所以 $\varphi(x) = \dfrac{1}{\ln(x + 1)} - \dfrac{1}{x} > \dfrac{1}{\ln 2} - 1$,

且 $\lim\limits_{x \to 0^+}\varphi(x) = \lim\limits_{x \to 0^+}\left[\dfrac{1}{\ln(1 + x)} - \dfrac{1}{x}\right] = \lim\limits_{x \to 0^+}\dfrac{x - \ln(1 + x)}{\ln(1 + x) \cdot x} = \lim\limits_{x \to 0^+}\dfrac{x - \ln(1 + x)}{x^2} = \dfrac{1}{2}$.

因此得 $\dfrac{1}{\ln 2} - 1 < \dfrac{1}{\ln(1 + x)} - \dfrac{1}{x} < \dfrac{1}{2}$.

【举一反三】

1. 已知 $k \geqslant \ln 2 - 1$,证明: $(x - 1)\left[x - (\ln x)^2 + 2k\ln x - 1\right] \geqslant 0$.

证明: $x = 1$ 时,不等式成立.

① $0 < x < 1$ 时,只需证 $x - (\ln x)^2 + 2k\ln x - 1 \leqslant 0$.

设 $f(x) = x - (\ln x)^2 + 2k\ln x - 1$,则 $f'(x) = \dfrac{x - 2\ln x + 2k}{x}$. $(0 < x < 1)$

设 $g(x) = x - 2\ln x + 2k, x \in (0,1)$,则 $g'(x) = 1 - \dfrac{2}{x} < 0$.

故 $g(x)$ 单调递减,则

$g(x) > g(1) = 1 + 2k \geqslant 1 + 2(\ln 2 - 1) = 2\ln 2 - 1 > 0.$

则 $f'(x) > 0, f(x)$ 单调递增,故 $f(x) \leqslant f(1) = 0,$ 结论成立.

② $x > 1$ 时,只需证 $x - (\ln x)^2 + 2k\ln x - 1 \geqslant 0.$

设 $f(x) = x - \ln^2 x + 2k\ln x - 1,$ 则 $f'(x) = \dfrac{x - 2\ln x + 2k}{x}. \ (x > 1)$

设 $g(x) = x - 2\ln x + 2, x > 1,$ 则 $g'(x) = 1 - \dfrac{2}{x}.$

若 $1 < x < 2, g'(x) < 0, g(x)$ 递减;若 $x > 2, g'(x) > 0, g(x)$ 递增.

故 $g(x) \geqslant g(2) = 2 + 2k - 2\ln 2 \geqslant 2 + 2(\ln 2 - 1) - 2\ln 2 = 0.$

故 $f'(x) \geqslant 0, f(x)$ 单调递增, $f(x) \geqslant f(1) = 0,$ 结论成立.

综上,不等式成立.

2. $\forall y_0 > 0,$ 求 $\varphi(x) = y_0 x^{y_0}(1 - x)$ 在 $(0,1)$ 中的最大值,并证明该最大值对任一 $y_0 > 0$ 均小于 $e^{-1}.$

解: $\varphi(1) = \varphi(0) = 0,$ 当 $0 < x < 1$ 时, $\varphi(x) > 0, \varphi(x) \in C[0,1],$

故 $\varphi(x)$ 在 $(0,1)$ 内取得最大值.

又 $\varphi'(x) = (1 - x)y_0 \cdot y_0 x^{y_0-1} - y_0 x^{y_0} = y_0 x^{y_0-1}[(1 - x)y_0 - x].$

由 $\varphi'(x) = 0$ 得, $x_0 = \dfrac{y_0}{1 + y_0}.$

最大值 $\varphi(x_0) = \left(\dfrac{y_0}{1 + y_0}\right)^{1+y_0} = \left(1 - \dfrac{1}{1 + y_0}\right)^{1+y_0}.$

下面证明对任一 $y_0 > 0, \left(1 - \dfrac{1}{1 + y_0}\right)^{1+y_0} < e^{-1},$

即证明 $(1 + y_0)\ln\left(1 - \dfrac{1}{1 + y_0}\right) < -1.$

令 $1 + y_0 = x,$ 即只需要证明

$\forall x > 1, x\ln\left(1 - \dfrac{1}{x}\right) < -1.$

令 $F(x) = \ln\left(1 - \dfrac{1}{x}\right) + \dfrac{1}{x}, \forall x > 1.$

$\lim\limits_{x \to +\infty}\left[\ln\left(1 - \dfrac{1}{x}\right) + \dfrac{1}{x}\right] = 0, F'(x) = \dfrac{\frac{1}{x^2}}{1 - \frac{1}{x}} - \dfrac{1}{x^2} = \dfrac{1}{x^2}\dfrac{\frac{1}{x}}{1 - \frac{1}{x}} > 0,$

所以 $F(x)$ 单调递增,当 $x < +\infty$ 时, $F(x) < F(+\infty) = 0,$

即 $\ln\left(1 - \dfrac{1}{x}\right) < -\dfrac{1}{x},$ 则对任一 $y_0 > 0,$

$\varphi(x_0) = \left(\dfrac{y_0}{1 + y_0}\right)^{1+y_0} = \left(1 - \dfrac{1}{1 + y_0}\right)^{1+y_0} < e^{-1}.$

例3 设 $e < a < b < e^2,$ 证明: $(\ln b)^2 - (\ln a)^2 > \dfrac{4}{e^2}(b - a).$

分析:要证的不等式不含有自由变元,而是两个抽象的数相比较,遇到这种情况,通常用采用以下方法来解决.将两个数看作某一函数 $F(x)$ 的两个函数值,只需讨论 $F(x)$ 在区间上的单调性即可,这就是证明本例的方法一;也可凑成拉格朗日中值(或柯西中值)公式的形式,利用微分中值定理证明,这是证明本例的方法二;还可将其中一点 b(或 a)变成 x,利用证明函数不等式的方法进行论证,这是证明本例的第三种方法.

证明:(法一)令 $F(x) = (\ln x)^2 - \dfrac{4}{e^2}x$, $\forall x > e$.

则 $F'(x) = 2\dfrac{\ln x}{x} - \dfrac{4}{e^2}$,$F''(x) = \dfrac{2(1 - \ln x)}{x^2}$.

显然当 $x > e$ 时,$F''(x) < 0$,即 $F'(x)$ 严格单调减少,

所以当 $e < x < e^2$ 时,有 $F'(x) > F'(e^2) = \dfrac{2\ln e^2}{e^2} - \dfrac{4}{e^2} = 0$.

因此,当 $e < x < e^2$ 时,$F(x)$ 严格单调上升,即 $f(a) < f(b)$,

从而 $(\ln b)^2 - \dfrac{4}{e^2}b > (\ln a)^2 - \dfrac{4}{e^2}a$,即 $(\ln b)^2 - (\ln a)^2 > \dfrac{4}{e^2}(b - a)$.

(法二)设 $g(x) = (\ln x)^2$,在 $[a,b]$ 上 $g(x)$ 满足拉格朗日中值公式,则 $\exists \xi \in (a,b)$,使得 $g(b) - g(a) = g'(\xi)(b - a)$,即 $(\ln b)^2 - (\ln a)^2 = 2\dfrac{\ln \xi}{\xi}(b - a)$.

又设 $\varphi(x) = \dfrac{\ln x}{x}$,则 $\varphi'(x) = \dfrac{1 - \ln x}{x^2}$.

当 $x > e$ 时,$\varphi'(x) < 0$,

即 $\varphi(x)$ 在 $(e, +\infty)$ 上严格单调减少,亦即当 $e < x < e^2$ 时,$\varphi(x) > \varphi(e^2) = \dfrac{2}{e^2}$.

综上,$\varphi(\xi) > \dfrac{2}{e^2}$.所以 $(\ln b)^2 - (\ln a)^2 = 2\varphi(\xi)(b - a) > \dfrac{4}{e^2}(b - a)$.

(法三)令 $H(x) = (\ln x)^2 - (\ln a)^2 - \dfrac{4}{e^2}(x - a)$,$e < a < x < e^2$.

$H'(x) = 2\dfrac{\ln x}{x} - \dfrac{4}{e^2}$,$H''(x) = 2\dfrac{1 - \ln x}{x^2}$.

显然当 $x > a > e$ 时,$H''(x) < 0$,即 $H'(x)$ 严格单调减少,

所以当 $e < a < x < e^2$ 时,有

$H'(x) > H'(e^2) = \dfrac{2\ln e^2}{e^2} - \dfrac{4}{e^2} = 0$.

因此,当 $e < a < x < e^2$ 时,$H(x)$ 严格单调递增,即 $H(x) > H(a) = 0$,

$(\ln x)^2 - (\ln a)^2 - \dfrac{4}{e^2}(x - a) > 0$.

由于 $e < a < b < e^2$,即有 $(\ln b)^2 - (\ln a)^2 > \dfrac{4}{e^2}(b - a)$.

【举一反三】

1. 已知 $f(x)$ 在区间 $(a, +\infty)$ 上具有二阶导数,$f(a) = 0$,$f'(x) > 0$,$f''(x) > 0$,设

$b > a, y = f(x)$ 在点 $(b, f(b))$ 处的切线与 x 轴的交点是 $(x_0, 0)$,证明:$a < x_0 < b$.

证明: $y = f(x)$ 在点 $(b, f(b))$ 处的切线方程为 $y - f(b) = f'(b)(x - b)$.

令 $y = 0$,得 $x_0 = b - \dfrac{f(b)}{f'(b)}$.

由于 $f'(x) > 0$,所以 $f(x)$ 在 $(a, +\infty)$ 上单调递增,

当 $b > a$ 时,$f(b) > f(a) = 0$,所以 $x_0 = b - \dfrac{f(b)}{f'(b)} < b$.

令 $F(x) = xf'(x) - f(x) - af'(x)$,则 $F(a) = 0$,

$F'(x) = f'(x) + xf''(x) - f'(x) - af''(x) = (x - a)f''(x) > 0$,

所以 $F(x)$ 在 $(a, +\infty)$ 上单调递增,当 $b > a$ 时,$F(b) > F(a) = 0$,

于是 $a < x_0 < b$.

2. 已知 $0 < a < b$,证明:$\dfrac{2a}{a^2 + b^2} < \dfrac{\ln b - \ln a}{b - a} < \dfrac{1}{\sqrt{ab}}$.

证明: 由拉格朗日中值定理得,$\exists \xi \in (a, b)$,$\dfrac{2a}{a^2 + b^2} < \dfrac{1}{b} < \dfrac{1}{\xi}$.

令 $G(x) = \sqrt{ax}(\ln x - \ln a) - (x - a)$,

则 $G'(x) = \dfrac{a}{2\sqrt{ax}}(\ln x - \ln a) + \dfrac{\sqrt{ax}}{x} - 1 = \dfrac{\sqrt{a}}{\sqrt{x}}\left[\dfrac{1}{2}(\ln x - \ln a) + 1 - \dfrac{\sqrt{x}}{\sqrt{a}}\right]$.

令 $R(x) = \left[\dfrac{1}{2}(\ln x - \ln a) + 1 - \dfrac{\sqrt{x}}{\sqrt{a}}\right]$,

则 $R'(x) = \dfrac{1}{2x} - \dfrac{1}{2\sqrt{x}\sqrt{a}} < 0$,则 $R(x)$ 在 (a, b) 内单调递减,

$x > a$ 时,$R(x) < R(a) = 0$,即 $G'(x) < 0$,$G(x)$ 在 (a, b) 内单调递减,

所以 $x > a$ 时,$G(x) < G(a) = 0$,

即得 $\dfrac{\ln b - \ln a}{b - a} < \dfrac{1}{\sqrt{ab}}$.

例 4 设 $f(\mathrm{e}^x) = 1 + x, 0 \leqslant x < +\infty$,$f(\varphi(x)) = 1 + x + \ln x$.

(1) 求 $\varphi(x)$;

(2) 证明:$\varphi\left(\dfrac{a + b}{2}\right) \leqslant \min\left\{\dfrac{\varphi(b) - \varphi(a)}{b - a}, \dfrac{1}{2}[\varphi(a) + \varphi(b)]\right\}$ $(a < b)$.

分析: 要证的不等式含有 $\varphi\left(\dfrac{a + b}{2}\right) \leqslant \dfrac{1}{2}[\varphi(a) + \varphi(b)]$,可以尝试利用函数的凹凸性.

(1) **解:** 令 $\mathrm{e}^x = t$,则 $x = \ln t$,$f(t) = 1 + \ln t (t \geqslant 1)$.

$f(\varphi(x)) = 1 + \ln \varphi(x) = 1 + x + \ln x$,所以 $\ln \varphi(x) = x + \ln x$,于是 $\varphi(x) = x\mathrm{e}^x$.

(2) **证明:** $\varphi'(x) = \mathrm{e}^x + x\mathrm{e}^x$,$\varphi''(x) = 2\mathrm{e}^x + x\mathrm{e}^x > 0$,所以 $\varphi(x)$ 是下凸函数,

故 $\varphi\left(\dfrac{a + b}{2}\right) \leqslant \dfrac{1}{2}[\varphi(a) + \varphi(b)]$.

令 $F(x) = \varphi(x) - \varphi(a) - (x - a)\varphi\left(\dfrac{a + x}{2}\right)$，则 $F(a) = 0$，

$$F'(x) = \varphi'(x) - \varphi\left(\frac{a + x}{2}\right) - \frac{1}{2}(x - a)\varphi'\left(\frac{a + x}{2}\right)$$

$$= (x + 1)e^x - \frac{a + x}{2}e^{\frac{a+x}{2}} - \frac{x - a}{2}\left(\frac{a + x}{2} + 1\right)e^{\frac{a+x}{2}}$$

$$= e^{\frac{a+x}{2}}\left[(x + 1)e^{\frac{x-a}{2}} - \frac{1}{2}\left(\frac{a + x}{2} + 1\right)(x - a) - \frac{a + x}{2}\right].$$

令 $G(x) = (x + 1)e^{\frac{x-a}{2}} - \dfrac{1}{2}\left(\dfrac{a + x}{2} + 1\right)(x - a) - \dfrac{a + x}{2}$，则 $G(a) = 1 > 0$，

$$G'(x) = e^{\frac{x-a}{2}} + \frac{1}{2}(x + 1)e^{\frac{x-a}{2}} - \frac{1}{2} \cdot \frac{1}{2}(x - a) - \frac{1}{2}\left(\frac{a + x}{2} + 1\right) - \frac{1}{2}$$

$$= \frac{x + 3}{2}e^{\frac{x-a}{2}} - \frac{x}{2} - 1 \geqslant \frac{x + 3}{2} - \frac{x}{2} - 1 = \frac{1}{2} \geqslant 0, (\forall x > a)$$

则 $G(x)$ 单调递增，于是当 $x > a$ 时，$G(x) > G(a) > 0$，

所以 $F'(x) > 0$，则 $F(x)$ 单调递增，于是当 $x > a$ 时，$F(x) > F(a) = 0$，

又 $b > a$，因此 $F(b) \geqslant 0$，

即 $\varphi\left(\dfrac{a + b}{2}\right) \leqslant \min\left\{\dfrac{\varphi(b) - \varphi(a)}{b - a}, \dfrac{1}{2}[\varphi(a) + \varphi(b)]\right\}. \ (a < b)$

【举一反三】

1. 对任意的自然数 n，证明：$\forall 0 \leqslant t \leqslant n$，有 $0 \leqslant e^{-t} - \left(1 - \dfrac{t}{n}\right)^n \leqslant \dfrac{t^2}{n}e^{-t}$.

证明： 因为 e^x 在 $(-\infty, +\infty)$ 上是下凸函数，所以曲线 $y = e^x$ 在点 $x = 0$ 处的切线上方，且在 $x = 0$ 处的切线方程为 $y = 1 + x$，因而有 $e^x \geqslant 1 + x$，$\forall x \in (-\infty, +\infty)$.

于是 $\forall 0 \leqslant t \leqslant n$，就有 $e^{-\frac{t}{n}} \geqslant 1 - \dfrac{t}{n} \geqslant 0$，两边 n 次方，得 $\left(1 - \dfrac{t}{n}\right)^n \leqslant e^{-t}$，

即 $e^{-t} - \left(1 - \dfrac{t}{n}\right)^n \geqslant 0$.

另一方面，$e^{-t} - \left(1 - \dfrac{t}{n}\right)^n = e^{-t}\left[1 - e^t\left(1 - \dfrac{t}{n}\right)^n\right]$，且 $e^x \geqslant 1 + x$，则 $e^{\frac{t}{n}} \geqslant 1 + \dfrac{t}{n}$.

于是 $e^t \geqslant \left(1 + \dfrac{t}{n}\right)^n$.

因此 $e^t\left(1 - \dfrac{t}{n}\right)^n \geqslant \left(1 + \dfrac{t}{n}\right)^n\left(1 - \dfrac{t}{n}\right)^n = \left(1 - \dfrac{t^2}{n^2}\right)^n$.

设 $f(x) = (1 + x)^n$，则 $f'(x) = n(1 + x)^{n-1}$，

$f''(x) = n(n - 1)(1 + x)^{n-2} \geqslant 0. \ (\forall x \geqslant -1)$

可知，$f(x)$ 在 $[-1, +\infty)$ 上是下凸函数，则 $y = f(x)$ 在点 $x = 0$ 处的切线上方，而点 $x = 0$ 处的切线方程为 $y = 1 + nx$，即有 $(1 + x)^n \geqslant 1 + nx. \ (x \geqslant -1)$

于是 $\left(1 - \dfrac{t^2}{n^2}\right)^n \geqslant 1 - n \cdot \dfrac{t^2}{n^2} = 1 - \dfrac{t^2}{n}. \ (0 \leqslant t \leqslant n)$

可得 $e^{-t} - \left(1 - \dfrac{t}{n}\right)^n \leqslant \dfrac{t^2}{n} e^{-t}$. $(0 \leqslant t \leqslant n)$

2. 设 $0 < x_i < \pi (i = 1, 2, \cdots, n)$，令 $x = \dfrac{x_1 + x_2 + \cdots + x_n}{n}$，证明：$\displaystyle\prod_{i=1}^{n} \dfrac{\sin x_i}{x_i} \leqslant \left(\dfrac{\sin x}{x}\right)^n$.

证明：易知 $\displaystyle\prod_{i=1}^{n} \dfrac{\sin x_i}{x_i} = e^{\sum_{i=1}^{n} \ln \frac{\sin x_i}{x_i}}$.

令 $F(x) = \ln \dfrac{\sin x}{x} = \ln \sin x - \ln x$. $(0 < x < \pi)$

当 $0 < x < \pi$ 时，有 $0 < \sin x < x$，则

$F'(x) = \dfrac{1}{\sin x} \cos x - \dfrac{1}{x} = \cot x - \dfrac{1}{x}$，

$F''(x) = -\csc^2 x + \dfrac{1}{x^2} = \dfrac{1}{x^2} - \dfrac{1}{\sin^2 x} < 0$，$(0 < x < \pi)$

故 $F(x)$ 在 $(0, \pi)$ 上为上凸函数，

即 $\dfrac{1}{n} \displaystyle\sum_{i=1}^{n} F(x_i) \leqslant F\left(\dfrac{x_1 + x_2 + \cdots + x_n}{n}\right) = F(x)$，

即 $\displaystyle\sum_{i=1}^{n} F(x_i) \leqslant n F(x)$，由于 e^x 是单调递增函数，

所以 $\displaystyle\prod_{i=1}^{n} \dfrac{\sin x_i}{x_i} = e^{\sum_{i=1}^{n} \ln \frac{\sin x_i}{x_i}} = e^{\sum_{i=1}^{n} F(x_i)} \leqslant e^{n F(x)} = \left(\dfrac{\sin x}{x}\right)^n$.

3. 设 $0 \leqslant a_k < 1 (k = 1, 2, \cdots, n)$，令 $S_n = \displaystyle\sum_{k=1}^{n} a_k$，证明：$\displaystyle\sum_{k=1}^{n} \dfrac{a_k}{1 - a_k} \geqslant \dfrac{n S_n}{n - S_n}$.

证明：设 $f(x) = \dfrac{x}{1 - x}$，则 $f'(x) = \dfrac{1}{(1-x)^2}$，$f''(x) = \dfrac{2}{(1-x)^3} > 0$，

可知，$f(x)$ 是下凸函数，取 $\lambda_i = \dfrac{1}{n}$，由琴生不等式得，

$\displaystyle\sum_{i=1}^{n} \lambda_i f(x_i) \geqslant f\left(\sum_{i=1}^{n} \lambda_i x_i\right)$.

令 $x_i = a_i$，则有

$\dfrac{1}{n}\left(\dfrac{a_1}{1 - a_1} + \dfrac{a_2}{1 - a_2} + \cdots + \dfrac{a_n}{1 - a_n}\right) \geqslant f\left(\dfrac{a_1 + a_2 + \cdots + a_n}{n}\right) = \dfrac{\dfrac{a_1 + a_2 + \cdots + a_n}{n}}{1 - \dfrac{a_1 + a_2 + \cdots + a_n}{n}}$，

所以 $\dfrac{1}{n} \displaystyle\sum_{k=1}^{n} \dfrac{a_k}{1 - a_k} \geqslant \dfrac{S_n}{n - S_n}$，即 $\displaystyle\sum_{k=1}^{n} \dfrac{a_k}{1 - a_k} \geqslant \dfrac{n S_n}{n - S_n}$.

例 5 设 $f(x)$ 在 $[a, b]$ 上有二阶连续导数，$f'(a) = f'(b) = 0$，证明：$\exists \xi \in (a, b)$，

$|f''(\xi)| \geqslant \dfrac{4}{(b-a)^2} |f(b) - f(a)|$.

分析：题目给出两个一阶导数值，要证的不等式含有二阶导数值，一般想到将函数在已知的一阶导数值点按拉格朗日余项泰勒公式展开.

证明：分别将 $f(x)$ 在 $x=a$ 处，$x=b$ 处泰勒展开：

$$f(x)=f(a)+f'(a)(x-a)+\frac{f''(\eta_1)}{2!}(x-a)^2=f(a)+\frac{f''(\eta_1)}{2!}(x-a)^2,\eta_1\in(a,x),$$

$$f(x)=f(b)+f'(b)(x-b)+\frac{f''(\eta_2)}{2!}(x-b)^2=f(b)+\frac{f''(\eta_2)}{2!}(x-b)^2,\eta_2\in(x,b).$$

将 $x=\dfrac{a+b}{2}$ 分别代入上述两式，得

$$f\left(\frac{a+b}{2}\right)=f(a)+\frac{f''(\eta_3)}{2!}\frac{(b-a)^2}{4},\eta_3\in\left(a,\frac{a+b}{2}\right),$$

$$f\left(\frac{a+b}{2}\right)=f(b)+\frac{f''(\eta_4)}{2!}\frac{(b-a)^2}{4},\eta_4\in\left(\frac{a+b}{2},b\right).$$

则 $f(a)+\dfrac{f''(\eta_3)}{2!}\dfrac{(b-a)^2}{4}=f(b)+\dfrac{f''(\eta_4)}{2!}\dfrac{(b-a)^2}{4}$，

$$f(b)-f(a)=\frac{(b-a)^2}{4}\left[\frac{f''(\eta_3)}{2!}-\frac{f''(\eta_4)}{2!}\right],$$

所以 $|f(b)-f(a)|\leqslant\dfrac{(b-a)^2}{4}\dfrac{|f''(\eta_3)|+|f''(\eta_4)|}{2}$，

由闭区间上连续函数性质得，$\exists\xi\in[\eta_3,\eta_4]$，使得 $|f''(\xi)|=\dfrac{|f''(\eta_3)|+|f''(\eta_4)|}{2}$，

于是 $|f''(\xi)|\geqslant\dfrac{4}{(b-a)^2}|f(b)-f(a)|$.

【举一反三】

1. 设 $f(x)$ 在 $[a,b]$ 上有二阶连续导数，$f(a)=f(b)=0$，证明：

$$\max|f(x)|\leqslant\frac{(b-a)^2}{8}\max|f''(x)|.$$

证明：设 $f(x)$ 在 $[a,b]$ 上的最大值为 $f(x_0)>0$，

将 $f(x)$ 在 $x=x_0$ 处泰勒展开，

$$f(x)=f(x_0)+f'(x_0)(x-x_0)+\frac{f''(\xi)}{2!}(x-x_0)^2=f(x_0)+\frac{f''(\xi)}{2!}(x-x_0)^2,\xi\text{ 介于 }x\text{ 与}$$

x_0 之间.

将 $x=a,x=b$ 分别代入上式得，

$$0=f(x_0)+\frac{f''(\xi_1)}{2!}(a-x_0)^2,\xi_1\in(a,x_0),$$

$$0=f(x_0)+\frac{f''(\xi_2)}{2!}(b-x_0)^2,\xi_2\in(x_0,b).$$

当 $x_0>\dfrac{a+b}{2}$ 时，$|f''(\xi_1)|=\left|\dfrac{2f(x_0)}{(a-x_0)^2}\right|>\dfrac{8}{(b-a)^2}|f(x_0)|$，

当 $x_0<\dfrac{a+b}{2}$ 时，$|f''(\xi_2)|=\left|\dfrac{2f(x_0)}{(b-x_0)^2}\right|>\dfrac{8}{(b-a)^2}|f(x_0)|$.

故有 $\max |f(x)| \leqslant \dfrac{(b-a)^2}{8} \max |f''(x)|$.

2. 设 $f(x)$ 有二阶导数, $f'(0) = f'(1)$, $|f''(x)| \leqslant 1$, 证明: 当 $x \in (0,1)$ 时, $|f(x) - f(0)(1-x) - f(1)x| \leqslant \dfrac{x(1-x)}{2}$.

证明: 分别将 $f(x)$ 在 $x = 0$ 处, $x = 1$ 处泰勒展开,

$$f(x) = f(0) + f'(0)x + \frac{f''(\xi)}{2!}x^2, \xi \in (0, x). \qquad ①$$

$$f(x) = f(1) + f'(1)(x-1) + \frac{f''(\eta)}{2!}(x-1)^2, \eta \in (x, 1). \qquad ②$$

将 ① $\times (1-x)$, ② $\times x$, 得

$$(1-x)f(x) = (1-x)f(0) + f'(0)x(1-x) + \frac{f''(\xi)}{2!}x^2(1-x),$$

$$xf(x) = xf(1) + f'(1)x(x-1) + \frac{f''(\eta)}{2!}x(x-1)^2.$$

将上述两式相加, 得

$$f(x) = (1-x)f(0) + xf(1) + \frac{f''(\xi)}{2!}x^2(1-x) + \frac{f''(\eta)}{2!}x(x-1)^2.$$

于是 $|f(x) - f(0)(1-x) - f(1)x|$

$$= x(1-x)\left| \frac{f''(\xi)}{2!}x + \frac{f''(\eta)}{2!}(1-x) \right| \leqslant \frac{x(1-x)}{2}.$$

例 6 $f(x)$, $g(x)$ 在 $[0,1]$ 上具连续导函数, 且 $f(0) = 0$, $f'(x) \geqslant 0$, $g'(x) \geqslant 0$, 证明: 对任何 $a \in [0,1]$, 有 $\displaystyle\int_0^a g(x)f'(x)\mathrm{d}x + \int_0^1 f(x)g'(x)\mathrm{d}x \geqslant f(a)g(1)$.

分析: 积分有其自身的特点与性质, 比如, 积分区间的可加性、积分的单调性、积分的变量替换及积分的运算等, 这些都是证明含有积分等式、不等式的基本方法.

证明: (法一) 令 $F(a) = \displaystyle\int_0^a g(x)f'(x)\mathrm{d}x + \int_0^1 f(x)g'(x)\mathrm{d}x - f(a)g(1)$.

显然有 $F'(a) = g(a)f'(a) - f'(a)g(1) = f'(a)[g(a) - g(1)]$.

已知 $g'(x) \geqslant 0$, 则 $g(x)$ 在 $[0,1]$ 上单调增加, 因而有 $g(a) \leqslant g(1)$.

于是 $F'(a) = f'(a)[g(a) - g(1)] \leqslant 0$, 即 $F(a)$ 在 $[0,1]$ 上单调减少,

且 $F(1) = \displaystyle\int_0^1 g(x)f'(x)\mathrm{d}x + \int_0^1 f(x)g'(x)\mathrm{d}x - f(1)g(1)$

$$= [g(x)f(x)] \Big|_0^1 - f(1)g(1) = 0.$$

由 $a \leqslant 1$, 得 $F(a) \geqslant F(1) = 0$,

即有 $\displaystyle\int_0^a g(x)f'(x)\mathrm{d}x + \int_0^1 f(x)g'(x)\mathrm{d}x \geqslant f(a)g(1)$.

（法二）由于 $\int_0^a g(x)f'(x)\,\mathrm{d}x = g(x)f(x)\Big|_0^a - \int_0^a f(x)g'(x)\,\mathrm{d}x$

$$= g(a)f(a) - \int_0^a f(x)g'(x)\,\mathrm{d}x.$$

$$\int_0^a g(x)f'(x)\,\mathrm{d}x + \int_0^1 f(x)g'(x)\,\mathrm{d}x = f(a)g(a) + \int_a^0 f(x)g'(x)\,\mathrm{d}x + \int_0^1 f(x)g'(x)\,\mathrm{d}x$$

$$= f(a)g(a) + \int_a^1 f(x)g'(x)\,\mathrm{d}x.$$

又已知 $f'(x) \geqslant 0, f(x)$ 在 $[0,1]$ 上单调增加，即 $\forall x \in [a,1]$，有 $f(x) \geqslant f(a)$.

由 $g'(x) \geqslant 0$ 得，$f(x)g'(x) \geqslant f(a)g'(x)$.

于是 $\int_a^1 f(x)g'(x)\,\mathrm{d}x \geqslant \int_a^1 f(a)g'(x)\,\mathrm{d}x = f(a)[g(1) - g(a)]$.

故 $\int_0^a f'(x)g(x)\,\mathrm{d}x + \int_0^1 f(x)g'(x)\,\mathrm{d}x = f(a)g(a) + \int_a^1 f(x)g'(x)\,\mathrm{d}x$

$$\geqslant f(a)g(a) + f(a)[g(1) - g(a)]$$
$$= f(a)g(1).$$

【举一反三】

1. 设 $f(x)$ 在 $[0,1]$ 上连续且单调减少，证明：$\forall a \in [0,1]$，有

$$a\int_0^1 f(x)\,\mathrm{d}x \leqslant \int_0^a f(x)\,\mathrm{d}x.$$

证明：（法一）若 $a=0$，等式显然成立.

令 $F(a) = \dfrac{1}{a}\int_0^a f(x)\,\mathrm{d}x\,(a \neq 0)$，则有 $F(1) = \int_0^1 f(x)\,\mathrm{d}x$.

显然 $F(a)$ 在 $(0,1)$ 内可导，且

$$F'(a) = \frac{f(a)a - \int_0^a f(x)\,\mathrm{d}x}{a^2} = \frac{\int_0^a f(a)\,\mathrm{d}x - \int_0^a f(x)\,\mathrm{d}x}{a^2} = \frac{\int_0^a [f(a) - f(x)]\,\mathrm{d}x}{a^2}.$$

由于 $f(x)$ 在 $[0,1]$ 上单调减少，且 $0 \leqslant x \leqslant a$，因此 $f(x) \geqslant f(a)$，则 $F'(a) \leqslant 0$.

所以 $F(a)$ 在 $(0,1]$ 上单调减少，且 $F(1) = \int_0^1 f(x)\,\mathrm{d}x$. 故 $F(a) \geqslant F(1)$.

即 $\dfrac{1}{a}\int_0^a f(x)\,\mathrm{d}x \geqslant \int_0^1 f(x)\,\mathrm{d}x$，亦即 $\int_0^a f(x)\,\mathrm{d}x \geqslant a\int_0^1 f(x)\,\mathrm{d}x$.

（法二）由于 $0 \leqslant a \leqslant 1$，则 $\forall t : 0 \leqslant t \leqslant 1$，有 $at \leqslant t$，

又已知 $f(x)$ 在 $[0,1]$ 上单调减少，则 $f(at) \geqslant f(t)$.

令 $at = x$，于是 $\int_0^a f(x)\,\mathrm{d}x = a\int_0^1 f(at)\,\mathrm{d}t \geqslant a\int_0^1 f(t)\,\mathrm{d}t$.

2. 设 $f(x)$ 在 $[a,b]$ 上有连续的导函数,且 $f''(x) < 0$,证明:

$$\frac{f(b)+f(a)}{2}(b-a) \leqslant \int_a^b f(x)\mathrm{d}x \leqslant f\left(\frac{a+b}{2}\right)(b-a).$$

证明: 令 $F(x) = \frac{f(x)+f(a)}{2}(x-a) - \int_a^x f(t)\mathrm{d}t.$

则 $F'(x) = \frac{f(x)+f(a)}{2} + (x-a)\frac{f'(x)}{2} - f(x) = \frac{f(a)-f(x)}{2} + (x-a)\frac{f'(x)}{2}$

$\quad = \frac{-f'(\xi)}{2}(x-a) + (x-a)\frac{f'(x)}{2} < 0, (\xi \in (a,x))$

$F(x)$ 单调减少,$x > a$ 时,$F(x) < F(a) = 0.$

由于 $b > a$,所以 $\frac{f(b)+f(a)}{2}(b-a) \leqslant \int_a^b f(x)\mathrm{d}x.$

令 $G(x) = f\left(\frac{x+a}{2}\right)(x-a) - \int_a^x f(t)\mathrm{d}t,$

则 $G'(x) = \frac{1}{2}f'\left(\frac{x+a}{2}\right)(x-a) + f\left(\frac{x+a}{2}\right) - f(x) = \frac{1}{2}f'\left(\frac{x+a}{2}\right)(x-a) + \frac{1}{2}f'(\xi)(a-x)$

$\quad = \frac{-f'(\xi)}{2}(x-a) + \frac{1}{2}(x-a)f'\left(\frac{x+a}{2}\right) > 0.$

$G(x)$ 单调增加,$x > a$,$G(x) > G(a) = 0,$

由于 $b > a$,所以 $\int_a^b f(x)\mathrm{d}x \leqslant f\left(\frac{a+b}{2}\right)(b-a).$

例7 已知函数 $f(x)$ 是区间 $[0,1]$ 上的连续可微函数,且当 $x \in (0,1)$ 时,$f(0) = 0$,$0 < f'(x) < 1$. 证明:$\int_0^1 [f(x)]^2\mathrm{d}x > \left[\int_0^1 f(x)\mathrm{d}x\right]^2 > \int_0^1 [f(x)]^3\mathrm{d}x.$

分析: 抓住柯西-施瓦茨不等式的特点,将左端不等式中的被积函数进行变形即可证明. 将右端不等式看作两个函数在端点1处的值,由例3的方法证明.

证明: 利用柯西-施瓦茨不等式,令 $g(x) \equiv 1$,则有

$$\left[\int_0^1 f(x)\mathrm{d}x\right]^2 = \left[\int_0^1 f(x)\cdot 1\mathrm{d}x\right]^2 < \int_0^1 [f(x)]^2\mathrm{d}x \cdot \int_0^1 1\mathrm{d}x = \int_0^1 [f(x)]^2\mathrm{d}x.$$

(由于 $\frac{f(x)}{g(x)} = f(x)$ 不等于常数,因此柯西-施瓦茨不等式中的等号不成立)

下面证 $\left[\int_0^1 f(x)\mathrm{d}x\right]^2 > \int_0^1 [f(x)]^3\mathrm{d}x.$

(法一)令 $F(x) = \left[\int_0^x f(t)\mathrm{d}t\right]^2 - \int_0^x [f(t)]^3\mathrm{d}t,$

则 $F'(x) = 2f(x)\int_0^x f(t)\mathrm{d}t - [f(x)]^3 = f(x)\left\{2\int_0^x f(t)\mathrm{d}t - [f(x)]^2\right\}.$

再令 $G(x) = 2\int_0^x f(t)\,\mathrm{d}t - [f(x)]^2$,

则 $G'(x) = 2f(x) - 2f(x)f'(x) = 2f(x)[1 - f'(x)]$.

由 $0 < f'(x) < 1$ 且 $f(0) = 0, x \in (0,1)$ 知, $f(x)$ 在 $(0,1)$ 内严格单调增加, 且 $f(x) > 0$, 因而 $G'(x) = 2f(x)[1 - f'(x)] > 0$.

于是 $F'(x) = f(x) \cdot G(x) > 0$. 可知 $F(x)$ 在 $(0,1)$ 内严格单调增加, 且 $F(0) = 0$.

所以有 $F(x) > 0$, 由连续性得 $F(1) > 0$, 即 $\left[\int_0^1 f(x)\,\mathrm{d}x\right]^2 > \int_0^1 [f(x)]^3\,\mathrm{d}x$.

(法二) 设 $F(x) = \left[\int_0^x f(t)\,\mathrm{d}t\right]^2, G(x) = \int_0^x [f(x)]^3\,\mathrm{d}x$, 显然, $F(x), G(x)$ 在 $[0,1]$ 上满足柯西中值定理的条件, 且 $F(0) = G(0) = 0$, 因此 $\forall x \in [0,1]$, 存在一点 $\xi \in (0,x)$, 有

$$\frac{F(x)}{G(x)} = \frac{F(x) - F(0)}{G(x) - G(0)} = \frac{F'(\xi)}{G'(\xi)} = \frac{2f(\xi)\int_0^\xi f(t)\,\mathrm{d}t}{[f(\xi)]^3} = \frac{2\int_0^\xi f(t)\,\mathrm{d}t}{[f(\xi)]^2}.$$

(由于 $x \in (0,1)$ 时, $0 < f'(x) < 1$, 且 $f(0) = 0$, 因此得 $f(x) > 0, \forall x \in (0,1)$)

而对函数 $\int_0^x f(t)\,\mathrm{d}t$ 和 $f^2(x)$, 在 $[0,\xi]$ 上满足柯西中值定理的条件, 且 $\int_0^0 f(t)\,\mathrm{d}t = [f(0)]^2 = 0$, 因此存在一点 $\eta \in (0,\xi)$, 有

$$\frac{2\int_0^\xi f(t)\,\mathrm{d}t}{[f(\xi)]^2} = \frac{2\int_0^\xi f(t)\,\mathrm{d}t - 2\int_0^0 f(t)\,\mathrm{d}t}{[f(\xi)]^2 - [f(0)]^2} = \frac{2f(\eta)}{2f(\eta)f'(\eta)} = \frac{1}{f'(\eta)} > 1.$$

即 $\forall x \in [0,1]$, 有 $\dfrac{F(x)}{G(x)} = \dfrac{1}{f'(\eta)} > 1$. 特别地, $\dfrac{F(1)}{G(1)} > 1$.

因此 $\left[\int_0^1 f(x)\,\mathrm{d}x\right]^2 > \int_0^1 [f(x)]^3\,\mathrm{d}x$.

【举一反三】

1. 设 $f(x)$ 在 $[a,b]$ 上存在连续二阶导数, 且 $f(a) = 0$, 证明:

(1) $\max |f(x)| \le \sqrt{(b-a)\int_a^b |f'(x)|^2\,\mathrm{d}x}$;

(2) $\int_a^b [f(x)]^2\,\mathrm{d}x \le \dfrac{(b-a)^2}{2}\int_a^b |f'(x)|^2\,\mathrm{d}x$.

证明: (1) $f(x) = f(x) - f(a) = \int_a^x f'(t)\,\mathrm{d}t$, 于是得, $|f(x)| \le \int_a^b |f'(t)|\,\mathrm{d}t$.

由柯西 - 施瓦茨不等式得, $|f(x)| \le \sqrt{(b-a)\int_a^b |f'(x)|^2\,\mathrm{d}x}$,

即 $\max |f(x)| \leqslant \sqrt{(b-a)\int_a^b |f'(x)|^2 dx}$.

(2) 由(1) 知, $\int_a^b [f(x)]^2 dx = \int_a^b \left[\int_a^x f'(t) dt\right]^2 dx$.

运用柯西 – 施瓦茨不等式得

$$\int_a^b [f(x)]^2 dx = \int_a^b \left[\int_a^x f'(t) dt\right]^2 dx \leqslant \int_a^b \left(\int_a^x |f'(t)|^2 dt \int_a^x 1^2 dt\right) dx$$

$$\leqslant \int_a^b \left(\int_a^b |f'(t)|^2 dt \int_a^x 1^2 dt\right) dx \leqslant \int_a^b |f'(t)|^2 dt \int_a^b (x-a) dx$$

$$= \frac{(b-a)^2}{2} \int_a^b |f'(x)|^2 dx.$$

2. 设 $f(x)$ 是 $[0,1]$ 上单调减少、正值连续函数, 证明: $\dfrac{\int_0^1 x[f(x)]^2 dx}{\int_0^1 xf(x) dx} \leqslant \dfrac{\int_0^1 [f(x)]^2 dx}{\int_0^1 f(x) dx}$.

证明: 令 $F(t) = \int_0^t x[f(x)]^2 dx \int_0^t f(x) dx - \int_0^t xf(x) dx \int_0^t [f(x)]^2 dx$,

则 $F'(t) = t[f(t)]^2 \int_0^t f(x) dx + f(t) \int_0^t x[f(x)]^2 dx - tf(t) \int_0^t [f(x)]^2(x) dx - [f(t)]^2 \int_0^t xf(x) dx$

$$= f(t)\left\{\int_0^t (t-x)f(x)f(t) + (x-t)[f(x)]^2(x)f(t) dx\right\}$$

$$= f(t)\left\{\int_0^t (t-x)f(x)[f(t)-f(x)] dx\right\} < 0,$$

所以 $F(t)$ 单调减少, 所以 $\forall t > 0, F(t) \leqslant F(0) = 0$.

由于 $1 > 0$, 故 $\dfrac{\int_0^1 x[f(x)]^2(x) dx}{\int_0^1 xf(x) dx} \leqslant \dfrac{\int_0^1 [f(x)]^2(x) dx}{\int_0^1 f(x) dx}$.

例8 设 $f(x)$ 在 $[a,b]$ 上存在连续二阶导数, 且 $\left|\int_a^b f(x) dx\right| < \int_a^b |f(x)| dx$, $M_1 = \sup_{[a,b]} |f'(x)|$, $M_2 = \sup_{[a,b]} |f''(x)|$, 证明: $\left|\int_a^b f(x) dx\right| \leqslant \dfrac{(b-a)^2}{2} M_1 + \dfrac{(b-a)^3}{6} M_2$.

分析: 由一阶、二阶导数值估计积分值或函数值, 要想到用泰勒展开. 关键的问题是在哪一点展开. 根据已知条件 $\left|\int_a^b f(x) dx\right| < \int_a^b |f(x)| dx$ 可知, 函数 $f(x)$ 在 $[a,b]$ 上变

号，因为函数在闭区间连续，因此存在 $c \in [a,b]$，使得 $f(c) = 0$.

证明： 因为 $\left| \int_a^b f(x)\mathrm{d}x \right| < \int_a^b |f(x)|\,\mathrm{d}x$，$f(x)$ 在 $[a,b]$ 上变号，

故存在 $c \in [a,b]$，使得 $f(c) = 0$.

$$f(x) = f(c) + f'(c)(x - c) + \frac{f''(\xi)}{2}(x - c)^2,\ \xi \text{ 介于 } x \text{ 与 } c \text{ 之间,}$$

$$\left| \int_a^b f(x)\mathrm{d}x \right| \leqslant M_1 \left| \int_a^b (x - c)\mathrm{d}x \right| + \frac{M_2}{2} \left| \int_a^b (x - c)^2\mathrm{d}x \right|$$

$$= \frac{M_1}{2} \left| (b - c)^2 - (a - c)^2 \right| + \frac{M_2}{6} \left| (b - c)^3 - (a - c)^3 \right|$$

$$= \frac{M_1}{2}(b - a) \left| b + a - 2c \right| + \frac{M_2}{6} \left| (b - c)^3 - (a - c)^3 \right|$$

$$\leqslant \frac{M_1}{2}(b - a)^2 + \frac{M_2}{6}(b - a)^3.$$

【举一反三】

1. 设 $f(x)$ 在 $[a,b]$ 上有一阶连续导数，且 $f(a) = f(b) = 0$，证明：$\exists \xi \in [a,b]$，使得

$$|f'(\xi)| \geqslant \frac{4}{(b - a)^2} \left| \int_a^b f(x)\mathrm{d}x \right|.$$

证明：（法一）令 $F(x) = \int_a^x f(t)\mathrm{d}t$，

则 $F'(x) = f(x)$，$F''(x) = f'(x)$，且有 $F'(a) = F'(b) = 0$.
将 $F(x)$ 在点 $x = a, x = b$ 处分别泰勒展开，得

$$F(x) = F(a) + F'(a)(x - a) + \frac{1}{2}F''(\xi_1)(x - a)^2,\ a < \xi_1 < x.$$

$$F(x) = F(b) + F'(b)(x - b) + \frac{1}{2}F''(\xi_2)(x - b)^2,\ x < \xi_2 < b.$$

将 $x = \dfrac{a + b}{2}$ 分别代入上两式得，

$$F\left(\frac{a + b}{2}\right) = F(a) + \frac{1}{2}F''(\eta_1)\left(\frac{b - a}{2}\right)^2,\ a < \eta_1 < \frac{a + b}{2}.$$

$$F\left(\frac{a + b}{2}\right) = F(b) + \frac{1}{2}F''(\eta_2)\left(\frac{b - a}{2}\right)^2,\ \frac{a + b}{2} < \eta_2 < b.$$

两式相减得，$F(b) - F(a) = \dfrac{1}{2}\left(\dfrac{b - a}{2}\right)^2 [F''(\eta_1) - F''(\eta_2)]$.

令 $\xi = \begin{cases} \eta_1, & \text{当 } |F''(\eta_1)| \geqslant |F''(\eta_2)|, \\ \eta_2, & \text{当 } |F''(\eta_1)| \leqslant |F''(\eta_2)|. \end{cases}$

于是 $|F(b) - F(a)| = \left| \int_a^b f(t)\mathrm{d}t \right| \leqslant \dfrac{(b - a)^2}{8} [|F''(\eta_1)| + |F''(\eta_2)|]$

$$\le \frac{(b-a)^2}{4}\mid F''(\xi)\mid = \frac{(b-a)^2}{4}\mid f'(\xi)\mid,$$

即得 $\mid f'(\xi)\mid\ge\dfrac{1}{(b-a)^2}\left|\displaystyle\int_a^b f(x)\,\mathrm{d}x\right|.$

（法二）由于 $\mid f'(x)\mid$ 在 $[a,b]$ 上连续，则由闭区间上连续函数性质，$\exists\xi\in[a,b]$，使得 $\mid f'(\xi)\mid = \max\limits_{x\in[a,b]}\mid f'(x)\mid = M.$

令 $c = \dfrac{a+b}{2}$，由拉格朗日中值定理得，

$\exists\xi_1\in(a,c),f(x)-f(a)=f'(\xi_1)(x-a),\forall x\in[a,c].$
$\exists\xi_2\in(c,b),f(b)-f(x)=f'(\xi_2)(b-x),\forall x\in[c,b].$
进而有 $\mid f(x)\mid\le M(x-a),\forall x\in[a,c].$
且 $\mid f(x)\mid\le M(b-x),\forall x\in[c,b].$

于是 $\displaystyle\int_a^b\mid f(x)\mid\mathrm{d}x = \int_a^c\mid f(x)\mid\mathrm{d}x + \int_c^b\mid f(x)\mid\mathrm{d}x$

$$\le M\int_a^c(x-a)\,\mathrm{d}x + M\int_c^b(b-x)\,\mathrm{d}x = \frac{M}{4}(b-a)^2.$$

因此 $\mid f'(\xi)\mid\ge\dfrac{4}{(b-a)^2}\displaystyle\int_a^b\mid f(x)\mid\mathrm{d}x\ge\dfrac{4}{(b-a)^2}\left|\int_a^b f(x)\,\mathrm{d}x\right|.$

2. 设 $f(x)$ 在 $[a,b]$ 上二次可微，且 $f\left(\dfrac{a+b}{2}\right)=0$，证明：

$$\left|\int_a^b f(x)\,\mathrm{d}x\right|\le\frac{(b-a)^3}{24}\sup\{\mid f''(x)\mid\}\ (\forall x\in[a,b]).$$

证明： 已知 $f(x)$ 在 $[a,b]$ 上二次可微，且 $f\left(\dfrac{a+b}{2}\right)=0.$

令 $F(x)=\displaystyle\int_a^x f(t)\,\mathrm{d}t$，将 $F(x)$ 在 $x=\dfrac{a+b}{2}$ 处泰勒展开得，

$$F(x)=F\left(\frac{a+b}{2}\right)+F'\left(\frac{a+b}{2}\right)\left(x-\frac{a+b}{2}\right)+\frac{F''\left(\dfrac{a+b}{2}\right)}{2!}\left(x-\frac{a+b}{2}\right)^2$$
$$+\frac{F'''(\eta)}{3!}\left(x-\frac{a+b}{2}\right)^3$$
$$=F\left(\frac{a+b}{2}\right)+\frac{f'\left(\dfrac{a+b}{2}\right)}{2!}\left(x-\frac{a+b}{2}\right)^2+\frac{f''(\eta)}{3!}\left(x-\frac{a+b}{2}\right)^3,$$

η 介于 x 与 $\dfrac{a+b}{2}$ 之间，

$$F(a)=F\left(\frac{a+b}{2}\right)+\frac{f'\left(\dfrac{a+b}{2}\right)}{2!}\left(\frac{a-b}{2}\right)^2+\frac{f''(\eta_1)}{3!}\left(\frac{b-a}{2}\right)^3,\eta_1\in\left(a,\frac{a+b}{2}\right),$$

$$F(b) = F\left(\frac{a+b}{2}\right) + \frac{f'\left(\frac{a+b}{2}\right)}{2!}\left(\frac{a-b}{2}\right)^2 + \frac{f''(\eta_2)}{3!}\left(\frac{b-a}{2}\right)^3, \eta_2 \in \left(\frac{a+b}{2}, b\right).$$

于是 $F(b) = \int_a^b f(x)\mathrm{d}x = \frac{(b-a)^3}{24} \cdot \frac{f''(\eta_1) + f''(\eta_2)}{2}$,

所以有 $\left| \int_a^b f(x)\mathrm{d}x \right| \leqslant \frac{(b-a)^3}{24}\sup\{|f''(x)|\}, \forall x \in [a,b]$.

例9 设 $f(x)$ 在 $(a, +\infty)$ 内二次可导,令 $M_k = \sup\{|f^{(k)}(x)| \mid x \in (a, +\infty)\}$, $(k=0,1,2)$, $f^{(0)}(x) = f(x)$, 证明: $M_1^2 \leqslant 4M_0M_2$.

分析: 由函数值、二阶导数值估计一阶导数值,自然要用泰勒展开. 本题我们需要 $f'(x)$, 要么对 $f'(x)$ 泰勒展开, 要么对 $f(x)$ 泰勒展开. 利用函数的性质, 对 $f(t)$ 在 $t = x$ 处泰勒展开.

证明: 将 $f(t)$ 在点 x 处展成一阶泰勒公式,得

$$f(t) = f(x) + f'(x)(t-x) + \frac{1}{2!}f''(\xi)(t-x)^2. (\xi 介于 t 与 x 之间)$$

$$\forall x \in (a, +\infty), h > 0, f(x+2h) = f(x) + f'(x)2h + \frac{1}{2!}f''(\zeta)4h^2, x < \zeta < x+2h.$$

则 $|f'(x)| \leqslant \frac{|f(x+2h)| + |f(x)|}{2h} + |f''(\zeta)|h \leqslant \frac{2M_0}{2h} + hM_2 = \frac{M_0 + h^2M_2}{h}$.

于是 $M_1 \leqslant \frac{M_0 + h^2M_2}{h}, \forall h > 0$.

由根的判别式 $\Delta = M_1^2 - 4M_0M_2 \leqslant 0$ 可得, $M_1^2 \leqslant 4M_0M_2$.

【举一反三】

1. 设 $f(x)$ 在 $(0,1)$ 上二阶可导,且 $f(0) = f(1)$, 证明:

$$\int_0^1 |f'(x)| \mathrm{d}x \leqslant \frac{1}{3}\max|f''(x)|.$$

证明: 将 $f(t)$ 在 $t = x$ 处的泰勒展开:

$$f(t) = f(x) + f'(x)(t-x) + \frac{f''(\xi)}{2}(t-x)^2, \xi 介于 t 与 x 之间,$$

$$f(0) = f(x) + f'(x)(-x) + \frac{f''(\xi_1)}{2}x^2, 0 < \xi_1 < x,$$

$$f(1) = f(x) + f'(x)(1-x) + \frac{f''(\xi_2)}{2}(1-x)^2, x < \xi_2 < 1.$$

两式相减得, $0 = f'(x) + \frac{f''(\xi_2)}{2}(1-x)^2 - \frac{f''(\xi_1)}{2}x^2$,

所以 $|f'(x)| \leqslant \frac{\max|f''(x)|}{2}[(1-x)^2 + x^2]$,

故 $\int_0^1 |f'(x)| \mathrm{d}x \leqslant \frac{\max|f''(x)|}{2}\int_0^1[(1-x)^2 + x^2]\mathrm{d}x = \frac{\max|f''(x)|}{3}$.

2. 设 $f(x)$ 是一定义于长度不小于 2 的闭区间 I 上的函数,满足: $|f(x)| \leqslant 1$, $|f''(x)| \leqslant 1(\forall x \in I)$,证明: $|f'(x)| \leqslant 2(\forall x \in I)$.

证明:令 $I = [a, a+2]$,将函数 f 在任意点 $x \in I$ 展开,有

$$f(t) = f(x) + f'(x)(t - x) + \frac{f''(\xi)}{2!}(t - x)^2, \xi \text{ 介于 } x \text{ 与 } t \text{ 之间}.$$

则 $f(a+2) = f(x) + f'(x)(a + 2 - x) + \dfrac{f''(\xi_1)}{2!}(a + 2 - x)^2, a \leqslant x \leqslant \xi_1 \leqslant a + 2.$

$$f(a) = f(x) + f'(x)(a - x) + \frac{f''(\xi_2)}{2!}(a - x)^2, a \leqslant \xi_2 \leqslant x \leqslant a + 2.$$

两式相减得,$f(a+2) - f(a) = 2f'(x) + \dfrac{f''(\xi_1)}{2}(a + 2 - x)^2 - \dfrac{f''(\xi_2)}{2}(a - x)^2.$

于是 $2|f'(x)| = \left| f(a+2) - f(a) - \dfrac{f''(\xi_1)}{2}(a + 2 - x)^2 + \dfrac{f''(\xi_2)}{2}(a - x)^2 \right|$

$$\leqslant |f(a+2)| + |f(a)| + \left| \frac{f''(\xi_1)}{2}(a + 2 - x)^2 \right| + \left| \frac{f''(\xi_2)}{2}(a - x)^2 \right|$$

$$\leqslant 1 + 1 + \frac{1}{2}(a + 2 - x)^2 + \frac{1}{2}(a - x)^2$$

$$= 2 + \frac{1}{2}(2a^2 + 2x^2 - 4ax + 4 + 4a - 4x) = 4 + (a - x)(a - x + 2)$$

$$= 4 - (x - a)(a + 2 - x) \leqslant 4.$$

(因为 $a \leqslant x \leqslant a + 2$,所以 $x - a \geqslant 0, a + 2 - x \geqslant 0$)

因此 $|f'(x)| \leqslant 2, \forall x \in I = [a, a+2].$

3. 已知 $f(x)$ 在 $[a,b]$ 上有二阶连续导数,且 $f(x) \geqslant 0, f''(x) < 0$,证明: $\forall x \in [a, b]$,

$$f(x) \leqslant \frac{2}{b - a} \int_a^b f(x) \, \mathrm{d}x.$$

证明:(法一)由闭区间连续函数性质知,$\exists x_0 \in (a, b)$,有 $f(x_0) = \max f(x)$,且 $f'(x_0) = 0$.

将 $f(t)$ 在点 $t = x$ 处泰勒展开,得

$$f(t) = f(x) + f'(x)(t - x) + \frac{1}{2!}f''(\xi)(t - x)^2, (\xi \text{ 介于 } t, x \text{ 之间})$$

则 $f(x_0) = f(x) + f'(x)(x_0 - x) + \dfrac{1}{2!}f''(\xi_1)(x_0 - x)^2, (\xi_1 \text{ 介于 } x_0, x \text{ 之间})$

$$\leqslant f(x) + f'(x)(x_0 - x),$$

有 $\displaystyle\int_a^b f(x_0) \, \mathrm{d}x \leqslant \int_a^b f(x) \, \mathrm{d}x + \int_a^b f'(x)(x_0 - x) \, \mathrm{d}x = \int_a^b f(x) \, \mathrm{d}x + \int_a^b (x_0 - x) \, \mathrm{d}f(x)$

$$= \int_a^b f(x) \, \mathrm{d}x + (x_0 - b)f(b) - (x_0 - a)f(a) + \int_a^b f(x) \, \mathrm{d}x,$$

因此可得

$$f(x_0) \leqslant \frac{2}{b-a}\int_a^b f(x)\,\mathrm{d}x + \frac{(x_0-b)f(b)-(x_0-a)f(a)}{b-a} \leqslant \frac{2}{b-a}\int_a^b f(x)\,\mathrm{d}x.$$

（法二）已知 $f(x)$ 在 $[a,b]$ 上有二阶连续导数，

$f(x) \geqslant 0, f''(x) < 0$，

由闭区间连续函数性质知，$\exists c \in (a,b)$，有

$f(c) = \max f(x)$.

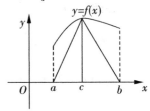

图 1

由图 1 知，三角形面积为 $\dfrac{f(c)}{2}(b-a)$，且点 $(a,0)$ 与点 $(c,f(c))$ 的线段，以及点 $(b,0)$ 与点 $(c,f(c))$ 的线段均在 $f(x)$ 回象的下方，

即 $\displaystyle\int_a^c \frac{f(c)}{c-a}(x-a)\,\mathrm{d}x < \int_a^c f(x)\,\mathrm{d}x$，

$\displaystyle\int_c^b \frac{f(c)}{c-b}(x-b)\,\mathrm{d}x < \int_c^b f(x)\,\mathrm{d}x$，

于是 $\displaystyle\int_a^c \frac{f(c)}{c-a}(x-a)\,\mathrm{d}x + \int_c^b \frac{f(c)}{c-b}(x-b)\,\mathrm{d}x = \frac{f(c)}{c-a} \cdot \frac{(c-a)^2}{2} - \frac{f(c)}{c-b} \cdot \frac{(c-b)^2}{2}$

$$= \frac{f(c)}{2}(b-a) \leqslant \frac{2}{b-a}\int_a^b f(x)\,\mathrm{d}x.$$

例 10　设 $f(x)$ 在 $[0,a]$ 上具有连续的导数，证明：$\forall x \in [0,a]$，有

$$|f(0)| \leqslant \frac{1}{a}\int_0^a |f(t)|\,\mathrm{d}t + \int_0^a |f'(t)|\,\mathrm{d}t\,(a > 0).$$

分析：观察要证明的不等式，右端第二项被积函数是一阶导数，左端以及右端第一项可以写为两个函数值差，牛顿-莱布尼茨公式可以将函数值差用积分形式表现.

证明：由已知，根据积分第一中值定理得，$\exists \xi \in [o,a]$，有 $af(\xi) = \displaystyle\int_0^a f(x)\,\mathrm{d}x$.

则由牛顿 - 莱布尼茨公式得，$f(\xi) - f(0) = \displaystyle\int_0^\xi f'(t)\,\mathrm{d}t$.

于是有 $|f(0)| = \left| f(\xi) - \displaystyle\int_0^\xi f'(t)\,\mathrm{d}t \right| \leqslant |f(\xi)| + \displaystyle\int_0^\xi |f'(t)|\,\mathrm{d}t$

$$\leqslant \left| \frac{1}{a}\int_0^a f(x)\,\mathrm{d}x \right| + \int_0^a |f'(t)|\,\mathrm{d}t$$

$$\leqslant \frac{1}{a}\int_0^a |f(t)|\,\mathrm{d}t + \int_0^a |f'(t)|\,\mathrm{d}t.$$

【举一反三】

1.设 $f(x)$ 在 $[a,b]$ 上有二阶连续导数，且 $f(a) = f(b) = 0$，证明：

$$\int_a^b |f''(x)| \, dx \geq \frac{4}{b-a} \max_{[a,b]} |f(x)|.$$

证明： 由已知 $f(x)$ 在 $[a,b]$ 上连续，则 $\exists x_0 \in [a,b]$，使得 $|f(x_0)| = \max_{[a,b]} |f(x)|$.

若 $f(x_0) = 0$，则 $f(x) \equiv 0$($\forall x \in [a,b]$)，结论自然成立.

若 $f(x_0) \neq 0$，则 $a < x_0 < b$，由拉格朗日中值定理得，$\exists \xi_1 \in (a, x_0)$，$\exists \xi_2 \in (x_0, b)$，使得 $f(x_0) - f(a) = f'(\xi_1)(x_0 - a)$，$f(b) - f(x_0) = f'(\xi_2)(b - x_0)$.

即 $f'(\xi_1) = \dfrac{f(x_0)}{x_0 - a}$，$f'(\xi_2) = -\dfrac{f(x_0)}{b - x_0}$.

所以 $\displaystyle\int_a^b |f''(x)| \, dx \geq \int_{\xi_1}^{\xi_2} |f''(x)| \, dx \geq \left| \int_{\xi_1}^{\xi_2} f''(x) \, dx \right| = |f'(\xi_2) - f'(\xi_1)|$

$$= \left| -\frac{f(x_0)}{b - x_0} - \frac{f(x_0)}{x_0 - a} \right| = \frac{|f(x_0)|(b - a)}{(b - x_0)(x_0 - a)} = \frac{|f(x_0)|(b - a)}{-\left(x_0 - \dfrac{a+b}{2} \right)^2 + \dfrac{1}{4}(b-a)^2}$$

$$\geq \frac{4}{(b-a)^2} |f(x_0)|(b-a) = \frac{4}{b-a} |f(x_0)| = \frac{4}{b-a} \max_{[a,b]} |f(x)|.$$

2. $f(x)$ 在 $[0,1]$ 上可微且至少有一个零点，证明：$\displaystyle\int_0^1 |f(x)| \, dx \leq \int_0^1 |f'(x)| \, dx$.

证明： 由已知，设 $x_0 \in [0,1]$，有 $f(x_0) = 0$.

则 $f(x) - f(x_0) = \displaystyle\int_{x_0}^x f'(t) \, dt$.

于是 $|f(x)| = \left| \displaystyle\int_{x_0}^x f'(t) \, dt \right| \leq \int_{x_0}^x |f'(t)| \, dt \leq \int_0^1 |f'(t)| \, dt$.

对上式从 0 到 1 进行积分得，

$$\int_0^1 |f(x)| \, dx \leq \int_0^1 \left[\int_0^1 |f'(t)| \, dt \right] dx = \int_0^1 |f'(t)| \, dt = \int_0^1 |f'(x)| \, dx.$$

3. 设 $f(x)$ 在 $[a,b]$ 上连续可导，$f(a) = 0$，证明：

$$\int_a^b |f(x) f'(x)| \, dx \leq \frac{b-a}{2} \int_a^b [f'(x)]^2 \, dx.$$

证明： 令 $g(x) = \displaystyle\int_a^x |f'(t)| \, dt$，则 $g'(x) = |f'(x)|$.

由 $f(a) = 0$，得

$$|f(x)| = |f(x) - f(a)| = \left| \int_a^x f'(t) \, dt \right| \leq \int_a^x |f'(t)| \, dt = g(x).$$

于是 $\displaystyle\int_a^b |f(x) f'(x)| \, dx \leq \int_a^b g(x) g'(x) \, dx = \int_a^b g(x) \, dg(x) = \frac{1}{2} [g(x)]^2 \Big|_a^b$

$$= \frac{1}{2} \left(\int_a^b |f'(x)| \, dx \right)^2 \leqslant \frac{1}{2} \int_a^b [f'(x)]^2 \, dx \int_a^b 1^2 \, dx$$

$$= \frac{b-a}{2} \int_a^b [f'(x)]^2 \, dx.$$

例 11 设 $f(x)$ 在 $[0,2]$ 内二阶连续可导,且 $f(1)=0$,证明:

$$\left| \int_0^2 f(x) \, dx \right| \leqslant \frac{1}{3} \max_{[0,2]} |f''(x)|.$$

分析: 要建立 $f(x)$ 与 $f''(x)$ 的关系,想到泰勒公式(带拉格朗日余项);或者尝试分部积分.

证明: 将 $f(x)$ 在 $x=1$ 处泰勒展开,得

$$f(x) = f(1) + f'(1)(x-1) + \frac{1}{2!} f''(\xi)(x-1)^2 = f'(1)(x-1) + \frac{1}{2!} f''(\xi)(x-1)^2,$$

(ξ 介于 x 与 1 之间)

则 $\displaystyle \int_0^2 f(x) \, dx = \int_0^2 f'(1)(x-1) \, dx + \int_0^2 \frac{1}{2!} f''(\xi)(x-1)^2 \, dx = \int_0^2 \frac{1}{2!} f''(\xi)(x-1)^2 \, dx.$

$$\left| \int_0^2 f(x) \, dx \right| \leqslant \frac{1}{2} \int_0^2 |f''(\xi)|(x-1)^2 \, dx \leqslant \frac{1}{2} \max_{[0,2]} |f''(x)| \int_0^2 (x-1)^2 \, dx = \frac{1}{3} \max_{[0,2]} |f''(x)|.$$

(法二)由于 $\displaystyle \int_0^2 f(x) \, dx = \int_0^1 f(x) \, dx + \int_1^2 f(x) \, d(x-2) = -\int_0^1 x f'(x) \, dx - \int_1^2 (x-2) f'(x) \, dx$

$$= -\int_0^1 f'(x) \, d\frac{x^2}{2} - \int_1^2 f'(x) \, d\frac{(x-2)^2}{2}$$

$$= -\frac{1}{2} f'(1) + \frac{1}{2} \int_0^1 x^2 f''(x) \, dx + \frac{1}{2} f'(1) + \frac{1}{2} \int_1^2 (x-2)^2 f''(x) \, dx,$$

所以 $\displaystyle \left| \int_0^2 f(x) \, dx \right| = \frac{1}{2} \left| \int_0^1 x^2 f''(x) \, dx + \int_1^2 (x-2)^2 f''(x) \, dx \right|$

$$\leqslant \frac{1}{2} \max_{[0,2]} |f''(x)| \left[\int_0^1 x^2 \, dx + \int_1^2 (x-2)^2 \, dx \right]$$

$$= \frac{1}{2} \max_{[0,2]} |f''(x)| \left[\frac{1}{3} + \frac{1}{3} (x-2)^3 \Big|_1^2 \right]$$

$$= \frac{1}{3} \max_{[0,2]} |f''(x)|.$$

【举一反三】

1. $f(x)$ 在 $[0,1]$ 上有二阶连续导数,$f(0)=f(1)=f'(0)=0, f'(1)=1$,证明:

$$\int_0^1 [f''(x)]^2 \, dx \geqslant 4.$$

证明: $\displaystyle \int_0^1 f''(x) \, dx = f'(1) - f'(0) = 1, \int_0^1 x f''(x) \, dx = x f'(x) \Big|_0^1 - \int_0^1 f'(x) \, dx = 1,$

$$\int_0^1 \left(x - \frac{1}{3} \right) f''(x) \, \mathrm{d}x = \int_0^1 x f''(x) \, \mathrm{d}x - \frac{1}{3} \int_0^1 f''(x) \, \mathrm{d}x = \frac{2}{3},$$

于是 $\dfrac{4}{9} = \left(\displaystyle\int_0^1 \left(x - \frac{1}{3} \right) f''(x) \, \mathrm{d}x \right)^2 \leqslant \displaystyle\int_0^1 \left(x - \frac{1}{3} \right)^2 \mathrm{d}x \int_0^1 \left[f''(x) \right]^2 \mathrm{d}x = \frac{1}{9} \int_0^1 \left[f''(x) \right]^2 \mathrm{d}x,$

即得 $\displaystyle\int_0^1 \left[f''(x) \right]^2 \mathrm{d}x \geqslant 4.$

2. 设 $f(x)$ 在 $[0,1]$ 上连续,且 $\forall x \in [a,b]$,有 $0 < a \leqslant f(x) \leqslant b$,证明:

(1) $\dfrac{1}{a} \displaystyle\int_0^1 f(x) \, \mathrm{d}x + b \displaystyle\int_0^1 \dfrac{1}{f(x)} \mathrm{d}x \leqslant 1 + \dfrac{b}{a}$;

(2) $\displaystyle\int_0^1 f(x) \, \mathrm{d}x \cdot \displaystyle\int_0^1 \dfrac{1}{f(x)} \mathrm{d}x \leqslant \dfrac{(a+b)^2}{4ab}.$

证明:(1)由已知,$f(x)$ 在 $[0,1]$ 上正值连续,且 $0 < a \leqslant f(x) \leqslant b$,

则 $[f(x) - a][f(x) - b] \leqslant 0$,

即 $[f(x)]^2 - (a+b)f(x) + ab \leqslant 0.$

则 $f(x) + ab \cdot \dfrac{1}{f(x)} \leqslant a + b.$

对上式关于 x 在 $[0,1]$ 上积分得,$\displaystyle\int_0^1 f(x) \, \mathrm{d}x + ab \int_0^1 \dfrac{1}{f(x)} \mathrm{d}x \leqslant a + b$,

即 $\dfrac{1}{a} \displaystyle\int_0^1 f(x) \, \mathrm{d}x + b \int_0^1 \dfrac{1}{f(x)} \mathrm{d}x \leqslant 1 + \dfrac{b}{a}.$

(2)由于 $\left[\dfrac{1}{a} \displaystyle\int_0^1 f(x) \, \mathrm{d}x \cdot b \int_0^1 \dfrac{1}{f(x)} \mathrm{d}x \right]^{\frac{1}{2}} \leqslant \dfrac{1}{2} \left[\dfrac{1}{a} \displaystyle\int_0^1 f(x) \, \mathrm{d}x + b \int_0^1 \dfrac{1}{f(x)} \mathrm{d}x \right] \leqslant \dfrac{1}{2} \left(1 + \dfrac{b}{a} \right)$,

即 $\dfrac{b}{a} \displaystyle\int_0^1 f(x) \, \mathrm{d}x \cdot \int_0^1 \dfrac{1}{f(x)} \mathrm{d}x \leqslant \dfrac{1}{4} \left(1 + \dfrac{b}{a} \right)^2 = \dfrac{(a+b)^2}{4a^2}.$

即 $\displaystyle\int_0^1 f(x) \, \mathrm{d}x \cdot \int_0^1 \dfrac{1}{f(x)} \mathrm{d}x \leqslant \dfrac{(a+b)^2}{4ab}.$

例 12 设 $f(x)$ 在 $[a,b]$ 上连续,$0 \leqslant f(x) \leqslant m + n \displaystyle\int_a^x f(t) \, \mathrm{d}t, m, n \geqslant 0$,证明:

$\forall x \in [a,b], f(x) \leqslant m \mathrm{e}^{n(x-a)}.$

分析:变限函数活跃于数学分析各个角落,考察 $\displaystyle\int_a^x f(t) \, \mathrm{d}t$ 与 $f(x)$ 的关系是关键.

证明:由已知得,$\mathrm{e}^{-nx} f(x) - n \mathrm{e}^{-nx} \displaystyle\int_a^x f(t) \, \mathrm{d}t \leqslant m \mathrm{e}^{-nx}.$

运用乘积求导运算法则有,$\left[\mathrm{e}^{-nx} \displaystyle\int_a^x f(t) \, \mathrm{d}t \right]' \leqslant m \mathrm{e}^{-nx},$

则 $e^{-nx} \int_a^x f(t)\mathrm{d}t \leqslant \int_a^x m e^{-nt}\mathrm{d}t = -\dfrac{m}{n}e^{-nt} \mid_a^x = -\dfrac{m}{n}(e^{-nx} - e^{-na})$,

也就是 $\int_a^x f(t)\mathrm{d}t \leqslant -\dfrac{m}{n}\big[1 - e^{n(x-a)}\big]$,

代入已知不等式,得 $f(x) \leqslant m + n\int_a^x f(t)\mathrm{d}t \leqslant m - m\big[1 - e^{n(x-a)}\big] = me^{n(x-a)}$.

【举一反三】

1. $f(x) \in C[0,1]$, $|f(x)| \geqslant 1 + \dfrac{1}{2}\int_0^x |f(t)|\mathrm{d}t, x \in [0,1]$, 证明:$\ln|f(x)| \geqslant \dfrac{x^2}{4}$, $x \in [0,1]$.

证明: 令 $F(x) = 1 + \dfrac{1}{2}\int_0^x |f(t)|\mathrm{d}t$,

则 $F'(x) = \dfrac{1}{2}|f(x)| \geqslant \dfrac{1}{2}|F(x)|$,

即 $\dfrac{F'(x)}{F(x)} \geqslant \dfrac{1}{2}$.

对上式两端从 0 到 x 积分得,$\ln F(x) - \ln F(0) = \int_0^x \dfrac{F'(t)}{F(t)}\mathrm{d}t \geqslant \int_0^x \dfrac{1}{2}\mathrm{d}t = \dfrac{1}{2}x$,

可得 $\ln|f(x)| \geqslant \ln F(x) \geqslant \dfrac{1}{2}x \geqslant \dfrac{1}{4}x^2$.

2. 设 $f(x)$ 在 $[0,b]$ 上连续,且 $\int_0^x f(t)\mathrm{d}t \geqslant bf(x) \geqslant 0$, $\forall x \in [0,b]$, 证明: $\forall x \in [0,b], f(x) = 0$.

证明: 令 $F(x) = \int_0^x f(t)\mathrm{d}t$, 则 $F'(x) = f(x)$.

于是已知不等式可改写为 $F(x) - bF'(x) \geqslant 0$, 可得 $\big[e^{-\frac{1}{b}x}F(x)\big]' \leqslant 0$,

说明 $e^{-\frac{1}{b}x}F(x)$ 单调递减,又因 $x \geqslant 0$, 所以 $e^{-\frac{1}{b}x}F(x) \leqslant F(0) = 0$.

又已知 $F(x) \geqslant 0$, 所以 $\forall x \in [0,b], F(x) = 0$,

因此 $f(x) = 0, \forall x \in [0,b]$.

例 13 设 $f_n(x) = x + x^2 + \cdots + x^n (n = 2,3,\cdots)$, 证明:

(1) 方程 $f_n(x) = 1$ 在 $[0, +\infty)$ 内有唯一的实数根 x_n;

(2) 求 $\lim\limits_{n\to\infty} x_n$.

分析: 根的存在性可由零点存在定理得到,唯一性由单调性解决.

证明: (1) 令 $F_n(x) = f_n(x) - 1$. 显然 $F_n(x)$ 在 $[0, +\infty)$ 内连续.

又 $F_n(0) = f_n(0) - 1 = -1$, $F_n(1) = f_n(1) - 1 = n - 1 > 0$.

由闭区间上连续函数的零点存在定理知, $\exists x_n \in (0, +\infty)$, 使得 $F_n(x_n) = 0$,

即 $f_n(x_n) - 1 = 0$,

亦即 $f_n(x_n) = 1$.

又 $F_n'(x) = f_n'(x) = 1 + 2x + \cdots + nx^{n-1} > 0$,

即 $F_n(x)$ 在 $[0, +\infty)$ 上严格单调上升,

因此 x_n 是方程 $f_n(x) = 1$ 在 $[0, +\infty)$ 内唯一的实数根.

(2) 由于 $f_n(x)$ 在 $\left[\frac{1}{2}, x_n\right]$ $\left(或\left[x_n, \frac{1}{2}\right]\right)$ 上满足拉格朗日中值定理,则

$\exists \xi_n \in \left(\frac{1}{2}, x_n\right)$ $\left(或\left(x_n, \frac{1}{2}\right)\right)$,有 $f_n(x_n) - f_n\left(\frac{1}{2}\right) = f_n'(\xi_n)\left(x_n - \frac{1}{2}\right)$.

可知 $0 \leq \left| x_n - \frac{1}{2} \right| \leq \left| f_n(x_n) - f_n\left(\frac{1}{2}\right) \right| = \left| 1 - \left(\frac{1}{2} + \left(\frac{1}{2}\right)^2 + \cdots + \left(\frac{1}{2}\right)^n\right) \right|$

$= \left| 1 - \left[1 - \left(\frac{1}{2}\right)^n\right] \right| = \left(\frac{1}{2}\right)^n$,

由夹逼定理得,$\lim\limits_{n \to \infty} x_n = \frac{1}{2}$.

【举一反三】

1. 设 $f(x)$ 在 $[0,1]$ 上连续,且 $f(x) > 0$,证明:

(1) 存在唯一的实数 $a \in (0,1)$,使得 $\displaystyle\int_0^a f(t)\mathrm{d}t = \int_a^1 \frac{1}{f(t)}\mathrm{d}t$;

(2) 对任意 $n \in \mathbf{N}^+$,存在唯一 $a_n \in (0,1)$,使得 $\displaystyle\int_{\frac{1}{n+1}}^{a_n} f(t)\mathrm{d}t = \int_{a_n}^1 \frac{1}{f(t)}\mathrm{d}t$,且 $\lim\limits_{n \to \infty} a_n = a$,$a$ 为

(1) 中的 a.

证明:(1) 设 $F(x) = \displaystyle\int_0^x f(t)\mathrm{d}t - \int_x^1 \frac{1}{f(t)}\mathrm{d}t$.

显然 $F(x)$ 在 $[0,1]$ 上连续,且 $F(0) < 0$,$F(1) > 0$.

由零点存在定理得,存在 $a \in (0,1)$,使得 $F(a) = 0$,

即 $\displaystyle\int_0^a f(t)\mathrm{d}t = \int_a^1 \frac{1}{f(t)}\mathrm{d}t$. 又因为 $F'(x) = f(x) + \frac{1}{f(x)} > 0$,

故存在唯一的 $a \in (0,1)$,使得 $\displaystyle\int_0^a f(t)\mathrm{d}t = \int_a^1 \frac{1}{f(t)}\mathrm{d}t$.

(2) 令 $G_n(x) = \displaystyle\int_{\frac{1}{n+1}}^x f(t)\mathrm{d}t - \int_x^1 \frac{1}{f(t)}\mathrm{d}t$.

则 $G_n\left(\frac{1}{n+1}\right) < 0$,$G_n(1) > 0$,$G_n'(x) = f(x) + \frac{1}{f(x)} > 0$.

由(1)知,对任意 $n \in \mathbf{N}^+$,存在唯一 $a_n \in (0,1)$,使得 $\displaystyle\int_{\frac{1}{n+1}}^{a_n} f(t)\mathrm{d}t = \int_{a_n}^1 \frac{1}{f(t)}\mathrm{d}t$,

即 $\displaystyle\int_{\frac{1}{n+1}}^{a_n} f(t)\,\mathrm{d}t - \int_{a_n}^{1}\frac{1}{f(t)}\mathrm{d}t = \int_{0}^{a_n} f(t)\,\mathrm{d}t - \int_{a_n}^{1}\frac{1}{f(t)}\mathrm{d}t - \int_{0}^{\frac{1}{n+1}} f(t)\,\mathrm{d}t = 0 ,$

而 $\displaystyle\lim_{n\to\infty}\int_{0}^{\frac{1}{n+1}} f(t)\,\mathrm{d}t = 0 ,$ 因此 $\displaystyle\lim_{n\to\infty}\left(\int_{0}^{a_n} f(t)\,\mathrm{d}t - \int_{a_n}^{1}\frac{1}{f(t)}\mathrm{d}t\right) = 0 .$

易证 $\{a_n\}$ 单调递减,

故 $\displaystyle\lim_{n\to\infty} a_n$ 存在,设 $\displaystyle\lim_{n\to\infty} a_n = A$,则 $\displaystyle\int_{0}^{A} f(t)\,\mathrm{d}t = \int_{A}^{1}\frac{1}{f(t)}\mathrm{d}t$,由(1)知,$A = a$.

2. 确定方程 $1 + \ln x = kx$ 的根的个数,其中 k 可取任何实数.

解: 令 $f(x) = \dfrac{1 + \ln x}{x}$ $(x>0)$,

可知 $\displaystyle\lim_{x\to 0^+} f(x) = -\infty$,$\displaystyle\lim_{x\to +\infty} f(x) = 0$,

$f'(x) = \dfrac{-\ln x}{x^2}$,令 $f'(x) = 0$,得驻点 $x = 0$.

由两侧的单调性得 $x = 1$ 为最大值点,最大值为 $f(1) = 1$.

故当 $k \leqslant 0$ 或 $k = 1$ 时,有唯一实数根;当 $0 < k < 1$ 时,有两个实数根;当 $k>1$ 时,无实数根.

拓展训练

1. 若 $x > 0$,证明:$(x^2 - 1)\ln x \geqslant (x - 1)^2$.

2. 证明:当 $-1 < x < 1$ 时,$x\ln\dfrac{1 + x}{1 - x} + \cos x \geqslant 1 + \dfrac{x^2}{2}$.

3. 设 $a > \ln 2 - 1$ 为任一常数,证明:$x^2 - 2ax + 1 < \mathrm{e}^x,\ x > 0$.

4. 设 $b > a > 0$,证明:$\ln\dfrac{b}{a} > \dfrac{2(b - a)}{a + b}$.

5. 证明:$x > 0$ 时,$\dfrac{x}{1 + x^2} < \arctan x < x$.

6. 当 $0 < x < \pi$ 时,证明:$0 < \dfrac{1}{\ln\left(1 + \dfrac{\sin x}{x}\right)} - \dfrac{x}{\sin x} < 1$.

7. 证明:$\dfrac{2}{2n + 1} < \ln\left(1 + \dfrac{1}{n}\right) < \dfrac{1}{2}\left(\dfrac{1}{n} + \dfrac{1}{n + 1}\right)$.

8. $f(x)$ 在 $\mathbf{R}$ 上可导,$f'(x)$ 单调减少,证明:$\displaystyle\int_{0}^{1} f\left(\sin^2\dfrac{\pi x}{2}\right)\mathrm{d}x \leqslant f\left(\dfrac{1}{2}\right)$.

9. $f(x)$ 在 $(-\infty, +\infty)$ 上可导且下凸,证明:对任意实数 x,$f(x + f'(x)) \geqslant f(x)$.

10. 证明:$\displaystyle\int_{0}^{1}\dfrac{\cos x}{\sqrt{1 - x^2}}\mathrm{d}x > \int_{0}^{1}\dfrac{\sin x}{\sqrt{1 - x^2}}\mathrm{d}x$.

11. $f(x)$ 在 $(-\infty, +\infty)$ 上二阶可导，$f''(x) \leqslant 0$，$\lim\limits_{x \to 0} \dfrac{f(x)}{2x} = 2$，证明：$f(x) \leqslant 4x$.

12. 设 $f(x)$ 在 $[-a, a]$ 上有二阶连续导数，$f(x)$ 在 $(-a, a)$ 内取得极值，证明：$\exists \xi \in (-a, a)$，使得 $|f''(\xi)| \geqslant \dfrac{1}{2a^2} |f(a) - f(-a)|$.

13. $f(x) \in C[a, b]$，且单调递增，证明：$\displaystyle\int_a^b x f(x) \mathrm{d}x \geqslant \dfrac{a+b}{2} \int_a^b f(x) \mathrm{d}x$.

14. 设 $f(x)$ 在 $[0, 2]$ 上可微，$|f'(x)| \leqslant 1$，$f(0) = f(2) = 1$，证明：$\displaystyle\int_0^2 f(x) \mathrm{d}x > 1$.

15. 设 $f(x)$ 在 $[0, 1]$ 上连续可导，且不恒等于 0，$\displaystyle\int_0^1 f(x) \mathrm{d}x = 0$，证明：

$$\int_0^1 |f(x)| \mathrm{d}x \cdot \int_0^1 |f'(x)| \mathrm{d}x > 2 \int_0^1 [f(x)]^2 \mathrm{d}x.$$

16. 设 $f(x)$ 在 $[0, 1]$ 上连续，$\displaystyle\int_0^1 x^k f(x) \mathrm{d}x = 0 \, (k = 0, 1, \cdots, n-1)$，$\displaystyle\int_0^1 x^n f(x) \mathrm{d}x = 1$，证明：

$$\max_{[0,1]} |f(x)| \geqslant 2^n (n+1).$$

17. 设 $f(x)$ 在 $[a, b]$ 上连续，$f(a) = f(b) = 0$，证明：

$$\left| \int_a^b f(x) \mathrm{d}x \right| \leqslant \dfrac{(b-a)^2}{4} \max_{[a,b]} |f'(x)|.$$

18. 设 $f(x)$ 在 $[a, b]$ 上存在一阶导数，且 $\exists M > 0$，$\forall x \in [a, b]$，$|f'(x)| \leqslant M$，$\displaystyle\int_a^b f(x) \mathrm{d}x = 0$，证明：当 $x \in [a, b]$ 时，$\left| \displaystyle\int_a^x f(t) \mathrm{d}t \right| \leqslant \dfrac{(b-a)^2}{8} M$.

19. 设 $f(x)$ 在 $[0, 1]$ 上连续，且 $\displaystyle\int_0^1 f(x) \mathrm{d}x = 0$，$\displaystyle\int_0^1 x f(x) \mathrm{d}x = 1$，证明：$\exists x_0 \in [0, 1]$，$|f(x_0)| \geqslant 4$.

20. 设 $f(x)$ 在 $[0, 1]$ 上有连续的导函数，且 $\displaystyle\int_0^1 f(x) \mathrm{d}x = 0$，$\forall x \in (0, 1)$，证明：

(1) $\left| \displaystyle\int_0^x f(t) \mathrm{d}t \right| \leqslant \dfrac{1}{2} \max |f'(x)|$；

(2) $\left| \displaystyle\int_0^x f(t) \mathrm{d}t \right| \leqslant \dfrac{1}{8} \max |f'(x)|$.

拓展训练专题参考答案3

21. 已知 $f(x) = -\dfrac{1}{2}(1 + \mathrm{e}^{-1}) + \displaystyle\int_{-1}^1 |x - t| \mathrm{e}^{-t^2} \mathrm{d}t$，证明：在区间 $[-1, 1]$，$f(x)$ 有且仅有两个实数根.

专题四

积分计算

知识要点

一、基本定义

定义 1 原函数

如果在区间 I 内,可导函数的导函数为 $f(x)$,即 $\forall x \in I$,都有 $F'(x) = f(x)$,那么函数 $F(x)$ 就称为 $f(x)$ 在区间 I 内的原函数.

定义 2 不定积分

在区间 I 内,函数 $f(x)$ 的带有常数项的原函数称为 $f(x)$ 在区间 I 内的不定积分. 记作 $\int f(x)\,\mathrm{d}x$,即

$$\int f(x)\,\mathrm{d}x = F(x) + C.$$

定义 3 定积分

设 $f(x)$ 在区间 $[a,b]$ 上有定义,任意 $n-1$ 个分点

$$x_0 = a < x_1 < x_2 < \cdots < x_{i-1} < x_i < \cdots < x_n = b$$

把区间 $[a,b]$ 分割成 n 个小区间,每个小区间的长用 $\Delta x_i = x_i - x_{i-1}$ 表示,在每个小区间上任意取一点 $\xi_i(i = 1, 2, \cdots, n)$ 作和数 $\sum_{i=1}^{n} f(\xi_i)\Delta x_i$. 若 $\lambda = \max_{1 \leqslant i \leqslant n}\{\Delta x_i\} \to 0$ 时,极限 $\lim_{\lambda \to 0} \sum_{i=1}^{n} f(\xi_i)\Delta x_i$ 存在,并且这个极限值与 $[a,b]$ 的分法及 ξ_i 的取法无关,那么称这个极限值为函数 $f(x)$ 在 $[a,b]$ 上的定积分,记作:$\int_a^b f(x)\,\mathrm{d}x$,即 $\int_a^b f(x)\,\mathrm{d}x = \lim_{\lambda \to 0} \sum_{i=1}^{n} f(\xi_i)\Delta x_i$.

定积分的"$\varepsilon - \delta$"语言描述:设$f(x)$定义于闭区间$[a,b]$,如果有常数I,$\forall \varepsilon > 0$,$\exists \delta > 0$,使得对$[a,b]$的任意分划T,对任意$\xi_i \in [x_{i-1}, x_i]$,只要$\lambda(T) = \max\limits_{1 \leqslant i \leqslant n} \{\Delta x_i\} < \delta$,其中$\Delta x_i = x_i - x_{i-1}$,就有$\left| \sum\limits_{i=1}^{n} f(\xi_i) \Delta x_i - I \right| < \varepsilon$,则称$I$为$f(x)$在$[a,b]$上的定积分.

二、重要性质、定理

性质 1　不定积分的性质

(1) $\dfrac{\mathrm{d}}{\mathrm{d}x} \left[\displaystyle\int f(x)\mathrm{d}x \right] = \dfrac{\mathrm{d}}{\mathrm{d}x} [F(x) + C] = f(x)$;

(2) $\mathrm{d} \left[\displaystyle\int f(x)\mathrm{d}x \right] = \mathrm{d} [F(x) + C] = f(x)\mathrm{d}x$;

(3) $\displaystyle\int F'(x)\mathrm{d}x = F(x) + C$;

(4) $\displaystyle\int [f(x) \pm g(x)]\mathrm{d}x = \int f(x)\mathrm{d}x \pm \int g(x)\mathrm{d}x$;

(5) $\displaystyle\int kf(x)\mathrm{d}x = k\int f(x)\mathrm{d}x$. ($k$ 是常数)

性质 2　定积分的性质

(1) $\displaystyle\int_a^b f(x)\mathrm{d}x = -\int_b^a f(x)\mathrm{d}x$;

(2) $\displaystyle\int_b^a f(x)\mathrm{d}x = 0$;

(3) $\displaystyle\int_a^b [f(x) \pm g(x)]\mathrm{d}x = \int_a^b f(x)\mathrm{d}x \pm \int_a^b g(x)\mathrm{d}x$;

(4) $\displaystyle\int_a^b kf(x)\mathrm{d}x = k\int_a^b f(x)\mathrm{d}x$;($k$ 是常数)

(5) $\displaystyle\int_a^b f(x)\mathrm{d}x = \int_a^c f(x)\mathrm{d}x + \int_c^b f(x)\mathrm{d}x$;

(6) 若在区间$[a,b]$上,$f(x) \leqslant g(x)$,且函数$f(x)$和$g(x)$在区间$[a,b]$上可积,则

$$\int_a^b f(x)\mathrm{d}x \leqslant \int_a^b g(x)\mathrm{d}x;$$

(7) 积分中值定理:若函数$f(x)$在闭区间$[a,b]$上连续,则在积分区间$[a,b]$上至少存在一个点ξ,使得$\displaystyle\int_a^b f(x)\mathrm{d}x = f(\xi)(b-a)(a \leqslant \xi \leqslant b)$.

定理 1　牛顿-莱布尼茨公式

设$f(x)$在$[a,b]$上连续,$F(x)$在$[a,b]$上连续,在(a,b)内可导,$F'(x) = f(x)$,则

$$\int_a^b f(x)\mathrm{d}x = F(b) - F(a).$$

三、重要公式

1. 不定积分公式:

(1) $\int x^\mu dx = \dfrac{1}{\mu + 1} x^{\mu+1} + C(\mu \neq -1; C$ 为常数,下同$)$;

(2) $\int \dfrac{1}{x} dx = \ln|x| + C$; 　(3) $\int a^x dx = \dfrac{a^x}{\ln a} + C(a > 0)$;

(4) $\int e^x dx = e^x + C$; 　(5) $\int \sin x dx = -\cos x + C$;

(6) $\int \cos x dx = \sin x + C$; 　(7) $\int \tan x dx = -\ln|\cos x| + C$;

(8) $\int \cot x dx = \ln|\sin x| + C$; 　(9) $\int \sec x dx = \ln|\sec x + \tan x| + C$;

(10) $\int \csc x dx = \ln|\csc x - \cot x| + C$; (11) $\int \sec^2 x dx = \tan x + C$;

(12) $\int \csc^2 x dx = -\cot x + C$; 　(13) $\int \sec x \tan x dx = \sec x + C$;

(14) $\int \csc x \cot x dx = -\csc x + C$; 　(15) $\int \dfrac{1}{a^2 + x^2} dx = \dfrac{1}{a}\arctan\dfrac{x}{a} + C$;

(16) $\int \dfrac{1}{a^2 - x^2} dx = \dfrac{1}{2a}\ln\left|\dfrac{a-x}{a+x}\right| + C$; (17) $\int \dfrac{1}{\sqrt{x^2 \pm a^2}} dx = \ln|x + \sqrt{x^2 \pm a^2}| + C$;

(18) $\int \dfrac{1}{\sqrt{a^2 - x^2}} dx = \arcsin\dfrac{x}{a} + C$.

2. 凑微分:

$$\int f(\varphi(x)) \cdot \varphi'(x) dx = \int f(u) du = F(u) + C = F(\varphi(x)) + C.$$

3. 第二换元法(变量替换法):

被积函数中含有 $\sqrt{a^2 - x^2}$ 时,令 $x = a\sin t$,$t \in \left[-\dfrac{\pi}{2}, \dfrac{\pi}{2}\right]$,开根号时不讨论符号;

被积函数中含有 $\sqrt{a^2 + x^2}$ 时,令 $x = a\tan t$,$t \in \left(-\dfrac{\pi}{2}, \dfrac{\pi}{2}\right)$,开根号时不讨论符号;

被积函数中含有 $\sqrt{x^2 - a^2}$ 时,令 $x = a\sec t$,$t \in \left[0, \dfrac{\pi}{2}\right) \cup \left(\dfrac{\pi}{2}, \pi\right]$,开根号时讨论符号.

4. 分部积分法:

$$\int u(x) dv(x) = u(x)v(x) - \int v(x) du(x).$$

5. 有理函数分式积分:形如 $\int \dfrac{P_n(x)}{Q_m(x)} dx (n < m)$ 的积分统称为有理函数的积分.

解决方法:先将 $Q_m(x)$ 因式分解,再把 $\dfrac{P_n(x)}{Q_m(x)}$ 拆成若干最简有理分式之和.

分解的基本原则:

（1）$Q_m(x)$ 的一次因式 $(ax+b)$ 产生一项 $\dfrac{A}{ax+b}$；

（2）$Q_m(x)$ 的 k 重因式 $(ax+b)^k$ 产生 k 项，分别为

$$\frac{A_1}{ax+b}+\frac{A_2}{(ax+b)^2}+\cdots+\frac{A_k}{(ax+b)^k};$$

（3）$Q_m(x)$ 的二次因式 (px^2+qx+r) 产生一项 $\dfrac{Ax+B}{px^2+qx+r}$；

（4）$Q_m(x)$ 的 k 重因式 $(px^2+qx+r)^k$ 产生 k 项，分别为

$$\frac{A_1x+B_1}{px^2+qx+r}+\frac{A_2x+B_2}{(px^2+qx+r)^2}+\cdots+\frac{A_kx+B_k}{(px^2+qx+r)^k}.$$

6. 三角有理式积分：

由 $\sin x,\cos x$ 以及常数经过有限次的四则运算所构成的函数，称为三角函数有理式.

（1）利用三角恒等变换.

（2）利用万能公式：将三角函数有理式转化为有理函数的积分.

令 $u=\tan\dfrac{x}{2}$，即 $\displaystyle\int R(\sin x,\cos x)\,\mathrm{d}x=\int R\left(\frac{2u}{1+u^2},\frac{1-u^2}{1+u^2}\right)\frac{2\mathrm{d}u}{1+u^2}.$

7. 简单无理函数的不定积分：一般是通过变量代换去掉根号，化为有理函数的积分.

（1）$\displaystyle\int R(x,\sqrt[n]{ax+b})\,\mathrm{d}x$，可令 $u=\sqrt[n]{ax+b}$，化为有理函数.

（2）$\displaystyle\int R\left(x,\sqrt[n]{\frac{ax+b}{cx+e}}\right)\,\mathrm{d}x$，可令 $u=\sqrt[n]{\dfrac{ax+b}{cx+e}}$，化为有理函数.

（3）$\displaystyle\int R(x,\sqrt{ax^2+bx+c}\,\mathrm{d}x)$，先将 ax^2+bx+c 配方成 $a(x-p)^2+q$，再作三角代换.

8. $\displaystyle\int_{-a}^{a}f(x)\,\mathrm{d}x=\begin{cases}2\displaystyle\int_0^a f(x)\,\mathrm{d}x, & f(-x)=f(x),\\[2mm] 0, & f(-x)=-f(x).\end{cases}$

9. 瓦里斯公式：$\displaystyle\int_0^{\frac{\pi}{2}}\cos^n x\,\mathrm{d}x=\int_0^{\frac{\pi}{2}}\sin^n x\,\mathrm{d}x=\begin{cases}\dfrac{n-1}{n}\cdot\dfrac{n-3}{n-2}\cdots\dfrac{3}{4}\cdot\dfrac{1}{2}\cdot\dfrac{\pi}{2}, & n\text{ 为}\geqslant2\text{ 的偶数,}\\[3mm] \dfrac{n-1}{n}\cdot\dfrac{n-3}{n-2}\cdots\dfrac{4}{5}\cdot\dfrac{2}{3}, & n\text{ 为}\geqslant3\text{ 的奇数.}\end{cases}$

10. 若 $f(x)$ 在 $[0,1]$ 上连续，则有

$$\int_0^{\frac{\pi}{2}}f(\sin x)\,\mathrm{d}x=\int_0^{\frac{\pi}{2}}f(\cos x)\,\mathrm{d}x,\quad \int_0^{\pi}xf(\sin x)\,\mathrm{d}x=\frac{\pi}{2}\int_0^{\pi}f(\sin x)\,\mathrm{d}x.$$

典型例题

例 1 计算下列不定积分:

$(1) \int \dfrac{dx}{x^2 \sqrt{2x-4}};$

$(2) \int \dfrac{3x+6}{(x-1)^2(x^2+x+1)}dx;$

$(3) \int \ln\left(1 + \sqrt{\dfrac{1+x}{x}}\right) dx \, (x>0);$

$(4) \int \dfrac{1}{\sin^3 x \cos^5 x}dx;$

$(5) \int e^{2x} \arctan\sqrt{e^x - 1}\,dx;$

$(6) \int \dfrac{\arctan x}{x^2(x^2+1)}dx.$

分析:求不定积分就是寻找被积函数的原函数,通常可以用导数去表示被积函数或被积函数的一部分作为出发点进行积分的运算. 关于含有 $\sin x$, $\cos x$ 的积分,万能代换可以解决这类问题,但计算起来相当麻烦.

对于这类问题,一般采用下列办法处理:(1)化为同角;(2)尽量约分;(3)分母化为单项式;(4)利用三角公式等.

解:(1)令 $\sqrt{2x-4} = t$,则 $x = \dfrac{t^2+4}{2}$, $dx = t\,dt$.

原式 $= 4 \int \dfrac{dt}{(t^2+4)^2}$.

再令 $t = 2\tan u$,则 $dt = 2\sec^2 u\,du$.

原式 $= 4 \int \dfrac{2\sec^2 u\,du}{4^2 \sec^4 u} = \dfrac{1}{2}\int \cos^2 u\,du = \dfrac{1}{4}\int (1+\cos 2u)\,du = \dfrac{1}{4}u + \dfrac{1}{8}\sin 2u + C$

$\qquad = \dfrac{1}{4}\arctan\dfrac{t}{2} + \dfrac{1}{4}\cdot\dfrac{t}{\sqrt{4+t^2}}\cdot\dfrac{2}{\sqrt{4+t^2}} + C$

$\qquad = \dfrac{1}{4}\arctan\dfrac{\sqrt{2x-4}}{2} + \dfrac{\sqrt{2x-4}}{4x} + C.$

$(2)\ \dfrac{3x+6}{(x-1)^2(x^2+x+1)} = \dfrac{A}{x-1} + \dfrac{B}{(x-1)^2} + \dfrac{Cx+D}{x^2+x+1}$

$= \dfrac{A(x^3-1) + B(x^2+x+1) + (Cx+D)(x^2-2x+1)}{(x-1)^2(x^2+x+1)}.$

所以 $\begin{cases} A+C = 0, \\ B-2C+D = 0, \\ B+C-2D = 3, \\ -A+B+D = 6, \end{cases}$ 解得 $\begin{cases} A = -2, \\ B = 3, \\ C = 2, \\ D = 1. \end{cases}$

$\therefore$ 原式 $= \int \dfrac{-2}{x-1}dx + \int \dfrac{3}{(x-1)^2}dx + \int \dfrac{2x+1}{x^2+x+1}dx$

$\qquad = -2\ln|x-1| - \dfrac{3}{(x-1)} + \ln(x^2+x+1) + C.$

（3）令 $\sqrt{\dfrac{1+x}{x}} = t$，则 $x = \dfrac{1}{t^2-1}$，$dx = \dfrac{-2t\,dt}{(t^2-1)^2}$，

则 $\displaystyle\int \ln\left(1 + \sqrt{\dfrac{1+x}{x}}\right) dx$

$\displaystyle = \int \ln(1+t) d\left(\dfrac{1}{t^2-1}\right) = \dfrac{\ln(1+t)}{t^2-1} - \int \dfrac{1}{t^2-1} \cdot \dfrac{1}{1+t} dt$

$\displaystyle = \dfrac{\ln(1+t)}{t^2-1} - \dfrac{1}{4}\int\left[\dfrac{1}{t-1} - \dfrac{1}{t+1} - \dfrac{2}{(t+1)^2}\right] dt$

$\displaystyle = \dfrac{\ln(1+t)}{t^2-1} - \dfrac{1}{4}\left[\ln|t-1| - \ln|t+1| + \dfrac{2}{t+1}\right] + C$

$\displaystyle = x\ln\left(1 + \sqrt{\dfrac{1+x}{x}}\right) + \dfrac{1}{2}\ln(\sqrt{1+x} + \sqrt{x}) + \dfrac{1}{2}x - \dfrac{1}{2}\sqrt{x+x^2} + C.$

（4）$\displaystyle\int \dfrac{1}{\sin^3 x \cos^5 x} dx = \int \dfrac{\sec^8 x}{\tan^3 x} dx = \int \dfrac{\sec^6 x}{\tan^3 x} d\tan x = \int \dfrac{(1+\tan^2 x)^3}{\tan^3 x} d\tan x$

$\displaystyle = \int \dfrac{1 + 3\tan^2 x + 3\tan^4 x + \tan^6 x}{\tan^3 x} d\tan x$

$\displaystyle = \int\left(\dfrac{1}{\tan^3 x} + \dfrac{3}{\tan x} + 3\tan x + \tan^3 x\right) d\tan x$

$\displaystyle = -\dfrac{1}{2\tan^2 x} + 3\ln|\sin x| - 3\ln|\cos x| + \dfrac{1}{4}\tan^4 x + C.$

（5）$\displaystyle\int e^{2x}\arctan\sqrt{e^x - 1}\, dx$

$\displaystyle = \dfrac{1}{2}\int \arctan\sqrt{e^x-1}\, de^{2x}$

$\displaystyle = \dfrac{1}{2}e^{2x}\arctan\sqrt{e^x-1} - \dfrac{1}{2}\int e^{2x} d\arctan\sqrt{e^x-1}$

$\displaystyle = \dfrac{1}{2}e^{2x}\arctan\sqrt{e^x-1} - \dfrac{1}{2}\int e^x d\sqrt{e^x-1}$

$\displaystyle = \dfrac{1}{2}e^{2x}\arctan\sqrt{e^x-1} - \dfrac{1}{2}\left[\sqrt{e^x-1} + \dfrac{(\sqrt{e^x-1})^3}{3}\right] + C.$

（6）$\displaystyle\int \dfrac{\arctan x}{x^2(x^2+1)} dx = \int \dfrac{\arctan x}{x^2} dx - \int \dfrac{\arctan x}{x^2+1} dx$

$\displaystyle = -\int \arctan x\, d\dfrac{1}{x} - \dfrac{1}{2}(\arctan x)^2$

$\displaystyle = -\dfrac{\arctan x}{x} + \int \dfrac{1}{x(1+x^2)} dx - \dfrac{1}{2}(\arctan x)^2$

$\displaystyle = -\dfrac{\arctan x}{x} + \dfrac{1}{2}\int \dfrac{1}{x^2} dx^2 - \dfrac{1}{2}\int \dfrac{1}{1+x^2} dx^2 - \dfrac{1}{2}(\arctan x)^2$

$\displaystyle = -\dfrac{\arctan x}{x} + \dfrac{1}{2}\ln\dfrac{x^2}{1+x^2} - \dfrac{1}{2}(\arctan x)^2 + C.$

【举一反三】

1. 求 $\int \dfrac{x^2 + 1}{x\,(x - 1)^2} \ln x\mathrm{d}x$.

解: 因为 $\dfrac{x^2 + 1}{x\,(x - 1)^2} = \dfrac{1}{x} + \dfrac{2}{(x - 1)^2}$,

所以 $\displaystyle\int \dfrac{x^2 + 1}{x\,(x - 1)^2} \ln x\mathrm{d}x = \int\left[\dfrac{1}{x} + \dfrac{2}{(x - 1)^2}\right] \ln x\mathrm{d}x = \int \dfrac{1}{x}\ln x\mathrm{d}x + 2\int \dfrac{1}{(x - 1)^2}\ln x\mathrm{d}x$

$$= \dfrac{1}{2}(\ln x)^2 - 2\int \ln x\mathrm{d}\dfrac{1}{x - 1}$$

$$= \dfrac{1}{2}(\ln x)^2 - \dfrac{2\ln x}{x - 1} + 2\int \dfrac{1}{x(x - 1)}\mathrm{d}x$$

$$= \dfrac{1}{2}(\ln x)^2 - \dfrac{2\ln x}{x - 1} + 2\int \dfrac{1}{x - 1}\mathrm{d}x - 2\int \dfrac{1}{x}\mathrm{d}x$$

$$= \dfrac{1}{2}(\ln x)^2 - \dfrac{2\ln x}{x - 1} + 2\ln|x - 1| - 2\ln|x| + C.$$

2. 求 $\int \dfrac{1 - \sin x + \cos x}{\sqrt{2} + \sin x + \cos x}\mathrm{d}x$.

解: $\displaystyle\int \dfrac{1 - \sin x + \cos x}{\sqrt{2} + \sin x + \cos x}\mathrm{d}x$

$$= \int \dfrac{1}{\sqrt{2} + \sin x + \cos x}\mathrm{d}(\sqrt{2} + \sin x + \cos x) + \int \dfrac{1}{\sqrt{2} + \sin x + \cos x}\mathrm{d}x$$

$$= \ln|\sqrt{2} + \sin x + \cos x| + \int \dfrac{1}{\sqrt{2}\left[1 + \cos\left(x - \dfrac{\pi}{4}\right)\right]}\mathrm{d}x$$

$$= \ln|\sqrt{2} + \sin x + \cos x| + \dfrac{1}{2\sqrt{2}}\int \dfrac{1}{\cos^2\left(\dfrac{x}{2} - \dfrac{\pi}{8}\right)}\mathrm{d}x$$

$$= \ln|\sqrt{2} + \sin x + \cos x| + \dfrac{\sqrt{2}}{2}\tan\left(\dfrac{x}{2} - \dfrac{\pi}{8}\right) + C.$$

例2 (1) 设 $f(\ln x) = \dfrac{\ln(1 + x)}{x}$,计算 $\int f(x)\mathrm{d}x$;

(2) 已知 $\left(\int\mathrm{d}x + \int y\mathrm{d}x + \int y^2\mathrm{d}x + \int y^3\mathrm{d}x\right)\int \dfrac{1 - y}{1 - y^4}\mathrm{d}x = -1$,求 $x = f(y)$ 的表达式.

分析: 逆向思维给了解决问题的机会. 本题中(1)也可以直接计算 $f(x)$ 的表达式来求解.

解: (1) 令 $x = \ln t$,则 $\mathrm{d}x = \dfrac{1}{t}\mathrm{d}t$.

$$\int f(x)\mathrm{d}x = \int f(\ln t)\cdot\dfrac{1}{t}\mathrm{d}t = \int \dfrac{\ln(1 + t)}{t}\cdot\dfrac{1}{t}\mathrm{d}t = \int -\ln(1 + t)\mathrm{d}\left(\dfrac{1}{t}\right)$$

$$= -\dfrac{\ln(1 + t)}{t} + \int \dfrac{1}{t}\cdot\dfrac{1}{1 + t}\mathrm{d}t = -\dfrac{\ln(1 + t)}{t} + \ln\left|\dfrac{t}{1 + t}\right| + C$$

$$= -\frac{\ln(1 + e^x)}{e^x} + \ln\frac{e^x}{1 + e^x} + C = -\frac{\ln(1 + e^x)}{e^x} + x - \ln(1 + e^x) + C.$$

(2) 令 $g(x) = 1 + y + y^2 + y^3$,则

$$\left(\int dx + \int y dx + \int y^2 dx + \int y^3 dx\right)\int\frac{1 - y}{1 - y^4}dx = \int g(x)dx\int\frac{1}{g(x)}dx,$$

也就有 $\int\dfrac{1}{g(x)}dx = -\dfrac{1}{\int g(x)dx}.$

两端求导得, $\dfrac{1}{g(x)} = \dfrac{g(x)}{\left[\int g(x)dx\right]^2}.$

有 $g(x) = \pm\int g(x)dx$,再两端求导, $g'(x) = \pm g(x)$,

得 $g(x) = C_1 e^{\pm x}$,即 $1 + y + y^2 + y^3 = C_1 e^{\pm x}$,

于是 $x = \pm\ln|1 + y + y^2 + y^3| + C(C = \ln C_1).$

【举一反三】

1. 已知 $f'(x) = \dfrac{\sin x\cos x}{\sin^4 x + \cos^4 x - 5}$,求 $f(x)$.

解: $f(x) = \int\dfrac{\sin x\cos x}{\sin^4 x + \cos^4 x - 5}dx$

$$= \frac{1}{2}\int\frac{\sin 2x}{(\sin^2 x + \cos^2 x)^2 - 2\sin^2 x\cos^2 x - 5}dx$$

$$= \frac{1}{2}\int\frac{\sin 2x}{-\frac{1}{2}\sin^2 2x - 4}dx$$

$$= -\int\frac{\sin 2x}{\sin^2 2x + 8}dx = \frac{1}{2}\int\frac{1}{9 - \cos^2 2x}d\cos 2x$$

$$= \frac{1}{12}\ln\left|\frac{3 + \cos 2x}{3 - \cos 2x}\right| + C.$$

2. 设 $y(x - y)^2 = x$,求 $\int\dfrac{dx}{x - 3y}.$

解: 令 $t = x - y$,则 $y(x - y)^2 = x$ 的参数方程为 $\begin{cases}x = \dfrac{t^3}{t^2 - 1},\\ y = \dfrac{t}{t^2 - 1}.\end{cases}$

于是 $\int\dfrac{dx}{x - 3y} = \int\dfrac{d\frac{t^3}{t^2 - 1}}{\frac{t^3}{t^2 - 1} - 3\frac{t}{t^2 - 1}} = \int\dfrac{t}{t^2 - 1}dt = \dfrac{1}{2}\ln|t^2 - 1| + C$

$$= \frac{1}{2}\ln|(x - y)^2 - 1| + C.$$

例3 求不定积分 $I_n = \int \sin^n x \mathrm{d}x$.

分析: 直接计算有困难,建立递推公式.

解: $I_n = \int \sin^n x \mathrm{d}x = \int \sin^{n-1} x \sin x \mathrm{d}x = -\int \sin^{n-1} x \mathrm{d}\cos x$

$\qquad = -\sin^{n-1} x \cdot \cos x + (n-1)\int \sin^{n-2} x \cos^2 x \mathrm{d}x$

$\qquad = -\sin^{n-1} x \cdot \cos x + (n-1)\int \sin^{n-2} x (1 - \sin^2 x) \mathrm{d}x$

$\qquad = -\sin^{n-1} x \cdot \cos x + (n-1)\int \sin^{n-2} x \mathrm{d}x - (n-1)\int \sin^n x \mathrm{d}x,$

即有 $n\int \sin^n x \mathrm{d}x = -\sin^{n-1} x \cdot \cos x + (n-1)\int \sin^{n-2} x \mathrm{d}x,$

则 $I_n = -\dfrac{1}{n}\sin^{n-1} x \cdot \cos x + \dfrac{n-1}{n} I_{n-2}.$

【举一反三】

1. 已知 $a_n = \displaystyle\int_0^{\frac{\pi}{4}} \tan^n x \mathrm{d}x$,证明:当 $n \geqslant 2$ 时,$\dfrac{1}{2(n+1)} < a_n < \dfrac{1}{2(n-1)}.$

证明: $a_0 = \displaystyle\int_0^{\frac{\pi}{4}} 1 \mathrm{d}x = \dfrac{\pi}{4},$

$a_n = \displaystyle\int_0^{\frac{\pi}{4}} \tan^n x \mathrm{d}x = \int_0^{\frac{\pi}{4}} \tan^{n-2} x \tan^2 x \mathrm{d}x = \int_0^{\frac{\pi}{4}} \tan^{n-2} x (\sec^2 x - 1) \mathrm{d}x$

$\qquad = \displaystyle\int_0^{\frac{\pi}{4}} \tan^{n-2} x \mathrm{d}\tan x - \int_0^{\frac{\pi}{4}} \tan^{n-2} x \mathrm{d}x = \dfrac{1}{n-1} - a_{n-2}, n \geqslant 2.$

所以 $a_n + a_{n-2} = \dfrac{1}{n-1}.$

因为 $a_n < a_{n-2}$,

所以 $\dfrac{1}{n-1} = a_n + a_{n-2} > 2a_n,$

即 $a_n < \dfrac{1}{2(n-1)}.$

$\dfrac{1}{n-1} = a_n + a_{n-2} < 2a_{n-2}, a_{n-2} > \dfrac{1}{2(n-1)},$

即 $a_n > \dfrac{1}{2(n+1)}.$

即得 $n \geqslant 2$ 时,$\dfrac{1}{2(n+1)} < a_n < \dfrac{1}{2(n-1)}.$

2. 已知 $I_n = \int_0^{\frac{\pi}{2}} \sin^n x \, \mathrm{d}x = \begin{cases} \dfrac{n-1}{n} \cdot \dfrac{n-3}{n-2} \cdots \dfrac{3}{4} \cdot \dfrac{1}{2} \cdot \dfrac{\pi}{2}, & n \text{ 为} \geqslant 2 \text{ 的偶数}, \\[3mm] \dfrac{n-1}{n} \cdot \dfrac{n-3}{n-2} \cdots \dfrac{4}{5} \cdot \dfrac{2}{3}, & n \text{ 为} \geqslant 3 \text{ 的奇数}. \end{cases}$,

证明：（1）当 n 为偶数且 $n \geqslant 2$ 时，$\dfrac{\pi}{2n} < I_n < \dfrac{\pi}{2\sqrt{n+1}}$；

（2）当 n 为奇数且 $n \geqslant 3$ 时，$\dfrac{2}{n} < I_n < \sqrt{\dfrac{2}{n+1}}$.

证明：（1）当 n 为偶数且 $n \geqslant 2$ 时，$I_n > \dfrac{1}{n} \cdot \dfrac{\pi}{2} = \dfrac{\pi}{2n}$.

由于对任意正数 m，$\dfrac{m-1}{m} < \dfrac{m}{m+1}$，

$$I_n^2 = \dfrac{n-1}{n} \cdot \dfrac{n-1}{n} \cdot \dfrac{n-3}{n-2} \cdot \dfrac{n-3}{n-2} \cdots \dfrac{1}{2} \cdot \dfrac{1}{2} \cdot \dfrac{\pi}{2} \cdot \dfrac{\pi}{2}$$

$$< \dfrac{n}{n+1} \cdot \dfrac{n-1}{n} \cdot \dfrac{n-2}{n-1} \cdot \dfrac{n-3}{n-2} \cdots \dfrac{2}{3} \cdot \dfrac{1}{2} \cdot \dfrac{\pi^2}{4} = \dfrac{\pi^2}{4(n+1)},$$

所以 $\dfrac{\pi}{2n} < I_n < \dfrac{\pi}{2\sqrt{n+1}}$.

（2）当 n 为奇数且 $n \geqslant 3$ 时，$I_n > \dfrac{2}{n}$，

$$I_n^2 = \dfrac{n-1}{n} \cdot \dfrac{n-1}{n} \cdot \dfrac{n-3}{n-2} \cdot \dfrac{n-3}{n-2} \cdots \dfrac{4}{5} \cdot \dfrac{4}{5} \cdot \dfrac{2}{3} \cdot \dfrac{2}{3}$$

$$< \dfrac{n}{n+1} \cdot \dfrac{n-1}{n} \cdot \dfrac{n-2}{n-1} \cdot \dfrac{n-3}{n-2} \cdots \dfrac{3}{4} \cdot \dfrac{2}{3} = \dfrac{2}{n+1},$$

所以 $\dfrac{2}{n} < I_n < \sqrt{\dfrac{2}{n+1}}$.

例 4　计算下列定积分值：

（1）$\displaystyle\int_0^{\frac{\pi}{2}} \dfrac{\mathrm{d}x}{1 + \tan^{2030} x}$；　　　　　（2）设 $|y| < 1$，求 $\displaystyle\int_{-1}^{1} |x - y| \, \mathrm{e}^x \, \mathrm{d}x$；

（3）$\displaystyle\int_0^{\frac{\pi}{2}} \ln \sin x \, \mathrm{d}x$；　　　　　　（4）$\displaystyle\int_0^{\frac{\pi}{2}} \dfrac{\sin(2n+1)x}{\sin x} \, \mathrm{d}x$；

（5）$\displaystyle\int_{\mathrm{e}^{-n\pi}}^{1} \left| \left[\cos\left(\ln \dfrac{1}{x} \right) \right]' \right| \ln \dfrac{1}{x} \, \mathrm{d}x$，$n$ 为正整数；　　（6）$\displaystyle\int_{-\frac{\pi}{2}}^{\frac{\pi}{2}} \dfrac{x + \sin^2 x}{(1 + \cos x)^2} \, \mathrm{d}x$.

分析：（1）（3）的计算既可以利用变量替换 $x = \dfrac{\pi}{2} - t$，也可以利用公式 $\displaystyle\int_0^{\frac{\pi}{2}} f(\sin x) \, \mathrm{d}x = \int_0^{\frac{\pi}{2}} f(\cos x) \, \mathrm{d}x$.

（2）中被积函数含有绝对值,且含有参变量 y,要通过讨论 y 相对于上、下限所决定的绝对值号内的符号去掉绝对值号.

（4）中涉及三角公式的应用:

$$2\sin\frac{u}{2}\left(\frac{1}{2} + \cos u + \cos 2u + \cdots + \cos nu\right) = \sin\frac{2n+1}{2}u.$$

（5）通过变量替换及积分的运算法则,将积分的计算变为级数的和.

（6）中的特征是对称区间,可以考虑被积函数的奇偶性.

解:（1）令 $x = \dfrac{\pi}{2} - t$,则 $I = \displaystyle\int_0^{\frac{\pi}{2}}\frac{\mathrm{d}x}{1 + \tan^{2030}x} = \int_{\frac{\pi}{2}}^0\frac{-\mathrm{d}t}{1 + \cot^{2030}t} = \int_0^{\frac{\pi}{2}}\frac{\tan^{2030}t}{1 + \tan^{2030}t}\mathrm{d}t$

$$= \int_0^{\frac{\pi}{2}}\mathrm{d}x - \int_0^{\frac{\pi}{2}}\frac{\mathrm{d}t}{1 + \tan^{2030}t} = \frac{\pi}{2} - \int_0^{\frac{\pi}{2}}\frac{\mathrm{d}x}{1 + \tan^{2030}x} = \frac{\pi}{2} - I.$$

于是 $\displaystyle\int_0^{\frac{\pi}{2}}\frac{\mathrm{d}x}{1 + \tan^{2030}x} = \frac{\pi}{4}.$

（2）显然, $|x - y|\mathrm{e}^x = \begin{cases} (x - y)\mathrm{e}^x, & x \geqslant y, \\ (y - x)\mathrm{e}^x, & x < y. \end{cases}$

由于 $|y| < 1$,

因此 $\displaystyle\int_{-1}^1|x - y|\mathrm{e}^x\mathrm{d}x = \int_{-1}^y(y - x)\mathrm{e}^x\mathrm{d}x + \int_y^1(x - y)\mathrm{e}^x\mathrm{d}x,$

又 $\displaystyle\int_{-1}^y(y - x)\mathrm{e}^x\mathrm{d}x = \int_{-1}^y(y - x)\mathrm{d}\mathrm{e}^x = (y - x)\mathrm{e}^x\Big|_{-1}^y - \int_{-1}^y\mathrm{e}^x(-1)\mathrm{d}x$

$$= -(y + 1)\mathrm{e}^{-1} + \mathrm{e}^y - \mathrm{e}^{-1} = \mathrm{e}^y - (y + 2)\frac{1}{\mathrm{e}}.$$

同理可得, $\displaystyle\int_y^1(x - y)\mathrm{e}^x\mathrm{d}x = \mathrm{e}^y - \mathrm{e}y.$

因此 $\displaystyle\int_{-1}^1|x - y|\mathrm{e}^x\mathrm{d}x = 2\mathrm{e}^y - (y + 2)\frac{1}{\mathrm{e}} - \mathrm{e}y.$

（3）令 $x = 2t, \mathrm{d}x = 2\mathrm{d}t$,

则 $I = \displaystyle\int_0^{\frac{\pi}{2}}\ln\sin x\mathrm{d}x = 2\int_0^{\frac{\pi}{4}}\ln\sin 2t\mathrm{d}t = 2\int_0^{\frac{\pi}{4}}\ln 2\sin t\cos t\mathrm{d}t$

$$= \frac{\pi}{2}\ln 2 + 2\int_0^{\frac{\pi}{4}}\ln\sin t\mathrm{d}t + 2\int_0^{\frac{\pi}{4}}\ln\cos t\mathrm{d}t \quad (\text{令}\ t = \frac{\pi}{2} - u, \mathrm{d}t = -\mathrm{d}u)$$

$$= \frac{\pi}{2}\ln 2 + 2\int_0^{\frac{\pi}{4}}\ln\sin t\mathrm{d}t + 2\int_{\frac{\pi}{4}}^{\frac{\pi}{2}}\ln\sin u\mathrm{d}u = \frac{\pi}{2}\ln 2 + 2\int_0^{\frac{\pi}{2}}\ln\sin t\mathrm{d}t = \frac{\pi}{2}\ln 2 + 2I.$$

则 $I = \int_0^{\frac{\pi}{2}} \ln \sin x \, dx = -\frac{\pi}{2} \ln 2.$

(4) $\int_0^{\frac{\pi}{2}} \frac{\sin(2n+1)x}{\sin x} dx = \int_0^{\pi} \left(\frac{1}{2} + \sum_{k=1}^{n} \cos ku \right) du = \frac{\pi}{2}.$

(5) 因为 $\left[\cos\left(\ln \frac{1}{x} \right) \right]' = -\sin\left(\ln \frac{1}{x} \right) \cdot \left(-\frac{1}{x} \right) = \sin\left(\ln \frac{1}{x} \right) \cdot \frac{1}{x}.$

设 $\ln \frac{1}{x} = t$，则 $dx = -e^{-t} dt.$

于是 $\int_{e^{-n\pi}}^{1} \left| \left[\cos\left(\ln \frac{1}{x} \right) \right]' \right| \ln \frac{1}{x} dx$

$= -\int_{n\pi}^{0} |\sin t| \, t \, dt = \int_{0}^{n\pi} |\sin t| \, t \, dt$

$= \int_0^{\pi} t\sin t \, dt - \int_{\pi}^{2\pi} t\sin t \, dt + \cdots + (-1)^{n-1} \int_{(n-1)\pi}^{n\pi} t\sin t \, dt = \sum_{k=1}^{n} \int_{(k-1)\pi}^{k\pi} (-1)^{k-1} t\sin t \, dt$

$= \sum_{k=1}^{n} (-1)^{k-1} \left[-t\cos t + \sin t \right] \Big|_{(k-1)\pi}^{k\pi} = \sum_{k=1}^{\infty} (-1)^{k} \left[k\pi\cos k\pi - (k-1)\pi\cos(k-1)\pi \right]$

$= \sum_{k=1}^{n} (-1)^{k} \left[(-1)^{k} k\pi + (-1)^{k}(k-1)\pi \right] = \sum_{k=1}^{n} (2k-1)\pi = n^2 \pi.$

(6) $\int_{-\frac{\pi}{2}}^{\frac{\pi}{2}} \frac{x + \sin^2 x}{(1 + \cos x)^2} dx$

$= \int_{-\frac{\pi}{2}}^{\frac{\pi}{2}} \frac{x}{(1 + \cos x)^2} dx + \int_{-\frac{\pi}{2}}^{\frac{\pi}{2}} \frac{\sin^2 x}{(1 + \cos x)^2} dx = 2\int_0^{\frac{\pi}{2}} \frac{\sin^2 x}{(1 + \cos x)^2} dx$

$= 2\int_0^{\frac{\pi}{2}} \frac{4\sin^2 \frac{x}{2} \cos^2 \frac{x}{2}}{4\cos^4 \frac{x}{2}} dx = 2\int_0^{\frac{\pi}{2}} \tan^2 \frac{x}{2} dx = 4\int_0^{\frac{\pi}{2}} \left(\sec^2 \frac{x}{2} - 1 \right) dx$

$= 4\tan \frac{x}{2} \Big|_0^{\frac{\pi}{2}} - \pi = 4 - \pi.$

【举一反三】

1. (1) 已知 $I_n = \int_0^{\frac{\pi}{2}} \frac{\sin nx}{\sin x} dx, J_n = \int_0^{\pi} \frac{\sin nx}{\sin x} dx$，试证：

（ⅰ） $I_{n+2} - I_n = \frac{2}{n+1} \sin\left(\frac{n+1}{2} \pi \right), J_{n+2} = J_n$，并求解 J_n；

（ⅱ）求 A，使得 $\lim_{n \to \infty} I_{2n} = A.$

（2）对任意 $n = 1, 2, \cdots$，证明：

（ⅰ）$\ln\sqrt{2n + 1} < 1 + \dfrac{1}{3} + \dfrac{1}{5} + \cdots + \dfrac{1}{2n - 1} \leqslant 1 + \ln\sqrt{2n - 1}$；

（ⅱ）求 $\lim\limits_{n \to \infty} \dfrac{1}{\ln n} \displaystyle\int_0^{\frac{\pi}{2}} \dfrac{\sin^2 nx}{\sin x} \mathrm{d}x$.

证明：（1）（ⅰ）$I_{n+2} - I_n = \displaystyle\int_0^{\frac{\pi}{2}} \dfrac{\sin(n + 2)x - \sin nx}{\sin x} \mathrm{d}x = 2\int_0^{\frac{\pi}{2}} \cos(n + 1) \mathrm{d}x$

$$= \dfrac{2}{n + 1} \sin\left(\dfrac{n + 1}{2}\pi\right).$$

$J_{n+2} - J_n = \displaystyle\int_0^{\pi} \dfrac{\sin(n + 2)x - \sin nx}{\sin x} \mathrm{d}x = 2\int_0^{\pi} \cos(n + 1) \mathrm{d}x = 0$,

$J_1 = \displaystyle\int_0^{\pi} \dfrac{\sin x}{\sin x} \mathrm{d}x = \pi, J_2 = \int_0^{\pi} \dfrac{\sin 2x}{\sin x} \mathrm{d}x = 2\int_0^{\pi} \cos x \mathrm{d}x = 0$,

于是，$J_{n+2} = J_n$，且 $J_n = \begin{cases} \pi, n = 2k - 1, \\ 0, n = 2k. \end{cases}$

（ⅱ）$I_0 = 0, \lim\limits_{n \to \infty} I_{2n} = I_0 + \lim\limits_{n \to \infty} \displaystyle\sum_{k=1}^{n} (I_{2k} - I_{2k-2}) = 2\sum_{k=1}^{\infty} \dfrac{(-1)^{k-1}}{2k - 1}$.

令 $S(x) = \displaystyle\sum_{k=1}^{n} \dfrac{(-1)^{k-1}}{2k - 1} x^{2k-1}$,

则 $S'(x) = \displaystyle\sum_{k=1}^{n} (-1)^{k-1} x^{2k-2} = \sum_{k=0}^{n} (-1)^k x^{2k} = \dfrac{1}{1 + x^2}$,

$S(x) - S(0) = \displaystyle\int_0^{x} S'(t) \mathrm{d}t = \arctan x, S(1) = \arctan 1 = \dfrac{\pi}{4}$,

$\lim\limits_{n \to \infty} I_{2n} = I_0 + \lim\limits_{n \to \infty} \displaystyle\sum_{k=1}^{\infty} (I_{2k} - I_{2k-2}) = 2\sum_{k=1}^{\infty} \dfrac{(-1)^{k-1}}{2k - 1} = 2S(1) = \dfrac{\pi}{2}$，因此 $A = \dfrac{\pi}{2}$.

（2）（ⅰ）$k < x \leqslant k + 1, 2k - 1 < 2x - 1 \leqslant 2k + 1$,

则 $\dfrac{1}{2k + 1} \leqslant \displaystyle\int_k^{k+1} \dfrac{1}{2x - 1} \mathrm{d}x < \dfrac{1}{2k - 1}$,

于是 $\displaystyle\sum_{k=1}^{n-1} \dfrac{1}{2k + 1} \leqslant \sum_{k=1}^{n-1} \int_k^{k+1} \dfrac{1}{2x - 1} \mathrm{d}x < \sum_{k=1}^{n-1} \dfrac{1}{2k - 1}$,

$\dfrac{1}{3} + \dfrac{1}{5} + \cdots + \dfrac{1}{2n + 1} \leqslant \displaystyle\int_1^{n} \dfrac{1}{2x - 1} \mathrm{d}x < 1 + \dfrac{1}{3} + \dfrac{1}{5} + \cdots + \dfrac{1}{2n - 3}$,

$\dfrac{1}{2}\ln(2n + 1) < 1 + \dfrac{1}{3} + \dfrac{1}{5} + \cdots + \dfrac{1}{2n - 3} + \dfrac{1}{2n - 1} \leqslant 1 + \dfrac{1}{2}\ln(2n - 1)$,

即 $\ln\sqrt{2n + 1} < 1 + \dfrac{1}{3} + \dfrac{1}{5} + \cdots + \dfrac{1}{2n - 3} + \dfrac{1}{2n - 1} \leqslant 1 + \ln\sqrt{2n - 1}$.

（ⅱ）$I_n = \int\limits_0^{\frac{\pi}{2}} \frac{\sin^2 nx}{\sin x}\mathrm{d}x = \int\limits_0^{\frac{\pi}{2}} \frac{1 - \cos 2nx}{2\sin x}\mathrm{d}x$，

$I_n - I_{n-1} = \int\limits_0^{\frac{\pi}{2}} \frac{\cos 2(n-1)x - \cos 2nx}{2\sin x}\mathrm{d}x = \int\limits_0^{\frac{\pi}{2}} \frac{2\sin 2(n-1)x \sin x}{2\sin x}\mathrm{d}x = \frac{1}{2n-1}$，

由（ⅰ）得 $I_n = \frac{1}{2n-1} + I_{n-1} = \frac{1}{2n-1} + \frac{1}{2n-3} + I_{n-2}$

$$= \cdots = \frac{1}{2n-1} + \frac{1}{2n-3} + \cdots + \frac{1}{3} + 1, \left(I_1 = \int\limits_0^{\frac{\pi}{2}} \sin x\mathrm{d}x = 1\right)$$

即 $\ln\sqrt{2n+1} < I_n \leqslant 1 + \ln\sqrt{2n-1}$，

$\dfrac{\ln\sqrt{2n+1}}{\ln n} < \dfrac{I_n}{\ln n} \leqslant \dfrac{1 + \ln\sqrt{2n-1}}{\ln n}$，

由夹逼定理得，$\lim\limits_{n \to \infty} \dfrac{1}{\ln n}\int\limits_0^{\frac{\pi}{2}} \dfrac{\sin^2 nx}{\sin x}\mathrm{d}x = \dfrac{1}{2}$.

2. 计算 $\int\limits_0^{2024} \dfrac{x}{\mathrm{e}^{2024-x} + \mathrm{e}^x}\mathrm{d}x$.

解：$\int\limits_0^{2024} \dfrac{x}{\mathrm{e}^{2024-x} + \mathrm{e}^x}\mathrm{d}x = \int\limits_0^{2024} \dfrac{x - 2024 + 2024}{\mathrm{e}^{2024-x} + \mathrm{e}^x}\mathrm{d}x$

$$= \int\limits_0^{2024} \frac{x - 2024}{\mathrm{e}^{2024-x} + \mathrm{e}^x}\mathrm{d}x + 2024\int\limits_0^{2024} \frac{1}{\mathrm{e}^{2024-x} + \mathrm{e}^x}\mathrm{d}x$$

$$\xlongequal{t = 2024 - x} -\int\limits_0^{2024} \frac{t}{\mathrm{e}^t + \mathrm{e}^{2024-t}}\mathrm{d}t + 2024\int\limits_0^{2024} \frac{1}{\mathrm{e}^{2024-x} + \mathrm{e}^x}\mathrm{d}x,$$

则 $\int\limits_0^{2024} \dfrac{x}{\mathrm{e}^{2024-x} + \mathrm{e}^x}\mathrm{d}x = \dfrac{2024}{2}\int\limits_0^{2024} \dfrac{1}{\mathrm{e}^{2024-x} + \mathrm{e}^x}\mathrm{d}x = 1012\int\limits_0^{2024} \dfrac{1}{\mathrm{e}^{2024} + \mathrm{e}^{2x}}\mathrm{d}\mathrm{e}^x$

$$= \frac{1012}{\mathrm{e}^{1012}}\left(\arctan \mathrm{e}^{1012} - \arctan \frac{1}{\mathrm{e}^{1012}}\right).$$

3. $\lim\limits_{n \to \infty}\int\limits_0^{\pi} x^m |\sin nx|\mathrm{d}x$（$m > 0$，$n$ 为正整数）.

解：$\lim\limits_{n \to \infty}\int\limits_0^{\pi} x^m |\sin nx|\mathrm{d}x$

$$= \lim\limits_{n \to \infty}\sum_{k=0}^{n-1}\int\limits_{\frac{k\pi}{n}}^{\frac{(k+1)\pi}{n}} x^m |\sin nx|\mathrm{d}x$$

$$= \lim\limits_{n \to \infty}\sum_{k=0}^{n-1}\xi_k^m \int\limits_{\frac{k\pi}{n}}^{\frac{(k+1)\pi}{n}} |\sin nx|\mathrm{d}x \quad \left(\xi_k \in \left[\frac{k\pi}{n}, \frac{(k+1)\pi}{n}\right]\right)$$

$$\xrightarrow{x-\frac{k\pi}{n}=t} \lim_{n\to\infty}\sum_{k=0}^{n-1}\xi_k^m\int_0^{\frac{\pi}{n}}|\sin nt|\,\mathrm{d}t$$

$$\xrightarrow{nt=u} \lim_{n\to\infty}\frac{1}{n}\sum_{k=0}^{n-1}\xi_k^m\int_0^{\pi}|\sin u|\,\mathrm{d}u=2\lim_{n\to\infty}\frac{1}{n}\sum_{k=0}^{n-1}\xi_k^m=2\int_0^{\pi}x^m\,\mathrm{d}x=\frac{2\pi^{m+1}}{m+1}.$$

例 5 (1) 设 $f(x)$ 在 $[-\pi,\pi]$ 连续，$f(x)=\dfrac{x}{1+\cos^2 x}+\displaystyle\int_{-\pi}^{\pi}f(x)\sin x\,\mathrm{d}x$，求 $f(x)$；

(2) 设 $f(x)$ 连续，且 $\displaystyle\int_0^x tf(2x-t)\,\mathrm{d}t=\dfrac{1}{2}\arctan x^2$，$f(1)=1$，求 $\displaystyle\int_1^2 f(x)\,\mathrm{d}x$；

(3) 设 $f(x)=\displaystyle\int_1^{x^2}\dfrac{\sin t}{t}\,\mathrm{d}t$，求 $\displaystyle\int_0^1 xf(x)\,\mathrm{d}x$.

分析：注意到 (1) 中 $\displaystyle\int_{-\pi}^{\pi}f(x)\sin x\,\mathrm{d}x$ 是一个确定的常数，令其为 A，只要将此数求出来即可.

定积分值 $\displaystyle\int_a^b f(x)\,\mathrm{d}x$ 可以认为是变限函数 $\displaystyle\int_a^x f(t)\,\mathrm{d}t$ 在 $x=b$ 处的值，用这种思想处理 (2).

(3) 的解决方式有两种：一种利用变限函数的导数及牛顿-莱布尼茨公式得到所求积分值；一种利用二重积分更换积分次序得结果.

解：(1) 令 $\displaystyle\int_{-\pi}^{\pi}f(x)\sin x\,\mathrm{d}x=A$，则 $f(x)\sin x=\dfrac{x\sin x}{1+\cos^2 x}+A\sin x$，

$$\int_{-\pi}^{\pi}f(x)\sin x\,\mathrm{d}x=\int_{-\pi}^{\pi}\frac{x\sin x}{1+\cos^2 x}\,\mathrm{d}x+\int_{-\pi}^{\pi}A\sin x\,\mathrm{d}x.$$

得
$$A=\int_{-\pi}^{\pi}\frac{x\sin x}{1+\cos^2 x}\,\mathrm{d}x+A\int_{-\pi}^{\pi}\sin x\,\mathrm{d}x=2\int_0^{\pi}\frac{x\sin x}{1+\cos^2 x}\,\mathrm{d}x=\pi\int_0^{\pi}\frac{\sin x}{1+\cos^2 x}\,\mathrm{d}x$$

$$=-\frac{\pi}{2}\Big[\arctan(\cos x)\Big]_0^{\pi}=\frac{\pi^2}{4}.$$

故 $f(x)=\dfrac{x}{1+\cos^2 x}+\dfrac{\pi^2}{4}$.

(2) 令 $2x-t=u$，则 $\mathrm{d}t=-\mathrm{d}u$.

$$\int_0^x tf(2x-t)\,\mathrm{d}t=-\int_{2x}^x (2x-u)f(u)\,\mathrm{d}u=\int_x^{2x}(2x-u)f(u)\,\mathrm{d}u=2x\int_x^{2x}f(u)\,\mathrm{d}u-\int_x^{2x}uf(u)\,\mathrm{d}u.$$

再由已知 $\displaystyle\int_0^x tf(2x-t)\,\mathrm{d}t=\dfrac{1}{2}\arctan x^2$ 得，$2x\displaystyle\int_x^{2x}f(u)\,\mathrm{d}u-\int_x^{2x}uf(u)\,\mathrm{d}u=\dfrac{1}{2}\arctan x^2$.

对上式两端同时关于 x 求导得，

$$2\int_x^{2x}f(u)\,\mathrm{d}u+2x[2f(2x)-f(x)]-[4xf(2x)-xf(x)]=\frac{x}{1+x^4},$$

于是 $2\int_x^{2x} f(u)\,\mathrm{d}u = \dfrac{x}{1+x^4} + xf(x)$.

令 $x = 1$ 得, $2\int_1^2 f(u)\,\mathrm{d}u = \dfrac{1}{2} + 1 = \dfrac{3}{2}$,

即 $\int_1^2 f(x)\,\mathrm{d}x = \dfrac{3}{4}$.

(3)(法一) $f'(x) = \dfrac{2\sin x^2}{x}$,

$$\int_0^1 xf(x)\,\mathrm{d}x = \frac{1}{2}\int_0^1 f(x)\,\mathrm{d}x^2 = \frac{1}{2} f(x)x^2\Big|_0^1 - \frac{1}{2}\int_0^1 x^2\,\mathrm{d}f(x)$$

$$= -\frac{1}{2}\int_0^1 x^2 f'(x)\,\mathrm{d}x = -\frac{1}{2}\int_0^1 x^2\frac{2\sin x^2}{x}\,\mathrm{d}x = -\int_0^1 x\sin x^2\,\mathrm{d}x$$

$$= \frac{1}{2}\cos x^2\Big|_0^1 = \frac{1}{2}(\cos 1 - 1).$$

(法二) $\displaystyle\int_0^1 xf(x)\,\mathrm{d}x = \int_0^1 x\left(\int_1^{x^2} \frac{\sin t}{t}\,\mathrm{d}t\right)\mathrm{d}x = \int_0^1 x\left(\int_1^{x^2} \frac{\sin y}{y}\,\mathrm{d}y\right)\mathrm{d}x$

$$= -\int_0^1 x\left(\int_{x^2}^1 \frac{\sin y}{y}\,\mathrm{d}y\right)\mathrm{d}x = -\int_0^1 \frac{\sin y}{y}\,\mathrm{d}y\int_0^{\sqrt{y}} x\,\mathrm{d}x$$

$$= \frac{1}{2}\cos y\Big|_0^1 = \frac{1}{2}(\cos 1 - 1).$$

【举一反三】

1. 已知 $f(x)$ 在 $\left[0, \dfrac{3\pi}{2}\right]$ 上连续, 在 $\left(0, \dfrac{3\pi}{2}\right)$ 内是函数 $\dfrac{\cos x}{2x - 3\pi}$ 的一个原函数, 且 $f(0) = 0$.

(1)求 $f(x)$ 在区间 $\left[0, \dfrac{3\pi}{2}\right]$ 上的平均值;

(2)证明: $f(x)$ 在区间 $\left(0, \dfrac{3\pi}{2}\right)$ 内存在唯一零点.

(1)**解:** $f(x)$ 在区间 $\left[0, \dfrac{3\pi}{2}\right]$ 上的平均值为

$$\bar{f} = \frac{2}{2\pi}\int_0^{\frac{3\pi}{2}} f(x)\,\mathrm{d}x = \frac{2}{3\pi}\int_0^{\frac{3\pi}{2}}\left(\int_0^x \frac{\cos t}{2t-3\pi}\,\mathrm{d}t\right)\mathrm{d}x = \frac{2}{3\pi}\int_0^{\frac{3\pi}{2}}\mathrm{d}t\int_t^{\frac{3\pi}{2}} \frac{\cos t}{2t-3\pi}\,\mathrm{d}x$$

$$= -\frac{1}{3\pi}\int_0^{\frac{3\pi}{2}}\cos t\,\mathrm{d}t = \frac{1}{3\pi}.$$

(2)**证明:** 由题意得 $f'(x) = \dfrac{\cos x}{2x - 3\pi}, x \in \left(0, \dfrac{3\pi}{2}\right)$.

令 $f'(x) = 0$，解得 $x = \dfrac{\pi}{2}$.

当 $0 < x < \dfrac{\pi}{2}$ 时，因为 $f'(x) < 0$，所以 $f(x) < f(0) = 0$，

故 $f(x)$ 在 $\left(0, \dfrac{\pi}{2}\right)$ 内无零点，且 $f\left(\dfrac{\pi}{2}\right) < 0$.

由积分中值定理知，$\exists\, x_0 \in \left[0, \dfrac{3\pi}{1}\right]$，使得 $f(0) = \bar{f} = \dfrac{1}{3\pi} > 0$.

由于当 $x \in \left(0, \dfrac{\pi}{2}\right]$ 时，$f(x) < 0$，所以 $x_0 \in \left(\dfrac{\pi}{2}, \dfrac{3\pi}{2}\right]$.

根据零点存在定理知，存在 $\xi \in \left(\dfrac{\pi}{2}, x_0\right) \subset \left(\dfrac{\pi}{2}, \dfrac{3\pi}{2}\right)$，使得 $f(\xi) = 0$.

又因为 $\dfrac{\pi}{2} < x < \dfrac{3\pi}{2}$ 时，$f'(x) > 0$，

所以 $f(x)$ 在 $\left(\dfrac{\pi}{2}, \dfrac{3\pi}{2}\right)$ 内至多只有一个零点.

综上所述，$f(x)$ 在 $\left(0, \dfrac{3\pi}{2}\right)$ 内存在唯一的零点.

例6 设 $f(x)$ 连续，$\varphi(x) = \displaystyle\int_0^1 f(xt)\,\mathrm{d}t$，且 $\displaystyle\lim_{x \to 0} \dfrac{f(x)}{x} = A$（$A$ 为常数），求 $\varphi'(x)$，并讨论 $\varphi'(x)$ 在 $x = 0$ 处的连续性.

分析： 作变量替换将 $\varphi(x)$ 表示为正常的变限函数形式，讨论分段函数的基本性质.

解： 由 $\displaystyle\lim_{x \to 0} \dfrac{f(x)}{x} = A$，且已知 $f(x)$ 连续即得 $f(0) = 0$.

$$f'(0) = \lim_{x \to 0} \frac{f(x) - f(0)}{x - 0} = \lim_{x \to 0} \frac{f(x)}{x} = A.$$

令 $u = xt$，当 $x \neq 0$ 时，$\varphi(x) = \displaystyle\int_0^x f(u) \cdot \dfrac{1}{x}\,\mathrm{d}u = \dfrac{1}{x}\int_0^x f(u)\,\mathrm{d}u$，

则 $\varphi'(x) = \dfrac{xf(x) - \displaystyle\int_0^x f(u)\,\mathrm{d}u}{x^2}$.

当 $x = 0$ 时，$\varphi(0) = \displaystyle\int_0^1 f(0)\,\mathrm{d}t = 0$，

则 $\varphi'(0) = \displaystyle\lim_{x \to 0} \frac{\varphi(x) - \varphi(0)}{x} = \lim_{x \to 0} \frac{\dfrac{1}{x}\displaystyle\int_0^x f(u)\,\mathrm{d}u}{x} = \lim_{x \to 0} \frac{\displaystyle\int_0^x f(u)\,\mathrm{d}u}{x^2}$

$$= \lim_{x \to 0} \frac{f(x)}{2x} = \frac{1}{2}A,$$

即 $\varphi'(x) = \begin{cases} \dfrac{xf(x) - \displaystyle\int_0^x f(u)\,\mathrm{d}u}{x^2}, & x \neq 0, \\ \dfrac{A}{2}, & x = 0. \end{cases}$

又 $\lim\limits_{x\to 0}\varphi'(x) = \lim\limits_{x\to 0}\dfrac{xf(x) - \displaystyle\int_0^x f(u)\,\mathrm{d}u}{x^2} = \lim\limits_{x\to 0}\dfrac{f(x)}{x} - \lim\limits_{x\to 0}\dfrac{\displaystyle\int_0^x f(u)\,\mathrm{d}u}{x^2} = A - \dfrac{A}{2} = \dfrac{A}{2} = \varphi'(0)$，

则 $\varphi'(x)$ 在 $x = 0$ 处连续.

【举一反三】

1. 设 $f(x)$ 为 $[0, +\infty)$ 上的连续可微下凸函数，$\varphi(x) = \dfrac{1}{x}\displaystyle\int_0^x f(u)\,\mathrm{d}u$，证明：$\varphi(x)$ 为 $(0, +\infty)$ 上的下凸函数.

证明： $\varphi(x) = \dfrac{1}{x}\displaystyle\int_0^x f(u)\,\mathrm{d}u \xlongequal{u = xt} \displaystyle\int_0^1 f(xt)\,\mathrm{d}t$，于是，$\forall\, 0 < \lambda < 1, x, x_2 \in (0, +\infty)$，

$\varphi(\lambda x_1 + (1 - \lambda)x_2) = \displaystyle\int_0^1 f((\lambda x_1 + (1 - \lambda)x_2)t)\,\mathrm{d}t \leqslant \lambda\displaystyle\int_0^1 f(x_1 t)\,\mathrm{d}t + (1 - \lambda)\displaystyle\int_0^1 f(x_2 t)\,\mathrm{d}t$

$= \lambda\varphi(x_1) + (1 - \lambda)\varphi(x_2).$

由下凸函数定义得，$\varphi(x)$ 为 $(0, +\infty)$ 上的下凸函数.

拓展训练

1. 求下列不定积分：

(1) $\displaystyle\int \dfrac{1}{\sin x + \cos x}\,\mathrm{d}x$；

(2) $\displaystyle\int \dfrac{x\mathrm{e}^{\arctan x}}{(1 + x^2)^{\frac{3}{2}}}\,\mathrm{d}x$；

(3) $\displaystyle\int x^2 \arctan x\,\mathrm{d}x$；

(4) $\displaystyle\int \dfrac{x\mathrm{e}^x}{\sqrt{\mathrm{e}^x - 1}}\,\mathrm{d}x$；

(5) $\displaystyle\int \dfrac{\arcsin\sqrt{x} + \ln x}{\sqrt{x}}\,\mathrm{d}x$；

(6) $\displaystyle\int \dfrac{\arcsin \mathrm{e}^x}{\mathrm{e}^x}\,\mathrm{d}x$；

(7) $\displaystyle\int \sqrt{1 - x^2}\,(\arcsin x)^2\,\mathrm{d}x$；

(8) $\displaystyle\int \mathrm{e}^x\left(\dfrac{1 - x}{1 + x^2}\right)^2\,\mathrm{d}x$；

(9) $\displaystyle\int \dfrac{\mathrm{d}x}{(\sqrt{x} + 1)(x + 3)}$；

(10) $\displaystyle\int \arcsin\dfrac{x}{x + 1}\,\mathrm{d}x$；

(11) $\displaystyle\int \dfrac{\sin 2x}{\sin^2 x + \cos x}\,\mathrm{d}x$；

(12) $\displaystyle\int \dfrac{\ln\cos x}{\sin^2 x}\,\mathrm{d}x$；

$(13) \int \dfrac{\arctan\sqrt{x}}{\sqrt{x}(1+x)}dx$;

$(14) \int \dfrac{dx}{1+\sin x}$;

$(15) \int \dfrac{dx}{2+\tan^2 x}$;

$(16) \int \dfrac{1}{\sin x+2\cos x+3}dx$;

$(17) \int \dfrac{1+x^4}{1+x^6}dx$;

$(18) \int \dfrac{1}{1+x^6}dx$.

2. 已知 $f(x)$ 在 $(-\infty,+\infty)$ 上连续,证明:

$$\int_0^{2\pi} f(a\cos x+b\sin x)dx = \int_0^{2\pi} f(\sqrt{a^2+b^2}\sin x)dx.$$

3. 已知 $f(x)$ 的一个原函数是 $x\sqrt{1-x^2}+x^2+\arcsin x$,求 $\int_0^1 \dfrac{dx}{f(x)}$.

4. (1) 已知 $f'(x)=\arcsin(x-1)^2$,$f(0)=0$,求 $\int_0^1 f(x)dx$;

(2) 求 $\int_0^1 \dfrac{x^2+1}{x^4+1}dx$.

5. 试证:$F(x)=\int_0^x (t-t^2)\sin^{2n}t\,dt$ 在 $x \geqslant 0$ 上的最大值不超过 $\dfrac{1}{(2n+2)\cdot(2n+3)}$,$n$ 为正整数.

6. 设函数 $f(x)$ 在 $(0,+\infty)$ 内连续,$f(1)=\dfrac{5}{2}$,且对所有 $x,t \in (0,+\infty)$ 满足条件:

$\int_1^{xt} f(u)du = t\int_1^x f(u)du + x\int_1^t f(u)du$,求 $f(x)$.

7. 设 $f(t)$ 连续,$f(t)>0$,$f(-t)=f(t)$,令 $F(x)=\int_{-a}^a |x-t|f(t)dt$($-a \leqslant x \leqslant a$),

(1)证明:曲线 $y=F(x)$ 在 $[-a,a]$ 上是凹的.

(2)当 x 为何值时,$F(x)$ 取得最小值?

(3)若 $F(x)$ 的最小值可表示为 $f(a)-a^2-1$,试求 $f(t)$.

8. 求:(1) $\int_0^{n\pi} t|\sin t|dt$,$n$ 为正整数;

(2) $\lim\limits_{x \to +\infty} \dfrac{1}{x^2}\int_0^{x\pi} t|\sin t|dt$.

9. 已知 $f(x)=x^2-x\int_0^2 f(x)dx+2\int_0^1 f(x)dx$,求 $f(x)$ 的表达式.

10. 设 $f(\sin^2 x)=\dfrac{x}{\sin x}$,求 $\int \dfrac{\sqrt{x}}{\sqrt{1-x}}f(x)dx$.

11. 设 $f(x)$ 在 $(0,+\infty)$ 上连续,$g(x)$ 在 $(0,+\infty)$ 内可微,且 $xg(x)=\int_1^x f(t)dt$,

$\lim\limits_{x \to +\infty} g(x) = B$,对 $b > a > 0$,证明:

$(1)\displaystyle\int_a^b \frac{f(x)}{x}\mathrm{d}x = g(b) - g(a) + \int_a^b \frac{g(x)}{x}\mathrm{d}x;$

$(2)\displaystyle\lim_{T \to +\infty}\int_{aT}^{bT} \frac{f(x)}{x}\mathrm{d}x = B\ln\frac{b}{a}.$

12. 已知连续函数 $f(x)$ 在 $x = 0$ 可导,$f(0) = 0$,$F(x) = \displaystyle\int_0^x t^{n-1}f(x^n - t^n)\,\mathrm{d}t$,求 $\lim\limits_{x \to 0}\dfrac{F(x)}{x^{2n}}$.

拓展训练专题参考答案4

参考文献

[1]陈纪修,于崇华,金路.数学分析[M].北京:高等教育出版社,2004.

[2]王书彬.高等数学[M].北京:高等教育出版社,2020.

[3]陈守信.考研数学分析总复习精选名校真题[M].5 版.北京:机械工业出版社,2018.

[4]华东师范大学数学系.数学分析[M].北京:高等教育出版社,2023.

[5]欧阳光中,朱学炎,金福临,等.数学分析[M].4 版.北京:高等教育出版社,2018.

[6]阿黑波夫,萨多夫尼奇,丘巴里阔夫.数学分析讲义[M].3 版.王昆扬,译.北京:高等
    教育出版社,2013.

[7]卜春霞.数学分析选讲[M].郑州:郑州大学出版社,2006.

[8]周民强.数学分析习题演练[M].北京:科学出版社,2006.

[9]常庚哲.数学分析教程[M].合肥:中国科学技术大学出版社,1998.

[10]叶国菊,赵大方.数学分析学习与考研指导[M].北京:清华大学出版社,2009.

[11]裴礼文.数学分析中的典型问题与方法[M].北京:高等教育出版社,2021.

[12]吉米多维奇.数学分析习题集题解[M].费定晖,周学圣,译.济南:山东科学技术出
    版社,2012.

[13]刘玉琏.数学分析讲义学习辅导书[M].北京:高等教育出版社,2003.

[14]宋国柱.分析中的基本定理和典型方法[M].北京:科学出版社,2004.

[15]马建国.数学分析[M].北京:科学出版社,2011.